Mark Walker
Hitlers Atombombe

Deutsches Museum

Abhandlungen und Berichte

Neue Folge, Band 38

Herausgeber: Deutsches Museum

Redaktion: PD Dr. Ulf Hashagen, Dr. Sarah Ehlers,
Dr. Kathrin Mönch, Dorothee Messerschmid-Franzen

Deutsches Museum

Mark Walker
Hitlers Atombombe

Geschichte, Legende und das Erbe von Nationalsozialismus und Hiroshima

Aus dem amerikanischen Englisch übersetzt von
Thorsten Schmidt

WALLSTEIN VERLAG

Bibliografische Information der Deutschen Nationalbibliothek
Die Deutsche Nationalbibliothek verzeichnet diese Publikation in der Deutschen Nationalbibliografie; detaillierte bibliografische Daten sind im Internet über http://dnb.d-nb.de abrufbar.

3. Auflage 2025

Geiststr. 11; 37073 Göttingen
www.wallstein-verlag.de
info@wallstein-verlag.de
Vom Verlag gesetzt aus der Adobe Garamond
Umschlag: Linda Reiter, Deutsches Museum, unter Verwendung einer Fotografie »German Uranium Machine 1945«, Brookhaven National Laboratory, courtesy, AIP Emilio Segrè Archives, Goudsmit Collection; und von Weizsäcker, Carl Friedrich, Die Möglichkeit der Energiegewinnung aus 238U (17.7.1940), Archiv des Deutschen Museums, FA 002/501, Abb. 1, S. 5, CD_85451.
Lithos: SchwabScantechnik
Druck und Verarbeitung: Elanders Waiblingen GmbH, Anton-Schmidt-Straße 15, 71332 Waiblingen
gedruckt auf säure- und chlorfreiem, alterungsbeständigem Papier
ISBN 978-3-8353-5789-1

Inhalt

Dieses Buch ist meiner Frau Linda,
meinem Sohn Chris und meiner Tochter Kerry gewidmet.

Einleitung

Während des Zweiten Weltkriegs versuchten deutsche Wissenschaftler, die Kettenreaktion der Kernspaltung zur Entwicklung von neuen, leistungsstarken Energiequellen und Waffen zu nutzen. Dies ist eine der bedeutendsten Entwicklungen der jüngeren Geschichte, nicht aufgrund der Leistungen der Wissenschaftler, sondern aufgrund der Art und Weise, wie ihre Bemühungen wahrgenommen wurden. Ohne das deutsche Uranprojekt und die glaubwürdigen Berichte über seine Existenz ist es schwer vorstellbar, dass die US-Regierung derart große Mengen an Arbeitskraft, Ressourcen und Geld in den Bau einer so futuristischen Waffe wie der Atombombe investiert hätte. Ohne das amerikanische Manhattan-Projekt und die Atomangriffe auf Hiroshima und Nagasaki ist es ebenso schwer vorstellbar, dass die Sowjetunion einen vergleichbaren Aufwand auf sich genommen hätte. Ohne die Bedrohung durch »Hitlers Bombe« hätte es im Sommer 1945 keine Atombombe gegeben und auch kein nukleares Wettrüsten unmittelbar danach. Die Welt wäre eine ganz andere gewesen.

Der zweite Teil dieses Buchs widmet sich den Debatten und Auseinandersetzungen der Nachkriegszeit rund um die deutsche Uranforschung während des Krieges. Er wirft ein Licht darauf, wie Menschen mit der Vergangenheit umgehen und aus ihr lernen. Konfrontiert mit dem Erbe des Nationalsozialismus mussten die am Uranprojekt beteiligten deutschen Wissenschaftler ihre Arbeit an Massenvernichtungswaffen für den nationalsozialistischen Staat sowohl vor ihren deutschen Landsleuten als auch vor ihren ausländischen Kolleginnen und Kollegen rechtfertigen. Einige dieser Kolleginnen und Kollegen waren aus Deutschland emigriert und hatten große persönliche Verluste erlitten. Aus dieser Konstellation resultierte eine der langlebigsten und umstrittensten Legenden der modernen Wissenschaft: Werner Heisenbergs und Carl Friedrich von Weizsäckers Besuch im Jahr 1941 bei ihrem dänischen Kollegen Niels Bohr im besetzten Kopenhagen. Dieses Buch untersucht die Geschichte der Uranforschung in Deutschland während des Krieges, verbindet sie mit der Nachkriegskritik und der schlussendlichen Rehabilitierung dieser Wissenschaftler und beleuchtet damit auch diese Legende.

1. Die Historiografie von »Hitlers Atombombe«

»Hitlers Atombombe« hat Personen aus vielen verschiedenen Fachrichtungen fasziniert: aus den Naturwissenschaften, den Geschichtswissenschaften, dem Journalismus und anderen Gebieten. Die Geschichtsschreibung hat sich in gewisser Weise im Laufe der Zeit weiterentwickelt, blieb aber in anderer Hinsicht weitgehend unverändert. Sie hat auf neue Quellen und Interpretationen reagiert, sich ihnen aber auch hartnäckig widersetzt. In diesem Kapitel[1] werden die verfügbaren Sekundärquellen größtenteils chronologisch geordnet untersucht, um die Debatten rund um die deutschen Arbeiten zum Uran während des Zweiten Weltkrieges vorzustellen.

Anfänge

Die ersten Berichte über die deutschen Bemühungen, die Uranspaltung für militärische Zwecke zu nutzen, wurden unmittelbar nach dem Krieg von zwei angesehenen und einflussreichen Physikern geschrieben, nämlich von Samuel Goudsmit (1902–1978) und Werner Heisenberg (1901–1976). Auf sie folgte, etwas mehr als zehn Jahre später, der Publizist Robert Jungk (1913–1994). Jeder dieser Autoren hatte ein ganz bestimmtes Ziel vor Augen. Samuel Goudsmit kam im Rahmen der Alsos-Mission nach Deutschland, einer wissenschaftlichen Spezialeinheit der US-Armee, die Erkenntnisse darüber sammeln sollte, wie weit die Bemühungen Deutschlands um den Bau einer Atombombe gediehen waren. Im Rahmen seiner Arbeit trug Goudsmit wissenschaftliche Berichte zusammen, las Briefwechsel und interviewte Wissenschaftler, allerdings mit der vorgefassten Überzeugung, dass der Nationalsozialismus die deutsche Wissenschaft zugrunde gerichtet habe und sich dies auch im Uranprojekt widerspiegeln müsse.[2] Nach seiner Rückkehr in die Vereinigten Staaten begann er, populärwissenschaftliche Artikel zu veröffentlichen, in denen er behauptete, die deutschen Wissenschaftler, die sich mit Uran beschäftigt hatten, hätten gravierende Fehler gemacht.[3]

1 Eine englische Version dieses Kapitels ist wie folgt erschienen: Mark Walker, »The Historiography of ›Hitler's Atomic Bomb‹«, *Physics in Perspective*, 26 (2024), 18–41.

2 Die historische Forschung der letzten 30 bis 40 Jahre über die Lage der Wissenschaft im Nationalsozialismus hat gezeigt, dass die Wissenschaft, wissenschaftliche Institutionen und Wissenschaftler manchmal unter Hitler aufblühten.

3 Samuel Goudsmit, »How Germany Lost the Race«, *Bulletin of the Atomic Scientists*, 1/7 (1946), 4–5; Samuel Goudsmit, »Secrecy or Science«, *Science Illustrated*, 1 (1946), 97–99; Samuel Goudsmit, »War Physics in Germany«, *The Review of Scientific Instruments*, 17/1 (1946), 49–52.

Daraufhin veröffentlichte Heisenberg, Nobelpreisträger, Mitbegründer der Quantenmechanik und zentraler Akteur im deutschen Uranprojekt, einen Artikel in zwei renommierten Wissenschaftszeitschriften, eine deutsche Fassung in *Die Naturwissenschaften*, gefolgt von einer englischen Übersetzung in *Nature*. Dieser Artikel sollte sowohl ungenaue Darstellungen der Forschung, die er und seine Kollegen betrieben hatten, richtigstellen als auch der Kritik entgegentreten, sie hätten nicht versucht, Deutschland dabei zu helfen, den Krieg zu gewinnen. Heisenberg ging auf diese Kritik ein, indem er behauptete, die Nationalsozialisten hätten mit einem frühen Ende des Konflikts gerechnet und nur Großprojekte gefördert, die schnelle Ergebnisse versprachen. Während der größte Teil seines Artikels die Zusammenhänge zutreffend beschrieb, führte Heisenberg an einer Schlüsselstelle den andeutungsvollen Gedanken ein, es sei darum gegangen, »die Kontrolle über das Vorhaben in der Hand zu behalten«. Viele Leser innerhalb und außerhalb Deutschlands, die zwischen den Zeilen lasen, verstanden dies auf folgende Weise: Die deutschen Wissenschaftler hätten Hitler und den Nationalsozialisten unter keinen Umständen Atombomben zur Verfügung gestellt; stattdessen hätten Heisenberg und seine Kollegen Hitler gegenüber Widerstand geleistet, indem sie ihm Atomwaffen verweigerten.[4]

Goudsmit wiederum reagierte darauf mit seinem einflussreichen populärwissenschaftlichen Buch *Alsos*, in dem er die grob vereinfachende These vertrat, Heisenberg und seine Kollegen hätten die Physik der Bombe nicht verstanden und verschiedene Fehler gemacht. Damit trat Goudsmit der Andeutung, die Deutschen seien den Alliierten moralisch überlegen gewesen, die er aus Heisenbergs Artikel herauslas, entgegen und brachte das weit subtilere und schwerer wiegende Argument vor, dass überzogene Geheimhaltung und staatliche Kontrolle der Wissenschaft grundsätzlich schadeten, und zwar sowohl in Hitler-Deutschland als auch in den USA der Nachkriegszeit.[5] Der Fokus auf Heisenberg lenkte die Aufmerksamkeit von Goudsmits wichtigerem Argument ab. Da Goudsmit die Berichte nicht gründlich gelesen hatte, bevor er seine populärwissenschaftlichen Artikel und sein Buch schrieb, wurden mehrere seiner konkreten Behauptungen über die deutschen Arbeiten später als falsch entlarvt und seine Glaubwürdigkeit damit untergraben.

Jungks Buch *Heller als tausend Sonnen* befasste sich in erster Linie mit den von emigrierten Naturwissenschaftlern unterstützten amerikanischen

4 Werner Heisenberg, »Über die Arbeiten zur technischen Ausnutzung der Atomkernenergie in Deutschland«, *Die Naturwissenschaften*, 33 (1946), 325–329, insbesondere 329; die englische Fassung wurde veröffentlicht als Werner Heisenberg, »Research in Germany on the Technical Application of Atomic Energy«, *Nature*, 160/4059 (1947), 211–215.

5 Samuel Goudsmit, *Alsos* (New York 1947).

Anstrengungen, die erste Atombombe zu bauen.[6] Aber er beschrieb die deutschen Uranarbeiten während des Krieges und eine Reise von Heisenberg und Carl Friedrich von Weizsäcker (1912–2007) zu ihrem Kollegen Niels Bohr (1885–1962) ins besetzte Dänemark auch als einen moralischen Kontrapunkt zum amerikanischen »Manhattan-Projekt«: Während amerikanische und emigrierte Wissenschaftler, die in einer Demokratie lebten, Kriegswaffen erschaffen hätten, hätten – so Jungk – deutsche Wissenschaftler, die unter der nationalsozialistischen Diktatur arbeiteten, Hitler den Zugriff auf Atombomben verwehrt. In der zweiten Auflage von *Heller als tausend Sonnen*, die in zahlreiche Sprachen, darunter Englisch und Dänisch, übersetzt wurde, veröffentlichte Jungk lange Auszüge aus einem Brief von Heisenberg an Jungk, die die Behauptung untermauerten, die deutschen Wissenschaftler seien nach Kopenhagen gereist, um sich Bohrs Unterstützung bei ihren Bemühungen zu sichern, den Bau von Atomwaffen weltweit zu verhindern.[7]

Die letzten Worte der Wissenschaftler

In einem Essay über den Chemiker und Mitentdecker der Kernspaltung Otto Hahn (1879–1968), der 1969, ein Jahr nach dessen Tod, geschrieben wurde, behauptete der Physiker Walther Gerlach (1889–1979), der in den letzten anderthalb Jahren des Krieges Leiter der deutschen Uranforschung gewesen war, das Interesse an militärischen Anwendungen der Kernspaltung sei »bald ad acta gelegt« worden. Entwicklungsarbeiten zum Bau von Uranmaschinen (wie die Deutschen Kernreaktoren nannten) seien allerdings begonnen worden, um die Kernenergie für technische Zwecke zu nutzen. Gerlach beteuerte jedoch, Hahn habe sich »niemals an diesen Arbeiten beteiligt«. Vielmehr hätten der Chemiker und seine Mitarbeiter lediglich die durch die Kernspaltung entstandenen Produkte erforscht. Wie wir weiter unten sehen werden, ist die Behauptung, die Forschung an Spaltfragmenten habe nichts mit der Uranmaschine zu tun, problematisch. Obgleich Hahn und sein Mitarbeiter, der Chemiker Fritz Straßmann (1902–1980), im Dritten Reich »mancherlei Kränkungen« erfahren hätten, hätten sie die wissenschaftliche Arbeit weitgehend ungestört fortsetzen können.[8]

6 Robert Jungk, *Heller als tausend Sonnen. Das Schicksal der Atomforscher* (Stuttgart 1956).

7 Robert Jungk, *Heller als tausend Sonnen. Das Schicksal der Atomforscher*, 2. Aufl. (Stuttgart 1958), 407–408; Robert Jungk, *Brighter than a Thousand Suns: A Personal History of the Atomic Scientists* (New York 1958), 102–104.

8 Walther Gerlach, »Otto Hahn – ein Forscherleben unserer Zeit«, in Dietrich Hahn (Hg.), *Otto Hahn. Ein Forscherleben unserer Zeit* (Stuttgart 1984), 11–135, hier 102, 108.

In seiner Autobiografie verliert Hahn kein Wort über die wissenschaftlichen Forschungsprojekte, die er und seine Kollegen während des Krieges durchgeführt hatten. Stattdessen erzählt er in zwei Anekdoten, wie er Menschen vor den Nationalsozialisten rettete, und stellt sich so als jemand dar, der Widerstand gegen Hitler leistete.[9] Obwohl es keinen Grund gibt, daran zu zweifeln, dass Hahn diesen Menschen tatsächlich geholfen hat, war sein Verhältnis zum Nationalsozialismus doch weitaus komplizierter.[10]

In den 1960er-Jahren schrieb der Schriftsteller David Irving das erste Sachbuch über die deutsche Uranforschung, das sich auf historische Quellen stützte.[11] Sein nachhaltigster Beitrag ist vermutlich der Fundus an Materialien, den er zusammentrug, auf Mikrofilm aufnahm und zum Verkauf anbot.[12] Irving konzentrierte sich auf Individuen, die Geschichte schreiben. Aus diesem Grund unterschätzte er die Bedeutung der unterschiedlichen industriellen Kapazitäten; er erkannte weder die industrielle Überlegenheit der USA noch die Tatsache, dass die deutsche Forschung von der sich verschlechternden Kriegslage in Mitleidenschaft gezogen wurde. Stattdessen behauptete Irving, Deutschland sei gescheitert, weil das Projekt von Wissenschaftlern – und eben »nicht von hohen Offizieren wie in Amerika«[13] – geleitet wurde. Tatsächlich, so Irving, beweise dies, dass »die Wissenschaft während des Krieges nicht den Wissenschaftlern überlassen bleiben kann«.[14]

Irving war gegenüber einigen Wissenschaftlern, die er interviewte, allzu respektvoll. So nahm er Gerlach zum Beispiel dessen Behauptung ab, er habe nur deshalb die Leitung der kernphysikalischen Forschung übernommen, weil er die deutsche Physik habe retten wollen. Ebenso kritiklos übernahm Irving Heisenbergs Aussage, dass »ein Fehler der Größenordnung«, wie ihn der Physiker Walther Bothe (1891–1957) bei seinen Messungen der Eigenschaften von Kohlenstoff gemacht habe, die Forschungen behindert

9 Otto Hahn, *Mein Leben* (München 1968), 156–161.

10 Vgl. Mark Walker, »Otto Hahn: Responsibility and Repression«, *Physics in Perspective*, 8/2 (2006), 116–163.

11 David Irving, *The German Atomic Bomb* (New York 1967); die britische Ausgabe erschien unter einem anderen Titel, David Irving, *The Virus House* (London 1967); deutsche Übersetzung: David Irving, *Der Traum von der deutschen Atombombe* (Gütersloh 1967). Bekannt ist Irving als Autor des Buches *Hitlers Krieg. 1, die Siege 1939–1942* (München 1983); *Hitlers Krieg. 2, Götterdämmerung 1942–1945* (München 1988), in dem er behauptet, dass die Hauptverantwortung für den Ausbruch des Krieges im Jahr 1939 bei Großbritannien liege und Hitler gegen die Ermordung der Juden gewesen sei. Später leugnete Irving den Holocaust ausdrücklich und wurde deswegen strafrechtlich verurteilt.

12 Eine Kopie dieses Mikrofilms befindet sich im ADM.

13 Irving, Traum, 305

14 Ebd., 307.

hätte.[15] Andererseits widersprach Irving entschieden den Behauptungen, wonach, erstens, die Deutschen nicht über Atomwaffen nachgedacht hätten; zweitens, Rüstungsminister Albert Speer (1905–1981) das Waffenprojekt eingestellt habe; und, drittens, die deutschen Forscher vor Atombomben zurückgeschreckt seien, weil sie »moralisch lauterer« gewesen seien.[16] Für Heisenberg war jedoch am wichtigsten, dass Irving Goudsmits Argument widerlegte, wonach die Deutschen, einschließlich Heisenberg, nicht verstanden hätten, wie eine Atombombe funktioniere. Heisenberg hatte Irvings Manuskript vertraulich und eingehend geprüft, bevor es veröffentlicht wurde, und brachte dann eine Rezension des Buches unter der Überschrift »Das Dritte Reich versuchte nicht, die Atombombe zu bauen« in der angesehenen *Frankfurter Allgemeinen Zeitung* unter.[17]

Er bedankte sich bei Irving dafür, dass er »den deutschen Bericht in allen wichtigen Punkten bestätigt, darüber hinaus ergänzt und vervollständigt [habe], so dass ein klares und ziemlich lückenloses Bild der Tatsachen entsteht«. Außerdem habe Irving mit den Nachkriegslegenden aufgeräumt, wonach die auf Hiroshima abgeworfene Bombe von den Deutschen stammte oder dass die deutschen Physiker »Landesverrat begangen und ›ihrem Führer‹ die Kenntnis der Atombombe verschwiegen« hätten. Heisenberg zufolge war »die eine wohl unvermeidliche Schwäche« von Irvings Bericht psychologischer Natur:

> aber dort wo es um die Motive für die Tatsachen geht, genügen die Dokumente nicht mehr. Hier wäre eine intime Kenntnis der psychologischen Situation in einem kriegführenden totalitären Staat nötig, die Irving nicht besitzen kann, die zu erwerben für einen Angehörigen einer westlichen Demokratie auch außerordentlich schwierig wäre […].

Heisenbergs Verärgerung darüber, wie er und seine Arbeit während des Krieges dargestellt worden waren, schimmerte ebenfalls durch: »Nach einem großen Krieg wird die Geschichte vom Sieger geschrieben und im siegreichen Volk bilden sich Legenden, die den Sieg verherrlichen.«[18]

Obgleich Heisenbergs Rezension von Irvings Buch sich so anhören mag, als würde er jetzt das, was er über Kopenhagen an Jungk geschrieben hatte,

15 Ebd., 206, 238–239, 305.

16 Ebd., 304.

17 Vgl. Mark Walker, »Legenden um die deutsche Atombombe«, *Vierteljahrshefte für Zeitgeschichte*, 38 (1990), 45–74, hier 67–68; Werner Heisenberg, »Das Dritte Reich versuchte nicht, die Atombombe zu bauen«, *Frankfurter Allgemeine Zeitung*, 286 (9. Dezember 1967), Beilage Bilder und Zeiten 4.

18 Heisenberg, Dritte, 4.

in Abrede stellen, bekräftigte er in seinen zwei Jahre später erschienenen Memoiren die Ausführungen in seinem Brief an Jungk.[19]

> Ich versuchte Niels anzudeuten, daß man grundsätzlich Atombomben machen könne, daß dazu ein enormer technischer Aufwand nötig sei und daß man sich als Physiker wohl fragen müsse, ob man an diesem Problem arbeiten dürfe. [...] [Bohr nahm] den mir wichtigsten Teil meiner Information, daß nämlich dazu ein ganz enormer technischer Aufwand nötig sei, nicht mehr recht auf. Mir schien es äußerst wichtig, daß diese tatsächliche Situation den Physikern bis zu einem gewissen Grad die Möglichkeit gab zu entscheiden, ob der Bau von Atombomben versucht werden solle oder nicht.[20]

In ihrem einige Jahre nach dem Tod ihres Mannes geschriebenen Buch bestätigte Elisabeth Heisenberg (1914–1998) dessen Bericht über den Besuch bei Bohr im Jahr 1941, wartete jedoch mit einer neuen Enthüllung auf: Werner Heisenberg habe befürchtet, dass die USA Atombomben gegen Deutschland einsetzen könnten.[21] Inzwischen ist die Korrespondenz zwischen Elisabeth und Werner Heisenberg aus der Kriegs- und der unmittelbaren Nachkriegszeit veröffentlicht worden.[22] Diese Briefe stellen eine wichtige Quelle für Werner Heisenbergs Wahrnehmung des Kriegsverlaufs und die Gefühle, die dieser in ihm hervorrief, dar.

In der Gesamtschau ergeben Heisenbergs Brief an Jungk, die Rezension von Irvings Buch und die Memoiren ein Beispiel von kognitiver Dissonanz: Heisenberg beteuerte, er habe nicht bei einer Verschwörung mitgewirkt, sondern sich vielmehr mit einer kleinen Zahl von Kollegen darum bemüht, den Bau von Atomwaffen während des Zweiten Weltkriegs grundsätzlich zu unterbinden – etwas, was man als eine Verschwörung bezeichnen könnte. Heisenbergs Argument, dass nur jemand, der die Gräuel des Dritten Reichs selbst erlebt habe, die Motive der Menschen wirklich verstehen könne, war eine geläufige Schutzbehauptung, die sich generell gegen die Arbeit von Historikern richtete. Carl Friedrich von Weizsäcker äußerte sich 1985 mir gegenüber ähnlich.[23]

19 Werner Heisenberg, *Der Teil und das Ganze. Gespräche im Umkreis der Atomphysik* (München 1973). Das ist die Taschenbuchausgabe. Erstmals veröffentlicht wurden diese Memoiren im Jahr 1969.

20 Ebd., 213.

21 Elisabeth Heisenberg, *Das politische Leben eines Unpolitischen: Erinnerungen an Werner Heisenberg* (München 1980), 79.

22 Werner Heisenberg und Elisabeth Heisenberg, *»Meine Liebe Li!« Der Briefwechsel 1937–1946* (St. Pölten 2011).

23 Interview von Mark Walker mit Carl Friedrich von Weizsäcker (9. Mai 1985), American Institute of Physics, Niels Bohr Library and Archives, https://repository.aip.org/islandora/object/nbla%3A271351#page/1/mode/2up (letzter Zugriff am 31. Dezember 2023).

Erste Rekonstruktionen durch amerikanische Historiker

Die politischen Auseinandersetzungen innerhalb der deutschen Physikergemeinde während des Nationalsozialismus waren wichtige Rahmenbedingungen für die Uranforschung während des Krieges. In den späten 1970er-Jahren veröffentlichte Alan Beyerchen sein Buch *Wissenschaftler unter Hitler. Physiker im Dritten Reich.*[24] In dieser bahnbrechenden Studie hat er die von den NS-Nobelpreisträgern Philipp Lenard (1862–1947) und Johannes Stark (1874–1957) angeführte Bewegung der »Deutschen Physik« eingehend untersucht. Beyerchen analysierte auf erkenntnisreiche Weise sowohl die anfänglichen Erfolge von Lenard und Stark während des Dritten Reichs, die darin gipfelten, dass Heisenberg die Berufung auf den Lehrstuhl für theoretische Physik an der Universität München verweigert wurde, als auch den anschließenden erfolgreichen Gegenangriff durch Anhänger der modernen Physik unter Führung des Physikers und NS-Kaders Wolfgang Finkelnburg (1905–1967) und des Industriephysikers und Präsidenten der Deutschen Physikalischen Gesellschaft Carl Ramsauer (1879–1955).

In den späten 1980er- und frühen 1990er-Jahren habe ich ein Buch und zwei damit zusammenhängende Artikel über das deutsche Uranprojekt veröffentlicht.[25] Ich weise darin sowohl Goudsmits Argument zurück, dass die Deutschen aufgrund von Fehlern keine Fortschritte gemacht hätten, als auch Jungks These, sie hätten sich geweigert, Atombomben für Hitler zu bauen. Vielmehr vertrete ich die Auffassung, im Winter 1941/42 seien führende Militärs zu dem nachvollziehbaren Schluss gelangt, dass Atomwaffen aufgrund der mit der Kriegswirtschaft verbundenen Einschränkungen nicht rechtzeitig gebaut werden könnten, um den Ausgang des Krieges zu beeinflussen. Im Hinblick auf das Verhältnis der Wissenschaftler zum Nationalsozialismus lehne ich in dieser Arbeit auch die weit verbreitete Schwarz-Weiß-Dichotomie von Nazi kontra Nazi-Gegner ab und schlage stattdessen ein Modell der Grauschattierungen vor. Schließlich bricht meine Dissertation mit der Tradition, indem ich die Erzählung nicht 1945, mit dem Zusammenbruch des NS-Regimes, enden lasse, sondern eine Analyse der unmittelbaren Nachkriegszeit miteinbeziehe. Anhand von Legenden und dem, was der Historiker Norbert Frei später »Vergangenheitspolitik« nannte,[26]

24 Alan Beyerchen, *Wissenschaftler unter Hitler. Physiker im Dritten Reich* (Frankfurt am Main 1982).

25 Mark Walker, *Die Uranmaschine. Mythos und Wirklichkeit der deutschen Atombombe* (Berlin 1990); Walker, Legenden; Mark Walker, »Physics and Propaganda: Werner Heisenberg's Foreign Lectures under National Socialism«, *Historical Studies in the Physical and Biological Sciences*, 22 (1992), 339–89.

26 Norbert Frei, *Vergangenheitspolitik. Die Anfänge der Bundesrepublik und die NS-Vergangenheit* (München 1999).

geht es mir darum, ein besseres Verständnis der Geschehnisse während des Krieges zu ermöglichen.

David Cassidys meisterhafte wissenschaftliche Biografie Heisenbergs, die ungefähr zur gleichen Zeit erschien wie meine Arbeit, verdeutlicht, dass die Uranforschung während des Krieges nur eine von mehreren wichtigen Komponenten des Lebens des Physikers im Dritten Reich war.[27] Der Historiker Cassidy weist die Annahme zurück, Heisenberg habe Erkenntnisse zurückgehalten, die vielleicht zu einer Bombe geführt hätten. Auch habe Heisenberg das Projekt nicht durch absichtliche Verzögerung sabotiert. Die Motive für die außerordentlichen Anstrengungen Heisenbergs bei der Erforschung der Kernspaltung in den ersten Monaten und Jahren des Krieges sah Cassidy in Heisenbergs Patriotismus, seiner wissenschaftlichen Neugier, seinem Wunsch, die deutschen Kriegsanstrengungen zu unterstützen, und der »professionellen Nützlichkeit« von Uran begründet.[28] Mit anderen Worten: Die Uranarbeiten halfen Heisenberg dabei, andere Ziele zu erreichen, wie zum Beispiel prestigeträchtige akademische Berufungen in Berlin, die Förderung der theoretischen Physik und die Anerkennung der Führungsrolle Heisenbergs durch leitende NS-Funktionäre.

Die Farm-Hall-Transkripte

Am Ende des Krieges wurden zehn deutsche Wissenschaftler auf einem Landsitz namens Farm Hall in England interniert. In den Wänden der Zimmer waren Mikrofone versteckt. Die Gespräche der Wissenschaftler wurden aufgezeichnet, teilweise transkribiert, ins Englische übersetzt und dann an hohe britische und amerikanische Amtsträger weitergeleitet. Die Alliierten wollten die internierten Wissenschaftler so lange von der Außenwelt abschotten, bis die erste Atombombe abgeworfen worden war. Zugleich wollte man in Erfahrung bringen, was deutsche Physiker über Atomwaffen wussten und ob sie bereit wären, nach dem Krieg mit den Amerikanern und Briten zusammenzuarbeiten.

General Leslie Groves (1896–1970), der Leiter des Manhattan-Projekts, widmete den größten Teil seiner Memoiren der Geschichte der amerikanischen Atombombe. Er gab aber auch einen kurzen Überblick über die nach

27 David C. Cassidy, *Werner Heisenberg. Leben und Werk* (Heidelberg 1992). Im Jahr 2009 veröffentlichte Cassidy eine überarbeitete Ausgabe, die die Farm-Hall-Transkripte und andere historische Quellen enthielt, die in der Zwischenzeit zugänglich geworden waren: David C. Cassidy, *Beyond Uncertainty: Heisenberg, Quantum Physics, and The Bomb* (New York 2009).

28 Cassidy, Beyond, 304.

Europa entsandte Alsos-Mission, die Informationen sammeln und, falls nötig, die von deutschen Atomwaffen ausgehende Bedrohung neutralisieren sollte.[29] Obgleich Goudsmit fraglos Informationen darüber erhalten hatte, was die deutschen Wissenschaftler in Farm Hall gesagt hatten, und diese in sein Buch *Alsos* aufgenommen hatte, enthüllte Groves im Jahr 1962 die Existenz von Transkripten der Unterhaltungen der Wissenschaftler, indem er ausdrücklich aus den aufgezeichneten Gesprächen zitierte. In *Jetzt darf ich sprechen* veröffentlichte Groves einige der beschämendsten Auszüge aus den Farm-Hall-Transkripten, in denen die Deutschen in einem wenig schmeichelhaften Licht erschienen.

Dreißig Jahre später wurden die gesamten Farm-Hall-Transkripte freigegeben und umgehend in Großbritannien publiziert.[30] Der Physiker Charles Frank (1911–1998) schrieb die Einleitung dazu. Er war damals die letzte noch lebende Person, die die deutschen Wissenschaftler in Farm Hall besucht hatte. Frank behauptete, »Heisenbergs Schätzung der kritischen Masse für die Auslösung einer Kernexplosion in U^{235}«, die »deutlich überhöht« gewesen sei, habe »die deutsche Kernenergiepolitik während des Krieges maßgeblich bestimmt«. Hier gibt Frank auf subtile Weise Heisenberg (oder zumindest die Transkripte) falsch wieder, wenn er schreibt, dass »er sie nie richtig berechnet hat«, während Heisenberg laut den Farm-Hall-Transkripten geäußert habe, dass er nie eine Berechnung durchgeführt habe.[31] Wie viele andere Leser dieser Transkripte berücksichtigte auch Frank nicht, wie schockiert und skeptisch die Wissenschaftler anfänglich waren.

Eine deutsche Fassung der Farm-Hall-Transkripte wurde von dem Historiker Dieter Hoffmann herausgegeben.[32] Bis auf wenige Ausnahmen enthält diese nicht den ursprünglichen deutschen Wortlaut der Gespräche, sondern Rückübersetzungen der aufgezeichneten Gespräche. Die überarbeitete zweite Auflage wurde um viele Seiten zusätzlicher aufschlussreicher historischer Quellen erweitert.[33] Hoffmanns Einleitung gibt einen sehr guten Überblick über die Geschichte der deutschen Arbeiten während des Krieges und zeigt, dass die Deutschen die wesentlichen Grundlagen des Funktionsmechanismus einer Atombombe sehr wohl verstanden hatten. Seine scharfsinnige

29 Leslie Groves, *Now It Can Be Told: The Story of the Manhattan Project* (New York 1962); deutsche Übersetzung: *Jetzt darf ich sprechen: Die Geschichte der ersten Atombombe* (Köln 1965, Wiederauflage 1983).

30 Charles Frank (Hg.), *Operation Epsilon: The Farm Hall Transcripts* (Bristol 1993).

31 Ebd., 5, 83.

32 Dieter Hoffmann (Hg.), *Operation Epsilon. Die Farm-Hall-Protokolle oder Die Angst der Alliierten vor der deutschen Atombombe* (Berlin 1993).

33 Dieter Hoffmann (Hg.), *Operation Epsilon. Die Farm-Hall-Protokolle erstmals vollständig, ergänzt um zeitgenössische Briefe und weitere Dokumente der 1945 in England internierten deutschen Atomforscher*, 2. Aufl. (Diepholz 2023).

Analyse der Gespräche in Farm Hall zeigt, dass die Wissenschaftler schrittweise zu einem Konsens gelangten, der ihnen half, mit der »Vergangenheitspolitik« der Nachkriegszeit zurechtzukommen. Er gipfelte in Weizsäckers Behauptung, sie hätten nie eine Atombombe bauen wollen. Als ich 1993 die Farm-Hall-Transkripte analysierte, stellte ich den Aspekt der Legendenbildung heraus: Legenden, die von den Wissenschaftlern im Schmelztiegel von Farm Hall erfunden wurden und die ihnen helfen sollten, die Herausforderungen zu meistern, die durch das Vermächtnis des Holocaust und von Hiroshima geschaffen wurden.[34]

Im Unterschied zur ersten Publikation der Farm-Hall-Transkripte in englischer Sprache enthält die von Jeremy Bernstein betreute Ausgabe einen umfangreichen Kommentarteil, insbesondere in Bezug auf die Physik.[35] Bernstein ging als Physiker, der Geschichte schreibt, nicht als Physikhistoriker an diese Arbeit heran. Statt den historischen Kontext von Heisenbergs Äußerungen und Berechnungen über Atombomben zu rekonstruieren, zum Beispiel das, was Heisenberg während des Krieges getan und gesagt hatte, wie weit die Uranforschung vorangekommen war, welche Informationen ihm zur Verfügung standen oder welche Aufgaben ihm übertragen worden waren, fragte Bernstein einfach, ob die Aussagen zur Physik, die die deutschen Wissenschaftler bei ihren Unterhaltungen in Farm Hall machten, richtig waren. Dabei legte er den strengen Maßstab dessen an, was entweder die Wissenschaftler des Manhattan-Projekts schließlich erreicht hatten oder was dem gegenwärtigen physikalischen Wissensstand entsprach. Bernstein kam dadurch zu dem Schluss, dass die »Deutschen kein umfassendes Verständnis der Bombenphysik besaßen«.[36]

Farm Hall löste eine große und anhaltende Faszination aus, war aber auch mit einer historiografischen Ironie verbunden: Zahlreiche Wissenschaftler haben in den aufgezeichneten Gesprächen von Farm Hall nach Hinweisen darauf gesucht (und suchen noch immer), was die deutschen Wissenschaftler während des Krieges getan haben, statt die zugänglichen Dokumente aus der Kriegszeit dazu heranzuziehen. Die wichtigsten Aufschlüsse darüber, was während des Krieges geschah, geben eben Dokumente aus der Kriegszeit, nicht aus der Nachkriegszeit. Quellen aus der Kriegszeit verdeutlichen, dass Heisenbergs Verständnis der kritischen Masse einer Atombombe oder andere Aspekte der Physik von Atombomben – welcher

34 Mark Walker, »Selbstreflexionen deutscher Atomphysiker. Die Farm Hall-Protokolle und die Entstehung neuer Legenden um die ›deutsche Atombombe‹«, *Vierteljahrshefte für Zeitgeschichte*, 41 (1993), 519–542.

35 Jeremy Bernstein, *Hitler's Uranium Club: The Secret Recordings at Farm Hall* (Woodbury 1996).

36 Ebd., 209; Jeremy Bernstein, »Heisenberg and the Critical Mass«, *American Journal of Physics*, 70 (2002), 911–916, hier 915.

auch immer – für das Vorankommen des Uranprojekts nicht entscheidend waren.[37] Wie Ryan Dahn in einer 2022 erschienenen Überblicksarbeit über die Farm-Hall-Transkripte und die damit verbundenen Kontroversen scharfsinnig anmerkte: »sie [die Transkripte] verraten uns nicht, was Heisenberg und Co. über Atombomben wussten, wann sie es wussten und welche Absichten sie damit verfolgten, sie zu bauen (oder nicht zu bauen), vielmehr zeigen sie, wie Geschichte von Menschen in Echtzeit verarbeitet wird.«[38]

Die Weiterentwicklung von Jungks Thesen

Die von Heisenberg eingeführte und von Jungk popularisierte These, die deutschen Wissenschaftler hätten »die Kontrolle [über die Uranforschung] behalten« und sich im Zuge dessen auch bemüht, den Bau von Atombomben grundsätzlich zu verhindern, wurde von dem Publizisten Thomas Powers und dem Dramatiker Michael Frayn weiter ausgestaltet. Sowohl Powers' Buch *Heisenbergs Krieg*[39] als auch Frayns Theaterstück *Kopenhagen*[40] übten großen Einfluss auf die Historiografie der deutschen Atombombe aus. Powers behauptete ausdrücklich, was Jungk lediglich angedeutet hatte: Heisenberg habe das Atombombenprojekt sabotiert, indem er Erkenntnisse über die Verwendung von Transuran 94 (das die Amerikaner Plutonium nannten) als Kernsprengstoff für sich behielt.[41] Über den Besuch in Kopenhagen schrieb er:

> Folglich gab Heisenberg, als er mit Bohr sprach, mit einem Schlag das einzige hochbedeutsame Geheimnis des deutschen Atombombenprojekts preis: seine Existenz. Außerdem hatte Heisenberg vorher seinen Besuch insgeheim mit einer kleinen Gruppe, darunter von Weizsäcker, [Karl] Wirtz [(1910–1994)], [Johannes] Jensen [(1907–1973)] und [Fritz] Houtermans [(1903–1966)], besprochen. Auf gut Deutsch gesagt ließ sich

37 Mark Walker, »Did Werner Heisenberg Understand How Atomic Bombs Worked?«, *Berichte zur Wissenschaftsgeschichte*, 45 (2022), 219–244.

38 Ryan Dahn, »The Farm Hall Transcripts: The Smoking Gun That Wasn't«, *Berichte zur Wissenschaftsgeschichte*, 45 (2022), 202–218, hier 215.

39 Thomas Powers, *Heisenbergs Krieg. Die Geheimgeschichte der deutschen Atombombe* (Hamburg 1993).

40 Michael Frayn, *Copenhagen* (New York 1998). Deutsche Übersetzung mit Essays mehrerer Autoren über das Stück: Matthias Dörries (Hg.), Michael Frayn, *Kopenhagen. Stück in zwei Akten. Mit zwölf wissenschaftsgeschichtlichen Kommentaren*, 3., erweiterte Auflage (Göttingen 2003); Erstpublikation 2001.

41 Powers, Heisenbergs Krieg, 612, 144–145.

> ihre Übereinkunft, die Existenz des deutschen Atombombenprojekts zu verraten, nur als eine Verschwörung bezeichnen. [...]
> Er [Heisenberg] hoffte mit Bohr die Möglichkeit zu erörtern, daß er, Bohr, als Vermittler beim Zustandekommen einer geheimen Übereinkunft zwischen deutschen und amerikanischen Physikern dienen könnte, um auf die Schwierigkeiten bei der Herstellung einer Atombombe hinzuweisen und dadurch ihren Einsatz während des Krieges – *durch beide Seiten* – zu verhindern.[42]

Powers' Buch inspirierte den Bühnenautor Michael Frayn, den Dialog zwischen Bohr und Heisenberg im besetzten Kopenhagen zu dramatisieren; ihre Geister, denen sich der Geist von Bohrs Ehefrau Margrethe (1890–1984) beigesellt, gehen auf der Suche nach der Wahrheit verschiedene Versionen des Gesprächs durch. Frayn lässt die Figuren dieselben Ereignisse in unterschiedlicher Weise erinnern und bemüht sich dadurch, eine nichtlineare beziehungsweise nichtsequenzielle Interpretation spezifischer historischer Ereignisse zu präsentieren. Man kann darin auch eine Metapher für Heisenbergs eigene Entdeckung der Unbestimmtheit (Unschärfe) von Ort und Impuls auf Quantenebene sehen. Frayn präsentiert seinem Publikum mehrere Ergebnisse und Interpretationen einer bestimmten Folge historischer Ereignisse, zum Beispiel Fragen wie: Versuchte Heisenberg Bohr dazu zu drängen, mit dem nationalsozialistischen Deutschland zu kollaborieren, versuchte er Bohr dazu zu drängen, allen Staatsführern weltweit den Zugriff auf Atomwaffen zu verwehren, oder tat er etwas, was dazwischen liegt? Hier folgt der Dramatiker in zwei wesentlichen Punkten Powers: Erstens akzeptiert er die Behauptung, Heisenberg habe Albert Speer absichtlich nichts über Element 94 erzählt; zweitens lässt Frayn, als Bohr Heisenberg fragt, warum er die kritische Masse nicht berechnet habe, den jüngeren Physiker antworten: Weil er nicht versuche, eine Bombe zu bauen.[43]

In einem Ende der 1980er-Jahre veröffentlichten Buch nahm Carl Friedrich von Weizsäcker erstmals Stellung zu dem Besuch in Kopenhagen, nachdem Historiker begonnen hatten, seine Rolle anhand historischer Dokumente genauer unter die Lupe zu nehmen. Weizsäcker erwähnte ein noch nicht lang zurückliegendes Gespräch mit einem russischen Physiker namens Feinberg, der ihm erzählt habe, was ihm Niels Bohr in den 1950er-Jahren gesagt habe: Als Heisenberg 1941 Kopenhagen besuchte, war er überzeugt davon, dass Deutschland die Sowjetunion besiegen würde. Er habe außerdem versucht, Bohr zur Zusammenarbeit mit den Deutschen im

42 Ebd., 164, 168, Übersetzung leicht verändert, A. d. Ü.; siehe auch das Kapitel »Überzeugungsarbeit«.

43 Dörries und Frayn, Kopenhagen, 47, 81; Siehe auch das Kapitel »Überzeugungsarbeit«.

besetzten Dänemark zu überreden.[44] Tatsächlich sagte Heisenberg seinen dänischen Kollegen beides.[45] Weizsäcker, der bekanntlich Heisenberg nach Kopenhagen begleitet hatte, tat jetzt so, als sei dieser Bericht aus dritter Hand eine Offenbarung für ihn gewesen. Er interpretierte ihn in dem Sinne, dass Bohr »sich wohl am Ende vorstellte, Heisenberg habe ihn auch zur Mitarbeit an Atomwaffen bewegen wollen«,[46] und erklärte damit das Befremden und Unverständnis, mit dem Bohr darauf reagiert habe. Weizsäcker behauptete auch kategorisch: »Ich habe zwar in allem, was ich öffentlich und privat zu dieser Sache gesagt habe, immer versucht zu betonen, daß es bei uns keine Verschwörung gab, die Atombombe nicht zu machen.«[47]

Nach der Veröffentlichung der Farm-Hall-Transkripte beteuerte Weizsäcker abermals: »Es gab nicht eine Verschwörung der deutschen Physiker, es gab lediglich eine feste Handlungsgemeinschaft zwischen Heisenberg, Wirtz und mir.«[48] Ironischerweise lobte Weizsäcker im selben Interview Thomas Powers, der entschieden behauptete, es habe eine Verschwörung gegeben, in der Absicht, die Erkenntnisse über Element 94 zu verschweigen und die Entwicklung von Atomwaffen weltweit zu unterbinden: »Das wird in dem Buch von Thomas Powers jetzt alles recht gut dargestellt. Powers hat das sehr gut analysiert.«[49]

Wie bei Heisenberg zeigt sich auch bei Weizsäcker das, was man wohl kognitive Dissonanz nennen muss: Weizsäcker sah offensichtlich keinen Widerspruch darin, dass er einerseits Verschwörungen bestritt und andererseits behauptete, die beiden seien nach Kopenhagen gereist, um Niels Bohr für ihren Plan zu gewinnen, die Entwicklung von Atomwaffen weltweit zu verhindern.

Die Wiederbelebung von Goudsmits Argumenten

So wie Powers und Frayn Jungks Behauptung, die Wissenschaftler hätten Hitler Widerstand geleistet, in einer extremeren Form aufgriffen, haben andere Autoren Goudmits Äußerungen weiter zugespitzt. *Der Greif* vom Physiker und Schriftsteller Arnold Kramish ist ein populärwissenschaftliches Buch über Paul Rosbaud (1896–1963), einen Wissenschaftler, der im

44 Carl Friedrich von Weizsäcker, *Bewußtseinswandel* (München 1988), 379; Weizsäcker erhielt 1987 ein Exemplar von Mark Walkers Dissertation.
45 Vgl. das Kapitel »Kopenhagen«.
46 Weizsäcker, Bewußtseinswandel, 379.
47 Ebd., 382.
48 Carl Friedrich von Weizsäcker, »Farm Hall und das deutsche Uranprojekt. Ein Gespräch«, in Hoffmann, Epsilon, 2. Aufl., 519–549, hier 538.
49 Ebd., 541.

Dritten Reich als Redakteur bei der Zeitschrift *Die Naturwissenschaften* arbeitete und während des Zweiten Weltkriegs für die Alliierten spionierte.[50] Kramish geht über Goudsmits Kritik an Heisenberg und Weizsäcker hinaus, indem er beide als willige Werkzeuge und loyale Kollaborateure Hitlers und der Nazis darstellt. Obwohl das Buch viele sachliche Fehler enthält, zog Kramish den richtigen Schluss: »Ein Hauptgrund für den Besuch [Heisenbergs] in Kopenhagen war das Sammeln von Informationen.«[51] Da diese Schlussfolgerung jedoch im Rahmen eines Buches über einen Spion dargelegt wird, deutet Kramish – gewollt oder ungewollt – an, Heisenberg habe deshalb als ein Agent für die nationalsozialistische Regierung gearbeitet, was nicht der Fall war.

Der Historiker Paul Lawrence Rose wiederum geht in seinem Buch deutlich über die Thesen von Samuel Goudsmit in *Alsos* hinaus; er behauptet, Heisenberg habe schwerwiegende wissenschaftliche Fehler gemacht und sich durch seinen Dienst für die Sache Hitlers selbst kompromittiert.[52] »Was veranlasste Heisenberg, wie so viele andere anständige Deutsche, dazu, abscheuliche Kompromisse mit dem Nazismus einzugehen – Kompromisse, die ihn dazu brachten, zunächst, in den 1930er-Jahren, das Nazi-Regime und dann, schlimmer noch, die brutalen Eroberungskriege Hitlers zu rechtfertigen?«[53] Im dritten Teil seines Buches trägt er mit historischen Beispielen für Antisemitismus Belege für seine Behauptung zusammen, es gebe eine eigenartige, spezifisch deutsche Mentalität, die für Menschen anderer westlicher Gesellschaften schwer zu verstehen sei und die Deutsche dazu prädisponiere, auf die eine oder andere Weise dem Nationalsozialismus zu dienen. In dieser Hinsicht erinnert Roses Argumentation an Daniel Goldhagens ungefähr zur gleichen Zeit erschienenes Buch *Hitlers willige Vollstrecker*, in dem der Autor behauptet, der Holocaust sei die Folge des deutschen Judenhasses gewesen.[54] Der Hauptpunkt von Roses Buch scheint in diesem mehrdeutigen Urteil enthalten zu sein: »Heisenberg war kein Nazi – jedenfalls nicht im strengen Sinne […].«[55]

50 Arnold Kramish, *The Griffin* (Boston 1986); deutsche Übersetzung: *Der Greif. Paul Rosbaud* (München 1987).

51 Kramish, Griffin, 120.

52 Paul Lawrence Rose, *Heisenberg and the Nazi Atomic Bomb Project* (Berkeley 1998); deutsche Übersetzung: *Heisenberg und das Atombombenprojekt der Nazis* (Zürich, München 2001).

53 Rose, Nazi, 237.

54 Daniel Goldhagen, *Hitlers willige Vollstrecker* (München 1996).

55 Rose, Nazi, 236.

Dokumente aus dem Kaiser-Wilhelm-Institut für Physik und die Briefe Bohrs

Im Jahr 1997 setzte die Max-Planck-Gesellschaft eine Kommission ein, die die Geschichte ihrer Vorgängerorganisation, der Kaiser-Wilhelm-Gesellschaft, im Nationalsozialismus aufarbeiten sollte. Das Projekt lief bis 2007, und ich war als Gastwissenschaftler daran beteiligt.[56] Ich war Mitherausgeber zweier Aufsatzsammlungen und schrieb außerdem zwei lange Artikel über die Geschichte der deutschen Uranforschung während des Krieges: einen über den Umgang von Otto Hahn mit dem Nationalsozialismus und einen zweiten, der anhand neu zugänglicher Quellen das historische Verständnis der Forschungsprojekte am Kaiser-Wilhelm-Institut für Physik während des Krieges auf den neuesten Stand brachte.[57]

Nach der Öffnung der Berliner Mauer und dem Untergang des Kommunismus wurden, mithilfe des Historikers Rainer Karlsch, historische Dokumente aus dem Kaiser-Wilhelm-Institut für Physik, die in russischen Archiven gelagert worden waren, an die Max-Planck-Gesellschaft und ihre Kommission zurückgegeben. Zusammen mit der Schriftfassung des Vortrags, den Heisenberg im Juni 1942 vor Speer und anderen hochrangigen Militärs hielt,[58] wurden vier bislang unbekannte Schlüsselquellen zugänglich: erstens eine Patentanmeldung, die Weizsäcker für die Herstellung und Verwendung des Elements 94 eingereicht hatte;[59] zweitens ein Bericht über eine Unterredung zwischen Weizsäcker und dem Physiker Kurt Diebner (1905–1964) vom Heereswaffenamt, bei dem die etwaige militärische Bedeutung dieses Transurans erörtert worden war;[60] drittens ein Bericht über

56 https://www.mpg.de/geschichte/kwg-im-nationalsozialismus (letzter Zugriff am 26. November 2023).

57 Carola Sachse und Mark Walker (Hgg.), *Politics and Science in Wartime: Comparative International Perspectives on the Kaiser Wilhelm Institutes* [*Osiris*, Bd. 20] (Chicago 2005); Susanne Heim, Carola Sachse und Mark Walker (Hgg.), *The Kaiser Wilhelm Society during National Socialism* (Cambridge 2009); Walker, Hahn; Mark Walker, »Eine Waffenschmiede? Kernwaffen- und Reaktorforschung am Kaiser-Wilhelm-Institut für Physik«, in Helmut Maier (Hg.), *Gemeinschaftsforschung, Bevollmächtigte und der Wissentransfer. Die Rolle der Kaiser-Wilhelm-Gesellschaft im System kriegsrelevanter Forschung des Nationalsozialismus* (Göttingen 2007), 352–394.

58 Werner Heisenberg, Die Arbeiten am Uranproblem (4. Juni 1942), AMPG, I. Abt. Rep. 34.

59 Carl Friedrich von Weizsäcker, Kernenergieerzeugung aus dem Uranisotop der Masse 238 und anderen schweren Elementen (Herstellung und Verwendung des Elements 94) (6. Juni 1941), AMPG, I. Abt. Rep. 34.

60 Carl Friedrich von Weizsäcker, Kurzer Bericht über die eventuelle praktische Auswirkung der Uranuntersuchungen auf Grund einer Rücksprache mit Dr. Diebner, AMPG, I. Abt. Rep. 34.

den Besuch Weizsäckers im besetzten Dänemark im März 1941;[61] und viertens ein von Heisenberg im November 1941 geschriebener Fortschrittsbericht.[62] Im Jahr 2002 wurde vom Niels-Bohr-Archiv eine weitere wichtige Quelle veröffentlicht: von Bohr Ende der 1950er-Jahre als Reaktion auf das Erscheinen der dänischen Übersetzung von Jungks Buch geschriebene Briefentwürfe an Heisenberg, die nie abgeschickt worden waren.[63]

Diese Dokumente haben das historische Verständnis der Frage nach der deutschen Atombombe entscheidend beeinflusst. Die Reise Weizsäckers nach Kopenhagen im März 1941 einschließlich der öffentlichen Vorträge und des Sammelns wissenschaftlicher Erkenntnisse über das amerikanische Atombombenprojekt liefert wichtige Hintergrundinformationen über den anschließenden Besuch Heisenbergs und Weizsäckers im September.[64] Der Fortschrittsbericht vom November 1941 liefert wichtige Anhaltspunkte dafür, was Heisenberg und seine Kollegen dem Heereswaffenamt bezüglich der Aussichten, Atomwaffen zu bauen, mitgeteilt hatten. Diese stützen meine These, wonach die Führung des Heereswaffenamts zu dem begründeten Schluss gelangte, Deutschland könne nicht rechtzeitig Atombomben entwickeln, um damit noch den Ausgang des Krieges zu beeinflussen.

Die schriftliche Ausarbeitung von Heisenbergs Vortrag vom Juni 1942 verdeutlicht, dass der Physiker im Gegensatz zu dem, was er David Irving später darüber erzählte, damals durchaus die Möglichkeit erwähnt hatte, in einer Uranmaschine transurane Kernsprengstoffe von großer Zerstörungskraft herzustellen, auch wenn er diesem Stoff keinen Namen gegeben hatte. Weizsäckers Patentanmeldung und seine anschließende Unterredung mit Diebner dokumentieren, dass Weizsäcker verstand, dass eine Uranmaschine Element 94 herstellen könnte, und dass er dem Heereswaffenamt die potenzielle militärische Nutzung dieser Entdeckung mitteilte. Die nicht abgeschickten Briefe Bohrs schließlich belegen, dass er Heisenbergs – von Jungk öffentlich gemachte – Behauptung zurückwies, der deutsche Physiker habe versucht, Bohrs Unterstützung für das Vorhaben zu gewinnen, den Bau von Atomwaffen weltweit zu unterbinden. In der Gesamtschau entkräften diese Dokumente unwiderruflich die These, Heisenberg und Weizsäcker hätten Widerstand gegen Hitler geleistet, indem sie Erkenntnisse über Element 94

61 Carl Friedrich von Weizsäcker, Bericht über die Vortragsreise nach Kopenhagen vom 19.–24.3.41 (26. März 1941), AMPG, I. Abt. Rep. 34.

62 Werner Heisenberg, Zur Durchführung der Arbeiten an der Uranmaschine (27. November 1941), AMPG, I. Abt. Rep. 34.

63 Matthias Dörries (Hg.), *Michael Frayn's Copenhagen in Debate: Historical Essays and Documents on the 1941 Meeting Between Niels Bohr and Werner Heisenberg* (Berkeley 2005).

64 Siehe das Kapitel »Kopenhagen«.

zurückhielten und sich um Bohrs Hilfe bei der weltweiten Ächtung von Atombomben bemühten.

»Hitlers Bombe«

In zwei Publikationen von Mitte der 2000er-Jahre behauptet Rainer Karlsch, deutsche Wissenschaftler hätten im März 1945, kurz vor Kriegsende, in der ostdeutschen Region Thüringen eine nukleare Sprengvorrichtung erfolgreich getestet.[65] Sowjetische Dokumente und in den 1960er-Jahren durchgeführte Befragungen von Zeitzeugen aus der Region deuteten darauf hin, dass bei der Erprobung einer neuen Waffe von hoher Sprengkraft Insassen eines Konzentrationslagers, die an den Ort der geplanten Explosion gebracht wurden, zu Tode kamen oder verstümmelt wurden. Karlsch zufolge handelte es sich dabei nicht um eine Atombombe, sondern um einen hybriden Zweiphasen-Sprengkörper auf der Basis der Hohlladungstechnik. Chemische Sprengstoffe seien dabei so angeordnet worden, dass sie eine hohle Masse bildeten, um die Explosionsenergie und -wärme auf ein Gemisch aus Deuterium (schwerem Wasserstoff) und Lithium zu fokussieren, das von in der Masse enthaltenem Element 94 oder angereichertem Uran-235 umschlossen gewesen sei. Bei hinreichend hohen Temperaturen würde dies, prinzipiell, zur Kernfusion führen. Die bei der Fusion freigesetzten Neutronen wiederum sollten Spaltungsreaktionen in dem umgebenden Transuran oder dem hoch angereicherten Uran auslösen.[66]

Karlschs Argumente wurden von Günter Nagel in zwei Büchern aufgegriffen. Nagel untersuchte die Rolle, die unter Kurt Diebner vom Heereswaffenamt arbeitende Wissenschaftler spielten, sowie die Arbeiten von Erich Schumann, hochrangiger Beamter im Heereswaffenwesen und Physiker, und anderer über Kernfusion.[67] Vor Kurzem wurden Karlschs Argumente auch von Heinz Dieter Haupt in seiner Analyse der deutschen Anstrengungen, während und nach dem Krieg Kernwaffen zu entwickeln, aufgegriffen.[68] Zwar gibt es Belege dafür, dass in den letzten Kriegsjahren Hohlladungs-

65 Rainer Karlsch, *Hitlers Bombe: Die geheime Geschichte der deutschen Kernwaffenversuche* (München 2005); Rainer Karlsch und Heiko Petermann (Hgg.), *Für und Wider »Hitlers Bombe«. Studien zur Atomforschung in Deutschland* (Münster 2007).

66 Rainer Karlsch und Mark Walker, »New Light on Hitler's Bomb«, *Physics World* (2005), 15–18, hier 15.

67 Günter Nagel, *Atomversuche in Deutschland. Geheime Uranarbeiten in Gottow, Oranienburg und Stadtilm*, 2. Aufl. (Zella-Mehlis 2003); Günter Nagel, *Das geheime deutsche Uranprojekt 1939–1945. Beute der Alliierten* (Zella-Mehlis 2016).

68 Heinz Dieter Haupt, *Deutschlands Weg zur Bombe. Chimäre oder Realität? Vom Dritten Reich bis zur Bundesrepublik. Die Geschichte alternativer Kernwaffenentwicklungen in Deutschland im Kontext der internationalen Forschung* (München 2022).

versuche mit dem Ziel, eine Kernfusion auszulösen, durchgeführt wurden, diese aber scheiterten. Es ist unklar, ob Fusionsreaktionen auf diese Weise gezündet werden können. Wasserstoffbomben nutzen die Energie einer Atombombe, um eine Kernfusion auszulösen. Tatsächlich wurden während des Krieges weder Element 94 noch nennenswerte Mengen an angereichertem Uran produziert, so dass sie nicht in eine solche Sprengvorrichtung hätten eingebaut werden können. Auch Bemühungen, an der angeblichen Explosionsstelle Spuren von Radioaktivität zu finden, die auf einen Kernwaffentest hingedeutet hätten, blieben erfolglos.[69]

Nukleare Forensik

Mehrere Forschungsgruppen haben zuletzt das deutsche Uranprojekt während des Krieges eingehend analysiert. Giacomo Grasso und seine Kollegen modellierten den letzten Versuch mit der Uranmaschine in Haigerloch (Baden-Württemberg). Der Neutronenvermehrungsfaktor, den ihr Modell ergab, stimmte recht gut mit demjenigen überein, den Heisenberg und Wirtz nach dem Krieg angaben. Die italienischen Forscher kamen zu dem grundsätzlichen Urteil, dass der Konstruktionstyp des Haigerloch-Reaktors dem damaligen Stand der Technik weitgehend entsprach. Obgleich er weit davon entfernt war, nennenswerte Mengen von Element 94 zu erbrüten, kam er dem nahe, was die deutschen Wissenschaftler während des Krieges einen funktionstüchtigen »Uranbrenner« nannten: eine Anlage, die eine nukleare Spaltungskettenreaktion aufrechterhalten kann. Das größte Problem an der Haigerloch-Maschine war die geringe Effizienz ihrer Bremssubstanz: schweres Wasser. Die notwendige Mindeststrecke, um die Spaltungsneutronen auf thermische Geschwindigkeiten abzubremsen, die ideal sind, um in Uran-235 Spaltungsprozesse in Gang zu setzen, während gleichzeitig die Absorption durch Uran-238 minimiert wird, war erheblich länger als die Abstände zwischen den Uranwürfeln. Um Kritikalität, also einen Zustand, in dem eine sich selbst erhaltende Kettenreaktion abläuft, zu erreichen, hätten die deutschen Wissenschaftler »mehr schweres Wasser benötigt, und mehr Zeit, um eine größere Uranmaschine zu bauen – aber weder das eine noch das andere stand ihnen damals zur Verfügung«.[70]

69 Siehe auch das Kapitel »Der Krieg ist verloren«.

70 Giacomo Grasso, Carlo Oppici, Federico Rocchi und Marco Sumini, »A Neutronics Study of the 1945 Haigerloch B-VIII Nuclear Reactor«, *Physics in Perspective*, 11 (2009), 318–335, hier 333; Werner Heisenberg und Karl Wirtz, »Großversuche zur Vorbereitung der Konstruktion eines Uranbrenners«, in Walther Bothe und Siegfried Flügge (Hgg.), *Naturforschung und Medizin in Deutschland 1939–1946. Band 14: Kernphysik und kosmische Strahlen. Teil II* (Weinheim 1949), 143–165.

Zwei Jahre später demonstrierte eine andere Forschungsgruppe anhand von Uran, das aus dem deutschen Projekt der Kriegszeit stammte, welche Erkenntnisse mithilfe der nuklearen Forensik gewonnen werden konnten. In den 1960er-Jahren wurde ein Uranwürfel – wahrscheinlich war er für die Versuche mit der Uranmaschine gegossen worden – in einem Fluss gefunden, zehn Kilometer von Heisenbergs Haus in Urfeld entfernt. Dieses Uran wurde zusammen mit einem anderen Würfel aus dem Atomkeller-Museum in Haigerloch und einer Uranmetallplatte, die im Max-Planck-Institut für Kernphysik in Heidelberg gefunden wurde, von Klaus Mayer und seinem Team untersucht. Den drei Stücken wurden Proben entnommen, die dann mit verschiedenen Typen von Massenspektrometern analysiert wurden. Alle drei Proben bestanden aus natürlichem Uran, das heißt, das Isotop 235 war nicht angereichert worden, und es war wahrscheinlich aus Erz gewonnen worden, das aus der Grube Joachimsthal im heutigen Tschechien stammte. Nachdem sie die Häufigkeiten von Uran-236 und Plutonium-94, die beide in Reaktoren produziert werden, in den Proben bestimmt hatten, folgerten sie, dass die drei Uranstücke nicht einer erheblichen Anzahl von Neutronen ausgesetzt worden seien.[71]

Im Jahr 2019 untersuchten Timothy Koeth und Miriam Hiebert ebenfalls einen Würfel aus dem Haigerloch-Versuch mithilfe eines Gammaspektroskops und bestätigten einige der Ergebnisse von Mayer und seinem Team. Der Würfel bestand aus natürlichem Uran, und nichts deutete darauf hin, dass Isotope ab- oder angereichert worden waren. Da er keine verräterischen Spaltprodukte wie etwa Cäsium-137 enthielt, war der Würfel nicht Teil einer Uranmaschine gewesen, die eine nukleare Spaltungskettenreaktion aufrechterhielt. Da es bei Kriegsende mehr Uranwürfel gegeben habe, die in diesen Versuch hätten einbezogen werden können, so Koeth und Hiebert, hätte dies möglicherweise ausgereicht, um Kritikalität zu erzeugen, sofern die Deutschen ihre Ressourcen gebündelt anstatt geteilt hätten.[72] Es gab zweifellos einen Wettstreit um Ressourcen zwischen den

71 Klaus Mayer, Maria Wallenius, Klaus Lützenkirchen, J. Galy, Z.Varga, N. Erdmann, R. Buda , J.-V. Kratz, N. Trautmann und K. Fifield, »Nuclear Forensics: A Methodology Applicable to Nuclear Security and to Non-Proliferation«, *Journal of Physics: Conference Series*, 312 (2011), 062003; Klaus Mayer, Maria Wallenius, Klaus Lützenkirchen, Joan Horta, Adrian Nicholl, Gert Rasmussen, Pieter van Belle, Zsolt Varga, Razvan Buda, Nicole Erdmann, Jens-Volker Kratz, Norbert Trautmann. L. Keith Fifield, Stephan G. Tims, Michaela B. Frölich und Peter Steier, »Uranium from German Nuclear Power Projects of the 1940s – A Nuclear Forensic Investigation«, *Angewandte Chemie International Edition*, 54 (2015), 13452–13456.

72 Timothy Koeth und Miriam Hiebert, »Tracking the Journey of a Uranium Cube«, *Physics Today*, 72/5 (2019), 36–43, hier 43; vgl. auch Miriam Hiebert, *The Uranium Club: Unearthing the Lost Relics of the Nazi Nuclear Program* (Chicago 2023).

beiden Gruppen, die Modell-Uranmaschinen erforschten. Allerdings war nicht mangelnde Kooperationsbereitschaft Ursache dieser Rivalität. Vielmehr war dieses Ringen um wichtige Materialien die Folge von Versorgungsengpässen und Zwängen, die durch die sich verschlechternde Kriegslage verursacht wurden. So begrenzte insbesondere der Mangel an hinreichend reinem schwerem Wasser – nicht der Mangel an Uran – die Größe der Maschine in Haigerloch und verhinderte so, dass eine sich selbst erhaltende Kettenreaktion in Gang gesetzt wurde.[73]

Die derzeitige Debatte

Die Physikerin Lise Meitner (1878–1968) spielte eine wichtige Rolle sowohl bei der Entdeckung der Kernspaltung als auch bei der Kritik der Nachkriegsjahre an Werner Heisenberg, Carl Friedrich von Weizsäcker und Otto Hahn, mit dem sie einst eng zusammengearbeitet hatte. Die Historikerin Ruth Lewin Sime hat die maßgebliche Biografie über Meitner geschrieben und gezeigt, dass Hahn und Straßmann wahrscheinlich ohne Meitners Beitrag und Hilfe die Kernspaltung nicht oder zumindest erst zu einem späteren Zeitpunkt entdeckt hätten.[74] Sime hat später die Geschichte der Entdeckung der Kernspaltung weiter untersucht und dabei das mit einbezogen, was sie »Erinnerungspolitik« beziehungsweise »Politik des Vergessens« nennt. Obgleich es von der Schwedischen Akademie der Wissenschaften berufene Komitees aus Wissenschaftlern waren, die zuerst Hahn den Nobelpreis für Chemie verliehen und anschließend die Entscheidung trafen, Meitner nicht in der gleichen Weise mit einem Nobelpreis für Physik zu ehren, kann Sime nachweisen, wie – beginnend mit den ersten Veröffentlichungen über die Entdeckung bis weit in die Nachkriegszeit hinein – Hahn Meitner systematisch aus der Geschichte der Entdeckung der Kernspaltung herausschrieb.[75]

In einem wohldurchdachten und ausgewogenen Essay präsentiert der Wissenschaftshistoriker Horst Kant ein differenziertes Bild der am Uranprojekt beteiligten deutschen Wissenschaftler und ihrer Begeisterung für Atomwaffen. Jeder Wissenschaftler müsse, so Kant, gewusst haben, dass eine

73 Vgl. das Kapitel »Der Krieg ist verloren«.

74 Ruth Lewin Sime, *Lise Meitner. Ein Leben für die Physik* (Frankfurt am Main 2001).

75 Ruth Lewin Sime, »The Search for Transuranium Elements and the Discovery of Nuclear Fission«, *Physics in Perspective*, 2 (2000), 48–62; Ruth Lewin Sime, »The Politics of Memory: Otto Hahn and the Third Reich«, *Physics in Perspective*, 8 (2006), 3–51; Ruth Lewin Sime, »The Politics of Forgetting: Otto Hahn and the German Nuclear-Fission Project in World War II«, *Physics in Perspective*, 14 (2012), 59–94.

Atombombe ein mögliches Ergebnis des Forschungsprojekts wäre, wobei auch andere mögliche militärische Verwendungen der Uranspaltung angedacht gewesen wären. Die Arbeitsgemeinschaft des Heereswaffenamts sei nicht ausschließlich ein Atombombenprogramm gewesen. Da es sich zudem um eine in vielerlei Hinsicht heterogene Gruppe von Forschern gehandelt habe, sei bei einigen Wissenschaftlern der Wunsch, Atombomben zu bauen, größer gewesen als bei anderen. Manche von ihnen seien wahrscheinlich auch mehr daran interessiert gewesen, eine Uranmaschine statt einer Atombombe zu bauen, auch wenn, wie Kant einräumt, eine solche Maschine den Weg zu Kernsprengstoffen geebnet hätte. Irgendwann hätten diese Wissenschaftler dann nicht länger geglaubt, dass Deutschland noch während des Krieges oder in der nahen Zukunft Atombomben hätte bauen können, so dass sie ihre Anstrengungen auf etwas anderes fokussiert hätten.[76]

Der Historiker John Cornwell untersucht in seinem Buch *Hitler's Scientists* die Uranforschung im Rahmen einer ausgezeichneten Übersichtsdarstellung über die historische Literatur zu den Themen Naturwissenschaft, Medizin und Technik im Dritten Reich.[77] In seiner Analyse der deutschen Uranarbeiten weist Cornwell die Behauptung zurück, Heisenberg habe versucht, »Hitler die Atombombe vorzuenthalten«.[78] Cornwell präsentiert auch eine bemerkenswerte Interpretation der Briefe, die Bohr im Nachgang zur Veröffentlichung von *Heller als tausend Sonnen* an Heisenberg geschrieben, aber nie abgeschickt hat: Bohr habe vielleicht Skrupel gehabt, weil er befürchtete, die Weitergabe der Information, dass Heisenberg und die Deutschen an Atombomben arbeiteten, die Alliierten möglicherweise entschlossener gemacht hätte, eine Bombe zu bauen.[79] Über Heisenberg urteilte Cornwell: »Das Schlimmste, was man über ihn sagen kann […], ist, dass er moralisch und politisch unsensibel war.«[80]

Der Historiker Klaus Hentschel hat die Mentalität der deutschen Physiker in der Nachkriegszeit scharfsinnig analysiert.[81] Nach dem Krieg fiel es Physikern innerhalb und außerhalb Deutschlands – darunter die Exilanten des NS-Regimes – schwer, sich gegenseitig zu verstehen. Die fehlende Reue und die mangelnde Bereitschaft, in angemessener Weise persönliche Ver-

76 Horst Kant, »Werner Heisenberg and the German Uranium Project«, *Max-Planck-Institut für Wissenschaftsgeschichte Preprint* 203 (Berlin 2002).

77 John Cornwell, *Hitler's Scientists: Science, War, and the Devil's Pact* (New York 2004); deutsche Übersetzung: *Forschen für den Führer. Deutsche Naturwissenschaftler und der Zweite Weltkrieg* (Bergisch Gladbach 2006).

78 Cornwell, Scientists, 407.

79 Ebd., 308.

80 Ebd., 407.

81 Klaus Hentschel, *Die Mentalität deutscher Physiker in der frühen Nachkriegszeit (1945–1949)* (Heidelberg 2005).

antwortung für die Exzesse, Gewalttaten und Verbrechen des nationalsozialistischen Regimes zu übernehmen, ließ ausländische Wissenschaftler, die Deutschland besuchten, und die nach Deutschland entsandten Vertreter der Alliierten sprachlos und oft deprimiert zurück. Während angesehene Wissenschaftler wie Max von Laue (1879–1960) und Otto Hahn sich jetzt an die Spitze der Bemühungen setzten, eine politische Generalamnestie für ihre Kollegen zu erreichen, weigerten sich deutsche Wissenschaftler und wissenschaftliche Institutionen oftmals, anderen Kollegen, die durch die NS-Rassenpolitik vertrieben worden waren, Wiedergutmachung zu leisten.[82] Mehr noch: Sie brachten die wenigen Stimmen, die öffentlich oder privat zur Gerechtigkeit aufriefen, zum Schweigen.[83] Dies alles spielte eine Rolle in dem ambivalenten Verhältnis der deutschen Physiker zu Emigranten und ausländischen Kollegen, was es der deutschen Physik wiederum erschwerte, sich in die internationale Physikergemeinde zu integrieren. Hentschel hat auch die faszinierende Geschichte des österreichischen Physikers Hugo Watzlawek (1912–1995) ans Licht gebracht, der während des Zweiten Weltkriegs unabhängig vom deutschen Uranprojekt das Potenzial der Kernenergie und ihrer technischen Anwendungen analysierte.[84]

Cathryn Carsons Buch *Heisenberg in the Atomic Age* ist eine sorgfältige, intelligente und belesene Analyse des Werner Heisenberg der Nachkriegszeit, wobei sie insbesondere dessen Rolle in der Öffentlichkeit beleuchtet.[85] Zusammen mit der Biografie von David Cassidy vermittelt uns Carson ein sehr gutes historisches Verständnis von Heisenberg. Carson kritisiert den weitverbreiteten Eindruck, Robert Jungk habe für Heisenberg oder auch für Carl Friedrich von Weizsäcker gesprochen; vielmehr analysiert sie sehr differenziert Heisenbergs oftmals zurückhaltende Äußerungen über den Nationalsozialismus und über Atombomben in der Nachkriegszeit. Am tiefgründigsten ist vielleicht Carsons Erkenntnis, dass es Heisenberg, der ja

82 Vgl. auch Michael Schüring, *Minervas verstoßene Kinder. Vertriebene Wissenschaftler und die Vergangenheitspolitik der Max-Planck-Gesellschaft* (Göttingen 2006).

83 Für den Fall von Ursula Martius Franklin siehe Gerhard Rammer, »Allied Control of Physics and the Collegial Self-Denazification of the Physicists«, in Helmuth Trischler und Mark Walker (Hgg.), *Physics and Politics: Research and Research Support in Twentieth Century Germany in International Perspective* (Stuttgart 2010), 61–84; und Gerhard Rammer, »›Sauberkeit im Kreise der Kollegen‹. Die Vergangenheitspolitik der Deutschen Physikalischen Gesellschaft«, in Dieter Hoffmann und Mark Walker (Hgg.), *Physiker zwischen Autonomie und Anpassung. Die Deutsche Physikalische Gesellschaft im Dritten Reich* (Berlin 2007), 359–420.

84 Klaus Hentschel, »›Der neue Weg‹: Mit ›interatomarer Energie‹ zum ›Herrn der Welt‹ werden. Zu einem bislang unbekannten Typoskript vom Oktober 1944«, *NTM*, 28 (2020), 121–147.

85 Cathryn Carson, *Heisenberg in the Atomic Age: Science and the Public Sphere* (Cambridge 2010).

selbst kein Historiker war, in der Nachkriegszeit weniger darum ging, seine Handlungen und Motivationen im Dritten Reich historisch präzise zu beschreiben, als darum, einen positiven und produktiven Einfluss auf die Politik und die Probleme seiner Zeit auszuüben. Auch wenn es keine mit der Arbeit von Cassidy und Carson über Heisenberg vergleichbare kritische Analyse von Carl Friedrich von Weizsäcker gibt, lässt sich Ähnliches wohl von Heisenbergs jüngerem Kollegen sagen.

Der Schriftsteller Robert Lorenz befasst sich in *Protest der Physiker* mit der Entstehungsgeschichte der sogenannten »Göttinger Erklärung« (1957) von achtzehn prominenten deutschen Physikern und Chemikern, die sich gegen die Bestrebungen von Bundeskanzler Konrad Adenauer (1876–1967) und Verteidigungsminister Franz Josef Strauß (1915–1988) richteten, für die Bundesrepublik Deutschland Atomwaffen zu beschaffen. Lorenz ordnet diese öffentliche Erklärung in den politischen Kontext des Kalten Krieges und der Befürchtungen dieser Wissenschaftler – darunter Walther Gerlach, Otto Hahn, Werner Heisenberg, Carl Friedrich von Weizsäcker und Karl Wirtz – ein, westdeutsche Atomwaffen würden sich negativ auf die zivile Kernforschung auswirken, die sie jedoch fördern wollten.[86] Lorenz zufolge war die Erklärung erfolgreich, weil sie sich nicht auf utopische, sondern auf realistische politische Ziele fokussierte. Die darin enthaltene persönliche Zusicherung dieser Wissenschaftler, in keiner Weise an der nuklearen Bewaffnung Westdeutschlands mitzuwirken, stieß bei Menschen innerhalb und außerhalb Deutschlands auf große Resonanz. Obgleich Adenauers politische Partei, die CDU, bei den anstehenden Wahlen trotzdem sehr erfolgreich war und andere Faktoren einen Strich durch seine nuklearen Ambitionen machten, hat die Erklärung das moralische Ansehen etlicher dieser Wissenschaftler, insbesondere Weizsäckers, deutlich verbessert.

Das Buch *Serving the Reich* vom Sachbuchautor Philip Ball, eine erkenntnisreiche Synthese der verfügbaren Sekundärquellen, vergleicht drei berühmte deutsche Physiker, die während der gesamten Dauer des Dritten Reichs oder zeitweise in Deutschland arbeiteten: Peter Debye (1884–1966), Werner Heisenberg und Max Planck (1858–1947).[87] Die chronologisch geordneten Kapitel geben einen Überblick über die wichtigsten Entwicklungen in der Physik und Politik in Deutschland während der ersten sechzig Jahre des 20. Jahrhunderts, wobei sich jedes Kapitel hauptsächlich auf einen der drei Protagonisten konzentriert. Weil es große Unterschiede zwischen den dreien gab, sind diese drei Fallstudien, zusammengenommen, mehr als

86 Robert Lorenz, *Protest der Physiker. Die »Göttinger Erklärung« von 1957* (Bielefeld 2011).

87 Philip Ball, *Serving the Reich: The Struggle for the Soul of Physics under Hitler* (Chicago 2014).

die Summe ihrer Teile. Ball analysiert die deutschen Uranarbeiten auf gründliche, ausgewogene und einsichtsreiche Weise.

Die Historikerin Carola Sachse hat im Jahr 2023 eine hervorragende historische Studie über die »Außenpolitik« der Max-Planck-Gesellschaft veröffentlicht. Dabei wirft sie ein neues Licht auf die Rolle, die Weizsäcker sowohl innerhalb der Gesellschaft als auch als Berater von Bundeskanzlern spielte. Weizsäcker dominierte, wenn auch ein wenig ambivalent und widerstrebend, die Vereinigung Deutscher Wissenschaftler, die westdeutsche Variante der Pugwash-Bewegung, die sich für die Verringerung der Gefahr eines Atomkriegs einsetzt. Er hatte manchmal Mühe, die radikaleren seiner Kollegen in der Vereinigung unter Kontrolle zu halten. Im Jahr 1970 erhielt er sein eigenes Max-Planck-Institut zur »Erforschung der Lebensbedingungen der wissenschaftlich-technischen Welt«, um seine Arbeit über nukleare Abrüstung und Konfliktbeilegung fortzusetzen.[88]

Populäre Geschichte, Hagiografie und Vergangenheitspolitik

1976, im Todesjahr Heisenbergs, veröffentlichte der Wissenschaftshistoriker Armin Hermann eine Kurzbiografie des Physikers und einige Jahre später ein Buch, das sich sowohl mit Hahn als auch mit Heisenberg befasste.[89] Weil sich seine Darstellung der Uranarbeiten während des Krieges auf David Irvings Interviews mit Heisenberg und die zeitgenössischen Schriften Hahns, Heisenbergs und anderer Wissenschaftler stützte, führte Hermann die schönfärberischen Aussagen der Wissenschaftler ohne strenge Kritik in die Historiografie ein. Dabei veröffentlichte und popularisierte er mehrere problematische Behauptungen wie: erstens habe Heisenberg Informationen über Element 94 zurückgehalten, als er im Juni 1942 seinen Vortrag vor Reichsrüstungsminister Albert Speer hielt; zweitens habe Speer die Wissenschaftler angewiesen, ausschließlich an Uranmaschinen zu arbeiten; und drittens habe sich Hahn während des Krieges nur mit Grundlagenforschung zu Spaltungsfragmenten befasst.[90]

Im Jahr 1978 veröffentlichte der Wissenschaftler Klaus Hoffmann in der DDR eine Biografie von Otto Hahn, bei der er ähnlich vorging wie Her-

88 Carola Sachse, *Wissenschaft und Diplomatie. Die Max-Planck-Gesellschaft im Feld der internationalen Politik (1945–2000)* (Göttingen 2023), 87–94, 122–124, 380–438; Carola Sachse, »The Max Planck Society and Pugwash during the Cold War: An Uneasy Relationship«, *Journal of Cold War Studies*, 20/1 (2018), 170–209.

89 Armin Hermann, *Werner Heisenberg. 1901–1976* (Bonn-Bad-Godesberg 1976); Armin Hermann, *The New Physics: The Route into the Atomic Age* (Bonn-Bad-Godesberg 1979), 101.

90 Hermann, Heisenberg, 68–69; Hermann, New, 101.

mann: Er hielt sich eng an die Aussagen des Chemikers aus der Nachkriegszeit über seine wissenschaftliche Arbeit während des Krieges. Obgleich Hahn einräumte, dass die durch Spaltung freigesetzten Produkte, die er untersucht hatte, potenziell eine Kettenreaktion zum Stillstand bringen könnten und daher für die Entwicklung von Uranmaschinen wichtig waren, beteuerte er trotzdem, dies sei lediglich ein Vorwand gewesen, der es ihm erlaubt habe, seine Grundlagenforschung fortzusetzen. Hoffmann selbst gibt zu, dass, sobald eine Uranmaschine in Betrieb genommen worden wäre, Hahn gezwungen gewesen wäre, die darin erzeugten Produkte einschließlich Element 94 chemisch gründlich zu analysieren.[91]

Wie der Titel *Im Schatten der Sensation* schon andeutet, ist es das Anliegen des Wissenschaftshistorikers Fritz Krafft in seiner Biografie von Fritz Straßmann, den jüngeren Chemiker als Wissenschaftler aus Otto Hahns Schatten heraustreten zu lassen. Abgesehen von einem sehr kurzen Abschnitt, in dem anhand von Beispielen Straßmanns Ablehnung des Nationalsozialismus verdeutlicht werden soll – beispielsweise habe er versucht, eine Jüdin zu verstecken und ihr so das Leben zu retten –, sagt dieses Buch erstaunlich wenig über Straßmanns Haltung zum Dritten Reich. Ironischerweise werden die Arbeiten von Hahn und Straßmann hauptsächlich anhand von Auszügen aus der Korrespondenz zwischen Lise Meitner und Hahn während des Krieges beschrieben, so dass der Fokus auf Hahn bestehen bleibt. Wie Hermann und Hoffmann stellt Krafft diese Arbeit zu Spaltungsfragmenten als Grundlagenforschung dar, bei der es lediglich darum gegangen sei, die Produkte der Kernspaltung zu dokumentieren. Eine gründliche Analyse von Kraffts Text enthüllt allerdings, dass mehrere Mitglieder des Instituts, einschließlich Hahn und Straßmann selbst, auch nach Transuranen suchten.[92]

In *Von der Uranspaltung zur Göttinger Erklärung* stützt auch Elisabeth Kraus ihre Analyse auf die selbstbeschönigenden Äußerungen von Otto Hahn, Werner Heisenberg und Carl Friedrich von Weizsäcker in der Nachkriegszeit und kommt zu problematischen Schlussfolgerungen wie etwa, dass Heisenberg die deutsche Atombombe vereitelte und Hahn während des Krieges lediglich Grundlagenforschung ohne militärische Anwendungen betrieb.[93] Ernst Peter Fischers populärwissenschaftliche Biografie von

91 Klaus Hoffmann, *Otto Hahn: Stationen aus dem Leben eines Atomforschers: Biografie* (Berlin 1978), 250–254; Neuauflage unter dem Titel: *Schuld und Verantwortung: Otto Hahn, Konflikte eines Wissenschaftlers* (Berlin 1993).

92 Fritz Krafft, *Im Schatten der Sensation: Leben und Wirken von Fritz Straßmann* (Weinheim 1981), 40–47, 121–135.

93 Elisabeth Kraus, *Von der Uranspaltung zur Göttinger Erklärung: Otto Hahn, Werner Heisenberg, Carl Friedrich von Weizsäcker und die Verantwortung des Wissenschaftlers* (Würzburg 2001), vgl. auch Elisabeth Kraus, »Vom Glück begünstigt und glücklich.

Heisenberg, die sich auf frühere Publikationen von Hermann und anderen stützt, weist die gleichen Schwächen auf.[94]

Der Physiker Manfred Popp hat Elemente von Goudsmits und Jungks Thesen zusammengeführt und einige überraschende Aussagen über die deutschen Arbeiten während des Krieges gemacht. Wie Goudsmit behauptet auch Popp, Heisenberg und seine Kollegen hätten den Unterschied zwischen einer Uranmaschine und einer Atombombe nicht verstanden; die Deutschen seien aufgrund ihrer wissenschaftlichen Irrtümer nicht an Atomwaffen gekommen. Popp zufolge stellte sich Heisenberg eine Atombombe als einen »explodierenden Reaktor« beziehungsweise eine »Reaktorbombe« vor.[95] Allerdings gibt es jede Menge Belege dafür, dass Heisenberg verstand, dass das Herz einer Atombombe aus Kettenreaktionen schneller Neutronen in einer Masse von reinem Uran-235 oder Plutonium bestehen würde.[96] Zu den seltsamen Behauptungen Popps zählt unter anderem: »[…] Nazi-Deutschland hätte früher als die USA und mit viel weniger Aufwand als für sein Raketenprogramm mehrere Atombomben produzieren können«;[97] und im Anschluss an Jungk und Powers bekräftigt Popp die, wie er es nennt, »Weigerung der deutschen Wissenschaftler, an der Bombe zu arbeiten«.[98] In all diesen drei Punkten – Heisenbergs Verständnis der Funktionsweise einer Atombombe, der Fähigkeit von NS-Deutschland, während des Krieges Atombomben zu bauen, und den Vorarbeiten deutscher Wissenschaftler für Atomwaffen – vertritt Popp Ansichten, die den Schlussfolgerungen, zu denen der Autor dieses Buches gelangt ist, diametral entgegengesetzt sind.[99]

In jüngster Zeit haben mehrere deutsche Naturwissenschaftler meine Arbeit massiv kritisiert. Popp hat behauptet, ich hätte »absurde« Annahmen getroffen, Quellen und Fakten ignoriert, Beweise, die meiner Interpretation zuwiderliefen, systematisch falsch interpretiert und die Physik nicht ver-

Eine biographische Würdigung des Radiochemikers Otto Hahn«, in Vera Kreiser (Hg.), *Radiochemie, Fleiß und Intuition. Neue Forschung zu Otto Hahn* (Diepholz 2018), 15–41.

94 Ernst Peter Fischer, *Werner Heisenberg – ein Wanderer zwischen zwei Welten* (Berlin 2015).

95 Manfred Popp, »Misinterpreted Documents and Ignored Physical Facts: The History of ›Hitler's Atomic Bomb‹ Needs to Be Corrected«, *Berichte zur Wissenschaftsgeschichte*, 39 (2016), 265–282, hier 271.

96 Vgl. das Kapitel »Überzeugungsarbeit«.

97 Manfred Popp, »Why Hitler Did Not Have Atomic Bombs«, *Journal of Nuclear Engineering*, 2 (2021), 9–27, hier 24.

98 Manfred Popp und Piet de Klerk, »The Peculiarities of the German Uranium Project (1939–1945)«, *Journal of Nuclear Engineering*, 4 (2023), 634–653, hier 651.

99 Siehe die Kapitel: »Überzeugungsarbeit«, »Totaler Krieg« und »Übermäßige Vereinfachungen«.

standen.[100] Ich habe ausführlich auf Popp geantwortet.[101] In einem Essay über Otto Hahn und die Kaiser-Wilhelm-Gesellschaft wirft mir der Chemiker Martin Trömel vor, »wesentliche Belege zu unterdrücken« und »entscheidende Dokumente falsch wiederzugeben«, um »die gesamte Geschichte des deutschen Uranprojekts falsch wiederzugeben«.[102] Ich habe bestimmte Quellen herangezogen und andere ausgeklammert, weil ich, wie ich bereits erwähnte, einige von ihnen für sehr problematisch halte; außerdem hätte ich den Inhalt einiger Dokumente in einer Weise interpretiert, die Popp, Trömel und der Physiker Kurt Scharnberg für unzulässig halten.

Ein Abschnitt, in dem ich mich mit den Zugeständnissen gegenüber dem NS-Regime befasse, die von Wissenschaftlern wie Johannes Jensen nach ihrem Beitritt zur NSDAP erwartet wurden, scheint Scharnberg besonders erbost zu haben.[103] Die Mitgliedschaft in der Partei war kein isolierter Schritt, vielmehr zog sie eine Reihe weiterer Verpflichtungen nach sich. Nach dem Beitritt wurde von dem Parteimitglied, das jetzt von seiner Verbindung mit dem Nationalsozialismus profitierte, erwartet, dass es einen Beitrag zu den Zielen der NSDAP leistete. Scharnberg will, dass seine Leser sich in Jensen hineinversetzen, aber er hat auch wichtige Informationen unterdrückt, die ein schlechtes Licht auf den Physiker werfen könnten. Dies verdeutlicht den Unterschied zwischen Geschichte und Hagiografie. Wie können sich Scharnbergs Leser in das einfühlen, was Jensen durchmachen musste, wenn sie nichts darüber erfahren?

Als Niels Bohr nach der Flucht aus Dänemark in die Vereinigten Staaten kam, brachte er eine rätselhafte Zeichnung mit. Der Physiker Hans Bethe (1906–2005) erinnerte sich, dass er sie betrachtet und sich dabei gefragt hat, ob die Deutschen vorhatten, Kernreaktoren auf Städte abzuwerfen. Der Physiker Jeremy Bernstein hat dieses Bild Jensen zugeschrieben, der 1943 – zwei Jahre nach Heisenberg und Weizsäcker – Kopenhagen besuchte und dabei Bohr anvertraute, was er über das Uranprojekt und insbesondere die unter Heisenbergs Leitung durchgeführten Versuche wusste. Als Bohr später in die Vereinigten Staaten kam, habe er daher eine auf Jensens Informa-

100 Popp, Misinterpreted, 268–271, 274, 276; Manfred Popp, »Hitlers Atombombe. Störfall der Wissenschaftsgeschichte«, *Spektrum der Wissenschaft*, 12 (2016), 12–21, hier 14, 17.

101 Mark Walker, »Physics, History, and the German Atomic Bomb«, *Berichte zur Wissenschaftsgeschichte*, 40 (2017), 271–288.

102 Martin Trömel, »Otto Hahn und die Kaiser-Wilhelm-Gesellschaft im Zerrspiegel neuerer Kritik«, in Kreiser, 167–244, hier 239–240. Die Aufsätze in Kreiser kritisieren sowohl die Arbeiten von Ruth Lewin Sime als auch die von Mark Walker.

103 Kurt Scharnberg, *Hans Jensen, Physiker und Nobelpreisträger. Opportunist oder Widerständler im Dritten Reich?* (Diepholz 2020), 42–45.

tionen basierende Zeichnung einer Uranmaschine – nicht etwa einer Atombombe – mitgebracht.[104]

Scharnberg behauptet, meine Veröffentlichungen ignorierten »diese Informationen und zeichnen so fahrlässig oder vorsätzlich ein falsches Bild«.[105] Tatsächlich gibt es so gut wie keine Primärquellen für diese Ereignisse und zudem sollten, mit Ausnahme dessen, was Bohr und Bethe darüber sagten, die verfügbaren Sekundärquellen im Kontext einer selbstbeschönigenden »Vergangenheitspolitik« gelesen werden. Außerdem ist Scharnbergs implizierte Behauptung, die Weitergabe dieser Informationen beweise, dass die Deutschen nicht versucht hätten, Atombomben zu bauen, problematisch. Ein funktionstüchtiger Uranbrenner wäre ein großer Schritt zur Herstellung von Element 94 für Atomwaffen gewesen.

Eine Stelle in meinem Aufsatz scheint Scharnberg besonders erzürnt zu haben: »Betrachtet man die Geschichte des KWI für Physik über den gesamten Zeitraum des Zweiten Weltkriegs, so zeigt sich, daß Wissenschaftler keine überzeugten Nationalsozialisten oder Kriegsanhänger sein mußten, um an Massenvernichtungswaffen für das ›Dritte Reich‹ zu arbeiten.«[106] Meine Aussage über »Massenvernichtungswaffen« war vielleicht etwas polemisch, sollte aber auf einen wichtigen Punkt hinweisen: Als Hahn und Straßmann die bei der Kernspaltung entstehenden Elemente untersuchten, weil sie die Kettenreaktion vergiften und einen Uranbrenner zum Stillstand bringen konnten,[107] als sie dabei halfen, Methoden zur Reinigung von Uran zu entwickeln, oder versuchten, Transurane herzustellen und zu erforschen;[108] als Jensen half, Zentrifugen für die Uran-235-Anreicherung[109] oder neue Verfahren zur Herstellung von schwerem Wasser zu entwickeln, um die Kernspaltungskettenreaktion in der Uranmaschine abzubremsen;[110] als Carl Friedrich von Weizsäcker Transurane erforschte[111] und als Heisenberg und

104 Jeremy Bernstein, »The Drawing or Why History Is Not Mathematics«, *Physics in Perspective*, 5 (2003), 243–261, hier 256–257.

105 Scharnberg, Hans Jensen, 69.

106 Walker, Waffenschmiede?, 394.

107 Otto Hahn, Künstliche Atomumwandlungen und die Spaltung des Urans (6. Mai 1943), ADM, FA 002 737.

108 Otto Hahn, Bericht über die Arbeiten des Kaiser Wilhelm-Instituts für Chemie über »Präparat 38« (10. Dezember 1940), ADM, FA 002 514.

109 Paul Harteck und Johannes Jensen, Berechnung des Trenneffektes und der Ausbeute verschiedener Zentrifugenanordnungen zur Erhöhung des Wirkungsgrades einer einzelnen Zentrifuge (Februar 1943), ADM, FA 002 592.

110 Paul Harteck, Bericht über die Besprechungen in Berlin am 27.9.43 und in Leuna am 28.9.43 (2. Oktober 1943), ADM, FA 002 796.

111 Carl Friedrich von Weizsäcker, Kernenergieerzeugung aus dem Uranisotop der Masse 238 und anderen schweren Elementen. (Herstellung und Verwendung des Elements 94) (6. Juni 1941), AMPG, I. Abt. Rep. 34.

Karl Wirtz mit Modell-Uranmaschinen experimentierten,[112] unternahmen sie allesamt bewusst Schritte hin zur Produktion von reinem Uran-235 und Element 94, den Kernsprengstoffen im Zentrum einer Atombombe. Außerdem wussten sie, dass sie Teil eines Forschungsprojekts waren, das aufgrund potenzieller militärischer Anwendungen der Kernspaltung einschließlich – aber nicht beschränkt auf – Atombomben aufgelegt und weitergeführt wurde.

Die Tatsache, dass diese Wissenschaftler nach dem Krieg, wie viele andere, sich sehr darum bemühten, den Eindruck zu erwecken, dass sie während des Krieges nur zivile Grundlagenforschung betrieben hätten, bedeutet nicht, dass dies stimmt. Es ist schlicht abwegig, Aussagen, die nach dem Krieg entweder von Wissenschaftlern, die ihr Verhalten rechtfertigen wollten, oder von Wissenschaftlern, die sich gegenseitig zu entlasten versuchten, gemacht wurden, für bare Münze zu nehmen, wie es Fischer, Hermann, Klaus Hoffmann, Krafft, Kraus, Popp, Scharnberg, Trömel und andere taten. In den unmittelbaren Nachkriegsjahren war Deutschland besetzt und geteilt, die Karrieren von Wissenschaftlern waren durch die Entnazifizierung gefährdet, wissenschaftliche Institutionen waren von Schließung bedroht. Nach der Gründung der beiden deutschen Staaten übten viele – vielleicht sogar die meisten – Deutsche nur widerwillig Selbstkritik an ihrem Verhalten während des Dritten Reichs.[113] Auch die Wissenschaftler, die während des Krieges am Uranprojekt beteiligt waren, fielen deshalb kaum aus dem Rahmen. Als diese Wissenschaftler nach dem Sturz des Nationalsozialismus offen ihre Meinung äußern konnten, aber auch um ihre Reputation und manchmal sogar um ihr Auskommen fürchten mussten, sagten sie nicht die ganze, ungeschminkte Wahrheit. In anderen Worten ausgedrückt, verhielten sie sich menschlich.

Scharnberg spielt in seiner Biografie von Jensen wohl auch auf mich an, wenn er behauptet:

> Die Physikgeschichte während des Dritten Reiches wurde überwiegend von Autoren geschrieben, die selbst die Atmosphäre eines Unterdrückungsregimes nie erlebt hatten. Diesen ist es verständlicherweise unmöglich, sich die Kompromisse zu vergegenwärtigen, zu denen Gegner des nationalsozialistischen Regimes gezwungen waren, um in Deutschland leben und arbeiten zu können.[114]

112 Vgl. die Kapitel »Blitzkrieg«, »Überzeugungsarbeit«, »Totaler Krieg« und »Der Krieg ist verloren«.

113 Vgl. Frei, Vergangenheitspolitik.

114 Scharnberg, Hans Jensen, 11.

Wenn die Kritik Scharnbergs, in der ähnliche Äußerungen von Heisenberg und Weizsäcker anklingen, wonach nur jemand, der unter dem NS-Regime gelebt hat, kritisch darüber schreiben dürfe, als berechtigt angesehen und auf die gesamte Geschichtsschreibung verallgemeinert würde, dann würde sie den Berufsstand des Historikers in Gänze diskreditieren. Die Mehrheit der derzeitig historisch Forschenden sind keine mittelalterlichen Kleinbauern, keine afrikanischen Sklaven, keine Chinesen während der Kulturrevolution und keine Vertreter irgendeines von zahllosen weiteren historischen Typen von Menschen, wie etwa ein Wissenschaftler, der im Dritten Reich lebte. Aber dies hält nicht davon ab, diese historischen Phänotypen zu erforschen und über sie zu schreiben. Beginnend mit dem altgriechischen Schriftsteller Herodot haben Historiker und Historikerinnen gemeinschaftlich Werkzeuge, Standards und Methoden für die Geschichtsschreibung entwickelt. Historiker und Historikerinnen, die ihre Sache ernst nehmen, können sich nicht der Kritik aussetzen, dass sie aufgrund ihrer Person nicht in der Lage seien, Menschen aus der Vergangenheit zu verstehen oder sich in sie hineinzuversetzen. Genau das macht historische Forschung aus.

Epilog

Als ich noch ein junger Historiker war, aber nachdem mein erstes Buch über die deutsche Atombombe erschienen war, sagte ein älterer Kollege, den ich für einen Mentor gehalten hatte, in einem unüberhörbar missbilligenden Tonfall zu mir: »Ich nehme an, dass Sie keine Helden haben.« Damals war ich perplex und wusste nicht, was ich antworten sollte. Erst viel später verstand ich, wie verstörend meine kritische Analyse der Rolle, die Samuel Goudsmit – einer der Helden meines Kollegen – in der Geschichte der deutschen Atombombe gespielt hatte, für ihn gewesen sein musste. Wenn ich heute antworten müsste, würde ich sagen: Wenn man beim Schreiben eines historischen Werks einen Helden oder eine Heldin entdeckt, dann ist das großartig. Aber es ist nicht Aufgabe der Geschichtswissenschaften, Heldinnen oder Helden zu finden oder zu erschaffen. Dafür sind Legenden da.

Teil 1:
DIE BOMBE

2. Farm Hall

Ich hatte ein langes Gespräch mit Prof. Heisenberg, der von allen am vernünftigsten ist. Er erzählte mir, die Hauptsorge resultiere daraus, dass sie keine Nachricht von ihren Familien hätten. Er sagte ferner, sie vermuteten, dass ihr potentieller Wert nach den in ihren jeweiligen Instituten vorgefundenen Dokumenten beurteilt werde. Diese Dokumente vermittelten keine wahre Vorstellung von dem Umfang ihrer Versuche, die schon viel weiter gediehen seien als aus diesen Dokumenten hervorgehe, ja er behauptete, dass sie noch weiter vorangekommen seien, weil sie seit ihrer Internierung Einzelinformationen und -ergebnisse miteinander kombiniert hätten. Er bat um eine Gelegenheit, die ganze Sache mit britischen und amerikanischen Wissenschaftlern zu erörtern, um sie mit den jüngsten Theorien der Deutschen bekannt zu machen und einen Plan für die künftige Zusammenarbeit auszuarbeiten.

Major T. H. Rittner (15. Juni 1945).[1]

Internierung in Farm Hall

Zwei Monate nach dem Ende des Zweiten Weltkriegs in Europa (die kriegerischen Auseinandersetzungen auf dem pazifischen Schauplatz dauerten zu diesem Zeitpunkt noch an) wurden zehn deutsche Naturwissenschaftler in einem Landhaus namens Farm Hall interniert. Aufgrund der in den Wänden versteckt angebrachten Mikrofone, mit denen ihre Gespräche belauscht wurden, wissen wir eine Menge über die Zeit, die sie dort verbrachten: von Anfang Juli 1945 bis kurz nach Neujahr.[2]

Nach zwei Wochen beschrieb der britische Offizier, der die Verantwortung für die inhaftierten Naturwissenschaftler trug, diese wie folgt:

[Max] von LAUE: Ein schüchterner, sanfter Mensch. Er kann nicht verstehen, warum er interniert ist. Er ist äußerst freundlich und ist England und Amerika gegenüber wohlgesinnt.

[Otto] HAHN: Ein Mann von Welt. Er hat sich von allen Professoren als am hilfsbereitesten erwiesen, und sein Humor und gesunder Men-

1 Dieter Hoffmann (Hg.), *Operation Epsilon. Die Farm-Hall-Protokolle erstmals vollständig, ergänzt um zeitgenössische Briefe und weitere Dokumente der 1945 in England internierten deutschen Atomforscher*, 2. Aufl. (Diepholz 2023), 105–106.

2 Für Farm Hall vgl. ebd.; Charles Frank (Hg.), *Operation Epsilon: The Farm Hall Transcripts* (Bristol 1993); Jeremy Bernstein, *Hitler's Uranium Club: The Secret Recordings at Farm Hall* (Woodbury 1996); Ryan Dahn, »The Farm Hall Transcripts: The Smoking Gun That Wasn't«, *Berichte zur Wissenschaftsgeschichte*, 45 (2022), 202–218.

schenverstand haben bei zahlreichen Gelegenheiten die Situation gerettet. Gegenüber England und Amerika ist er entschieden freundlich eingestellt.

[Werner] HEISENBERG: Er ist sehr freundlich und hilfsbereit und, wie ich glaube, ehrlich bemüht, mit den englischen und amerikanischen Wissenschaftlern zusammenzuarbeiten, obwohl er auch davon gesprochen hat, zu den Russen zu gehen.

[Walther] GERLACH: Hat eine sehr heitere Wesensart und man kann leicht mit ihm umgehen. Er scheint einen aufrichtig kooperativen Eindruck zu machen.

[Paul] HARTECK: Eine charmante Persönlichkeit, die nie Schwierigkeiten gemacht hat. Sein einziger Wunsch ist, mit seiner Arbeit voranzukommen. Da er Junggeselle ist, bereiten ihm die Verhältnisse in Deutschland weniger Sorgen als den anderen.

[Kurt] DIEBNER: Nach außen sehr freundlich, hat aber eine unangenehme Persönlichkeit, der man nicht trauen kann. Alle außer Bagge mögen ihn nicht.

[Carl Friedrich] von WEIZSÄCKER: Ein Diplomat. Hat sich stets sehr freundlich und kooperativ gezeigt und ist, wie ich glaube, aufrichtig bereit, mit England und Amerika zusammenzuarbeiten, aber er ist ein guter Deutscher.

[Karl] WIRTZ: Ein Egoist. Oberflächlich sehr freundlich, aber man kann ihm nicht trauen. Ich bezweifle, ob er kooperationsbereit ist, wenn es sich für ihn nicht lohnt.

[Erich] BAGGE: Ein ernster und hart arbeitender junger Mann. Er ist durch und durch deutsch, und es ist unwahrscheinlich, dass er kooperiert. Seine Freundschaft mit Diebner macht ihn verdächtig.

[Horst] KORSCHING: Ein völliges Rätsel. Er macht einen verdrießlichen und mürrischen Eindruck. Er macht nur selten den Mund auf. Seit der Ankunft in England ist er jedoch menschlicher geworden.[3]

Der Physiknobelpreisträger Max von Laue war der Außenseiter, weil er sich während des Krieges nicht an der Uranforschung beteiligt hatte – anders als die meisten Wissenschaftler am Kaiser-Wilhelm-Institut für Physik, wo er tätig war. Die Alliierten internierten die jungen Physiker Bagge (1912–1996) und Korsching (1912–1998), weil sie an neuen Verfahren der Uranisotopen-

3 Hoffmann, Epsilon, 2. Aufl., 109–110.

Abb. 1: Das Haus in Farm Hall.

anreicherung gearbeitet hatten. Der Chemiker Otto Hahn, wie von Laue ein älterer Herr, hatte als einer der Ersten erkannt, dass Uran spaltbar ist, und während des Krieges hatte er die Konsequenzen, die sich aus der Entdeckung der Kernspaltung ergaben, weiter erforscht. Paul Harteck (1902–1985), ein Physikochemiker und, abgesehen von Hahn, der einzige Nichtphysiker, war einer der wichtigsten Wissenschaftler gewesen; er leitete die Bemühungen sowohl zur Anreicherung von Uranisotopen als auch zur Herstellung von schwerem Wasser. Der wichtigste Verwaltungsfachmann der Arbeitsgruppe war Kurt Diebner, der eine hohe Position im Heereswaffenamt bekleidet hatte. Der Nobelpreisträger Werner Heisenberg, Mitbegründer der Quantenmechanik, verfasste Beiträge zur Theorie der Kernspaltung und über Kernreaktoren. Neben Harteck war Heisenberg einer der bedeutendsten Uranforscher Deutschlands. Karl Wirtz konzipierte unter Heisenberg Kernreaktorexperimente, während Carl Friedrich von Weizsäcker Heisenberg mit Arbeiten zur Kerntheorie unterstützte. Walther Gerlach schloss sich erst gegen Ende 1943 der kernphysikalischen Arbeitsgruppe an; er war für die Uranforschung sowie für Physik im Allgemeinen zuständig.

Die Wissenschaftler selbst waren sich sicher, zu wissen, warum sie in Farm Hall waren: Mit einer Ausnahme waren sie in Kriegszeiten an einem Forschungsprojekt beteiligt gewesen, das dem Zweck diente, die durch

Kernspaltung erzeugte Energie – in Form von Kernenergie und Kernwaffen – nutzbar zu machen. Wie Weizsäcker zu Wirtz sagte: »Diese Leute haben uns in ›Gewahrsam‹ genommen, zunächst weil sie uns für gefährlich halten, weil wir wirklich eine Menge mit Uran gemacht haben.«[4]

Wer war ein Nazi?

Der Untergang des Dritten Reichs und die anschließenden öffentlichen Enthüllungen über Gräueltaten und Kriegsverbrechen warfen naheliegende Fragen auf: Hatten diese Wissenschaftler die rassistische und mörderische Politik unterstützt beziehungsweise versucht, für das Dritte Reich mächtige neue Waffen zu entwickeln, und damit für Hitler gearbeitet? Bagge und Diebner gaben zu, Mitglieder der Nationalsozialistischen Deutschen Arbeiterpartei (NSDAP) gewesen zu sein, aber sie beteuerten, keine »Nazis« zu sein. Diebner behauptete, er sei nur deshalb in der NSDAP geblieben, weil ausschließlich Parteimitglieder gute Stellen bekommen hätten, wenn Deutschland den Krieg gewonnen hätte.[5] Bagge sagte, seine Mutter hätte, ohne sein Wissen, die Parteimitgliedschaft für ihn beantragt – was unwahrscheinlich war.[6]

Gerlach behauptete, niemand habe der NSDAP beitreten müssen. Sobald er den Raum verlassen hatte, fügte Bagge seinerseits hinzu, Gerlach habe Hermann Göring (1893–1946) persönlich gekannt und Gerlachs Bruder sei in der SS gewesen.[7] Andere Wissenschaftler, wie etwa Hahn, distanzierten sich ebenfalls von den Nazis. »Was hat Laue alles gegen den Nationalsozialismus unternommen, und auch ich glaube, dagegen gekämpft zu haben. Wir sind beide unschuldig [...].«[8] Heisenberg, der bei weitem das größte Ansehen und den meisten Einfluss unter allen Wissenschaftlern in Farm Hall hatte, verteidigte Bagge gegenüber dem britischen Naturwissenschaftler Patrick Blackett (1897–1974), der ihn dort besuchte; er äußerte, sein jüngerer Kollege sei »nie das [gewesen], was man als fanatischen Nazi bezeichnen würde«. Er sagte Blackett ferner, Wirtz habe »politisch stets auf der guten Seite, auf unserer Seite« gestanden.[9] Diese Schwarz-Weiß-Dichotomie war typisch für die Art und Weise, wie die Wissenschaftler im Rückblick die Nazi-Frage behandelten: Man war entweder ein Nazi gewesen

4 Ebd., 118.
5 Ebd., 127.
6 Ebd., 140.
7 Ebd., 142.
8 Ebd., 137.
9 Ebd., 301.

oder nicht. Aber bei Diebner zog Heisenberg die Grenze. Nachdem ein britischer Offizier angeregt hatte, die Wissenschaftler sollten ein Memorandum ihrer politischen Überzeugungen verfassen, sagte Heisenberg zu Hahn, falls in dem Memorandum eine allgemeine Anti-Nazi-Haltung formuliert würde und Diebner dieses unterschreibe, könne er das nicht mit gutem Gewissen ebenfalls tun. Letztendlich wichen sie in ihrem Memorandum solchen politischen Themen aus.

Die britischen Aufseher in Farm Hall mussten bei den Wissenschaftlern feststellen, dass die nationalsozialistische Ideologie nachwirkte. Einige Gefangene erklärten, es beunruhige sie in höchstem Maße, dass marokkanisch-französische Kolonialtruppen die schwäbischen Orte Hechingen und Tailfingen besetzten. Erich Bagge ging sogar so weit, zu sagen:

> Und inzwischen ist meine Familie tot. Schließlich fühle ich mich für meine Familie verantwortlich. Ich habe es mit eigenen Augen gesehen. Am ersten Tag trafen die Franzosen in Hechingen ein und vergewaltigten die Frauen eine nach der anderen [für den Vorwurf der Vergewaltigung gibt es keine Bestätigung], und ein paar Tage später haben sie mich abgeholt. An dem Tag, als ich weg musste, wurden drei Marokkaner im Haus einquartiert – das geht nun schon drei Monate so, und ich soll hier ein glückliches Gesicht machen. Ich werde noch wahnsinnig. Ich kann das nicht mehr aushalten.[10]

Als man den Internierten ein Exemplar der Zeitschrift *Life*, die Artikel über die Atombombe und etliche Fotografien der Wissenschaftler, die daran gearbeitet hatten, enthielt, zur Lektüre gab, merkte Weizsäcker überheblich an, dass die Beteiligten selbstverständlich meist Deutsche seien. Der britische Befehlshaber wies darauf hin, dass dies nicht stimmte und »lediglich die angeborene Einbildung dieser Leute [unterstreicht], die immer noch glauben, sie seien das ›Herrenvolk‹«. Vielleicht mit Ausnahme von Laues gelte dies für jeden der Gäste. Jeremy Bernstein machte darauf aufmerksam, dass ironischerweise viele der porträtierten Wissenschaftler tatsächlich Juden waren.[11]

Selbst Heisenberg stellte einen bemerkenswerten Vergleich zwischen den alliierten Amtsträgern, die die Deutschen interniert hatten und nun über deren Schicksal entschieden, und einigen der berüchtigtsten Männer des Dritten Reichs an. Während einige Offizielle Heisenberg und seine Kollegen sehr freundlich behandelten, gab es andererseits »diese starrsinnigen Leute, diese amerikanischen Heydrichs und Kaltenbrunners« (die beiden

10 Ebd., 94–95, 136.
11 Ebd., 267–268, 272; Bernstein, Club, 235–236.

Stellvertreter des Reichsführers SS), die verlangten, dass die Deutschen in Farm Hall eingesperrt blieben.[12]

Tatsächlich äußerten die Wissenschaftler sehr unterschiedliche Meinungen über die Auswüchse des Nationalsozialismus. Bagge behauptete, wenn die Deutschen während des Krieges Menschen in Konzentrationslager gesperrt hätten, dann habe er selbst nichts damit zu tun gehabt, nichts davon gewusst und es immer verurteilt, wenn er davon hörte, und wenn Hitler in den letzten Jahren des Konflikts einige Gräueltaten angeordnet habe, dann hätten diese Exzesse unter dem Stress des Krieges stattgefunden. Karl Wirtz hingegen erklärte rundheraus, die Deutschen hätten Dinge getan, die historisch ohne Beispiel seien. In Polen sei die SS bei einer Mädchenschule vorgefahren, habe die oberste Klasse herausgeholt und sie erschossen, nur weil die polnische Intelligenz ausgerottet werden sollte. Er forderte seine Kollegen auf, sich vorzustellen, die Alliierten wären nach Hechingen, also in die Kleinstadt, in die viele von ihnen während der letzten Kriegsjahre evakuiert worden waren, gekommen, wären vor einer Mädchenschule vorgefahren und hätten alle Mädchen erschossen! »Das haben wir getan!«[13] Ungeachtet des scheinbar nationalistischen und rassistischen Tonfalls des öffentlichen Diskurses in der unmittelbaren Nachkriegszeit wären die in Farm Hall internierten deutschen Wissenschaftler wahrscheinlich erschüttert gewesen, wenn sie damals schon von dem ganzen Ausmaß und dem Grad der Verrohung gewusst hätten, mit der einige ihrer Landsleute bei der Umsetzung des »Euthanasie«-Programms, an der Ostfront und im Holocaust vorgegangen waren.

Am meisten interessierte die Wissenschaftler aber keineswegs die Frage, wer von ihnen ein Nazi gewesen sei. Max von Laue fasste ihre Lage in einem Brief zusammen, den er an seinen Sohn Theodor (1916–2000) in den USA schickte:

> Wir haben hier nach wie vor vortreffliche Verpflegung (wie englische Militärpersonen, also besser als die englische Zivilbevölkerung), haben Bücher, Zeitungen, Rundfunk, ein Klavier, einen Sportplatz hinter dem Hause. Wir bekamen kürzlich neue Kleidungsstücke und, soweit Bedarf war, Schuhe. Also es geht uns ausgezeichnet, abgesehen davon, dass wir keinerlei Nachricht von unseren Familien bekommen haben, und auch erst heute Briefe dorthin mit einiger Aussicht auf Beförderung absenden konnten.[14]

12 Hoffmann, Epsilon, 2. Aufl., 359.

13 Ebd., 136, 145.

14 Max von Laue an Theodor von Laue (7. August 1945), NBL, SGP Box 14, Folder 142.

Von Laue schrieb seinen Brief am 7. August, einen Tag nachdem sich das Leben der zehn Wissenschaftler mit den Nachrichten, die sie aus Hiroshima erreichten, grundlegend veränderte. Fortan diskutierten sie praktisch überhaupt nicht mehr über das Nazi-Thema, da sie von anderen Fragen umgetrieben wurden.

Die Nachrichten aus Hiroshima

Hahn war der Erste von ihnen, der über die BBC vom Abwurf einer Atombombe über Hiroshima hörte, und er war am Boden zerstört. Als ursprünglicher Entdecker der Kernspaltung fühle er sich persönlich für den Tod von Hunderttausenden verantwortlich, wie er dem britischen Offizier sagte. Nachdem er die »schreckliche Tragweite seiner Entdeckung« erkannt habe, habe er sich mit Selbstmordgedanken getragen. Mit einer »nicht unbeträchtlichen Menge Alkohol« habe er sich etwas beruhigt und sich zum Abendessen zu den übrigen Wissenschaftlern gesellt und ihnen die Nachricht mitgeteilt.[15]

Die Nachricht hat einige der Wissenschaftler hart getroffen. Gerlach sagte, wenn Deutschland eine Waffe besessen hätte, mit der es den Krieg hätte gewinnen können, dann wäre Deutschland im Recht und die anderen im Unrecht gewesen, und er stellte die rhetorische Frage, ob die Lage in Deutschland jetzt besser sei, als sie es nach einem Sieg Hitlers gewesen wäre. Nachdem Gerlach später am Abend den Raum verlassen hatte, ging er direkt in sein Schlafzimmer und begann zu schluchzen. Harteck und von Laue versuchten Gerlach zu trösten, der sich nach britischer Darstellung benahm wie ein »besiegter General, dem nur noch die Wahl blieb, sich zu erschießen«. In einem späteren Gespräch mit Hahn räumte Gerlach ein, ihn bedrücke die Tatsache, dass die Amerikaner die Deutschen ausgestochen hätten.[16] Während Hahn nicht verstehen konnte, warum Gerlach die Nachricht derart mitnahm, meinte Heisenberg, Gerlach sei der Einzige unter ihnen, der einen Sieg Deutschlands wirklich gewollt habe. Obgleich Gerlach die Verbrechen der Nazis einsehe und sie missbillige, habe er dennoch für Deutschland gearbeitet. Hahn erwiderte, dass auch er sein Land liebe und dass er aus diesem Grund auf seine Niederlage gehofft habe. Tatsächlich behauptete Hahn, dass er »den Krieg sabotiert hätte, wenn er dazu in der Lage gewesen wäre«.[17]

15 Hoffmann, Epsilon, 2. Aufl., 165–166.
16 Ebd., 179–181.
17 Ebd., 183.

Hahns Kollegen befürchteten, er könne sich etwas antun. Um zwei Uhr nachts klopfte von Laue an Bagges Tür und sagte: »Wir müssen etwas unternehmen, ich habe große Sorgen um Otto Hahn. Diese Nachrichten haben ihn entsetzlich erschüttert, und ich befürchte das Schlimmste.« Sie blieben lange wach, bis sie schließlich sicher waren, dass Hahn eingeschlafen war. Von Laue sagte dem viel jüngeren Bagge auch: »Als ich jung war, wollte ich Physik treiben und Weltgeschichte erleben. Die Physik habe ich getrieben, und dass ich Weltgeschichte miterlebt habe, wahrhaftig, das kann ich jetzt in meinen alten Tagen wohl sagen.«[18]

Zu einem Zeitpunkt, als sie noch nicht viele Details über die von den Alliierten abgeworfene Atombombe kannten, reagierten die Wissenschaftler noch mit Ungläubigkeit.[19] Heisenberg fragte, ob in dem BBC-Bericht Uran erwähnt worden sei, und als dies verneint wurde, folgerte er daraus, dass die Nachricht nichts mit der Atombombe zu tun habe und dass der Bericht von »irgendeinem Dilettanten in Amerika [stammen müsse], der sehr wenig davon versteht«. Bald darauf hatte Heisenberg eine rätselhafte Diskussion mit Hahn. Zunächst einmal bezweifelte Heisenberg, dass die Amerikaner tonnenweise reines Uran-235 – eines der für Atombomben verwendeten Materialien – produziert haben konnten. Daraufhin wandte Hahn ein, Heisenberg habe ihm in der Vergangenheit erklärt, dass man nur sehr wenig Uran-235 benötige. Eine Woche später legte Heisenberg eine verbesserte Berechnung vor, die jedoch nach wie vor keinen exakten Schätzwert lieferte.[20]

Nachdem sie alle gemeinsam die Nachrichtensendung um 21 Uhr gehört hatten, bestanden keine Zweifel mehr. 500 Millionen Britische Pfund waren ausgegeben worden, und 300 000 Japaner waren tot. Die Amerikaner und die Briten verfügten über Atombomben. Jetzt war ihnen vollkommen klar, warum sie interniert und vor der Welt versteckt worden waren und warum sie ihren Familien keine Briefe schreiben durften.[21] Wegen der erforderlichen enormen Anstrengungen und Ressourcen bezweifelten Heisenberg und seine Kollegen weiterhin, dass den Amerikanern die Uranisotopentrennung in großem Maßstab gelungen war beziehungsweise dass sie in der Lage gewesen waren, Element 94 (Plutonium) in einem Kernreaktor zu produzieren – die beiden Pfade zu einer Atombombe. Die Meldungen der BBC zu Hiroshima waren nicht konkret und enthielten kaum wissenschaftliche Informationen.[22] Tatsächlich hat die Verwirrung, die in den Tran-

18 Erich Bagge, Kurt Diebner und Kenneth Jay, *Von der Uranspaltung bis Calder Hall* (Hamburg 1957), 58.
19 Ebd., 56.
20 Hoffmann, Epsilon, 2. Aufl., 167, 169, 184–186, 234–257.
21 Bagge, Diebner und Jay, 56.
22 Meldung über den Atombombenabwurf auf Hiroshima auf BBC (6. August 1945), ADM, IMC 31 1295-1301.

skripten der Farm-Hall-Gespräche spürbar ist, wohl mehr mit dem unzureichenden Informationsstand der Deutschen und ihrem verzweifelten Wunsch, als Wissenschaftler nicht gänzlich überflügelt worden zu sein, als mit mangelndem naturwissenschaftlichem und technischem Verständnis ihrerseits zu tun. Als dann jedoch immer mehr Details durchsickerten, mussten sie schließlich anerkennen, dass das Manhattan-Projekt unter amerikanischer Führung ihre eigenen Anstrengungen, die offensichtlich bescheiden gewesen waren, wie ihnen jetzt klar wurde, weit in den Schatten gestellt hatte.

Nachdem die Wissenschaftler dies realisiert hatten, haben sie als Nächstes die Frage erörtert, ob auch sie eine Atombombe hätten bauen können. Bagge bewunderte den Mut der Amerikaner, so viele Millionen Dollar zu riskieren. Harteck fügte hinzu, es wäre ihnen vielleicht gelungen, wenn die obersten Behörden bereit gewesen wären, »alles zu opfern«.[23] Heisenberg behauptete, der Wendepunkt sei das Frühjahr 1942 gewesen, als die Wissenschaftler die politischen Entscheidungsträger vom potenziellen Gelingen überzeugen konnten, mit dem Ergebnis, dass erstmals erhebliche Mittel für ihre Forschung bereitgestellt wurden. Er fügte jedoch auch hinzu, dass er nicht den »moralischen Mut« aufgebracht hätte, im Frühjahr 1942 der Regierung zu empfehlen, 120000 Mann einzustellen, »nur um die Sache aufzubauen«.[24] Weizsäcker meinte, selbst wenn sie die notwendige Unterstützung erhalten hätten, wäre keineswegs sicher, dass sie so weit gekommen wären wie die Amerikaner und die Briten: Auch wenn die Deutschen die gleiche Energie hineingesteckt hätten wie die Amerikaner und es ebenso sehr gewollt hätten wie diese, hätten die Amerikaner die deutschen Fabriken zerstört.

Tatsächlich versuchte Weizsäcker, das Gespräch in eine andere Richtung zu lenken, indem er behauptete, entscheidend sei nicht, wie weit die Deutschen gekommen seien, sondern die Tatsache, dass sie der Überzeugung gewesen seien, ein solches Vorhaben könne während des Krieges nicht zum Abschluss gebracht werden. Daraufhin erklärten Gerlach, Harteck und Heisenberg, man müsse unterscheiden zwischen dem, was sie eine »Uranmaschine« (Kernreaktor) nannten, und Atombomben: Auch wenn sie nicht daran geglaubt hatten, noch während des Krieges eine Bombe bauen zu können, waren sie doch überzeugt davon gewesen, dass eine Uranmaschine möglich sei. Letztendlich rückte die alliierte Überlegenheit in der Luft auch dieses Ziel außer Reichweite. Nachdem Heisenberg in der Folge das britische Weißbuch über das Manhattan-Projekt gelesen hatte, äußerte er gegen-

23 Hoffmann, Epsilon, 2. Aufl., 187.

24 Ebd., 173–175; Hoffmann gibt die Zahl mit 100 000 an, in der englischen Originalversion sind es jedoch 120 000.

über einem britischen Physiker, der ihn besuchte, es wäre Deutschland niemals möglich gewesen, etwas Vergleichbares in dieser Größenordnung durchzuführen.[25]

Die letzte Phase in der kollektiven Konstruktion einer Legende über die deutsche Atombombe setzte ein, als sich die Wissenschaftler die Frage stellten, ob sie sie selbst eigentlich gewollt hatten. Wirtz äußerte schon frühzeitig kurz und bündig, er sei »froh, dass wir sie nicht hatten«. Weizsäcker bemühte sich darum, einen Konsens unter ihnen herbeizuführen. Statt sich in Rechtfertigungen darüber zu ergehen, warum sie gescheitert waren, sollten sie lieber zugeben, dass ihnen ein Scheitern im Grunde lieber gewesen wäre: »Ich glaube, es ist uns nicht gelungen, weil alle Physiker im Grunde gar nicht wollten, dass es gelang. Wenn wir alle gewollt hätten, dass Deutschland den Krieg gewinnt, hätte es uns gelingen können.« Hahn erwiderte sogleich, das glaube er nicht, aber er sei dankbar, dass es ihnen nicht gelungen sei. Heisenberg gab zu, dass er »im Grunde seines Herzens wirklich froh war«, dass sie schließlich an einer Uranmaschine – und nicht an einer Bombe – gearbeitet hatten. Später sagte Heisenberg zu Hahn, wenn sie moralisch in der gleichen Position gewesen wären wie die Amerikaner und wenn sie sich gesagt hätten, dass »es nur darauf ankomme, dass Hitler den Krieg gewinnt«, dann wären sie vielleicht nicht gescheitert. Aber sie hätten gar nicht gewollt, dass er gewinnt.[26]

Von Laue fasste die Argumentation, die sich nach und nach herauskristallisierte, in dem Brief an seinen Sohn zusammen:

> Die Hauptfrage ist natürlich, warum wir in Deutschland nicht zu der Bombe gekommen sind. Darauf ist zu sagen: 1) Die deutschen Physiker hätten niemals solche Mittel bewilligt erhalten, wie sie England und USA zu diesem Zwecke zur Verfügung gestellt haben. Weder die Arbeitskräfte noch das Geld wäre in einem annähernd so großen Maße verfügbar gewesen. Darum schon hat kein Physiker ernstlich an die Beantragung solcher Mittel gedacht. 2) Die ganze Uran-Forschung war bei uns auf die Schaffung einer Uranmaschine als Energiequelle gerichtet, einmal weil niemand an die Möglichkeit einer Bombe in absehbarer Zeit glaubte, zweitens, weil im Grunde niemand von uns eine solche Waffe in die Hände Hitlers legen wollte.[27]

25 Ebd., 177, 181, 277.
26 Ebd., 168, 175–177, 184.
27 Max von Laue an Theodor von Laue (7. August 1945), NBL, SGP Box 14, Folder 142.

Andererseits sagte Bagge zu Diebner: »Ich meine, es ist absurd von Weizsäcker zu sagen, wir hätten gar nicht gewollt, dass die Sache gelingt. Das mag für ihn zutreffen, aber nicht für uns alle.«[28]

Sobald sie aus Rundfunk und Zeitungen genügend über die ersten Atombomben wussten, begannen die älteren Mitglieder der Gruppe eine schriftliche Erklärung mit der unmissverständlichen Botschaft aufzusetzen, dass die Deutschen an Uranmaschinen, nicht an einer Atombombe, gearbeitet hätten. Bagge notierte in seinem Tagebuch, dass diese Erklärung von vielen, aber keineswegs von allen unterstützt wurde. Heisenberg und Gerlach verfassten einen Text, der nach ein paar Schwierigkeiten von allen unterzeichnet wurde. Der Schlüsselabschnitt lautet:

> Die wissenschaftlichen Vorarbeiten hatten gegen Ende 1941 zu dem Ergebnis geführt, dass es möglich sein werde, die Kernenergien zur Wärmeerzeugung und damit zum Betrieb von Maschinen zu benutzen. Dagegen schienen die Voraussetzungen für die Herstellung einer Bombe im Rahmen der technischen Möglichkeiten, die Deutschland zur Verfügung standen, damals nicht gegeben zu sein.[29]

Fazit

Farm Hall war eine psychologische Feuerprobe für die dort internierten Wissenschaftler, die sich mehrere wichtige, grundlegende Fragen stellten, die Historiker, Wissenschaftler und andere seither umgetrieben haben:

(1) Wussten die Deutschen, wie man eine Atombombe baut?
(2) Hätten die Deutschen Atombomben bauen können?
(3) Haben die Deutschen versucht, Atombomben zu bauen?
(4) Sind die beteiligten Wissenschaftler Nazis gewesen?

Farm Hall ließ all diese Fragen offen. Dieses Buch wird versuchen, sie zu beantworten.

28 Hoffmann, Epsilon, 2. Aufl., 194.

29 Bagge, Diebner und Jay, 58; Hoffmann, Epsilon, 2. Aufl., 205–208; die britischen Amtsträger haben dieses Memorandum nicht veröffentlicht.

3. Kernspaltung

Es könnte noch ein höchst merkwürdiger Zufall vorliegen. Aber immer mehr kommen wir zu dem schrecklichen Schluss: Unsere Ra-[Radium]-Isotope verhalten sich nicht wie Ra, sondern wie Ba [Barium]. Wie gesagt, andere Elemente [...] kommen nicht in Frage. Ich habe mit [Fritz] Strassmann verabredet, dass wir vorerst nur Du [sic] dies sagen wollen. Vielleicht kannst Du irgendeine phantastische Erklärung vorschlagen. Wir wissen dabei selbst, dass es eigentlich nicht in Ba zerplatzen kann [...].

Otto Hahn an Lise Meitner (19. Dezember 1938).

Eure Radiumresultate sind sehr verblüffend. Ein Prozess, der mit langsamen Neutronen geht und zum Barium führen soll! [...] Mir scheint vorläufig die Annahme eines so weitgehenden Zerplatzens sehr schwierig, aber wir haben in der Kernphysik so viele Überraschungen erlebt, dass man auf nichts ohne weiteres sagen kann: es ist unmöglich.

Lise Meitner an Otto Hahn (21. Dezember 1938).[1]

Radioaktivität

Am Vorabend des 20. Jahrhunderts entdeckten und erforschten Wissenschaftler das Phänomen der Radioaktivität: Radioaktive Stoffe verwandelten sich beziehungsweise zerfielen unter Freisetzung von Energie in Form von Alpha-, Beta- oder Gammastrahlen. Dies weckte Hoffnungen und schürte gleichzeitig Ängste.[2] Der britische Physiker Ernest Rutherford (1871–1937) stellte ein Modell auf, dem zufolge die Atomkerne der Elemente aus positiv geladenen Protonen (Wasserstoff) und Alphateilchen (Helium) sowie aus negativ geladenen Elektronen bestehen. So richtig begann die Geschichte der Kernspaltung dann im Jahr 1932 mit der Entdeckung des Neutrons – eines Kernteilchens ohne elektrische Ladung – durch den britischen Physiker James Chadwick (1891–1974).[3] Nur zwei Jahre nach der Entdeckung des Neutrons stellten die französische Physikerin Irène Joliot-Curie (1897–1956) und ihr Ehemann Frédéric Joliot-Curie (1900–1958) fest, dass sie Radioaktivität erzeugen konnten, indem sie Aluminium mit Alpha-

1 Otto Hahn an Lise Meitner (19. Dezember 1938), ADM, IMC 29-023; es müsste richtigerweise »Dir« heißen, in der Quelle steht aber »Du«; Lise Meitner an Otto Hahn (21. Dezember 1938), ADM, WGN NL 080/127-01.

2 Vgl. Spencer Weart, *The Rise of Nuclear Fear* (Cambridge, MA, 2012).

3 Für die frühe Geschichte der Kernphysik vgl. Roger Stuewer, *The Age of Innocence: Nuclear Physics between the First and Second World Wars* (Oxford 2018), insbesondere 31–35, 155–162.

teilchen beschossen; so entdeckten sie die künstliche Radioaktivität. Dies wurde von Enrico Fermi (1901–1954) und seiner Forschergruppe in Italien aufgegriffen. Sie erzeugten wiederum mithilfe von Neutronen Radioaktivität, wobei sie ein Element nach dem anderen beschossen und dabei jedes in ein anderes, instabiles Element verwandelten, das an einer anderen Stelle im Periodensystem stand.[4] Als Fermi im Jahr 1938 den Nobelpreis entgegennahm, behauptete er, das schwerste bekannte Element, Uran, in neue, künstliche Transurane umgewandelt zu haben.[5]

Die Entdeckung der Kernspaltung

Beeindruckt von den Erfolgen Fermis beschlossen der deutsche Chemiker Otto Hahn und die österreichische Physikerin Lise Meitner, die beide am Kaiser-Wilhelm-Institut für Chemie in Berlin arbeiteten, die scheinbaren Transurane näher zu erforschen. Ihnen schloss sich ein jüngerer deutscher Chemiker, Fritz Straßmann, an. Fermi hatte die neuen radioaktiven Elemente von Uran getrennt, indem er sie mit metallischen Übergangsverbindungen ausfällte. Weil diese neuen Stoffe nur in sehr geringen Mengen vorhanden waren, mischten Radiochemiker ein chemisch verwandtes Element als Träger radioaktiver Atome bei. Diese größere Verbindung ließ sich leichter handhaben, und die radioaktiven Atome folgten dem Träger durch chemische Behandlungen.[6] Diese Vorgehensweise strukturierte die Untersuchung, weil die Berliner Gruppe sich auf das Produkt der Fällung konzentrierte, dabei das Filtrat, das »Uran, die Zerfallsprodukte und (wie sich herausstellen sollte) noch viel mehr enthielt«, jedoch ignorierten. Nach Ansicht von Ruth Sime war dies tatsächlich der »gravierendste Fehler« der Gruppe.[7]

Nach einer langen Reihe von Experimenten mit unterschiedlichen Bestrahlungszeiten sowie der Nutzung schneller und langsamer Neutronen und vielfältigen chemischen Tests kamen Hahn, Meitner und Straßmann zu dem Schluss, dass der Neutronenbeschuss drei verschiedene aktive Uranisotope erzeugt hatte, die anschließend in verschiedene Transurane zerfielen. Isotope sind Atomsorten des gleichen Elements mit unterschiedlich vielen Neutronen und folglich auch unterschiedlichen Atomgewichten. Nur eines davon, ein aktives Uranisotop mit einer Halbwertszeit (die Zeitspanne, in

4 Ebd., 278–282, 298–303, 317–322; Spencer Weart, *Scientists in Power* (Cambridge, MA, 1979), 53.

5 Stuewer, 393.

6 Weart, Power, 53–54.

7 Ruth Lewin Sime, »The Search for Transuranium Elements and the Discovery of Nuclear Fission«, *Physics in Perspective*, 2 (2000), 48–62, hier 55, 59.

der die Hälfte des Ausgangselements in ein anderes Element zerfällt) von 23 Minuten, wurde zweifelsfrei nachgewiesen. Es war auch klar, dass dieses Isotop durch die Aufnahme eines Neutrons durch Uran-238, das häufigste Isotop, entstanden war.[8]

Was die Erklärung der geheimnisvollen Transurane anbelangte, standen die Berliner in intensivem Wettstreit mit den französischen Forschenden Irène Joliot-Curie, Frédéric Joliot-Curie und deren Mitarbeitern. Als Irène Joliot-Curie und Paul Savitch (1909–1994) Uran beschossen und eine Substanz mit einer Halbwertszeit von 3,5 Stunden und ähnlichen chemischen Eigenschaften wie Element 57, Lanthan, fanden, nahmen sie an, dass es sich um ein Transuran mit ähnlichen chemischen Eigenschaften wie Lanthan handelte.[9] Mittlerweile war Lise Meitner nach Skandinavien übergesiedelt, blieb aber ein wichtiges Mitglied der Forschergruppe. Fast alle der anschließenden Experimente in Berlin wurden in Meitners ehemaliger Abteilung in Hahns Institut an den von ihr gebauten Versuchsapparaturen durchgeführt. Sie blieb in engem Austausch mit Hahn, interpretierte die Ergebnisse ihrer Berliner Kollegen und regte davon ausgehend weitere Versuche an. Wie Sime gezeigt hat, erwies sich die fortdauernde Zusammenarbeit als notwendig, um die Kernspaltung zu entdecken.[10]

Da Hahn und Straßmann die französischen Resultate anzweifelten und Straßmann annahm, dass der »3,5-Stunden-Körper« vielleicht Radium enthielt, wiederholten sie das Experiment. Als die beiden deutschen Chemiker dann eine radioaktive Substanz entdeckten, die sich mithilfe eines Barium-Trägerstoffs ausfällen ließ, nahmen sie an, dass sie ein Radiumisotop – ein mit Barium chemisch verwandtes Element – gefunden hatten. Meitner nahm diese Interpretation jedoch mit großer Skepsis auf, weil sie die Serie von Kernreaktionen, die notwendig wäre, um aus Uran Radium zu erzeugen, für sehr unwahrscheinlich hielt. Meitner war in engem brieflichem Austausch mit Hahn geblieben, entscheidender aber war, dass die beiden sich im November 1938 in Kopenhagen persönlich trafen. Dort »muss sie [Meitner] ihm [Hahn] im persönlichen Gespräch mit aller Deutlichkeit klar gemacht haben, daß trotz ihres Vertrauens in seine und Straßmanns Fähigkeiten als Chemiker ihre neuen Ergebnisse der Alptraum jedes Physikers waren«. Straßmann erinnerte sich später, dass Meitner in Kopenhagen eindringlich gefordert habe, die Radium-Experimente ein weiteres Mal zu wiederholen und sehr sorgfältig und mit aller Strenge zu überprüfen.[11]

8 Louis Turner, »Nuclear Fission«, *Reviews of Modern Physics*, 12/1 (1940), 1–29, hier 4.

9 Weart, Power, 54.

10 Ruth Lewin Sime, *Lise Meitner. Ein Leben für die Physik* (Frankfurt am Main 2001), 282–326; Ruth Lewin Sime, »An Inconvenient History: the Nuclear-Fission Display in the Deutsches Museum«, *Physics in Perspective*, 12 (2010), 190–218.

11 Sime, Leben, 290–291; Sime, Search, 59–60.

Auf Meitners Einwände hin führten Hahn und Straßmann Versuche durch, die das Vorhandensein von Radium dadurch bestätigen sollten, dass es teilweise von seiner Barium-Trägersubstanz abgeschieden wurde. Diese Experimente führten dann direkt zur Entdeckung der Kernspaltung. Hahn und Straßmann waren sich sicher, dass sie Barium erzeugt hatten. Als Hahn Meitner davon berichtete, antwortete sie, dass dies zwar schwer zu verstehen, aber wahrscheinlich möglich sei.[12] Binnen einer Woche legte Meitner zusammen mit ihrem Neffen, dem Physiker Otto Frisch (1904–1979), die erste theoretische Interpretation des Spaltungsprozesses vor, berechnete die freigesetzte Energie, reinterpretierte einige der scheinbaren Transurane als Spaltbruchstücke und sagte zutreffend vorher, dass nur eines der drei Transurane, über deren Entdeckung die Berliner Gruppe berichtet hatte, tatsächlich existierte – Element 93. Am 1. Januar 1939 schrieb Meitner an Hahn: »Wir haben Eure Arbeit sehr genau gelesen und überlegt; *vielleicht* ist es energetisch doch möglich, dass ein so schwerer Kern zerplatzt.« Zwei Tage später fügte sie hinzu: »Ich bin jetzt ziemlich sicher, daß Ihr wirklich eine Zertrümmerung zum Ba habt und finde das ein wirklich wunderschönes Ergebnis, wozu ich Dir und Straßmann sehr herzlich gratuliere.«[13]

In dem Bestreben, ihre Befunde schnellstens zu publizieren, hatten Hahn und Straßmann ein Manuskript bei der Zeitschrift *Die Naturwissenschaften* eingereicht, noch bevor sie Meitners oben zitierte Antwort erhielten:

> Unsere »Radiumisotope« haben die Eigenschaften des Bariums; als Chemiker müßten wir eigentlich sagen, bei den neuen Körpern handelt es sich nicht um Radium, sondern um Barium; denn andere Elemente als Radium oder Barium kommen nicht in Frage. […] Als Chemiker […] müßten wir das oben gebrachte Schema eigentlich umbenennen und statt Ra, Ac, Th die Symbole Ba, La, Ce einsetzen. Als der Physik in gewisser Weise nahestehende »Kernchemiker« können wir uns zu diesem, allen bisherigen Erfahrungen der Kernphysik widersprechenden, Sprung noch nicht entschließen. Es könnten doch noch eine Reihe seltsamer Zufälle unsere Ergebnisse vorgetäuscht haben.[14]

12 Sime, Leben, 290–291; Sime, Search, 59–60; Otto Hahn an Lise Meitner (19. Dezember 1938), ADM, IMC 29-023; Lise Meitner an Otto Hahn (21. Dezember 1938), ADM, WGN NL 080/127-01.

13 Lise Meitner an Otto Hahn (1. Januar 1939), ADM, WGN NL 080/127-01 und AMPG, III. Abt. Rep. 14 4876.

14 Otto Hahn und Fritz Straßmann, »Über den Nachweis und das Verhalten der bei der Bestrahlung des Urans mittels Neutronen entstehenden Erdalkalimetalle«, *Die Naturwissenschaften*, 27 (1939), 11–15, in Horst Wohlfarth (Hg.), *40 Jahre Kernspaltung: eine Einführung in die Originalliteratur* (Darmstadt 1979), 65–76, hier 75–76.

In einem wenig später veröffentlichten Aufsatz äußerten sich Hahn und Straßmann viel entschiedener: »Die Entstehung von Bariumisotopen aus Uran wurde endgültig bewiesen.«[15]

In ihrer eigenen Publikation erklärten Meitner und Frisch den Prozess mithilfe des Tröpfchenmodells des Atomkerns von George Gamow (1904–1968). Danach sollten sich die Teilchen in einem schweren Kern in ihrer Gesamtheit in einer Weise bewegen, die der Bewegung eines Flüssigkeitströpfchens ähnelt. Wenn diese Bewegung durch Zufuhr von Energie hinreichend heftig gemacht wurde, spaltete sich das Tröpfchen manchmal in zwei auf. Da sich die Oberflächenspannung eines geladenen Tröpfchens durch seine Ladung verringert, schätzten Meitner und Frisch, dass die Oberflächenspannung von Kernen, die mit zunehmender Kernladung abnimmt, für Kernladungszahlen in der Größenordnung von 100 gleich null werden könnte. Dies legte den Schluss nahe, dass Element 92, Uran, nur begrenzt stabil war und sich nach einem Neutroneneinfang möglicherweise selbst in zwei annähernd gleich große Kerne aufspalten könnte. Frisch bezeichnete diesen neu entdeckten Vorgang als »*fission*« (Spaltung) – in Anlehnung an den biologischen Prozess der Zellteilung.[16] Ungefähr zur gleichen Zeit veröffentlichte Frisch seine eigenen ausschlaggebenden physikalischen Beweise für die Aufspaltung von Urankernen in Teile ähnlicher Größe. Er hatte Uran mit Neutronen beschossen, dabei energiereiche Teilchen nachgewiesen und so gezeigt, dass bei der Kernspaltung enorme Mengen an Energie freigesetzt werden.[17]

Der Wettlauf um die Erklärung der Kernspaltung

In Paris las Frédéric Joliot-Curie den Aufsatz von Hahn und Straßmann; ihm wurde klar, dass bei jedem Spaltprozess eine große Menge Energie freigesetzt werden musste und möglicherweise auch zusätzliche Neutronen emittiert wurden.[18] Mit anderen Methoden als Frisch bestätigte Joliot-Curie dessen Ergebnis. In Paris wies er im März in Zusammenarbeit mit Hans von

15 Otto Hahn und Fritz Straßmann, »Nachweis der Entstehung aktiver Bariumisotope aus Uran und Thorium durch Neutronenbestrahlung: Nachweis weiterer aktiver Bruchstücke bei der Uranspaltung«, *Die Naturwissenschaften*, 27 (1939), 89–95, in Wohlfarth, 78–96, hier 95.

16 Lise Meitner und Otto Frisch, »Disintegration of Uranium by Neutrons: A New Type of Nuclear Reaction«, *Nature*, 143 (1939), 239–240, in Wohlfarth, 97–100, hier 99.

17 Otto Frisch, »Physical Evidence for the Division of Heavy Nuclei under Neutron Bombardment«, *Nature*, 143 (1939), 276, in Wohlfarth, 101–102, hier 102.

18 Weart, Power, 63.

Halban (1908–1964) und Lew Kowarski (1907–1979) nach, dass bei der Kernspaltung »sekundäre« Neutronen freigesetzt werden. Er sah in diesen Befunden einen Schritt zur Erzeugung »exoenergetischer Umwandlungsketten«, die später Kettenreaktionen genannt wurden. Joliot-Curie, Halban und Kowarski wiesen allerdings darauf hin, dass pro Spaltprozess mehr als ein Neutron freigesetzt werden müsste, um eine solche Kette in Gang zu setzen. Einen Monat später veröffentlichten sie ihre Schätzung, wonach bei einer Spaltung etwa 3,5 sekundäre Neutronen erzeugt würden, was eine Kettenreaktion plausibel erscheinen ließ.[19] In den Vereinigten Staaten veröffentlichten Walter Zinn (1906–2000) und Leó Szilárd (1898–1964) einen niedrigeren Schätzwert – 2,3 –, der aber noch Kettenreaktionen ermöglichen könnte.[20]

Im Juni publizierte Siegfried Flügge (1912–1997), ein Physiker aus Hahns Institut, einen Aufsatz, in dem er die Kernspaltung für ein allgemeines wissenschaftliches Publikum erklärte. Wenn jedes Neutron, das eine Kernspaltung verursacht, zugleich zwei oder drei Neutronen freisetzt, dann sollten diese Neutronen ihrerseits zur Spaltung anderer Urankerne führen, was deren Anzahl noch weiter erhöht, so dass eine »Kettenreaktion ohne Ende« das gesamte verfügbare Uran umwandeln würde. Als Beispiel berechnete Flügge, wie viel Energie freigesetzt würde, wenn das gesamte in einem Kubikmeter U_3O_8 verfügbare Uran vollständig umgewandelt würde. Mit der dabei freigesetzten Energie ließe sich ein Kubikkilometer Wasser (Gewicht 10^{12} Kilogramm) 27 Kilometer hoch heben! Wenn eine solche Kettenreaktion kontrolliert werden könnte, dann, so Flügge, wäre eine energieerzeugende »Uranmaschine« möglich.[21]

Der dänische Physiker Niels Bohr brachte durch einen Bericht auf der Fünften Washingtoner Konferenz zur theoretischen Physik die Neuigkeiten über Hahns und Straßmanns Experiment sowie dessen Interpretation durch Meitner und Frisch in die USA. Zusammen mit seinem amerikanischen Kollegen John Wheeler (1911–2008) beschrieb er den Mechanismus der Kernspaltung. Wenn Uran mit Neutronen beschossen wird, führt dies manchmal zur Kernspaltung, aber bisweilen werden die Neutronen auch absorbiert. Dieser Vorgang, den Hahn, Meitner und Straßmann entdeckt

19 Hans von Halban, Frédéric Joliot und Lew Kowarski, »Liberation of Neutrons in the Nuclear Explosion of Uranium«, *Nature*, 143 (1939), 470–471, in Wohlfarth, 111–114, hier 113–114; Hans von Halban, Frédéric Joliot und Lew Kowarski, »Number of Neutrons Liberated in the Nuclear Fission of Uranium«, *Nature*, 143 (1939), 680, in Wohlfarth, 115–118, hier 117; Weart, Power, 91

20 Turner, Fission, 12.

21 Siegfried Flügge, »Kann der Energieinhalt der Atomkerne technisch nutzbar gemacht werden?«, *Die Naturwissenschaften*, 27 (1939), 402–410, in Wohlfarth, 119–140, hier 119, 121, und 140.

hatten, lag wahrscheinlich der Entstehung des Transurans 93 zugrunde. Bohr und Wheeler gelangten zu dem Schluss, dass sich die verschiedenen Uranisotope in dieser Hinsicht unterschiedlich verhalten würden: Während das häufige Isotop Uran-238 Neutronen einfangen kann, kann das seltene Isotop Uran-235 durch relativ langsame »thermische« Neutronen, die sich so schnell fortbewegen wie Luftmoleküle bei Raumtemperatur, gespalten werden.[22]

Im März und April 1940 nutzte Alfred Nier (1911–1994) sein Massenspektrometer, um kleine Mengen Uran-235 abzuscheiden, die anschließend im Zyklotron der Columbia University mit langsamen Neutronen beschossen wurden. Auf diese Weise bestätigte er, dass Uran-235 tatsächlich das Isotop war, dessen Kerne durch langsame Neutronen gespalten wurden. Diese Experimente zeigten, wie wichtig die Abscheidung von Uranisotopen in großem Maßstab für die Erforschung der in Uran ablaufenden Kettenreaktionen war. Im August erbrachten Nier und Mitarbeiter dann den experimentellen Beweis dafür, dass das Isotop Uran-238 für das wohlbekannte, durch Neutroneneinfang entstehende Produkt mit einer Halbwertszeit von 24 Minuten verantwortlich war.[23]

Louis Turner wies darauf hin, dass die Theorie von Bohr und Wheeler auch vorhersagte, dass »alle vernünftigerweise erwartbaren Transurane durch thermische Neutronen gespalten werden sollten«. Im Mai 1940 berichteten Edwin McMillian (1907–1991) und Philip Abelson (1913–2004), dass sie schließlich Transurane gefunden hätten, nachdem sie Uran mit Neutronen beschossen und so Uran-239 erzeugt hätten, das anschließend mit einer Halbwertszeit von 23 Minuten in das Element 93 zerfiel. Dieses hatte seinerseits eine Halbwertszeit von 2,3 Tagen und zerfiel wahrscheinlich in das Element 94, weil es negative Betateilchen emittierte. McMillian und Abelson sagten vorher, dass Element 94 Alphateilchen emittieren und daher stabil sein sollte – mit einer sehr langen Halbwertszeit.[24]

Die sehr öffentlich geführte Diskussion über Kernspaltung, Uranisotope und Transurane setzte die Beherrschung dreier Technologien beziehungsweise Prozesse voraus: erstens das »Moderieren«, also das Abbremsen von Neutronen auf thermische Geschwindigkeiten, um eine Kettenreaktion zu kontrollieren; zweitens das physikalische Abscheiden der beiden Uraniso-

22 Niels Bohr und John Wheeler, »The Mechanism of Nuclear Fission«, *Physical Review*, 56 (1939), 426–450, in Wohlfarth, 141–190, hier 143, 169, und 171.

23 A. Nier, E. Booth, J. Dunning und A. Grosse, »Nuclear Fission of Separated Uranium Isotopes«, *Physical Review*, 57 (1940), 546; E. Booth, J. Dunning, A. Grosse und A. Nier, »Neutron Capture by Uranium (238)«, *Physical Review*, 58 (1940), 475–476.

24 Louis Turner, »The Nonexistence of Transuranic Elements«, *Physical Review*, 57 (1940), 157; Edwin McMillian und Philip Abelson, »Radioactive Element 93«, *Physical Review*, 57 (1940), 1185–1186.

tope 235 und 238 beziehungsweise zumindest die Erhöhung des relativen Anteils von 235, um eine solche Kettenreaktion zu erleichtern; und drittens, zunächst das Erzeugen von Element 93 und anschließend die chemische Abtrennung dieses Elements oder seines Tochterprodukts 94 von Uran, ebenfalls um eine solche Kettenreaktion zu erleichtern. Diese drei Elemente bilden in ihrer Gesamtheit den Kern der technischen und industriellen Herausforderungen, die überwunden werden mussten, um die Nutzung der Kernenergie zu ermöglichen.

Aber die Geschichte der Kernspaltung ist nicht bloß ein typischer wissenschaftlicher Wettlauf um die Erklärung natürlicher Prozesse und um fachliches Prestige. Warum war Meitner in Skandinavien, als Hahn und Straßmann Barium fanden? Hahn und Meitner hatten nicht zuletzt deshalb begonnen, Fermis scheinbare Transurane zu erforschen, weil sie die Hoffnung hegten, ein erfolgreicher Abschluss dieses Forschungsprojekts würde den politischen Druck auf sie vielleicht vermindern. Im Jahr 1938 waren die Nationalsozialisten bereits seit fünf Jahren in Berlin an der Macht. Obgleich Meitner als »Nicht-Arierin« eingestuft worden war, hatte die österreichische Staatsbürgerschaft sie vor einigen Auswirkungen der antisemitischen Gesetzgebung geschützt. Zunächst wollte sie daher nicht auswandern.

Mit dem »Anschluss« Österreichs an das Deutsche Reich im März 1938 änderte sich dies jedoch von heute auf morgen. Da Meitner jetzt als eine deutsche Jüdin eingestuft wurde, bekam sie den nationalsozialistischen Antisemitismus mit voller Wucht zu spüren. Kollegen am Kaiser-Wilhelm-Institut für Chemie, die Hitlers Regime nahestanden – ob als glühende Nationalsozialisten oder Opportunisten –, attackierten Meitner umgehend. Sie behaupteten: »Die Jüdin gefährdet das Institut.«[25] Als der Präsident der Kaiser-Wilhelm-Gesellschaft, Carl Bosch (1874–1940), sich um eine Ausnahmeregelung für Meitner bemühte, beschied ihn das Innenministerium kühl: Heinrich Himmler (1900–1945), Reichsführer SS, habe höchstpersönlich Notiz von dem Fall Meitner genommen und erlaube ihr nicht, Deutschland zu verlassen:

> Es wird für unerwünscht gehalten, daß *namhafte* Juden aus Deutschland ins Ausland reisen, um dort als Vertreter der deutschen Wissenschaft oder gar mit ihrem Namen und ihrer Erfahrung entsprechend ihrer inneren Einstellung gegen Deutschland zu wirken. Von der K.W.G. dürfte sicherlich ein Weg gefunden werden, daß Frau Prof. M[eitner] auch nach ihrem Ausscheiden weiter in Deutschland verbleibt und unter Umständen auch privat im Interesse der Gesellschaft arbeitet.[26]

25 Sime, Leben, 237.
26 Wilhelm Frick an Carl Bosch (16. Juni 1938), zitiert nach Sime, Leben, 251.

Meitner sah jetzt ein, dass sie ausreisen musste, und mithilfe zweier niederländischer Kollegen, Dirk Coster (1889–1950) und Peter Debye, gelang ihr die Flucht aus Deutschland. Obgleich Meitner bald darauf eine Anstellung in Stockholm fand, fühlte sie sich dort nie wirklich willkommen oder unterstützt.[27]

Wie Ruth Lewin Sime gezeigt hat, begann Hahn nach der Entdeckung der Kernspaltung, Meitner aus deren Geschichte herauszuschreiben.[28] Meitners erzwungene Emigration hatte unmittelbare Auswirkungen darauf, wie die Arbeiten zur Kernspaltung veröffentlicht wurden, und beeinflusste dadurch auch, wem die Entdeckung letztlich als Verdienst zugeschrieben wurde. In dem ersten Brief, in dem Hahn Meitner das Barium-Ergebnis mitteilte, meinte er: »Falls Du irgend etwas vorschlagen könntest, das Du publizieren könntest, dann wäre es doch noch eine Art Arbeit zu Dreien!«[29] Meitner war der Ansicht, dass selbst eine gemeinsame Veröffentlichung, in der einige ihrer früheren Ergebnisse zurückgenommen würden, wahrscheinlich nicht realisierbar sei.[30] Am 2. Januar verteidigte Hahn den gesonderten, von ihm und Straßmann publizierten Artikel gegenüber Meitner:

> Ich habe nur Dir ganz genau berichtet, damit Du Dir ein Urteil bilden kannst und ev[entuell] was darüber veröffentlichen. Aber die Ergebnisse von uns nicht so schnell wie möglich zu publizieren, wäre doch falsch gewesen. [...] Glaube mir, es wäre mir lieber, wir hätten noch wie früher gemeinsam arbeiten und diskutieren können![31]

Eine gemeinsame Veröffentlichung der deutschen Chemiker und einer »nicht-arischen« Physikerin, die außer Landes geflohen war, kam in Deutschland nicht in Frage. Es hätte für Hahn und Straßmann wohl auch unangenehme Konsequenzen gehabt, wenn sie in einem anderen Land – in welchem auch immer – mit Meitner publiziert hätten.

Aber Hahn tat mehr, als nur ohne Meitner zu veröffentlichen. In seiner zweiten (zusammen mit Straßmann geschriebenen) Veröffentlichung über die Kernspaltung in *Die Naturwissenschaften* erwähnte Hahn mit keinem Wort, dass die Idee zu mehreren Experimenten von Meitner gekommen war, und stellte die Arbeit von Meitner und Frisch »ob mit Absicht oder nicht als eine eher nebensächliche Beschreibung bekannter Ergebnisse« dar.[32] Aller-

27 Sime, Leben, 237–281, 331–332.
28 Ebd., 298, 329–330.
29 Otto Hahn an Lise Meitner (19. Dezember 1938), in Sime, Leben, 297–298.
30 Lise Meitner und Otto Frisch an Otto Hahn (1. Januar 1939), ADM, WGN NL 080/127-01.
31 Sime, Leben, 310.
32 Ebd., 326.

dings würdigte Hahn ausdrücklich den Beitrag Meitners zu ihrer früheren Zusammenarbeit:

> Daß die im Vorstehenden beschriebenen, zahlreichen neuen Umwandlungsprodukte sich in verhältnismäßig kurzer Zeit mit – wie wir glauben – erheblicher Sicherheit feststellen ließen, war nur möglich durch die Erfahrung, die wir bei den früheren, in Gemeinschaft mit L. Meitner durchgeführten systematischen Versuchen über die Transurane und die Thorumwandlungsprodukte sammeln konnten.[33]

Nach den getrennten Publikationen über Kernspaltung – den beiden Artikeln von Hahn und Straßmann, dem einen von Meitner und Frisch und einem weiteren, den Frisch allein verfasste – konzentrierten sich Hahn und Meitner auf unterschiedliche Dinge. Während Meitner befürchtete, bei den Transuranen, die sie, Hahn und Straßmann gefunden zu haben behaupteten, handele es sich in Wirklichkeit wahrscheinlich um Spaltbruchstücke, und sie sich die Frage stellte, ob die gemeinsamen, vor der Entdeckung der Kernspaltung veröffentlichten Artikel jetzt zurückgezogen werden sollten, ging es Hahn jetzt vor allem um die Frage der Priorität.

> Denn ich muss nun allmählich Erbacher und Philipp [zwei begeisterten NSDAP-Mitgliedern an seinem Institut][34] recht geben, wenn sie sagen, dass die Priorität der Uranzerplatzung Straßmann und mir allmählich aus den Händen zu gleiten droht. […] Ich schicke Dir [Meitner] aber z.B. einen Artikel aus der Science, der amerikan. Nature. Da siehst Du, dass ›ich‹ etwas beobachtet habe, aber keine Erklärung dafür hatte! […] Es ist klar, dass solche Sachen bei dem Institutskaffee weidlich ausgeschlachtet werden und es sind doch wohl die meisten, die die Behandlung der Arbeit von Straßmann und mir als nicht ganz gerecht ansehen. […] Die fanatischeren unserer Leute drehen die Sache schon etwas politisch auf, und das tut mir besonders leid.[35]

Die räumliche Trennung Meitners von Hahn und Straßmann beeinträchtigte nicht den wissenschaftlichen Fortschritt, der zur Entdeckung und zur Erklärung der Kernspaltung führte, aber sie wirkte sich darauf aus, wem von den drei Forschenden später das Verdienst daran zuerkannt wurde. Die getrennten Veröffentlichungen sowie Hahns anschließende Äußerungen führten zu der Deutung, dass Hahn der alleinige Entdecker sei. Ironischerweise schien eine mögliche militärische Nutzung der Kernspaltung weder Meitner noch Hahn selbst nach dem Ausbruch des Zweiten Weltkriegs

33 Hahn und Straßmann, Nachweis, 95–96.

34 Sime, Leben, 185.

35 Otto Hahn an Lise Meitner (3. März 1939), ADM, WGN NL 080/127-01.

sonderlich zu beunruhigen. Aber der Weg für die Erforschung und technische Nutzbarmachung der Kernenergie in Kriegszeiten war jetzt bereitet. Tatsächlich ist es bemerkenswert, wie viel darüber veröffentlicht und wie offen darüber diskutiert wurde, bevor der Schleier der Geheimhaltung schließlich herabgelassen wurde und Wissenschaftler in verschiedenen Ländern voneinander abschottete. Es gab keine wissenschaftlichen Geheimnisse bezüglich der Kernspaltung, sondern lediglich die Ungewissheit, ob sich ihre enormen Energien technisch nutzbar machen ließen. So wurde aus dem internationalen Wettlauf um die Erklärung der Kernspaltung ein Wettlauf um ihre militärische Anwendung.

Einige Bemühungen, wissenschaftliche Arbeiten zum Thema Kernspaltung zu zensieren, gab es frühzeitig.[36] Am 2. Februar 1939 schrieb der emigrierte Physiker Leó Szilárd einen bemerkenswerten Brief an Frédéric Joliot-Curie:

> Als Hahns Aufsatz vor etwa zwei Wochen dieses Land erreichte, haben sich einige von uns sofort für die Frage interessiert, ob beim Uranzerfall Neutronen freigesetzt werden. Wenn mehr als ein Neutron freigesetzt werden würde, dann wäre offensichtlich eine Art Kettenreaktion möglich. Unter gewissen Umständen könnte dies dann zum Bau von Bomben führen, die im Allgemeinen und zumal in den Händen gewisser Regierungen extrem gefährlich wären. […] In den letzten Tagen gab es hier eine gewisse Diskussion unter Physikern, ob man etwas unternehmen sollte, um zu verhindern, dass irgendetwas Relevantes zu diesem Thema in wissenschaftlichen Fachzeitschriften veröffentlicht wird, und ob man Kollegen in England und Frankreich bitten sollte, etwas Ähnliches zu unternehmen […].

Joliot-Curie scheute ebenso wie Enrico Fermi, der mittlerweile in die Vereinigten Staaten emigriert war, einen solchen radikalen Schnitt. Ab Juni 1940 wurden schließlich in amerikanischen Fachzeitschriften keine wissenschaftlichen Aufsätze zum Thema Kernspaltung mehr veröffentlicht.[37]

Szilárd beließ es nicht bei der Forderung nach Zensur. Zusammen mit einem weiteren emigrierten Physiker, Eugene Wigner (1902–1995), stattete er ihrem berühmteren emigrierten Kollegen Albert Einstein (1879–1955) einen Besuch ab, und sie brachten ihn dazu, einen Brief an Präsident Roosevelt (1882–1945) zu unterschreiben. Neuere wissenschaftliche Arbeiten von Fermi und Szilárd, schrieb Einstein an Roosevelt, deuteten darauf hin, dass das Element Uran in unmittelbarer Zukunft eine neue und bedeutende Ener-

36 Alex Wellerstein, *Restricted Data: The History of Nuclear Secrecy in the United States* (Chicago 2021), 15–29.

37 Weart, Power, 75, 146.

giequelle werden könnte. Dies könnte auch zum Bau »von Bomben eines neuen Typs mit extrem hoher Sprengkraft« führen. Einstein wies auch darauf hin, dass Deutschland den Verkauf von Uran aus den tschechoslowakischen Minen, deren Kontrolle es übernommen hatte, eingestellt hatte, vielleicht weil Carl Friedrich von Weizsäcker, der Sohn eines hochrangigen Amtsträgers im deutschen Außenministerium, am Kaiser-Wilhelm-Institut für Physik in Berlin arbeitete, »wo einige der amerikanischen Arbeiten jetzt wiederholt werden«.[38]

Fazit

Die Zusammenarbeit von Wissenschaftlerinnen und Wissenschaftlern, die das rätselhafte Verhalten von Uran erforschten, die vom internationalen Wettstreit angetrieben wurden und sich aufgrund von Antisemitismus entzweiten, führte zu der Entdeckung, dass Atomkerne unter Freisetzung von Energie und Neutronen gespalten werden können. Wissenschaftler auf der ganzen Welt haben diese Forschungsarbeiten in der Folge ausgeweitet und vertieft; sie kamen zu dem Ergebnis, dass energieerzeugende Kettenreaktionen bei der Kernspaltung möglich sein könnten. All diese Arbeiten fanden innerhalb eines Jahres vor beziehungsweise nach dem Ausbruch des Zweiten Weltkriegs statt. Damit war der Weg für einen Wettlauf um den Bau der Atombombe bereitet.

38 Albert Einstein to Franklin D. Roosevelt (2. August 1939), in Philip L. Cantelon, Richard G. Hewlett und Robert C. Williams (Hgg.), *The American Atom: A Documentary History of Nuclear Policies from the Discovery of Fission to the Present*, 2. Aufl. (Philadelphia 1991), 9–11.

4. Blitzkrieg

> Wir gestatten uns, Sie auf die neueste Entwicklung in der Kernphysik aufmerksam zu machen, da sie unseres Erachtens vielleicht die Möglichkeit eröffnet, Sprengstoffe von einer Wirkung herzustellen, welche um viele Größenordnungen den derzeitig in Verwendung befindlichen überlegen ist. [...] Es liegt auf der Hand, dass, wenn die oben skizzierte Möglichkeit der Energieerzeugung sich verwirklichen lassen sollte, was durchaus im Bereich des möglichen liegt, dasjenige Land, welches von ihr zuerst Gebrauch macht, den anderen gegenüber ein kaum einholbares Aktivum aufzuweisen hat.
>
> Paul Harteck und Wilhelm Groth
> an das Reichskriegsministerium (24. April 1939).[1]

Die Entfesselung des Blitzkriegs

Der deutsche Angriff auf Polen am 1. September 1939 und der anschließende gleichzeitige Einmarsch in Dänemark und Norwegen Anfang April sowie einen Monat später in Belgien, Frankreich und den Niederlanden gipfelten im Sieg über Frankreich und in der Revanche für die deutsche Niederlage im Ersten Weltkrieg. Wissenschaftler auf beiden Seiten des Konflikts erschütterte all dies zutiefst. Werner Heisenberg, der sich noch kurz zuvor in den Vereinigten Staaten aufgehalten hatte, schrieb an seinen Mentor Niels Bohr in Dänemark:

> Du weißt, wie traurig ich über die ganze Entwicklung bin. In Amerika sahen wir es ja alle kommen. Ich bin wieder zurückgefahren, da ich hierher gehöre. Das wirst Du sicher verstehen. [...] Da ich nicht weiss, ob und wann uns das Schicksal wieder zusammenführt, möchte ich Dir noch einmal danken für alle Freundschaft, für alles, was ich von Dir gelernt habe und was Du für mich getan hast.[2]

Zwei Wochen nach Ausbruch des Krieges erreichten Heisenberg sehr bedrückende Nachrichten, die ihm sehr nahegingen. Carl Friedrich von Weizsäckers Bruder war nur zwei Tage nach Kriegsbeginn gefallen. Heinrich von Weizsäcker (1917–1939) war »ein sehr netter Mensch, ritterlich und gerade, sicher einer der besten Offiziere, die man sich denken kann«. Heisenberg hatte oft mit ihm musiziert und musste an eine Stelle in einem Buch von

1 Paul Harteck und Wilhelm Groth an das Reichskriegsministerium (24. April 1939), zitiert in Michael Schaaf, *Heisenberg, Hitler und die Bombe. Gespräche mit Zeitzeugen* (Berlin, Diepholz 2018), 278.

2 Werner Heisenberg an Niels Bohr (14. September 1939), NBA.

Abb. 2: Werner Heisenberg in Farm Hall.

Ernst Wiechert (1887–1950) denken, in dem dieser über die Preußen geschrieben hatte, dass sie »immer ihr bestes Blut auf den Schlachtfeldern geopfert haben«.[3] Heisenberg äußerte sich auch sehr zurückhaltend über den weiteren Verlauf des Krieges. Weder Frankreich noch Großbritannien seien ernstlich geschwächt. Viele erwarteten bis zum Frühjahr den Kriegseintritt der Vereinigten Staaten. In resigniertem Ton schrieb Heisenberg an seine Frau Elisabeth: »Da die Politik von höheren Mächten geleitet wird, müssen wir halt Geduld haben und versuchen, unser Leben so vernünftig einzurichten, wie es unter diesen Umständen geht.«[4] Drei Wochen nach Beginn des Konflikts war Heisenberg pessimistisch; er schrieb seiner Frau, dass niemand mehr an einen kurzen Krieg glaube, nachdem man die neuen, verringerten Lebensmittelrationen gesehen habe. Sowohl Hitlers jüngste Rede als auch ein Artikel in *Das Schwarze Korps*, dem Wochenblatt der SS, schienen die Deutschen auf einen längeren Konflikt vorzubereiten.[5]

Deutschland und die Sowjetunion, die am 23. August einen Nichtangriffspakt geschlossen hatten, teilten am 6. Oktober ein besiegtes Polen unter sich auf. Mit Ausbruch des Krieges begann der Sicherheitsdienst der SS, geheime Lageberichte darüber zu erstellen, was die Deutschen taten und sagten, insbesondere darüber, wie sie auf die jüngsten Entwicklungen im Krieg reagierten. Auch wenn diese Berichte selbstverständlich nicht im-

3 Werner Heisenberg an Elisabeth Heisenberg (15. September 1939), in Werner Heisenberg und Elisabeth Heisenberg, *»Meine Liebe Li!« Der Briefwechsel 1937–1946* (St. Pölten 2011), 90.

4 Werner Heisenberg an Elisabeth Heisenberg (17. September 1940), in Heisenberg und Heisenberg, 146.

5 Werner Heisenberg an Elisabeth Heisenberg (23. September 1939), in Heisenberg und Heisenberg, 97.

mer für bare Münze genommen werden sollten, stellen sie doch eine Quelle dar, die oft erhellende Aufschlüsse über die sich verändernde Moral der deutschen Bevölkerung gibt. So berichtete der SD am 9. Oktober, dass die siegreichen Truppen bei ihrer Rückkehr fast überall in Deutschland begeistert empfangen worden seien; die Menschen hätten sie mit Blumen, Zigaretten und Obst begrüßt.[6]

Organisation der kernphysikalischen Forschung in Deutschland

Genauso wie Kollegen in vielen anderen Ländern kontaktierten etliche deutsche Wissenschaftler militärische und zivile Behörden wegen des möglichen militärischen Potenzials energieerzeugender Kettenreaktionen bei der Kernspaltung. Georg Joos (1894–1959), Professor für Experimentalphysik an der Universität Göttingen, schrieb im April 1939, lange vor Kriegsbeginn, an das Reichsministerium für Wissenschaft, Erziehung und Volksbildung (REM). Binnen weniger Wochen begannen Experimente, um den Reinheitsgrad des verfügbaren Uranoxids festzustellen, es wurden Anstrengungen unternommen, um erhebliche Mengen an Uran zu beschaffen, und Abraham Esau (1884–1955), ein technischer Physiker, der innerhalb des Reichsforschungsrats (RFR) für Physik zuständig war, organisierte ein Treffen mit mehreren führenden deutschen Experimentalphysikern, u.a. mit Joos, Wilhelm Hanle (1901–1993), Josef Mattauch (1895–1976) von Otto Hahns Institut und Walther Bothe.[7]

Zumindest drei Wissenschaftler kontaktierten von sich aus das Heer direkt: der Industriephysiker Nikolaus Riehl (1901–1990), ein ehemaliger Student von Hahn und Meitner und Forschungsleiter bei der Auergesellschaft, einem Unternehmen, das Erfahrung mit der Aufbereitung radioaktiver Elemente besaß; sowie die Physikochemiker Paul Harteck und Wilhelm Groth (1904–1977).[8] Die Wissenschaftler an Hartecks Institut für Physikalische Chemie an der Universität Hamburg erkannten, dass sich die Kernspaltung möglicherweise dazu nutzen ließe, Energie in großem Maßstab zu erzeugen.[9] Im April 1939 wandten sie sich an das Heer und wiesen auf die Möglichkeit der Entwicklung neuer nuklearer Sprengstoffe von ex-

6 Heinz Boberach (Hg.), *Meldungen aus dem Reich. Die geheimen Lageberichte des Sicherheitsdienstes der SS 1938–1945*, Band 1 (Herrsching 1984), 330.

7 Abraham Esau an Walther Bothe (24. April 1939), AMPG, III. Abt. Rep. 6; Abraham Esau an General ? (13. November 1939), ADM, IMC 29 098-101.

8 Interview von Mark Walker mit Nikolaus Riehl (1985).

9 Paul Harteck, Überblick über den Stand der Arbeiten im Institut für Physikalische Chemie, Hamburg (1941), ADM, FA 002 465.

Abb. 3: Paul Harteck in Farm Hall.

trem hoher Sprengkraft hin. Ein Vertreter des Heeres antwortete, man wisse von diesen Arbeiten und man sei daran interessiert, mehr von Harteck darüber zu erfahren, vielleicht bei einer persönlichen Unterredung, aber die Angelegenheit müsse vertraulich bleiben.[10]

Unmittelbar nach Kriegsbeginn erreichten auch Nachrichten aus den Vereinigten Staaten Deutschland, wonach das amerikanische Militär Geld in die Kernenergieforschung investiere. Da es möglich schien, dass die Amerikaner oder die Briten Kernwaffen entwickelten, bootete das Heereswaffenamt (HWA), das für die Waffenentwicklung zuständig war, Esau und den Reichsforschungsrat (RFR) aus, setzte eine Arbeitsgemeinschaft Kernphysik ein und übernahm die Kontrolle über das Kaiser-Wilhelm-Institut für Physik in Berlin (KWIfP). Esau war schockiert und reagierte verbittert: Er und seine Dienststelle seien in den Augen deutscher Physiker in Misskredit gebracht worden.[11] Das Heereswaffenamt veranstaltete am 29. September eine eigene Geheimkonferenz zum Thema Kernspaltung; die versammelten Wissenschaftler wurden gefragt, ob ein Forschungsprojekt über mögliche militärische Anwendungen der Kernspaltung in die Wege geleitet werden sollte.

Als jemand die Frage stellte, »ob man so etwas überhaupt machen sollte«, hat Erich Bagge zufolge Walther Bothe geantwortet: »Meine Herren, es

10 Basche (HWA) an Paul Harteck (22. August 1939), EBN; Paul Harteck an Werner Heisenberg (15. Januar 1947), in Schaaf, 293–294.

11 Werner Heisenberg, »Über die Arbeiten zur technischen Ausnutzung der Atomkernenergie in Deutschland«, *Die Naturwissenschaften*, 33 (1946), 325–329, hier 326; Abraham Esau an General ? (13. November 1939), ADM, IMC 29 098-101.

muss gemacht werden«, während sein konservativer Kollege Hans Geiger (1882–1945) äußerte: »Wenn auch nur die geringste Aussicht besteht, dass es möglich ist – dann muss es gemacht werden.«[12] Bagge, ein junger Physiker, der bei Heisenberg an der Universität Leipzig promoviert hatte, regte an, seinen Mentor in der Forschergruppe aufzunehmen. Heisenberg rechnete mit seiner Einberufung und war überrascht, als er erfuhr, dass er wissenschaftliche Forschung betreiben sollte. Das KWIfP wurde die Koordinierungszentrale der Arbeitsgemeinschaft Kernphysik, aber die meisten Wissenschaftler verblieben an ihren jeweiligen Instituten. Heisenberg teilte seine Zeit zwischen Leipzig und Berlin, wo er als Berater am KWIfP arbeitete, auf.[13] Als Heisenberg hörte, dass er zu guter Letzt »vielleicht längere Zeit in Berlin sitzen würde«, schrieb er an seine Frau Elisabeth, bei diesem Gedanken sei ihm nicht recht wohl und er würde ein schlechtes Gewissen haben, wenn er fern der Front in Sicherheit leben dürfe. »Aber vielleicht soll man den Krieg den Jüngeren überlassen.«[14]

Kettenreaktionen

War es technisch machbar, aus den Kettenreaktionen bei der Kernspaltung Energie zu gewinnen? Im Dezember 1939 resümierte Heisenberg die bislang erschienenen einschlägigen Fachpublikationen und warf die Frage auf, ob es möglich sei, »Stoffgemische herzustellen, die bei Beschießung mit Neutronen mehr Neutronen aussenden als absorbieren, und in welcher Weise Maschinen zur Energiegewinnung wirken, die mit solchen Gemischen arbeiten«.[15] Von Anfang an machte der Physiker einen klaren Unterschied zwischen einer Uranmaschine und einem nuklearen Sprengstoff, dem in einer Atombombe verwendeten Spaltmaterial. »Uranmaschine« war die deutsche Bezeichnung für einen Kernreaktor, während »Uranbrenner« der deutsche Name für eine Uranmaschine war, die eine sich selbst unterhalten-

12 Abraham Esau an General ? (13. November 1939), ADM, IMC 29 098-101; Jeremy Bernstein, *Hitler's Uranium Club: The Secret Recordings at Farm Hall* (Woodbury 1996), 145.

13 Erich Bagges Tagebuch (11. September 1939), ADM, IMC 29 134; Paul Harteck an OKH (18. September 1939) ADM, IMC 29 615; Werner Heisenberg an den Dekan der Philosophischen Fakultät der Universität Leipzig, HUB, Uk. H185 III, 46; Werner Heisenberg an Elisabeth Heisenberg (21. September 1939), in Heisenberg und Heisenberg, 94.

14 Werner Heisenberg an Elisabeth Heisenberg (15. September 1939), in Heisenberg und Heisenberg, 90.

15 Werner Heisenberg, Die Möglichkeit der technischen Energiegewinnung aus der Uranspaltung (1939), 1, ADM, FA 002 461.

de, Energie erzeugende Kettenreaktion aufrechterhalten könnte. Heisenberg gelangte zu dem Schluss, dass die Kernspaltung von Uran für die großtechnische Energiegewinnung genutzt werden könne.

Normales Uran könnte laut Heisenberg ohne Uran-235-Anreicherung verwendet werden, wenn es mit einem Moderator verbunden würde, also einer anderen Substanz, welche die bei der Kernspaltung aus Uran freigesetzten Neutronen verlangsamt, ohne diese zu absorbieren. Wasser wäre hierfür nicht geeignet, aber gemäß den Daten, die ihm zur Verfügung standen, würden schweres Wasser (eine chemische Verbindung aus dem schwereren Wasserstoffisotop Deuterium und Sauerstoff) und sehr reiner Kohlenstoff in Form von Grafit diesen Zweck erfüllen. Bereits geringe Verunreinigungen im Moderator würden die Energiegewinnung unmöglich machen. Heisenberg dachte irrtümlicherweise auch, dass sich eine solche Maschine bei einer konstanten Temperatur, die von der Größe des Apparats abhinge, stabilisieren würde.[16]

Die sicherste Methode zur Energieerzeugung, so Heisenberg weiter, bestünde darin, das für die Kernspaltung verantwortliche Isotop, Uran-235, anzureichern. Dies würde es erlauben, gewöhnliches Wasser als Moderator zu nutzen. Je weiter die Anreicherung getrieben würde, umso kleiner könnte eine Maschine gebaut werden. Die Anreicherung von Uran-235 wäre auch die einzige Methode, »um Explosivstoffe herzustellen, die die Explosivkraft der bisher stärksten Explosivstoffe um mehrere Zehnerpotenzen übertreffen«. Da jedoch eine erhebliche Anreicherung großer Mengen an Uran-235 wahrscheinlich sehr kostspielig sein würde, empfahl Heisenberg, nach anderen Methoden der Energieerzeugung aus Uran zu suchen.[17]

Im Winter 1939/40 sah Heisenberg also zwei Ansätze für die Nutzung der Kernenergie: erstens eine Uranmaschine, gebaut aus Uran und einem Moderator wie Grafit oder schwerem Wasser, der die Kettenreaktion kontrolliert ablaufen lässt, indem er die bei der Kernspaltung entstandenen Neutronen abbremst; und zweitens die Anreicherung des Uranisotops 235, was es erlauben würde, gewöhnliches Wasser als Bremssubstanz zu nutzen. Wenn reines Uran-235 hergestellt werden könnte, könnte dieses als Kernsprengstoff genutzt werden.

16 Ebd., 24; David C. Cassidy, *Beyond Uncertainty: Heisenberg, Quantum Physics, and The Bomb* (New York 2009), 300.

17 Werner Heisenberg, Die Möglichkeit der technischen Energiegewinnung aus der Uranspaltung (1939), 1, ADM, FA 002 461.

Könnte Uran-235 angereichert oder vielleicht sogar abgetrennt werden? Harteck und Groth begannen mit dem Clusius-Dickel-Trennrohr zu experimentieren, einer vielversprechenden Isotopentrennvorrichtung, die bereits erfolgreich zur Anreicherung anderer schwerer Elemente eingesetzt worden war.

Bei dieser Methode wird eine Wand eines mit Gas gefüllten Rechteckrohrs erhitzt, in diesem Fall mithilfe eines Metalldrahts, der um eine Seite herumgewickelt wird. Der Temperaturunterschied zwischen der warmen und der kälteren Wand erzeugt sowohl einen Thermodiffusionseffekt, der bewirkt, dass sich die schwereren Moleküle in der Nähe der kälteren Wand ansammeln, als auch einen Thermosiphoneffekt, bei dem das Gasgemisch entlang der warmen Wand aufsteigt, um zur kälteren Wand umgeleitet zu werden und an ihr herabzusinken. Diese beiden Effekte zusammen erzeugen einen Gegenstromkreislauf im Innern der Röhre, der die schwereren von den leichteren Gasisotopen trennt.[18]

Die Realisierung der Experimente war sehr schwierig: Sie mussten mit Uranhexafluorid (UF_6) durchgeführt werden, einer sehr aggressiven Substanz, die die einzige bekannte gasförmige Uranverbindung war. Nur etwas mehr als eine Woche nach dem Treffen im HWA in Berlin versuchte Harteck, einen Liter Uranhexafluorid zu beschaffen. Dieses wurde ihm umgehend von dem Chemiekartell I.G. Farben zur Verfügung gestellt.[19] Das HWA teilte Harteck mit, diese Experimente seien von großem Interesse und seine Gruppe solle sie so schnell wie möglich durchführen. In seinem Antwortschreiben bat Harteck darum, mehrere seiner Mitarbeiter vom Wehrdienst freizustellen, damit sie an seinem Institut bleiben könnten. Ferner bat er um mehrere Gefrierapparate, denn bei Zimmertemperatur korrodiere Uranhexafluorid die Behälter, in denen es gelagert wurde.[20]

Anfang Dezember 1939 berichtete Harteck, dass die Gruppe ein mit Xenon gefülltes Probetrennrohr aufgebaut und erfolgreich Isotope angereichert hätte. Die Ergebnisse legten den Schluss nahe, dass das Uranisotop 235 zu dem erforderlichen Grad und in den benötigten Mengen angereichert werden könne.[21] Leider zeigten andere Tests, dass Uranhexafluorid Glas und die meisten Metalle angriff. Ein vielversprechendes Material, das nicht kor-

18 Klaus Clusius und Gerhard Dickel, »Das Trennrohr«, *Zeitschrift für physikalische Chemie* B, 44 (1939), 459.
19 Paul Harteck an Ruff (25. September 1939), ADM, IMC 29 618; Paul Harteck, Arbeitsprogramm (23. November 1939), ADM, IMC 29 618.
20 Paul Harteck an Kurt Diebner (9. Oktober 1939), ADM, IMC 29 617; Basche an Paul Harteck (19. Oktober 1939), EBN.
21 Wilhelm Groth und Paul Harteck, Stand der Arbeiten zur Trennung der Isotope

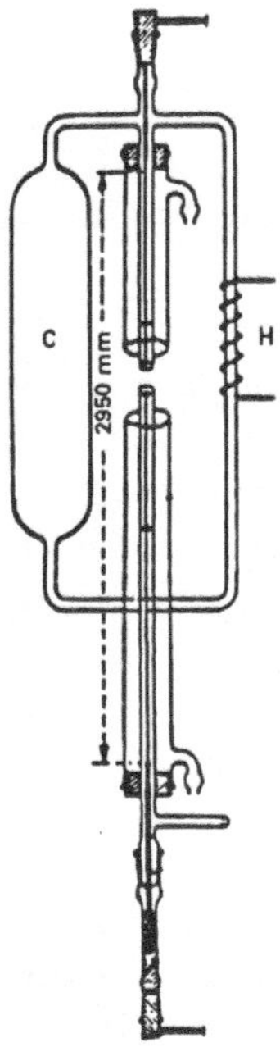

Abb. 4: Das Trennrohr.

rodierte, war Nickel. Harteck begann, bei deutschen Unternehmen anzufragen, ob sie ein Testrohr aus Nickel anfertigen könnten. Die ganze Sache eile sehr.[22] Aber Nickel war in Deutschland Mangelware, und die Verwendung reinen Nickels war grundsätzlich verboten. Für Ausnahmegenehmigungen waren detaillierte Angaben über die geplante Verwendung erforderlich. Da es sich aber um ein geheimes Forschungsvorhaben handelte, konnte Harteck diese Informationen nicht liefern. Harteck wandte sich an das HWA und bat dieses, bei der Reichsstelle für Metalle zu intervenieren, weil er und seine Gruppe ohne Nickel ihre Arbeit nicht weiterführen könnten.[23]

Letztendlich dauerte es neun Monate, bis sie das Trennrohr aus Nickel erhielten, aber es erwies sich schon bald als untauglich.[24] Die ständige Gas-

^{235}U und ^{238}U (5. Juni 1940), ADM, FA 002 490; Paul Harteck an OKH (8. Januar 1940), ADM, IMC 29 621.

22 Paul Harteck an OKH (4. Dezember 1939), EBN; Paul Harteck an Vereinigte Deutsche Nickelwerke (3. Februar 1940), EBN.

23 Firma Canzler an Paul Harteck (12. April 1940), EBN; Paul Harteck an OKH (15. April 1940), EBN.

24 Paul Harteck, Überblick über den Stand der Arbeiten im Institut für Physikalische Chemie, Hamburg (1941), ADM, FA 002 465.

bewegung innerhalb des Rohrs verschärfte das Problem der Korrosion. Bei den Korrosionsexperimenten, bei denen das Gas einfach in einem Metallbehälter eingeschlossen gewesen war, hatte das Uranhexafluorid die Nickelwände korrodiert, aber diese grüne Schicht aus Nickelfluorid diente auch als eine Barriere gegen weitere Angriffe. Sobald die heiße Wand im Clusius-Dickel-Trennrohr korrodierte, wanderte die Korrosionsschicht zu der kalten Wand, so dass eine Wand ungeschützt blieb.

Obgleich das Problem der Korrosion recht gravierend war, hätte es die Isotopentrennung nicht behindern sollen, aber in keinem der Versuche mit Uranhexafluorid wurde eine Anreicherung festgestellt. Bei anschließenden Versuchen mit Methan gelang es, Kohlenstoffisotope anzureichern, so dass das Trennrohr ordnungsgemäß zu funktionieren schien. Da der Trennfaktor des Clusius-Dickel-Trennrohrs temperatur- und stoffabhängig war, folgerten Harteck und seine Kollegen, dass der Trennfaktor für Uranhexafluorid für jede nutzbare Temperatur praktisch null sei. Theoretisch könnte das Gas bei einer höheren Temperatur einen größeren Trennfaktor besitzen, aber dann wäre Uranhexafluorid zu instabil, als dass man es in einem Trennrohr verwenden könnte.[25]

Harteck, ein ehrgeiziger und tatkräftiger Optimist, ließ sich durch den Rückschlag nicht beirren. In demselben Bericht, in dem er ausführlich die Fehlfunktion des Clusius-Dickel-Trennrohrs beschrieb, machte er den Vorschlag, Isotope mithilfe einer Ultrazentrifuge zu trennen. Dieses Verfahren stützte sich ausschließlich auf die Massenunterschiede zwischen den verschiedenen Isotopen. Eine potenzielle Methode der Uranisotopentrennung, die Gasdiffusion, wurde in Deutschland nicht aufgegriffen, obwohl der Physiknobelpreisträger Gustav Hertz (1887–1975) auf diesem Gebiet erhebliche Fortschritte gemacht hatte. Hertz hatte allerdings wegen seiner nichtarischen Vorfahren seine Professur verloren und wechselte in die Wirtschaft.[26]

Im Frühjahr 1941, zwei Monate vor dem deutschen Einmarsch in die Sowjetunion, nahm Harteck eine Einschätzung der relativen Priorität der beiden Forschungsgebiete vor, auf denen er und seine Hamburger Kollegen tätig waren: Uranisotopenanreicherung und die Herstellung von schwerem Wasser. Letzteres schien dringlicher zu sein, weil eine Uranmaschine nach den bisherigen Ergebnissen – auch ohne Uranisotopenanreicherung – mit schwerem Wasser als Moderator funktionieren würde. Außerdem wäre es ungleich billiger und einfacher, schweres Wasser zum Betrieb einer Uranmaschine herzustellen, als Uran-235 bis zu dem Grad anzureichern, der erforderlich wäre, um eine Maschine mit normalem Wasser laufen lassen zu

25 Paul Harteck an OKH (10. Oktober 1940), EBN.
26 Cassidy, Beyond, 301.

können. Wenn sich kein besseres Verfahren für die Isotopentrennung ergeben sollte, so Hartecks Fazit, würde das angereicherte Uranisotop »wohl nur für Spezialanwendungen in Betracht kommen, bei denen auf die Wirtschaftlichkeit erst in zweiter Linie Rücksicht genommen werden braucht« – anders gesagt: für Waffen.[27]

Neutronenmoderatoren

Kohlenstoff

Damit eine Uranmaschine durch eine kontrollierte Kettenreaktion Energie erzeugt, bedurfte es eines Materials, das die bei einer Kernspaltung freigesetzten Neutronen abbremst, ohne allzu viele von ihnen zu absorbieren. In seinem ersten Bericht war Heisenberg zu dem Schluss gekommen, dass sich gewöhnliches Wasser, Kohlenstoff in Form von Grafit oder schweres Wasser hierfür eignen könnten. Normales Wasser müsste mit Uranisotopenanreicherung kombiniert werden und Kohlenstoff schien sich in großen Mengen viel einfacher herstellen zu lassen als schweres Wasser.[28] Sein zweiter Bericht Ende Februar war pessimistischer. Präzisere veröffentlichte Messungen ließen es jetzt zweifelhaft erscheinen, dass sich Kohlenstoff für die Uranmaschine eignete.[29] Georg Joos und Wilhelm Hanle, zwei Physiker, die sich seit Gründung der Arbeitsgemeinschaft eingehend mit Problemen der Uranforschung befasst hatten, führten Experimente zur Herstellung von hochreinem Kohlenstoff durch. Sie fanden heraus, dass die meisten Formen von Kohlenstoff, einschließlich Grafit, zu viele Unreinheiten enthielten. Hinreichend reinen Kohlenstoff konnten sie nur aus Lebensmitteln gewinnen, aus verschiedenen Formen von Zucker und Kartoffeln.[30]

Gemeinsam mit Kollegen am Kaiser-Wilhelm-Institut für Medizinische Forschung in Heidelberg begann Walther Bothe mit Experimenten an Elektrografit, der der reinste, technisch in großen Mengen herstellbare Kohlenstoff zu sein schien. Ihren Messungen zufolge eignete sich dieser Grafit nicht als Moderator in einer Uranmaschine. Dennoch blieb die Frage: Wurde die Neutronenabsorption durch den Grafit selbst oder durch Un-

27 Paul Harteck, Bericht über Stand der Arbeiten und Arbeitsvorschläge (17. April 1941), EBN.

28 Karl-Heinz Höcker, Berechnung der Energieerzeugung in der Uranmaschine. II. Kohle als Bremssubstanz (20. April 1940), AMPG, I. Abt. Rep. 34.

29 Werner Heisenberg, Bericht über die Möglichkeit technischer Energiegewinnung aus der Uranspaltung (II) (29. Februar 1940), ADM, FA 002 474.

30 Georg Joos, Betr.: Präp. 38. Herstellung äußerst reiner Kohle (29. März 1940), ADM, FA 002 476.

Abb. 5: Walther Bothe im Jahr 1938.

reinheiten darin verursacht? In der Annahme, dass es sehr unwahrscheinlich sei, dass die Probe brennbare Verunreinigungen enthielt, veraschten sie den Grafit, um die aufgeworfene Frage zu untersuchen, fanden jedoch tatsächlich keine nennenswerten Mengen. Bothe und sein Kollege Peter Jensen (1913–1955) zogen daraus den Schluss, dass sich Kohlenstoff selbst dann, wenn er nach dem besten bekannten technischen Verfahren hergestellt wurde und vollkommen frei von mineralischen Unreinheiten war, wahrscheinlich nicht als Bremssubstanz eignete, es sei denn, der Uran-235-Anteil ließe sich erhöhen.[31]

Nach dem Krieg behauptete Heisenberg, Bothe sei bei der Messung der Absorption von Neutronen in Grafit ein Fehler unterlaufen; damit deutete er an, Bothe sei verantwortlich dafür, dass die Deutschen in ihren Uranmaschinen keinen Grafit verwendet hatten. Im Manuskript eines Artikels, den Heisenberg über den Fortgang der Uranarbeiten in Deutschland während des Krieges veröffentlichen wollte, wies er darauf hin, dass infolge der Arbeit von Bothe und Jensen »damals fälschlicherweise geschlossen wurde, dass auch absolut reine Kohle nicht zum Bau von Uranbrennern geeignet sei«. Als Bothe höflich widersprach, verwendete er in der veröffentlichten Version des Artikels eine schwammigere Formulierung, aber er machte weiterhin Bothes Fehler dafür verantwortlich, dass die deutschen Wissenschaft-

31 Walther Bothe, Die Diffusionslänge für thermische Neutronen in Kohle (5. Juni 1940), ADM, FA 002 489; Walther Bothe und Peter Jensen, Die Absorption thermischer Neutronen in Elektrographit (20. Januar 1941), ADM, FA 002 544; Walther Bothe und Peter Jensen, »Die Absorption thermischer Neutronen in Elektrographit«, *Zeitschrift für Physik*, 122 (1944), 749–755.

ler nicht richtig vorankamen.[32] In einer Buchbesprechung von 1967 schrieb Heisenberg, Bothes »fehlerhafte Messung« habe dazu geführt, dass man nicht erkannt habe, dass sich reiner Kohlenstoff für den Bau von Reaktoren eignen würde.[33]

Tatsächlich hatte Bothe nicht behauptet, dass sämtliche Formen von Kohlenstoff ungeeignet seien. Er hatte sowohl seine Analyse auf die Probe beschränkt, die er untersucht hatte – industriell hergestellter Elektrografit der Firma Siemens –, als auch die Möglichkeit eingeräumt, dass ihm einige Verunreinigungen entgangen seien. Diesen letzteren Punkt griff Wilhelm Hanle auf, der mittlerweile nur noch am Rande mit der Kernspaltungsforschung während des Krieges befasst war. Hanle vermutete, dass dieser Grafit einige Verunreinigungen aufwies, insbesondere Bor, das ein sehr gutes neutronenabsorbierendes Material ist. Die meisten Formen von Kohlenstoff enthalten eine erhebliche Menge an Bor. Mit großem Aufwand gelang es Hanle, aus Zucker kleine Mengen von borfreiem Kohlenstoff herzustellen, der weniger Neutronen absorbierte als der Elektrografit von Siemens. Hanle wies auch darauf hin, dass Kohlenstoff oftmals Borverbindungen enthielt, die sich bei Verbrennung wohl verflüchtigten. Mit anderen Worten: Hanle argumentierte, dass die von Bothe und Jensen gefundene Neutronenabsorption vermutlich teilweise auf Verunreinigungen durch Bor zurückzuführen sei, so dass sich sehr reiner Grafit womöglich für eine Uranmaschine eignen würde.[34]

Schweres Wasser vor dem Einmarsch in Norwegen

In vielerlei Hinsicht schien schweres Wasser das ideale Material für einen Neutronenmoderator zu sein. Es benötigte, anders als normales Wasser, keine Uran-235-Anreicherung und konnte im Gegensatz zu Kohlenstoff in einer sehr reinen Form hergestellt werden. Allerdings war die Herstellung teuer, es wurden nur sehr geringe Mengen davon produziert, und Heisenberg hatte berechnet, dass für eine Uranmaschine Tonnen davon benötigt würden. In Deutschland gab es keine nennenswerte Produktion, zum Teil deshalb, weil die Norsk Hydro, ein norwegischer Düngemittel- und Aluminiumproduzent, mit der Energie aus seinen Wasserkraftwerken auch schwe-

32 Werner Heisenberg an Walther Bothe (29. November 1946), AMPG, III. Abt. Rep. 93; Walther Bothe an Werner Heisenberg (7. Dezember 1946), AMPG, III. Abt. Rep. 6; Heisenberg, Ausnutzung, 327.

33 Werner Heisenberg, »Das Dritte Reich versuchte nicht, die Atombombe zu bauen«, *Frankfurter Allgemeine Zeitung*, 286 (9. Dezember 1967), Beilage Bilder und Zeiten, 4.

34 Wilhelm Hanle, Über den Nachweis von Bor und Cadmium in Kohle (1941), ADM, FA 002 526; Wilhelm Hanle, Spektralanalytische Untersuchungen von Kohle, Aluminium und Beryllium (17. März 1942), ADM, FA 002 736.

res Wasser kostengünstig herstellen konnte und vor dem Krieg den sehr kleinen internationalen Markt beherrscht hatte.

Obwohl das deutsche Chemiekonglomerat I. G. Farben Miteigentümer von Norsk Hydro war, weigerte sich das norwegische Unternehmen, ihm eine größere Menge schweren Wassers herzustellen oder zu verkaufen, als das HWA im Februar 1940 danach anfragte. Dagegen gelang es einem französischen Regierungsbeamten, der eine Gruppe von Forschern unter der Leitung von Frédéric Joliot-Curie repräsentierte, den Generaldirektor der Norsk Hydro zu überreden, ihnen den kompletten Vorrat, 185,5 Kilogramm, kostenlos zu überlassen.[35]

Im zweiten Teil seines Berichts über Energieerzeugung durch Kettenreaktionen sagte Heisenberg vorher, dass eine Uranmaschine ohne Zweifel mit schwerem Wasser laufen könnte, wenn Uran in einzelnen Stücken statt in einem homogenen Gemisch mit dem Moderator, wie es Harteck vorgeschlagen hatte, verwendet würde.[36] Auf den Bericht reagierte Harteck unverzüglich, indem er direkt fragte, wer in Deutschland schweres Wasser herzustellen versuche. Sofern man nicht solche Energiemengen wie die Norsk Hydro zur Verfügung habe, wäre die Elektrolyse – die chemische Zerlegung, die auf der Trennung von elektrisch geladenen Ionen, Atomen oder Atomgruppen innerhalb einer Flüssigkeit oder Lösung mithilfe eines hindurchgeleiteten elektrischen Stroms basiert – in Deutschland nicht machbar. Harteck fügte hinzu:

> Nach meinen Erfahrungen mit dem Oberkommando würde die Darstellung von den benötigten großen Mengen D2O sicher Jahre dauern, wenn wir es dieser Stelle überlassen würden. Ich könnte mir jedoch vorstellen, dass, wenn ich persönlich an die entsprechenden Herren der Grossindustrie herantrete, di[e] Zeit auf einen Bruchteil sich herunterdrücken liesse.[37]

Heisenberg antwortete, es habe in dieser Sache eine Besprechung (ohne Harteck) gegeben, mit dem Ergebnis, dass die Elektrolyse-Anlagen in Deutschland überprüft werden sollten, um herauszufinden, ob sie bereits mit Deuterium angereichertes Wasser enthielten, das als Ausgangsstoff für die Herstellung von schwerem Wasser dienen könnte. Das HWA hatte offenbar noch keine Entscheidung darüber getroffen, was als Nächstes geschehen sollte.[38] Daraufhin schrieb Harteck direkt an das HWA; er wies

35 Spencer Weart, *Scientists in Power* (Cambridge, MA, 1979), 134–136.

36 Werner Heisenberg, Bericht über die Möglichkeit technischer Energiegewinnung aus der Uranspaltung (II) (29. Februar 1940), 26, ADM, FA 002 474.

37 Paul Harteck an Werner Heisenberg (15. Januar 1940), ADM, IMC 29 625.

38 Werner Heisenberg an Paul Harteck (18. Januar 1940), ADM, IMC 29 626.

darauf hin, dass er und sein Kollege Hans Suess (1909–1993) seit vielen Jahren an schwerem Wasser forschten, und er brachte seine Verwunderung darüber zum Ausdruck, dass bei der Besprechung nur unwirtschaftliche Methoden erörtert worden seien. Heisenberg habe gezeigt, dass für eine Uranmaschine Tonnen schweren Wassers benötigt würden, aber wenn dabei das Verfahren der Elektrolyse zum Einsatz käme, würden für die Herstellung einer Tonne schweren Wassers rund 100 000 Tonnen Kohle benötigt. Die in deutschen Elektolyseanlagen vorhandene Menge an angereichertem schwerem Wasser fiele nicht ins Gewicht, wenn derartige Mengen benötigt würden.

Stattdessen schlug Harteck zwei andere Methoden vor: erstens Elutriation (Schlämmung), wodurch leichtere und schwerere Teilchen dadurch getrennt werden, dass man sie in einer aufsteigenden Flüssigkeits- oder Gasströmung mittels eines Katalysators suspendiert, eventuell in Verbindung mit vorhandenen Anlagen zur Leichtbenzinherstellung; und zweitens Desorption (die Umkehrung der Adsorption) bei niedrigen Temperaturen. Auf alle Fälle wäre es ratsam, so schnell wie möglich eine kleine Versuchsanlage zu errichten, um Erfahrungen mit der Methode zu sammeln. Das HWA ermunterte Harteck, mit zwei anderen Physikochemikern, Klaus Clusius (1903–1963) in München und Karl-Friedrich Bonhoeffer (1899–1957) in Leipzig, an diesem Verfahren zu arbeiten. Es wies allerdings darauf hin, dass dies geheim gehalten werden müsse und dass in Zukunft Berichte nicht mehr direkt zwischen Instituten ausgetauscht werden dürften, sondern immer dem HWA vorgelegt werden müssten, das diese dann bei Bedarf verteile.[39]

Bonhoeffer war begeistert von dem Schlämmverfahren, schilderte in seinem Brief an Harteck jedoch vor allem seine Sorgen in Anbetracht des bevorstehenden Winters im ersten Kriegsjahr. Wegen des Mangels an Kohle hatte er sein Institut größtenteils geschlossen. Nur die Bibliothek war noch offen; tagsüber hielten sich dort zahlreiche Bekannte auf, die kein Heizmaterial mehr für ihre Wohnungen hatten. Der Oberbürgermeister von Leipzig habe eine »Beruhigungsrede« veröffentlicht, »voll von sehr bedenklichen Sätzen und im Grunde ungewöhnlich ehrlich«. Wenn man zwischen den Zeilen lese, verstehe man, dass die für Leipzig bestimmten Gemüselieferungen nicht befördert werden konnten. Der Oberbürgermeister behauptete, die Kartoffelvorräte in Leipzig würden ausreichen, aber Bonhoeffer merkte an: »praktisch bekommt man nur welche von Freunden abgegeben [...].« Es werde keine weiteren Kartoffel- oder Kohlelieferungen geben. Bonhoef-

39 Paul Harteck an OKH (24. Januar 1940), ADM, IMC 29 628-629; Basche (OKH) an Paul Harteck (1. Februar 1940), ADM, IMC 29 629-630; Paul Harteck an OKH (8. Februar 1940, geschrieben am 8. Januar 1940), EBN.

fer wies darauf hin, dass es im amtlichen Text »wenig oder keine« hieß. Und es habe, so schrieb er an Harteck, wieder den ganzen Tag geschneit.[40] Harteck antwortete seinem alten Freund, es freue ihn, dass sie wieder einmal gemeinsam am gleichen Problem arbeiteten. Es sei einfach nur »schade, dass es heute so schwer ist, eine größere Sache schnell in Schuss zu bringen«. Es werde Zeit, dass man Versuche im Großen vorbereite und »nicht nur aus lächerlichen Messungen auf Anordnungen in großen Dimensionen extrapoliert«. Harteck konnte sich gut in Bonhoeffers Lage hineinversetzen, nachdem er selbst »eine Woche in meiner Wohnung gefroren hatte«.[41]

Schweres Wasser nach dem Sieg über Norwegen

Am 9. April marschierten deutsche Truppen in Dänemark und Norwegen ein, was sowohl den Krieg als auch das Uranprojekt von Grund auf veränderte. Harteck schrieb Bonhoeffer, seine Reise nach Hamburg sei bequem gewesen, der Zug fast leer. Der Einmarsch sei offenbar »vielen in die Knochen gefahren«. Allerdings war der Krieg keine Einbahnstraße. Einen Monat später schrieb Harteck Bonhoeffer über den jüngsten britischen Bombenangriff auf Hamburg:

> Zweckmässige Verhaltungsmassregeln gibt es offenbar bei einem richtigen Angriff nicht, denn wenn man in der Wohnung bleibt, sind die Bomben unangenehm, die aufs Dach fallen und wenn man in den Keller geht, welcher nicht restlos unter der Erde liegt und die Bombe schlägt unmittelbar neben dem Haus ein, dann wird die untere Wand eingedrückt. Im übrigen ist die Hauptsache in Harburg und nicht in Hamburg niedergegangen. Die kleinen Sprengstücke, die von den krepierenden Granaten herunterfallen und insbesondere die Geschosse der 2 cm Maschinengewehre, sind nicht ungefährlich und man bleibt daher besser zu Hause.[42]

Heisenberg zufolge würde Harteck jetzt möglicherweise nach Norwegen geschickt werden, wo das mächtige Chemiekartell I. G. Farben die Kontrolle über die Norsk Hydro übernommen hatte. Paul Herold (?–1951), ein Chemiker im Dienst der I. G., warf die Frage auf, ob das HWA die Herstellung von schwerem Wasser in Deutschland wohl weiterverfolgen würde.

40 Karl-Friedrich Bonhoeffer an Paul Harteck (28. Januar 1940), RPI, PHP Box 1, Folder 6.

41 Paul Harteck an Karl-Friedrich Bonhoeffer (4. Februar 1940), RPI, PHP Box 1, Folder 6; Paul Harteck an Karl-Friedrich Bonhoeffer (16. Februar 1940), EBN.

42 Paul Harteck an Karl-Friedrich Bonhoeffer (14. April 1940), RPI, PHP Box 1, Folder 6; Paul Harteck an Karl-Friedrich Bonhoeffer (21. Mai 1940), RPI, PHP Box 1, Folder 6.

Harteck antwortete, die Ereignisse in Norwegen hätten nicht viel geändert, denn die Norsk Hydro könne zwar genügend schweres Wasser für eine oder zwei Einheiten liefern, sei jedoch zweifellos nicht in der Lage, den Bedarf an schwerem Wasser zu decken, sobald die Uranbrenner erst einmal in Betrieb seien.[43]

Herold und seine wissenschaftlichen Assistenten arbeiteten mit Bonhoeffer zusammen, um einen geeigneten Katalysator für das von Harteck vorgeschlagene Verfahren zu finden. Ein weiterer I. G.-Wissenschaftler und ehemaliger Student von Harteck, Karl-Hermann Geib (1908–1949), hatte Vorversuche mit Katalysatoren durchgeführt, bislang jedoch mit keinem davon eine nennenswerte Anreicherung erzielt. Erst ein Teil der kleinen Pilotanlage war fertiggestellt worden, weil andere Arbeiten wichtiger zu sein schienen, solange kein geeigneter Katalysator gefunden worden war. Abgesehen von der Frage des Katalysators, so schrieb Herold, benötige die I. G. Farben erhebliche Unterstützung in Form zusätzlicher Facharbeiter.[44]

Karl Wirtz, ein am KWIfP angestellter Experimentalphysiker, hatte ebenfalls Erfahrung in der Arbeit mit schwerem Wasser. Zusammen mit Erika Cremer (1900–1996) untersuchte er den Schwerwassergehalt einiger bestehender Elektrolyseanlagen in Deutschland, fand jedoch nur geringe Mengen. Eine weitere Bezugsquelle könnten Elektrolyseanlagen in den von deutschen Truppen eroberten Ländern sein. Es hatte den Anschein, als würde es im Allgemeinen ziemlich lange dauern, bis sich in diesen Anlagen schweres Wasser bildete.[45] Wie Harteck, Wirtz und andere mehrfach betont hatten, war die Elektrolyse überdies für die Herstellung großer Mengen schweren Wassers in Deutschland ungeeignet, weil die dafür erforderlichen großen Strommengen für andere kriegsrelevante Produktionsprozesse benötigt wurden.[46]

Im März 1941 erstellte Wirtz eine Übersicht über die kurz- und langfristigen Optionen zur Erzeugung von schwerem Wasser. Im nächsten Jahr würde sich die Uranmaschine noch immer in einem Versuchsstadium befinden. Für diese Untersuchungen, die für alles andere von grundlegender Bedeutung waren und die sobald als möglich durchgeführt werden mussten,

43 Paul Herold an Paul Harteck (28. Mai 1940), ADM, FA 002 783; Paul Harteck an Paul Herold (4. Juni 1940), ADM, FA 002 783.

44 Paul Herold an Paul Harteck (10. Juni 1940), ADM, FA 002 783; Aktennotiz über eine Besprechung in Leuna (25. Januar 1941), ADM, FA 002 783.

45 Karl Wirtz, Bericht II. Eine 10-stufige Elektrolyseanlage zur Gewinnung von schwerem Wasser (19. Juni 1940), ADM, FA 002 494; Erika Cremer und Karl Wirtz, Untersuchung des Schweres-Wassergehalts einiger technischer Elektrolyseure in Deutschland (24. Juli 1940), ADM, FA 002 502.

46 Paul Harteck, Bericht über Stand der Arbeiten und Arbeitsvorschläge (17. April 1941), ADM, IMC 29 662.

Abb. 6: Karl Wirtz in Farm Hall.

würden etliche Tonnen schweren Wassers benötigt. Nur die Norsk Hydro sei in der Lage, diese Mengen herzustellen. Das Unternehmen, das sich mittlerweile bei Anfragen aus Deutschland sehr entgegenkommend zeigte, war bereit, im Jahr 1941 eine Tonne schweres Wasser und danach 1,3 Tonnen jährlich zu liefern. Wirtz wies darauf hin, dass sie für die ersten Versuche mit einer Uranmaschine mindestens fünf Tonnen benötigten. Das HWA sollte, erstens, die größtmögliche Ausweitung der Schwerwassererzeugung bei der Norsk Hydro verlangen und, zweitens, die Norweger dabei unterstützen. Wenn diese Strategie mit der notwendigen Tatkraft verfolgt würde, so Wirtz, könne die norwegische Anlage zweifellos jährlich vier bis fünf Tonnen schweres Wasser zu niedrigeren Kosten erzeugen, als dies bei gegenwärtigen Lieferungen der Fall sei.

Langfristig werde man jedoch viel mehr schweres Wasser benötigen. Selbst wenn die Stickstoff- und damit auch die Düngemittelproduktion bei der Norsk Hydro zurückgefahren würde, könne die Anlage nicht mehr als zehn bis zwanzig Tonnen schweres Wasser pro Jahr erzeugen. Für größere Mengen müsste die Produktion in Deutschland aufgenommen werden. Es gab drei verschiedene Vorschläge – einen von Klaus Clusius und zwei von Harteck – dazu, wie dies erreicht werden könne. Alle Vorschläge sahen vor, Deuterium in vorhandenen Anlagen zur Wasserstoffproduktion herauszufiltern, ohne dadurch das Endprodukt zu beeinträchtigen. Allerdings hatte es keiner dieser Vorschläge über das Stadium von Laborexperimenten hinaus gebracht und zwei von ihnen benötigten sehr reinen Wasserstoff als Ausgangsmaterial. Elektrolytisch gewonnener Wasserstoff wäre geeignet, aber wenn er von irgendwo anders herkäme, wenn er zum Beispiel aus Kohle hergestellt würde, müsste er zunächst gereinigt werden. Da nicht klar war, welches dieser Verfahren das beste war, mussten Gelder und Ressourcen bereitgestellt werden, um sie alle in größerem Maßstab zu erproben.[47]

Mittlerweile arbeitete Hartecks Institut ausschließlich für die Arbeitsgemeinschaft. Neben der Uranisotopentrennung und vorbereitenden Experimenten für eine Uranmaschine hatten die Institutsmitarbeiter mehrere verschiedene experimentelle Destillationskolonnen gebaut, die leicht hergestellt werden und offenbar leichtes Wasser effizient von schwerem Wasser trennen konnten, wobei die Verwendung von industriellen Abwässern als Ausgangsmaterial möglich war.[48] Im Mai 1941 begann Harteck den Prozess der Patentierung einer Niederdruck-Destillationskolonne.[49]

Sowohl Harteck als auch Wirtz warteten ungeduldig darauf, dass sich das HWA bereit erklärte, umfangreiche Investitionen in die Schwerwasserherstellung zu tätigen. Wirtz behauptete gegenüber Bonhoeffer, dass man von der Norsk Hydro jetzt ohne Schwierigkeit rund drei Tonnen pro Jahr erhalten könne, aber nur, wenn ein entsprechender Auftrag erteilt werde. Das Problem sei, dass das HWA dies bislang nicht getan habe. Harteck seinerseits beklagte sich bei Bonhoeffer, dass sie schon fünfzehn Monate lang gewusst hätten, was zu tun sei. Die benötigten Materialien mussten beschafft und an den richtigen Ort transportiert werden, damit die Arbeiten beginnen konnten. Auch die I.G. Farben sollte nun eine Niederdruckkolonne erproben. Eine Reise nach Norwegen, so fügte Harteck hinzu, »würde mir viel Spaß machen; Dir doch wahrscheinlich auch«.[50]

Das Heereswaffenamt traf die vernünftige, wenn auch folgenreiche Entscheidung, aus wirtschaftlichen Gründen auf schweres Wasser als Neutronenmoderator zu setzen. Es war fraglich, ob die deutsche Industrie hinreichend reinen Grafit für eine Uranmaschine liefern konnte beziehungsweise ob sie dies, falls es möglich wäre, zu einem erschwinglichen Preis tun könnte. Normales Wasser erforderte die Anreicherung von Uranisotopen, aber bislang war dies gescheitert. Verglichen damit war es sehr wahrscheinlich, dass schweres Wasser ein wirksamer Neutronenmoderator sein würde, und es schien, als könnten die relativ geringen Mengen, die für die anfänglichen Experimente mit einer Uranmaschine benötigt wurden, problemlos und kostengünstig in Norwegen hergestellt werden.[51] Insgesamt aber ist

47 Karl Wirtz, Vorschläge zur Beschaffung und Erzeugung von schwerem Wasser (31. März 1941), AMPG, I. Abt. Rep. 34.

48 Paul Harteck an OKH (26. Juni 1940), EBN; Paul Harteck an OKH (10. Oktober 1940), EBN.

49 Paul Harteck an OKH (5. Mai 1941), EBN.

50 Karl-Friedrich Bonhoeffer an Paul Harteck (22. Juli 1941), RPI, PHP Box 1, Folder 7; Paul Harteck an Karl-Friedrich Bonhoeffer (27. Juni 1941), RPI, PHP Box 1, Folder 7.

51 Karl-Friedrich Bonhoeffer an Paul Harteck (22. Juli 1941), RPI, PHP Box 1, Folder 7.

festzustellen, dass das HWA im Frühjahr und Sommer 1941 die Herstellung und Beschaffung von schwerem Wasser beziehungsweise die Tätigkeit der Arbeitsgemeinschaft insgesamt weder als dringlich noch als prioritär ansah.

Uran und Modell-Uranmaschinen

Hartecks CO_2-Experiment

Anfang Januar 1940 war nur sehr wenig Uran verfügbar. Das HWA schickte Harteck 500 Gramm metallisches Uran und teilte ihm mit, falls er wirklich mehr benötige, könne man ihm dies zu einem späteren Zeitpunkt besorgen. Harteck antwortete, zwar sei diese Menge für die Herstellung des Uranhexafluorids, das sie für ihre Untersuchung der Isotopentrennung benötigten, ausreichend, aber »für Versuche über geometrische praktische Anordnungen ist die Substanz um einige Größenordnungen zu wenig«.[52] Neben seiner Arbeit am Trennrohr und an Verfahren zur Produktion von schwerem Wasser ergriff Harteck auch die Initiative zur Planung eines Versuchs, bei dem unter Verwendung von Trockeneis – gefrorenem Kohlendioxid (CO_2) – untersucht werden sollte, wie gut Kohlenstoff und Sauerstoff Neutronen einfingen und wie gut sie sich somit als Bremssubstanzen in einer Uranmaschine eigneten.

Auf dem Rückweg von einer Reise nach Wien besuchte Harteck die Firma Linde in München und das Werk der I. G. Farben in Leuna; er erkundigte sich, ob sie reines Trockeneis herstellen könnten. Während Linde sagte, dies sei nicht möglich, boten Wissenschaftler der I. G. Farben an, Kubikmeterblöcke aus praktisch reinem Trockeneis zu produzieren. Damals konnten sie in der kühlen Jahreszeit rund zwölf Tonnen Trockeneis herstellen, verpacken und an Harteck liefern. Allerdings müsste dies vor Ende Mai geschehen, denn wenn es wärmer würde, würde das Trockeneis für andere Zwecke benötigt. Harteck müsste auch einen geschlossenen Güterwaggon organisieren und dafür sorgen, dass dieser auf dem schnellsten Weg von der Fabrik nach Hamburg fahren würde.[53]

Als Nächstes ersuchte Harteck das HWA darum, ihm leihweise 100 bis 300 Kilogramm Uranoxid zu überlassen und den Transport des Trockeneises zu organisieren. Dies wäre der bedeutendste Versuch, der gegenwärtig durchgeführt werden könnte, versicherte Harteck. Er beabsichtigte, in Berlin persönlich vorstellig zu werden, um den Prozess zu beschleunigen, aber

52 Basche (OKH) an Paul Harteck (5. Januar 1940), ADM, IMC 29 620; Paul Harteck an OKH (15. Januar 1940), EBN.

53 Paul Harteck an OKH (12. April 1940), EBN; Paul Herold an Paul Harteck (15. April 1940), ADM, FA 002 783.

Abb. 7: Kurt Diebner in Farm Hall.

weniger als eine Woche später antwortete das HWA, man könne ihm zumindest 100 Kilogramm für ein paar Wochen überlassen und der für den Transport benötigte Güterwaggon werde bereitgestellt. Allerdings stand den Forschern nur sehr wenig Uran beziehungsweise Uranoxid zur Verfügung.

Heisenberg setzte Harteck brieflich davon in Kenntnis, dass er ebenfalls 500 bis 1000 Kilogramm Uranoxid bestellt habe. Daraufhin forderte Kurt Diebner, HWA-Physiker und Leiter der Arbeitsgemeinschaft, Heisenberg und Harteck auf, die Verteilung unter sich auszumachen.

Heisenberg beanspruchte die ersten wenigen hundert Kilogramm für sich, aber wenn es Harteck pressiere, dann lasse er ihm den Vortritt. In diesem Fall würde Heisenberg seinen Kollegen allerdings darum bitten, sich mit 100 Kilogramm zu begnügen.[54]

Harteck antwortete am nächsten Tag. Er werde spätestens Ende Mai eine Lieferung von zehn Tonnen reinen Trockeneises von der I. G. Farben erhalten. Hartecks Kollegen seien bereit, die Messungen durchzuführen. Da das Trockeneis nicht viel länger als eine Woche halte, müssten diese schnell erfolgen. Harteck hatte das HWA um 100 bis 300 Kilogramm gebeten, weil er glaubte, dies sei die maximale Menge, die er bekommen könne. Es lag auf der Hand, dass das Experiment umso aussagekräftiger wäre, je mehr Uranoxid verfügbar war. Aus all diesen Gründen bat Harteck darum, ihm in der Zeit zwischen dem 20. Mai und dem 10. Juni die größtmögliche Menge an

54 Paul Harteck an OKH (19. April 1940), EBN; Paul Harteck an Paul Herold (20. April 1940), ADM, FA 002 783; Basche (OKH) an Paul Harteck (25. April 1940), ADM, IMC 29 638; Werner Heisenberg an Paul Harteck (29. April 1940), ADM, IMC 29 639.

Uranoxid zukommen zu lassen. Heisenberg erklärte sich daraufhin bereit, Harteck das gesamte Uranoxid, das sie in Berlin hatten, zu schicken.[55]

Harteck schrieb auch an Diebner; er behauptete, 200 Kilogramm seien die Mindestmenge, die er für einen Versuch dieser Größenordnung benötige, und er bat Paul Herold von der I. G. Farben, das Trockeneis so spät wie möglich zu liefern. Dieser antwortete, leider sei die Bitte um Bereitstellung von Lastkraftwagen abschlägig beschieden worden und die Beförderung per Bahn werde acht bis zehn Tage dauern. Harteck bedankte sich bei Herold für seine Mühe und meinte: »Inzwischen werden Sie auch die Erfahrung gemacht haben, dass die Berliner Stellen von sich aus nicht übermässig schnell arbeiten.«[56]

Am 22. Mai schickte das KWIfP Harteck 50 Kilogramm, auf die einige Tage später weitere 150 Kilogramm folgten, die Nikolaus Riehl von der Auergesellschaft persönlich ablieferte. Das HWA mahnte Harteck, sicherzustellen, dass das Oxid nicht verunreinigt und so bald wie möglich zurückgegeben würde. Über fünfzehn Tonnen Trockeneis trafen in zwei Güterwaggons ein und wurden zügig für das Experiment vorbereitet. Das Trockeneis konnte tatsächlich schnelle Neutronen abbremsen, aber weil die Versuchsanlage zu klein war und die meisten schnellen Neutronen entweichen ließ, konnte keine direkte Zunahme der Anzahl von Neutronen gemessen werden.[57]

Das Trockeneisexperiment bezeugte, wie engagiert und kreativ Harteck bei der Sache und wie gut er in der deutschen Industrie vernetzt war, aber die geringen Uranmengen, die verfügbar waren, zeigten auch, was für eine geringe Priorität die Forschung nach wie vor hatte. Allerdings veränderte sich die Verfügbarkeit von Uran grundlegend, nachdem deutsche Truppen Belgien, Frankreich und die Niederlande besetzt hatten. Im Juni 1940 wurden bei dem belgischen Bergbauunternehmen Union Minière tonnenweise Uranverbindungen beschlagnahmt und nach Deutschland transportiert. Zwar gab es jetzt mehr als genug Uran, aber dieses musste zunächst gereinigt und verarbeitet werden.

55 Paul Harteck an Werner Heisenberg (30. April 1940), ADM, IMC 29 640; Werner Heisenberg an Paul Harteck (4. Mai 1940), in Schaaf, 289.

56 Paul Harteck an Kurt Diebner (9. Mai 1940), ADM, IMC 29 644; Paul Harteck an Paul Herold (6. Mai 1940), ADM, FA 002 783; Paul Herold an Paul Harteck (16. Mai 1940), ADM, FA 002 783; Paul Harteck an Paul Herold (20. Mai 1940), ADM, FA 002 783.

57 Heinz Pose an Paul Harteck (22. Mai 1940), ADM, IMC 29 645; Basche (OKH) an Paul Harteck (27. Mai 1940), ADM, IMC 29 646; Paul Harteck an OKH (3. Juni 1940), EBN. Ammoniakwerk Merseburg an Paul Herold (25. Mai 1940), ADM, FA 002 783; Paul Herold an Paul Harteck (10. Juni 1940), ADM, FA 002 783; Paul Harteck, Überblick über den Stand der Arbeiten im Institut für physikalische Chemie, Hamburg (1941), ADM, FA 002 465.

Der Sieg über Frankreich und die Revanche für die Niederlage im Ersten Weltkrieg ließen sehr viele Deutsche jubeln und Hitlers Popularität erreichte neue Höchststände. In den geheimen Lageberichten der SS über die öffentliche Stimmung nach dem Waffenstillstand heißt es unter anderem:

> Das überraschende Tempo der militärischen und politischen Entwicklung der letzten Tage beherrscht das Stimmungsbild der Bevölkerung nach wie vor vollständig. [...] Überall werden die Leistungen der deutschen Soldaten als geradezu unfaßlich bezeichnet. Die Begeisterung der letzten Zeit erweckte jedesmal den Eindruck, als ob eine weitere Steigerung nicht mehr möglich wäre, und doch gibt die Bevölkerung mit jedem neuen Ereignis ihrer Freude noch intensiver Ausdruck [...].[58]

Die Reaktion von Werner Heisenberg war jedoch eine ganz andere. Er schrieb an seine Frau:

> Heut nachmittag zogen in Berlin einige Regimenter aus Frankreich ein, die wieder in ihre Garnisonen kommen. Die Stadt war beflaggt, alle Parteiformationen mussten Spalier stehen. Von einer wirklichen Bewegung der Menschen war aber wenig zu spüren, so schien es mir; wer sich über die Rückkehr eines Angehörigen freut, der tut es still für sich und sagt niemandem etwas davon.[59]

Schichtenversuche in Berlin und Leipzig

Anfang 1940 erfolgte die offizielle Übernahme eines Großteils des KWIfP durch das Heereswaffenamt, wodurch Kurt Diebner de facto zum Leiter des Instituts wurde.[60] Walther Bothe hatte zwei Fragen formuliert, die Experimente mit Modell-Uranmaschinen beantworten sollten: Erstens, wie kann ein energieerzeugender Brenner gebaut werden? Zweitens, wenn Energie erzeugt wird, wie lässt sich dieser Prozess dann steuern, welche Temperaturen werden erreicht usw.? Otto Hahn und Fritz Straßmann hatten weiterhin die bei der Uranspaltung entstehenden Elemente und ihre Eigenschaften erforscht, weil sich die Spaltprodukte anhäufen und den

58 Heinz Boberach (Hg.), *Meldungen aus dem Reich. Die geheimen Lageberichte des Sicherheitsdienstes der SS 1938–1945*, Band 4 (Herrsching 1984), Bericht Nr. 98 (20. Juni 1940), 1274–1275.

59 Werner Heisenberg an Elisabeth Heisenberg (18. Juli 1940), in Heisenberg und Heisenberg, 126.

60 Übernahme des KWI f. Physik durch das Heereswaffenamt (22. Januar 1940), AMPG, I. Abt. Rep. 34; Erich Schumann an KWG (25. Januar 1940), AMPG, I. Abt. Rep. 34.

Abb. 8: Otto Hahn in Farm Hall.

Betrieb der Uranmaschine beeinträchtigen könnten, wie Hahn bei einer Tagung der Arbeitsgemeinschaft im März 1941 anmerkte.[61]

Heisenberg erläuterte, dass sich das Problem des Baus einer Uranmaschine in drei Teile zerlegen lasse. Zunächst einmal musste die Uranspaltung mehr als ein Neutron pro Spaltung erzeugen. Dies war durch Versuche in Frankreich und den Vereinigten Staaten nachgewiesen worden. Zweitens musste man ein Gemisch aus Uranoxid und einem Moderator mit einem negativen Neutronenabsorptionskoeffizienten finden, das heißt, wenn der gesamte Raum mit diesem Gemisch gefüllt war, würde die Neutronendichte exponentiell ansteigen. Schließlich musste eine hinreichend große Menge dieses Gemischs angehäuft werden, so dass der Neutronenzuwachs im Innern die Neutronen ausgleicht, die verloren gehen, wenn sie den Raum verlassen.

Die theoretischen Arbeiten wurden sofort in Angriff genommen und sie bildeten den Schwerpunkt der ersten beiden Berichte Heisenbergs an das Heereswaffenamt. Mit der Unterstützung zweier Doktoranden, Karl-Heinz Höcker (1915–1998) und Paul Müller (1915–1942), begann Heisenbergs Freund und Kollege Carl Friedrich von Weizsäcker die Effizienz verschiedener Uran-Moderator-Gemische zu berechnen. Höcker berechnete die Neutronenzunahme in einer Anordnung unendlicher paralleler Platten aus

61 Walther Bothe, Einige Eigenschaften des U und der Bremsstoffe. Zusammenfassender Bericht über die Arbeiten im Institut für Physik im K. W.I. für med. Forschg., Heidelberg, (8. März 1941), ADM, FA 002 550; Otto Hahn, Zur Arbeitstagung vom 13. bis 14. März 1941 im Kaiser Wilhelm-Institut für Physik (14. März 1941), ADM, FA 002 536; Otto Hahn und Fritz Straßmann, Zur Frage nach der Entstehung des 2,3 Tage-Isotops des Elementes 93 aus Uran (März 1942), ADM, FA 002 735.

metallischem Uran (das damals noch kaum verfügbar war) und Moderator, insbesondere Kohlenstoff.[62] Müller wies darauf hin, dass für endliche Maschinen zwei Modelle in Betracht gezogen wurden: parallele Platten oder Kugelschichten.[63] Es war klar, dass schon eine geringfügige Anreicherung im Verhältnis der Uranisotope 235 zu 238 sehr nützlich wäre.[64] Diese Arbeiten wurden allerdings erschwert durch das Fehlen präziser experimenteller Daten für verschiedene Faktoren, einschließlich der Neutronenabsorption in verschiedenen Stoffen.

Werner Heisenberg begann, nach Berlin zu pendeln, wo er einen Teil der Woche als Berater am KWIfP arbeitete. Zuerst war er wenig angetan. So schrieb er seiner Frau:

> Die Arbeit in Berlin gefällt mir bisher nicht allzusehr. Viel Gerede und wenig wirkliche Arbeit. Aber vielleicht kann ich an diesem Zustand etwas ändern. Die Dahlemer scheinen mir etwas von Personalpolitik und vom Schwätzen zu leben.

In einem anderen Brief drei Monate später heißt es:

> Die Leute im Institut sind so entsetzlich langweilig, und wenn ich am Mittwoch hier ankomme, sind sie meistens genau an dem Punkt, an dem ich sie am Sonnabend vorher verlassen hatte. Ich bekomme jetzt einen gewissen Respekt vor [Robert] Döpel [(1895–1982)], der sonst garnicht so wie ein besonders guter Physiker aussieht. Aber er arbeitet unendlich viel sauberer u. schneller, als die Leute hier.[65]

Heisenbergs Äußerungen gegenüber seiner Frau über die Arbeitsethik sowohl am KWIfP als auch an seinem eigenen Institut lassen erkennen, dass es der Arbeitsgemeinschaft nicht eilte. In deutlichem Kontrast zu den Bemühungen von Harteck und Wirtz, die Schwerwasserproduktion zu beschleunigen, schienen Uranmaschinen für die meisten damit befassten Personen keine dringliche Angelegenheit zu sein, solange der Krieg für Deutschland gut lief.

62 Karl-Heinz Höcker, Berechnung der Energieerzeugung in der Uranmaschine. II. Kohle als Bremssubstanz (20. April 1940), AMPG, I. Abt. Rep. 34.

63 Paul Müller, Berechnung der Energieerzeugung in der Uranmaschine. III. D2O als Bremssubstanz (29. April 1940), AMPG, I. Abt. Rep. 34.

64 Karl-Heinz Höcker, Berechnung der Energieerzeugung in der Uranmaschine. IV. Wasser als Bremssubstanz (3. Juni 1940), AMPG, I. Abt. Rep. 34.

65 Werner Heisenberg an Elisabeth Heisenberg (12. Juli 1940), in Heisenberg und Heisenberg, 120; Werner Heisenberg an Elisabeth Heisenberg (10. Oktober 1940), in Heisenberg und Heisenberg, 156–157.

Berlin-Dahlem

Das Tempo, in dem Versuche an Modell-Uranmaschinen durchgeführt werden konnten, hing von der Verfügbarkeit der benötigten Materialien ab. Hahns Institut arbeitete bei der Entwicklung von Methoden zur Reinigung von Uranverbindungen mit der Auergesellschaft zusammen. Eine Uranmaschine würde mit reinem Uranmetall viel besser laufen als mit Uranoxid, aber die Produktion von Ersterem war eine Herausforderung. Vor dem Frühjahr 1941 waren nur sehr geringe Mengen dieses Metalls verfügbar.[66] Die Lage bei den Neutronenmoderatoren war nicht viel besser. Der einzige Stoff, der nachweislich wirksam war, schweres Wasser, war ebenfalls sehr knapp. Folglich wurden bei den ersten Versuchen andere, weniger effektive Materialien verwendet.

Aus zwei Gründen war die Arbeit mit Uranoxid gefährlich. Erstens war es ein starkes chemisches Gift, wenn es vom Körper aufgenommen wurde. Zweitens war es radioaktiv. Obgleich diese Strahlung für Menschen nicht gefährlich war, kontaminierte sie Menschen und Räume und machte wissenschaftliches Arbeiten sehr schwierig. Bevor Wissenschaftler und Techniker mit Uranoxidpulver arbeiteten, mussten sie Staubschutzmasken, Staubbrillen, Schuhüberzieher und Schutzkleidung anziehen. Das An- und Entkleiden geschah in einem separaten Raum. Sämtliche Schutzkleidung und -geräte wurden so sauber wie möglich gehalten.[67]

Die erste Modell-Uranmaschine wurde in den Jahren 1940 und 1941 in einem externen Labor am KWIfP gebaut; sie bestand aus abwechselnden horizontalen Schichten aus Paraffin, einer wachsartigen Substanz aus Kohlenwasserstoffen, und Uranoxid (insgesamt sechs Tonnen), die in einen wasserdichten Aluminiumbehälter gepackt wurden, der wiederum in einem Wassertank versenkt wurde. Die Schichtenanordnung wurde nicht deshalb ausgewählt, weil sie für Kernreaktoren praktisch gewesen wäre, sondern, weil sie sich leicht umsetzen ließ und zur Bestimmung wichtiger Kernkonstanten und anderer nuklearer Eigenschaften genutzt werden konnte.

Wie erwartet absorbierte diese Anordnung mehr Neutronen, als sie produzierte, und sie eignete sich daher nicht für eine Uranmaschine, ganz gleich, wie sehr man sie vergrößerte. Weil die Neutronenabsorption jedoch so gering und die Anzahl der je Spaltvorgang erzeugten Neutronen so hoch war, schien es, als würde diese Anordnung mit schwerem Wasser als Moderator funktionieren. Tatsächlich ging Heisenberg so weit zu behaupten, dass,

66 Aktenvermerk über die Besprechung mit der Degussa, Frankfurt/M, Gutleutstr. 215, am 4.4.1941, betreffend die Herstellung von Prap. 38-Metall (8. April 1941), AMPG, I. Abt. Rep. 34; Otto Hahn, Zur Arbeitstagung vom 13. bis 14. März 1941 im Kaiser-Wilhelm-Institut für Physik (14. März 1941), ADM, FA 002 536.

67 Richtlinien für das Arbeiten mit Präp. 38 (1. Oktober 1940), AMPG, I. Abt. Rep. 34.

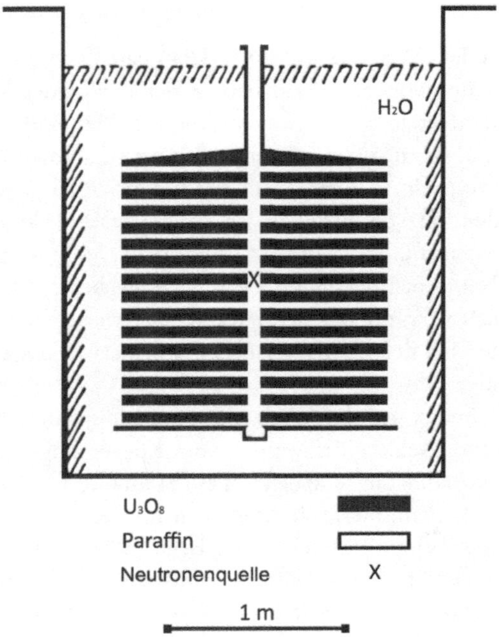

Abb. 9: Schematische Darstellung der Versuche B-I und B-II.

wenn nicht ganz unvorhersehbare Überraschungen eintreten würden, die Herstellung eines energieerzeugenden Uranbrenners »eine reine Willensfrage« sei.[68]

Kurz nach Abschluss dieses Experiments reichten Weizsäcker und Wirtz Vorschläge für die nächsten Schritte ein. Die Versuche mit horizontalen Uranoxidschichten sollten fortgesetzt werden, allerdings mit wechselnder Schichtendicke, damit sie ihre Messungen an verschiedenen nuklearen Prozessen weiterführen könnten. Messungen in mehreren Labors deuteten darauf hin, dass reines Uranmetall in einer Maschine viel effektiver wäre als Uranoxid, aber im April 1941 waren nur 600 Kilogramm verfügbar. Sobald nennenswerte Mengen Uranmetall eintreffen würden, wollten sie es zusammen mit Paraffin für einen neuen Versuch in einem kugelförmigen Aluminiumgefäß verwenden, wobei sie mit steigender Verfügbarkeit mehr Metall

68 Werner Heisenberg, Bericht über die ersten Versuche an der im Kaiser-Wilhelm-Institut f. Physik aufgebauten Apparatur (21. Dezember 1940), AMPG, I. Abt. Rep. 34; Werner Heisenberg, Bericht über Versuche mit Schichtenanordnungen von Präparat 38 und Paraffin am Kaiser-Wilhelm-Institut f. Physik in Bln-Dahlem (März 1941), AMPG, I. Abt. Rep. 34.

hinzufügen wollten. Sobald schweres Wasser tonnenweise erhältlich wäre, wollten sie Großversuche durchführen, die schließlich zu einem betriebsfähigen Uranbrenner führen könnten.[69]

Leipzig

Während die Wissenschaftler am KWIfP an horizontalen Schichtenanordnungen arbeiteten, baute der Experimentalphysiker Robert Döpel in Leipzig kugelförmige Schichten, wobei ihm seine Frau Klara (1900–1945) und gelegentlich sogar Heisenberg selbst behilflich waren. Zunächst führten sie Versuche mit den verfügbaren neun Litern schweren Wassers durch; dabei fanden sie nur eine sehr geringe Neutronenabsorption.[70] Als Nächstes bauten sie aus Uranoxid und natürlichem Wasser eine Modell-Uranmaschine. Die kugelförmige Anordnung war zwar schwer zu konstruieren, versprach aber präzise Messungen schon bei geringen Materialmengen. Obgleich das Aluminium, mit dem die Schichten voneinander getrennt wurden, mehr Neutronen absorbierte als erwartet, gelangten sie zu dem Schluss, dass eine Uranmaschine ohne Aluminium mit fünf Tonnen schweren Wassers funktionieren würde.[71] Nach dem Krieg behauptete Heisenberg, dass die Wissenschaftler zu diesem Zeitpunkt »eine freie Straße zur Atombombe« vor sich gesehen hätten.[72] Allerdings erkannte er auch, dass es sehr schwer sein würde und sehr viel Ressourcen, Personal und Zeit erfordern würde, ein solches Projekt erfolgreich zum Abschluss zu bringen.

69 Carl Friedrich von Weizsäcker und Karl Wirtz, Vorschläge für die Arbeiten über Präparat 38 im Kaiser-Wilhelm-Institut für Physik. Berlin-Dahlem (31. März 1941), AMPG, I. Abt. Rep. 34; Aktenvermerk über die Besprechung mit der Degussa, Frankfurt/M, Gutleutstr. 215, am 4.4.1941, betreffend die Herstellung von Präp. 38-Metall (8. April 1941), AMPG, I. Abt. Rep. 34.

70 Robert Döpel, Klara Döpel und Werner Heisenberg, Bestimmungen der Diffusionslänge thermischer Neutronen in schwerem Wasser (7. August 1940), ADM, FA 002 466.

71 Robert Döpel, Klara Döpel und Werner Heisenberg, Versuche mit einer Schichtenanordnung von Wasser und Präp. 38 (28. April 1941), ADM, FA 002 524; Werner Heisenberg an Elisabeth Heisenberg (15. Juni 1941), in Heisenberg und Heisenberg, 167–168; Werner Heisenberg an Elisabeth Heisenberg (17. Juli 1941), in Heisenberg und Heisenberg, 179–180; Robert Döpel, Klara Döpel und Werner Heisenberg, Versuche mit einer Schichtenanordnung von D_2O und Präp. 38 (28. Oktober 1941), ADM, FA 002 523.

72 David Irvings Interview mit Werner Heisenberg in München (23. Oktober 1965), ADM, IMC 31 541.

Transurane

Wie weiter oben beschrieben,[73] hatten bis zum Sommer 1940 Veröffentlichungen amerikanischer und nach Amerika emigrierter Wissenschaftler folgende Punkte geklärt: Uran-238 konnte ein Neutron absorbieren und sich in Element 93 umwandeln; dieses Transuran würde sich wahrscheinlich in ein langlebigeres Element 94 umwandeln; und alle Transurane waren ähnlich wie Uran-235 spaltbare Stoffe. Im Juli schrieb Weizsäcker, der sowohl mit Heisenberg in Leipzig als auch mit Lise Meitner und Otto Hahn in Berlin gearbeitet hatte und der zu den Mitarbeitern des KWIfP gehörte, an das HWA über eine »Möglichkeit der Energiegewinnung aus Uran-238«.

Da dieses häufigste Uranisotop die meisten Neutronen absorbierte und keine Kernspaltung durchlief, konnte nur das seltene Isotop Uran-235 zur Energieerzeugung in einer Uranmaschine beitragen, die Reinheit des Materials musste hoch sein, und wahrscheinlich müsste das schwer erhältliche schwere Wasser als Bremssubstanz verwendet werden. Wegen der Resonanzabsorption, der bevorzugten Absorption in Uran-238 von Neutronen, die sich mit bestimmten Geschwindigkeiten fortbewegen, konnte die in Uran-235 enthaltene Energie nicht auf einmal freigesetzt werden, so dass seine »Verwendung als Sprengstoff praktisch wegfällt«.

All diese Schwierigkeiten ließen sich überwinden, wenn auch Uran-238 durch relativ langsame thermische Neutronen gespalten werden könnte. Weizsäcker hatte erkannt, dass dies durch Absorption zweier sukzessiver Neutronen möglich war. Das erste erzeugte das kurzlebige Uran-239, das sich mit einer Halbwertszeit von 23 Minuten in das Transuran 93 umwandelte, das genauso spaltbar zu sein schien wie Uran-235. Dieses neue Element konnte auf dreierlei Weise verwendet werden: erstens, um sehr kleine Uranmaschinen zu bauen; zweitens als nuklearer Sprengstoff; und drittens zur Umwandlung anderer Elemente.[74]

Wissenschaftler am Institut von Otto Hahn versuchten, Element 93 zu finden und seine Eigenschaften zu erforschen. Tatsächlich verwies Hahn auf Weizsäckers Bericht, um die Bedeutung ihrer Arbeit zu betonen.[75] Dem jungen Physikochemiker Kurt Starke (1911–2000), der an Hahns Institut arbeitete, gelang es, zuerst Uran-239 von dem restlichen Uran und anschließend das umgewandelte Element 93 vom Uran-239 zu trennen. Starke war nicht der Erstentdecker von Element 93, aber er bestätigte die von McMil-

73 Vgl. das Kapitel »Kernspaltung«.

74 Carl Friedrich von Weizsäcker, Eine Möglichkeit der Energiegewinnung aus ^{238}U (17. Juli 1940), ADM, FA 002 501.

75 Otto Hahn, Bericht über die Arbeiten des Kaiser-Wilhelm-Instituts für Chemie über »Präparat 38« (10. Dezember 1940), ADM, FA 002 514.

Abb. 10: Carl Friedrich von Weizsäcker in Farm Hall.

lian und Abelson veröffentlichten Ergebnisse. Auch Hahn und Straßmann hatten versucht, Element 93 zu finden. Starke fand, dass an Hahns Institut eine kühle Atmosphäre herrschte, nachdem er den beiden bei der Entdeckung zuvorgekommen war. Er wechselte in der Folge an das Institut von Klaus Clusius in München.[76]

Wissenschaftler am KWIfP ließen sich einige ihrer Entdeckungen patentieren. Es ist unklar, wann ihr erster Patentantrag eingereicht wurde, aber die Antwort des Reichspatentamts traf am 2. Februar 1940 ein, bevor Heisenberg den zweiten Teil seines Berichts über die Energiegewinnung durch Kettenreaktionen fertiggestellt hatte. Dieser erste Patentantrag beinhaltete eine rudimentäre Vorstellung sowohl eines Kernreaktors als auch einer Atombombe:

> Eine U^{235}-Platte von einigen Millimetern Dicke und beispielsweise 1 qm Fläche umgeben von Paraffin oder Wasser würde je nach ihrer Dicke bei Bestrahlung mit Neutronen entweder eine dauernde ungeheure Heizleistung abgeben (deren Größe bekannt ist und z. B. in dem Aufsatz von Flügge, Naturwissenschaften 27, S. 402, 1939 angegeben ist) oder ihre Energie explosionsartig freimachen mit einer allen bisher bekannten Sprengstoffen millionenfach überlegenen Gewalt. Beide Fälle sollen durch das Patentbegehren geschützt werden.[77]

76 Otto Hahn, Zur Arbeitstagung vom 13. bis 14. März 1941 im Kaiser-Wilhelm-Institut für Physik (14. März 1941), ADM, FA 002 536; Otto Hahn und Fritz Straßmann, Zur Frage nach der Entstehung des 2,3 Tage-Isotops des Elementes 93 aus Uran (März 1942), ADM, FA 002 735; Kurt Starke, Anreicherung des künstlich radioaktiven Uran-Isotops $^{239}U92$ und seines Folgeproduktes $^{239}93$ (Element 93) (20. Mai 1941), ADM, FA 002 555; Mark Walkers Interview mit Kurt Starke.

77 Karl Wirtz an das Reichspatentamt (11. März 1941), AMPG, I. Abt. Rep. 34.

Wirtz und seine Kollegen beschlossen in der Folge, den ursprünglichen Patentantrag in einen für die Uranmaschine und einen für ein Verfahren zur Erzeugung von Transuranen aufzuteilen. Am 6. Juni 1941, wenige Wochen vor dem Einmarsch der Wehrmacht in die Sowjetunion, verfasste Weizsäcker eine neue, revidierte Patentschrift mit dem Titel: »Energieerzeugung aus dem Uranisotop der Masse 238 und anderen schweren Elementen (Herstellung und Verwendung des Elements 94)«. Während Weizsäcker in seinem Bericht aus dem Jahr 1940 das Endprodukt der Neutronenabsorption in Uran als Element 93 beschrieben hatte, nahm er jetzt an, dass dieses in das langlebige Element 94 zerfallen würde.

Die beste Methode, um nennenswerte, praktisch verwendbare Mengen des Elements 94 herzustellen, wäre die Nutzung einer Uranmaschine. Nach der Aufnahme eines Neutrons würde Element 94 im Innern der Maschine gespalten und genauso wie Uran-235 Energie und Neutronen erzeugen. Besonders nützlich und der größte Vorteil der Erfindung wäre die Tatsache, dass Element 94 auf chemischem Wege leicht von Uran abgetrennt und in reiner Form erzeugt werden könnte. Dieses künstlich hergestellte Transuran könnte auch in einer »Bombe« verwendet werden. Tatsächlich würde »dieser Sprengstoff an frei werdender Energie pro Gewichtseinheit jeden anderen rund 10 Millionen mal übertreffen und nur mit dem reinen ^{235}U vergleichbar sein«.[78]

Weizsäcker reichte nicht nur den Patentantrag ein. Er traf sich auch persönlich mit Diebner, um mit ihm die möglichen praktischen Auswirkungen ihrer Arbeit zu erörtern. Sowohl Uran-235 als auch Element 94 seien »hochkonzentrierte wirksame Stoffe«, die in kleinen, energieerzeugenden Uranbrennern eingesetzt werden könnten, die »besonders geeignet [sind] als Antrieb von Fahrzeugen, die einen sehr hohen Aktionsradius besitzen sollen«. Die Voraussetzung für die Produktion dieser Substanzen, die eine hunderttausendmal höhere Sprengkraft besitzen würden als konventionelle Sprengstoffe, sei entweder der Bau eines energieproduzierenden Uranbrenners oder einer leistungsfähigen Isotopentrennungsanlage.[79]

Drei weitere Physiker, die entweder von der Uran-Arbeitsgemeinschaft isoliert waren oder nur am Rande mit ihr zu tun hatten, bestätigten unabhängig voneinander einige der Ergebnisse Weizsäckers. Hugo Watzlawek, ein technischer Physiker in München, der vollständig von der Uran-Arbeitsgemeinschaft abgeschnitten war, erarbeitete im Jahr 1944 eigenständig eine

78 Carl Friedrich von Weizsäcker, Kernenergieerzeugung aus dem Uranisotop der Masse 238 und anderen schweren Elementen (Herstellung und Verwendung des Elements 94) (6. Juni 1941), AMPG, I. Abt. Rep. 34.

79 Carl Friedrich von Weizsäcker, Kurzer Bericht über die eventuelle praktische Auswirkung der Uranuntersuchungen auf Grund einer Rücksprache mit Dr. Diebner, AMPG, I. Abt. Rep. 34.

erstaunlich genaue Erklärung der Funktionsmechanismen von Kernreaktoren und Atombomben.[80] Josef Schintlmeister (1908–1971) vom Wiener Institut für Radiumforschung wies Spuren dessen nach, was er für Element 94 hielt, obgleich er dies nie schlüssig beweisen konnte. Im Lauf seiner Arbeit behauptete er, ausgehend von theoretischen Erwägungen, dass ein solches Element 94 chemisch von Uran getrennt werden könnte, so dass keine Isotopentrennung erforderlich wäre, und dass es, wie Uran-235, durch thermische Neutronen gespalten werden könnte.[81]

Fritz Houtermans (1903–1966) war eine schillernde Persönlichkeit. Dem Physiker wurde die zweifelhafte Auszeichnung zuteil, sowohl von Stalins Geheimpolizei als auch von der Gestapo verhaftet und eingesperrt zu werden. Nachdem Letztere ihn Anfang 1941 freigelassen hatte, arbeitete er bei einem privaten naturwissenschaftlichen Institut, das von dem deutschen Unternehmer Manfred von Ardenne (1907–1997) geleitet wurde.[82] Im August hatte er einen Bericht über »die Auslösung von Kern-Kettenreaktionen« vorgelegt, der einen Großteil der Arbeiten Weizsäckers bestätigte. Eine Uranmaschine, in der für eine Kettenreaktion Uran-235 verwendet würde, würde nur 1/139 des als »Brennstoff« insgesamt zur Verfügung stehenden Urans nutzen. Aber jedes Neutron, das, statt eine Spaltung in Uran-235 zu verursachen, von Uran-238 eingefangen würde, würde dadurch einen neuen spaltbaren Kern erzeugen. Dieses neue Element ließe sich chemisch von Uran trennen, so dass es keiner Uranisotopentrennung mehr bedürfe.[83] Nur ein paar Monate später kehrte Houtermans kurzzeitig in die Sowjetunion zurück und besichtigte zusammen mit deutschen Offiziellen naturwissenschaftliche Institute, um diesen bei der Entscheidung zu helfen, welche

80 Klaus Hentschel, »›Der neue Weg‹: Mit ›interatomarer Energie‹ zum ›Herrn der Welt‹ werden. Zu einem bislang unbekannten Typoskript vom Oktober 1944«, *NTM*, 28, (2020), 121–147.

81 Josef Schintlmeister and Friedrich Hernegger, Über ein bisher unbekanntes, alphastrahlendes chemisches Element (Juni 1940), ADM, FA 002 486; Josef Schintlmeister und Friedrich Hernegger, Weitere chemische Untersuchungen an dem Elemente mit Alphastrahlen von 1,8 cm Reichweite (Mai 1941), ADM, FA 002 552; Josef Schintlmeister, Die Stellung des Elementes mit Alphastrahlen von 1,8 cm Reichweite im periodischen System (20. Mai 1941), ADM, FA 002 554; für Schintlmeister und die anderen österreichischen Mitglieder des Uranprojekts vgl. Christian Forstner, *Kernphysik, Forschungsreaktoren und Atomenergie. Transnationale Wissensströme und das Scheitern einer Innovation in Österreich* (Wiesbaden 2019).

82 Dieter Hoffmann, »Ein Physiker zwischen Hitler und Stalin«, *Spektrum der Wissenschaft* (2014), 62–70.

83 Fritz G. Houtermans, Zur Frage der Auslösung von Kern-Kettenreaktionen (August 1941 und August 1944), ADM, FA 002 743.

wissenschaftlichen Geräte und Wissenschaftler beziehungsweise Techniker nach Deutschland gebracht werden sollten.[84]

Houtermans war auch der »zuverlässige Kollege«, der in einem bemerkenswerten Brief erwähnt wird, den der in die USA emigrierte Physiker Rudolf Ladenburg (1882–1952) an den amerikanischen Ingenieur Lyman Briggs (1874–1963) schrieb.

> Vielleicht interessiert es Sie ja, dass ein Kollege von mir, der vor ein paar Tagen via Lissabon aus Berlin eintraf, die folgende Nachricht mitbrachte: Ein zuverlässiger Kollege, der an einem technischen Forschungslabor arbeitet, bat ihn, uns mitzuteilen, dass eine große Zahl deutscher Physiker unter Leitung von Heisenberg intensiv an dem Problem der Uranbombe arbeitet, dass Heisenberg selbst die Arbeiten so weit wie möglich hinauszuzögern versucht, weil er die katastrophalen Konsequenzen eines Erfolgs fürchtet. Aber er muss die ihm erteilten Befehle befolgen, und wenn das Problem gelöst werden kann, dann wird es wahrscheinlich in naher Zukunft gelöst werden. Daher rate er uns zur Eile, wenn die USA nicht zu spät kommen wollten.

Ungefähr zur gleichen Zeit berichtete auch der in die USA emigrierte Physiker Leó Szilárd: »Ladenburg sagt, dass er sich ziemlich sicher ist, dass eine große Zahl deutscher Physiker unter der Leitung von Heisenberg intensiv an dem Problem der Uranbombe arbeitet.«[85]

In seinem Buch *Heisenbergs Krieg* behauptet Thomas Powers, Heisenberg habe sich Hitler widersetzt und die Entwicklung deutscher Kernwaffen verhindert: »Aber Heisenberg hielt sich nicht bloß selbst zurück, stand nicht nur tatenlos daneben und ließ das Projekt seelenruhig scheitern. Er versetzte ihm den Todesstoß.« Sowohl Houtermans' als auch Ladenburgs Brief spielen eine wichtige Rolle in Powers' Beweisführung. Powers, der sich vornehmlich auf Quellen aus der Nachkriegszeit stützt, schildert Gespräche zwischen Heisenberg, Houtermans und Weizsäcker, die Anfang 1941 stattfanden und in denen sie »sich darauf [einigten], die Bedeutung des Plutoniums [Element 94] für sich zu behalten und nichts davon dem Heereswaffenamt mitzuteilen. Houtermans zog die schriftliche Abfassung seiner

84 V. Weizel an Franz Moeller (31. August 1941), NBL, SGP Box 27, Folder 35; Admiral Witzell an Rudolf Mentzel (13. März 1942), NBL, SGP Box 27, Folder 35; Rudolf Mentzel an Admiral Witzell (31. März 1942), NBL, SGP Box 27, Folder 35; Viktor Frenkel, »Professor Friedrich Houtermans – Arbeit, Leben, Schicksal. Biographie eines Physikers des zwanzigsten Jahrhunderts«, *Max-Planck-Institut für Wissenschaftsgeschichte Preprint* 414 (Berlin 2011).

85 Rudolf Ladenburg an Lyman Briggs (14 April 1941), NARA Record Group 227, S-1 Briggs, Box 5, Ladenburg Folder; Leo Szilard an Isidor Rabi (28. April 1941), CUA, Isidor Rabi Papers, Box 7, Folder 16.

Arbeit für von Ardenne in die Länge«. Powers fügt hinzu: »Andererseits trifft es zu, daß selbst nach von Weizsäckers Arbeit von 1940 in offiziellen Kreisen über die Plutoniumfrage weiterhin ein merkwürdiges Stillschweigen bewahrt wurde [...]. [...] Weizsäckers Untersuchung verschwand ganz plötzlich von der Bildfläche, und Houtermans' Arbeit geriet danach [...] bald in Vergessenheit.«[86]

Tatsächlich legte Houtermans seine umfassende Analyse der Kettenreaktionen in Uran und in Transuranen Ardenne acht Monate später vor. Sie wurde »damals allen maßgebenden deutschen Kernphysikern übermittelt«.[87] Diese Arbeit wurde im Oktober 1944 von der Arbeitsgemeinschaft für Kernphysik in einer Reihe geheimer Forschungsberichte veröffentlicht. Wie oben erwähnt, nahm Weizsäcker seinen Bericht aus dem Jahr 1940 in den Patentantrag auf, den er im Juni 1941 an das HWA schickte und den er anschließend mit Diebner erörterte. Was Ladenburgs Brief anlangt, so übersieht Powers vielleicht die wichtigste Stelle darin: Houtermans sagte, dass Heisenberg Befehle befolgen und das Problem nach Möglichkeit lösen würde.

Unternehmen Barbarossa

Obgleich der Krieg in den ersten beiden Kriegsjahren für Deutschland gut lief, bedeutete dies nicht, dass die Bevölkerung seine Auswirkungen nicht spürte. Im Juli 1940 schrieb Heisenberg seiner Frau, dass sein Zug von Berlin nach Leipzig über Hamburg umgeleitet worden sei. Er frage sich, ob er auf Dauer das Hin- und Herreisen ertragen könne. Er könne so nur wenig von seiner eigenen wissenschaftlichen Arbeit erledigen. Aber im Krieg müsse man derartiges Ungemach wohl in Kauf nehmen. Als er in seinem Hamburger Hotel zu Bett gehen wollte, gab es Fliegeralarm. Über die Schlacht am Himmel, die er vom Fenster seines Zimmers aus beobachtete, schrieb er: »Das Schiessen der Flak spiegelte sich in den Wolken wie ein nächtliches Gewitter, nur der Lärm ist kürzer und mechanischer.« Anfang September erlebte er gegen Mitternacht einen schweren Luftangriff in einem gut gesicherten Keller, in dem er deutlich die Flak und explodierende Bomben hören konnte. Zehn Tage später schrieb er seiner Frau aus dem Luftschutzkeller des Harnack-Hauses der Kaiser-Wilhelm-Gesellschaft:

> In der letzten Nacht soll der Reichstag, das Brandenburger Tor u. die amerikanische Botschaft getroffen worden sein, ich las es in der Zeitung.

86 Thomas Powers, *Heisenbergs Krieg: Die Geheimgeschichte der deutschen Atombombe* (Hamburg 1993), 651, 144–145.
87 Manfred von Ardenne, *Die Erinnerungen* (München 1990), 165.

> Jetzt hört man wieder deutlich die englischen Flieger. Ich [...] amüsiere mich etwas über die Genügsamkeit der Menschen; wer hätte vor zehn Jahren gedacht, dass man ohne weiteres Überlegen für einige Tage pflichtgemäss nach Berlin fährt, um sich dort jede Nacht bombardieren zu lassen. Am nächsten Tag liest man im Blättchen, wieviel Häuser verbrannt und wieviel Menschen umgekommen sind u. geht beruhigt seiner Arbeit nach; die Aufgeregten freuen sich drüber, dass es in London noch schlimmer ist.[88]

Im selben Monat stattete ein junger Leutnant, den Heisenberg schon als kleinen Jungen gekannt hatte, dem Physiker einen Besuch ab. Der junge Mann erzählte von seinen Erlebnissen in Frankreich. Er war dabei gewesen, als deutsche Truppen die Maginot-Linie durchbrachen, und sei jetzt auf dem Weg nach Norwegen. Der Besuch des Leutnants munterte Heisenberg auf, so dass er wieder motiviert war, seine wissenschaftlichen Arbeiten voranzutreiben. Im Oktober berichtete er, bei einem Kolloquium den betagten Max Planck (1858–1947) getroffen zu haben. Planck sei recht unglücklich über den Krieg und seinen Verlauf. Er habe auch über das geistige Leben in Deutschland gesprochen, und da sei er plötzlich sehr lebendig geworden und habe ihm – Heisenberg – zugeredet, »den Mut nicht zu verlieren«, was er, wie Heisenberg seiner Frau schrieb, »übrigens sowieso nicht tue«.[89]

Heisenberg berichtete Elisabeth auch, dass Bonhoeffer und seine Frau gerade an einem Fenster in Leipzig gestanden hätten, als ein Tiefflieger nahebei seine Bomben abgeworfen habe. Im September schrieb Bonhoeffer seinem Freund Harteck in Hamburg, dem Ziel zahlreicher Luftangriffe:

> Ihr habt inzwischen wieder einmal ausgiebigen Besuch aus England gehabt; allmählich werden wir dem stabilen Zustand des vielgepriesenen totalen Kriegs näher kommen. Alles andere waren doch nur Präliminären. Ob man London auf diese Weise zerstören wird und ob das den Krieg entscheidet? Oder ob man hier dem Publikum ein zerstörtes London anstelle eines Friedens für den Winter servieren will? Oder gar anstelle eines Landungsversuchs?

Als zwei Monate später ein Winter begann, der sehr kalt werden sollte, scherzte Bonhoeffer gegenüber Harteck, sie würden in Anbetracht ihrer

88 Werner Heisenberg an Elisabeth Heisenberg (15. Juli 1940), in Heisenberg und Heisenberg, 122–123; Werner Heisenberg an Elisabeth Heisenberg (3. September 1940), in Heisenberg und Heisenberg, 132; Werner Heisenberg an Elisabeth Heisenberg (13 September 1940), in Heisenberg und Heisenberg, 139.

89 Werner Heisenberg an Elisabeth Heisenberg (17. September 1940), in Heisenberg und Heisenberg, 146; Werner Heisenberg an Elisabeth Heisenberg (4. Oktober 1940), in Heisenberg und Heisenberg, 152.

Kartoffel-, Sauerkraut- und Mohrrübenvorräte »dem Winter einigermaßen getrost entgegensehen«, auch wenn sie nur die Hälfte der ihnen zustehenden Kohle erhalten hätten und »als vorsichtige Leute im Voraus frieren«. Sie müssten im Durchschnitt einmal in der Woche in den Luftschutzkeller.[90]

Der entscheidende Wendepunkt sowohl des Zweiten Weltkriegs als auch des Dritten Reichs selbst ereignete sich in den sechs Monaten zwischen Juni und Dezember 1941. Das NS-Regime kam der Verwirklichung seines ideologischen Traums von einem »Lebensraum« für Deutsche auf Kosten anderer Völker zwar nahe, scheiterte jedoch letztendlich dabei.[91] Als der »langerwartete Krieg gegen Russland« begann, wurde Heisenberg optimistischer, »obwohl wir natürlich im Winter ziemlich hungern werden. Aber vielleicht wird die Verständigung mit der angelsächsischen Welt jetzt leichter«.[92] Innerhalb kürzester Zeit waren die Folgen von »Unternehmen Barbarossa«, so der Deckname für den Angriff auf die Sowjetunion, an der Heimatfront zu spüren. Wie Heisenberg an Elisabeth schrieb:

> Den Verlauf des Krieges finde ich sehr deprimierend. Die Leipziger Zeitungen sind jetzt voll von Todesanzeigen. Einige Bekannte von Bekannten haben jetzt Briefe aus dem Osten, die aber auch sehr gedrückt klingen. Von Jochen Freis und von Gila's Verlobtem ist noch keine Nachricht da. Ein Tanzstundenbekannter von Gila stand heute als gefallen in der Zeitung. So wird der Krieg auf einmal ganz ernst.[93]

Die Regierungspropaganda malte ein düsteres Bild von der Sowjetunion, dem Heisenberg, der unmittelbar nach dem Ersten Weltkrieg in einem Freikorps gegen die Kommunisten gekämpft hatte, bereitwillig Glauben schenkte. Ein Student eines seiner Kollegen erhielt einen Brief von einem Freund, in dem dieser geschrieben habe: »Die Greuel der Russen dort seien noch entsetzlicher gewesen, als in der Zeitung gestanden hätte.« Ein Bekannter erzählte Heisenberg von »der Armut der Bevölkerung und von dem Schlemmerleben einer allerdings nur aus wenigen hundert Mann bestehen-

90 Werner Heisenberg an Elisabeth Heisenberg (10. Oktober 1940), in Heisenberg und Heisenberg, 158; Karl-Friedrich Bonhoeffer an Paul Harteck (10. September 1940), RPI, PHP Box 1, Folder 6; Karl-Friedrich Bonhoeffer an Paul Harteck (13. November 1940), RPI, PHP Box 1, Folder 6.

91 Adam Tooze, *Ökonomie der Zerstörung: Der Geschichte der Wirtschaft im Nationalsozialismus* (München 2007), 533.

92 Werner Heisenberg an Elisabeth Heisenberg (15. Juni 1941), in Heisenberg und Heisenberg, 167–168; Werner Heisenberg an Elisabeth Heisenberg (22. Juni 1941), in Heisenberg und Heisenberg, 170.

93 Werner Heisenberg an Elisabeth Heisenberg (9. Juli 1941), in Heisenberg und Heisenberg, 174–175

den ›Oberschicht‹«.[94] Die Tatsache, dass Heisenberg diese Berichte aus zweiter beziehungsweise dritter Hand seiner Frau weitergab, deutet darauf hin, dass er ihnen Glauben schenkte. In Wirklichkeit war es so, dass in den ersten Monaten des Unternehmens Barbarossa die Deutschen Gräueltaten begingen und der einheimischen Bevölkerung Leid zufügten, aber wie Omer Bartov dargelegt hat, erlaubte diese »verblüffende Verkehrung der Wahrheit«, welche die beispiellose Grausamkeit der Wehrmacht und der SS deren Opfern zuschrieb, den deutschen Soldaten, ihre Untaten in der Sowjetunion vor sich selbst zu rechtfertigen.[95]

Heisenbergs Sorgen in Bezug auf den Krieg und den Tribut, den er forderte, ziehen sich im Sommer und Herbst 1941 durch seine Briefe an Elisabeth. »Es geschieht so viel Trauriges auf der Welt; wir müssen fest zusammenhalten, um nicht mutlos zu werden.«[96] Aber es waren Nachrichten über gefallene Freunde, Verwandte und Studenten, die Heisenberg am schwersten trafen. Als ein junger Musiker, der mit Heisenberg musiziert hatte, in Russland fiel, schrieb er in einem Brief an seine Frau: »Er war so ein netter, begabter und stets vergnügter Mensch [...]. Und wieviele andere Menschen seiner Art gehen noch so zu Grunde!« Die Mutter von Hans Euler (1909–1941), einem seiner Studenten, ließ Heisenberg eine Abschrift des amtlichen Schreibens zukommen, in dem Euler als verschollen erklärt wurde. Wieder kamen Heisenbergs Vorurteile gegenüber der Sowjetunion zum Vorschein: »Es ist aber natürlich die Frage, ob die Russen überhaupt ordentliche Gefangenenlisten führen. Aber man darf die Hoffnung nicht aufgeben, dass er noch lebt.«[97] Dies war eine weitere Verkehrung der Tatsachen. Millionen sowjetische Soldaten wurden gefangen genommen und starben massenhaft infolge von Krankheiten, Nahrungsmangel und Misshandlungen.[98]

Ungefähr zur gleichen Zeit als Heisenberg einen klaren Weg zum Bau einer Atombombe sah, wuchsen auch seine Befürchtungen hinsichtlich des Krieges. Das, was Heisenberg Sorgen bereitete, der große Verlust an Menschenleben, wurde schließlich der Grund, weshalb Deutschland ins Wan-

94 Werner Heisenberg an Elisabeth Heisenberg (15. Juli 1941), in Heisenberg und Heisenberg, 179; Werner Heisenberg an Elisabeth Heisenberg (24. Juli 1941), in Heisenberg und Heisenberg, 183.

95 Omer Bartov, *Hitler's Army: Soldiers, Nazis, and War in the Third Reich* (New York 1992), 106.

96 Werner Heisenberg an Elisabeth Heisenberg (19. Juli 1941), in Heisenberg und Heisenberg, 180–181.

97 Werner Heisenberg an Elisabeth Heisenberg (21. Juli 1941), in Heisenberg und Heisenberg, 181; Werner Heisenberg an Elisabeth Heisenberg (22. September 1941), in Heisenberg und Heisenberg, 197.

98 Christian Streit, *Keine Kameraden. Die Wehrmacht und die sowjetischen Kriegsgefangenen, 1941–1945* (Bonn 1991).

ken geriet. Hitlers Angriffskrieg verwüstete zwar die westlichen Gebiete der Sowjetunion, ließ aber auch Deutschland ausbluten. Die deutschen Verluste hatten Ende Juli die Zahl von 200 000 übertroffen und stiegen im September auf 400 000, was elf Prozent der deutschen Truppen an der Ostfront entsprach. Bis August waren Hitler und die Führung der deutschen Wehrmacht zu dem Schluss gekommen, dass der Krieg bis 1942 andauern würde. Sie hatten mit maximal 200 sowjetischen Divisionen gerechnet, waren aber bereits auf 360 gestoßen.[99] Die Nachrichten aus dem Osten stimmten Heisenberg besorgt, weil »der Widerstand der Russen viel stärker [zu sein] scheint, als irgendjemand vorher angenommen hatte. Was geschehen würde, wenn der deutsche Vormarsch doch irgendwo zum Stehen käme, ist kaum auszudenken.«[100]

Fazit

Während der ersten beiden Jahre des Zweiten Weltkriegs, in denen die Wehrmacht nicht zu stoppen zu sein schien, erforschte eine kleine Gruppe deutscher Wissenschaftler potenzielle Anwendungen der Kernspaltung. Zwei klar definierte technische Pfade schienen zur Kernenergie und zur Atombombe zu führen: Uranisotopenanreicherung und Uranmaschinen (Kernreaktoren). Die Isotopenanreicherung könnte den Bau eines betriebsfähigen Uranbrenners ermöglichen und, falls eine vollständige Trennung möglich wäre, einen nuklearen Sprengstoff produzieren. Uranbrenner könnten Wärme und damit Elektrizität erzeugen sowie Transurane produzieren, die ebenfalls nukleare Sprengstoffe wären. Allerdings wurden auf beiden Pfaden nur bescheidene Fortschritte erzielt. Die Uranisotopenanreicherung war trotz größter Anstrengungen gescheitert. Wegen des Mangels an schwerem Wasser und Uranmetall mussten bei Versuchen mit Modell-Uranmaschinen minderwertige Materialien eingesetzt werden. Es blieb bei kleinen Demonstrationsanlagen. Immerhin schien der Bau von Uranmaschinen grundsätzlich möglich zu sein. Bis zu diesem Zeitpunkt hatte der Krieg die Forschung noch nicht nennenswert behindert. Mächtige neue Waffen schienen auch nicht notwendig zu sein. Dies sollte sich alles bald ändern.

99 Ian Kershaw, *Hitler 1937–1945* (München 2013), 509, 555.

100 Werner Heisenberg an Elisabeth Heisenberg (17. Juli 1941), in Heisenberg und Heisenberg, 179–180.

Epilog: Vergleich mit dem Stand der alliierten Arbeiten am Vorabend von Pearl Harbor

Es ist aufschlussreich, die Fortschritte beim deutschen Uranprojekt bis zum Herbst 1941 mit dem Stand entsprechender Arbeiten in den Vereinigten Staaten und in Großbritannien, die oft von Emigranten aus Deutschland durchgeführt wurden, am Vorabend des japanischen Überfalls auf Pearl Harbor zu vergleichen. Sowohl die Amerikaner als auch die Deutschen erkannten, dass reines U-235 ein nuklearer Sprengstoff war und dass Zentrifugen vielversprechende Geräte zur Isotopenanreicherung und -trennung waren. Sowohl in Großbritannien als auch in den Vereinigten Staaten wurde ebenfalls mit Arbeiten an der Isotopentrennung mittels Gasdiffusion begonnen. Am wichtigsten war vielleicht die Tatsache, dass in Berkeley kleine Proben von reinem Uran-235 mithilfe eines leistungsstarken Elektromagneten gewonnen wurden, so dass seine Eigenschaften untersucht werden konnten.

Beide Seiten erkannten ebenso, dass in einer Uranmaschine das Transuran 94 erzeugt werden würde, dass es sich chemisch von Uran trennen ließe, dass es wie U-235 spaltbar war und kleine Uranmaschinen sowie das, was E. O. Lawrence (1901–1958) »Superbomben« nannte, ermöglichen würde. Der bedeutendste Unterschied war die Verfügbarkeit eines Zyklotrons in den Vereinigten Staaten, in dem kleine Mengen des Elements 94 hergestellt wurden, die anschließend chemisch analysiert wurden.[101]

Bei der Herstellung der Schlüsselkomponenten einer Uranmaschine wurden in beiden Ländern kaum Fortschritte gemacht. Metallisches Uran einschließlich gediegenes Uranmetall erwies sich als schwer herstellbar. In beiden Ländern wurden Grafit (Kohlenstoff) und schweres Wasser als Neutronenmoderatoren untersucht, wobei Amerikaner und Deutsche katalytische Austauschreaktionen für die Großproduktion von schwerem Wasser erforschten. Nennenswerte Mengen an schwerem Wasser oder hinlänglich reinem Grafit waren in beiden Ländern nicht verfügbar. Aber während die Deutschen sich nicht sicher waren, ob Grafit eine geeignete Bremssubstanz wäre, waren die Amerikaner zu dem Schluss gekommen, dass dem so sei.[102] Deshalb wurden bei den ersten Versuchen mit Modell-Uranmaschinen in den beiden Ländern zwar die gleichen Dinge gemessen und vergleichbare

101 Henry DeWolf Smyth, *Atomic Energy for Military Purposes: The Official Report on the Development of the Atomic Bomb under the Auspices of the United States Government* (Princeton 1945), 45–74, insbesondere 64–66; Richard Rhodes, *The Making of the Atomic Bomb* (New York 1986), 332–333, 339–340, 343, 346–354, 360, 366–367, 380–381.

102 Smyth, 55–56, 68–69, 73; Weart, Power, 144–146.

Ergebnisse erzielt, aber verschiedene Moderatoren eingesetzt: Gitter aus grafitumschlossenem Uran in den USA, horizontale oder kugelförmige Schichtenanordnungen von Uran und entweder Paraffin, Wasser oder schwerem Wasser in Deutschland.[103]

Der vielleicht größte und folgenreichste Unterschied zwischen den deutschen Forschern einerseits und den nach England und Amerika emigrierten Wissenschaftlern andererseits war die Tatsache, dass Letztere eingehender über Bomben nachdachten. Im März 1940 verfassten die aus Deutschland emigrierten Wissenschaftler Otto Frisch und Rudolf Peierls (1907–1995) eine Denkschrift mit dem Titel »Über den Bau einer ›Superbombe‹, basierend auf einer nuklearen Kettenreaktion in Uran«, und legten diese der britischen Regierung vor. Da jüngste Fortschritte bei der Isotopentrennung darauf hindeuteten, dass es möglich war, reines U-235 zu erzeugen, berechneten sie die kritische Masse von reinem U-235, das heißt, wie viel davon für eine Atombombe benötigt würde. Ihre erste grobe Schätzung ergab eine kritische Masse von weniger als einem Kilogramm. Eine Kettenreaktion unter Freisetzung schneller Neutronen in einer fünf Kilogramm schweren Masse von U-235 würde eine mehrere tausend Tonnen Dynamit entsprechende Menge an Energie erzeugen und tödliche Strahlung freisetzen. Ein »wirksamer Schutz« dagegen sei kaum möglich, schrieben sie.[104]

Britische Wissenschaftler analysierten die Folgen und beurteilten die Realisierbarkeit der in der Denkschrift von Frisch und Peierls gemachten Vorschläge; im Sommer 1941 legten sie den »MAUD«-Bericht vor.[105] Ihre Schätzung der kritischen Masse war höher, 10 Kilogramm, mit einer Zerstörungskraft von 1800 Tonnen TNT. Wegen der Strahlung »wäre das durch die Explosion verwüstete Gebiet für geraume Zeit gefährlich für alles Leben«. Die MAUD-Wissenschaftler arbeiteten heraus, wie die Bombe funktionieren – indem zwei subkritische Massen von U-235 mit hoher Geschwindigkeit zusammengebracht würden – und wie das U-235 produziert werden könnte, nämlich mithilfe von Zentrifugen oder durch Gasdiffusion durch kleine Löcher. Die Gesamtkosten einer Gasdiffusionsanlage wurden auf fünf Millionen Pfund geschätzt, die einer Bombe auf 236.000 Pfund. Die ersten Bomben könnten Ende 1943 einsatzbereit sein.[106]

Vielleicht am entscheidendsten war, dass nach Einschätzung der Verfasser des MAUD-Berichts die Zeit drängte. Es war beunruhigend, dass die

103 Smyth, 59.

104 Philip Cantelon, Richard Hewlett und Robert Williams (Hgg.), *The American Atom: A Documentary History of Nuclear Policies from the Discovery of Fission to the Present,* 2. Aufl. (Philadelphia 1991), 11–15; Weart, Power, 147; Rhodes, 321–325.

105 Dieser Bericht ist wieder abgedruckt in Margaret Gowing, *Britain and Atomic Energy, 1939–1945* (London 1964), 394–436.

106 Gowing, 396, 405–407, 412–414; Rhodes, 368–369.

Deutschen versucht hatten, sich schweres Wasser zu beschaffen, und dass »die Dinge, an denen wir gegenwärtig arbeiten, solcherart sind, dass sie sich wahrscheinlich jedem fähigen Physiker aufdrängen«. Das MAUD-Komitee gelangte zu dem Schluss, dass eine Uranbombe realisierbar sei und wahrscheinlich kriegsentscheidende Ergebnisse liefern würde. Obgleich ihre Entwicklung sehr kostspielig wäre, »wäre die zerstörerische Wirkung, sowohl materiell als auch moralisch, so groß, dass man keine Mühe scheuen sollte, derartige Bomben zu bauen«. Der Bericht empfahl, diese Arbeiten mit höchster Priorität und in dem großen Umfang fortzusetzen, der notwendig sei, um sich die Waffe schnellstmöglich zu verschaffen. Im November waren die Amerikaner dann zu geringfügig anderen Ergebnissen gelangt; sie gingen jetzt davon aus, dass die kritische Masse irgendwo zwischen zwei und 100 Kilogramm liege, und erwarteten, dass »Spaltbomben« innerhalb von drei oder vier Jahren in nennenswerten Mengen verfügbar wären.[107]

Als Henry Smyth den Stand der Forschung über Atombomben am Vorabend des Angriffs auf Pearl Harbor zusammenfasste, wies er darauf hin, dass keine großen greifbaren Fortschritte gemacht worden seien, aber:

> Wichtiger als die tatsächlichen Fortschritte war vielleicht der psychologische Wandel. Womöglich waren [die Emigranten] Wigner, Szilárd und Fermi von der Machbarkeit von Atombomben nicht fester überzeugt, als sie es im Jahr 1940 gewesen waren, aber viele andere Menschen hatten sich mit der Idee und ihren möglichen Konsequenzen vertraut gemacht. Anscheinend waren die Briten und die Deutschen, die erbittert gegeneinander Krieg führten, der Meinung, es lohne sich, dieses Problem in Angriff zu nehmen. Außerdem hatte sich die nationale Psychologie gewandelt. Obgleich der Angriff auf Pearl Harbor noch in der Zukunft lag, wurde die drohende Kriegsgefahr viel deutlicher empfunden als zuvor, und die erforderlichen Anstrengungen und finanziellen Aufwendungen, die im Jahr 1940 noch als immens angesehen worden wären, galten im Dezember 1941 als offensichtlich notwendige Vorkehrungen.[108]

107 Gowing, 394–395, 398; Rhodes, 386–387.
108 Smyth, 72–74.

5. Überzeugungsarbeit

> Mir wird Vortrag gehalten über die neuesten Ergebnisse der deutschen Wissenschaft. Die Forschungen auf dem Gebiet der Atomzertrümmerung sind so weit gediehen, daß ihre Ergebnisse unter Umständen noch für die Führung dieses Krieges in Anspruch genommen werden können. Es ergeben sich hier bei kleinstem Einsatz derart immense Zerstörungswirkungen, daß man mit einigem Grauen dem Verlauf des Krieges, wenn er noch länger dauert, und einem späteren Krieg entgegenschauen kann. Die moderne Technik gibt dem Menschen Mittel der Zerstörung an die Hand, die unvorstellbar sind. Die deutsche Wissenschaft ist hier auf der Höhe, und es ist auch notwendig, daß wir auf diesem Gebiet die Ersten sind; denn wer eine revolutionäre Neuerung in diesen Krieg hinein bringt, der hat eine umso größere Chance, ihn zu gewinnen.
>
> Aus dem Tagebuch von Reichspropagandaminister Joseph Goebbels (21. März 1942).[1]

Das Ende des Blitzkriegs

Der Blitzkrieg geriet im Herbst 1941 ins Stocken und kam dann im frühen russischen Winter zum Stillstand, ohne dass die eigentlichen Kriegsziele – die Eroberung Moskaus und Leningrads – erreicht worden wären. Der Krieg hatte einen Wendepunkt erreicht; er erweiterte und verwandelte sich nun wirklich in einen weltumspannenden Krieg. Dies machte eine gründliche Überprüfung der bisherigen Leistung der Arbeitsgemeinschaft notwendig. Ende November 1941 legte Heisenberg einen Fortschrittsbericht vor.

Wie Heisenberg darlegte, gab es zwei Wege zur Uranmaschine: die Verwendung von schwerem Wasser oder die Trennung der Uranisotope. Obgleich die Isotopentrennung theoretisch möglich war, war sie bislang nicht geglückt und würde zweifellos mehr Zeit erfordern. Beim ersten Weg würden Verzögerungen hauptsächlich durch Beschaffungsschwierigkeiten der benötigten Materialien – schweres Wasser und gediegenes metallisches Uran – entstehen. Das größte Hindernis war eindeutig der Mangel an schwerem Wasser, dessen Behebung auch am zeitaufwändigsten wäre. Zu diesem Zeitpunkt stand Deutschland nur das schwere Wasser zur Verfügung, das von der Norsk Hydro geliefert wurde und das sich auf rund anderthalb Tonnen pro Jahr belief. Bei dieser Produktionsmenge würde es mindestens zwei Jahre dauern, genügend schweres Wasser für nur eine Uranmaschine zu erzeugen, so Heisenberg. Eine Ausweitung der norwegischen Schwerwasserproduktion, wie sie von Harteck und Wirtz geplant

1 Joseph Goebbels, *Tagebücher aus den Jahren 1942–1943* (Zürich 1948), 136 (21. März 1942).

wurde, könnte die jährliche Produktionsmenge auf fünf bis sieben Tonnen steigern. Allerdings hatte die Ausweitung noch nicht begonnen, die nötigen vorbereitenden und die Pilotexperimente waren noch nicht abgeschlossen, und jemand musste all dies koordinieren.

Die Lagerung des unersetzlichen schweren Wassers, das regelmäßig aus Norwegen eintraf, war ein dringliches Problem. Gegenwärtig wurde das schwere Wasser an drei verschiedenen Standorten in kleinen Behältern gelagert. Wenn der Schwerwassergehalt auf 99 Prozent sinken würde, zum Beispiel durch Austausch mit der Luft, dann würde die Flüssigkeit für eine Uranmaschine unbrauchbar werden. Das verdünnte schwere Wasser müsste zur Wiederaufbereitung nach Norwegen zurückgebracht werden, was auch die Produktion von weiterem schwerem Wasser behindern würde. Aus diesem Grund schlug Heisenberg den Bau einer Hochanreicherungsanlage am Kaiser-Wilhelm-Institut für Physik auf der Grundlage des norwegischen Konstruktionstyps vor. Da das schwere Wasser sowohl gegen Verunreinigung als auch gegen andere Einflüsse wie Bombenschäden und Diebstahl geschützt werden musste, musste es in unterirdischen Metalltanks gelagert werden. Die Zeit, die erforderlich wäre, um diese Lagerinfrastruktur zu schaffen, hing von der Zuteilung beschränkt verfügbarer Metalle und von Privatfirmen ab. Wenn ein erfahrenes Maschinenbauunternehmen eingebunden und die benötigte Menge Eisen und Aluminium bereitgestellt würde, dann könnte die Anlage wahrscheinlich innerhalb von zwei Monaten gebaut werden. Die Hochanreicherungsanlage erforderte die Rekrutierung zusätzlicher Arbeitskräfte. Die Norsk Hydro könnte eine solche Anlage in einem halben Jahr fertigstellen. Außerdem müsste das gesamte schwere Wasser, das aus Norwegen geliefert wurde, zunächst überprüft werden. Wenn ein Transportbehälter, ob aufgrund von Nachlässigkeit oder von Sabotage, leichtes Wasser enthielte, das mit dem schweren Wasser vermischt würde, dann würde die gesamte Menge unbrauchbar werden. Mitarbeiter des KWIfP benötigten einen halben Tag, um jeden der 25 Transportbehälter zu prüfen, die jeden Monat aus Norwegen eintrafen.

Schweres Wasser müsste in Deutschland in viel größeren Mengen hergestellt werden, als dies in Norwegen geschah. Auch wenn Heisenberg keine abschließende Antwort auf die Frage geben konnte, wie viel schweres Wasser benötigt würde, nahm er an, dass ein Uranbrenner fünf bis zehn Tonnen bräuchte und dass jährlich mindestens 50 Tonnen produziert werden müssten, genug für fünf bis zehn Uranbrenner. Da die Produktion in dieser Größenordnung erheblich erleichtert würde, wenn sie Wasser, das als Nebenprodukt eines industriellen Prozesses bereits angereichert worden war, als Ausgangsstoff nutzen könnten, sammelten und untersuchten sie Wasserproben aus verschiedenen deutschen Industriebetrieben. Dies war ebenfalls eine zeitraubende Arbeit und würde vermutlich zwischen drei und fünf

Monaten dauern. Die Produktion von schwerem Wasser befand sich in Deutschland noch in einem sehr frühen Stadium. Mehrere Verfahren waren für eine solche Produktion vorgeschlagen worden, aber die praktischste und kostengünstigste Methode war noch nicht ermittelt worden. Die Versuche, die Paul Harteck diesbezüglich durchführte, würden mindestens ein halbes Jahr dauern. Ohne mehr Unterstützung würde die Forschungs- und Entwicklungsarbeit, die für die Schwerwasserproduktion in Deutschland notwendig wäre, zumindest ein halbes oder ein Dreivierteljahr dauern. Ohne eine erhebliche Aufstockung der Personalressourcen wäre nicht damit zu rechnen, dass die Produktion von schwerem Wasser in großem Maßstab noch im Jahr 1942 anlaufen würde.

Das schwere Wasser wurde für einen großen Uranbrenner benötigt, der vielleicht eine energieerzeugende, sich selbst unterhaltende Kernspaltungskettenreaktion in Gang setzen und Element 94 produzieren würde. Bevor die Wissenschaftler dies versuchen könnten, müssten vorbereitende Experimente mit Uranmetall und Paraffin (einem leicht erhältlichen, aber minderwertigen Ersatz für schweres Wasser) durchgeführt werden, um ihre Abschätzungen der benötigten Materialmengen zu verbessern und Erfahrungen für die späteren Uranmaschinen zu sammeln. Daran sollte sich ein Großversuch mit dem verfügbaren schweren Wasser (rund 700 Kilogramm) und rund einer Tonne Uranmetall anschließen.

Die Form des metallischen Urans war ein Problem. Den Wissenschaftlern war es nicht gelungen, das metallische Uranpulver fein säuberlich abzutrennen, ohne Trennwände aus Stoffen wie Aluminium zu verwenden, die starke Neutronenabsorber waren. Es schien klar zu sein, dass sie metallisches Uran in gediegener Form verwenden müssten, aber davon stand nur wenig zur Verfügung. Laut Nikolaus Riehl von der Auergesellschaft, dem Unternehmen, das mit der Reinigung und Verarbeitung von Uran betraut war, bereitete das Gießen von Uran zu einem Feststoff keine technischen Probleme. Vielmehr habe der Mangel an Personal und Material bei der Auergesellschaft und anderen Unternehmen, die an der Uranproduktion beteiligt seien, Fortschritte behindert. Sobald die festen Urangussstücke verfügbar seien, könnte der Versuch zwei Monate später beginnen. Heisenberg fasste die bisherigen Fortschritte wie folgt zusammen:

> Die Arbeiten zur Energieerzeugung in der Uranmaschine haben im Augenblick in physikalischer Hinsicht ein verhältnismäßig klares Stadium erreicht. Es unterliegt keinem Zweifel mehr, daß grundsätzlich eine selbsttätige Anlage gebaut werden kann. Ohne Zweifel muß dieses Hauptziel möglichst rasch erreicht werden.[2]

2 Werner Heisenberg, Zur Durchführung der Arbeiten an der Uranmaschine (27. November 1941), AMPG, I. Abt. Rep. 34.

Der wohl wichtigste Teil von Heisenbergs Bericht war seine Einschätzung der Menge an schwerem Wasser, die nicht bloß für einen einzelnen Uranbrenner, sondern für die industrielle Anwendung der Kernspaltung insgesamt benötigt würde. Heisenbergs Schätzung, wonach eine Kapazität von fünfzig Tonnen schwerem Wasser pro Jahr benötigt würde, dürfte die Verantwortungsträger im Heereswaffenamt ernüchtert haben. Zu dieser Zeit müssen solche Produktionsmengen vor dem Hintergrund der deutschen Kriegswirtschaft unerreichbar, wenn nicht gar völlig utopisch angemutet haben. In Verbindung mit der Tatsache, dass bei der Isotopentrennung keine nennenswerten Fortschritte gemacht worden waren, legten Heisenbergs Schätzungen ganz klar den Schluss nahe, dass es während des Krieges in Deutschland nicht möglich war, Bomben mit nuklearen Sprengstoffen zu bauen. Die zweite starke Botschaft von Heisenbergs Bericht, ja eine, die er mehrfach betonte, war der grundsätzlich Bedarf an mehr Personal. Dies war ohne Zweifel objektiv zutreffend, aber darin mochte sich auch der Wunsch mancher Wissenschaftler widerspiegeln, nicht zum Wehrdienst eingezogen und an die Front geschickt zu werden.

Etwas mehr als eine Woche später, am 5. Dezember, begannen die Russen mit einer großen Zahl frischer, gut für den Winterkampf ausgerüsteter Truppen eine massive Gegenoffensive nördlich und südlich von Moskau. Am selben Tag schrieb der Physiker Erich Schumann (1898–1985), der die Forschungsabteilung des HWA leitete, an die führenden Wissenschaftler in der Arbeitsgemeinschaft, dass ihre Arbeit eine Anstrengung erfordere, die angesichts der gegenwärtigen militärischen Lage und des Mangels an Rohstoffen nur gerechtfertigt werden könne, »wenn Gewissheit besteht, in absehbarer Zeit eine Anwendung zu erreichen«. Obgleich Schumann nach dem Krieg oftmals als ein inkompetenter Dilettant hingestellt wurde, war er in Wahrheit ein fähiger Physiker, Experte für Akustik und Sprengstoffe und ein sehr geschickter wissenschaftspolitischer Macher, der sich bestens in den politischen Intrigen des NS-Staates auskannte.[3]

Die Institutsdirektoren wurden aufgrund der Einschätzung Schumanns zu einer Besprechung nach Berlin zitiert, wo sie am 16. Dezember über die bislang gemachten Fortschritte Bericht erstatten und Pläne über das weitere Vorgehen vorlegen sollten, in denen auch Fristen für den Abschluss von Zwischenschritten verbindlich festgelegt werden sollten. Schumann sollte danach persönlich an den Chef des HWA berichten, der dann entscheiden

3 Jeremy Noakes und Geoffrey Pridham (Hgg.), *Nazism: A History in Documents and Eyewitness Accounts, 1919–1945,* Band III (Exeter 1988), 826; Erich Schumann an Paul Harteck (5. Dezember 1941), ADM, IMC 29 687; Samuel Goudsmit, *Alsos*, 2. Aufl. (Los Angeles 1983), 142–145.

würde, wie in dieser Angelegenheit weiter zu verfahren sei.[4] Vier Tage nach dem japanischen Angriff auf Pearl Harbor, am 11. Dezember 1941, erfuhr der Krieg eine weitere grundlegende Wende, als Hitler den Vereinigten Staaten den Krieg erklärte und anschließend persönlich Oberbefehlshaber des Heeres wurde. Deutschland, das zunächst mit der Blitzkriegstrategie nacheinander etliche kleinere beziehungsweise ähnlich große Länder bezwungen hatte, stellte sich jetzt gleichzeitig den Vereinigten Staaten, der Sowjetunion und dem Britischen Empire in einem Abnutzungskrieg entgegen.

Die an der Uranforschung beteiligten Wissenschaftler befürchteten nun verständlicherweise, zum regulären Wehrdienst eingezogen zu werden. Die beiden jungen theoretischen Physiker, die am KWIfP arbeiteten, Karl-Heinz Höcker und Paul Müller, dienten bereits im Heer. Wie ernst die Lage geworden war, zeigte sich, als sowohl Paul Harteck als auch Carl Friedrich von Weizsäcker im Januar 1942 ihre Einberufungsbescheide erhielten. Karl-Friedrich Bonhoeffer und Werner Heisenberg begaben sich unverzüglich nach Berlin. Bonhoeffers Schwager kannte jemanden in der Personalstelle des Heeres, der ihnen Türen öffnete. Dort eingetroffen, stellte Bonhoeffer fest: »Die Leute waren sehr vernünftig. Heisenberg hat sich wirklich sehr rührend und mit großem Zeitaufwand der Sache gewidmet.« Es gelang ihm schließlich, die Aufhebung der Einberufungsbefehle zu erwirken. Es war jetzt vollkommen klar, dass die Wissenschaftler der Arbeitsgruppe die zuständigen politischen und militärischen Behörden von der Bedeutung ihrer Forschung überzeugen mussten. Bonhoeffer schrieb an Harteck: »Du kannst Dir denken, wie wir uns alle freuen, dass Du nun nicht in den nächsten Tagen nach Russland musst … wie man Dich dann hätte zurückholen sollen, wissen die Götter! Zur Zeit geht das wohl überhaupt nicht.«[5]

Die Bestandsaufnahme der Forschungsarbeiten durch das Heereswaffenamt

Im Februar 1942 erstellten Mitarbeiter des HWA einen umfassenden Bericht, der 144 Seiten lang war und über 140 Geheimdokumente zitierte. Er gab einen Überblick über die bisherigen Ergebnisse der gemeinsamen Forschungsanstrengungen der Arbeitsgemeinschaft. Der Bericht mit dem Titel »Energiegewinnung aus Uran« lehnte sich an Heisenbergs Analyse an, ging jedoch über diese hinaus. Obgleich der Bericht nüchtern und realistisch war,

4 Erich Schumann an Paul Harteck (5. Dezember 1941), ADM, IMC 29 687.

5 Karl-Friedrich Bonhoeffer an Paul Harteck (9. Januar 1942), RPI, PHP Box 1, Folder 7; Karl-Friedrich Bonhoeffer an Paul Harteck (24. Januar 1942), RPI, PHP Box 1, Folder 7.

schätzte er die zukünftigen Aussichten optimistisch ein. Während die vollständige Trennung der Uranisotope noch in weiter Ferne zu liegen schien, würde bereits eine Anreicherung von Uran-235 auf das Doppelte des ursprünglichen Gehalts den Bau kleinerer Uranmaschinen und vielleicht die Verwendung von leichtem Wasser als Bremssubstanz erlauben.

Während die Norsk Hydro in Norwegen von der billigen Energie profitierte, komme eine elektrolytische Großanlage ähnlichen Konstruktionstyps in Deutschland aufgrund des hohen Strombedarfs nicht in Frage. Allerdings befänden sich neue, für Deutschland geeignete Verfahren in der Entwicklung. Diese könnten an Hydrierwerke, Kraftwerke etc. angeschlossen werden, ohne deren Produktion dadurch zu stören. »Damit ist ein technisch und energiewirtschaftlich möglicher Weg gefunden, in Deutschland große Mengen schweren Wassers, ein Vielfaches der norwegischen Produktion, zu erzeugen.«

Was Kohlenstoff in Form von Grafit anlangte, so folgten die Mitarbeiter des HWA sowohl Bothes Ergebnissen, wonach der von ihm erprobte Elektrografit ungeeignet sei, als auch Hanles Argument, dass Kohlenstoff in Wirklichkeit wahrscheinlich weniger Neutronen absorbiert. Allerdings waren die Versuche, die durchgeführt worden waren, um die Reinheit des Grafits zu erhöhen, ein Fehlschlag gewesen. Deshalb kam das HWA zu dem Schluss, dass »sich aber Kohle mit höherem Reinheitsgrad als die verwendete praktisch nicht herstellen lässt«. Dies war nicht so sehr Ausdruck einer grundlegenden Skepsis gegenüber der Fähigkeit der deutschen Industrie, hinreichend reinen Grafit zu erzeugen, als vielmehr von Zweifeln, ob sie dazu unter den Bedingungen einer angespannten Kriegswirtschaft in der Lage wäre. Dagegen erschien der Bau einer Uranmaschine, die schweres Wasser nutzte, vielversprechend zu sein.[6]

Das wichtigste Ergebnis der Experimente war, dass ein sich selbst unterhaltender, energieerzeugender Uranbrenner aus rund fünf Tonnen Uranmetall und fünf Tonnen schwerem Wasser gebaut werden könnte. Allerdings seien diese Schätzwerte mit einem Unsicherheitsfaktor von zwei behaftet. Ein solcher Brenner könnte 10 000-mal länger laufen als eine Wärmekraftmaschine, die die gleich große Gewichtsmenge normaler Brennstoffe nutze. Das Tempo der weiteren Entwicklung hänge von der Verfügbarkeit der Materialien ab. Sobald die notwendigen Mengen an schwerem Wasser und Uranmetall verfügbar seien, würde ein selbsttätiger Uranbrenner gebaut

6 Heereswaffenamt, Die Energiegewinnung aus Uran (Februar 1942), 12, 21, 126, 15, 87–88, EBN; Werner Heisenberg, »Über die Arbeiten zur technischen Ausnutzung der Atomkernenergie in Deutschland«, *Die Naturwissenschaften*, 33 (1946), 325–329, hier 327.

werden. Sobald der erste Uranbrenner gebaut worden wäre, stünden drei weitere Schritte an:

(1) Die Weiterentwicklung des Brenners zu einer technisch nutzbaren Apparatur.
(2) Die technische, insbesondere militärische Anwendung des Brenners.
(3) Die Herstellung eines Uran-Sprengstoffs.

Die zweite Aufgabe war multifunktional. Die erste bedeutende Anwendung könnten Schiffsantriebe sein, was den Aktionsradius dieser Schiffe erheblich erweitern würde. Da die Uranmaschine keinen Sauerstoff benötigte, würde sie sich insbesondere für U-Boote eignen. Wenn Uran-235 angereichert oder Element 94 hergestellt werden könnte, dann ließe sich die Uranmaschine so klein dimensionieren, dass sie als Antrieb für Flugzeuge und Landfahrzeuge genutzt werden könnte. Schließlich würde die Maschine auch eine starke Strahlung und – wissenschaftlich und medizinisch verwendbare – radioaktive Substanzen in bislang nicht für möglich gehaltenen Mengen erzeugen. Bei der dritten Aufgabe, der Entwicklung von Kernsprengstoffen, waren die Erfolgsaussichten ungewiss, weil diese sehr große Anlagen zur Isotopentrennung beziehungsweise die erfolgreiche Abtrennung großer Mengen von Element 94 in Uranmaschinen erfordern würde. Beide seien aber bislang noch nicht gebaut worden.[7]

Die Autoren unterschieden klar zwischen einer kontrollierten und einer unkontrollierten Kettenreaktion: »Wenn diese ›Kettenreaktion‹ langsam verläuft, stellt das Uran eine wärmeerzeugende Maschine dar; wenn sie schnell verläuft, einen Sprengstoff von höchster Wirksamkeit.«[8] Ein derartiger Sprengstoff, der »die millionenfache Sprengwirkung der gleichen Gewichtsmenge Dynamit hätte«, könnte durch die vollständige Trennung der Uranisotope erzeugt werden. Dies wäre zwar grundsätzlich ohne Zweifel machbar, aber technisch sehr schwierig. Doch sobald ein Uranbrenner in Betrieb sei, gebe es einen zweiten Weg zur Herstellung von Kernsprengstoffen. Element 94 würde entstehen, wenn Uran-238 Neutronen absorbiert, und es könnte chemisch von dem Uran abgetrennt werden. Leider wüssten sie nicht, wie viel erzeugt würde oder welche Eigenschaften es hätte.[9]

Es ist bemerkenswert, dass von allen historischen Quellen über das deutsche Uranprojekt nur der HWA-Bericht eine Schätzung der kritischen Masse einer Bombe auf Basis von Uran-235 oder Element 94 enthält: »Da sich in jeder Substanz einige freie Neutronen befinden, würde es zur Entzündung des Sprengstoffs genügen, eine hinreichende Menge (vermutlich

7 Heereswaffenamt, Energiegewinnung aus Uran (Februar 1942), 8, 13, 16–17, EBN.
8 Ebd., 9.
9 Ebd., 8, 12–13, 47.

etwa 10 – 100 kg) räumlich zu vereinigen.«[10] Im Unterschied zu den allermeisten Informationen, die der Bericht enthält, wird für diese Schätzung keine Quelle geliefert. Es ist nicht bekannt, wer diese Berechnung durchführte.

Die Autoren kamen zu dem Schluss, dass die technische Erzeugung von Kernenergie aus Kernspaltung mittels einer Kettenreaktion mit reinem oder angereichertem U-235 ohne Zweifel möglich sei, in naher Zukunft wäre aber auch eine Schichtenanordnung aus natürlichem Uran und schwerem Wasser erfolgversprechend.[11] Wie Heisenberg baten auch sie um mehr Unterstützung:

> Nachdem die auf dieses Ziel ausgerichteten vordringlichsten wissenschaftlichen Probleme als gelöst gelten können, [erfordert dieser klar vorgezeichnete Weg] einen bedeutenden Einsatz von Mitteln und vor allem von eingearbeiteten Mitarbeitern, deren Sicherstellung auch in der Industrie unbedingt erforderlich ist. Wenn alle Voraussetzungen gegeben sind, muss die großtechnische Erzeugung von Schwerem Wasser weiter vorangetrieben und insbesondere die Herstellung von kompaktem Uranmetall noch mehr intensiviert werden.
> Über die Möglichkeiten der Herstellung von »Kernsprengstoffen« kann erst nach Anlaufen der ersten Uranmaschine bezw. nach erfolgter Isotopentrennung in technischem Ausmaße entschieden werden.

Die HWA-Wissenschaftler erklärten auch, warum diese Forschungsarbeiten notwendig waren, auch wenn der Erfolg noch in weiter Ferne zu liegen schien: »Die ungeheuere Bedeutung, die sich für die Energiewirtschaft im allgemeinen und für die Wehrmacht im besonderen ergibt, rechtfertigt solche Vorausarbeiten umso mehr, als auch in den Feindstaaten – vor allem in Amerika – intensiv an dem Problem gearbeitet wird.«[12]

Übertragung in die Zuständigkeit des Reichsforschungsrats

Ungeachtet der Begeisterung und des Optimismus, die Mitglieder seines Stabs zum Ausdruck brachten, äußerte General Leeb (1881–1969), der Chef des Heereswaffenamtes, gegenüber Albert Vögler (1877–1945), dem Präsidenten der Kaiser-Wilhelm-Gesellschaft, dass, weil die Vorarbeiten unter Führung des HWA »zu einem gewissen Abschluss gekommen« wären, nunmehr der Zeitpunkt gekommen sei, die weiteren Arbeiten von einer an-

10 Ebd., 13.
11 Ebd., 132.
12 Ebd., 134, 133.

deren Dienststelle lenken zu lassen.[13] Jetzt, da das HWA aus der Uranforschung ausstieg, wollte die KWG die vollständige Kontrolle über ihr Physik-Institut zurückerlangen. Dessen Direktor, der niederländische Physiker Peter Debye, hielt sich in den Vereinigten Staaten auf und würde nicht so bald zurückkehren. Sobald der Senat der Gesellschaft Heisenberg zu Debyes Nachfolger ernannt hatte, bat Vögler Leeb, Kurt Diebner abzuberufen, den HWA-Offiziellen, der die meisten Abteilungen des KWIfP geleitet hatte. Heisenberg hätte einige oder alle HWA-Wissenschaftler, die am Institut gearbeitet hatten, behalten können, aber er wollte sie nicht.[14]

Es wurde umgehend eine interne Tagung am KWIfP organisiert, die vom 26. bis zum 28. Februar stattfand. Auf der Tagung wurden 29 Vorträge gehalten, 35 verschiedene Wissenschaftler stellten ihre Arbeiten vor.[15] Für die Forscher war es eine Gelegenheit, zu zeigen, dass ihre Arbeit wichtig war und Unterstützung verdiente. Da das HWA seine Unterstützung zurückzog, wuchs der Bekanntheitsgrad des Forschungsprojekts, obwohl es noch immer geheim war. Ergänzend zur Tagung im KWIfP und im Einvernehmen mit Leeb lud Reichswissenschaftsminister Bernhard Rust (1883–1945) hohe Würdenträger zu einer Vortragsreihe beim Reichsforschungsrat (RFR) ein, der die Grundlagenforschung an Universitäten und anderen Institutionen für die Kriegsanstrengungen mobilisieren sollte.

> Es sollen eine Reihe wichtiger Fragen auf kernphysikalischem Gebiet besprochen werden, die wegen Ihrer Bedeutung für die Frage der Landesverteidigung bisher größtenteils geheim bearbeitet worden sind. Es spielen dabei insbesondere die Fragen der Nutzbarmachung von Atomenergien eine besondere Rolle. Bei der außergewöhnlichen Bedeutung, die die Lösung dieses Fragenkomplexes für die deutsche Rüstung und für die gesamte deutsche Wirtschaft später einmal erlangen kann, glaube ich Ihr Interesse für die Veranstaltung voraussetzen zu können.[16]

Die Tagung fand im Haus der Deutschen Forschung in Berlin statt; unter den Teilnehmern waren einige der damals wichtigsten wissenschaftspoliti-

13 Albert Vögler an General Leeb (Heereswaffenamt) (27. Februar 1942), AMPG, I. Abt. Rep. 1A.

14 Niederschrift über die Sitzung des Senats der Kaiser-Wilhelm Gesellschaft zur Förderung der Wissenschaften (24. April 1942), BAK, R26 III 701; Albert Vögler (KWG) an General Leeb (HWA) (11. Mai 1942), AMPG, I. Abt. Rep. 1A; Ernst Telschow (KWG) an Werner Heisenberg (12. Mai 1942), AMPG, I. Abt. Rep. 1A; Albert Vögler (KWG) an General Leeb (HWA) (27. Mai 1942), AMPG, I. Abt. Rep. 1A; Ernst Telschow an Kurt Diebner (2. Juni 1942), AMPG, I. Abt. Rep. 1A.

15 Arbeitstagung Kaiser-Wilhelm-Institut für Physik (16. Februar 1942), AMPG, I. Abt. Rep. 34.

16 Bernhard Rust an Lorenz (12. Februar 1942), ADM, IMC 29 993.

schen Entscheider in Deutschland. Die Vorträge sollten insgesamt sowohl die bislang gemachten Fortschritte der Arbeitsgemeinschaft als auch die Notwendigkeit, die Arbeiten fortzuführen, demonstrieren.[17]

Kernphysik als Waffe	Prof. Dr. Schumann
Die Spaltung des Urankerns	Prof. Dr. Hahn
Die theoretischen Grundlagen für die Energiegewinnung aus der Uranspaltung	Prof. Dr. Heisenberg
Ergebnisse der bisher untersuchten Anordnungen zur Energieerzeugung	Prof. Dr. Bothe
Die Notwendigkeit der allgemeinen Grundlagenforschung	Prof. Dr. Geiger
Anreicherung der Uranisotope	Prof. Dr. Clusius
Die Gewinnung von schwerem Wasser	Prof. Dr. Harteck
Über die Erweiterung der Arbeitsgemeinschaft »Kernphysik« durch Beteiligung anderer Reichsressorts und der Industrie	Prof. Dr. Abraham Esau

Otto Hahn gab seinen Zuhörern eine grundlegende Einführung in die Strahlung und den radioaktiven Zerfall, wobei er sich einer Bildersprache bediente, die für ein Publikum in Kriegszeiten angemessen war. Die durch Zerfall entstehenden Teilchen könnten durch ihre Wirkung auf ihre Umgebung leicht nachgewiesen werden, »ähnlich wie sich eine den Lauf verlassende Flintenkugel in ihrer Wirkung sehr viel leichter nachweisen lässt als ein zur Ruhe gekommenes Geschoss«. Selbstverständlich beschrieb Hahn ausführlich die Entdeckung der Kernspaltung, wobei er darauf hinwies, dass sie in zahlreichen Labors in Europa und den Vereinigten Staaten mithilfe starker Strahlungsquellen, die die Deutschen nicht besaßen, bestätigt worden sei. Das wichtigste Ergebnis dieser Entdeckung sei die Möglichkeit einer Kettenreaktion, »die die Ausbeute an Atomtrümmern und die dabei frei werdenden Energien in ganz außerordentlicher Weise vermehrt«.[18]

Paul Harteck referierte über schweres Wasser. Wie Hahn erklärte auch er seinen Zuhörern in Grundzügen, um was es sich dabei handelte. Zu Beginn seines Vortrags legte er jedoch dar, warum man schweres Wasser so dringend brauche. Es war der überzeugende Nachweis dafür erbracht worden,

17 Vortragsfolge der 2. wissenschaftlichen Tagung der Arbeitsgemeinschaft »Kernphysik« (Reichsforschungsrat – Heereswaffenamt), ADM, IMC 29 998.

18 Otto Hahn, Die Spaltung des Urankerns, ADM, FA 002 606.

dass eine aus Uranmetall und schwerem Wasser bestehende Maschine funktionieren müsste. Da das Problem der Produktion von Uranmetall gelöst worden sei (eine leichte Übertreibung seitens Hartecks), sei die Erzeugung einer ausreichenden Menge an schwerem Wasser das einzige verbliebene Problem. Der ursprüngliche Plan, den Harteck zusammen mit dem HWA erarbeitet hatte, sah vor, ausreichend schweres Wasser als ein Nebenerzeugnis industrieller Produktion für die erste Uranmaschine zu gewinnen. Wie Harteck es formulierte, ermögliche »eine Verkettung glücklicher Umstände«, dass die deutschen Wissenschaftler für diesen Zweck das Elektrolysierwerk der Norsk Hydro benutzen konnten. Der nächste Schritt sei es, Verfahren zur Gewinnung von schwerem Wasser in Deutschland zu entwickeln. Dazu gehörten, erstens die Fraktionierung von Wasser, zweitens die Fraktionierung von Wasserstoff, drittens die verbesserte Elektrolyse und viertens ein Katalyt-Austauschverfahren bei zwei verschiedenen Temperaturen. Die Investitionskosten für eine Tonne schweren Wassers pro Jahr würden bei dem ersten, zweiten und vierten Verfahren rund eine halbe Million RM jährlich betragen. Vielleicht in der Erwartung, dass seine Zuhörer dies als teuer empfinden könnten, benutzte Harteck die Metapher des Feuers, um seine Argumentation zu verdeutlichen.

> Es liegt nahe, die Frage aufzuwerfen, ob denn wirklich schweres Wasser unbedingt notwendig sein wird, um die Maschinen in Gang zu halten. Nach dem Stand unserer Kenntnis brauchen wir schweres Wasser [...], um die Flamme der Kernreaktionen in Gang zu bringen. Wie diese Flamme einmal angezündet weiterbrennen wird, kann nur die Erfahrung lehren. Auf jeden Fall sind wir in der Lage, schweres Wasser in einem Umfang zu produzieren, sodass diese Flamme dauernd brennen kann.[19]

Heisenberg hielt ebenfalls einen bemerkenswerten Vortrag; dieser führt uns zu dem vielleicht größten Rätsel bezüglich der deutschen Forschungsarbeiten zu Kernenergie und Kernwaffen während des Krieges. Nachdem die in Farm Hall internierten Wissenschaftler von dem Angriff auf Hiroshima am 6. August 1945 gehört hatten, schien die Frage, wo die kritische Masse für eine Atombombe liegen würde, Heisenberg zu verwirren. Zuerst schien er kein Wort über die Bombe geglaubt zu haben. Die Amerikaner mochten zehn Tonnen angereichertes Uran besitzen, sagte er, aber keine zehn Tonnen reines Uran-235. Hahn wandte sofort ein, dass seines Erachtens nur sehr wenig Uran-235 notwendig sei. Könnten sie eine Bombe mit 30 Kilogramm Uran-235 bauen? Heisenberg antwortete, dass sie nicht explodieren würde. Dann fragte Hahn, warum Heisenberg ihm während des Krieges gesagt

19 Paul Harteck, Die Gewinnung von schwerem Wasser (26. Februar 1942), ADM, FA 002 591.

habe, dass nur 50 Kilogramm Uran-235 erforderlich seien. Heisenbergs Antwort, falls er eine gab, ist leider nicht überliefert.

Als Heisenberg später spekulierte, die Amerikaner hätten vielleicht mithilfe eines elektromagnetischen Geräts um die 30 Kilogramm Uran-235 erzeugt, bedrängte ihn Hahn erneut: »Glauben Sie, dass man so viel benötigt?« Heisenberg bejahte dies, fügte allerdings hinzu: »ich habe das, um ganz ehrlich zu sein, nie ausgerechnet, da ich nie annahm, man könne reines [Uran-]235 herstellen«. In Farm Hall versuchte Heisenberg dann, die kritische Masse zu berechnen. Zuerst kam er auf die unplausible Menge von einer Tonne, etwas mehr als eine Woche später dann auf eine viel kleinere und genauere Schätzung.[20] Wenn Heisenberg die kritische Masse nicht während des Kriegs berechnet hatte, dann muss es jemand anderes getan haben. Wie oben erwähnt, ist es bemerkenswert, dass für die vom HWA geschätzten 10 bis 100 Kilogramm keine Quelle angegeben wird; dies deutet darauf hin, dass die Berechnung eigens für diesen Bericht angestellt wurde. Jeremy Bernstein hat argumentiert, dass »eine offenbar überschlägige Berechnung« der kritischen Masse durch Paul Harteck in Farm Hall sowohl zu einer »vernünftigen Antwort« führt als auch die Vermutung nahelegt, dass er sich schon früher einmal mit diesem Problem befasst hatte.[21]

Die von Heisenberg nach dem Krieg in Farm Hall zum Ausdruck gebrachte Verwirrung wirft, wie jede Quelle aus der Nachkriegszeit, die Frage auf: Wie war sein Wissensstand während des Krieges? Tatsächlich verrät Heisenbergs Vortrag vor dem Reichsforschungsrat im Februar 1942, dass er eine Menge über den Funktionsmechanismus einer Atombombe wusste. Heisenberg begann seinen Vortrag mit einem phantastischen, im Grunde unfassbaren Bild: Wenn jeder Kern in einer Tonne Uran gespalten würde, dann würden rund 15 Milliarden Kilokalorien Energie – eine unvorstellbare Menge – freigesetzt. Weil bei einem Spaltvorgang mehrere Neutronen freigesetzt würden, so Heisenberg, sei es möglich, große Mengen von Uran durch eine Kettenreaktion in Energie umzuwandeln. Heisenberg veranschaulichte diesen Prozess mit der folgenden schematischen Darstellung, über die er nach dem Krieg sagte, sie zeige, »auf das Verständnisniveau eines damaligen Reichsministers zugeschnitten«, die Neutronenvermehrung in reinem Uran-235, verglichen mit derjenigen in einem Kernreaktor, der aus gewöhnlichem Uran und schwerem Wasser bestehe.[22]

20 Dieter Hoffmann (Hg.), *Operation Epsilon. Die Farm-Hall-Protokolle erstmals vollständig, ergänzt um zeitgenössische Briefe und weitere Dokumente der 1945 in England internierten deutschen Atomforscher*, 2. Aufl. (Diepholz 2023), 169, 184–186, 234–257.

21 Jeremy Bernstein, *Hitler's Uranium Club: The Secret Recordings at Farm Hall* (Woodbury 1996), 139, 187–210, das Zitat ist auf Seite 146.

22 Werner Heisenberg an Samuel Goudsmit (5. Januar 1948), NBL, SGP B11 F98.

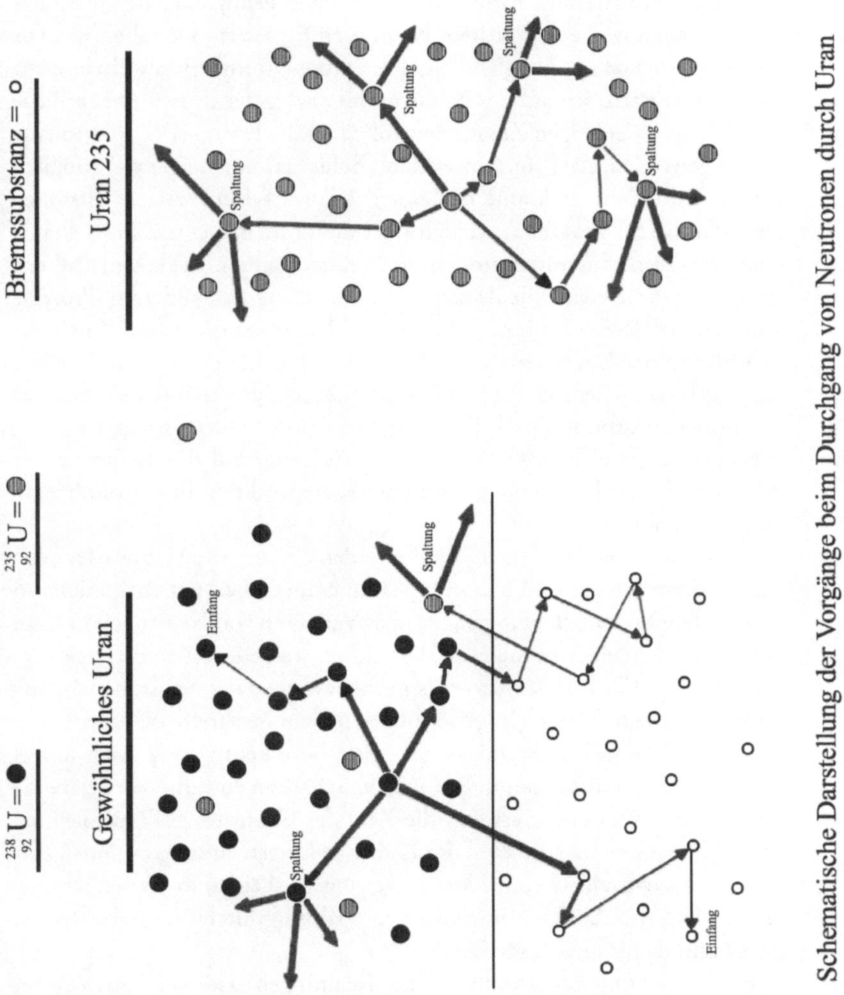

Abb. 11: Schematische Darstellung von Kettenreaktionen in Uran.
Die kleineren Kreise sind Moderatorkerne, die durchgezogenen schwarzen Kreise sind Uran-238-Kerne und die gestrichelten Kreise sind Uran-235. Die Pfeile stehen für fliegende Neutronen, die durch Spaltung freigesetzt worden sind. Die linke Seite des Diagramms zeigt eine kontrollierte Kettenreaktion, in anderen Worten: eine Uranmaschine; die rechte Seite zeigt eine unkontrollierte Kettenreaktion, also einen Kernsprengstoff.

In normalem Uran könne ein durch Spaltung freigesetztes Neutron, nachdem es eine kurze Strecke zurückgelegt habe, entweder mit einem Uran-238-Kern zusammenstoßen und, sofern es genügend Energie besitze, diesen spalten und dabei weitere Neutronen freisetzen oder aber, was viel wahrscheinlicher sei, lediglich Energie an den Atomkern abgeben, ohne diesen zu spalten, worauf das Neutron mit geringerer Energie weiterfliege. Nach einigen derartigen Zusammenstößen sei die Energie des Neutrons so gering geworden, dass für sein weiteres Schicksal nur noch zwei Möglichkeiten bestünden: Es könne mit einem Uran-238-Kern zusammenstoßen und von diesem absorbiert werden oder es könne mit einem der seltenen Uran-235-Kerne zusammenstoßen und diesen spalten. In diesem Fall entstünden wieder neue Neutronen und die oben geschilderten Prozesse könnten aufs Neue beginnen. Einige der Neutronen könnten durch die Oberfläche des Urans entweichen und dadurch für die weitere Vermehrung verloren gehen. In gewöhnlichem Uran ereigne sich der Prozess der Neutronenabsorption durch Uran-238, bei dem das neue Isotop Uran-239 entstehe, sehr viel häufiger als die Kernspaltung und die Neutronenvermehrung. Daher könne die gewünschte Kettenreaktion in gewöhnlichem Uran nicht ablaufen.

Heisenberg zog dann einen Vergleich, der, ähnlich wie Hahns Metapher der Musketenkugeln und Hartecks Flammenmetapher, gut zur nationalsozialistischen Weltanschauung passte. Das Verhalten von Neutronen in Uran könne mit dem einer Bevölkerung verglichen werden, wobei der Spaltungsvorgang einer Ehe mit Kindern entspreche, während der Neutroneneinfang die Analogie zum Tod sei. In gewöhnlichem Uran übertreffe die Sterbeziffer bei weitem die Geburtenzahl, so dass eine Bevölkerung stets nach kurzer Zeit aussterben müsse. Um ihre Überlebenschancen zu verbessern, habe sie lediglich drei Optionen: erstens, die Zahl der Geburten je Eheschließung zu erhöhen; zweitens, die Zahl der Eheschließungen zu steigern; oder, drittens, die Sterbewahrscheinlichkeit zu verringern. Leider, so Heisenberg, sei die mittlere Anzahl der Neutronen pro Spaltung durch Naturgesetze festgelegt und damit unveränderlich.

Eine Erhöhung der Anzahl der Kernspaltungen lasse sich durch Anreicherung des seltenen Isotops Uran-235 erreichen, bei dem Neutronen auch bei niedrigeren Energien Spaltungen herbeiführen könnten. Wenn es gelänge, Uran-235 rein darzustellen, dann liefen die auf der rechten Seite der Abbildung dargestellten Prozesse ab. Jedes Neutron würde nach einem oder mehreren Zusammenstößen eine weitere Spaltung bewirken, sofern es nicht durch die Oberfläche austreten würde. Hier sei die Sterbewahrscheinlichkeit durch Einfang gegenüber der Vermehrungswahrscheinlichkeit verschwindend gering. Sobald die Menge an Uran-235 gerade groß genug sei, so dass der Neutronenverlust durch die Oberfläche gegenüber der Vermehrung im Inneren klein bleibe, vermehre sich die Anzahl der Neutronen in einem ungeheuren Ausmaß, wobei die gesamte Spaltungsenergie in einem kleinen Sekundenbruchteil freigesetzt werde. Aus diesem Grund stellt Uran-235 »zweifellos einen Sprengstoff von ganz unvorstellbarer Wirkung dar«. Allerdings sei dieser Sprengstoff sehr schwer herzustellen. Ein großer Teil der Arbeit der Arbeitsgemeinschaft sei dem Problem der Anreicherung oder Reindarstellung von Uran-235 gewidmet. Auch die Amerikaner schienen entsprechende Arbeiten »mit besonderem Nachdruck zu betreiben«.[23]

Die dritte Möglichkeit zur Herbeiführung einer Kettenreaktion bestehe, wie es Heisenberg in der Ehe-Analogie ausdrückte, in der »Herabsetzung der Sterbeziffer«, das heißt in der Verringerung der Einfangswahrscheinlichkeit der Neutronen. In der Praxis lasse sich die Geschwindigkeit von Neutronen mit einer geeigneten Bremssubstanz, das heißt einem Stoff, dessen Atomkerne, wenn sie von einem Neutron getroffen werden, diesem einen Teil seiner Energie entziehen, rasch verringern. Dies veranschaulicht der Teil des Diagramms, der gewöhnliches Uran zeigt. Allerdings absorbierten Moderatoren jedoch einige Neutronen. Aus diesem Grund müsse eine Bremssubstanz gefunden werden, die zwar Neutronen schnell Energie entziehe, sie aber so wenig wie möglich absorbiere. Die dafür am besten geeignete Substanz sei Deuterium in seiner einfachsten Verbindung, nämlich in schwerem Wasser, aber, so Heisenberg, sei auch schweres Wasser nicht leicht in großen Mengen zu gewinnen.[24]

Eine solche aus Uran und einer Bremsssubstanz zusammengesetzte Uranmaschine eigne sich zum Heizen einer Dampfturbine und könne im Lauf der Zeit eine große Menge Energie erzeugen. Es gebe praktische Anwendungen für solche Maschinen in Fahrzeugen und insbesondere auf Schiffen, die aufgrund des großen Energievorrats einer relativ kleinen Uranmenge einen riesigen Aktionsradius hätten. Da die Maschine keinen Sauerstoff verbrenne, würde sie sich besonders für die Verwendung in U-Booten eignen. Heisenberg wies darauf hin, dass, dank einer Idee von Carl Friedrich von Weizsäcker, die Frage der Herstellung von Sprengstoffen eine neue Wendung nehmen würde, sobald ein solcher Brenner erst einmal in Betrieb wäre. Dadurch, dass Uran-238 Neutronen einfange und anschließend umgewandelt würde, entstehe in der Maschine eine neue Substanz (Element der Ordnungszahl 94), »die höchstwahrscheinlich ebenso wie reines Uran-235 ein Sprengstoff der gleichen unvorstellbaren Wirkung ist«.[25] Diese Substanz lasse sich aber viel leichter als Uran-235 aus gewöhnlichem Uran ge-

23 Werner Heisenberg, Die theoretischen Grundlagen für die Energiegewinnung aus der Uranspaltung (26. Februar 1942), ADM, IMC 29 1005-1013.

24 Ebd.

25 Ebd.

winnen, weil die beiden Elemente chemisch getrennt werden könnten. Zum Schluss seines Vortrags resümierte Heisenberg nochmals die wichtigsten potenziellen Anwendungen der Kettenreaktionen bei der Kernspaltung:

> 1) Die Energiegewinnung aus der Uranspaltung ist zweifellos möglich, wenn die Anreicherung des Isotops Uran-235 gelingt. Die Reindarstellung von Uran-235 würde zu einem Sprengstoff von unvorstellbarer Wirkung führen. 2.) Auch gewöhnliches Uran kann in einer Schichtung mit schwerem Wasser zur Energiegewinnung ausgenützt werden. Eine Schichtenanordnung aus diesen Stoffen kann ihren grossen Energievorrat im Lauf der Zeit auf eine Wärmekraftmaschine übertragen. Sie gibt also ein Mittel in die Hand, sehr grosse technisch verwertbare Energiemengen in relativ kleinen Substanzmengen aufzubewahren. Auch die Maschine im Betrieb kann zur Gewinnung eines ungeheuer starken Sprengstoffs führen […].[26]

Wie Hahn in seinem Tagebuch notierte, hinterließen die Vorträge der Wissenschaftler auf der Tagung des Reichsforschungsrats einen guten Eindruck. Bemerkenswerterweise berichteten sogar Zeitungen über das Ereignis; so hieß es in einem Artikel über die Sitzung: »Sie befasste sich mit Problemen der modernen Physik, die im Interesse der Landesverteidigung und der gesamten deutschen Wirtschaft von entscheidender Bedeutung sind.« Der Physiker Wolfgang Finkelnburg, der eine hohe Position im Nationalsozialistischen Deutschen Dozentenbund bekleidete, teilte Heisenberg mit, dass im Anschluss an dessen Vortrag und den sich darauf beziehenden Pressemeldungen verschiedene NSDAP-Stellen sich bei ihm über die militärische Bedeutung der theoretischen Physik und insbesondere Heisenbergs eigene Arbeiten erkundigt hätten. Die Nachrichten über die mögliche Entwicklung zerstörerischer neuer Waffen kamen sogar beim Reichspropagandaminister Joseph Goebbels (1897–1945) an.[27] Die Vortragsreihe hatte eine unvorhergesehene Konsequenz für die Kaiser-Wilhelm-Gesellschaft. Obgleich der Chef des Heereswaffenamts vorgeschlagen hatte, die Zuständigkeit für die Arbeitsgemeinschaft für Kernphysik auf die Kaiser-Wilhelm-Gesellschaft zu übertragen, was deren Präsident, Albert Vögler, wollte, kam es anders: Nach der Sondersitzung des Reichsforschungsrats, auf der die

26 Ebd.

27 Otto Hahns Tagebuch (26. Februar 1942), ADM, IMC 29 997; »Physik und Landesverteidigung. Vollsitzung des Reichsforschungsrates«, *Berliner Börsenzeitung* (27. Februar 1942), AMPG, I. Abt. Rep. 1A 203; Wolfgang Finkelnburg an Werner Heisenberg (6. Mai 1942), AMPG, III. Abt. Rep. 93; Goebbels, Tagebücher, 136 (21. März 1942).

Vorträge gehalten wurden, übernahm dieser auch die Kontrolle über das Projekt – wogegen Vögler machtlos war.[28]

Schweres Wasser

Im September 1941 entsandte das Heereswaffenamt Harteck und Karl Wirtz nach Norwegen mit dem Auftrag, mehr schweres Wasser zu beschaffen. Harteck schrieb darüber an Bonhoeffer: »Nun geht es plötzlich los, nachdem ich schon dachte, die Sache wäre eingeschlafen.« Bei Unterredungen mit Verantwortlichen der Norsk Hydro wurde bestätigt, dass die gegenwärtige Produktionskapazität für schweres Wasser rund 1500 Kilogramm (1,5 Tonnen) jährlich betrug; diese sollte durch einen von Harteck und seinem Kollegen Hans Suess entwickelten katalytischen Austauschprozess auf rund drei bis fünf Tonnen erhöht werden. Es schien leicht zu sein, die Ausbaumaßnahmen geheim zu halten, weil die Anlage auf einem Berg gebaut worden war und nur über eine schmale Brücke erreicht werden konnte, die Tag und Nacht von einer bewaffneten Wachmannschaft gesichert wurde.[29]

Doch als Harteck und Wirtz nach Deutschland zurückkehrten, berichteten sie auch, dass die Anlage der Norsk Hydro in Rjukan einzigartig sei. Es sei gegenwärtig nicht möglich, irgendwo anders in Europa schweres Wasser in ähnlicher Menge herzustellen. Die Anlage sei leicht zu beschädigen oder zu zerstören. Insbesondere wäre die Schwerwasserproduktion »durch Sabotageakte sehr einfach entscheidend zu treffen«. Aus diesem Grund sei es unbedingt erforderlich, auch in Deutschland die Produktion von schwerem Wasser in die Wege zu leiten. Da in Deutschland keine großen Elektrolyseanlagen vorhanden seien, könne man zurzeit nur rund 20 Kilogramm schweres Wasser pro Monat auf diesem Wege gewinnen, so dass andere Verfahren gefunden werden müssten. Außerdem sollte eine Hochkonzentrierungsanlage gebaut werden, die bereits angereichertes Wasser

28 Albert Vögler an General Leeb (Heereswaffenamt) (27. Februar 1942), AMPG, I. Abt. Rep. 1A; Albert Vögler an General Leeb (Heereswaffenamt) (27. Februar 1942), AMPG, I. Abt. Rep. 1A; Albert Vögler (KWG) an General Leeb (HWA) (6. März 1942), AMPG, I. Abt. Rep. 1A.

29 Paul Harteck an Karl-Friedrich Bonhoeffer (26. September 1941), RPI, PHP Box 1, Folder 7; Betr.: Vorbesprechung des Besuches der Herren Dr. Weil, Professor Dr. Harteck, und Dr. Wirtz von OKH, Berlin, im Werk Vermork der Norsk Hydro (1. Oktober 1941), ADM, FA 002 785; Ergebnisse der Besprechungen zwischen den Herren Ing Braun, Prof. Harteck, und Dr. Wirtz (4. Oktober 1941), ADM, FA 002 785.

noch weiter anreichern oder reinigen könne.[30] Das Heereswaffenamt stimmte dem Bau einer Hochkonzentrierungsanlage zu, die allerdings nur zehn Prozent der Größe einer Pilotanlage besitzen sollte. Andere Herstellungsverfahren sollten erforscht werden. Da die verschiedenen Verfahren zur Anreicherung von schwerem Wasser noch in den Kinderschuhen steckten, könne keine Entscheidung hinsichtlich des Ausbaus zu einer Großanlage getroffen werden.[31]

Die Ausweitung der Produktion bei der Norsk Hydro verlief zunächst schleppend. Im November 1941 berichtete Wirtz, dass ihre Versuche über das neue Herstellungsverfahren von schwerem Wasser mehrere Monate länger dauern würden. Weil deutsche Unternehmen so stark ausgelastet seien, sollten für die Ausweitung möglichst norwegische Firmen eingesetzt werden.[32] Die Norweger, die bei der Norsk Hydro arbeiteten, befanden sich in einer unangenehmen Lage. Die deutschen Amtsträger in Norwegen wollten, dass der Ausbau der Schwerwasseranlage in Vemork gemäß den neuen Richtlinien schnellstmöglich geplant und abgeschlossen wird, aber das Unternehmen hatte nur sehr wenige Informationen über die neue Anlage und das Verfahren, das dort genutzt werden sollte, erhalten. Aufgrund dessen baten die Norweger Wirtz und Harteck wiederholt um mehr Unterstützung. Sie waren offenbar daran interessiert, Geschäfte zu machen, denn sie boten auch an, die kleine Hochkonzentrierungsanlage in ihrem Land – statt in Deutschland – zu bauen; ja, sie versprachen sogar, sie in sechs bis acht Wochen zum Laufen zu bringen.[33]

Die Bemühungen, die Schwerwasserproduktion in Norwegen auszuweiten, wurden weiterhin durch diverse Probleme erschwert. Wegen Wassermangel wurde der Betrieb in der Norsk Hydro Ende April und Anfang Mai für mehrere Wochen eingestellt. Deutsche Beamte im Wehrwirtschaftsstab in Norwegen hatten vorgeschlagen, für die Schwerwasserproduktion eine zweite norwegische Elektrolyseanlage in Såheim zu nutzen, aber da sich diese noch im Bau befand, würde sich die Schwerwasserproduktion dort

30 Bericht über die Reise zur Fa. Norsk Hydro in Oslo und Rjukan, Norwegen, betreffend die Steigerung der Produktion von schwerem Wasser (20. Oktober 1941), ADM, FA 002 785.

31 Protokoll über die Sitzung im Heereswaffenamt am 22.11.41. (22. November 1941), ADM, IMC 29 668-669.

32 Karl Wirtz, Entwurf für Wa Fa W Stab N. (8. Oktober 1941), ADM, FA 002 785; Karl Wirtz an Norsk Hydro (November 1941), ADM, FA 002 785; Betr.: Entwurf des K.W. Inst. f. Physik für die Antwort an den Wehrmachtsbefehlshaber Norwegen. Abt. W Stb H (7. Januar 1942), ADM, FA 002 785.

33 Norsk Hydro an Paul Harteck und Karl Wirtz (9. Februar 1942), ADM, FA 002 785; Norsk Hydro an Wehrwirtschaftsstab (14. März 1942), ADM, FA 002 785; Norsk Hydro an Wehrwirtschaftsstab Norwegen (19. Februar 1942), ADM, FA 002 785.

verzögern. Im Juni 1942 war Harteck gezwungen, sich Geräte für die Erweiterung der Produktionskapazitäten bei der Norsk Hydro von I. G. Farben zu leihen.[34]

Harteck hatte sich im Herbst 1941 mit der Bitte um Hilfe bei der Produktion einer sehr großen Menge von reinem Schwerwasser an die I. G. Farben gewandt. Im März 1942 teilte Paul Herold Harteck nach sorgfältiger Prüfung mit, dass das katalytische Austauschverfahren trotz seines ungewöhnlich hohen Energiebedarfs wegen des erwarteten Preises des Endprodukts umsetzbar erscheine. Am wichtigsten war, dass Herolds Vorgesetzter, Heinrich Bütefisch (1894–1969), mit Harteck zusammenarbeiten wollte und bereit war, eine Pilotanlage zu bauen, solange sie ausreichend Unterstützung von den Behörden erhielten.[35] Bütefisch war einer der einflussreichsten und mächtigsten Industriellen im NS-Staat; er war Leiter der riesigen Leunawerke der I. G. Farben, Beauftragter für die Ölproduktion im Vierjahresplan, Mitglied des Vorstands der I. G. Farben und gehörte dem Freundeskreis Reichsführer SS an, wurde in diesem Zusammenhang in den Rang eines SS-Ehrenführers erhoben und unterstützte den Kreis durch Geldspenden.

Bütefisch teilte Harteck in einem persönlichen Schreiben seine Bedingungen mit. Um die Kosten zu senken, müsse die Pilotanlage so geplant werden, dass sie zum Machbarkeitsnachweis lediglich eine Anreicherung von ein bis zwei Prozent erreiche. Die I. G. Farben sei bereit, die Baukosten der Anlage zu übernehmen, aber nur dann, wenn es das Heereswaffenamt gestatte, dass Bütefisch und seine engsten Mitarbeiter über die Grundzüge »dieser Art von Energie-Gewinnung« genauestens unterrichtet würden. Die I. G. Farben benötige auch mehr Personal, nicht nur einen Rohrleger und einen Chemiker, sondern auch einen fähigen jungen Ingenieur sowie Hilfe bei der Beschaffung der achtzig Tonnen Eisen, die für die Anlage benötigt würden. Schließlich müsse das Vorhaben eine hohe Prioritätseinstufung seitens der Behörden erhalten.[36] Schon nach wenigen Tagen schrieb Har-

34 Norsk Hydro an Wehrwirtschaftsstab Norwegen (23. April 1942), ADM, FA 002 785; Niederschrift über die Besprechung bei Norsk Hydro am 27.5.42 ADM, FA 002 785; Paul Harteck an Paul Herold (4. Juni 1942), ADM, FA 002 783; Paul Herold an Heimatstab Übersee WGM (15. Juni 1942), ADM, FA 002 783.

35 Aktennotiz über Besprechung über Anreicherung von Wasser am 22.10.1941 in Leuna (30. Oktober 1941), ADM, FA 002 783; Paul Herold an Paul Harteck (23. März 1942), ADM, FA 002 783; Aktennotiz Besprechung am 17.4.1942 in Leuna über D-Anreicherung im Wasser (20. April 1942), ADM, FA 002 783.

36 Heinrich Bütefisch an Paul Harteck (20. April 1942), ADM, FA 002 783; Besprechung: Heranziehung der I. G.-Farbenindustrie zur Herstellung von schwerem Wasser in Deutschland (30. April 1942), ADM, FA 002 783; Paul Harteck an Heinrich Bütefisch (22. April 1942), ADM, FA 002 783.

teck Bütefisch, das Heereswaffenamt sei mit seinen Bedingungen einverstanden und ersuche ihn, einen seiner Mitarbeiter zu einer anstehenden Besprechung mit Verantwortlichen des Heereswaffenamts und Abraham Esau, führendes Mitglied des Reichsforschungsrats und mittlerweile Leiter der Arbeitsgemeinschaft, zu entsenden.

Aber Bütefisch kam persönlich und wiederholte seine Hauptforderung: Zumindest eine sehr kleine Gruppe von Führungskräften der I. G. Farben müsse über das gesamte Forschungsprogramm gründlich unterrichtet werden. Dies sei notwendig, damit er sich jederzeit ein eigenes Urteil über die praktische Machbarkeit und die zukünftigen Anwendungen des gesamten Komplexes bilden und sich entsprechend für die Mitwirkung der I. G. Farben einsetzen könne. Im Gegenzug sei er bereit, bis zu 150.000 Reichsmark aufzuwenden, um die zehnstufige Pilotanlage zu bauen und zum Laufen zu bringen. Esau akzeptierte diese Bedingungen. Mit dem Einverständnis aller Anwesenden schlug Harteck vor, dass die I. G. Farben über sämtliche sachbezogenen Patentanträge zu unterrichten sei und dass sich die Arbeitsgemeinschaft und die I. G. Farben gegenseitig über sämtliche neuen Entwicklungen, die zu einem Patentantrag führen könnten, unterrichten sollten.[37]

Isotopentrennung durch Zentrifugen

Als Heisenberg den Stand der Forschungsarbeiten über Uran im November 1941 zusammenfasste, behauptete er, der Bau einer Uranmaschine, die mit schwerem Wasser arbeite, sei dringlicher als die Trennung der Uranisotope. Dies war vor allem darauf zurückzuführen, dass diese bis zu diesem Zeitpunkt nicht gelungen war. Soweit die Deutschen wussten, hatte die bislang einzige erfolgreiche Anreicherung, die einer amerikanischen Forschergruppe unter Leitung von Alfred Nier gelungen war, nur eine sehr geringe Ausbeute erbracht.[38] Harteck und Groth waren von dem Trennrohr auf eine mehrstufige Ultrazentrifuge umgestiegen, eine Anpassung einer Technik, mit welcher der Amerikaner Jesse Beams (1898–1977) bereits Isotopen getrennt hatte. Grundsätzlich sollte dieses Verfahren mit Uran funktionieren und zwei Gramm Uranhexafluorid (UF_6) pro Tag liefern, in dem die Menge an Uran-235 um sieben Prozent angereichert worden war. Groth war zuversichtlich, dass das Zentrifugenverfahren funktionieren würde, wenn sein

37 Über die Besprechung am 30.04.1942 in der Physikal. Techn. Reichsanstalt Berlin betr.: weitere Mitarbeit des Ammoniakwerkes am D_2O-Beschaffungsproblem (4. Mai 1942), ADM, FA 002 783.

38 Heisenberg, Durchführung; Paul Harteck, Die Trennung der Uranisotope (Dezember 1941), ADM, FA 002 533.

Team die korrodierenden chemischen Eigenschaften von UF_6 beseitigen könnte. Allerdings musste selbst Harteck im Dezember 1941 einräumen, dass die Voraussetzungen für die Planung von Großanlagen zur Isotopentrennung nicht gegeben waren.[39]

Die Anschütz-Gesellschaft in Kiel war bereit, die Zentrifugen zu bauen; sie könnte grundsätzlich eine Zentrifuge innerhalb von drei Monaten liefern, hatte jedoch sofort mit Problemen bei ihren Zulieferern zu kämpfen. Zunächst wollte das Unternehmen einen spezialgehärteten Stahlrotor verwenden, aber da die Firma Krupp mindestens acht Monate brauchen würde, um diesen Auftrag auszuführen, wichen sie auf eine weniger robuste Leichtmetalllegierung aus. Im Januar 1942 teilte die Anschütz-Gesellschaft Harteck mit, man habe bereits im Oktober die für die Zentrifuge benötigten Teile bestellt, die innerhalb von drei bis vier Wochen geliefert werden sollten, aber nie eingetroffen seien. Auf Nachfrage habe man keine Antwort erhalten. Anschütz stellte auch klar, dass sie mehr technische Mitarbeiter, Mechaniker, Elektroingenieure und andere Arbeiter bräuchte, bevor sie Zentrifugen in großer Zahl herstellen könnte.[40] Groth muss im Frühjahr eine Zentrifuge erhalten haben, denn er notierte am 15. April in seinem Arbeitstagebuch, dass es bei einem Testlauf zu einer Explosion gekommen sei. Im Mai war Groth in der Lage, mithilfe des Ultrazentrifugenprototyps das Verhältnis der Xenon-Isotope zu verändern.[41]

Dieser Erfolg veranlasste Harteck zu dem Versuch, beim Heereswaffenamt eine Verschiebung der Prioritäten in Bezug auf Uran zu erwirken. Er erinnerte die Verantwortlichen daran, dass es zwei Wege zu einer funktionstüchtigen Uranmaschine gebe: Maschine Typ I, die aus etwa fünf Tonnen normalem Uranmetall und rund fünf Tonnen schwerem Wasser bestehe, und Maschine Typ II, die aus geringeren Mengen an Uran-235 angereicherten Uranmetalls und geringeren Mengen schweren Wassers oder sogar normalen Wassers bestehe. Während die Deutschen den Weg von Maschine I beschritten hätten, weil man mit einer sehr langen Entwicklungsdauer der Ultrazentrifuge gerechnet habe, hätten die Amerikaner wohl den zweiten

39 Paul Harteck, Die Trennung der Uranisotope (Dezember 1941), ADM, FA 002 533; Wilhelm Groth, Die Trennung der Uranisotope nach dem Trennrohr- und dem Ultrazentrifugenverfahren (23. März 1942), ADM, FA 002 735.

40 Paul Harteck an das Oberkommando des Heeres (1. November 1941), EBN; Betr.: Arbeitsbesprechung zum Ultrazentrifugenbau in Hamburg am 12. und 13. November 1941, ADM, FA 002 792; Wilhelm Groth, Stand der Arbeiten zur Herstellung einer Ultrazentrifuge (14. Dezember 1941), ADM, FA 002 579; Anschütz an Paul Harteck (3. Januar 1942), ADM, FA 002 792.

41 Walther Groths Tagebuch (15. April 1942), ADM, IMC 29 814; Wilhelm Groth, Trennung der Uranisotope nach dem Ultrazentrifugenverfahren (Mai 1942), ADM, FA 002 590.

Weg eingeschlagen. Nur die Erfahrung könne lehren, welcher der zweckmäßigere sei. Anschütz und Groth waren bei ihren Arbeiten schneller vorangekommen als erwartet, und sie hofften, innerhalb der nächsten Wochen in der Lage zu sein, das Verhältnis der Uranisotope zu verändern. In Anbetracht dieses Erfolgs müsse auch der zweite Weg, die Erzeugung von angereichertem Uranmetall, »mit größter Kraft« weiterverfolgt werden. Dies würde den Bau von bedeutend kleineren Aggregaten erlauben, die für Heeresfahrzeuge genutzt werden könnten. Außerdem stehe die Isotopentrennung »der Erstellung von Sprengstoffen näher«.[42]

Uranmaschinen

In Berlin und Leipzig wurden die Versuche mit Modell-Uranmaschinen fortgesetzt. Das Erproben verschiedener Modelle erlaubte den Wissenschaftlern, zu beurteilen, ob eine bestimmte Anordnung die Zahl der Neutronen erhöhte. Jetzt, da große Mengen von Uranmetallpulver erhältlich waren, schufen Wissenschaftler am KWIfP unter Leitung von Wirtz eine kugelförmige Anordnung von abwechselnden horizontalen Schichten aus metallischem Uran und Paraffin. Wie Wirtz auf der internen Tagung im Februar berichtet hatte, wisse man jetzt, dass Paraffin keine wirksame Bremssubstanz sei, auch wenn es eine große Menge Wasserstoff enthalte. Es erleichtere jedoch die Schichtenanordnung. Die geringe verfügbare Menge des kostbaren schweren Wassers wurde in Leipzig verwendet. Die Ergebnisse der Versuche B-III und B-IV zeigten klar, dass sich metallisches Uran besser für die Gewinnung von Neutronen eignete als Uranoxid.[43]

Der Durchbruch ereignete sich in Leipzig, wo Robert Döpel mithilfe seiner Frau Klara und mit Heisenberg eine Anordnung baute, die aus sich abwechselnden, ineinandergeschachtelten kugelförmigen Schichten von Uranmetallpulver und schwerem Wasser bestand, die durch mit Gummi versiegeltes Aluminium getrennt waren, wobei die gesamte Apparatur in einen Wassertank eingetaucht wurde. Experiment L-III, bei dem aufgrund des Mangels an Uranmetallpulver nur eine Schicht verwendet wurde, absorbierte noch immer mehr Neutronen, als es erzeugte, aber die Wissenschaftler berechneten, dass bei Entfernung des Aluminiums die Zahl der Neutronen zugenommen hätte. Im April 1942 meldete die Leipziger Gruppe den Erfolg.

42 Paul Harteck an OKH (26. Juni 1942), ADM, IMC 29 719-720.

43 Fritz Bopp, Erich Fischer, Werner Heisenberg, Carl Friedrich von Weizsäcker und Karl Wirtz, Untersuchungen mit neuen Schichtenanordnungen aus 38-Metall und Paraffin (26. Februar 1942), ADM, FA 002 735.

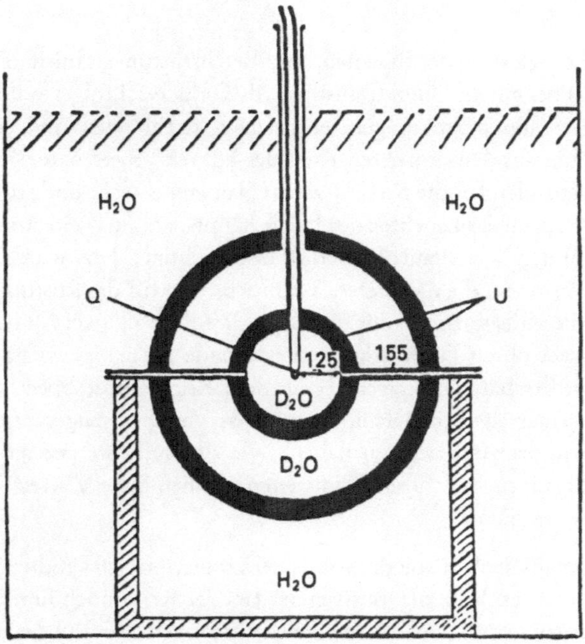

Abb. 12: Schematische Darstellung der Experimente L-III und L-IV. Im Zentrum befand sich eine Neutronenquelle Q.

Nachdem eine zweite Schicht aus metallischem Uran hinzugefügt worden war, kam es bei L-IV zu einer Neutronenvermehrung. Wenn das Stützmaterial aus Aluminium entfernt werden könnte – etwas, das für zukünftige Experimente geplant war –, dann würden sogar noch mehr Neutronen entstehen. Obgleich Heisenberg darauf hinwies, dass diese Zahlen nach wie vor unsicher seien, nahm er an, dass eine Vergrößerung der Apparatur, die rund fünf Tonnen schweres Wasser und zehn Tonnen gegossenes Uranmetall fassen würde, einen energieerzeugenden Uranbrenner erschaffen würde.[44]

44 Robert Döpel, Klara Döpel und Werner Heisenberg, Die Neutronenvermehrung in einem D_2O-38-Metallschichtensystem (März 1942), ADM, FA 002 735; Robert Döpel, Klara Döpel und Werner Heisenberg, Der experimentelle Nachweis der effektiven Neutronenvermehrung in einem Kugel-Schichten-System aus D_2O und Uran-Metall (April 1942), ADM, FA 002 588; das Bild von L-IV stammt aus Robert Döpel, Bericht über zwei Unfälle beim Umgang mit Uranmetall (9. Juli 1942), ADM, FA 002 587.

Albert Speer

Im Februar 1942 starb der Ingenieur und Reichsrüstungsminister Fritz Todt (1891–1942) bei einem Flugzeugabsturz. Als Todts Nachfolger wählte Hitler Albert Speer aus, einen jungen, ehrgeizigen Architekten und ergebenen Gefolgsmann aus dem innersten Kreis des Führers. Speer hatte sich als Planer von Gebäuden für die NSDAP einen Namen gemacht und stieg schließlich zum Generalbauinspektor der Reichshauptstadt auf – ein Amt, in dem er Pläne für den Wiederaufbau Berlins beaufsichtigte. Jetzt wurde Speer zu einer der Personen, die die oberste Verantwortung für die Rüstungsproduktion und die Kriegsanstrengungen trugen. Weniger als zwei Monate später wurden Speer durch Führererlass weitreichende Befugnisse zur Steuerung der Kriegswirtschaft übertragen. Nach dem Krieg wurde Speer, zum Teil aufgrund seiner eigenen Behauptungen, das Verdienst zugeschrieben, ein Rüstungswunder vollbracht zu haben. Wie Adam Tooze gezeigt hat, ließ Speer nicht nur mehr Waffen produzieren, er »ließ diese Waffen auch eine Geschichte erzählen«:

> Die dramatische Statistik der von Speer verantworteten Produktion sollte dem deutschen Volk demonstrieren, dass der Krieg noch immer gewonnen werden konnte, sofern sich der deutsche Arbeiter nur genügend anstrengte und mit dem Helden an der Front verbunden fühlte. [...] Speer rückte die Rüstungsproduktion sogar ins Zentrum des Geschehens und sorgte dafür, dass die Handlung auf dieser Bühne zu dem Märchen von einer wundersamen Wiedergeburt wurde. Er verhalf dem NS-Regime zu der Möglichkeit, den Krieg weiterzuführen. Er tat nicht nur auf praktischer Ebene alles dafür, indem er die Wehrmacht mit immer neuen Waffen versorgte, sondern auch auf politischer, indem er seine Propagandageschichte der unbegrenzten Möglichkeiten verbreitete.[45]

Die Kaiser-Wilhelm-Gesellschaft profitierte von Speers Aufstieg, weil ihr Präsident Albert Vögler ein enger Berater war. Als Vögler beklagte, das Reichsministerium für Wissenschaft, Erziehung und Volksbildung fördere die kernphysikalische Forschung nicht ausreichend, riet Speer Hitler, den Reichsforschungsrat Hermann Göring zu unterstellen.[46] Die Klagen von Vögler und Heisenberg bei Speer (siehe unten) über das Reichserziehungsministerium erscheinen merkwürdig, weil die Arbeitsgemeinschaft vom

45 Adam Tooze, *Ökonomie der Zerstörung: Die Geschichte der Wirtschaft im Nationalsozialismus* (München 2007), 635–636.

46 Helmut Maier, *Forschung als Waffe. Rüstungsforschung in der Kaiser-Wilhelm-Gesellschaft und das Kaiser-Wilhelm-Institut für Metallforschung 1900–1945/48,* Band 2 (Göttingen 2007), 742; Albert Speer, *Erinnerungen* (Berlin 1969), 239.

Heereswaffenamt finanziell unterstützt worden war. Diese Kritik hatte wahrscheinlich mehr damit zu tun, dass das Ministerium das Projekt übernommen und dadurch die Kaiser-Wilhelm-Gesellschaft hinausgedrängt hatte.

Vögler war wegen der unzureichenden Förderung der Kernphysik besorgt, weil, wie er Adolf Baeumker (1891–1976), dem Ministerialdirigenten und Kanzler der Deutschen Akademie der Luftfahrtforschung, im März sagte, »zu seiner Überraschung nach der Auffassung der Herren Professor Heisenberg und Geheimrat Planck durchaus die Möglichkeit gegeben [sei], dass die Amerikaner durch ihr entschiedenes, nachdrückliches Vorgehen auf diesem Gebiet mit kampftechnisch weitgehenden Neuerungen schon in kurzer Zeit herauskommen könnten«. Daraufhin riet Baeumker dem Generalfeldmarschall der Luftwaffe, Erhard Milch (1892–1972), er solle sich von Heisenberg »über den Stand der Kernphysik und über die Aussichten ihrer Anwendung zu Kampfzwecken in diesem Krieg« Bericht erstatten lassen.[47] Parallel dazu teilte Friedrich Fromm (1888–1945), der Befehlshaber des Ersatzheeres, Speer im April mit, er habe Kontakte mit einem Kreis von Wissenschaftlern, »die einer Waffe auf der Spur seien, die ganze Städte vernichten, vielleicht die englische Insel außer Gefecht setzen könnte«.[48] Viele dieser hochrangigen Militärs hatten auch die Denkschrift zur Unterstützung der theoretischen Physik gesehen, die Carl Ramsauer, der Vorsitzende der Deutschen Physikalischen Gesellschaft, im Januar Minister Rust vorgelegt hatte.[49]

Vögler organisierte eine zweitägige Tagung mit Vorträgen von KWG-Wissenschaftlern für Fromm, Milch, Speer und Karl Witzell (1884–1976), den Chef des Marinewaffenhauptamtes, sowie ihren jeweiligen Stäben, um die Arbeiten der Wissenschaftler zu präsentieren und die Bedeutung der Kaiser-Wilhelm-Gesellschaft für die Kriegsanstrengungen zu verdeutlichen. In den vorangegangenen beiden Monaten waren mehrere deutsche Städte bei britischen Luftangriffen schwer beschädigt worden.[50] Eine vollständige Liste aller Vorträge an den beiden Tagen wurde nicht gefunden. Am 3. Juni führte Werner Köster (1896–1989) vom Kaiser-Wilhelm-Institut für Metallforschung eine Technik zur zerstörungsfreien Werkstoffprüfung vor.[51] Am nächsten Tag hielten Bothe und Heisenberg Vorträge über die Arbeit der Arbeitsgemeinschaft.

47 Maier, Forschung, 742, Fußnote 373.
48 Speer, 239.
49 Vgl. das Kapitel »Kompromisse mit Hitler« weiter unten.
50 David Irving, *Der Traum von der deutschen Atombombe* (Gütersloh 1967), 123.
51 Maier, Forschung, 743–744.

Heisenbergs Vortrag für Speer und die anderen mächtigen Vertreter der deutschen Rüstungsanstrengungen und ihre Reaktion ist wohl einer der am meisten missverstandenen Aspekte dieser Geschichte, größtenteils wegen der irreführenden Darstellungen Heisenbergs und Speers nach dem Krieg. In seinem Interview mit David Irving im Jahr 1965 erinnerte sich Heisenberg daran, dass er damals berichtet habe, es sei möglich, energieerzeugende Kernreaktoren zu bauen, dass er aber »nicht erwähnt hat, dass man damit Plutonium machen kann, weil wir diese Dinge möglichst kleinhalten wollten«.[52]

In seinen 1969 erschienenen *Erinnerungen* schrieb Speer, Heisenberg habe sich über die Vernachlässigung der Kernforschung durch das Reichserziehungsministerium beklagt; sie hätten nicht genügend Geld und Materialien gehabt. Die Einberufung wissenschaftlicher Mitarbeiter zum Wehrdienst habe dazu geführt, dass die deutsche Wissenschaft auf einem Gebiet, auf dem sie noch ein paar Jahre zuvor eine beherrschende Stellung innegehabt habe, ins Hintertreffen geraten sei. Außerdem deuteten Auszüge aus amerikanischen Fachzeitschriften darauf hin, dass die Kernforschung in den USA umfangreiche technische und finanzielle Unterstützung erhalte. »Amerika würde daher voraussichtlich bereits jetzt einen Vorsprung haben, der bei den umwälzenden Möglichkeiten der Kernspaltung außerordentlich folgenreich werden könne.«[53]

Der Wortlaut des Vortrags von Heisenberg im Juni 1942 weicht jedoch in mehreren wichtigen Punkten von diesen beiden Darstellungen aus der Nachkriegszeit ab. Heisenberg schilderte den jüngsten Erfolg bei den Leipziger Experimenten. Es sei ihnen gelungen, ein Modell einer Uranmaschine zu bauen, welche die Zahl der Neutronen erhöhe. Wenn diese Anordnung irgendwo zwischen dem Drei- bis Sechsfachen vergrößert werden würde, führe sie zu einem Uranbrenner, der spontan große Mengen Energie erzeugen könne. An einer sehr sorgfältig formulierten Stelle erwähnte Heisenberg dann Element 94, auch wenn er es nicht ausdrücklich nannte. Aufgrund der positiven Ergebnisse, die sie erzielt hätten, könne man »auf einem von v. Weizsäcker angegebenen Weg [...] nach Herstellung des Uranbrenners auch eines Tages zu Explosivstoffen kommen, die alle bisherigen um das Millionenfache an Wirksamkeit übertreffen«. Aber selbst wenn dies nicht geschehe, so Heisenberg weiter, eröffneten sich mit dem Bau eines Uranbrenners ein »fast unübersehbares Feld technischer Anwendungen«, wie etwa bei Wasserfahrzeugen und eventuell sogar Flugzeugen von größtem Aktionsradius sowie zahlreiche Anwendungen der im Brenner

52 David Irvings Interview mit Werner Heisenberg (23. Oktober 1965), ADM, IMC 31 526–567, hier 546.

53 Speer, 240.

erzeugten radioaktiven Substanzen. Eine solche Anlage könne etwa zehntausendmal so stark strahlen wie das stärkste Zyklotron und entsprechend fast beliebige Mengen an künstlichen radioaktiven Stoffen erzeugen.[54]

Gegenwärtig, so Heisenberg weiter, werde die Zeit, die für die Entwicklung eines solchen Brenners erforderlich sei, durch das Angebot an Materialien, insbesondere an schwerem Wasser, bestimmt. Aber abgesehen von der Frage der Materialien müsse noch viel wissenschaftliche Entwicklungsarbeit geleistet werden. Abschließend behauptet Heisenberg, dass man ungeachtet der Schwierigkeiten der Entwicklungsarbeit anerkennen müsse, dass »hier in den nächsten Jahren ein Neuland von der allergrößten Bedeutung für die Techniker erschlossen werden kann«. Da man wisse, dass viele der besten Laboratorien in den USA an diesem Problem arbeiteten, müsse auch Deutschland diese Fragen weiterverfolgen.

> Selbst wenn man daran denkt, dass solche Entwicklungen meist lange Zeit brauchen, muss man dann, wenn der Krieg mit Amerika noch mehrere Jahre dauern sollte, mit der Möglichkeit rechnen, dass die technische Verwertung der Atomkernenergien eines Tages plötzlich eine kriegsentscheidende Rolle spielen kann.[55]

Sowohl in seinem Vortrag im Februar als auch in jenem im Juni 1942 beschrieb Heisenberg ausdrücklich und klar die mächtige, zerstörerische Kraft von Kernsprengstoffen wie Uran-235 und Element 94. Er versprach nicht, dass Deutschland solche Waffen rechtzeitig für den Einsatz im Krieg entwickeln könne, vielmehr benutzte er die mögliche Bedrohung durch amerikanische Atombomben, um die Fortsetzung ihrer Forschungsanstrengungen zu rechtfertigen.

In einem Interview in den 1960er-Jahren erinnerte sich Heisenberg daran, dass die Wissenschaftler, als sie nach seinem Vortrag nach Atombomben gefragt worden seien, antworteten, ja, diese seien grundsätzlich möglich. Sie fügten jedoch hinzu, dass die Herstellung eines Kernsprengstoffs unglaublich kostspielig wäre, vielleicht Milliarden von Reichsmark erfordern und viele Jahre dauern würde.[56] Im Jahr 1948 berichtete Heisenberg, einige seiner Zuhörer von damals hätten sich – anders als er – erinnert, dass Milch gefragt habe, wie groß ungefähr eine Bombe sein müsse, die stark genug wäre, eine Stadt zu zerstören. Heisenberg antwortete angeblich, die Bombe, genauer gesagt, der wirksame Teil, wäre ungefähr so groß wie eine Ananas,

54 Werner Heisenberg, Die Arbeiten am Uranproblem (4. Juni 1942), AMPG, I. Abt. Rep. 34.

55 Ebd.

56 David Irvings Interview mit Werner Heisenberg (23. Oktober 1965), ADM, IMC 31 526–567, hier 547.

was natürlich bei den Nichtphysikern Aufsehen erregte.[57] In den 1960er-Jahren erinnerte sich Heisenberg, er habe damals gesagt, sie wäre so groß wie ein Fußball.[58] Leider lieferte keine dieser Anekdoten nähere Aufschlüsse darüber, wie Heisenberg während des Krieges die kritische Masse einer Atombombe einschätzte, weil er spätestens 1946 eine Menge über die amerikanische Atombombe wusste, unter anderem aus dem amtlichen Bericht von Henry Smyth (1898–1986).[59]

Speer erinnerte sich daran, dass Heisenbergs Reaktion auf seine Frage nach Atombomben »keineswegs ermutigend« gewesen sei. Während theoretisch gesehen eine Bombe vorstellbar wäre, würde es, selbst bei größtmöglicher Unterstützung, mindestens zwei Jahre dauern, sie zu bauen. Heisenberg zufolge sei die lange Verzögerung darauf zurückzuführen, dass ihm und seinem Team kein leistungsstarkes Zyklotron zur Verfügung stehe. Speer bot daraufhin an, die ihm zur Verfügung stehenden Ressourcen für den Bau eines Zyklotrons zu verwenden, das genauso groß oder größer sei als das von den Amerikanern gebaute. Doch Heisenberg entgegnete, dass man aufgrund ihrer mangelnden Erfahrungen mit einem relativ kleinen Typ beginnen müsste. Im Anschluss daran besuchte Speer die Krupp-Werke, wo Teile für das erste Zyklotron Deutschlands gefertigt wurden. Der Techniker dort äußerte sich ähnlich wie Heisenberg: Die Deutschen hätten nicht die nötige technische Erfahrung, um eine größere Anlage zu bauen.[60]

Speer fragte die Forscher, was an Geld, Materialien und Organisation erforderlich sei, um die Kernforschung nachhaltig zu fördern. Daraufhin forderten Heisenberg und seine Kollegen mehrere hunderttausend Reichsmark, bescheidene Mengen an Stahl, Nickel und anderen Metallen, den Bau eines Bunkerlabors und die Einstufung sowohl ihrer Versuche als auch des im Bau befindlichen Zyklotrons in die höchste Prioritätsstufe. Speer erinnerte sich, dass er »eher befremdet [war] über die Geringfügigkeit der Forderungen in einer so entscheidend wichtigen Angelegenheit«, erhöhte die bereitgestellten Gelder auf zwei Millionen und bewilligte entsprechend höhere Mengen an Materialien. Zu diesem Zeitpunkt konnte offenbar nicht mehr getan werden. Speer hatte den Eindruck, »dass die Atombombe für den voraussichtlichen Verlauf des Krieges nicht mehr von Bedeutung

57 Werner Heisenberg an Samuel Goudsmit (3. Oktober 1948), NBL, SGP B10 F93.

58 Interview mit Werner Heisenberg von David Irving (23. Oktober 1965), ADM, IMC 31 546; Werner Heisenberg an David Irving (10. Juni 1966), AMPG, III. Abt. Rep. 93 1743.

59 Henry DeWolf Smyth, *Atomic Energy for Military Purposes: The Official Report on the Development of the Atomic Bomb under the Auspices of the United States Government, 1940–1945* (Princeton 1945).

60 Speer, 240–241.

Abb. 13: Albert Speer und Erhard Milch 1944.

sein werde«.[61] Obgleich Speer die Investitionen in die Uranforschung hätte massiv aufstocken können, forderte dies niemand. Am 23. Juni notierte Speer: »Dem Führer kurz über die Sitzung der Atomzertrümmerung und die von uns durchgeführte Unterstützung berichtet.« Diese knappe Notiz ist eine der sehr wenigen Primärquellen, die belegen, dass Hitler über Forschungsarbeiten zur Atombombe unterrichtet wurde.[62]

Heisenbergs Kontakte zur NS-Rüstungselite beschränkten sich nicht auf förmliche Vorträge. Heisenberg schilderte David Irving die anschließenden Ereignisse: »Es war das erste Mal, dass ich als junger Mann mit diesen hohen Bonzen der Kriegsführung zusammenkam.« Heisenberg sagte Irving, er sei seit langer Zeit davon überzeugt gewesen, dass der Krieg verloren sei. Er habe gedacht, dies sei eine gute Gelegenheit, um zu hören, was diese Herren, also die NS-Rüstungselite, dazu meinten. Beim Abendessen saß er neben Milch, und er nutzte einen Moment, als niemand sonst zuhörte, um ihn zu

61 Speer, 240.
62 W. A. Boelcke (Hg.), *Deutschlands Rüstung im Zweiten Weltkrieg. Hitlers Konferenzen mit Albert Speer 1942–1945* (Frankfurt am Main 1969), 137.

fragen: »Ja, hören Sie mal Herr Generalfeldmarschall, wie denken Sie sich jetzt den weiteren Verlauf des Krieges. Es sieht doch sehr schlecht aus.« Da sei Milch ganz weiß geworden und habe gesagt: »Na, hören Sie, wenn wir den Krieg verlieren, können wir alle Strychnin nehmen.« Er habe sich aber schnell wieder gefangen und »dann kam sozusagen die Schallplatte«, wie sich Heisenberg ausdrückte. Milch habe nämlich gesagt: »Wir können das jetzt im einzelnen nicht beurteilen. Aber der Führer hat natürlich sehr wohlerwogene Pläne.« Heisenberg erinnerte sich, dass er von dem Moment an gewusst habe, dass auch Milch den Krieg für verloren hielt. Heisenberg hatte auch die Gelegenheit, Speer die gleiche Frage zu stellen, als sie zu seinem Institut hinübergingen.

> Da blieb er sofort stehen, schaute mich ganz lange an. Einfach so ... sagte keinen Ton, und nach etwa zwei Minuten ging er weiter ohne ein Wort zu sagen. Diese Blicke, die hießen also, wenn man es überlegt folgendes: Wie kommst Du dazu, so unverschämt zu sein, mir diese Frage zu stellen. Denn Du weißt genauso gut wie ich, dass der Krieg verloren ist, aber Du weißt auch, dass ich darüber doch nichts sagen darf.[63]

In einem Brief an seine Frau unmittelbar nach den Vorträgen schilderte Heisenberg sowohl seinen Vortrag als auch die anschließenden Ereignisse ganz anders.

> Das waren ereignisreiche Tage in Berlin. Im Harnackhaus waren nun wirklich die Grössen des Reiches versammelt – praktisch der ganze Rüstungsrat und viele andere Mächtige. Es ging über alles Erwarten gut, mein u. Bothes Vortrag machten offenbar starken Eindruck; jedenfalls wurden wir persönlich u. sachlich nachher fabelhaft behandelt. Mir ist dies alles ja höchst merkwürdig und unheimlich; plötzlich brauche ich mich um die ganze Lenard-Stark-Clique[64] überhaupt nicht mehr zu kümmern und kann fast alles durchsetzen, was mir wichtig ist. Den Minister hab ich durch unser Institut geführt, die geplanten Experimente funktionierten merkwürdigerweise völlig reibungslos und nachher sass man noch beim Abendessen und dann auf der Terrasse des Harnackhauses bis Mitternacht beim Wein zusammen. Beim Essen sass ich neben Generalfeldmarschall Milch, mit dem ich mich ausgezeichnet unterhalten habe. Er war über die Professorenpolitik des Reichserziehungsministeriums ganz meiner Meinung und sprach sie mit drastischer Offenheit

63 David Irvings Interview mit Werner Heisenberg (23. Oktober 1965), ADM, ICM 31 526–567, hier 558–559.

64 Anmerkung durch den Autor: Lenard und Stark waren NS-Wissenschaftler, die die sogenannte »Deutsche Physik«-Bewegung anführten. Siehe auch das Kapitel »Kompromisse mit Hitler«.

Abb. 14: Vorträge im Harnack-Haus. Milch steht am Tisch, Speer sitzt links von Milch, Heisenberg im Bildervordergrund in einem zivilen Anzug, mit dem Rücken zum Betrachter.

aus – was ich selbst nie gewagt hätte. Sehr interessiert hat mich das menschliche Niveau der ganzen Versammlung; es waren ja lauter ungewöhnliche Leute, viele wohl wirklich ungewöhnlich gescheit, alle gute Diplomaten und gewohnt, sich im Kampf der Intrigen mit Anstand (und gelegentlich wohl auch mit kräftigeren Methoden) zu behaupten. Dazwischen auch merkwürdige Gestalten, die im ersten Augenblick abschrecken und bei der Unterhaltung etwas gewinnendes bekommen, das einen ganz unsicher machen kann.
Im Ganzen war der Kreis viel interessanter, aber auch etwas gefährlicher, als die Diplomatenkreise, die ich vom Haus Weizsäcker kenne. Gelegentlich wurde auch etwas über die grosse Politik gesprochen; ich bin froh, hier nur Zuschauer zu sein. In der kleinen Physik-Politik muss ich ja wohl oder übel mitspielen; es ist mir unheimlich, dass hier grosse Bauten, Werte u. Arbeiten von meinem Wort abhängen. Speer hat übrigens äusserlich Ähnlichkeit mit [Heisenbergs Bruder] Erwin, nur jünger und kräftiger; das Gesicht ist meist Maske, nur gelegentlich wird es für einen Moment lebendig. Ich beneide ihn nicht darum, dass die Arbeit von vielen Millionen Menschen, die Sorge für die Hunderttausend Obdachlosen aus Köln u. all das menschliche Elend von seinem Wort abhängt. Doch nun genug von den Festlichkeiten bei Hofe.

Ein paar Tage später fragte Heisenberg Elisabeth: »Hast Du eigentlich meinen Brief vom letzten Freitag bekommen, den ich in der Bahn geschrieben hatte? Es wäre mir unangenehm, wenn der verloren wäre u. in falsche Hände geriete.«[65]

Es ist klar, dass Heisenberg und die anderen tatsächlich einen sehr guten Eindruck auf Speer und die anderen hohen Führungspersönlichkeiten machten. Im Oktober bat ein hochrangiger Amtsträger in Speers Ministerium Heisenberg und die anderen Direktoren der Kaiser-Wilhelm-Institute, vierteljährlich ein bis zwei Seiten lange Fortschrittsberichte über die in ihren Instituten durchgeführten Forschungsarbeiten, insbesondere über jene Arbeiten, die von diesem Ministerium gefördert wurden, vorzulegen. Die Berichte sollten allgemeinverständlich formuliert sein, das heißt so, dass sie für Minister Speer selbst verständlich seien.[66]

Obgleich mehrere Historiker gezeigt haben, wie problematisch Albert Speers Memoiren sind, wird das, was er über seine Kontakte mit der Arbeitsgemeinschaft sagt, im Allgemeinen durch Primärquellen bestätigt beziehungsweise stimmt es recht gut mit diesen überein. Dagegen sind einige der Aussagen Heisenbergs in seinem Interview von 1965 problematischer. Ob er sich in dem Interview mit Irving nun falsch erinnerte, missverständlich ausdrückte oder absichtlich die Unwahrheit sagte – Tatsache ist, dass Heisenberg in seinem Vortrag vor Speer und anderen hochrangigen Rüstungsoffiziellen in einem Uranbrenner entstehende transurane Kernsprengstoffe erwähnt hatte. Sowohl der Autor Thomas Powers als auch der Dramatiker Michael Frayn interpretierten Heisenbergs Behauptung, er habe Plutonium nicht erwähnt, als Beleg dafür, dass Heisenberg Widerstand gegen Hitler und die Nazis geleistet habe.[67] Heisenbergs Darstellungen aus der Nachkriegszeit darüber, wie Milch und Speer auf die Frage nach ihrer Meinung zum weiteren Kriegsverlauf reagierten, sind bemerkenswert, lassen sich aber nicht bestätigen.

Aber das eigentliche Problem an Heisenbergs und Speers Erinnerungen ist subtiler. Was hat Speer in Bezug auf die Uranforschung wirklich entschieden oder getan? Das Heereswaffenamt nahm dieses Projekt unmittelbar nach Beginn des Zweiten Weltkriegs in Angriff. Als der Blitzkrieg ins Stocken kam, führte es eine kritische Bestandsaufnahme der Forschungsarbeiten durch und beschloss im Februar 1942, diese in die Zuständigkeit einer zivilen Behörde, des Reichsforschungsrats, zu überführen, weil es der Meinung war, diese Arbeiten wären nicht kriegsentscheidend. Als Speer vier

65 Werner Heisenberg an Elisabeth Heisenberg (5. Juni 1942), in Werner Heisenberg und Elisabeth Heisenberg, *»Meine Liebe Li!« Der Briefwechsel 1937–1946* (St. Pölten 2011), 201–202; Werner Heisenberg an Elisabeth Heisenberg (11. Juni 1942), in Heisenberg und Heisenberg, 204.

66 Forstmann (KWG) an Heisenberg (13. Oktober 1942), AMPG, I. Abt. Rep. 34.

67 Thomas Powers, *Heisenbergs Krieg: Die Geheimgeschichte der deutschen Atombombe* (Hamburg 1993), 143–145, 196–199; Michael Frayn, *Copenhagen* (New York 1998), 75.

Monate später ins Harnack-Haus kam, um die Vorträge von Heisenberg und anderen zu hören, war die Frage nicht, ob die Forschung über die militärischen Nutzungen der Kernspaltung fortgesetzt werden sollte, denn dem Reichsforschungsrat war sehr an einer Fortsetzung gelegen, sondern vielmehr, wie viel Unterstützung in Form von Geld, Personal und Material Speer und andere bereitstellen sollten. Dies alles geschah unmittelbar vor dem Beginn der deutschen Sommeroffensive, die bis zum Herbst erfolgreich verlief und in der verhängnisvollen Besetzung Stalingrads gipfelte.

Was war das Ergebnis der Vorträge und der Diskussion im Harnack-Haus im Juni? Laut den Einlassungen Heisenbergs in seinem Interview mit Irving nach dem Krieg wurde beschlossen: »Es soll ja kein Versuch gemacht werden, Atombomben herzustellen, also geben wir das ab …« Speer selbst habe sich direkt auf einen Befehl Hitlers berufen, wonach nur solche Waffen, die in einem halben Jahr einsatzbereit seien, weiterverfolgt werden sollten. »Das war nun für uns eine große Erleichterung, nun können wir zwar in unseren eigenen Instituten ein bisschen untersuchen, wie das so geht mit den Reaktoren, aber wir brauchen uns um die Atombombensache nicht zu kümmern«, so Heisenberg.[68] Speer schilderte dies etwas anders. Nachdem er ein weiteres Mal gefragt hatte, wie lange die Herstellung von Atomwaffen dauern würde, und als Antwort »drei bis vier Jahre« bekommen hatte, »verzichteten wir auf Vorschlag der Kernphysiker schon im Herbst 1942 auf die Entwicklung der Atombombe«. Der Krieg wäre, lange bevor diese einsatzbereit wäre, entschieden. »Statt dessen gab ich Genehmigung, einen energieerzeugenden Uranbrenner zum Betrieb von Maschinen zu entwickeln, an denen die Marineleitung für ihre U-Boote interessiert war.«[69]

Speer hat die Arbeiten an der Atombombe nicht gestoppt; Heisenberg und seine Kollegen wurden nicht angewiesen oder per Befehl aufgefordert, sich auf zivile oder friedliche Nutzungen der Kernspaltung oder gar auf Grundlagenforschung, zu beschränken. Dem Rüstungsminister wurden wissenschaftliche Forschungsergebnisse vorgelegt, die zwar großes militärisches Potenzial hatten, die aber zugleich bereits als irrelevant für den gegenwärtigen von Deutschland geführten Krieg eingestuft worden waren. Tatsächlich behauptete niemand, dass Deutschland vor Kriegsende Atombomben bauen könne. Speer hat diese Einschätzung nicht revidiert und er hat zweifellos nicht die enormen Geldsummen, Material und Personal bereitgestellt, die für die Entwicklung von Kernwaffen erforderlich gewesen wären. Er hat aber auch keine Ressourcen umgeleitet, nichts gebremst oder

68 David Irvings Interview mit Werner Heisenberg (23. Oktober 1965), ADM, ICM 31 526–567, hier 548.
69 Speer, 241–242.

aufgehalten. Vielmehr haben die Wissenschaftler der Arbeitsgemeinschaft weiterhin genau das getan, was sie zuvor getan hatten, aber jetzt mit viel größerer Unterstützung, die auf den potenziellen militärischen Anwendungen der Kernspaltung basierte. Außerdem kannten jetzt die mächtigsten Männer der deutschen Kriegswirtschaft den Stand der Forschung und deren militärisches Potenzial.

Einen Tag nachdem Heisenberg im Harnack-Haus einen Vortrag gehalten und mit einigen der mächtigsten Männer des NS-Regimes geplaudert hatte, legte er ehrgeizige Pläne für eine Erweiterung des KWIfP vor. Dazu gehörte auch ein unterirdisches, verbunkertes Laboratorium für den ersten Uranbrenner, das Schutz gegen Strahlung und gegen Luftangriffe bieten sollte. Der nächste Versuch mit einer Modell-Uranmaschine wurde mit anderthalb Tonnen schweren Wassers und drei Tonnen gediegenen Uranmetalls in Form horizontaler Platten geplant. Wenn die Wissenschaftler dieses, wie bei früheren Versuchen, mit einem Wassermantel umgeben würden, erwarteten sie eine Vermehrung der Neutronen um 60 Prozent; wenn sie es stattdessen mit einem Mantel aus reinem Grafit umschließen würden, dann sei es möglich, dass diese Anordnung schon »in die Nähe des ›kritischen Punktes‹ kommen wird«. Am 11. Juni unterschrieb Heisenberg seinen Vertrag mit der Kaiser-Wilhelm-Gesellschaft und wurde damit offiziell Direktor am Institut für Physik. An Elisabeth schrieb er diesbezüglich: »Damit sind wohl die Würfel gefallen, hoffentlich zum Guten für uns alle.«[70] Ein paar Wochen später begann die deutsche Sommeroffensive gegen die Sowjetunion.

Fazit

Der Zeitraum zwischen Herbst 1941 und Sommer 1942 war von entscheidender Bedeutung für die deutschen Forschungsanstrengungen auf dem Gebiet der Kernenergie und Kernwaffen. Es war die Zeit, in der die entscheidende Frage gestellt wurde: Könnte man mit Atombomben den Krieg gewinnen? Die deutschen Wissenschaftler waren zu dem Schluss gekommen, dass Uranmaschinen und Kernsprengstoffe grundsätzlich möglich waren, dass aber der Krieg selbst Kernwaffen in der Praxis unmöglich machte. Alle, ob nun die Kaiser-Wilhelm-Gesellschaft, der Reichsfor-

70 Werner Heisenberg, Betr.: Bauvorhaben am Kaiser Wilhelm-Institut für Physik (5. Juni 1942), AMPG, I. Abt. Rep. 34; Werner Heisenberg, Bemerkungen zu dem geplanten halbtechnischen Versuch mit 1,5 to D_2O und 5 to 38-Metall (31. Juli 1942), ADM, FA 002 620; Werner Heisenberg an Ernst Telschow (11. Juni 1942), AMPG, III. Abt. Rep. 93; Heisenberg und Heisenberg, 204.

schungsrat, die Führung der Wehrmacht, Albert Speer und natürlich die Wissenschaftler selbst, wollten, dass die Forschungsanstrengungen weitergehen. Ungeachtet dessen, was Otto Hahn, Werner Heisenberg, Carl Friedrich von Weizsäcker und andere nach dem Krieg behaupteten, gab es keine Entscheidung, keine Atombomben zu bauen oder die wissenschaftliche Arbeit auf Grundlagenforschung zu beschränken. Im Rahmen der immer verzweifelteren Kriegsanstrengungen Deutschlands wäre Ersteres überflüssig und Letzteres absurd gewesen.

Aus mehreren Gründen wurden die Forschungsanstrengungen mit noch stärkerer Unterstützung fortgeführt. Erstens ging es nicht bloß um Atombomben. Man brauchte auch leistungsfähigere U-Boote und eine höhere Stromproduktion. Ein betriebsfähiger Kernreaktor könnte auch dann von Nutzen sein, wenn er nie für den Bau von Kernwaffen eingesetzt würde. Deutschland befand sich jetzt im Krieg mit den Vereinigten Staaten. Wenn die Amerikaner daran arbeiteten, dann sollten es die Deutschen ebenfalls tun. Während Anstrengungen für eine Produktion in industriellem Maßstab, die eindeutig notwendig wären, um Atombomben zu bauen, nicht zur Debatte standen, waren die Mengen an Ressourcen, Arbeitskräften und Geräten, die benötigt wurden, um die Entwicklung von Isotopentrennverfahren und Uranmaschinen fortzuführen, relativ bescheiden. Schließlich, obgleich die Wissenschaftler sich davor hüteten, Atombomben zu versprechen, hatten sie begonnen, einige der mächtigsten Männer des Dritten Reichs mit der möglichen Entwicklung zerstörerischer neuer Waffen zu ködern.

Epilog: Vergleich des Standes der deutschen und der US-amerikanischen Atombombenforschung im Sommer 1942

Verwaltung

Bis Herbst 1941 hatten die Amerikaner nur vergleichsweise geringe Investitionen in die Kernwaffenforschung getätigt, aber Vannevar Bush (1890–1974), der Direktor des Office of Scientific Research and Development (OSRD), gelangte zu der Überzeugung, »die Chance, an Atombomben zu gelangen, die noch im gegenwärtigen Krieg eingesetzt werden können«, sei so groß, dass dies »massive« Anstrengungen zu deren Entwicklung rechtfertige. Diese Entscheidung wurde bei einem Treffen am 6. Dezember, dem Tag vor Japans Überraschungsangriff auf die Pazifikflotte in Pearl Harbor, bekanntgegeben. Zehn Tage später beschloss die »Top Policy Group«, die aus Bush, Vizepräsident Henry A. Wallace (1888–1965) und Kriegsminister Henry L. Stimson (1867–1950) bestand, dass das OSRD so schnell wie möglich die grundlegenden physikalischen und technischen Fragen angehen und insbesondere mit dem Bau von Pilotanlagen beginnen sollte. Dies würde rund vier bis fünf Millionen Dollar kosten. Als James Conant (1893–1978) diesen neuen Beschluss einem OSRD-Unterausschuss verkündete, betonte er, dass ein derartiger Kraftakt ausschließlich durch den militärischen Nutzen von Atombomben gerechtfertigt sei und dass sich alle Anstrengungen auf die Entwicklung einer Bombe konzentrieren müssten. Die Besprechung sei von »einer Atmosphäre der Begeisterung und Dringlichkeit« geprägt gewesen.[71]

Bush berichtete Präsident Roosevelt von allgemeinem Optimismus, aber auch von der Vorläufigkeit ihrer Schlussfolgerungen; er schlug vor, im Sommer 1942 für den Bau von Pilotanlagen die Armee mit einzubeziehen. Das Projekt könne irgendwann im Jahr 1944 abgeschlossen werden. Im Februar 1942, als der Bericht des Heereswaffenamts geschrieben wurde und Heisenberg seinen Vortrag über Kettenreaktionen in Uran hielt, empfahl Conant, sämtliche Etappen der Arbeit zumindest bis Juli zu beschleunigen. Es gab fünf Trennungs- beziehungsweise Herstellungsverfahren, die alle ähnlich erfolgversprechend zu sein schienen: das Abtrennen von Uran-235 mithilfe von Zentrifugen, Gasdiffusion durch permeable Membranen und elektromagnetische Felder; Herstellung von Plutonium in einem mit Grafit oder schwerem Wasser moderierten Kernreaktor. Man hielt alle Verfahren für fast so weit ausgereift, dass mit dem Bau einer Pilotanlage und vielleicht sogar schon mit der Vorentwurfsplanung von Produktionsanlagen begonnen werden könne. Um diese Verfahren zur Produktionsreife zu bringen, bräuchte es Investitionen in Höhe von fünf Milliarden Dollar. Obgleich sich einige Verfahren vermutlich als schneller und effizienter erweisen würden als andere, befürchteten die Amerikaner, dass der Ausschluss eines dieser Verfahren zu einer gravierenden Verzögerung führen könnte und dass ihnen die Deutschen weit voraus sein könnten. Wenn Atombomben kriegsentscheidend wären, dann gäbe es praktisch keine Grenze für die Anstrengungen und das Geld, das investiert werden sollte. Am 13. Juni 1942 schickten Bush und Conant detaillierte Pläne für die Ausweitung und Fortführung des Atombombenprogramms an Wallace, Stimson und Generalstabschef General George C. Marshall (1880–1959). Alle drei billigten den Bericht. Am 17. Juni 1941, sechs Tage bevor Speer Hitler Bericht erstattete, wurde der Bericht an Präsident Roosevelt gesandt, der ihn ebenfalls guthieß.[72]

Sowohl die Entscheidung des Heereswaffenamts, dass Atombomben nicht rechtzeitig gebaut werden könnten, um den Krieg zu beeinflussen, als auch die amerikanische Entscheidung, massive Anstrengungen zu unter-

71 Smyth, 54, 75–76, 78.
72 Ebd., 79–81; Rhodes, 406.

nehmen, basierten auf zutreffenden Informationen und vergleichbaren, wenn auch nicht völlig gleichen technischen und wissenschaftlichen Resultaten. Die deutschen Wissenschaftler haben die Kosten und die Schwierigkeiten des Baus einer Atombombe nicht übertrieben, so wie ihre Kollegen in Amerika sie nicht herunterspielten. Der große Unterschied zwischen den beiden Seiten war der Kontext. Während in Deutschland das Heereswaffenamt als Reaktion auf das Ende des Blitzkriegs einen Sparkurs einschlug, intensivierte das amerikanische Militär die Rüstungsanstrengungen im Hinblick auf den Kriegseintritt in Europa und im Pazifik; während die deutsche Führung die Folgen eines sich in die Länge ziehenden Abnutzungskrieges fürchtete, war dies genau das, was die Amerikaner erwarteten.

Materialien

Die Deutschen hatten beschlossen, in ihren Uranmaschinen schweres Wasser als Bremssubstanz zu verwenden, weil es unwahrscheinlich schien, dass die deutsche Industrie hinreichend reinen Grafit herstellen könnte, und weil die Norsk Hydro in der Lage zu sein schien, für die ersten Versuche mit einer Uranmaschine genügend schweres Wasser herzustellen. Mit der Entscheidung, zusammen mit der I. G. Farben eine Pilotanlage zu bauen, waren auch die ersten Schritte zur Schwerwasserproduktion in Deutschland unternommen worden. In Amerika wurde im Frühjahr 1942 das gesamte Schwerwasserprogramm auf den Prüfstand gestellt. Es schien, als würden für eine Anlage zur Plutoniumgewinnung, in der als Bremssubstanz nicht Grafit, sondern schweres Wasser zum Einsatz kommen sollte, außerordentlich große Mengen an schwerem Wasser gebraucht. Dagegen war die Grafitherstellung zwar Anfang 1942 noch immer unzureichend, aber in der Mitte dieses Jahres hatte die amerikanische Industrie das Reinheitsproblem weitgehend gelöst.[73] Zu diesem Zeitpunkt verfügte Deutschland über große Mengen an Uranverbindungen und ein wachsendes Angebot an Uranmetallpulver. Obgleich die Amerikaner Ende 1941 nur ein paar Gramm Uranmetall besaßen, wurde im Juli 1942 rund eine Tonne hochreines Uranoxid pro Tag geliefert. Während des größten Teils des Jahres 1942 war kein metallisches Uran verfügbar, aber bis zum Herbst wurden die Produktionsprobleme für festes Uranmetall behoben.[74]

Die Amerikaner erkannten, dass es zwei alternative Wege zu einem betriebsfähigen Kernreaktor (Uranbrenner) gab: Man konnte entweder einen Reaktor nach dem bestmöglichen Entwurf bauen oder Experimente durchführen, um die nuklearen Konstanten zu bestimmen und intermediäre

73 Smyth, 80, 94.
74 Ebd., 92–94.

Designs erproben. Es war klar, dass die erste Option am schnellsten zu Plutonium führen würde, aber weil nicht ausreichend festes Uranmetall und Moderatorsubstanz verfügbar waren, schlugen die Amerikaner den zweiten Weg ein. Die Deutschen waren in genau der gleichen Situation. Die Amerikaner führten eine Reihe von Versuchen an einem Modell-Kernreaktor durch, bei denen sie das Verhältnis von Moderator zu Uranoxid variierten, den Reaktor mit verschiedenen Materialien ummantelten und verschiedene dreidimensionale Gitteranordnungen erprobten. Die Arbeiten in Deutschland waren wiederum sehr ähnlich, mit dem Unterschied, dass die Deutschen statt eines Gitters horizontale und kugelförmige Schichtenanordnungen erprobten. Als im Juli genügend gereinigtes Uranoxid erhältlich war, bauten die Amerikaner einen intermediären Kernreaktor, der zum ersten Mal groß genug war, um Neutronen zu vermehren. Dies entsprach dem Leipziger L-IV-Versuch vom April desselben Jahres.[75]

Kernsprengstoffe

Während die Deutschen ihre Bemühungen zur Isotopentrennung auf Zentrifugen konzentrierten, erprobten Wissenschaftler in Amerika Zentrifugen-, Gasdiffusions- und elektromagnetische Trennverfahren. Die Theorie der Isotopentrennung durch Gasdiffusion war im Jahr 1942 gut ausgearbeitet; daraus ergab sich zweifelsfrei, dass eine sehr große Anlage benötigt würde. Hinreichend gute Diffusionsdiaphragmen und -pumpen, die wichtigsten Geräte in einer solchen Anlage, waren noch nicht entwickelt worden. Dennoch wurde Anfang 1942 ein Unternehmen ausgewählt, das eine Großanlage zur Isotopentrennung auf der Grundlage dieses Verfahrens planen sollte.[76]

Den größten Fortschritt bei der Gewinnung von Uran-235 erzielten die Wissenschaftler in Berkeley, wo das 37-Zoll-Zyklotron – damals das zweitgrößte, das bis dahin gebaut worden war – im November 1941 demontiert und sein Magnet zur Erzeugung eines Magnetfeldes verwendet wurde. Uransalzionen folgten einer Kurvenbahn in diesem Feld, das die beiden Isotope voneinander trennte, die dann in Kollektoren gesammelt werden konnten. Im März 1942 arbeitete das »Calutron«, wie es genannt wurde, besser als alle anderen elektromagnetischen Massenseparatoren, aber es war noch immer sehr weit davon entfernt, die Mengen an Uran-235 zu liefern, die für eine Atombombe ausreichend wären. Ein anderer Magnet, der ursprünglich für ein 184-Zoll-»Riesenzyklotron« vorgesehen gewesen war, wurde für die Isotopentrennung umfunktioniert und war Ende Mai ein-

75 Ebd., 95–96; Rhodes, 395–397, 400–401.
76 Smyth, 179–180; Rhodes, 405–406.

satzbereit. Im Sommer wurden mit diesem größeren Calutron Milligramm-Mengen von Uran-235 produziert.[77]

Sowohl das Gasdiffusions- als auch das Zentrifugenverfahren schien sich für die Großproduktion von U-235 zu eignen, aber beide erforderten bei der großtechnischen Herstellung Hunderte von Trennstufen, keines der beiden hatte bislang nennenswerte Mengen an abgetrenntem Uran-235 erbracht. Dagegen war klar, dass die elektromagnetische Isotopentrennung funktionieren würde: »Wenn eine Einheit 10 mg pro Tag abtrennen konnte, dann könnten 100 Millionen Einheiten eine Tonne pro Tag abscheiden. Die Fragen, die sich stellten, betrafen die Kosten und die Zeit [...]. Insgesamt schien es zum damaligen Zeitpunkt sehr kostspielig zu sein, aber andererseits wirkte es sicher und relativ schnell umsetzbar.« Im September beschlossen die Amerikaner, im Tennessee Valley eine elektromagnetische Trennanlage zu bauen.[78] Dagegen waren deutsche Forscher zwar überzeugt davon, dass Uranisotope mithilfe von Zentrifugen getrennt werden könnten, dies war ihnen bislang allerdings nur bei anderen Elementen gelungen. Sie waren weit davon entfernt, den Bau einer Pilotanlage rechtfertigen zu können.

Kernwaffen

Selbstverständlich ging es bei all diesen Bemühungen letztlich darum, Kernwaffen zu bauen, oder zumindest darum, herauszufinden, ob dies möglich war. Der deutsche Schätzwert der kritischen Masse vom Februar 1942 – 10 bis 100 Kilogramm – war vergleichbar mit den 2 bis 100 Kilogramm, die in einem Bericht des National Academy Committee vom 6. November 1941 stand. Laut Henry Smith, der im Jahr 1945 den offiziellen Bericht über die Atombombe schrieb, wurde in Amerika vor dem Sommer 1942, als eine Gruppe von rund acht Physikern unter der Führung von J. Robert Oppenheimer (1904–1967) aufgestellt wurde, dem theoretischen Verständnis des Funktionsmechanismus einer Bombe nur wenig Aufmerksamkeit geschenkt. Obgleich es sich dabei für amerikanische Verhältnisse um eine kleine Gruppe handelte, stellte sie die Anzahl der theoretischen Physiker, die während des Krieges in Deutschland Uranforschung betrieben, in den Schatten. In dem amerikanischen »Machbarkeitsbericht« vom 26. November 1942 schrieben Oppenheimer und andere, dass die »kritische Größe der Bombe noch immer unbekannt sei«.[79] Ironischerweise begannen die Arbeiten an

77 Smyth, 189–194.

78 Ebd., 193–194.

79 Ebd., 72, 103–104; Lillian Hoddeson, Paul Henriksen, Roger Meade und Catherine Westfall, *Critical Assembly: A Technical History of Los Alamos during the Oppenheimer Years, 1943–1945* (Cambridge 1993), 43; Rhodes, 415–421.

der Bombe in den Vereinigten Staaten ernsthaft also just in dem Moment, als Wissenschaftler und wissenschaftspolitische Entscheidungsträger in Deutschland den Bau derartiger Waffen nicht weiterverfolgten. Dies verdeutlicht die enorme Kluft zwischen den industriellen und technischen Ressourcen beider Seiten.[80]

Die amerikanischen und die emigrierten Wissenschaftler waren eindeutig viel stärker auf den Bau einer Atombombe fokussiert als ihre deutschen Fachkollegen. Sie sahen sich selbst in einem Wettlauf um die Entwicklung von Waffen, die womöglich kriegsentscheidend wären. Smyth beschrieb ihre Überlegungen im Juni 1942:

> (1) Es war klar, dass eine aus mehreren Kilogramm bestehende Menge von U-235 oder Plutonium explosiv wäre und die Sprengkraft von mehreren tausend Tonnen TNT besäße und dass eine solche Explosion so gesteuert werden könnte, dass sie zum gewünschten Zeitpunkt stattfindet.
> (2) Es war klar, dass es vier Methoden zur Herstellung des Spaltmaterials gab und dass all diese Verfahren praktikabel zu sein schienen; aber es war nicht möglich, definitiv zu sagen, dass eines davon den anderen überlegen war.
> (3) Es war klar, dass Produktionsanlagen von erheblicher Größe entworfen und gebaut werden konnten.
> (4) Es schien wahrscheinlich zu sein, dass, sofern ausreichend Gelder bereitgestellt und die richtigen Prioritäten gesetzt würden, der Vollbetrieb in den Anlagen rechtzeitig aufgenommen werden könnte, um noch von militärischer Bedeutung zu sein [...].
>
> Wenn eine höchst fachkundige Gruppe von Wissenschaftlern der Meinung sei, dass alle vier Verfahren erfolgreich angewandt werden könnten, dann könne man gewisslich annehmen, dass das gewünschte Endergebnis auch vom Feind erreicht werden könne, sofern ihm genügend Zeit zur Verfügung stünde.[81]

Ein umfassendes Verständnis der Bombenphysik

Der Physiker und Physikhistoriker Jeremy Bernstein war nicht beeindruckt von Heisenbergs Bemühungen in Farm Hall, die kritische Masse einer Atombombe zu berechnen: »All diese Vereinfachungen und Verwirrungen sprechen für mich ganz klar dafür, dass Heisenberg sich zuvor noch nicht mit diesem Problem befasst hatte. [...] Die Deutschen hatten kein umfassendes Verständnis der Bombenphysik.«[82] In jüngerer Zeit hat Manfred

80 Tooze, 588.
81 Smyth, 82.
82 Bernstein, Club, die Zitate sind von den Seiten 197 und 209.

Popp behauptet, dass die Gespräche in Farm Hall »jedem Physiker verraten, wie wenig die Deutschen über die Bombe wussten«.[83]

Unser Wissen über Heisenbergs Verständnis des Funktionsmechanismus einer Atombombe basiert hauptsächlich auf seinen allgemeinverständlichen Vorträgen im Februar und Juni 1942.[84] Selbstverständlich waren dies nichttechnische, qualitative Darstellungen, die jedoch auch durch einige seiner technischen Berichte bestätigt wurden. Diese beiden Vorträge belegen zusammengenommen, dass Heisenberg ganz genau verstand, dass in einer reinen, hinreichend großen Masse eines Kernsprengstoffs wie Uran-235 oder Element 94 eine energieerzeugende Kettenreaktion mit Freisetzung schneller Neutronen exponentiell anwächst und einen Explosivstoff von enormer Sprengkraft hervorbringt. Dies ist das Herzstück einer Atombombe. Es ist nicht weiter verwunderlich, dass Heisenberg in seinen Vorträgen nicht enthüllt, wie viel Kernsprengstoff benötigt würde, da er in Farm Hall zugab, diese Menge nie berechnet zu haben.

Wenn man jedoch Heisenbergs Verständnis des Funktionsmechanismus einer Atombombe im Jahr 1942 beurteilen will, sollte man als Maßstab nicht den letztendlichen Erfolg des Manhattan-Projekts heranziehen, sondern vielmehr das, was Emigranten, Briten und Amerikaner, die in den Vereinigten Staaten arbeiteten, bis Sommer 1942 erreicht hatten. Heisenberg zeigte wohl kaum ein umfassendes Verständnis der Bombenphysik, aber in dieser Phase des Krieges hatte auch in Großbritannien oder den USA niemand ein solches Verständnis. Der entscheidende Unterschied zwischen den beiden Seiten besteht darin, dass in Deutschland keine weiteren theoretischen Arbeiten zur Physik der Atombombe in Angriff genommen wurden, während amerikanische und in die USA emigrierte Wissenschaftler dieses Ziel anschließend engagiert und entschlossen verfolgten.

83 Manfred Popp, »Misinterpreted Documents and Ignored Physical Facts: The History of ›Hitler's Atomic Bomb‹ Needs to Be Corrected«, *Berichte zur Wissenschaftsgeschichte*, 39 (2016), 265–282, hier 274; vgl. auch Manfred Popp, »Hitlers Atombombe. Störfall der Wissenschaftsgeschichte«, *Spektrum der Wissenschaft*, 12/16 (2016), 12–21; Manfred Popp, »Why Hitler Did Not Have Atomic Bombs«, *Journal of Nuclear Engineering*, 2 (2021), 9–27. Meine Antwort auf Popps Kritik beinhaltet eine technischere und detailliertere Analyse von Heisenbergs wissenschaftlicher Durchdringung der Materie, als ich sie hier vorlege, vgl. Mark Walker, »Physics, History, and the German Atomic Bomb«, *Berichte zur Wissenschaftsgeschichte*, 40 (2017), 271–288.

84 Werner Heisenberg, Die theoretischen Grundlagen für die Energiegewinnung aus der Uranspaltung (26. Februar 1942), ADM, IMC 29 1005-1013.

6. Totaler Krieg

> Es ist jetzt ganz auffallend, wie alle Leute dünner werden, auch bei verschiedenen Leuten der K. W.G., die ich vor den Ferien zum letzten Mal gesehen hatte, war ich ganz erschrocken, wie ich sie jetzt sah. [...] Menschen, die völlig gesund u. wohlgenährt aussehen, findet man kaum mehr. Und die Kriegslage trägt nicht dazu bei, die Menschen optimistischer zu machen.
> Vielleicht hängt alles auch mit der Krankheit zusammen: ich hab gelegentlich noch leichtes Fieber u. bin müde, dabei bin ich aber innerlich merkwürdig angeregt, ich arbeite den ganzen Tag, ja eigentlich schon fast eine Woche lang intensiv an meiner Physik u. komme wunderbar voran.
>
> Werner Heisenberg an Elisabeth Heisenberg
> (13. und 22. September 1942)[1]

Stalingrad und der totale Krieg

Die deutsche Offensive im Sommer 1942 war zunächst ein Erfolg, da die deutschen Truppen noch tiefer in die Sowjetunion vorstießen als im Jahr zuvor. Aber am Übergang vom Herbst zum Winter kam die Offensive ins Stocken. Die Schlacht um die südrussische Stadt Stalingrad begann am 19. August; es kam zu äußerst erbitterten Kämpfen um jede Straße und jeden Häuserblock. Als die deutsche Offensive im Kaukasus stecken blieb, rieten die Generäle Hitler, er solle den Rückzug auf weniger ungeschützte Positionen anordnen, aber er lehnte dies ab. Im November starteten die sowjetischen Streitkräfte einen Gegenangriff und kesselten 240 000 Soldaten ein. Der deutsche Befehlshaber bat darum, seinen Truppen einen Ausbruchsversuch zu gestatten, aber auch dies lehnte Hitler ab. Er vertraute eher überoptimistischen Behauptungen, wonach die Luftwaffe die eingekesselten Truppen versorgen könnte. Als die Niederlage unabwendbar zu sein schien, lehnte er einen weiteren Appell des belagerten Befehlshabers ab; er bestand darauf, bis zum letzten Mann zu kämpfen, um Zeit zu gewinnen. Als die deutschen Truppen schließlich am 2. Februar 1943 kapitulierten, beliefen sich die Verluste der Wehrmacht und ihrer Verbündeten auf 150 000 Mann, während weitere 90 000 Soldaten in Gefangenschaft gerieten. Im Lauf des Winters 1942/43 verloren die Deutschen nicht nur viele Soldaten und große Mengen an Ausrüstung, sondern auch praktisch

1 Werner Heisenberg an Elisabeth Heisenberg (13. und 22. September 1942), in Werner Heisenberg und Elisabeth Heisenberg, *»Meine Liebe Li!« Der Briefwechsel 1937–1946* (St. Pölten 2011), 207–209.

die gesamten Gebiete, die sie während der Sommeroffensive 1942 erobert hatten.[2]

Als sich die militärische Lage an der Ostfront immer weiter verschlechterte, forderte Propagandaminister Joseph Goebbels, eines der mächtigsten und skrupellosesten Mitglieder der NS-Elite, innerhalb Deutschlands den »totalen Krieg« auszurufen. Auf einer Ministerkonferenz, die Goebbels am 4. Januar einberief, betonte er, dass

> eine radikalere zivile Kriegführung allein in der Lage sei, militärische Erfolge für uns herbeizuführen. Jeder Tag beweise mehr, dass wir im Osten einem brutalen Gegner gegenüberstehen, den man auch nur mit den brutalsten Mitteln niederzwingen könne, und hierfür müsse der totale Einsatz unserer gesamten Kräfte und Reserven erfolgen. Damit gewinne die deutsche Propaganda auch wieder Boden unter den Füßen, und der Gegensatz zwischen Theorie und Praxis werde aufgehoben. Wenn das Volk spüre, daß nicht nur Propaganda für den totalen Krieg gemacht, sondern auch die notwendigen Konsequenzen gezogen würden, so bekomme die Propaganda ihre richtige Substanz und Wirkung.

Die Propagandabotschaft selbst müsse auf einige Schlüsselsätze reduziert werden:

(1) Der Krieg ist dem deutschen Volke aufgezwungen worden;
(2) Es gehe in diesem Kriege um Leben oder Sterben;
(3) Es gehe um die totale Kriegführung.

Auf einer anderen Konferenz zehn Tage nach dem Fall Stalingrads fügte Goebbels hinzu: »Der Kampf gegen den Bolschewismus und die Gefahr der Bolschewisierung Europas beschäftige heute Freund und Feind in der gleichen Weise. Unser Kampf gegen den Bolschewismus müsse als die große und alles beherrschende Propagandathese alle Propagandainstrumente beherrschen.«[3]

Am 18. Februar hielt Goebbels im Berliner Sportpalast eine Rede, die im Rundfunk übertragen wurde. Er formulierte zunächst drei Thesen:

> Die erste dieser Thesen lautet: Wäre die deutsche Wehrmacht nicht in der Lage, die Gefahr aus dem Osten zu brechen, so wäre damit das Reich und in kurzer Folge ganz Europa dem Bolschewismus verfallen.

2 Jeremy Noakes und Geoffrey Pridham (Hgg.), *Nazism: A History in Documents and Eyewitness Accounts, 1919–1945*, Band III (Exeter 1988), 841–845.

3 Goebbels-Konferenz (4. Januar und 12. Februar 1943), in W. A. Boelcke (Hg.), *Wollt ihr den totalen Krieg? Die geheimen Goebbels-Konferenzen 1939–1943* (München 1969), 414–415, 439–441.

> Die zweite dieser Thesen lautet: Die deutsche Wehrmacht und das deutsche Volk allein besitzen mit ihren Verbündeten die Kraft, eine grundlegende Rettung Europas aus dieser Bedrohung durchzuführen.
> Die dritte dieser Thesen lautet: Gefahr ist im Verzuge. Es muss schnell und gründlich gehandelt werden, sonst ist es zu spät.

Anschließend erging er sich in düsteren Warnungen darüber, was womöglich geschehen würde, wenn man nicht handle, wobei er zynisch Opfer und Täter umkehrte: »Hinter den anstürmenden Sowjetdivisionen sehen wir schon die jüdischen Liquidationskommandos, hinter diesen aber erhebt sich der Terror, das Gespenst des Millionenhungers und einer vollkommenen Anarchie.«[4]

Als sich Goebbels seinen Erwartungen an die Bevölkerung an der Heimatfront zuwandte, wurde er von einem großen, handverlesenen Publikum aus nationalsozialistischen Aktivisten unterstützt. Goebbels behauptete, dass zwar der weitaus größte Teil des Volkes die ganze Bürde des Krieges trage, ein kleiner, passiver Teil sich aber an den Lasten und der Verantwortung des Krieges vorbeizudrücken versuche. Seine Forderung, die Lasten müssten gerecht verteilt werden, wurden mit Bravorufen und Beifall aufgenommen. Die Menge verlangte, die »Drückeberger« zu hängen. In dieser »ernstesten Phase unseres Schicksalkampfes« müsse, so Goebbels, jedermann seine Pflicht der Nation gegenüber erfüllen; wenn nötig, müsse er dazu gezwungen werden. Der Reichspropagandaminister beendete seine Rede mit zehn rhetorischen Fragen, auf welche das unterwürfige, mitgerissene Publikum jeweils ein »Ja« brüllte: »Ich frage euch: Wollt ihr den totalen Krieg? Wollt ihr ihn, wenn nötig, totaler und radikaler, als wir ihn uns heute überhaupt noch vorstellen können?«[5]

Die meisten Deutschen teilten die Begeisterung von Goebbels' Publikum im Sportpalast nicht. Schon bevor deutsche Truppen nach Stalingrad vorstießen, berichteten örtliche Funktionäre, dass die Bevölkerung kriegsmüde werde.

> Die Sehnsucht danach, dass mit dem Kriege endlich einmal Schluss gemacht wird, zeigte sich jüngst besonders in der Gier, mit der sich die Leute auf die Gerüchte über Waffenstillstandsverhandlungen mit Russland stürzen. Die Tatsachen, dass die Front im Osten zum größten Teil schon seit langer Zeit stille steht, dass Stalingrad immer noch nicht zu Fall gebracht werden konnte, dass die Nachrichten über Todesfälle an

4 http://commons.wikimedia.org/wiki/File:Joseph_Goebbels_Rede_im_Berliner_Sportpalast_1943.ogg (letzter Zugriff am 29. Juni 2023).

5 http://commons.wikimedia.org/wiki/File:Joseph_Goebbels_Rede_im_Berliner_Sportpalast_1943.ogg (letzter Zugriff am 29. Juni 2023).

> der Front nicht abreißen wollen, dass die Aufkündigungen von UK-Stellungen jüngerer landwirtschaftlicher Betriebsführer sich ganz bedenklich häufen und dass die jüngsten Jahrgänge ebenfalls schon eingezogen werden, werden als Erschöpfungszustände gedeutet. Die Reden des Führers, des Reichmarschalls, des Außenministers, des Reichspropagandaministers und die übrigen Propagandamaßnahmen und örtlichen Propagandawellen haben keine nachhaltige, dauerhafte Wirkung mehr. Die Kriegsmüdigkeit ist eben schon zu stark, so dass Aufforderungen, noch mehr zu leisten, völlig wirkungslos verpuffen [...].[6]

Außerdem verheimlichten die Propagandabehörden den Deutschen die Wahrheit über die Schlacht von Stalingrad. Am 11. Januar schrieb Paul Harteck an Karl-Friedrich Bonhoeffer, er denke, der Krieg werde nicht mehr lange dauern.[7] Obwohl die deutsche 6. Armee schon am 22. November eingekesselt worden war, erfuhren die Deutschen erst am 16. Januar 1943, dass ihre Truppen sich in einer Abwehrschlacht gegen einen Feind befänden, der von allen Seiten angreife.[8] Am 28. Januar berichtete der Sicherheitsdienst (SD) der SS, das ganze Volk sei zutiefst erschüttert und in Sorge über die weitere Entwicklung des Krieges, weil man den Eindruck habe, dass das Schicksal der 6. Armee bereits besiegelt sei. Die Menschen fragten insbesondere, warum Stalingrad nicht geräumt oder entsetzt worden sei und wie es möglich sei, dass die militärische Lage einige Monate zuvor noch als gesichert beschrieben worden sei. Aus Sorge, dass der Krieg einen ungünstigen Ausgang nehmen könnte, begannen viele Deutsche ernsthaft über die Folgen einer Niederlage nachzudenken. Die meisten Menschen seien überzeugt, dass »ein Verlust des Krieges dem Untergang gleich komme«.[9]

Ein paar Tage früher hatten regionale NSDAP-Führer einen ähnlichen Bericht verfasst. Mit einer gewissen Verbitterung hätten Menschen den eklatanten Gegensatz zwischen den älteren Berichten und den jüngsten Meldungen festgestellt. Die Medien hätten die Lage viel zu rosig geschildert. Die Sowjets seien nicht nur unterschätzt worden, es sei auch ein völlig falsches Bild von ihrer Widerstandskraft und ihrem Rüstungspotenzial gezeichnet worden. Infolgedessen gebe es eine erhebliche Vertrauenskrise in Bezug auf die Medien. Die Bevölkerung wolle die Wahrheit hören. Die Menschen wüssten, dass es um ihre Existenz gehe und dass jeder um sein Leben kämpfe. Aber wenngleich sie nicht wollten, dass die Lage geschönt

6 Martin Broszat und Elke Fröhlich (Hgg.), *Alltag und Widerstand. Bayern im Nationalsozialismus* (München 1987), 266–267.

7 Paul Harteck an Karl-Friedrich Bonhoeffer (11. Januar 1943), RPI, PHP B1 F7.

8 Jeremy Noakes und Geoffrey Pridham (Hgg.), *Nazism: A History in Documents and Eyewitness Accounts, 1919–1945*, Band IV (Exeter 1998), 543.

9 Ebd., 543.

werde, wollten sie doch die Gewissheit haben, dass ihre Mühen zum Erfolg führten.[10]

Goebbels' Sportpalastrede, die ein großer Teil der Bevölkerung hörte, fand eine gemischte Aufnahme. Im Allgemeinen fielen die Berichte des Sicherheitsdienstes günstig aus. Goebbels' offene Darstellung des Ernstes der Lage habe Spannungen abgebaut und das Vertrauen in die Führung gefestigt, die »endlich ganz offen gesprochen und ›reinen Wein eingeschenkt‹ habe«. Aber Menschen fragten, »wo die Front zum Stehen kommen werde, warum Stalingrad sein mußte, welche Opfer an Menschen, welche Verluste an Waffen, Material und für die Versorgung wichtiger Gebiete die Rückzüge kosten würden«.[11]

Zentrifugen

Wilhelm Groth gelang schließlich im August 1942 der Nachweis einer erfolgreichen Uranisotopenanreicherung. Der Gehalt an Uran-235 in drei kleinen Proben war in der Zentrifuge um 2,7, 2,4 bzw. 3,9 Prozent angereichert worden.[12] Aber der Schritt zur industriellen Anwendung schien schwierig. Konrad Beyerle (1900–1979) von der Anschütz-Gesellschaft teilte Harteck und Groth mit, dass mehr technisch geschulte Arbeitskräfte benötigt würden, um die Ultrazentrifugen zu entwickeln und herzustellen. Harteck und Beyerle begannen auch über Patentanträge zu sprechen.[13] Wie Abraham Esau beim Reichsforschungsrat in Berlin, der jetzt für die Arbeitsgemeinschaft zuständig war, im November seinem Vorgesetzten Rudolf Mentzel (1900–1987) berichtete, bestand der nächste Schritt darin, eine Reihe von Ultrazentrifugen zu bauen, mit denen das benötigte angereicherte Uran produziert werden sollte.[14]

Die Hamburger Forscher um Paul Harteck erstatteten im Februar 1943 Bericht über ihre Fortschritte bei den Ultrazentrifugen. Sie hatten die Konstruktion verbessert, vereinfacht und automatisiert, so dass die Apparatur jetzt Hunderte von Stunden laufen konnte, ohne gewartet zu werden. Durch ein Schaukelverfahren sollte der Trenneffekt verstärkt werden. Die

10 Ebd., 543–544.

11 Ebd., 545–546.

12 Telegramm, Wilhelm Groth an Paul Harteck (13. August 1942), RPI, PHP B2 F7; Wilhelm Groth und A. Suhr, Trennung der Uranisotope nach dem Ultrazentrifugenverfahren. II. Anreicherung der Uranisotope U_{234} und U_{235} in einer einstufigen Ultrazentrifuge (17. August 1942), ADM, FA 002 621.

13 Konrad Beyerle (Anschütz) an Wilhelm Groth (13. Juli 1942), ADM, FA 002 792; Konrad Beyerle an Paul Harteck (8. August 1942), ADM, FA 002 792.

14 Abraham Esau an Rudolf Mentzel (24. November 1942), ADM, IMC 29 1035-1943.

Trommel der Zentrifuge, die um eine zentrale Achse rotierte, sollte in Kammern unterteilt werden, derart, dass der achsennahe Teil einer Kammer mit jenem Teil der nächsten Kammer, der sich nahe der Außenwand befand, in Verbindung stand.

Wenn Gas mit dieser Anlage zentrifugiert wird, sammeln sich die schwereren Anteile an der Außenwand jeder Kammer. Anschließend wird das Gas mithilfe eines oszillierenden Gasstroms in regelmäßigen Abständen aus einer Kammer in die nächste gedrückt (beziehungsweise gezogen). Diese Oszillation wird dadurch erreicht, dass man zwei Zentrifugen miteinander verbindet. Aber die Umdrehungsgeschwindigkeit einer Zentrifuge wird in regelmäßigen Abständen verändert, was einen plötzlichen Druckabfall erzeugt. Diese regelmäßige Druckänderung bewirkt, dass der Gasstrom seinerseits oszilliert und dadurch das Gas nahe der Außenwand einer Kammer in den zentralen Bereich ihrer Nachbarkammer drückt (beziehungsweise zieht). So entsteht eine Art Trennsäule, die den Trenneffekt einer einzelnen Zentrifuge verstärkt.[15]

In seinem im April vorgelegten Budget für die Arbeitsgemeinschaft stellte Esau fast ein Drittel der Gelder für die Entwicklung von Doppel-Ultrazentrifugen zur Verfügung. Bei einem Vortrag an der Deutschen Akademie für Luftfahrtforschung einen Monat später erläuterte er die Gründe: Die Anreicherung von Uran-235 würde sie wahrscheinlich von der Notwendigkeit befreien, schweres Wasser zu verwenden, und die Abmessungen der Uranmaschine verringern. Klaus Clusius, der im Anschluss an Esau einen eigenen Vortrag über Isotopentrennung hielt, pries sowohl Hartecks »energisches Eintreten« als auch die »einzigartige Erfahrung« der Firma Anschütz. Ihnen sei es zu verdanken, dass Deutschland eine ausgezeichnete Ultrazentrifuge mit elektrischem Antrieb besitze.[16]

Der Erfolg der Hamburger Forscher mit der Ultrazentrifuge brachte sowohl mehr Unterstützung als auch höhere Erwartungen. Nachdem Esau im Juli einen günstigen Bericht über die Fortschritte bei der Arbeit an Zentrifugen erhalten hatte, schrieb er an Harteck, ihm »persönlich wäre sehr daran gelegen«, wenn Harteck für einen von Walther Bothe geplanten Versuch so bald wie möglich eine ausreichend große Menge angereicherten Urans her-

15 Wilhelm Groth, Paul Harteck und A. Suhr, Trennung der Uranisotope nach dem Ultrazentrifugenverfahren III. Anreicherung der Xenon- und der Uranisotope nach dem Schaukelverfahren (Februar 1943), ADM, FA 002 635; Paul Harteck und Johannes Jensen, Berechnung des Trenneffektes und der Ausbeute verschiedener Zentrifugenanordnungen zur Erhöhung des Wirkungsgrades einer einzelnen Zentrifuge (Februar 1943), ADM, FA 002 592.

16 Abraham Esau an Rudolf Mentzel (RFR) (5. April 1943), ADM, IMC 29 1060-1061. Abraham Esau, Einleitung (6. Mai 1943), ADM, FA 002 173; Klaus Clusius, Isotopentrennung (6. Mai 1943), ADM, FA 002 737.

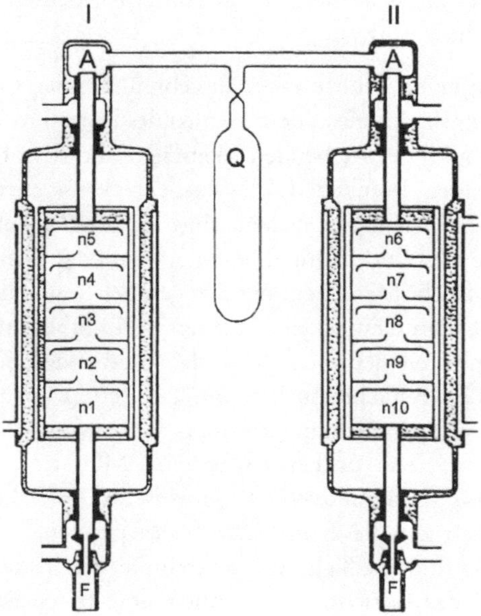

Abb. 15: Schematische Darstellung einer Doppel-Ultrazentrifuge.

stellen könne. Harteck wurde angewiesen, Esau mitzuteilen, welche Menge die gegenwärtig in Bau befindliche Zentrifuge produzieren und wann er die Probe liefern könne. Harteck antwortete, dass es zunächst nicht oberstes Ziel gewesen sei, Proben herzustellen, sondern einen absolut zuverlässigen Betrieb der Zentrifuge zu gewährleisten. Außerdem habe dies mehr Arbeit erfordert, als es nach den ersten positiven Ergebnissen vielleicht den Anschein gehabt hätte. Das vorläufige Modell bei Anschütz in Kiel könne ab folgender Woche für Trennversuche eingesetzt werden. Das Doppelmodell, das in Freiburg im Breisgau gebaut werde, werde in wenigen Wochen fertig sein. »Aus Ihrem Schreiben entnehme ich, dass Proben für die Messungen von Herrn Bothe als vordringlich wichtig angesehen werden«, so Harteck weiter. Er habe daher mit Groth und Beyerle vereinbart, dass unter allen Umständen in den folgenden Wochen Proben hergestellt werden sollten.[17]

Der Krieg machte es Harteck unmöglich, dieses Versprechen zu halten. Alliierte Luftangriffe auf Hamburg verursachten in der Nacht vom 27. auf den 28. Juli einen Feuersturm, dem rund 35 000 bis 40 000 Menschen zum

17 Abraham Esau an Paul Harteck (15. Juli 1943), ADM, FA 002 796; Paul Harteck an Abraham Esau (21. Juli 1943), ADM, FA 002 796.

Opfer fielen. Der amtliche Bericht des Polizeipräsidenten von Hamburg enthält entsetzliche Details:

> Der Eindruck beim Anblick eines ausgebrannten Stadtteiles ist farblos gegenüber dem Brand selbst, dem Heulen des Feuersturmes, dem Schreien und Wimmern der sterbenden Menschen und dem Krachen der dazwischenfallenden Bomben. [...] Die Schreckensszenen, die sich im Feuersturmgebiet abgespielt haben, sind unbeschreiblich. Kinder wurden durch die Gewalt des Orkans von der Hand der Eltern gerissen und ins Feuer gewirbelt. Menschen, die sich gerettet glaubten, fielen vor der alles vernichtenden Gewalt der Hitze um und starben in Augenblicken. Flüchtende mussten sich ihren Weg über Sterbende und Tote bahnen. Kranke und Gebrechliche mussten von den Rettern zurückgelassen werden, da diese selbst in Gefahr gerieten, zu verbrennen. [...] Die Straßen waren mit Hunderten von Leichen bedeckt. Mütter mit ihren Kindern, Männer, Greise, verbrannt, verkohlt, unversehrt und bekleidet, nackend und in wächse[r]ner Blässe wie Schaufensterpuppen, lagen sie in jeder Stellung, ruhig und friedlich oder verkrampft, den Todeskampf im letzten Ausdruck des Gesichts. Die Schutzräume boten das gleiche Bild, grausiger noch in seiner Wirkung, da es zum Teil den letzten verzweifelten Kampf gegen ein erbarmungsloses Schicksal zeigte. Saßen an einer Stelle die Schutzrauminsassen ruhig, friedlich und unversehrt wie Schlafende auf ihren Stühlen, durch Kohlenoxydgas ahnungslos und ohne Schmerzen getötet, so zeigt die Lage von Knochenresten und Schädeln in anderen Schutzräumen, wie ihre Insassen noch Flucht und Rettung aus dem verschütteten Gefängnis gesucht hatten.

In den sieben anschließenden Bombenangriffen auf die Stadt zwischen dem 25. Juli und dem 3. August, an denen rund 3000 britische und US-amerikanische Flugzeuge beteiligt waren, wurden mindestens 42 000 Menschen getötet und über 100 000 verletzt; über 40 000 Wohnblöcke mit rund 225 000 Wohnungen, 24 Krankenhäuser, 227 Schulen, 580 Industriebetriebe und etwa 3000 andere Betriebe wurden zerstört.[18] Der Physiker Max von Laue, der, fern von Berlin, an der deutschen Nordseeküste Urlaub machte, sah, wie Flüchtlinge aus Hamburg dort eintrafen. Trinkwasser war hier nach den Angriffen so knapp, dass Menschen angefangen hatten, Wasser aus Kanälen zu trinken, was zu einer Typhusepidemie führte. Zwei Wochen später erlebte er einen weiteren Angriff, bei dem er das Dröhnen amerikanischer und britischer Flugzeuge hörte: »Ein unheimlicher Ton! Unheimlich

18 Erhard Klöss (Hg.), *Der Luftkrieg über Deutschland 1939–1945* (München 1963), 49, 56–57; Noakes und Pridham, Band IV, 554–557.

vor allem deswegen, weil so gar nichts dagegen geschah. [...] Man hat doch den Eindruck, als wären wir am Luftkrieg zurzeit nur noch passiv beteiligt.«[19]

Ende August war Karl-Friedrich Bonhoeffer erleichtert, als er ein Telegramm von Harteck bekam: »Institut steht. Wir alle leben!« Bonhoeffer telegrafierte die Nachricht sofort an Hartecks Mutter, aber dann folgten die Fragen: »Was heißt ›Ihr lebt‹? Seid Ihr alle unverletzt? Offenbar nicht!« Harteck solle Hamburg verlassen. »Es ist wohl das Schrecklichste, was bisher überhaupt im Kriege vorgekommen ist, was Du jetzt durchmachst.« Bislang hatte es derart konzentrierte Angriffe auf ein und denselben Ort so rasch hintereinander nicht gegeben. »Und Du bist genau in der Mitte des Hexenkessels! Ob Deine Wohnung noch existiert mit dem schönen Klavier? Ob Ihr zu essen und trinken habt?« Es wäre »Wahnsinn«, wenn Harteck seine Versuche in Hamburg fortsetzen wollte. An Hartecks Stelle würde Bonhoeffer jede Nacht außerhalb der Stadt im Freien schlafen. Bonhoeffer selbst dachte ständig, dass er seine Kinder aus Leipzig herausbringen sollte, aber dafür sei es vermutlich zu spät. Er dachte an Harteck, an das, was er durchmachte, und an das allgemeine Elend, das zwangsläufig folgen würde.[20]

Schon im Juni planten Esau und Harteck, die Doppel-Ultrazentrifuge in der relativ sicheren Stadt Freiburg im Breisgau statt in Hamburg aufzubauen. Esau wollte sie so bald wie möglich verlegen, während Harteck zuerst sämtliche Fehler an der Zentrifuge finden und beheben wollte, weil die Verlegung ihre Arbeit unterbrechen würde. Die Angriffe auf Hamburg machten Hartecks Sorgen irrelevant. Am 3. August war die Firma Anschütz bereit, die Prototyp-Zentrifuge und andere Zentrifugenteile nach Süddeutschland zu schicken. Groth und Albert Suhr (1912–2005), zwei Mitarbeiter Hartecks, fehlten. Das Heereswaffenamt hatte für die Beförderung der wichtigen Institutsgeräte einen LKW zur Verfügung gestellt, aber Harteck müsste den Transport, das Be- und Entladen einschließlich der Beschaffung der benötigten Arbeitskräfte selbst organisieren. Hermann Beuthe (1897–?), ein leitender Mitarbeiter des Heereswaffenamts, beendete seinen Brief an Harteck mit aufmunternden Worten: »Ich freue mich, daß Sie und hoffentlich auch die andern Herren die schweren Tage in Hamburg persönlich gut überstanden haben, ich wünsche Ihnen nun recht baldige, erfolgreiche Weiterarbeit.«[21]

19 Max von Laue an Otto Hahn (5. August 1943), AMPG, III. Abt. Rep. 14 2461; Max von Laue an Werner Heisenberg (20. August 1943), AMPG, III. Abt. Rep. 93.

20 Karl-Friedrich Bonhoeffer an Paul Harteck (30. August 1943), RPI, PHP B1 F7.

21 Paul Harteck an Konrad Beyerle (15. Juni 1943), ADM, FA 002 792; Beuthe an Paul Harteck (3. August 1943), ADM, FA 002 796.

Mitte September konnte Harteck dem Heereswaffenamt in Berlin gute Neuigkeiten melden. Sein Institut und die meisten Mitarbeiter hätten bei dem Angriff »unwahrscheinlich viel Glück gehabt«. Um die Arbeiten möglichst schnell wieder in Gang zu bringen, sei Groth kurz nach dem Feuersturm nach Freiburg gefahren. Suhr folgte ihm mit dem Lastwagen, der mit den für das Zentrifugenvorhaben nötigen Apparaten beladen war. Bei den Versuchen in Freiburg sei es auch gelungen, Uranisotope anzureichern. Harteck schloss seinen Brief mit der Bemerkung, er habe zu seiner Freude erfahren, dass die jüngsten Angriffe auf Berlin recht wirkungslos gewesen seien. »Hoffen wir für die Zukunft das beste!«[22]

Die sich verschlechternde Kriegslage hatte dazu geführt, dass im Herbst 1943 die Situation an der deutschen Heimatfront wirklich gefährlich geworden war. Aber die Deutschen mussten jetzt auch noch aus einem anderen Grund sehr aufpassen. Auf die wachsende öffentliche Unzufriedenheit mit der Kriegslage hatte die Gestapo mit immer stärkerer Repression reagiert. Im Gegensatz zu den ersten Jahren des Dritten Reichs, als deutsche Bürger ein gewisses Maß an persönlicher Bewegungs- und Meinungsfreiheit genossen, konnten unbedachte Äußerungen gravierende – bis hin zu tödlichen – Konsequenzen haben. Einer der beunruhigendsten Aspekte des Lebens in Deutschland zu dieser Zeit war die Furcht vor Denunziation. Deutsche misstrauten nicht nur Amtsträgern bei Polizei und Geheimpolizei, bei anderen Behörden oder beim Militär, sie mussten in jedem einen potenziellen Spitzel fürchten.

Im Spätsommer 1943 landete ein vertraulicher Bericht über Paul Harteck auf den Schreibtischen der Gestapo; darin wurde der Hamburger Wissenschaftler »Äußerungen zersetzender Art« bezichtigt. Es wurde behauptet, Harteck habe offen seine staatsfeindliche Einstellung bekundet und solle daher seines Postens an der Universität enthoben werden. Auch solle die Polizei umgehend strafrechtliche Ermittlungen gegen ihn einleiten. Die Gestapo kontaktierte den örtlichen NSDAP-Funktionär, der für den Lehrkörper der Universität zuständig war. Dieser antwortete jedoch, er wisse nichts von einem derartigen Verhalten Hartecks. Der Bericht müsse eine Übertreibung sein. Harteck stammte aus Wien, war Katholik und vielleicht aufgrund seiner Weltanschauung und seines Temperaments politisch ein wenig unbeständig. Aber der NS-Funktionär hielt es auf jeden Fall für vertretbar, Harteck weiterhin als Dozenten zu beschäftigen. Trotzdem stattete die Gestapo Harteck einen Besuch in dessen Wohnung ab.[23]

22 Paul Harteck an Kurt Diebner (16. September 1943), ADM, FA 002 796.

23 Heinrich Grobbrügge an Paul Harteck (25. Juni 1948), HSA, HSWD und PA 1206 B.1; Paul Harteck an Heinrich Grobbrügge (29. Juli 1948), HSA, HSWD und PA 1206 B.1.

Der Informant war der Hamburger Experimentalphysiker Peter Paul Koch (1879–1945), ein ergebener Nationalsozialist. Obgleich er in seinen besten Jahren unter seinen Fachkollegen einen guten Ruf genoss, war es im Jahr 1943 lange her, dass Koch einen originellen Beitrag zur Physik geleistet hatte. Vielleicht hatten ihn persönliche und berufliche Differenzen zu der Anzeige motiviert. Harteck hatte das Betreiben mehrerer Hamburger Physiker unterstützt, Koch in den Vorruhestand zu versetzen und an seiner statt einen jungen Kernphysiker nach Hamburg zu berufen.[24]

Harteck wusste nicht, dass einer der Mechaniker an seinem Institut ebenfalls als Spitzel für die Gestapo arbeitete. Hartecks extrovertierte, aufgeräumte Art brachte ihm Glück. Der Informant/Mechaniker mochte seinen Vorgesetzten so sehr, dass er sich ihm offenbarte und Harteck versicherte, dass er ihn nicht verraten werde. Als Koch Harteck denunzierte, wurde Harteck von seinem Mechaniker vorgewarnt. Als dann die gefürchteten Gestapo-Beamten kamen und Harteck verhörten, antwortete dieser, dass, falls es eine Anzeige gegeben haben sollte, diese von Koch kommen müsse, der Harteck hasse. Die Gestapo gab sofort an, dass Koch der Informant gewesen sei. Zu Kochs großem Missfallen erzählte Harteck anschließend seinen Kollegen offen, dass Koch ihn denunziert habe.[25] Offenbar wurden die polizeilichen Ermittlungen gegen Harteck nicht fortgeführt. Allerdings wurde Harteck nicht einfach von jeglichem Verdacht freigesprochen. Wahrscheinlich ging er davon aus, dass er fortan unter Beobachtung stand und bis zum Ende des Krieges in ständiger Gefahr schwebte, Opfer von Repressalien zu werden. Wie viele andere deutsche Wissenschaftler sahen sich die Mitglieder der Arbeitsgemeinschaft jetzt täglich mit einer tödlichen Bedrohung »von oben« und der Gefahr der Denunzierung »von innen« konfrontiert. Darauf reagierten viele, indem sie ihre Köpfe einzogen, sich in ihre Arbeit vergruben und versuchten, durchzuhalten.

24 Auszug aus dem Protokoll des Universitätssenats (26. Juni 1945), HSA, Universität I- D.10.10 Bd. I; Paul Harteck an Johannes Jensen (15. August 1944), ADM, FA 002 798; die Denunziation Hartecks durch Koch war nach dem Krieg allgemein bekannt, vgl. zum Beispiel Robert Jungk, *Brighter than a Thousand Suns: A Personal History of the Atomic Scientists* (New York 1958), 96; Harteck an Jensen (15. Aug. 1944), ADM, FA 002 797.

25 Interview von Mark Walker mit Paul Harteck.

Schweres Wasser

Norsk Hydro

Im Juli 1942 reisten Friedrich Berkei (1911–1966) vom Heereswaffenamt, Hans Suess und Karl Wirtz zur Norsk Hydro, um sich mit norwegischen Technikern und deutschen Offiziellen, die für die Lenkung der norwegischen Wirtschaft zuständig waren, zu treffen.[26] Das zusätzliche Verfahren, das Harteck und Hans Suess entwickelt hatten, um die Schwerwasserproduktion bei der Norsk Hydro zu steigern, erforderte einen chemischen Katalysator. Leider enthielt der vielversprechendste Katalysator, genauso wie das Trennrohr, das schwer zu beschaffende Element Nickel und müsste von der I. G. Farben bezogen werden. Die deutschen Offiziellen erklärten sich bereit, für diesen Zweck 230 Kilogramm Nickel zu liefern. Die I. G. Farben schickte Ende August 1000 Kilogramm der Katalysatorsubstanz nach Norwegen.[27] Aber dies war nur die erste Lieferung. Um die Tonnen an Katalysator zu produzieren, die die Norsk Hydro schließlich benötigen würde, bräuchte die I. G. Farben mehr Nickel. Als sie es bei der zuständigen deutschen Dienststelle bestellen wollten, wurde ihnen gesagt, es müsse aus Norwegen geliefert werden. Die deutschen Entscheidungsträger im Wehrwirtschaftsstab für Norwegen antworteten, diese Mengen seien erheblich größer als diejenigen, die zuvor in Rede standen, sie könnten aber sofort eine halbe Tonne liefern. Über den Rest müsse man verhandeln.[28]

Anfang März hatte die I. G. Farben das versprochene Nickel aber immer noch nicht erhalten.[29] Da die Menge des produzierten schweren Wassers nicht den Erwartungen der Deutschen entsprach und es eine Zeit lang dauern würde, das zusätzliche Verfahren zum Laufen zu bringen, drängten die Deutschen die Norweger, schnellstmöglich die Schwerwasserproduktion in einer weiteren Anlage in Såheim aufzunehmen. Außerdem bestanden sie darauf, die bei der Norsk Hydro erzeugte Elektrizität zunächst vorrangig für die Herstellung von schwerem Wasser zu nutzen.[30] Das Heereswaffenamt hatte 1500 Kilogramm geordert, die im Lauf eines Jahres geliefert werden sollten. Die durchschnittliche Liefermenge hätte daher 125 Kilogramm pro Monat betragen sollen, aber die tatsächlich erhaltenen Mengen waren erheblich kleiner.

26 Niederschrift über die Besprechungen am 24. und 25.7.42 in Rjukan und Vemork, ADM, FA 002 786.
27 Ammoniakwerk Merseburg an IG Farben (24. August 1942), ADM, FA 002 783.
28 Paul Herold an Paul Harteck (10. Dezember 1942), ADM, FA 002 783; W Stab N an Ammoniakwerk Merseburg (19. Dezember 1942), ADM, FA 002 783.
29 W Stab N an OKH (2. März 1943), ADM, FA 002 803.
30 Niederschrift über die Besprechungen am 24. und 25.7.42 in Rjukan und Vemork, ADM, FA 002 786.

Vom 9.10.1941 bis 31.12.1941	361 kg
Januar 1942	100 kg
Februar 1942	91 kg
März 1942	100 kg
April 1942	0 kg
Mai 1942	51 kg
Juni 1942	94 kg
Juli 1942	128 kg
August 1942	121 kg
September 1942	96 kg
Gesamtmenge:	1142 kg

Die deutschen Offiziellen in Norwegen wussten, warum die Produktion im April und im Mai eingebrochen war; damals musste die Anlage wegen Wassermangels vorübergehend stillgelegt werden. Den Produktionsrückgang im September hingegen konnten sie sich nicht erklären. Suess fiel ein verdächtiges zeitliches Muster bei den Herstellungsmengen von schwerem Wasser auf: Die Prozentsätze in den verschiedenen Phasen stiegen zu Beginn der Woche, während sie am Ende wieder fielen. Die Deutschen wollten herausfinden, was diesen regelmäßig wiederkehrenden Rückgang verursachte und was bereits dagegen getan wurde.[31]

Die Norsk Hydro antwortete, dass der Produktionsrückgang im September durch die Erweiterung der Elektrolyseanlage zum Zweck der Integration des Harteck-Suess-Verfahrens verursacht worden sei. Daher hätten sie die Menge des schweren Wassers, die sie entnahmen, verringern müssen. Außerdem sei ihnen jetzt klar geworden, dass sie die Kapazität der Anlage im Sommer überschätzt und im Juli und August zu viel entnommen hätten. Auch die Bildung von Schaum verminderte die Produktionsmenge, aber die Beschäftigten der Norsk Hydro arbeiteten daran, diese durch Beimengung von Aktivkohle zu verringern. Sie teilten den Deutschen mit, sie wüssten nicht, was dieses regelmäßig wiederkehrende Ansteigen und Abfallen des Konzentrationsgrades verursache, aber sie versprachen, sich weiterhin um Aufklärung zu bemühen.[32] Tatsächlich waren einige norwegische Mitarbeiter der Norsk Hydro für diese Schaumbildung verantwortlich, denn sie setzten dem Wasser Rizinus- und Dorschleberöl bei. Die wiederkehrenden Produktionseinbrüche wurden vielleicht auch durch Sabotage verursacht.[33]

31 Wehrwirtschaftsstab Norwegen an Norsk Hydro (6. Oktober 1942), ADM, IMC 31 436.

32 Norsk Hydro an W Stab N (20. Oktober 1942), ADM, FA 002 786.

33 Per Dahl, *Heavy Water and the Wartime Race for Nuclear Energy* (Bristol 2009), 158.

Sabotage

Auf der obersten Führungsebene des amerikanischen Militärs wusste man, dass die Norsk Hydro schweres Wasser für die Deutschen herstellte, und man war besorgt darüber. Generalmajor George V. Strong (1880–1946) informierte General Eisenhower im September 1942 in einem Brief darüber, dass in Norwegen hergestelltes schweres Wasser nach Berlin transportiert werde. Dort werde es für Versuche verwendet, die die Entwicklung »von Spaltbomben auf Uranbasis« zum Ziel hätten. Strong wies darauf hin, dass sowohl amerikanische als auch britische Wissenschaftler auf diesem Gebiet ebenfalls Fortschritte machten. Für ihn war es offenkundig, dass die Nation, die derartige Bomben einsetzen könnte, »einen zerstörerischen Kampfstoff besitzt, der womöglich über den Ausgang des Krieges entscheiden wird«. Da man Strong gesagt hatte, solche Bomben könnten nicht ohne schweres Wasser entwickelt oder gebaut werden, sollte die Norsk Hydro entweder sabotiert oder bombardiert werden.[34]

David Irving zufolge war der erste Versuch, die Schwerwasserproduktion bei der Norsk Hydro zu sabotieren, die Operation Freshman, »schlecht durchdacht und mangelhaft geplant«. Zwei Lastensegelflugzeuge mit Freiwilligen wurden von Bombern von Großbritannien nach Norwegen gezogen. Eines der Schleppflugzeuge stürzte zusammen mit seinem Gleiter ab, ebenso der zweite Gleiter. Beim ersten Absturz fanden neun Insassen den Tod; die Überlebenden wurden von den Deutschen gefangen genommen und hingerichtet. Den zweiten Lastensegler entdeckten die Deutschen am nächsten Tag, diesmal verhörten sie die Überlebenden, ehe sie sie erschossen. Jetzt wussten die Deutschen, dass die Alliierten Kenntnis davon hatten, dass sie schweres Wasser herstellten und wozu sich dieses eignete.[35] Die deutschen Offiziellen, die die Norsk Hydro beaufsichtigten, begannen ebenfalls, den Sinn der Schwerwasserproduktion in Zweifel zu ziehen.[36]

Vier Monate nach der Operation Freshman begann die Operation Gunnerside. Dieser Einsatz wurde von Anfang an mythologisiert. Der norwegische Physiker Leif Tronstad (1903–1945) war an der Planung der Schwerwasseranlage bei der Norsk Hydro beteiligt gewesen, hielt sich aber mittlerweile in London auf, wo er für das norwegische Oberkommando auf dem Gebiet der Aufklärung, Spionage und Sabotage arbeitete. Er sagte den Freiwilligen, bevor sie zu ihrem Auftrag aufbrachen, dass sie »vielleicht

34 Major General George V. Strong an General Eisenhower (8. September 1942), NARA, M1109 File 7E.

35 David Irving, *Der Traum von der deutschen Atombombe* (Gütersloh 1967), 140–147.

36 Bericht über Besuch Konsul Ing. Schöpke von 6.–8.1.43 bei Norsk Hydro-Elektrisk Kvaelstofaktieselskab in Rjukan, Vermork, Såheim, Notodden und Oslo (11. Januar 1943), ADM, FA 002 786.

die Bedeutung ihres Auftrags nicht vollständig ermessen können, dieser aber Hunderte von Jahren in der norwegischen Geschichte fortleben wird«. Diesmal schafften es die Saboteure wohlbehalten nach Norwegen und in die Fabrikanlagen der Norsk Hydro. Am 16. Februar 1943 wurden in einer perfekten Sabotageaktion sämtliche Elektrolyse-Zellen beschädigt, so dass das teilweise angereicherte schwere Wasser durch die Abwasserkanäle abfloss. Etwas mehr als ein Drittel einer Tonne reinen schweren Wassers ging dabei verloren. Diese präzise Aktion hatte auf beiden Seiten keine Menschenleben gefordert und der Schwerwasseranlage den größtmöglichen Schaden zugefügt, ohne das für die zivile Wirtschaft Norwegens lebenswichtige Wasserkraftwerk zu beschädigen.[37]

Konsul Erhard Schöpke, der Leiter des deutschen Wehrwirtschaftsstabs in Oslo, empfahl daraufhin, Teile der Hochkonzentrierungsanlage für die Schwerwassererzeugung und das verbliebene Konzentrat nach Deutschland zu bringen.[38] Der schwedische Rundfunk berichtete über die Sabotage und darüber, dass schweres Wasser in Deutschland für die Herstellung hochwertiger Sprengstoffe dringend benötigt werde. Weil das Militär ein so großes Interesse an dieser Anlage gezeigt habe, so Schöpke, sei es für viele Norweger »ein geradezu nationaler Sport geworden, bei der Zerstörung dieser Anlage mitzuhelfen«. Die Deutschen beabsichtigten, die Wiederaufnahme der Schwerwasserproduktion bei der Norsk Hydro zu beschleunigen, indem sie diese mit bereits in ihrem Besitz befindlichem schwerem Wasser »impften«. Aber Schöpke warnte, die Wiederaufnahme der Herstellung von schwerem Wasser sei ein Signal für weitere Angriffe. Wenn die Deutschen Sabotageakte durch Sicherheitsmaßnahmen und das Ausschalten von Verrätern innerhalb der Fabrik unmöglich machten, sei damit zu rechnen, dass die gesamte Anlage bombardiert werde.[39]

Die Schwerwasseranlage bei der Norsk Hydro wurde rasch wieder instand gesetzt, wobei ein Teil des aus Deutschland zurückgeholten schweren Wassers als Ausgangsmaterial diente. Bis Ende Juni hatten sie 120 Kilogramm schweres Wasser produziert, das bereit für den Abtransport nach Berlin war.[40] In der Zwischenzeit hatte Suess einen besseren Katalysator gefunden, der weniger Nickel benötigte. Obgleich Harteck einräumte, dass die Sabotage in Norwegen die Frage aufgeworfen habe, ob mehr Investitionen in die Norsk Hydro getätigt werden sollten, plädierte er dafür, zunächst

37 Irving, Traum, 161–175.

38 W Stab N an OKH (2. März 1943), ADM, FA 002 803 und 786.

39 Bericht über Konsul Ing. E. Schöpkes Reise und Besprechungen v. 10.–12.3.1943 (13. März 1943), ADM, FA 002 786.

40 Bericht von Konsul Ing. Schöpke über die Besprechungen am 17. und 18.6.43 in Rjukan, Vemork und Såheim betr. den weiteren Ausbau und Betrieb der SH 200-Anlagen (21. Juni 1943), ADM, FA 002 786.

einmal die bereits geleisteten erheblichen Investitionen voll auszunutzen.[41] Abraham Esau war pessimistischer. Man müsse davon ausgehen, dass es ungeachtet aller Sicherheitsmaßnahmen zu einem weiteren Sabotageversuch kommen könnte, bei dem möglicherweise die gesamte Anlage zerstört werde.[42]

Tatsächlich planten die Alliierten einen weiteren Angriff. Im August berichteten US-Nachrichtendienste, eine zuverlässige Quelle behaupte, dass die »Deutschen so weit vorangekommen sind, dass die Möglichkeit besteht, dass sie im gegenwärtigen Krieg Uran einsetzen« und dass »schweres Wasser absolut unverzichtbar ist für die Spaltung [des] Atoms und auch für [die] Herstellung von Sprengstoffen«. Die Amerikaner beschlossen, dass die Anlage zur Herstellung von schwerem Wasser bei der Norsk Hydro, die wieder vollständig in Betrieb genommen worden war, »durch Bombardierung so stark beschädigt werden sollte, dass sie für geraume Zeit ausfällt«. Außerdem wäre »die Tötung von dort beschäftigten Wissenschaftlern besonders vorteilhaft«.[43]

Leuna

Esau wollte die Schwerwasserproduktion jetzt von Norwegen nach Deutschland verlegen.[44] Anfang August 1942 war die I. G.-Farben bereit, mit dem Bau einer Pilotanlage zur Herstellung von schwerem Wasser nach dem Harteck-Suess-Verfahren auf dem Gelände ihrer Werke in Leuna zu beginnen. Die I. G. Farben hatte die nötigen Materialien erhalten. Zwei mächtige und einflussreiche Männer, I. G.-Farben-Vorstand Heinrich Bütefisch sowie Carl Krauch (1887–1968), Generalbevollmächtigter für Sonderfragen der chemischen Erzeugung, unterstützten das Vorhaben.[45] Harteck wollte unbedingt mit der Arbeit beginnen, weil es, sofern das Verfahren gut funktionierte, zweieinhalb Jahre dauern würde, bis man die Großproduktion aufnehmen könne.[46] Etwas mehr als einen Monat später teilte der Leuna-Wissenschaftler Paul Herold Harteck mit, dass das Projekt zwar für das letzte Quartal 1942 genehmigt, wegen seiner niedrigen Prioritätseinstufung aber leider auf das erste Quartal des nächsten Jahres verschoben worden

41 Paul Harteck an Kurt Diebner (14. April 1943), ADM, FA 002 796.

42 Abraham Esau, Einleitung (6. Mai 1943), ADM, FA 002 173.

43 Paraphrase eines gerade von einer verlässlichen Quelle erhaltenen Telegramms (13. August 1943), NARA, M1109 File 7E; Memo, Major General Strong to Army Chief of Staff (13. August 1943), NARA, M1109 File 7E.

44 Abraham Esau an Rudolf Mentzel (24. November 1942), ADM, IMC 29 1035-1943.

45 Heinrich Bütefisch an Abraham Esau (5. August 1942), ADM, FA 002 783.

46 Paul Harteck an Heinrich Bütefisch (Ammoniakwerk Merseburg) (19. Dezember 1942), ADM, FA 002 783.

sei.[47] Harteck schlug jetzt vor, eine neuartige Elektrolyseanlage, die sich gegenwärtig in Leuna im Bau befinde, an die neue Pilotanlage anzuschließen, so dass reines schweres Wasser hergestellt werden könne.[48] Wieder war Herold pessimistisch. Was Harteck eine Anlage nannte, wäre tatsächlich zunächst ein kleines Laborgerät, das pro Tag nur 400 Gramm auf drei bis vier Prozent angereichertes schweres Wasser produzieren könne. Allerdings erklärte sich Herold bereit, umgehend mit dem Bau des Elektrolyseapparats zu beginnen.[49]

Bei einer Besprechung mit Harteck und anderen führenden Wissenschaftlern der Arbeitsgemeinschaft Anfang Mai verkündete Esau, dass die Schwerwasserproduktion bei der Norsk Hydro nicht weiter ausgebaut werde, weil ein Angriff auf die gesamte Anlage beziehungsweise deren Bombardierung die Stickstoffproduktion in den Gebieten unter deutscher Kontrolle gefährden würde. Aus diesem Grund müssten so schnell wie möglich Schwerwasserproduktionsstätten in Deutschland gebaut werden. Wenn sich das Harteck-Suess-Verfahren in Leuna bewähren sollte, würde eine großtechnische Anlage, die nach dem gleichen Verfahren arbeitete, gebaut und ausreichend schweres Wasser produzieren, um sie unabhängig von Norwegen und anderen Ländern zu machen. Neben diesem Verfahren wollten sie ein von Klaus Clusius vorgeschlagenes fraktioniertes Destillationsverfahren neu bewerten.

Italien

Sowohl das Harteck-Suess- als auch das Clusius-Linde-Verfahren waren effektiver und effizienter, wenn sie ein Ausgangsmaterial hatten, das bereits mit schwerem Wasser angereichert war. Elektrolyseanlagen reicherten als Nebenprodukt Deuterium in Wasser an. Aus diesem Grund war die Norsk Hydro ursprünglich in das Geschäft mit schwerem Wasser eingestiegen. Allerdings gab es in Deutschland keine derartigen Werke, aber Elektrolyseanlagen in Gebieten, die von Deutschland kontrolliert wurden oder diesem freundlich gesinnt waren, konnten grundsätzlich ebenfalls angereichertes Ausgangsmaterial liefern. Karl Wirtz verschaffte sich einen Überblick über die Optionen in Europa und stieß in Sinigo in der Nähe von Meran in Norditalien auf eine Anlage der Montecatini-Gesellschaft. Esau wollte, dass in den folgenden Jahren eine gewisse Mindestmenge an schwerem Wasser

47 Paul Herold an Paul Harteck (11. September 1942), ADM, FA 002 783.
48 Paul Harteck an Heinrich Bütefisch (19. Dezember 1942), ADM, FA 002 783.
49 Paul Herold an Paul Harteck (22. Dezember 1942), ADM, FA 002 783.

sicher hergestellt werden würde, ohne dass dafür hohe Investitionen getätigt werden müssten.[50]

Im Mai besichtigten Esau und Harteck die Montecatini-Anlage. Die Italiener waren sehr daran interessiert, mit ihnen ins Geschäft zu kommen. Die Anlage hatte etwa ein Drittel der Schwerwasserproduktionskapazität der Norsk Hydro. Die Deutschen beabsichtigten, in Italien einprozentiges schweres Wasser herzustellen und es zur weiteren Anreicherung nach Deutschland zu transportieren. Allerdings waren die Elektrolyseure offen, so dass rund 40 Prozent des in die Anlage eingeleiteten Wassers als Dampf in die Luft entwich, der dabei einen Teil des schweren Wassers mit sich nahm. Die Anlage müsste umgebaut werden. Wenn das Montecatini-Werk einprozentiges schweres Wasser produzieren und nach Deutschland liefern könnte und wenn die Pilotanlage in Leuna wie erwartet laufen würde, dann könnten beide zusammen rund eine halbe Tonne reines schweres Wasser pro Jahr erzeugen.[51] Im September und Oktober fanden entscheidende Besprechungen zum Thema Schwerwasserproduktion statt. Das Heereswaffenamt teilte Harteck in Berlin mit, dass der größte Teil der Schwerwasserproduktion bei der Norsk Hydro eingestellt werden müsse, allerdings würde das dort befindliche Konzentrat zur Weiterverarbeitung nach Deutschland gebracht. Dies entsprach rund einer Tonne reinen schweren Wassers. Die Elektrolysewannen bei der Montecatini würden abgedeckt werden, um die Produktionsmenge zu erhöhen.

Einen Monat später reisten Wissenschaftler von der Arbeitsgemeinschaft nach Leuna, um sich mit Führungskräften der I.G. Farben zu treffen und ihnen von der neuen Lage in Norwegen zu berichten. Die Vertreter der I.G. Farben berichteten anschließend über die Fortschritte bei ihren Arbeiten. Die Pilot-Hochkonzentrierungsanlage, die nach einem neuen elektrolytischen Abschlämmungsverfahren arbeitete, funktionierte sehr gut und eignete sich für die Anreicherung von einprozentigem Konzentrat auf rund 99 Prozent. Alle stimmten darin überein, dass eine neue Anlage, die nach dem neuen Verfahren arbeiten sollte und zwei Tonnen schweres Wasser pro Jahr erzeugen könnte, gebaut werden sollte, sowohl um das italienische Konzentrat zu verarbeiten als auch um etwaiges verdünntes schweres Wasser zu reinigen.

50 Besprechung über die Produktion von schwerem Wasser, insbes. über das Clusius/Linde-Verfahren (16. Juli 1942), ADM, IMC 29 723-724; Paul Harteck an HWA Entwurf (1. Dezember 1942), ADM, IMC 29 759; Abraham Esau, Einleitung (6. Mai 1943), ADM, FA 002 173; Paul Harteck an Heinrich Bütefisch (Ammoniakwerk Merseburg) (19. Dezember 1942), ADM, FA 002 783.

51 Bericht über den Besuch bei der Montecatini in Meran und die sich hieraus ergebende Möglichkeit für eine zusätzliche SH 200-Produktion (27. Mai 1943), ADM, FA 200 796.

Ein weiteres Verfahren für die Herstellung von schwerem Wasser wurde von einem Wissenschaftler der I. G. Farben mit Unterstützung von Johannes Jensen entwickelt, einem Physiker an der Technischen Hochschule Hannover, der mit Hartecks Institut zusammenarbeitete. Dieses Verfahren war ebenfalls vielversprechend, aber noch nicht ausgereift. Es bedurfte weiterer Experimente, um den besten Katalysator zu finden. Als Harteck die Vertreter der I. G. Farben nach ihrer Meinung über das Clusius-Linde-Verfahren für die Herstellung von schwerem Wasser fragte, waren sie skeptisch. Sie sagten, der Bau einer Anlage durch das Unternehmen Linde werde lange dauern. Eine große Anlage werde eine riesige Menge Strom verbrauchen, die kaum zur Verfügung gestellt werden könne. Das Modell, das nach dem Harteck-Suess-Abschlämmungsverfahren arbeite, sei gerade erst in Betrieb genommen worden, so dass noch keine Resultate vorlägen. Bei der Besichtigung habe es aber einen ausgezeichneten Eindruck gemacht. Allerdings sagten die Vertreter der I. G. Farben Harteck, dass ein unabhängiges Werk, das nach dem Harteck-Suess-Verfahren arbeite, in Hartecks Worten »unwahrscheinlich hoch im Preis zu stehen« komme. Dies stehe in starkem Widerspruch zu den ersten Schätzungen der I. G. Farben.[52]

Der Wiederaufstieg von Abraham Esau

Im Sommer 1942 muss die Atombombe den Wissenschaftlern in der Arbeitsgemeinschaft weit entfernt erschienen sein, auch wenn sie gegenüber potenziellen Förderern weiterhin geflissentlich darauf hinwiesen, dass sie vielleicht doch schon früher als gedacht Wirklichkeit werden könnte. Der Beweggrund, aus dem diese Wissenschaftler ihre Arbeiten fortsetzten, lag auf der Hand: Die Uranforschung würde sie – so ihre Hoffnung – vom Militärdienst befreien und sie wären vielleicht die weltweit Ersten, die einen Kernreaktor mit einer sich selbst unterhaltenden Kettenreaktion bauen würden. Im Jahr 1942 nahm Carl Friedrich von Weizsäcker eine Professur an der unlängst neugegründeten Reichsuniversität Straßburg an und übersiedelte in die kurz zuvor von Deutschland annektierte Provinz Elsass. Karl-Heinz Höcker nahm er als Assistenten mit. Obgleich Weizsäcker und insbesondere Höcker weiterhin an der Arbeitsgemeinschaft mitwirkten, spricht ihre Bereitschaft, die Vollzeitbeschäftigung mit kriegsrelevanten Forschungsfragen gegen eine akademische Position einzutauschen, Bände darüber, für wie dringend die Uranforschung gehalten wurde.

52 Paul Harteck, Bericht über die Besprechungen in Berlin am 27.9.43 und in Leuna am 28.9.43 (2. Oktober 1943), ADM, FA 002 796.

Im Juni 1942 arbeiteten rund 70 Personen in Deutschland am Uranprojekt. Die beiden jüngeren theoretischen Physiker am Institut, Paul Otto Müller und Karl-Heinz Höcker, erlitten unterschiedliche Schicksale. Beide wurden im Jahr 1941 zum Wehrdienst einberufen. Höcker hatte das Glück, verwundet und nach Deutschland zurückgeschickt zu werden; Müller fiel im März 1942 an der Ostfront.[53] Diebner und die anderen Führungskräfte des Heereswaffenamts hatten das KWIfP verlassen. Im Juli beklagte sich Diebner darüber, dass das Heereswaffenamt noch immer in erheblichem Umfang administrative Arbeiten verrichten müsse, während Esau die Entscheidungen treffe. Dies veranlasste den Generalsekretär der Kaiser-Wilhelm-Gesellschaft, Ernst Telschow (1889–1988), zur Forderung, die Arbeitsgemeinschaft wieder dem Heer zu unterstellen.[54]

Explosionen

Die Versuche in Leipzig kamen zu einem plötzlichen, explosiven Ende. Unter gewissen Bedingungen konnte das dort verwendete metallische Uranpulver oxidieren, wobei als Nebenprodukt entflammbares Wasserstoffgas freigesetzt wurde. Als der Mechaniker Paschen im Dezember 1941 löffelweise Uran in die Modell-Uranmaschine schüttete, verbrannte eine jäh aufschießende Flamme seine Hand und entzündete den Uranbehälter nahebei. Dieser wurde rasch aus dem Labor gebracht und mit Sand bedeckt. Am nächsten Tag war das Uran eine rote, glühende Masse. Von da an ließ man CO_2 in den Behälter strömen, wenn man Uran einbrachte. Nachdem das experimentelle Kugelschichtsystem aus metallischem Uran und schwerem Wasser, mit dem die erhöhte Produktion von Neutronen überprüft werden sollte, 20 Tage lang in einem wassergefüllten Tank gelagert worden war, beobachtete man, dass aus der Dichtung zwischen den beiden Halbkugeln regelmäßig Wasserstoffblasen aufstiegen. Nach einiger Zeit wurde kein Gas mehr freigesetzt, und so konnten sie ihre Messungen durchführen.

Als der Versuch abgeschlossen war, beschlossen die Physiker, die Apparatur zu öffnen, um zu überprüfen, wie viel Feuchtigkeit in die Kugel gelangt war. Unter den Augen Döpels entfernte Paschen den Deckel des Füllrohrs. Etwa drei bis fünf Sekunden später hörten sie ein Geräusch, wie wenn Luft in das Vakuum strömte, und sahen, wie sich in der Apparatur ein Spalt auftat. Nach drei weiteren Sekunden sahen sie glühendes Uran und die ihnen

53 Die Hauptarbeiter des Uranproblems (12. Juni 1942), AMPG, I. Abt. Rep. 34; Werner Heisenberg an OKH (18. Juli 1942), AMPG, I. Abt. Rep. 34.

54 Ernst Telschow an Albert Vögler (24. Juli 1942), AMPG, I. Abt. Rep. 1A; Aktennotiz: Besprechung mit Dr. Diebner am 1.8.42 (3. August 1942), AMPG, I. Abt. Rep. 1A.

mittlerweile vertrauten jäh auflodernden Flammen. Aus der glühenden Masse wurde schnell eine 20 Zentimeter hohe Flamme, die das Aluminium schmolz und das Uran freilegte. Sie löschten den Brand mit Wasser, so dass das Uran fast vollständig von Wasser bedeckt war. Nach einer Weile fiel ihnen auf, dass das Uran sich aufheizte und Rauch aufstieg. Also füllten sie Wasser nach, bis die Rauchbildung aufhörte.

Die Wissenschaftler pumpten schleunigst so viel von dem kostbaren schweren Wasser ab, wie sie konnten. Die Temperatur stieg weiter, so dass eine Explosion unmittelbar bevorzustehen schien. Mittlerweile war Heisenberg eingetroffen. Flammen schlugen aus dem Wasser empor und erzeugten einen Regen aus brennendem metallischem Uran. Zu diesem Zeitpunkt rief Döpel die Feuerwehr. Es gelang ihnen, die Flammen zu löschen, indem sie sie mit nassen, mit feuerhemmendem Schaum überzogenen Decken erstickten. Es dauerte zwei Tage, bis die Masse nicht mehr brodelte. Döpel war jetzt der Meinung, dass die Herstellung fester Gussstücke aus metallischem Uran höchste Priorität habe. Während es »selbstverständlich ist, dass die Entwicklung der Uran-Maschine auch Menschenleben fordern wird« und diese Gefahr ihren Bau nicht aufhalten werde, wäre eine aus vielen Tonnen Uranpulver bestehende Uranmaschine so gefährlich, dass sie nicht zur Debatte stehe.[55]

Nach dem Unfall in Leipzig war klar, dass statt des »etwas unheimlichen« Pulvers kompaktes Uranmetall verwendet werden musste, was praktisch das Ende der Arbeiten an der Kugelschichtanordnung bedeutete. Die Auergesellschaft, die das Uran reinigte und verarbeitete, musste die benötigten maßgeschneiderten Gussöfen bauen. Es gab jedoch weitere, schwierigere Probleme: Es war nicht viel Uranpulver erhältlich und Auer fehlten die nötigen Werkzeugmaschinen, um die Gussplatten zu bearbeiten. Im Oktober 1942 teilte der Auer-Wissenschaftler Karl Zimmer (1901–1988) Heisenberg mit, dass sich die Plattenproduktion bis März – wenn nicht länger – hinziehen werde, sollte die Prioritätsstufe nicht erhöht werden.[56]

Die höchste Prioritätsstufe, DE, musste vom Reichsrüstungsministerium vergeben werden, wobei Minister Speer persönlich von Fall zu Fall über die Zuerkennung dieser Prioritätsstufe entschied. In diesem Fall interessierte sich Speer persönlich für die Forschung und er fragte sogar bei der Kaiser-Wilhelm-Gesellschaft nach, wie er die Arbeiten am KWIfP unterstützen

55 Robert Döpel, Bericht über zwei Unfälle beim Umgang mit Uranmetall (9. Juli 1942), ADM, FA 002 587.

56 Walther Bothe an Werner Heisenberg (30. Juni 1942), AMPG, I. Abt. Rep. 34; Werner Heisenberg an Walther Bothe (9. Juli 1942), AMPG, I. Abt. Rep. 34; Walther Bothe an Werner Heisenberg (1. September 1942), AMPG, III. Abt. Rep. 93; Werner Heisenberg an OKH (7. Oktober 1942), AMPG, I. Abt. Rep. 34; Werner Heisenberg an Walther Bothe (23. Oktober 1942), AMPG, III. Abt. Rep. 93.

könne. Im November wurde die Uranmetallherstellung als DE eingestuft. Aber selbst mit dieser Priorisierung konnte der Verantwortliche bei der Auergesellschaft, Nikolaus Riehl, nur hoffen, dass die Platten bis Ende Mai fertig sein würden.[57]

Die Wissenschaftler benötigten einen sicheren Ort, um den nächsten Versuch durchzuführen. Da Berlin jedoch bereits Ziel alliierter Luftangriffe war, begann die Kaiser-Wilhelm-Gesellschaft, in der Nähe des KWIfP ein Bunkerlabor zu bauen. Die erforderlichen Arbeitskräfte müssten über das Heereswaffenamt bei Speers Ministerium angefordert werden. Sowohl die Heeresleitung als auch Speer stimmten dem Gesuch zu, wobei Speer abermals die höchste Prioritätsstufe DE bewilligte. Im November wurde der Beton gegossen und im Dezember hoffte Heisenberg, dass in dem Bunker von April an Versuche durchgeführt werden könnten. Ungeachtet der hohen Priorität ging die Firma Siemens davon aus, dass es bis Ende 1943 dauern werde, das unterirdische Labor vollständig elektrisch zu verkabeln. Im Januar bat Heisenberg Speer erneut um Hilfe, diesmal, um die Einberufung einer Schlüsselkraft bei der Auergesellschaft zu verhindern.[58] Selbst die höchste Prioritätseinstufung durch Speers Ministerium bedeutete nicht, dass die Produktion von Metalluran und der Bau des Bunkerlabors anschließend schnell oder ohne Probleme vonstattengingen. Der Uranforschung war zwar Priorität eingeräumt worden, aber sie galt nach wie vor nicht als dringlich.

Hermann Görings Bevollmächtigter für Kernphysik

Abraham Esau war ein anerkannter technischer Physiker mit industrieller Erfahrung, der seit 1937 im Reichsforschungsrat Fachspartenleiter Physik gewesen war und der zwei Jahre später außerdem zum Präsidenten der Physikalisch-Technischen Reichsanstalt ernannt wurde. Gleich zu Beginn des Krieges hatte er ein Forschungsprojekt zur Kernspaltung initiiert, das vom Heereswaffenamt unvermittelt eingestellt wurde. Nachdem die Arbeitsgemeinschaft im Jahr 1942 dem Reichsforschungsrat unterstellt wor-

57 Forstmann an Walther Bothe (12. November 1942), AMPG, III. Abt. Rep. 6 62; Werner Heisenberg, Bericht über die mit dem Uranproblem zusammenhängenden Arbeiten des Kaiser Wilhelm-Instituts für Physik im zweiten Halbjahr 1942 (19. Dezember 1942), AMPG, I. Abt. Rep. 34.

58 Ernst Telschow an Albert Vögler (24. Juli 1942), AMPG, I. Abt. Rep. 1A; Karl Wirtz an Ernst Telschow (Gen, Verw. KWG) (28. August 1942), AMPG Heisenberg; Werner Heisenberg, Bericht über die mit dem Uranproblem zusammenhängenden Arbeiten des Kaiser Wilhelm-Instituts für Physik im zweiten Halbjahr 1942 (19. Dezember 1942), AMPG, I. Abt. Rep. 34; Werner Heisenberg an Ernst Telschow (KWG) (11. Januar 1943), AMPG, III. Abt. Rep. 93.

Abb. 16: Abraham Esau.

den war, hatte Esau zwar formal das Sagen, aber die verschiedenen Institute besaßen weiterhin ein erhebliches Maß an Autonomie. Ende November legte Esau seinem Vorgesetzten im Reichsforschungsrat, Rudolf Mentzel, einen Bericht über die Fortschritte der Arbeitsgemeinschaft vor. Esau definierte seine Zuständigkeiten sehr weit und beschränkte sich nicht nur auf Uranisotopenanreicherung und Uranmaschinen, auch wenn diese die wichtigsten waren. Die technische Lösung des Problems – »die Ausnutzung dieser Energien in Form von Wärmekraftmaschinen«, wie Esau es formulierte – sei noch nicht vollends gelungen. Es seien aber stetig Fortschritte gemacht und für Teile dieses Hauptproblems bereits Lösungen gefunden worden.

Die vollständige Liste der Aufgaben beinhaltete:

(1) Herstellung von Leuchtfarben insbesondere für Flugzeuge ohne Anwendung von Radium;
(2) Weitere Fortführung der Nutzbarmachung der Kernenergie des Urans (Uranmaschine);
(3) Herstellung energiereicher Neutronenquellen (schneller Neutronen) für Materialprüfungs- und biologische Zwecke;
(4) Untersuchungen über Schutzmaßnahmen beim Arbeiten mit Neutronen.

Kernsprengstoffe oder Atombomben wurden nicht erwähnt. Die Uran-235-Anreicherung wurde nur im Kontext der möglichen Entwicklung kleinerer Uranmaschinen, die weniger schweres Wasser brauchten, erörtert. Transurane wurden überhaupt nicht erwähnt. Am 4. Dezember notierte der Physiker Erich Bagge in seinem Tagebuch über eine Besprechung desselben Tages: »Esau bereitet auf Abbaumaßnahmen im Januar und Februar 1943 vor. […] Man ist offenbar der Meinung, dass die Lösung eines gewissen Problems doch nicht kriegsentscheidend sein könne.«[59]

In dieser Phase, als die Hoffnungen, eine kriegsentscheidende Waffe zu entwickeln, zerrannen und die Heimatfront in den totalen Krieg involviert war, begannen Konflikte zwischen einzelnen Protagonisten den Fortgang des Projekts zu beeinflussen. Bislang hatte es im Großen und Ganzen eine gemeinsame Kraftanstrengung für geteilte Ziele gegeben, aber dies änderte sich jetzt. Esau fühlte sich geringgeschätzt und beneidete die Kaiser-Wilhelm-Gesellschaft ohne Frage um ihre enge Arbeitsbeziehung zu Speer und seinem Ministerium (zunächst das Reichsministerium für Bewaffnung und Munition, später Reichsministerium für Rüstung und Kriegsproduktion). So erwähnt Esau in seinem Novemberbericht an Mentzel, dass Vögler für Bauten der KWG die höchste Prioritätsstufe DE erhalten habe, und fügte hinzu: »was anderen Sterblichen nicht möglich ist«.[60]

Werner Heisenbergs Ernennung zum Direktor am KWIfP verstimmte seinen Kollegen Walther Bothe. Als Erich Schumann, der Leiter der Forschungsabteilung des Heereswaffenamts, kurz vor Weihnachten 1941 eine Besprechung der führenden Wissenschaftler in der Arbeitsgemeinschaft leitete, sprach er plötzlich und unerwartet die Notwendigkeit an, einen Nachfolger für Peter Debye zu finden, den KWIfP-Direktor, der im Jahr 1940 in die USA gegangen war. Er schlug Bothe als den richtigen Mann dafür vor. Nach einer Pause von lediglich 20 Sekunden erklärte Schumann, alle Anwesenden seien offensichtlich seiner Meinung, und bat Otto Hahn, ein Schreiben mit dem Ersuchen, Bothe zu berufen, an ihn beim Heereswaffenamt zu schicken. Tatsächlich brachte damals niemand Einwände vor.

Einen Monat später stattete Harteck dem Generalsekretär der Kaiser-Wilhelm-Gesellschaft, Ernst Telschow, einen Besuch ab, schilderte, was sich zugetragen hatte, und erklärte, dass Heisenberg, der »nur aus Bescheidenheit« nicht selbst kandidiert habe, der geeignete Direktor sei. Als Hahn Bothe wegen der Berufung kontaktierte, antwortete dieser, alle hätten ja ihr Votum abgegeben und ihm gewissermaßen den Direktorposten schon versprochen. Harteck sagte Telschow auch, Bothe sei zwar der beste Experimentalphysiker in Deutschland – wobei er hinzufügte, »leider gäbe es keinen Besseren« –, er habe aber nicht den gleichen Rang wie Heisenberg. Hahn und der theoretische Physiker Max von Laue schlossen sich in der Folge Hartecks Auffassung an; sie teilten Telschow mit, dass bei Bothe »Schwierigkeiten mit der Zusammenarbeit« zu erwarten seien.[61]

59 Abraham Esau an Rudolf Mentzel (24. November 1942), ADM, IMC 29 1035-1943; Erich Bagges Tagebuch (4. Dezember 1942), ADM, IMC 29 138-139.
60 Abraham Esau an Rudolf Mentzel (24. November 1942), ADM, IMC 29 1035-1943.
61 Ernst Telschow, Aktennotiz (22. Januar 1942), AMPG, III. Abt. Rep. 19.

Welche Schwierigkeiten Bothe machen konnte, zeigte sich im Sommer 1942, als er und Heisenberg einen gemeinsamen Versuch mit einer Uranmaschine planten, um begrenzt verfügbare Materialien optimal zu nutzen und ihre Kräfte zu bündeln. Der Plan sah horizontal angeordnete Platten aus gegossenem Uranmetall, schweres Wasser als Bremssubstanz und einen alles umschließenden Kohlenstoffmantel vor. Da man bei diesem Versuch womöglich einer durch Kernspaltungen induzierten, sich selbst unterhaltenden Kettenreaktion nahe kommen würde, könnte man auch die Stabilität dieses Konstruktionstyps einer Uranmaschine untersuchen. Während in Bezug auf die Form und die Ziele des Experiments Einvernehmen bestand, waren sich die beiden Wissenschaftler uneins bezüglich des Ortes, an dem es stattfinden sollte. Heisenberg ging fest davon aus, dass es am KWIfP durchgeführt werden würde, während Bothe meinte: »Der Ort wäre noch mit Wa F [Heereswaffenamt] und Herrn Esau zu vereinbaren.«

Mit einem Anflug von Enttäuschung antwortete Heisenberg: »Dass ich mich über jede Art von Gemeinschaftsarbeit freue, brauche ich wohl nicht zu sagen; ich habe ja auch schon früher oft den Wunsch ausgesprochen, Sie möchten regelmäßig nach Berlin kommen.« Wie Telschow dem Präsidenten der Kaiser-Wilhelm-Gesellschaft, Vögler, mitteilte, wolle Esau, unterstützt von Bothe, dass der Versuch an seinem Institut oder an einer »neutralen Stelle« stattfinde.[62] Schließlich hatte sich das Verhältnis zwischen Kurt Diebner einerseits und Heisenberg sowie Carl Friedrich von Weizsäcker andererseits ebenfalls verschlechtert. Dies wird in einem Schreiben, das Heisenberg an seinen jüngeren Kollegen schickte, deutlich: »Mit Deinem Plan […] in Berlin zu sein, bin ich sehr einverstanden. Wenn Du im Institut arbeitest, so möchte ich Dich fragen, ob Du damit einverstanden bist, den Kolloquiumraum zur Arbeit zu benutzen. Diebner ist so außerordentlich selten im Institut, dass eine Kollision nicht zu befürchten ist […].«[63]

Gitter gegen Schichten

Als Heisenberg im Sommer 1941 von Uranoxid auf Uranmetall umsteigen wollte, versammelte Diebner eine Gruppe junger Physiker an der Versuchsstelle Gottow des Heereswaffenamts, um eine parallele Reihe von Versuchen mit einer Uranmaschine durchzuführen. Dabei verwendeten sie Uran-

62 Walther Bothe an Werner Heisenberg (30. Juni 1942), AMPG, I. Abt. Rep. 34; Werner Heisenberg an Walther Bothe (9. Juli 1942), AMPG, I. Abt. Rep. 34; Ernst Telschow an Albert Vögler (24. Juli 1942), AMPG, I. Abt. Rep. 1A; Werner Heisenberg, Bemerkungen zu dem geplanten halbtechnischen Versuch mit 1,5 to D2O und 5 to 38-Metall (31. Juli 1942), ADM, FA 002 620.

63 Werner Heisenberg an Carl Friedrich von Weizsäcker (16. Dezember 1942), AMPG, III. Abt. Rep. 93.

oxid und Paraffin, Materialreste, die sonst niemand wollte. Sie beschlossen, dreidimensionale Gitter aus Uranwürfeln im Moderator eingebettet zu untersuchen. Das wachsartige Paraffin wurde mit Holzwürfeln als Gussformen für das Uranoxid bestückt. Da sie das Uranoxidpulver nicht in kompakte Formen pressen konnten, brachten sie es löffelweise ein, wobei sie Schutzstiefel, -kleidung, -handschuhe und Mundschutz trugen, um nichts von dem giftigen Uranoxid einzuatmen.

Als sie ihren Versuch über ein Jahr später abschlossen, waren dabei mehr Neutronen produziert worden als bei allen früheren Anordnungen mit Uranoxid. Karl-Heinz Höcker befand: »Durch den in der Versuchsstelle Gottow durchgeführten Versuch wurde die Frage nach den günstigsten Anordnungen von Uran und Bremsmittel in dringender Form aufgeworfen.« Wenn man das Problem der Resonanzabsorption einmal beiseitelasse, sei eine Anordnung, bei der die Uranstücke vollständig von der Bremssubstanz umschlossen seien, am besten; das heißt, Urankugeln oder -würfel wären besser als Zylinder, die ihrerseits effektiver wären als Platten. Bis zum Ende des Krieges befand sich Höcker in der unangenehmen Lage, gleichzeitig Weizsäckers Assistent in Straßburg, der Kritiker, der Heisenbergs Arbeiten über Uranmaschinen erweitern und manchmal korrigieren musste, und der theoretische Physiker, der Diebners Reaktorgruppe beriet, zu sein.[64] Zu der Zeit, als der Bericht über die Gitteranordnung fertiggestellt wurde, war nicht klar, ob diese Experimente fortgesetzt würden. Aber all dies änderte sich, als Esaus Schicksal eine für ihn glückliche Wendung nahm.

Obgleich Esau im Dezember 1942 beabsichtigte, Arbeiten im Zusammenhang mit dem Uranprojekt zurückzufahren, änderte sich dies plötzlich, als Göring Esau zu seinem Bevollmächtigten für Kernphysik ernannte und ihm weitreichende Befugnisse und Vollmachten übertrug. Als Rudolf Mentzel Esau nominierte, hielt er sich eng an Esaus Bericht vom Vormonat und beschrieb das Ziel der Arbeitsgemeinschaft als »dem Problem der Nutzbarmachung der ungeheuren im Atomkern steckenden Energien näherzukommen, womöglich zur Konstruktion einer neuen Wärmekraftmaschine zu kommen, die mit Atomenergien betrieben werden könnte«. Von Atombomben oder auch nur der potenziellen Verwendung von Uran-235 oder Element 94 als Kernsprengstoffen war auch hier keine Rede. Tatsächlich schilderte Mentzel den Stand der Arbeiten ziemlich realistisch: »Wir

64 F. Berkei, W. Borrmann, W. Czulius, K. Diebner, G. Hartwig, W. Herrmann, K. Höcker, H. Pose und W. Rexer, Bericht über einen Würfelversuch mit Uranoxyd und Paraffin in der Versuchsstelle Gottow des Heereswaffenamtes (26. November 1942), ADM, FA 002 629; Karl-Heinz Höcker, Auswertung des Würfelversuchs mit Uranoxyd und Paraffin in der Versuchsstelle Gottow des Heereswaffenamts (26. November 1942), ADM, FA 002 638; K.-H. Höcker, Über die Anordnung von Uran und Streusubstanz in der U-Maschine (25. Januar 1943), AMPG, III. Abt. Rep. 93.

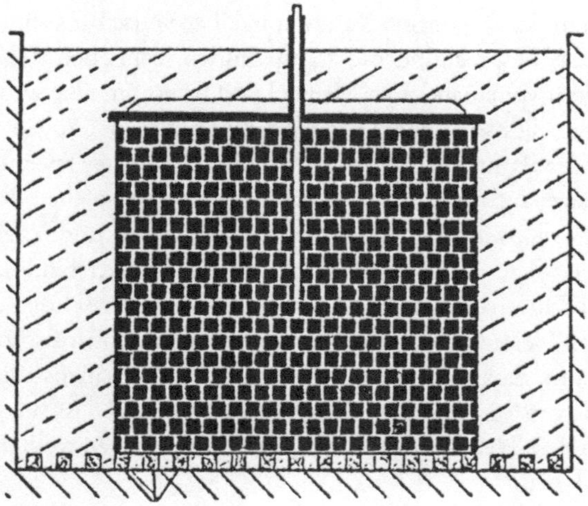

Abb. 17: Schematische Darstellung des Versuchs G-I.
Ein Zylinder, der aus abwechselnden horizontalen Schichten aus Paraffin und Uranoxidwürfeln besteht, die in einem Gitter angeordnet sind – das Ganze ist von Wasser umgeben.

befinden uns hier noch absolut auf dem Gebiet der Grundlagenforschung.« Allerdings bedeute dies nicht, dass die Arbeiten unwichtig seien.

> Abgesehen davon, dass das Tempo einer wissenschaftlichen Entwicklung niemals vorher genau berechnet werden kann und daher auch auf dem kernphysikalischen Gebiet zeitliche Überraschungen möglich sind, scheint mir der gesamte Fragenkomplex so wichtig, dass er auch während des Krieges keinen Augenblick vernachlässigt werden sollte. Hinzu kommt, dass Randprobleme der Kernphysik unmittelbare Kriegswichtigkeit besitzen.[65]

Aufgrund Esaus neuer Stellung fand in den Büros des Stahlunternehmens, das dem Präsidenten der Kaiser-Wilhelm-Gesellschaft gehörte, eine Besprechung mit Esau, Mentzel und zwei Vertretern der Kaiser-Wilhelm-Gesellschaft, Telschow und Vögler, statt. Laut dem Sitzungsprotokoll erklärte sich Esau bereit, den an der Arbeitsgemeinschaft mitwirkenden Kaiser-Wilhelm-

65 Hermann Göring an Abraham Esau (8. Dezember 1942), ADM, IMC 29 1044-1045; Rudolf Mentzel an Görnnert (Göring) (8. Dezember 1942), ADM, IMC 29 1046-1048.

Instituten ein hohes Maß an Eigenständigkeit zuzugestehen.[66] Als Esau dann jedoch in der Folge seine Autorität in einer Weise zur Geltung brachte, als hätte diese Besprechung nie stattgefunden, schrieben Telschow und Vögler getrennt voneinander an Mentzel und baten um eine weitere Besprechung, an der diesmal sowohl die führenden an dem Projekt beteiligten Wissenschaftler als auch ein Vertreter von Reichsminister Speer teilnehmen sollten. Mentzel antwortete, dass er sich gern an einer solchen Besprechung beteiligen würde, wenn die Einladung dazu von Esau und Vögler gemeinsam ausginge. »Andernfalls fürchte ich, werden Missverständnisse und Ärgernisse nicht zu vermeiden sein.«[67] Im gleichen Sinne schrieb auch Erich Schumann an Heisenberg, Harteck und die anderen Institutsdirektoren; er teilte ihnen mit, dass »nunmehr die Führung des Vorhabens ausschließlich in die Hände von Staatsrat Esau übergegangen ist« und dass sie, wenn sie in Zukunft mit dem Heereswaffenamt in Verbindung treten wollten, dies über Esau tun müssten.[68]

Im März traf sich Esau mit den führenden Wissenschaftlern der Arbeitsgruppe, allerdings ohne Vögler, Telschow oder einen Vertreter von Reichsminister Speer. Zunächst hob Esau hervor, dass ihm »als Bevollmächtigtem des Herrn Reichsmarschalls für alle Fragen der Kernphysik u. a. auch die Leitung und Betreuung des gesamten U-Vorhabens endgültig übertragen worden« sei. Die Abteilung des Heereswaffenamts, die bislang für die Arbeiten zuständig gewesen sei, einschließlich Kurt Diebners, sei zu Esaus Dienststelle kommandiert worden. Esau forderte die Wissenschaftler auf, Pläne für den weiteren Fortgang der Arbeiten einzureichen, einschließlich der benötigten Ressourcen. Er wies auch auf eine Änderung hin, die sich auf Heisenbergs Pläne für die Uranmaschine auswirken würde: Was die laufenden Versuche anbelange, bestehe das vorrangige Ziel in der Verbesserung des Versuchsaufbaus.[69]

Eine Woche später telefonierte Esau mit Heisenberg und wies ihn an, die 600 Liter schweres Wasser, die im Luftschutzbunker beim KWIfP gelagert wurden, in einen Bunker im Chemisch-Technischen Reichsinstitut zu verlegen, weil dieses bis zur Fertigstellung des Bunkerlabors am KWIfP dort sicherer wäre. Heisenberg konnte nichts dagegen unternehmen und bat Telschow eindringlich darum, ein Treffen zu vereinbaren, bei dem auch

66 Ernst Telschow, Aktennotiz (8. Februar 1943), ADM, IMC 29 1049-1050.

67 Ernst Telschow an Rudolf Mentzel (1. März 1943), ADM, IMC 29 1052-1053; Mentzel an Telschow (4. März 1943), ADM, IMC 29 1054; Albert Vögler an Rudolf Mentzel (4. März 1943), ADM, IMC 29 1049; Rudolf Mentzel an Albert Vögler (9. März 1943), ADM, IMC 29 1049.

68 Erich Schumann an Werner Heisenberg (18. Januar 1943), AMPG, III. Abt. Rep. 93; Erich Schumann an Paul Harteck (8. März 1943), ADM, FA 002 796.

69 Abraham Esau an Paul Harteck (und andere) (19. März 1943), ADM, FA 002 796.

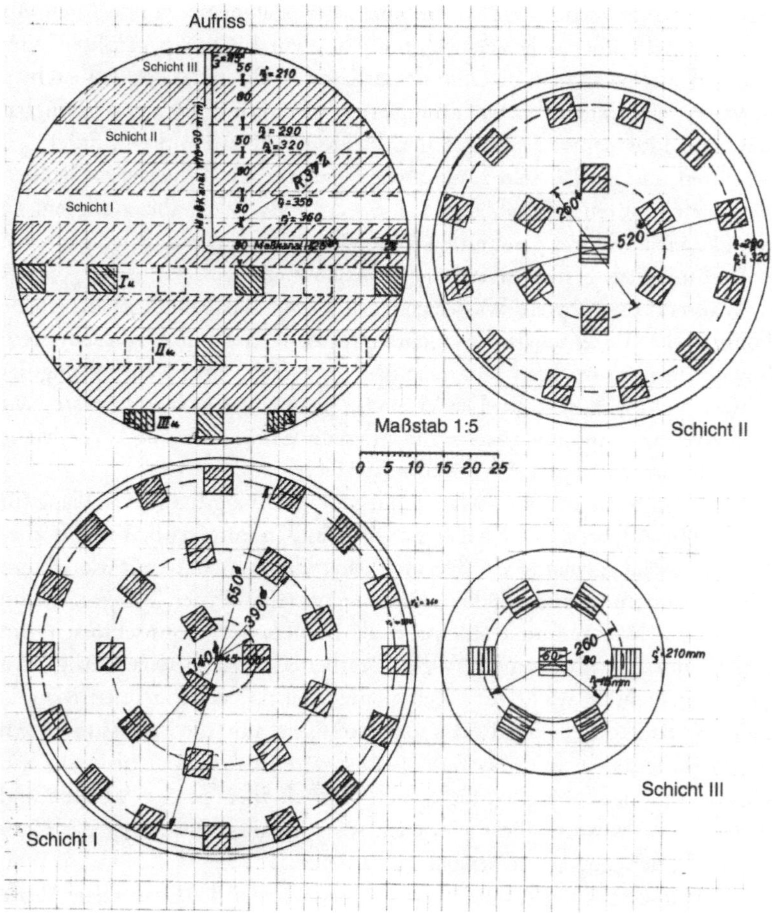

Abb. 18: Schematische Darstellung des Versuchs G-II.
Eine Kugel, die aus abwechselnden horizontalen Schichten aus gefrorenem Schwerwasser und in einem Gitter angeordneten Metalluranwürfeln besteht, wobei das Ganze von einem Eismantel umhüllt ist.

Vögler zugegen sein sollte, um ein verbindliches Protokoll aufzusetzen. Darin sollte festgelegt werden, welche Versuche an welchen Instituten durchgeführt würden, welche Apparate zur Verfügung stünden, welche Konstruktion umgesetzt würde usw.[70] Es war wohl kaum ein Zufall, dass Diebner und seine Mitarbeiter einen Versuch mit Uranoxid und gefrorenem schweren Wasser im Tieftemperaturraum des Chemisch-Technischen

70 Werner Heisenberg an Ernst Telschow (25. März 1943), AMPG, III. Abt. Rep. 93.

Reichsinstituts vorbereiteten.[71] Im Juli legte Diebners Gruppe ihren Abschlussbericht über den Versuch mit schwerem Eis vor. Um ohne Stützmaterial auszukommen, betteten sie das Uran direkt in das gefrorene schwere Wasser ein. Wieder einmal arrangierten sie sich mit dem, was verfügbar war: 200 Liter schweres Wasser und kleine Uranplatten, die in Stücke geschnitten und zu Würfeln zusammengesetzt wurden. Idealerweise wollten sie Würfel mit einer Seitenlänge von 6,5 cm verwenden, aber nachdem sie die Platten in Stücke geschnitten hatten, konnten sie daraus lediglich 108 Würfel mit einer Seitenlänge von 5 cm zusammensetzen.

Während das schwere Wasser gefror und der Versuch aufgebaut wurde, konnten die Wissenschaftler es nicht vermeiden, dass Stücke von schwerem Eis mit der Luft wechselwirkten, so dass die Gefahr einer Verdünnung des schweren Wassers bestand. Die Versuche ergaben die bislang höchste Neutronenvermehrung, auch wenn die Physiker einräumten, dass Vergleiche mit den ganz anderen L-IV-Anordnungen schwierig seien.[72]

In einem Schreiben vom Mai 1943 legte Heisenberg Esau seine Pläne für zukünftige Arbeiten dar. Zuallererst sollte in Zusammenarbeit mit Bothes Institut der langgeplante Großversuch einer Uranmaschine mit Metalluranplatten und rund anderthalb Tonnen schwerem Wasser, die von einem Mantel aus Wasser und Kohlenstoff als Bremssubstanz umschlossen sein sollten, durchgeführt werden. Viele Vorarbeiten waren bereits erledigt, u.a. die Untersuchung wichtiger Eigenschaften der zu verwendenden Materialien. Die beiden Behälter für das schwere Wasser und die Bremssubstanzen waren fertiggestellt und das Bunkerlabor wäre in rund vier bis sechs Wochen fertig. Heisenberg würdigte auch Höckers theoretische Arbeiten und gab zu, dass es womöglich wünschenswert sei, die Anordnung des Uranmetalls in dem geplanten Versuch zu variieren.[73]

Im Januar 1943 lud Adolf Baeumker, der Kanzler der Deutschen Akademie für Luftfahrtforschung (DAL), Heisenberg zusammen mit Walther Bothe, Klaus Clusius und Otto Hahn ein, Vorträge über die Energiegewinnung aus der Uranspaltung zu halten. Heisenberg wies darauf hin, dass dies ein Thema sei, das der Geheimhaltung unterliege, aber Baeumker antwortete, dass man in der Akademie oft Vorträge über streng geheime Angelegenheiten höre. Die Tatsache anerkennend, dass sich die Lage mit Esaus

71 Kurt Diebner, Georg Hartwig, W. Herrmann, H. Westmeyer, Werner Czulius, F. Berkei und Karl-Heinz Höcker, Vorläufige Mitteilung über einen Versuch mit Uranwürfeln und Schwerem Eis als Bremssubstanz (April 1943), ADM, FA 002 648.

72 K. Diebner, G. Hartwig, W. Herrmann, H. Westmeyer, W. Czulius, F. Berkei und K.-H. Höcker, Bericht über einen Versuch mit Würfeln aus Uran-Metall und Schwerem Eis (Juli 1943), ADM, FA 002 651.

73 Werner Heisenberg an Abraham Esau (4. Mai 1943), AMPG, I. Abt. Rep. 34.

Ernennung zum Bevollmächtigten für Kernphysik geändert hatte, bat Heisenberg diesen, die Vortragsreihe zu eröffnen.

Esau leitete die Sitzung mit einem Vortrag ein, der eine leicht aktualisierte Fassung des Berichts war, den er im November an Mentzel geschickt hatte.[74] Esau begann mit dem fast schon zu einem Ritual gewordenen Hinweis auf die bedrohlichen Fortschritte der Kernphysik in den Vereinigten Staaten, wo »unter Einsatz größter Mittel« amerikanische Wissenschaftler »außerordentlich erfolgreich gearbeitet« hätten. Obgleich in Deutschland grundlegende Entdeckungen auf diesem Gebiet gemacht worden seien, wie die übrigen Redner darlegen würden, sei die Weiterentwicklung in der »Hauptsache« (Energiegewinnung aus Kernspaltung) wegen unzureichender Unterstützung nur langsam vorangekommen, mit der unvermeidlichen Folge, dass ausländische Physiker ihre deutschen Kollegen überflügelt hätten. Daraufhin versicherte Esau seinen Zuhörern, dass die deutsche Forschung unter seiner Leitung den Rückstand so schnell wie möglich aufholen werde, um »der deutschen Forschung auch auf diesem Gebiet wiederum die Stellung zu erringen, die ihr gebührt und die für ihr Ansehen im Ausland notwendig ist«.[75]

Als er sich dem Thema der Kernenergiegewinnung aus Uran zuwandte, muss er Heisenberg überrascht haben. Esau sagte, es habe sich gezeigt, dass »die bisherige Verwendung des Uranmetalls in Form von Platten nicht die optimale ist und daß die Ausbeute an Neutronen, auf die es praktisch ankommt, bei der Würfel- bzw. Säulenform günstiger wird«. Die Herstellung des notwendigen Uranmetalls in möglichst großer Reinheit und in der gewünschten Form könne als gesichert gelten. Obgleich »zeitweilige Schwierigkeiten« bei der Beschaffung ausreichender Mengen schweren Wassers aufgetreten seien, hätten sie jetzt genug, um die nächste Runde von Versuchen durchzuführen. Esau erwähnte zwar die Uranisotopenanreicherung, aber nur im Zusammenhang damit, dass diese Uranmaschinen erlauben würde, gewöhnliches Wasser als Moderator zu verwenden.[76]

Heisenbergs Vortrag an der Akademie war – nach seinen Vorträgen im Februar 1942 vor dem Reichsforschungsrat und im folgenden Juni für Speer, Milch und ihre Mitarbeiter – sein dritter und letzter nichtfachwissenschaftlicher Vortrag über die Energiegewinnung aus Uran. Dieser Vortrag war zwar inhaltlich weitgehend deckungsgleich mit denen aus dem Jahr 1942, wich aber andererseits in bedeutender Weise von diesen ab.

74 Werner Heisenberg an OKH (13. Januar 1943), AMPG, III. Abt. Rep. 93; Walther Bothe an Werner Heisenberg (10. Februar 1943), AMPG, III. Abt. Rep. 93; Probleme der Kernphysik, Schriften der Deutschen Akademie der Luftfahrtforschung (6. Mai 1943), ADM, FA 002 737; Abraham Esau, Einleitung (6. Mai 1943), ADM, FA 002 173.

75 Esau, Einleitung, ADM, FA 002 173.

76 Ebd.

Heisenberg illustrierte seine Ausführungen mit der gleichen schematischen Darstellung einer Uranmaschine auf der linken Seite und einer reinen Masse Uran-235 auf der rechten. Er berichtete seinem Publikum, dass, sobald in Letzterer durch Kernspaltung eine Kettenreaktion in Gang gesetzt werde, »die Neutronenmenge im Bruchteil einer Sekunde zu enormen Mengen anwachsen [wird], bis ein großer Teil des Materials durch Spaltung verwandelt und eine entsprechende große Energiemenge explosionsartig frei geworden ist«. Dies ist unter all seinen Aussagen diejenige, die der ausdrücklichen Erwähnung von Kernsprengstoffen oder Atombomben am nächsten kam.

Es gab zwei Wege zur Energiegewinnung durch Uranspaltung: erstens die Reindarstellung oder Anreicherung von Uran-235 – im vergangenen Jahr war Harteck eine niedrige Anreicherung noch immer sehr kleiner Materialmengen gelungen – und zweitens die Verwendung von gewöhnlichem Uran mit einem geeigneten Moderator. Nachdem Heisenberg den Erfolg des L-IV-Versuchs von Robert Döpel hervorgehoben hatte, erwähnte er auch: »Inzwischen ist noch eine etwas verbesserte Apparatur ähnlicher Art in der Chemisch-Technischen Reichsanstalt untersucht worden, die zum gleichen Ergebnis geführt hat, und in der die Neutronenvermehrung noch etwas höher war.« Der nächste Schritt bestünde darin, in dem Bunkerlabor im KWIfP einen Versuch mit einer Apparatur durchzuführen, die rund anderthalb Tonnen schweres Wasser und drei Tonnen Uranmetall in Form von Schichten enthalten solle.[77]

Heisenberg hoffte, mit diesem Experiment im Sommer beginnen zu können. Sobald sie eine sich selbst unterhaltende Kettenreaktion in einem Uranbrenner erfolgreich in Gang gesetzt hätten, wäre die erste bedeutende technische Anwendung die Herstellung künstlicher radioaktiver Substanzen. Wenn sie viele derartige Brenner bauen könnten, dann könnten damit Wärmekraftmaschinen in Schiffen und anderen Fahrzeugen angetrieben werden, bei denen es wichtig sei, möglichst viel Energie auf kleinem Raum zu speichern. Zum Abschluss seines Vortrags sagte Heisenberg den in der Akademie Versammelten, man habe einen ersten Schritt in einer sehr bedeutenden technischen Entwicklung gemacht. Es könne nicht mehr an der Möglichkeit gezweifelt werden, Atomenergie für technische Zwecke nutzbar zu machen. Allerdings »stößt die praktische Durchführung dieser Entwicklung in der gespannten Wirtschaftslage des Krieges naturgemäß auf große äußere Schwierigkeiten«.[78]

77 Werner Heisenberg, Die Energiegewinnung aus der Atomkernspaltung (6. Mai 1943), ADM, FA 002 737.

78 Ebd.

Einen Tag nach den Vorträgen an der Akademie traf sich Esau mit Bothe, Harteck, Heisenberg, Weizsäcker, Höcker und drei Wissenschaftlern, darunter Diebner, aus der Arbeitsgruppe des Heereswaffenamts. Zweck der Besprechung war es, die gegenwärtige Versorgungslage bei Uranmetall und schwerem Wasser abzuklären und die Fortsetzung von Versuchen auf der Grundlage der neuesten Ergebnisse zu erörtern. Heisenberg sagte, dass sich einstweilen an den Plänen für den Großversuch nichts geändert habe. Auf dieses Stichwort hin berichtete Diebner über die Erfolge seiner Gruppe einschließlich des laufenden Versuchs mit schwerem Eis. Anschließend behaupteten sowohl Bothe als auch Höcker, der Leipzig-IV-Versuch, der scheinbar bestätigt habe, dass energieerzeugende Uranmaschinen gebaut werden könnten, sei allzu wohlwollend interpretiert worden. Heisenberg antwortete kühl, die Ergebnisse seien richtig interpretiert worden. Daraufhin schlug Esau vor, bei allen weiteren Experimenten die beste Anordnung zu verwenden, die offenkundig das Würfelgitter war.

Heisenberg führte mehrere Gründe dafür ins Feld, mit dem geplanten Schichtenversuch fortzufahren. Die Dimensionen der vorherigen Experimente seien zu klein gewesen, um absolut sichere Daten zu erbringen. Die Auergesellschaft sei nunmehr bereit, Platten zu gießen, so dass deren Produktion zuerst abgeschlossen werden müsse, bevor sie auf Würfel umstellen könne. Andernfalls würde sich die Produktion in dem Unternehmen verzögern. Sie hätten gerade genügend schweres Wasser, um den Schichtenversuch durchzuführen, der ihnen erlauben würde, genau abzuschätzen, wie groß die Uranmaschine sein müsste. Nach dem Versuch könnten die Platten vielleicht für Würfel zerschnitten werden. Obgleich Bothe gerade noch Heisenberg kritisiert hatte, wollte er andererseits nicht, dass Diebner den nächsten Großversuch leitete. Bothe war ebenfalls der Meinung, dass die Gitteranordnung überlegen sei, schloss sich allerdings Heisenbergs Argumenten an, dass der Schichtenversuch durchgeführt werden sollte.

Esau beendete die Besprechung mit dem Hinweis, er werde entscheiden, welches Experiment durchgeführt werden sollte. Seine Entscheidung werde davon abhängen, wie lange es dauern würde, die Platten herzustellen.[79] Drei Wochen später gab er bekannt, dass, obwohl ein Würfelgittersystem wahrscheinlich einer Schichtenanordnung überlegen sei, er sich trotzdem Bothes und Heisenbergs Vorschlag anschließe, wie geplant das Schichtenexperiment durchzuführen. Diebners Gruppe sollte ihrerseits mit der Arbeit an einer weiteren Gittermaschine beginnen.[80]

79 Niederschrift über die Besprechung am 7.5.1943 i. D. PTR. (7. Mai 1943), ADM, FA 002 796.
80 Abraham Esau an Paul Harteck (29. Mai 1943), ADM, FA 002 796.

Als Heisenberg anschließend die Niederschrift über die Besprechung durchlas, fand er, dass sie »noch einige Stellen enthält, die missverstanden werden können«, und schickte ein Schreiben mit Richtigstellungen an Esau. Er und seine Kollegen hätten von Anfang an andere geometrische Anordnungen als die Schichtenanordnung in Betracht gezogen. Heisenberg habe eine Überschlagsrechnung mit den damals bekannten Werten der Kernkonstanten angestellt und sei zu dem Schluss gekommen, dass Schichtenanordnungen besser seien. Als Diebner und der Physiker Heinz Pose (1905–1975) den Vorschlag gemacht hätten, in Gottow eine Gitteranordnung zu untersuchen, habe er sie ermutigt, weil die Theorie nicht vollständig durchgearbeitet gewesen sei und der Versuch interessante Ergebnisse verhieß. Der Versuch G-I habe Höcker dazu veranlasst, die verschiedenen Anordnungen einer erneuten theoretischen Untersuchung zu unterziehen, mit dem Ergebnis, dass eine Würfelgitteranordnung mit den geeigneten Dimensionen »eine etwas größere« Neutronenvermehrung ergeben könne als eine Schichtenanordnung. Dieses Resultat sei dann durch den Schwereisversuch bestätigt worden.[81]

Allerdings, so Heisenberg weiter, seien die bisherigen Versuche für eindeutige Ergebnisse zu klein gewesen. Aus diesem Grund werde der geplante Großversuch mit Schichtenanordnung, bei dem die Dicke und der Abstand zwischen den Schichten variiert würden, nützliche Daten und Erfahrungen für die zukünftigen Uranmaschine liefern. Am wichtigsten war vielleicht Heisenbergs Hinweis, dass das Würfelgitter technisch schwer umsetzbar sei und dass man, wie Höcker dargelegt hatte, wahrscheinlich andere Anordnungen wie zum Beispiel in Zylindern in Betracht ziehen müsste. Da man sich andererseits keine unbegrenzten Experimente leisten könnte, schlug Heisenberg vor, mit der Schichtenanordnung weiterzumachen. Tatsächlich war die Würfelanordnung ebenso unpraktisch, wie das Schichtdesign ineffizient war. Heisenbergs Argument, mithilfe von Schichtenversuchen ließen sich Konstanten und Werte präzise bestimmen, war stichhaltig. Jedenfalls wollte er nicht, dass die Schichtenversuche durch andere Arbeiten weiter verzögert würden.

Zwei Wissenschaftler aus Diebners Gruppe, Heinz Pose und Ernst Rexer (1902–1983), führten jetzt eine Reihe systematischer Experimente mit gepresstem Uranoxid und Paraffin in verschiedenen geometrischen Anordnungen durch. Ihre Resultate entsprachen Höckers Vorhersagen. Was die Neutronenvermehrung anlangte, waren Würfel viel besser als Säulen, die ihrerseits besser waren als Platten. Da jedoch im Hinblick auf Aufbau und Wärmeabfuhr ein Würfelgitter »denkbar ungünstig« war, schien eine Anordnung mit Säulen am besten zu sein.[82]

81 Werner Heisenberg an Abraham Esau (4. Juni 1943), AMPG, I. Abt. Rep. 34.

82 Heinz Pose und Ernst Rexer, Versuche mit verschiedenen geometrischen Anordnungen von Uranoxyd und Paraffin (12. Oktober 1943), ADM, IMC 30 453-456.

Abb. 19: Fotografie des Versuchs G-III.

Diebners Gruppe baute jetzt einen größeren Würfelgitterversuch auf. Weil die Arbeit mit schwerem Eis so mühsam gewesen war, setzte G-III auf eine Kugelschicht aus Uranmetallwürfeln, die an – der kleinstmöglichen Anzahl von – Kabeln aus einer Aluminium-Magnesium-Legierung aufgehängt und in schweres Wasser eingetaucht war. Sie verzichteten auf einen Metallbehälter, der Neutronen absorbiert hätte, und benutzten stattdessen einen reflektierenden Mantel aus Paraffin statt aus Wasser.

Der Versuch wurde mit 180, dann mit 240 Uranmetallwürfeln, die zusammen 564 Kilogramm wogen, und den beinahe 600 Litern schwerem Wasser, die damals zur Verfügung standen, durchgeführt. Dabei kam es zu einer Neutronenvermehrung um 106 Prozent. Dies war ein eindeutiger Beweis dafür, dass ein energieerzeugender Uranbrenner gebaut werden konnte. Im November schrieb Karl Wirtz einen besorgten Brief an Heisenberg. Höcker hatte Wirtz gesagt, dass eine Schichtenmaschine immer weniger Neutronen produzieren würde als eine Würfelgitter- oder als eine Schalenanordnung wie bei den Leipziger Versuchen. Obgleich Wirtz nicht generell von der Richtigkeit von Höckers Berechnungen überzeugt war, war er in Sorge, dass ihr stark verzögerter Schichtenversuch ein Fehlschlag werden könnte.[83]

83 K. Diebner, W. Czulius, W. Hermann, G. Hartwig, E. Kamin und F. Berkei, Bericht über die Neutronenvermehrung einer Anordnung von Uranwürfeln und Schwerem Wasser (G III) (Dezember 1943), ADM, FA 002 634; Karl Wirtz an Werner Heisenberg (22. November 1943), AMPG, III. Abt. Rep. 93.

Auch wenn Heisenberg, Wirtz und die Wissenschaftler der Kaiser-Wilhelm-Gesellschaft bei Esau in Ungnade gefallen waren, hatten sie andere, mächtigere Unterstützer. Speers Ministerium legte eine Neugewichtung der Prioritäten fest – weg von den weniger wichtigen Kaiser-Wilhelm-Instituten hin zum KWIfP – und bat Heisenberg ein weiteres Mal um eine Liste der Dinge, die er bräuchte.[84] Doch als sich die Kriegslage immer weiter verschlechterte, wurde es immer schwieriger, die Materialien und die Expertise zu beschaffen, die nötig waren. Im März 1943 war die Bautätigkeit am KWIfP wegen des Mangels an Werkzeugmaschinen zum Stillstand gekommen. Allerdings verfügte KWG-Präsident Vögler über hervorragende informelle Kontakte zur deutschen Industrie und erhielt die Maschinen drei Wochen später. Im April war der Bunker bis auf die Decke fertiggestellt, aber Heisenberg wartete auf die Gussplatten aus Uranmetall, die erst Ende Juni geliefert würden.[85]

Esaus Unterstützung für Diebners Gruppe und ihre Würfelgitterversuche gefährdete die Herstellung der Uranplatten. Obgleich Esau am 29. Mai an die Institutsdirektoren schrieb, dass Auer die notwendigen Uranformen sowohl für die Platten- als auch für die Würfelversuche herstellen könne, und äußerte, dass beide Verfahren vorangingen, wies er das Unternehmen insgeheim an, die Würfel zu gießen und die Arbeit an den Platten einzustellen. Als Heisenberg von Esaus Intervention erfuhr, bat er Johannes Goerner, der eine leitende Position in Speers Ministerium innehatte, um Hilfe. Goerner seinerseits teilte der Auergesellschaft mit, nur die Plattenproduktion habe DE-Priorität. Sie müssten vor allem anderen hergestellt werden.[86]

Tatsächlich fuhr die Auergesellschaft mit beiden Aufträgen fort, da es viel leichter war, Würfel zu produzieren. Der Rohguss der großen Uranmetallplatten war einfach, aber ihre Bearbeitung entsprechend den Vorgaben von Heisenberg und Wirtz erforderte gehärtete Metallfräswerkzeuge, die die Auer nicht besaß. Im Juni dauerte es selbst mit DE-Priorität neun Monate oder länger, bis solche Werkzeuge geliefert wurden. Heisenberg bat erneut Vögler, ihnen dabei zu helfen, sie schneller zu beschaffen.[87] Bis Mitte August wurde eine große Zahl von Uran-Gussplatten an die Auerge-

84 Forstmann an Werner Heisenberg (13. April 1943), AMPG, III. Abt. Rep. 93.

85 Werner Heisenberg an Ernst Telschow (5. März 1943), AMPG, III. Abt. Rep. 93; Werner Heisenberg an Ernst Telschow (1. April 1943), AMPG, III. Abt. Rep. 93; Werner Heisenberg an Walther Bothe (7. April 1943), AMPG, I. Abt. Rep. 34.

86 Abraham Esau an Paul Harteck (29. Mai 1943), ADM, FA002 796; Werner Heisenberg an Albert Vögler (1. Juni 1943), AMPG, I. Abt. Rep. 34.

87 Werner Heisenberg an Albert Vögler (1. Juni 1943), AMPG, I. Abt. Rep. 34; Auergesellschaft an Werner Heisenberg (15. Juli 1943), AMPG, III. Abt. Rep. 93; Werner Heisenberg an Albert Vögler (11. August 1943), AMPG, I. Abt. Rep. 34.

sellschaft geliefert, aber diese konnte sie nicht bearbeiten. Das Unternehmen, das versprochen hatte, die gehärteten Werkzeuge zu liefern, hatte einen Rückzieher gemacht; die anderen potenziellen Lieferanten bräuchten mindestens zwei Monate, um sie bereitzustellen. Wieder bat Heisenberg Vögler um Hilfe.[88] Im September fand man eine weitere Firma, Heisenberg wurde jedoch mitgeteilt, dass man steten Druck auf sie ausüben müsse, die Werkzeuge zu liefern. Ein Vertreter von Speers Ministerium wiederum teilte Wirtz mit, sie sollten Karl Zimmer bei der Auergesellschaft unter Druck setzen, die Platten zu liefern.[89]

Ende Juli war der Bunker bis auf den Innenausbau fertig. Heisenberg lud nun Esau zu einem Rundgang ein und fügte hinzu, er hoffe, da das schwere Wasser jetzt sehr viel besser gegen Luftangriffe geschützt sei als an den bisherigen Lagerorten, dass dieses zurückgebracht werde.[90] Heisenberg schrieb auch an Bothe und lud dessen Institut ein, sich ihnen für den Gemeinschaftsversuch anzuschließen. Bothe bot an, einen jungen Physiker, Erwin Fünfer (1911–?), zu schicken, sagte aber, dass er selbst nicht nach Berlin kommen könne, da dies seinen Urlaub verzögern würde. Weil so viele Menschen aus Berlin geflohen seien, gebe es kein Problem, für Fünfer eine Bleibe zu finden.[91] Bothe, der selbstverständlich den Versuch an seinem eigenen Institut hatte durchführen wollen, hatte jetzt noch weniger Grund, in das vom Krieg zerrissene Berlin zu fahren.

Im Juli 1943 legte Esau seinen ersten Fortschrittsbericht als Bevollmächtigter für Kernphysik vor. Als Mentzel diesen an Fritz Görnnert (1907–1984) weiterleitete, eine hochrangige Führungskraft in Görings Dienststelle, behauptete er, die Arbeiten seien wichtig und in den letzten Monaten auch ganz erheblich gefördert worden: »Wenn auch die Arbeiten nicht in kurzer Zeit zur Schaffung von praktisch brauchbaren Kraftmaschinen oder Sprengstoffen führen werden, so ist, auf der anderen Seite aber auch die Sicherheit vorhanden, dass die Feindmächte uns auf diesem Gebiet nicht mit Überraschungen aufwarten können.«[92] Nachdem Vögler eine Abschrift des Berichts erhalten hatte, leitete er diese vertraulich an Heisenberg weiter, mit

88 Auergesellschaft (Riehl) an Werner Heisenberg (19. August 1943), AMPG, III. Abt. Rep. 93; Werner Heisenberg an Albert Vögler (23. August 1943), AMPG, I. Abt. Rep. 34.

89 Ernst Telschow an Werner Heisenberg (4. September 1943), AMPG, I. Abt. Rep. 34; Fischer an Heisenberg (9. September 1943), AMPG, III. Abt. Rep. 93; Karl Wirtz an Werner Heisenberg (22. November 1943), AMPG, III. Abt. Rep. 93.

90 Werner Heisenberg an Abraham Esau (24. Juli 1943), AMPG, I. Abt. Rep. 34.

91 Werner Heisenberg an Walther Bothe (24. Juli 1943), AMPG, I. Abt. Rep. 34; Walther Bothe an Werner Heisenberg (30. Juli 1943), AMPG, III. Abt. Rep. 93; Erich Fischer an Walther Bothe (26. August 1943), AMPG, III. Abt. Rep. 93.

92 Rudolf Mentzel an Görnnert (Göring) (8. Juli 1943), ADM, IMC 29 1077.

dem abschätzigen Kommentar, Esau habe »sich diese Aufgabe etwas leicht gemacht«.[93] Heisenberg antwortete taktvoll, indem er einen Überblick über die bisherigen Fortschritte der Arbeitsgemeinschaft gab und anmerkte: »Die durch die Kriegslage bedingten Schwierigkeiten scheinen aber leider mit jedem Monat zu wachsen.« Den geplanten Versuch im Bunker des KWIfP könnten sie hoffentlich ohne allzu große Störung durch Luftangriffe durchführen.[94]

Evakuierung und Durchhalten

Heisenbergs Briefe an seine Frau Elisabeth dokumentieren die sich verschlechternde Kriegslage und die Wirkung, die dies auf ihn hatte. Seine große, junge Familie war in die abgelegene, ländliche Gemeinde Urfeld am Walchensee gezogen, wo sie relativ sicher war, während Heisenberg weiterhin zwischen Leipzig und Berlin pendelte. Heisenberg sah seine Frau und seine Kinder nur selten. Im Mai 1943 schrieb er an Elisabeth, wie sehr er es bedauere, den Geburtstag seines kleinen Sohnes Jochen (geb. 1939) zu versäumen. Er fühle sich in Berlin sehr einsam und schlafe schlecht wegen der vielen Luftalarme. Selbst vor den Alarmen könne er kaum einschlafen, weil er wisse, »gleich geht's los«.[95]

Der Stress wirkte sich auch körperlich aus. Heisenbergs Neuritis und die Nervenschmerzen, die damit einhergingen, traten wieder auf. Bis Juli verschlechterte sich sein Gesundheitszustand deutlich. Ihm wurde klar, dass »ich den unerfreulichen Seiten meiner Aufgabe hier nicht recht gewachsen bin«. Er hätte das Institut nicht übernehmen sollen. »Man muss dazu robuster gebaut sein als ich.« Heisenberg tröstete sich mit der Vorstellung, »dass hier eben ein Stück Front u. nicht die Heimat ist. Noch dazu ein besonders ruhiges, behagliches Stück Front, an dem noch soviele Häuser stehen, dass man in Betten schlafen kann und an dem nur selten geschossen wird«.[96]

Heisenberg beschloss, das Beste aus seiner erzwungenen Einsamkeit zu machen und mit seinem eigenen Physik- und Philosophieprojekt voranzukommen. Aber seine Gedanken kehrten immer wieder zum Krieg zurück: »Es wird mir schwer, mich innerlich von all dem Schrecklichen, was geschieht, loszumachen.« Und er hatte nicht die Kraft, sich auf wissenschaft-

93 Albert Vögler an Werner Heisenberg (28. Juli 1943), AMPG, I. Abt. Rep. 34.

94 Werner Heisenberg an Albert Vögler (1. Juni 1943), AMPG, I. Abt. Rep. 34; Auergesellschaft an Werner Heisenberg (15. Juli 1943), AMPG, III. Abt. Rep. 93; Werner Heisenberg an Albert Vögler (11. August 1943), AMPG, I. Abt. Rep. 34.

95 Werner Heisenberg an Elisabeth Heisenberg (16. und 24. Mai 1943), in Heisenberg und Heisenberg, 216–217.

96 Werner Heisenberg an Elisabeth Heisenberg (20. Mai und 21. Juli 1943), in Heisenberg und Heisenberg, 217, 223.

liche Arbeit zu konzentrieren. In dieser Zeit, in der kaum Fortschritte gemacht wurden, sah er schwarz für die Zukunft der Arbeitsgemeinschaft. »Die Tage vergehen hier, indem man irgendwelche sinnlosen Arbeiten macht, im Institut oder ausserhalb, es ist immer das Gleiche.«[97]

Ende Mai schrieb er Elisabeth, dass er, nachdem er lange über die Schwierigkeiten nachgedacht habe, zu dem Schluss gekommen sei, dass sie die Dinge so sehen müssten, wie sie seien. Es werde ihnen beiden bis zum Ende des Krieges wahrscheinlich schlecht gehen. Elisabeth mühe sich mit Arbeiten ab, die nicht zu bewältigen seien, während sie versuche, den Haushalt zusammenzuhalten. Heisenberg wiederum sei allein und »muss meistens Arbeiten machen, die gar keinen Sinn haben«. Selbst die Möglichkeit, sich gegenseitig durch Briefe zu helfen, werde natürlich immer schwieriger, weil sie zum Schreiben schließlich zu müde seien und Briefe nicht ankämen. Das Einzige, was bleibe, so Heisenberg, sei seine Bereitschaft, in einem Notfall nach Urfeld zu kommen. In diesem Fall habe er keinerlei Bedenken, seine Arbeit in Berlin liegen zu lassen, denn »im Grunde ist sie doch völlig belanglos«.[98] Im Dezember besuchte er Leipzig. Sein früheres Institut und die Wohnungen seiner Kollegen waren alle abgebrannt. Die gesamte Auflage eines neuen Buchs über kosmische Strahlung, das Heisenberg herausgab, war offenbar vernichtet worden, als das Verlagshaus bombardiert wurde. »Hier ist der Krieg so nahe, dass es schwer ist, die Gedanken davon loszumachen.«[99]

Der tödliche Zusammenhang zwischen der katastrophalen Kriegslage, dem zunehmend verzweifelten Bemühen, sowohl die Rüstungsproduktion zu steigern als auch qualitativ neue Waffen in den Konflikt einzuführen, und dem Genozid an den Juden wurde im Oktober 1943 auf der Jahrestagung der Gauleiter der NSDAP in Posen, einer von deutschen Truppen besetzten und ins Deutsche Reich eingegliederten Stadt in Polen, glasklar. Die Rede des Reichsführers SS Heinrich Himmler band seine Zuhörer noch enger an das NS-Regime und die Kriegsanstrengungen, indem er sie zu Komplizen des Genozids machte.[100]

> Ich darf hier in diesem Zusammenhang und in diesem allerengsten Kreise auf eine Frage hinweisen, die Sie, meine Parteigenossen, alle als selbstverständlich hingenommen haben, die aber für mich die schwerste Frage meines Lebens geworden ist, die Judenfrage. Sie alle nehmen es als selbst-

97 Werner Heisenberg an Elisabeth Heisenberg (21. Juli 1943), in Heisenberg und Heisenberg, 222.

98 Werner Heisenberg an Elisabeth Heisenberg (30. Mai 1943), in Heisenberg und Heisenberg, 220.

99 Werner Heisenberg an Elisabeth Heisenberg (9. Dezember 1943), in Heisenberg und Heisenberg, 213; tatsächlich blieben einige Exemplare des Buches erhalten.

100 Ian Kershaw, *Hitler 1936–1945* (München 2013), 786–787.

verständlich und erfreulich hin, dass in Ihrem Gau keine Juden mehr sind. [...] Der Satz ›Die Juden müssen ausgerottet werden‹ mit seinen wenigen Worten, meine Herren, ist leicht ausgesprochen. Für den, der durchführen muss, was er fordert, ist es das Allerhärteste und Schwerste, was es gibt. [...] Ich bitte Sie, das, was ich Ihnen in diesem Kreise sage, wirklich nur zu hören und nie darüber zu sprechen. [...] Es musste der schwere Entschluss gefasst werden, dieses Volk von der Erde verschwinden zu lassen. Für die Organisation, die den Auftrag durchführen musste, war es der schwerste, den wir bisher hatten. Er ist durchgeführt worden, ohne dass – wie ich glaube sagen zu können – unsere Männer und unsere Führer einen Schaden an Geist und Seele erlitten hätten. Diese Gefahr lag sehr nahe. Der Weg zwischen den beiden hier bestehenden Möglichkeiten, entweder zu roh zu werden, herzlos zu werden und menschliches Leben nicht mehr zu achten oder weich zu werden und durchzudrehen bis zu Nervenzusammenbrüchen – der Weg zwischen dieser Scylla und Charybdis ist entsetzlich schmal. [...] Damit möchte ich die Judenfrage abschließen. Sie wissen nun Bescheid, und Sie behalten es für sich. Man wird vielleicht in ganz später Zeit sich einmal überlegen können, ob man dem deutschen Volke etwas mehr darüber sagt. Ich glaube, es ist besser, wir – wir insgesamt – haben das für unser Volk getragen, haben die Verantwortung auf uns genommen (die Verantwortung für eine Tat, nicht nur für eine Idee) und nehmen dann das Geheimnis mit in unser Grab.[101]

Albert Speer, der mittlerweile zum Reichsminister für Rüstung und Kriegsproduktion befördert worden war, hielt in Posen ebenfalls eine Rede und überbrachte der NSDAP-Elite eine wichtige Nachricht: Die Kriegslage sei düster und eine Wende lasse sich nur herbeiführen, wenn man aus der deutschen Wirtschaft eine gesteigerte Produktion qualitativ höherwertiger Rüstungsgüter herauspresse. Dies würde politisch unbeliebte Maßnahmen erfordern, so dass die Gauleiter diese mittragen müssten.

Es hat keinen Zweck zu verschweigen, dass unsere Rüstung nur dann Chancen hat, der Wehrmacht die notwendigen Waffen zu liefern, wenn das ganze Volk hinter dieser Rüstung steht und wenn im Besonderen die Gauleiter den Ernst der Lage einsehen. Die Vorträge, und auch mein Vortrag, sollen den Zweck haben, Ihnen für die Zukunft jede Ausrede zu nehmen, einmal nicht genau gewusst zu haben, um was es sich hier handelt.[102]

101 Heinrich Himmler, »Rede Reichsführer-SS Himmler vor den Gauleitern am 6. Okt. 43 in Posen (6. Oktober 1943)«, in Bradley Smith und Agnes Peterson (Hgg.), *Geheimreden 1933 bis 1945 und andere Ansprachen* (Frankfurt am Main 1974), 162–183, hier 169–171.

102 Albert Speer, »Rede Reichsminister Speer vor den Gauleitern am 6. Okt. 43 in Posen

Die Posener Reden verdeutlichen die enge Zusammenarbeit zwischen Speers Ministerium und Himmlers SS: Speer machte sich skrupellos den Terror des Sicherheitsdienstes der SS zunutze, um deutsche Unternehmen und ihre Beschäftigten, zu denen oftmals auch Zwangsarbeiter aus anderen Ländern gehörten, zu größeren und konzentrierteren Anstrengungen zu zwingen.[103]

> [Es handelt sich] weiter um die sogenannten Bummelanten, die in den Betrieben den Geist der gutwilligen Arbeitskräfte verseuchen. […] Ich bin dafür dankbar, dass […] gerade in diesen Tagen aus den Betrieben weg einige tausend Bummelanten verhaftet werden und in ein Konzentrationslager überführt werden. Ich bin der Meinung, dass diese Bummelanten, die in den Betrieben durchaus bekannt sind, hiermit der gerechten Strafe zugeführt werden und dass ein Arbeiter, der gutwillig seiner Arbeit nachgeht, hierin keine ungerechte Sache, sondern eine gerechte Sache sehen wird.

Hitler hatte Speer angewiesen, in der Rüstungswirtschaft Soldaten für die Wehrmacht im Umfang von rund 20 Divisionen aufzutreiben. Da die einzigen jungen Männer, die noch in der Wirtschaft tätig waren, hochqualifizierte Fachkräfte waren, würde dies unweigerlich die Rüstungsproduktion beeinträchtigen. Speers Lösung bestand darin, die Produktion von Verbrauchsgütern einzustellen und die dafür eingesetzten Arbeiter in die Rüstungsbetriebe zu überführen.

Speer verlangte, die Gauleiter sollten ihn bei der Hebung der letzten Reserven der Zivilwirtschaft unterstützen, indem sie unnötige Fertigungen stilllegten. »Ich habe Reichsführer SS Himmler gebeten, mir zur Auffindung derartiger Fertigungen den SD zur Verfügung zu stellen und wir haben mit dem SD ein Abkommen getroffen, dass dieser in sämtlichen Betrieben der Rüstung Zutritt hat und dass er dort die notwendigen Feststellungen treffen kann.«[104] In seiner Rede hatte Himmler klargestellt, wie dies umgesetzt werden sollte. Nachdem er beschrieben hatte, wie die SS jüdische Ghettos geräumt hatte, einschließlich der Ghettos, in denen jüdische Arbeitskräfte ausgebeutet worden waren, fügte er hinzu: »Es ist der Teil von angeblichen Rüstungsbetrieben, die der Parteigenosse Speer und ich in den

(6. Oktober 1943)«, unter nuremberg.law.harvard.edu/documents/3441-transcript-of-a-speech?q=Posen#p.1 (letzter Zugriff am 1. Juli 2022).

103 Adam Tooze, *Ökonomie der Zerstörung: Die Geschichte der Wirtschaft im Nationalsozialismus* (München 2007), 693–97; Speers Beteuerungen nach dem Krieg, er habe Himmlers Rede über den Genozid nicht gehört, sind unglaubwürdig.

104 Albert Speer, »Rede Reichsminister Speer vor den Gauleitern am 6. Okt. 43 in Posen (6. Oktober 1943)«, unter nuremberg.law.harvard.edu/documents/3441-transcript-of-a-speech?q=Posen#p.1 (letzter Zugriff am 1. Juli 2022).

nächsten Wochen und Monaten gemeinsam reinigen wollen. Das werden wir genauso unsentimental machen, wie im fünften Kriegsjahr alle Dinge unsentimental, aber mit großem Herzen für Deutschland gemacht werden müssen.«[105]

Speer machte den anwesenden hohen NSDAP-Funktionären nur eine Hoffnung: Die deutschen Kriegsanstrengungen würden schon bald in Form technischer Wunder und neuer Waffensysteme ihre Früchte tragen. »Wenn wir diese Massnahmen mit der notwendigen Brutalität durchführen und wenn Sie hier mir Ihre Hilfe dabei geben, dann bin ich der festen Überzeugung, dass wir auch den Qualitätsvorsprung, den wir zweifellos auf dem Gebiete der Rüstung errungen haben, auch quantitativ durchhalten können, um dem Gegner standzuhalten, um ihn dann endgültig zu besiegen.«

Speers Rede hatte einen weiteren bemerkenswerten, wenn nicht gar überraschenden Aspekt: Sein großzügiges Lob von Wissenschaftlern und Ingenieuren und sein Appell an die Gauleiter, sich um sie zu kümmern:

> Ich möchte hier die Arbeit der Techniker und Wissenschaftler ganz besonders erwähnen und möchte gerade Sie bitten, in Ihren Gauen die Techniker und Wissenschaftler einer besonderen Betreuung zu unterziehen, genau so wie es für jeden Gauleiter als selbstverständlich erscheint, sich der Künstler im Gau anzunehmen. Genau so müsste auch eine zusätzliche Betreuung für die Wissenschaftler, die ebenso ungelenk und ebenso weltfremd sind wie ein Künstler, stattfinden.
> Ich wäre Ihnen sehr dankbar, wenn Sie diesen Wissenschaftlern die notwendige Unterstützung geben würden. Sie finden sich in dem Leben des Krieges immer schlecht zurecht. Und ein Großteil ihrer Arbeitskraft wird dadurch gelähmt, dass sie sich um Dinge kümmern, die ihnen vernünftigerweise von der Partei abgenommen werden könnten. Gerade der Techniker und Wissenschaftler ist es, der uns die Möglichkeit geben muss, der Übermacht an Material in der Quantität die unbedingte Überlegenheit in der Qualität zu sichern. […]
> Es ist notwendig, dass wir der Technik und der Wissenschaft bereits vom Nachwuchs an jede nur irgendwie notwendige Unterstützung angedeihen lassen. Und ich kann Ihnen die Versicherung abgeben, dass, wenn diese Unterstützung von Ihnen gegeben wird, unsere Techniker und Wissenschaftler den Vorsprung, den wir auf dem Gebiete der Heeresrüstung und voraussichtlich auch der Marinerüstung jetzt bereits haben, weiter halten werden.[106]

105 Heinrich Himmler, »Rede Reichsführer-SS Himmler vor den Gauleitern am 6. Okt. 43 in Posen (6. Oktober 1943)«, Smith und Peterson, 169–171.

106 Albert Speer, »Rede Reichsminister Speer vor den Gauleitern am 6. Okt. 43 in Posen

Speers Posener Rede zeigt in Verbindung mit seiner Reaktion auf Heisenbergs Vortrag im Juni des Vorjahres, dass die Unterstützung des Ministers für die Uranforschung nichts Ungewöhnliches war, sondern vielmehr Ausdruck seiner allgemeinen Überzeugung, dass vielversprechende wissenschaftliche Forschung gefördert werden müsse, in der Hoffnung, dass sie einmal kriegsentscheidend werden würde.

Auch Hans Frank (1900–1946), hoher NSDAP-Funktionär und Gouverneur des Generalgouvernements – ein Teil Polens, der von den Deutschen besetzt und verwaltet wurde –, war in Posen anwesend. Rund sechs Wochen nach der Tagung reiste Heisenberg, der ein Bekannter Franks war, nach Krakau, um am Institut für Deutsche Ostarbeit einen Vortrag zu halten.[107] Nach dem Vortrag nahm Frank Heisenberg zur Seite und äußerte: »Wie ist es eigentlich, man hört immer, dass es so eine Wunderwaffe gibt, vielleicht eine Atombombe oder etwas.« Heisenberg antwortete, die Deutschen hätten nichts dergleichen.[108]

Im November war die Evakuierung der Kaiser-Wilhelm-Institute das zentrale Thema einer der letzten Besprechungen der Institutsdirektoren der Kaiser-Wilhelm-Gesellschaft. Diese Evakuierungen waren nur möglich aufgrund eines persönlichen Gesuchs, das Vögler an Reichsminister Speer richtete, der ihm daraufhin seine volle Unterstützung anbot.[109] Vögler ordnete die Evakuierung des KWIfP in eine Gegend an, die weniger durch Luftangriffe gefährdet war. Erich Bagge organisierte die Räumung. Bereits im September befand sich rund ein Drittel des Instituts in Hechingen in Südwestdeutschland. Wie ein Großteil der deutschen Kriegswirtschaft stützte sich auch die Evakuierung des KWIfP auf Zwangsarbeiter, einschließlich polnischer Gefangener, die von der Hitlerjugend bewacht wurden. Das von Otto Hahn geleitete Kaiser-Wilhelm-Institut für Chemie (KWIfC) zog ebenfalls von Berlin in das nahe Hechingen gelegene Tailfingen um, wobei sowjetische Kriegsgefangene zum Einsatz kamen.[110]

(6. Oktober 1943)«, unter nuremberg.law.harvard.edu/documents/3441-transcript-of-a-speech?q=Posen#p.1 (letzter Zugriff am 1. Juli 2022).

107 Vgl. das Kapitel »Kopenhagen«.

108 Interview von David Irving mit Werner Heisenberg (23. Oktober 1965), ADM, IMC 31 557.

109 Niederschrift über die Direktorenbesprechung am 9.11.1943 im Harnack-Haus, AMPG, I. Abt. Rep. 34.

110 Werner Heisenberg an Hornung (20. August 1943), AMPG, III. Abt. Rep. 93; Tagebuch von Erich Bagge (8. September 1943), ADM, IMC 29 106; Werner Heisenberg an Dekan der Universität Berlin (2. Oktober 1943), AMPG, III. Abt. Rep. 93; Julius Hiby an Werner Heisenberg und Karl Wirtz (20. Januar 1944), AMPG, III. Abt. Rep. 93; www.mpic.de/4469999/umzuege (letzter Zugriff am 2. Juli 2022).

Vögler notierte, »dass die Frage nach Leistung und Auswirkung der deutschen Wissenschaft aufgeworfen worden sei«, weil die Feindmächte auf einigen Gebieten Deutschland weit überlegen seien. In jüngster Zeit seien Wissenschaftler häufig zum Wehrdienst einberufen worden. Solche Einberufungen von Mitarbeitern des Kaiser-Wilhelm-Instituts sollten dann bewilligt werden, wenn die Arbeit der Betreffenden am Institut beendet sei. Allerdings war Vögler bereit, bis hinauf zu Speer dafür zu kämpfen, die Wissenschaftler behalten zu können. Schließlich appellierte der Präsident der Gesellschaft an die Institutsdirektoren, »schärfstens gegen defaitistische Anschauungen [in ihren Instituten] vorzugehen und auch in besonders krassen Fällen vor einer Anzeige nicht zurückzuschrecken. Jetzt sei keine Zeit zum Debattieren und Fragenstellen – notwendig sei allein die Arbeit für einen deutschen Sieg«.[III]

Fazit

Im Lauf des Jahres 1943 kam der Krieg mit aller Macht nach Deutschland; dies machte die Forschungsarbeiten über schweres Wasser, Zentrifugen und Uranmaschinen immer schwieriger. Sehr kleine Uran-235-Proben wurden mithilfe einer Ultrazentrifuge geringfügig angereichert. Als der alliierte Angriff auf die Norsk Hydro ihre Bezugsquelle für schweres Wasser bedrohte, setzten die Deutschen alles daran, alternative Lösungen in Italien und innerhalb Deutschlands zu finden. Die starke Belastung der Kriegswirtschaft erschwerte die Produktion und Weiterverarbeitung von Uran sowie den Bau des Bunkerlabors am KWIfP, so dass sich der Versuch mit Schichten aus gegossenem Uranmetall verzögerte. Dagegen machte eine Gruppe von Wissenschaftlern des Heereswaffenamts Fortschritte bei Uranmaschinen mit dreidimensionalen Gitteranordnungen. Bombenangriffe machten die Arbeit in Hamburg und Berlin fast unmöglich und zwangen die Institute, in ländliche Regionen Deutschlands auszuweichen. Aber das Schlimmste sollte noch kommen.

Epilog: Vergleich mit dem Manhattan-Projekt

Während in Deutschland die Kontrolle über die Uranforschung von den Streitkräften auf zivile Behörden überging, bewegte sie sich in Amerika in die umgekehrte Richtung. Im Herbst 1942 schuf die US-Armee den so-

III Niederschrift über die Direktorenbesprechung am 9.11.1943 im Harnack-Haus, AMPG, I. Abt. Rep. 34.

genannten Manhattan District, um das Vorhaben des Baus einer Atombombe beschleunigt voranzutreiben.[112] Die Amerikaner realisierten, dass es bis zu zwei Jahre dauern würde, um genügend schweres Wasser für eine Plutoniumfabrik herzustellen. Da sie mit Grafit (Kohlenstoff) eine brauchbare Alternative hatten, beschlossen sie im November 1943, das bescheidenere Projekt des Baus eines Schwerwasserreaktors im Labormaßstab voranzutreiben. Ein kanadisches Bergbauunternehmen begann mit der Produktion von schwerem Wasser auf der Basis eines katalytischen Austauschverfahrens, wobei eine durch Elektrolyse erzeugte Wasserstoffquelle genutzt wurde. Bis Ende 1943 wurden rund 300 Liter schweres Wasser produziert.[113] Anfang 1942 war auch die Grafitproduktion unzureichend, aber das Reinheitsproblem war bis zur Mitte dieses Jahres gelöst und die Großproduktion wurde aufgenommen. Obgleich während des größten Teils des Jahres 1942 so gut wie kein Uran verfügbar gewesen war, waren die Produktionsprobleme bis November gelöst worden und rund 6 Tonnen Uranoxid standen zur Verfügung.[114]

Im Herbst 1942 hatten die Amerikaner genügend Grafit, Uranoxid und Uranmetall, um einen nuklearen »Meiler«, in dem eine sich selbst unterhaltende Kettenreaktion ablaufen sollte, in Chicago, Illinois, zu bauen. Ironischerweise hatte Heisenberg ungefähr zur gleichen Zeit gehofft, dass seine als Großanlage ausgeführte Uranmaschine ebenfalls dieses Ergebnis erreichen würde. Ähnlich wie bei dem von Diebners Gruppe umgesetzten Entwurf einer Uranmaschine wurde auch bei dem Chicagoer Meiler ein dreidimensionales Gitter aus Uran- oder Uranoxidklumpen verwendet. Es kamen jedoch auch Steuerstäbe aus neutronenabsorbierendem Material zum Einsatz, die eine Kettenreaktion abbremsen sollten. Dies erwies sich als eine glückliche Entscheidung, weil die Kettenreaktion früher einsetzte, als erwartet worden war.[115]

Der Chicagoer Meiler, der unter Leitung des emigrierten Physikers Enrico Fermi gebaut wurde, ging am 2. Dezember 1942 als ein sich selbst unterhaltendes System in Betrieb. Ein Vergleich dieses Versuchs mit der deutschen Arbeitsgemeinschaft offenbart große Unterschiede im Umfang der Projekte. Fermi stand nach eigener Aussage eine »relativ kleine Menge« Uran zur Verfügung, aber diese enthielt ungefähr so viel raffiniertes Uran,

112 Henry DeWolf Smyth, *Atomic Energy for Military Purposes: The Official Report on the Development of the Atomic Bomb under the Auspices of the United States Government, 1940–1945* (Princeton 1945), 83–86.

113 Ebd., 91, 147–148, 169; *Manhattan District History Book III: The P-9 Project*, 5.9., https://www.osti.gov/opennet/manhattan_district (letzter Zugriff am 16. Mai 2020).

114 Smyth, 93–94.

115 Ebd., 98; Rhodes, 428–430, 432–442.

wie die Deutschen während des Krieges insgesamt besaßen. Wieder war es Fermi, der darauf hinwies, dass der als Moderator verwendete Grafit »von zahlreichen Sorten unterschiedlicher Reinheit« war, aber die schieren Mengen, die verfügbar waren, stellten die Masse an schwerem Wasser in Deutschland weit in den Schatten. Schließlich hob Fermi hervor, dass »ein Experiment dieser Art die Zusammenarbeit einer großen Zahl von Physikern« erfordere. Tatsächlich haben an diesem einen Versuch womöglich so viele Wissenschaftler, Ingenieure und Techniker mitgewirkt, wie insgesamt in Deutschland während des Krieges in der Arbeitsgruppe arbeiteten.[116]

Der Meiler von Chicago war so weit von einem funktionstüchtigen Kernreaktor entfernt wie die Konstruktionstypen, die in Deutschland erforscht wurden. Aber gleich nachdem seine Leistungsfähigkeit unter Beweis gestellt worden war, wurden Pläne für eine plutoniumproduzierende Pilotanlage erarbeitet. Mit dem Bau wurde im Januar in Clinton, Tennessee, begonnen. Dieser Konstruktionstyp, den Ingenieure und Wissenschaftler gemeinsam entwickelt hatten, bestand aus einem Grafitwürfel mit horizontalen Kanälen. Diese waren mit Uranmetallzylindern gefüllt, die durch gasdichte Aluminiumgehäuse geschützt wurden. Die Zylinder konnten in die Kanäle hineingeschoben oder herausgezogen werden. Es gab auch Kanäle für Steuerstäbe und Instrumente. Die Pilotanlage in Clinton, die deutlich größer war als der Meiler in Chicago und über ein Kühlsystem, eine dickere Strahlungsabschirmung und ein System zum Auswechseln des Urans verfügte, ging im November 1943 in Betrieb.[117]

Fermis Erfolg war von entscheidender Bedeutung für den künftigen Kurs des Manhattan-Projekts. Mittlerweile waren die amerikanischen Behörden auch zuversichtlich, dass die Trennung der Uranisotope in industriellem Maßstab gelingen werde. Jetzt musste man entscheiden, ob man die Produktion von Atombomben in industriellem Maßstab versuchen wollte oder nicht. Im Dezember 1942 schickte Vannevar Bush einen Bericht an Präsident Roosevelt, in dem er erläuterte, dass der Bau der Atombombe mehr kosten und mehr Zeit in Anspruch nehmen würde als früher gedacht. Daher empfahl er, mehrere Anlagen gleichzeitig zu bauen: eine Großanlage zur Plutoniumgewinnung und eine weitere zur Isotopentrennung durch Gasdiffusion, eine elektromagnetische Isotopentrennungsanlage mittlerer Größe, die erweitert werden könnte, und Schwerwasserfabriken mit einer Kapazität von 2,5 Tonnen pro Monat. Roosevelt billigte den Bericht, in dem

116 Enrico Fermi, »Experimental Production of a Divergent Chain Reaction«, in Horst Wohlfarth (Hg.), *40 Jahre Kernspaltung: eine Einführung in die Originalliteratur* (Darmstadt 1979), 322–370, hier 322–324.

117 Smyth, 141–143.

die Kosten dieser Maßnahmen auf etwa 400 Millionen Dollar geschätzt wurden. Der Gegensatz zu Speers Bericht an Hitler ist überdeutlich.[118]

Die US-Armee reagierte innerhalb von Monaten, indem sie mehrere äußerst kostspielige Bauprojekte in Angriff nahm. Mithilfe des leistungsstarken Zyklotrons in Berkeley, Kalifornien, konnten die Amerikaner bis Ende 1942 genügend Plutonium produzieren, um eine Fülle wichtiger Erkenntnisse über seine chemischen Eigenschaften zu gewinnen. Im Januar 1943 beschloss die US-Armee, eine Großproduktionsanlage am Columbia River in Hanford, Washington, zu bauen, und beauftragte das Unternehmen DuPont mit der Konzeption, der Errichtung und dem Betrieb der Anlage.[119] Ähnliche Entscheidungen folgten zu Beginn des Jahres 1943: Großanlagen zur Uranisotopentrennung nach dem Gasdiffusions- und elektromagnetischen Verfahren sollten in Clinton, Tennessee, gebaut werden. Die letztgenannte Anlage war im November betriebsbereit.[120] Dieser Schritt aus dem Labor zur industriellen Großproduktion wurde in Deutschland nie vollzogen.

Der Erfolg des Chicagoer Meilers machte die weitere Erforschung der durch schnelle Neutronen induzierten Kettenreaktionen in Atombomben zu einer Priorität. Mit diesen theoretischen Problemen begann man sich im Sommer 1942 ernsthaft zu befassen; damals stellte J. Robert Oppenheimer zu diesem Zweck eine Gruppe von Physikern zusammen. Bis zum Frühjahr 1943 waren mit verschiedenen Berechnungsmethoden und unter Verwendung der besten verfügbaren Kernkonstanten mehrere Schätzwerte der kritischen Masse ermittelt worden, aber »die Fehlergrenzen blieben groß«.[121] Als Smyth den Stand der Arbeiten an der Atombombe in den USA im April 1943 zusammenfasste, wies er darauf hin, dass das gegenwärtig vorhandene Wissen bezüglich des Baus von Atombomben »vorläufig und ungenau« sei und dass die Probleme im Zusammenhang mit dem instantanen Zusammenfügen der subkritischen Massen der Bombe von »enormer Komplexität« seien.[122]

Die Einführungsvorträge, die Robert Serber (1909–1997) Anfang April 1943 für Neuankömmlinge in Los Alamos hielt, waren im Hinblick auf mehrere zentrale Aspekte des Funktionsmechanismus einer Atombombe noch immer vorläufig. Zunächst definierte Serber unmissverständlich das Ziel des Vorhabens: »eine *einsetzbare militärische Waffe* in Form einer Bom-

118 Lillian Hoddeson, Paul W. Henriksen, Roger A. Meade und Catherine Westfall, *Critical Assembly: A Technical History of Los Alamos during the Oppenheimer Years, 1943–1945* (Cambridge 1993), 38.

119 Smyth, 101, 129; Rhodes, 457–458.

120 Smyth, 175–176, 184, 194, 200–201; Rhodes, 486–496.

121 Smyth, 103, 210.

122 Ebd., 213.

be, in der Energie durch eine von schnellen Neutronen ausgelöste Kettenreaktion in einem oder mehreren Stoffen, die bekanntlich zur Kernspaltung fähig sind, freigesetzt wird«. Serber behauptete, die kritische Masse wäre 60 Kilogramm für eine Waffe ohne Tamper (ein Material, das Neutronen in die Masse zurück reflektiert), allerdings fügte er hinzu, die kritischen Massen müssten durch empirische Tests bestimmt werden, sobald Materialien erhältlich seien. In ähnlicher Weise veranschlagte J. Robert Oppenheimer die kritische Masse einer Uran-235-Bombe mit einem Neutronenreflektor auf 25 Kilogramm, wies allerdings darauf hin, dass seine Schätzung nur so genau sei wie die Werte der noch immer ungewissen nuklearen Konstanten. Diese müssten experimentell bestimmt werden.[123]

Die mitunter scharfe Kritik an Heisenbergs Verständnis der Funktionsweise von Atombomben dürfte unangebracht sein.[124] Diese Kritik beruht auf einem unausgesprochenen Vergleich mit dem amerikanischen Manhattan-Projekt. In Amerika arbeiteten Physikerteams an diesem Problem, wobei die Größe jedes Teams mit der Gesamtzahl der Physiker vergleichbar war, die in der Arbeitsgemeinschaft in Deutschland arbeiteten. Und am wichtigsten: Selbst in den Vereinigten Staaten begann man sich erst dann um ein hinreichendes theoretisches Verständnis der Physik von Kernwaffen zu bemühen, als klar war, dass die bei Kernspaltungen ausgelösten Kettenreaktionen kontrolliert und die Uranisotope getrennt werden könnten, anders gesagt, dass Plutonium und Uran-235 hergestellt werden konnten. Diese technischen Meilensteine wurden in Deutschland nie erreicht, so dass es auch nicht verwunderlich sein sollte, dass Heisenberg und seine Kollegen es nie versuchten, die »Bombenphysik« auf diesem Niveau zu beherrschen.

123 Robert Serber, *The Los Alamos Primer. The First Lectures on How to Build an Atomic Bomb* (Berkeley 1992), 27; Hoddeson, Henriksen, Meade und Westfall, 69–77; Rhodes, 460–464.

124 Jeremy Bernstein, *Hitler's Uranium Club: The Secret Recordings at Farm Hall* (Woodbury 1996), 197, 209; vgl. zuletzt Manfred Popp, »Misinterpreted Documents and Ignored Physical Facts: The History of ›Hitler's Atomic Bomb‹ Needs to Be Corrected«, *Berichte zur Wissenschaftsgeschichte*, 39 (2016), 265–282.

7. Der Krieg ist verloren

> Er erkennt nicht genügend, welch tiefes Mißtrauen in einem totalitären Staat auch zwischen Menschen bestehen kann, manchmal bestehen muß, die eng miteinander zusammenarbeiten. Vertrauen an falscher Stelle konnte tödlich sein; das haben im Dritten Reich manche unserer Freunde erfahren müssen. Daß wir auch mit Mißtrauen gelegentlich bitter unrecht getan haben, ist uns oft erst nach dem Ende des Dritten Reiches klar geworden.
>
> Werner Heisenberg in einer Rezension von David Irvings Buch *Der Traum von der deutschen Atombombe* aus dem Jahr 1967.[1]

Ein neuer Bevollmächtigter für Kernphysik

Im Oktober 1943 hielt Abraham Esau eine interne Tagung ab, die erste, seitdem er die Leitung der Arbeitsgemeinschaft Kernphysik übernommen hatte. An zwei Tagen wurden 24 Vorträge gehalten, was die beeindruckende Breite der von ihm geförderten Forschungsarbeiten vor Augen führte. Die Themen der Vorträge reichten von der Energiegewinnung aus Uran, der Herstellung energiereicher Ionen- und Neutronenquellen über Strahlenschutz und Forschungsarbeiten am Pariser Zyklotron bis hin zu neuen Typen von Teilchenbeschleunigern und Anwendungen künstlicher Radioaktivität in Biologie und Medizin. Dies war Esaus letzter großer Auftritt. Zwei Wochen später forderte ihn Rudolf Mentzel, sein Vorgesetzter beim Reichsforschungsrat, zum Rücktritt auf.[2]

Esau, der zu keinem Zeitpunkt die Interessen der Kaiser-Wilhelm-Gesellschaft vertreten hatte, geriet sowohl mit deren Präsident Albert Vögler als auch mit dessen mächtigem Verbündeten, Reichsrüstungsminister Albert Speer, in Konflikt. Mentzel beschwichtigte Esau, indem er ihn zum Bevollmächtigten für Hochfrequenztechnik ernannte, dessen persönlichem Forschungsfeld. Bevor er dem Wechsel zustimmte, forderte Esau allerdings, dass Speer sein Einverständnis mit der neuen Ernennung erkläre, da er »keine Neigung habe, von dort erneut angeschossen zu werden«.[3]

1 Werner Heisenberg, »Das Dritte Reich versuchte nicht, die Atombombe zu bauen«, *Frankfurter Allgemeine Zeitung*, 286 (9. Dezember 1967), Beilage Bilder und Zeiten, 4.

2 Kernphysikalische Tagung 1943 (beschränkter Teilnehmerkreis) in der Physikalisch-Technischen Reichsanstalt (14.–16. Oktober 1943), ADM, IMC 29 1078-1080; Abraham Esau an Rudolf Mentzel (28. Oktober 1943), NBL, SGP Box 27, Folder 30.

3 Rudolf Mentzel an Görnnert (12. November 1943), NBL, SGP Box 27, Folder 30; Rudolf Mentzel an Görnnert (3. Dezember 1943), NBL, SGP Box 27, Folder 30.

Abb. 20: Walther Gerlach in Farm Hall.

Mentzel schlug den Experimentalphysiker Walther Gerlach, Professor für Physik in München, als Esaus Nachfolger vor. Speer persönlich billigte diese Ernennung und am 2. Dezember 1943 wurde Gerlach zum neuen Bevollmächtigten für Kernphysik bestellt. Klaus Clusius, Gerlachs Kollege in München, kommentierte dies gegenüber Heisenberg mit den Worten: »Nachdem jetzt Gerlach die Physik im Reichsforschungsrat übernommen hat, wollen wir hoffen, dass alles vernünftig geregelt wird.« Allerdings ging es dabei nicht bloß darum, dass ein angesehener Physiker schließlich die Leitung der Arbeitsgemeinschaft übernommen hatte. Gerlach war auch in der militärischen Forschung für die Marine sehr aktiv gewesen, u. a. auf den Gebieten der Entmagnetisierung von Schiffskörpern und der Torpedophysik. Er hatte auch eng mit führenden wissenschaftspolitischen Entscheidungsträgern des NS-Regimes wie Mentzel zusammengearbeitet. Der neue Bevollmächtigte für Kernphysik schlug seine Zelte im KWIfP auf, und wie er Harteck und anderen Institutsdirektoren in der Arbeitsgemeinschaft schrieb, hoffte er, ihre Zusammenarbeit würde zu »schönsten Erfolgen« führen.[4]

4 Rudolf Mentzel an Goerner (6. November 1943), ADM, IMC 29 1084; Albert Speer an Görnnert (17. November 1943), NBL, SGP Box 27, Folder 30; Hermann Göring an Walther Gerlach (2. Dezember 1943), NBL, SGP Box 27, Folder 30; Hermann Göring an Walther Gerlach (2. Dezember 1943), NBL, SGP Box 27, Folder 30; Klaus Clusius an Werner Heisenberg (18. Januar 1944), AMPG, III. Abt. Rep. 93; Klaus Hentschel (Hg.), *Physics and National Socialism: An Anthology of Primary Sources* (Basel 1996), XXVIII; Walther Gerlach an Paul Harteck (24. Januar 1944), ADM, FA 002 803.

Das schwere Wasser versiegt

Die Bombardierung der Norsk Hydro und die Versenkung der Eisenbahnfähre *DF Hydro*

Wie vorhergesagt wurde die Schwerwasseranlage bei der Norsk Hydro, kaum dass sie repariert worden war und wieder lief, von den Alliierten erneut angegriffen: Am 16. November 1943 bombardierten sie die Anlage. Obgleich der Teil der Anlage, in dem das schwere Wasser produziert wurde, unbeschädigt blieb, hatte der Angriff die gewünschte Wirkung und beendete praktisch die Schwerwasserproduktion in Norwegen.[5] Weniger als einen Monat später erinnerte der Leiter der Anlage, Axel Aubert (1873–1943), die Deutschen bei einer Besprechung in angespannter Atmosphäre in der Norsk Hydro daran, dass er auf die Einstellung der Schwerwasserproduktion gedrängt hatte. Entscheidend sei jetzt nicht, was die deutsche Seite behaupte, nämlich, dass das schwere Wasser keine kriegswichtige, sondern nur eine wissenschaftliche und wirtschaftliche Bedeutung habe; entscheidend sei vielmehr, dass die Alliierten die Schwerwasserproduktion als eine Gefahr ansähen. Falls die Norweger die Herstellung von schwerem Wasser wiederaufnähmen, würde Rjukan erneut angegriffen, mit der Folge, dass sie sowohl das schwere Wasser als auch den Stickstoff verlieren würden. Aubert, der nicht bereit war, die Verantwortung dafür zu übernehmen, die Mitarbeiter der Norsk Hydro weiteren »Bombenkatastrophen« auszusetzen und weitere Millionen Norwegische Kronen zu investieren, die man beim nächsten Bombenangriff in den Rauch schreiben könne, bat die Deutschen eindringlich, keine Fortsetzung der Schwerwasserproduktion zu fordern. Die Emissäre Esaus akzeptierten dies und beide Seiten kamen überein, das gesamte noch in der Fabrik vorhandene, teilweise angereicherte schwere Wasser nach Deutschland zu transportieren.[6]

Harteck reiste ein weiteres Mal nach Norwegen, um zu sehen, was von dem dort hergestellten Schwerwasser gerettet werden könnte. Ein deutscher Amtsträger bot an, das gesamte teilweise angereicherte Wasser auf einem »unauffälligen und gefahrlosen« Weg nach Deutschland zu schaffen. Sie diskutierten auch, ob andere Anlagen innerhalb und außerhalb Deutschlands teilweise angereichertes Ausgangsmaterial bereitstellen könnten, kamen jedoch überein, dass diese Möglichkeiten im allerengsten Kreis und nur mündlich erörtert werden sollten, um nicht »wertvolle Werke zu gefährden«. Aber

5 Lage-Bericht Vemork den 13. Dezember 1943 (13. Dezember 1943), ADM, FA 002 785; vgl. David Irving, *Der Traum von der deutschen Atombombe* (Gütersloh 1967), 161–175.

6 Protokoll über die im Büro von Norsk Hydro, Oslo, am 10. Dezember 1943 abgehaltene Sitzung (11. Dezember 1943), ADM, FA 002 786.

Harteck ließ es dabei nicht bewenden. Bei einer anschließenden Besprechung verständigte er sich mit deutschen Amtsträgern in Norwegen auf eine Strategie, die die Norsk Hydro ermutigen sollte, gering angereichertes Schwerwasserkonzentrat für kommerzielle Zwecke herzustellen und zu lagern, ohne den Eindruck zu erwecken, dies stehe in irgendeiner Weise in Zusammenhang mit Hartecks Besuch. Andernfalls würde die Norsk Hydro »mit Recht befürchten, dass ihr eines Tages die Konzentrate konfisziert werden«.[7]

Die alliierten Angriffe in Norwegen hatten schwerwiegende Folgen für die Arbeit an den Uranmaschinen. Wie Werner Heisenberg Albert Vögler berichtete, wurde schweres Wasser jetzt zu einem sehr heiklen Engpass für die Arbeitsgemeinschaft. Die Produktion in Norwegen war zum Erliegen gekommen und es würde lange dauern, ehe man sie in Deutschland aufnehmen könnte. Dies war eine bestürzende Neuigkeit für Vögler, der gedacht hatte, dass die Produktion in Deutschland bereits angelaufen sei und reichlich Vorräte vorhanden wären, da schon monatelang norwegisches Schwerwasser geliefert wurde.[8]

Ende Januar 1944 waren 39 Fässer, die schweres Wasser unterschiedlicher Konzentrationsgrade von der Norsk Hydro enthielten, bereit zum Transport. Die tatsächliche Gesamtmenge an schwerem Wasser belief sich bei dieser Lieferung auf rund 600 Liter. Obgleich die britischen Behörden den norwegischen Widerstand anwiesen, alles in seiner Macht Stehende zu tun, um die Schiffsladung zu zerstören, zögerten die Norweger wegen der unvermeidlichen zivilen Opfer. Nachdem die Briten noch einmal darauf hingewiesen hatten, dass diese Aktion sehr wichtig sei, wurde die Eisenbahnfähre DF Hydro, die das schwere Wasser über einen See transportieren sollte, am 20. Februar durch einen Sabotageakt versenkt, wobei 14 norwegische Passagiere und Besatzungsmitglieder sowie vier deutsche Soldaten ums Leben kamen. Vier der 39 Behälter tauchten an der Oberfläche auf und wurden nach Deutschland gebracht.[9] Die Angriffe auf die norwegischen Schwerwasserproduktionsanlagen, die Sabotage der Fabrik, die Bombardierung der Norsk Hydro und die Versenkung der Fähre wurden alle in gutem Glauben ausgeführt. Obwohl dieser Widerstand nach Ende des Krieges heroisiert und mythologisiert wurde, war es nicht dieser Sabotageakt, der die Entwicklung einer deutschen Atombombe aufhielt. Schon als die Aktion im Jahr 1943 begann, war der Bau einer solchen Waffe vollkommen unrealistisch, sofern er jemals möglich gewesen sein sollte.

7 Paul Harteck an Kurt Diebner (16. Februar 1944), ADM, FA 002 803; Aktennotiz. Betr.: Schlussbesprechung anlässlich des Besuches der Herren Professor Harteck und Dr. Seeger, SH 200 (9. Januar 1945), ADM, FA 002 786.

8 Werner Heisenberg an Albert Vögler (21. Januar 1944), AMPG, I. Abt. Rep. 34; Albert Vögler an Werner Heisenberg (27. Januar 1944), AMPG, III. Abt. Rep. 93.

9 Irving, Traum, 199–200.

Unabhängigkeit von der I.G. Farben

Im Dezember 1943 erinnerte Heinrich Bütefisch Abraham Esau daran, dass sie zu Beginn ihrer Zusammenarbeit bei der Schwerwasserproduktion vereinbart hatten, bei Patentangelegenheiten eng zusammenzuarbeiten. Insbesondere sollten alle einschlägigen Patentanmeldungen durch Wissenschaftler aus Hartecks Gruppe der I. G. Farben mitgeteilt werden. Dies war nicht geschehen. Harteck hatte behauptet, er könne seine Dokumente aufgrund von Geheimhaltungsvorschriften nicht teilen. Da die Wissenschaftler der I. G. Farben im Werk Leuna einen Patentantrag einreichen wollten, der die von Hartecks Gruppe bereits eingereichten Anträge nicht verletzte, erbat Bütefisch Zugang zu diesen Materialien. Sechs Monate später preschte die I. G. Farben vor und schickte Harteck eine Kopie ihrer Patentanmeldung, ohne Rückmeldung von Hartecks Institut zu erhalten.[10]

Einige Wochen darauf beklagte sich Hartecks Kollege Hans Suess bei Gerlach über das Patent der I. G. Farben. Die Hamburger Wissenschaftler hatten ein Gegenstrom-Austauschverfahren zur Herstellung von schwerem Wasser beziehungsweise Deuterium (schwerem Wasserstoff) entwickelt und erwartet, dass Leuna die Details der Apparatur und ihren Konstruktionsplan patentieren lassen würde. Stattdessen bemühte sich die I. G. Farben darum, sich Anlagen, die Austauschverfahren in einem Gegenstrom nutzen, in einer ganz allgemeinen Form patentieren zu lassen. Die Hamburger Wissenschaftler hatten in einem Geheimbericht und in ihrem eigenen Patentantrag aus dem Jahr 1941 einen solchen Vorschlag gemacht. Obgleich sie glaubten, sie könnten die Patentanmeldung der I. G. Farben leicht anfechten und für nichtig erklären lassen, vermuteten sie, dass es eigentlich nicht darum ging, Patentrechte zugesprochen zu bekommen. Ein Teil der Patentanmeldung der Leunaer Wissenschaftler enthielt praktisch all die Vorschläge, die die Hamburger Wissenschaftler in Bezug auf die Produktion von schwerem Wasser gemacht hatten, darunter auch mehrere, die nicht in ihrem Antrag von 1941 enthalten waren. Dadurch, dass sie diese Vorschläge einbezogen, die die Ergebnisse mehrjähriger Arbeiten der Hamburger Wissenschaftler waren, würde der Patentantrag der I. G. Farben den Eindruck erwecken, dass sie Allgemeingut sind – selbst wenn das Patent nicht erteilt wurde. Folglich wäre es für die Wissenschaftler sehr schwierig, irgendeinen dieser Vorschläge nach dem Krieg oder in anderen Ländern patentieren zu lassen. Harteck und Suess reichten jetzt rasch einen revidierten Patentantrag ein, der ihre in dem von Leuna vorgelegten Antrag erwähnten Arbeiten abdeckte.[11]

10 Heinrich Bütefisch an Abraham Esau (8. Dezember 1943), ADM, IMC 29 759; IG Farben an Paul Harteck (1. Juni 1944), ADM, FA 002 802.

11 Hans Suess an Walther Gerlach (29. Juni 1944), ADM, FA 002 803; Paul Harteck an

Die Einstellung der Schwerwasserlieferungen aus Norwegen gefährdete das gesamte Uranprojekt. Harteck schrieb einen ausführlichen Bericht über die Bemühungen zur Schwerwassergewinnung seit Kriegsbeginn bis Frühjahr 1944, in dem er auch Überlegungen darüber anstellte, wie sie in diese Lage gekommen waren. Als sich im Jahr 1941 abzeichnete, dass sie für die erste Uranmaschine womöglich bis zu fünf Tonnen schweres Wasser benötigen würden, war es vernünftig gewesen, den Versuch zu unternehmen, die norwegische Produktion so weit wie möglich hochzufahren und mit der Planung der Schwerwasserproduktion in Deutschland zu beginnen. Damals wurde ein Großteil der Rüstungsproduktion in besetzte Gebiete verlagert. Norwegen schien vor Luftangriffen und Sabotage sicher zu sein. Die Norsk Hydro versprach, genügend schweres Wasser für den ersten Großversuch mit viel weniger Aufwand und in viel kürzerer Zeit zu produzieren, als es in Deutschland möglich gewesen wäre. Sobald Harteck und Suess ihr Austauschverfahren entwickelt hatten, das in die Produktionsanlage der Norsk Hydro integriert werden konnte, schien es, als könnten pro Jahr in Norwegen vier Tonnen hergestellt werden, was für die gesamte Entwicklungsarbeit und die ersten Uranmaschinen genug gewesen wäre. Außerdem hätte in den entscheidenden Jahren 1941/1942 eine Investition in Höhe von mehreren Millionen Reichsmark in die Schwerwasserproduktion nicht gerechtfertigt werden können.[12]

Im April 1944 standen vier verschiedene Schwerwasserproduktionsverfahren zur Diskussion:

(1) (Harteck) Destillation aus Wasser mithilfe von Niederdrucksäulen;
(2) (Clusius-Linde) Destillation aus Wasserstoff bei niedrigen Temperaturen;
(3) (Harteck und Suess) Austausch bei zwei verschiedenen Temperaturen unter Ausnutzung des Gleichgewichts $H_2 + HDO = HD + H_2O$;
(4) (Geib, I.G. Farben) Austausch bei zwei verschiedenen Temperaturen unter Ausnutzung des Gleichgewichts $H_2S + HDO = HDS + H_2O$.

Jede Option hatte Vor- und Nachteile. Hartecks Destillationsapparatur kam mit wenig Energie und kostengünstigen Materialien aus und konnte relativ schnell zusammengebaut werden. Sie benötigte aber Abwärme einer größeren Fabrik, so dass Luftangriffe auf die Schwerwasserproduktion die ganze Anlage gefährden konnten. Die Anlage zur Destillation von Wasser-

OKH (20. Juli 1944), ADM, FA 002 799; Hans Suess, Entwurf für eine Patentanmeldung. Verfahren zur Gewinnung von schwerem Wasser oder schwerem Wasserstoff (21. Juli 1944), ADM, FA 002 804.

12 Paul Harteck, Bericht über den Stand der SH 200-Gewinnung (15. April 1944); Anlage zum Bericht über den Stand der SH 200-Gewinnung (15. April 1944), ADM, IMC 29 762-771.

stoff nach dem Clusius-Linde-Verfahren ließe sich kostengünstig errichten und könnte hundertprozentigen schweren Wasserstoff produzieren, war jedoch sehr stromintensiv. Weiter wäre die Anlage zur Wasserstoffverflüssigung in hohem Maß durch Luftangriffe verwundbar. Eine solche Anlage könnte auch »preisreduzierend auf die IG-Farbwerke einwirken«, wie es Harteck formulierte. Seinem Kollegen Klaus Clusius schrieb er: »[...] denn es erscheint nachgerade nötig, der I. G. Farben zu demonstrieren, dass man nicht unbedingt von ihr abhängig ist.«[13]

Das Harteck-Suess-Austauschverfahren konnte an jedem beliebigen Ort durchgeführt werden, seine verschiedenen Elemente waren bereits erprobt, und eine Anlage konnte einfach dadurch erweitert werden, dass man weitere Einheiten hinzufügte. Allerdings wäre dies sehr energieintensiv, die I. G.-Farben hatte einen »erstaunlich hohen« Preis für den Bau einer Anlage angegeben, und es würden rund 100 Tonnen Nickel, ein knappes Material, benötigt. Eine nach dem zweiten Austauschverfahren, das von dem I. G.-Farben-Wissenschaftler Karl-Hermann Geib vorgeschlagen wurde, arbeitende Anlage ließe sich ebenfalls überall errichten und erweitern, war allerdings weniger energieintensiv. Der dabei zum Einsatz kommende Schwefelwasserstoff war jedoch sehr giftig und es wäre sehr schwer, Gasfreisetzungen, die durch feindliche Angriffe verursacht würden, zu verhindern. Ursprünglich hatten die Forscher beabsichtigt, dieses Verfahren in eine größere Anlage zu integrieren, die mit schwerem Wasser angereicherte Abfallprodukte erzeugte, wie dies bei der Norsk Hydro getan worden war, aber die von Bombenangriffen ausgehende Gefahr machte diese Strategie weniger attraktiv.[14]

Etwas mehr als einen Monat später stellte Harteck einen sehr optimistischen Zeitplan für die Schwerwasserproduktion in Deutschland auf. Zwei Hochkonzentrieranlagen auf Elektrolyse-Basis würden benötigt – eine im KWIfP, um Vorräte an verunreinigtem schwerem Wasser, die bei Experimenten verwendet werden sollten, zu reinigen, und eine zweite bei der I. G. Farben, die einprozentiges schweres Wasser als Ausgangsmaterial für die Herstellung des reinen Produkts verwenden sollte. Erstere sollte innerhalb von zwei Monaten fertiggestellt sein, während der Bau der Letzteren vielleicht ein halbes Jahr dauern würde.[15] Gleichwohl war Harteck

13 Ebd.; Paul Harteck, Erwägungen und zu diskutierende Gesichtspunkte für eine SH 200-Produktion nach dem Clusius-Linde-Verfahren, das gekoppelt ist an einen Wasserstoffregenerator nach Harteck und Suess (9. Mai 1944), ADM, FA 002 803; Paul Harteck an Klaus Clusius (1. April 1944), ADM, FA 002 797.

14 Paul Harteck, Bericht über den Stand der SH 200-Gewinnung (15. April 1944); Anlage zum Bericht über den Stand der SH 200-Gewinnung (15. April 1944), ADM, IMC 29 762-771.

15 Paul Harteck, Termine (23. Mai 1944), ADM, FA 002 803.

»etwas erschrocken«, als er erfuhr, dass die I. G. Farben diese Anlage in Oberschlesien bauen wollte, also im Osten, in der Nähe der immer weiter vorrückenden sowjetischen Armeen.[16] Die Anlage, die nach dem Clusius-Linde-Verfahren arbeiten sollte und die ein paar Tonnen schweres Wasser pro Jahr produzieren würde, könnte innerhalb anderthalb Jahren fertiggestellt werden. Eine Pilot-Niederdrucksäule, die jährlich 40 Liter schweres Wasser produzieren würde, befand sich bei der I. G. Farben im Bau und sollte im Oktober fertig sein. Der Bau einer größeren Säule würde ein Jahr dauern, sofern sie die höchste Dringlichkeitsstufe erhielte. Die I. G. Farben arbeitete auch am Harteck-Suess-Austauschverfahren. Schließlich könnte die italienische Fabrik, die teilweise angereichertes schweres Wasser als Ausgangsstoff liefern sollte, die Produktion in einem halben Jahr aufnehmen.[17]

Als Walther Gerlach im Mai 1944 ebenfalls eine Bestandsaufnahme der Schwerwasserproduktion machte, war er viel pessimistischer. Die norwegische Anlage und ihr teilweise angereichertes schweres Wasser waren zerstört worden. Eine Hochkonzentrieranlage, die ein- bis zehnprozentiges Ausgangsmaterial verwendete, wäre nur dann sinnvoll, wenn genügend Ausgangsmaterial verfügbar war. Das Werk Montecatini in Meran könnte nur 100 Liter reines schweres Wasser pro Jahr erzeugen, aber »diese Mengen reichen nicht im entferntesten aus«. Neben der kleinen Hochkonzentrieranlage im KWIfP müssten daher zwei Verfahren zur Produktion von schwerem Wasser, die ohne Ausgangsmaterial auskamen, nämlich Clusius-Linde und Niederdrucksäulen, weiterverfolgt werden, auch wenn die entsprechenden Anlagen wahrscheinlich erst in zwei Jahren mit Vollauslastung laufen würden.[18]

Eine lange Krankheit und die Bombardierung Münchens nahmen Gerlach dann eine Zeitlang völlig in Beschlag. Ende Juli schickte er Herold einen ausführlichen Brief, in dem er seine neue Schwerwasserstrategie darlegte, die nun drei neue Projekte umfasste. Die Hochkonzentrierungsanlage der I. G. Farben war in zwei Stufen geplant. Auf der ersten Stufe sollte einprozentiges Konzentrat auf zehn Prozent angereichert werden, auf der zweiten Stufe das zehnprozentige Konzentrat auf 100 Prozent, wobei die erste Stufe viermal so viel Strom verbrauchte. Da keine ausreichenden Mengen an einprozentigem Ausgangsmaterial verfügbar waren, wurde diese Stufe gestrichen. Die I. G. Farben sollte nur noch die kleinere Anlage für die zweite Konzentrierungsstufe bauen. Das zweite neue Projekt war eine Niederdrucksäule, die

16 Paul Harteck an Paul Herold (10. März 1944), ADM, FA 002 803.

17 Paul Harteck, Termine (23. Mai 1944), ADM, FA 002 803.

18 Walther Gerlach, Bericht über die Arbeiten auf kernphysikalischem Gebiet vom 1. Febr. bis 31 Mai 1944 (30. Mai 1944), ADM, FA 002 796.

zehnprozentiges schweres Wasser erzeugen sollte. Beide Projekte könnten an beliebigen Standorten realisiert werden. Gerlach erwartete, dass dies nicht im Osten wäre. Da die I. G. Farben nicht genügend Techniker hatte, hatte Gerlach das Reichsrüstungsministerium dazu bewogen, vier Rohrleger zur Verfügung zu stellen.

Schließlich »erlaube« Gerlach sich, über ein drittes Projekt mit einem industriellen Konkurrenten der I. G. Farben zu informieren: eine Anlage, die nach dem Clusius-Linde-Verfahren arbeiten und 1,5 Tonnen schweres Wasser pro Jahr erzeugen sollte. Am selben Tag, dem 28. Juli 1944, zerstörten alliierte Bomber den Leuna-Komplex der I. G. Farben einschließlich der dort errichteten Schwerwasserpilotanlage auf der Basis des Harteck-Suess-Verfahrens. Einige Wochen später teilte Herold Gerlach mit, dass die beiden I. G.-Farben-Projekte in deren Werk in Bitterfeld in Mitteldeutschland angesiedelt werden sollten.[19]

Die sich immer weiter verschlechternde Kriegslage behinderte allerdings weiterhin ihre Anstrengungen. Die benötigten Materialien konnten nicht an das italienische Werk geliefert werden, mit der Folge, dass italienisches Konzentrat Deutschland nie erreichte. Harteck suchte weiterhin nach Wegen, die I. G. Farben zu umgehen, aber als er mit Vertretern der Bamag AG über den Bau großer Niederdrucksäulen sprach, sagte man ihm, derartige Anlagen würden die Alliierten zu Luftangriffen provozieren. Im Januar 1945 teilte die I. G. Farben Harteck mit, dass Versuche mit der Niederdrucksäule unmittelbar bevorstünden, und lud Suess ein, dabei zu sein und Beobachtungen anzustellen. Allerdings verzögerte sich das Vorhaben abermals, weil Harteck Herold im März mitteilte, er und Suess seien zwar sehr daran interessiert, die Anlage in Augenschein zu nehmen, aber es wäre nicht leicht, mit dem Zug von Hamburg nach Bitterfeld zu kommen. Stattdessen solle Herold Suess telegrafisch verständigen, sobald die Versuche angelaufen seien. Suess schaffte es nie nach Bitterfeld, und in Deutschland wurde nie eine nennenswerte Menge an schwerem Wasser produziert.[20]

19 Walther Gerlach an Paul Herold (28. Juli 1944), ADM, FA 002 804; Irving, Traum, 246–247; Paul Herold an Walther Gerlach (23. August 1944), ADM, FA 002 802.

20 Besprechung in Berlin am Sonnabend, dem 28.10.1944 (15. November 1944), ADM, FA 002 804; Leuna an Paul Harteck (6. Januar 1945), ADM, FA 002 802; Paul Harteck an Paul Herold (9. März 1945), ADM, FA 002 802.

Uranisotopentrennung

Harteck, der mit Esau immer gut ausgekommen war, gratulierte Walther Gerlach umgehend zu seiner Ernennung, auch wenn er dabei eine gewisse Enttäuschung nicht verhehlte: »Wie Sie wissen, hat sich der kleine Hamburger Arbeitskreis mit grosser Liebe voll und ganz in den Dienst der Sache gestellt und sich nie davor gescheut, auch von den Hauptproblemen scheinbar abseitsliegende Fragen zu bearbeiten, wenn dadurch dem Gesamtvorhaben gedient wurde.« Ende 1943 hatte Harteck Esau über die Fortschritte informiert, die sein Kollege Wilhelm Groth, der mit Konrad Beyerle von der Anschütz-Gesellschaft zusammenarbeitete, mit der Ultrazentrifuge gemacht hatte. Versuche mit einer kleineren Zentrifuge mit einem neu entwickelten Rotorarm und einem neuen inneren Aufbau hatten eine Ausbeute von 7,5 Gramm pro Tag, die um rund fünf Prozent angereichert waren, erbracht. Auf die größere Doppel-Ultrazentrifuge extrapolierend, hoffte Harteck, mehr als 20 Gramm pro Tag mit zehnprozentiger Anreicherung produzieren zu können. Aufgrund des Erfolgs mit der kleinen Zentrifuge beschlossen sie, die Arbeit an dieser einzustellen und ihre Bemühungen auf die größere UZ III, das endgültige Modell, zu fokussieren. Das Rüstungskommando in Freiburg hatte eine Fabrik im nahen Kandern gefunden, die Harteck benutzen könne, aber die gegenwärtigen Pächter setzten sich gegen die Zwangsräumung zur Wehr. Im April wurde die Fabrik dann offiziell Hartecks Gruppe zugewiesen.[21]

Die deutsche Arbeitsgemeinschaft hatte sich von Anfang an auch auf erbeutetes Material gestützt. Das Uran kam aus Belgien und dem Sudetenland in der Tschechoslowakei, zwei Ländern, die von deutschen Truppen besetzt waren. Das schwere Wasser wurde unter Zwang in Norwegen produziert, ohne dass dafür eine Gegenleistung erbracht wurde. In dem Maße, wie sich die Kriegs- und die Wirtschaftslage in Deutschland verschlechterten und wissenschaftliche Geräte immer schwerer zu beschaffen waren, stützten sich Wissenschaftler auf die Ausbeutung besetzter und abhängiger Länder. Die Montage und der Betrieb der Zentrifugen erforderten mehrere Maschinen, die die Hamburger Forscher nicht hatten. Harteck sprach mit dem Befehlshaber des Freiburger Rüstungskommandos, der ihm den Rat gab, sie sollten sich in dem nahen »Beutelager« in Straßburg umsehen. Es gab in Deutschland eine Reihe von Beutelagern; ständig trafen hier neue

21 Paul Harteck an Walther Gerlach (5. Februar 1944), ADM, FA 002 803; Paul Harteck an Abraham Esau (15. Dezember 1943), ADM, FA 002 796; Paul Harteck an Kurt Diebner (16. Februar 1944), ADM, FA 002 803; Paul Harteck an Kurt Diebner (25. März 1944), ADM, FA 002 799; Friedrich Berkei an Paul Harteck (26. April 1944), ADM, FA 002 803.

Maschinen ein, die einmal im Monat an Interessenten verteilt wurden. Im September beklagte sich Harteck bei Gerlach, die vier Werkzeugmaschinen, die sie benötigten, seien in Straßburg für sie bereitgestellt worden, aber Harteck habe sie nicht bekommen, wobei er seine Hoffnung zum Ausdruck brachte, der Vers aus *Faust* »Wer's Recht hat und Geduld, für den kommt auch die Zeit« werde sich auch in diesem Fall bewahrheiten.[22]

Alle Wissenschaftler, die für die Arbeitsgemeinschaft tätig waren, befürchteten, zum Frontdienst eingezogen zu werden, wie es bereits Harteck widerfahren war. Im Juli 1944 bat Harteck den Ingenieur und SS-Angehörigen Werner Osenberg (1900–1974), dem im Juni 1943 die Leitung eines Planungsamtes im Reichsforschungsrat übertragen worden war, um Hilfe. Osenberg bemühte sich unermüdlich darum, Wissenschaftler und Techniker für die Kriegsanstrengungen zu mobilisieren; dazu gehörte auch, dass auf seine Initiative hin 5000 Ingenieure, Techniker und Wissenschaftler von der Front zurückgerufen und weitere 10 000 »unabkömmlich« gestellt wurden. Obgleich sie an der Universität Hamburg arbeiteten, wurde die Unabkömmlichstellung von Harteck und Groth in Berlin amtlich registriert. Folglich besaßen sie keine entsprechenden Dokumente, was »schon zu wiederholten Malen zu Unzuträglichkeiten geführt hat«, die nur durch einen Anruf nach Berlin behoben werden konnten. Da sie in nächster Zeit mit »Sondereinziehaktionen« rechneten, bat Harteck Osenberg, ihnen Unterlagen zu übersenden, die sie beim Wehrbezirkskommando und bei anderen Dienststellen vorweisen könnten.[23]

Am 28. Juli wurde die Fabrik der Anschütz-Gesellschaft schwer von alliierten Bomben getroffen; das Entwicklungslabor, in dem an Zentrifugen gearbeitet worden war, wurde dabei vollständig zerstört. Konrad Beyerle zog jetzt nach Süddeutschland um und schloss sich Hartecks Gruppe in Kandern an. Als die Westfront immer näher an Kandern und Freiburg heranrückte, waren sichere Standorte in Norddeutschland, in der Nähe von Hamburg, zu finden. Ende September begann Groth eine Ultrazentrifuge in der Stadt Celle zu bauen, 30 Zugminuten südlich von Hamburg. Material- und Personalmangel behinderten die Arbeiten. Im Januar 1945 hoffte Harteck aber, noch vor Ende des Monats mit Versuchen beginnen zu können. Die fünf Doppelzentrifugen, die in Kandern aufgestellt worden waren,

22 Paul Harteck an Kurt Diebner (25. März 1944), ADM, FA 002 803; Walther Gerlach an Paul Harteck (18. April 1944), ADM, FA 002 803; Paul Harteck an Karl-Friedrich Bonhoeffer (15. August 1944), ADM, FA 002 797; Paul Harteck an Walther Gerlach (29. September 1944), ADM, FA 002 804; Aktennotiz (18. Oktober 1944), ADM, FA 002 804.

23 Paul Harteck an Werner Osenberg (19. Juli 1944), ADM, FA 002 799; Karl-Heinz Ludwig, *Technik und Ingenieure im Dritten Reich* (Königstein/Ts. 1979), 243–245, 251–253.

mussten jetzt weggeschafft werden, weil die Wehrmacht das Fabrikgebäude beschlagnahmt hatte.[24]

Als Mitglieder der amerikanischen Alsos-Mission, die den Auftrag hatten, alles, was mit einem potenziellen deutschen Atombombenprojekt zu tun haben könnte, aufzuspüren und zu neutralisieren, am 17. April das Zentrifugenlabor in Celle inspizierten, fanden sie einen »kleinen Aufbau«. Sie schätzten, dass die Vorrichtung, wenn sie störungsfrei lief, was bisher nie der Fall gewesen war, 50 Gramm angereichertes Material pro Tag hätte produzieren können, mit einem maximalen Anreicherungsgrad von rund 15 Prozent.[25] Die Entwicklung der Zentrifugen wurde durch den Krieg und insbesondere durch die Bombardierung Hamburgs, wiederholte Evakuierungen und die Zerstörung der Fabrik der Anschütz-Gesellschaft nachhaltig behindert. Es ist bemerkenswert, dass Paul Harteck und seine Kollegen die Arbeiten an der Schwerwasserproduktion und an der Uranisotopentrennung nach wie vor so tatkräftig und begeistert vorantrieben. Am Ende des Krieges hatten sie im Wesentlichen einen Machbarkeitsnachweis dafür erbracht, dass der Gehalt von Isotop 235 in Uran angereichert werden konnte. In Anbetracht der äußerst schwierigen Umstände, unter denen sie arbeiteten, war dies ein großer Erfolg. Allerdings gibt es keinen Beleg dafür, dass sie oder sonst jemand in Deutschland nennenswerte Mengen stark angereicherten Urans produziert hätten.

Uranmaschinen

Gottow und Stadtilm

Anfang 1944 plante die Gottower Gruppe zwei Versuche am Standort des Heereswaffenamtes, und zwar eine erweiterte Version von G-III mit mehr schwerem Wasser und größeren Uranwürfeln und ebenso eine von Harteck vorgeschlagene Anordnung von Uranwürfeln und Trockeneis. Da Gerlach

24 Paul Harteck an Kurt Diebner (28. Juli 1944), ADM, FA 002 804; Konrad Beyerle, Niederschrift über meine Reise nach Freiburg und Kandern in der Zeit von 2.8. bis 13.8.44 (17. August 1944), ADM, IMC 29 776-779; Konrad Beyerle, Ergebnis einer Besprechung zwischen Herrn Prof. Harteck (RFR/Inst. F. phys. Chem. Hambg.) und Herrn Dr. Beyerle (Anschütz & Co.) über Maßnahmen zur Sicherstellung von Einrichtungen für das UZ-Vorhaben (9. September 1944), ADM, IMC 29 784-787; Paul Harteck an Walther Gerlach (29. September 1944), ADM, FA 002 804; Paul Harteck an Kurt Diebner (9. Januar 1945), ADM, FA 002 804; Paul Harteck an Walther Gerlach (7. Februar 1945), ADM, FA 002 804.

25 *Foreign Intelligence Supplement No. 1 to Manhattan District History Book I: General. Volume 14: Intelligence and Security*, www.osti.gov/opennet/manhattan_district (letzter Zugriff am 30. Juli 2020).

das meiste schwere Wasser Heisenberg und Bothe für die Großversuche mit Schichtenanordnung zur Verfügung stellte, führte die Einstellung der Schwerwasserlieferungen aus Norwegen dazu, dass der erweiterte Versuch in Gottow abgebrochen werden musste. Es scheint, als wäre der Trockeneisversuch nie begonnen worden. Stattdessen bereiteten Diebner und seine Kollegen einen Versuch mit Uranwürfeln und gewöhnlichem Wasser als Bremssubstanz vor. Bis November führten sie Messungen durch, aber der Versuch wurde vielleicht nie zu Ende geführt, da offenbar kein Bericht darüber geschrieben wurde. Auch nach dem Krieg findet er nirgends Erwähnung.[26] Im Herbst 1944 begann Diebners Gruppe, von Gottow nach Stadtilm umzuziehen, einer Kleinstadt, die ungefähr auf halbem Weg zwischen Berlin und München liegt. Sie brachten einige Uranwürfel, 500 Liter verunreinigtes schweres Wasser (siehe unten) und einen Elektrolyseur mit. Sie machten keine Fortschritte bei den erweiterten Schichten- oder Trockeneisversuchen und brachten den Elektrolyseur nie zum Laufen.

Im Bunker

Obgleich Gerlach Heisenbergs Gruppe am KWIfP viel stärker unterstützte, als es Esau getan hatte, mussten die lange aufgeschobenen Schichtenversuche noch immer so lange warten, bis die großen Uranmetallplatten bei der Degussa gegossen und bei der Auergesellschaft weiterverarbeitet worden waren. Die Auer-Wissenschaftler Nikolaus Riehl und Karl Zimmer wurden stark unter Druck gesetzt, die Platten endlich zu liefern. Im Dezember 1943 reagierten sie auf diesen Druck, indem sie anhand eines Beispiels verdeutlichten, mit welchen Schwierigkeiten sie konfrontiert waren: Es wurden Bahnlinien durch alliierte Angriffe zerstört, was den Transport der gegossenen Uranplatten von Frankfurt nach Berlin erschwerte. Sobald klar war, dass alle nicht unbedingt erforderlichen Gütertransporte gestoppt worden waren, wandten sich Riehl und Zimmer wegen einer Sondergenehmigung für das Uran an das Reichsrüstungsministerium. Nach fünf Wochen erhielten sie die Genehmigung und schickten diese umgehend an die Degussa. Allerdings maß die Reichsbahn in Frankfurt am Main »dieser Bescheinigung keinerlei Wert« bei und wartete, bis die Frachtsperre aufgehoben worden war, ehe sie die Uranplatten zum Versand annahm. Riehl und Zimmer wollten beweisen, dass sie alles Erdenkliche unternahmen, um den Auftrag zu erfüllen, und »unter den augenblicklichen Umständen haben

26 Werner Heisenberg an Walther Gerlach (15. Februar 1944), AMPG, I. Abt. Rep. 34; Abraham Esau, Bericht über den Stand der Arbeiten auf dem Gebiete der Kernphysik am 31.3.44 (21. Juli 1944), ADM, IMC 29 1102-1108; Kurt Diebner an Werner Heisenberg (10. November 1944), AMPG, I. Abt. Rep. 34.

auch Anordnungen höchster Stellen nicht immer die gewünschte Wirkung«. Andererseits sei es der Auergesellschaft gelungen, eine wirksame korrosionsschützende Beschichtung für das Metall zu entwickeln.[27]

Im Januar bat Vögler um einen Lagebericht, weil Reichsrüstungsminister Speer sich erneut nach der Uranmaschine erkundigt habe. Heisenberg antwortete, der Bunker sei fertig und die Platten träfen endlich nach und nach ein. Das anscheinend einzige Problem sei der Mangel an schwerem Wasser. Am 15. Februar zog Heisenberg in einem Brief an Gerlach eine Bilanz der Uranproduktion: Wenngleich nicht alle Platten, die Heisenberg geordert hatte, hergestellt worden waren, hatten die Wissenschaftler genügend, um ihren Großversuch mit horizontalen Schichten durchzuführen. Da genügend Platten und Würfel vorhanden waren, machte Heisenberg einen neuen Vorschlag: Die Auergesellschaft solle angewiesen werden, 300 Zylinder mit einem Durchmesser von 7 Zentimetern und einer Höhe von 7 Zentimetern zu gießen. Höcker hatte bereits Zylinder als einen guten Kompromiss zwischen der idealen, aber unpraktischen Kugel- oder Würfelform einerseits und der weniger effektiven Schichtenanordnung andererseits vorgeschlagen. Laut der Degussa könnten die 300 Zylinder innerhalb eines Monats gegossen werden, sofern der Betrieb in ihrer Fabrik nicht gestört würde. Ende Juni hatte Heisenberg offiziell beantragt, die Produktion von Platten und Würfeln einzustellen und der Zylinderproduktion höchste Priorität einzuräumen.[28]

Als Heisenberg die Versuche mit großen Uranmetallplatten und schwerem Wasser im Sommer 1942 erstmals geplant hatte, war dies eine natürliche Fortsetzung der früheren Versuche mit Schichtenanordnungen. Den Herbst 1942, das ganze Jahr 1943 und die ersten Monate des Jahres 1944 hindurch warteten Heisenberg und Karl Wirtz darauf, dass die Uranmetallplatten und das schwere Wasser geliefert und das Bunkerlabor fertiggestellt würde. Zu der Zeit, als Gerlach das schwere Wasser zur Verfügung gestellt und den Bunker für den Versuch hergerichtet hatte, waren die Platten fertig, so dass es sinnvoll war, damit zu beginnen. Heisenberg zögerte vielleicht ein wenig, Diebners Gruppe die Anerkennung zu zollen, die sie verdiente, aber obgleich er erkannte, dass ein Gitter aus Uranwürfeln wahrscheinlich eine

27 Nikolaus Riehl und Karl Zimmer an Werner Heisenberg (21. Dezember 1943), AMPG, I. Abt. Rep. 34; Hermann Beuthe an Rudolf Mentzel (22. Dezember 1943), NBL, SGP Box 27, Folder 41.

28 Werner Heisenberg, Bericht über den gegenwärtigen Stand der Uran-Arbeiten am Kaiser Wilhelm-Institut für Physik (6. Januar 1944), AMPG, I. Abt. Rep. 34; Albert Vögler an Werner Heisenberg (18. Januar 1944), AMPG, I. Abt. Rep. 34; Werner Heisenberg an Albert Vögler (21. Januar 1944), AMPG, I. Abt. Rep. 34; Werner Heisenberg an Walther Gerlach (15. Februar 1944), AMPG, I. Abt. Rep. 34; Werner Heisenberg an KWG (26. Juni 1944), AMPG, I. Abt. Rep. 34.

höhere Neutronenvermehrung erbringen würde als horizontale Platten, war auch klar, dass das Gottow-Design unpraktisch war und nicht der endgültige Konstruktionstyp für einen betriebsfähigen Uranbrenner sein würde.[29]

Die junge Gruppe von Wissenschaftlern, die Diebner um sich versammelt hatte, um an dreidimensionalen Uranmaschinenentwürfen zu arbeiten, hatte die Arbeit von Werner Heisenberg, Karl Wirtz und den anderen Wissenschaftlern am KWIfP in den Hintergrund gedrängt, aber sie waren unerfahren. Sie selbst erkannten, dass ihre Versuche Gefahr liefen, das schwere Wasser mit gewöhnlichem Wasser zu verunreinigen, aber sie dachten, dass die Vorsichtsmaßnahmen, die sie ergriffen hatten, ausreichten. Als Wirtz im März 1944 die große Uranmaschine mit Uranmetallplatten und schwerem Wasser ausgerüstet hatte, stellte er zu seiner Bestürzung fest, dass das schwere Wasser, das von den Gottow-Versuchen stammte, nur auf 97 Prozent angereichertes schweres Wasser gewesen war. Weil ein Teil davon verbraucht worden war, waren die 1500 Liter, die für den Versuch verwendet wurden, nur zu 98,85 Prozent rein. Heisenberg hatte berechnet, dass schon ein geringerer Prozentsatz von beigemengtem gewöhnlichem Wasser die Wirksamkeit von schwerem Wasser als Neutronenmoderator deutlich reduzieren würde. Da sie jetzt kein zusätzliches schweres Wasser aus Norwegen bekommen oder verschlechtertes Wasser zur Aufreinigung dorthin schicken konnten, war dies ein ernstes Problem.[30]

Die Arbeitsgemeinschaft musste schnellstmöglich in der Lage sein, verunreinigtes schweres Wasser zu reinigen. Eine Elektrolyseanlage wurde bei der Lüde AG bestellt, die aber nur bereit war, die Anlage zu bauen und einzustellen, nicht aber, sie zu installieren. Schließlich tat Diebner einen Elektroingenieur auf, der die elektrischen Arbeiten zu Ende führte. Man brauchte allerdings noch immer jemanden, der die Anlage konfigurierte, bediente und überwachte. Wirtz beteuerte, er könne dies nicht zusätzlich zu all seinen übrigen Verpflichtungen auch noch übernehmen. Harteck fragte Karl-Friedrich Bonhoeffer, ob er einen jungen Wissenschaftler entbehren könne. Letzterer war von dieser Idee allerdings nicht sonderlich angetan, da er seine verbliebenen Mitarbeiter benötigte, um den Versuch zu unternehmen, sein Institut wieder zum Laufen zu bringen. Bonhoeffer wies darauf hin, dass an dem ausgelagerten KWIfP zwei junge Wissenschaftler arbeite-

29 Werner Heisenberg und Karl Wirtz, »Großversuche zur Vorbereitung der Konstruktion eines Uranbrenners«, in Walther Bothe und Siegfried Flügge (Hgg.), *Naturforschung und Medizin in Deutschland 1939–1946. Band 14: Kernphysik und kosmische Strahlen. Teil II* (Weinheim 1949), 143–165, hier 153.

30 Karl Wirtz an Werner Heisenberg (15. März 1944), AMPG, III. Abt. Rep. 93; Werner Heisenberg an Karl Wirtz (18. März 1944), AMPG, I. Abt. Rep. 34; Karl Wirtz, Einrichtung der Elektrolyse zur Aufarbeitung von schwerem Wasser (8. August 1944), AMPG, I. Abt. Rep. 34.

ten, die die Arbeit erledigen könnten, die aber vermutlich ebenfalls nur sehr ungern die relative Sicherheit von Hechingen verlassen und in das kriegsgeschundene Berlin zurückkehren wollten.[31]

Ende September wurde beschlossen, dass Wirtz und ein weiterer KWIfP-Wissenschaftler, der sich noch in Berlin aufhielt, Gerhard Borrmann (1908–2006), die Installation der Elektrolyseanlage abschließen und diese bedienen sollten. Wirtz, der sich selbst vorübergehend in Hechingen aufhielt, schrieb Borrmann einen Brief mit Anweisungen einschließlich einer Liste von Teilen, die er bei Unternehmen in Berlin besorgen müsste. Gerlach betonte, dass ungeachtet der großen Bedeutung der Elektrolyseanlage vorhandene »Institutsmittel« ausreichen müssten. Als sich dies als schwierig erwies, versuchte man, sich Teile von einer ähnlichen Anlage der Norsk Hydro zu beschaffen. Im Januar 1945 hielt sich Wirtz in Berlin auf, aber weil Borrmann nicht da war, waren die Arbeiten an der Anlage seit Weihnachten nicht vorangekommen. Letztendlich ging sie nie in Betrieb.[32]

Im Juni 1944 bat Gerlach Heisenberg um eine aktuelle Aufstellung der Versuche am KWIfP für eine Sammlung geheimer kernphysikalischer Forschungsberichte, die Gerlach herausgab, die gedruckt und an hochrangige Verantwortungsträger im Reichsforschungsrat und in der Wehrmacht, an den Reichserziehungsminister und Reichsrüstungsminister Speer verteilt werden sollte. Heisenberg berichtete, die ersten großen Schichtenversuche hätten, zusammen mit den Untersuchungen in Gottow, den Nachweis erbracht, dass es möglich sein müsse, einen energieerzeugenden Uranbrenner mit einer Menge von 2,5 Tonnen schweren Wassers zu bauen – ungefähr die Hälfte der Menge, von der sie früher ausgegangen waren. Ob diese Menge noch weiter verringert werden könne, würde man nach Abschluss der Schichtenversuche wissen. Heisenberg und seine Kollegen begannen auch, sich eingehend mit der Frage zu befassen, wie sich ein solcher Uranbrenner stabilisieren ließe.[33]

31 Werner Heisenberg an Paul Harteck (22. Mai 1944), ADM, FA 002 798; Paul Harteck an Karl-Friedrich Bonhoeffer (31. Mai 1944), ADM, FA 002 797; Karl-Friedrich Bonhoeffer an Paul Harteck (7. Juni 1944), ADM, FA 002 797; Karl Wirtz an Paul Harteck (27. Juni 1944), ADM, FA 002 799.

32 Karl Wirtz an Gerhard Borrmann (26. September 1944), AMPG, I. Abt. Rep. 34; Walther Gerlach an Werner Heisenberg (30. Oktober 1944), AMPG, I. Abt. Rep. 34; Paul Harteck an Walther Gerlach (10. November 1944), ADM, FA 002 804; Karl Wirtz an Werner Heisenberg (26. Januar 1945), AMPG, I. Abt. Rep. 34; Heisenberg und Wirtz, 157.

33 Walther Gerlach an Werner Heisenberg (7. Juni 1944), AMPG, I. Abt. Rep. 34; Werner Heisenberg, Bericht über den Fortgang der Arbeiten am Kaiser Wilhelm Institut für Physik (26. Juni 1944), AMPG, I. Abt. Rep. 34; vgl. auch Fritz Bopp, Walther Bothe, Erich Fischer, Erwin Fünfer, Werner Heisenberg, Ritter und Karl Wirtz, Bericht über einen Versuch mit 1,5 to D_2O und U und 40 cm Kohlerückstreumantel (3. Januar 1945), ADM, FA 002 705.

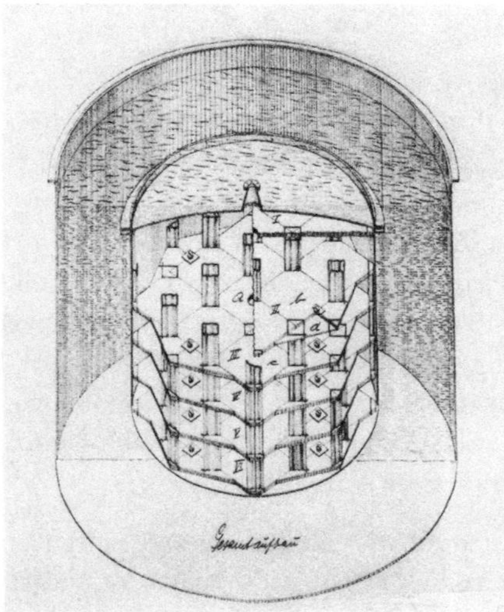

Abb. 21: Schematische Darstellung der Versuche B-VI und B-VII. Die Zylinder bestehen aus abwechselnden Schichten aus gegossenen Uranmetallplatten und schwerem Wasser, vollständig umhüllt von einem Mantel aus Wasser.

Die Schichtenversuche waren im Oktober 1944 endlich abgeschlossen. Zusammen mit den Gottower Versuchen hatten diese zum ersten Mal verlässliche Experimentalwerte für den Koeffizienten der Neutronenproduktion und den Faktor der Neutronenvermehrung geliefert. Die Anordnung horizontaler Uranplatten, die in 1,5 Tonnen schweren Wassers eingetaucht und von einem Grafitmantel umhüllt waren, erbrachte eine erhebliche Neutronenvermehrung und den Nachweis, dass schon eine geringfügige Vergrößerung der Anordnung Energie erzeugen würde. Tatsächlich schienen die zwei Tonnen schweren Wassers, die in Deutschland zur Verfügung standen, auszureichen, um eine sich selbst unterhaltende Kettenreaktion in Gang zu setzen. Allerdings waren 500 von diesen 2 000 Litern, die von Diebners Gruppe verwendet worden waren, verunreinigt und müssten vor ihrer erneuten Verwendung gereinigt werden. Heisenberg begann mit der Planung des nächsten Versuchs, bei dem Uranmetallzylinder, zwei Tonnen schweres Wasser und ein Mantel aus Uranoxid, um die Neutronenvermehrung noch weiter zu steigern, zum Einsatz kommen sollten.[34]

34 Dieter Hoffmann (Hg.), *Operation Epsilon. Die Farm-Hall-Protokolle erstmals vollständig, ergänzt um zeitgenössische Briefe und weitere Dokumente der 1945 in England internierten deutschen Atomforscher*, 2. Aufl. (Diepholz 2023), 258; Werner Heisenberg, Theoretische Auswertung der Dahlemer Großversuche (September 1944), KHP; Werner Heisenberg, Bericht über den Stand der kernphysikalischen Arbeiten am Kaiser-Wilhelm-Institut für Physik, Berlin-Dahlem (16. Oktober 1944), AMPG, I. Abt. Rep. 34.

Der letzte Versuch

Im Spätherbst 1944 beschäftigten die Wissenschaftler der Arbeitsgemeinschaft drei Dinge: ihre wissenschaftliche Arbeit, ihre persönliche Sicherheit und eine mögliche plötzliche Einberufung. Wie Heisenberg seiner Frau schrieb: »Die Gefahr, einzeln an die Front geschickt zu werden – mit einigen Hechingern ist dies geschehen – glaube ich, ist einstweilen für das Institut gebannt. Aber hier im Ort müssen wir [beim Volkssturm] energisch mittun.« Ende Oktober wurde die Degussa-Fabrik ausgebombt, und trotz großer Anstrengungen von Gerlachs Mitarbeitern, der Degussa und der Auergesellschaft bis in die letzten Tage des Krieges hinein erwies es sich als unmöglich, weiteres Uran zu gießen. Am 30. Oktober machte Gerlach Heisenberg einen unerwarteten Vorschlag:

> Ich bin sehr gespannt, wie Sie sich zu dem Vorschlag stellen, mit allen Würfeln möglichst bald einen Großversuch zu machen. Ich halte es für ganz dringend erforderlich, dass die Zwischenzeit, bis die Zylinder fertig sind, ausgenutzt wird. Wir werden eben von den die Forschung und Entwicklung beaufsichtigenden Stellen hier immer wieder gedrängt, und ich kann diesem Drängen auch ein gewisses Recht nicht abstreiten, denn schließlich sind die vielen Leute für die Durchführung solcher Versuche uk[unabkömmlich]-gestellt. Ich habe nicht nur auf dem ganzen Gebiet der Physik wie auch auf dem Gebiet der Kernphysik jetzt angefangen, Arbeiten, die weniger wichtig sind als das Hauptproblem, zurückzustellen. Auf diese Weise werden Physiker und Mechaniker an einzelnen Stellen frei und können dann für die wichtigsten Arbeiten eingesetzt werden.[35]

Karl Wirtz begann, in dem Berliner Bunker einen Versuch mit einem von schwerem Wasser als Bremssubstanz umgebenen Uranwürfelgitter vorzubereiten. Die Würfel trafen am 26. Januar 1945 ein. Das hochfeste Nylon, an dem sie die Würfel hatten aufhängen wollen, bewährte sich nicht, so dass sie auf Aluminiumkabel umstiegen. Falls die Front zu nahe kommen sollte, wollten sie die Uranmaschine verlegen. Nachdem Wirtz am Telefon zunächst mit Heisenberg, dann mit Gerlach gesprochen hatte, beschloss er, nicht zu evakuieren, sondern über das Wochenende weiter an dem Versuch zu arbeiten. Wirtz holte zur Unterstützung fünf Wissenschaftler von der Gottower Gruppe in sein Team und bedauerte es, dass er nicht darum gebeten hatte, ihm einen Feinmechaniker aus Hechingen zu schicken. Wie er

35 Werner Heisenberg an Elisabeth Heisenberg (27. Oktober 1944), in Werner Heisenberg und Elisabeth Heisenberg, *»Meine Liebe Li!« Der Briefwechsel 1937–1946* (St. Pölten 2011), 263–264; Walther Gerlach an Werner Heisenberg (30. Oktober 1944), AMPG, I. Abt. Rep. 34.

Abb. 22: Erich Bagge in Farm Hall.

Heisenberg am 29. schrieb: »Ich habe leider den Umfang der Arbeiten an dem jetzigen Versuch nicht ganz übersehen. [...] Wir haben hier viel zu wenig Arbeitskräfte für so große Versuche.«[36]

Am nächsten Tag ordnete Gerlach die Demontage und den Abtransport der Uranmaschine an. Am 31. Januar reisten Gerlach, Wirtz und Diebner, der seine Heeresuniform trug, mit dem Auto ab. Ihnen folgten wenig später LKWs, die Uran, schweres Wasser und Geräte transportierten. Die Wagenkolonne machte zuerst am Testgelände des Heereswaffenamtes in Kummersdorf Halt, um weiteres Material aufzuladen. Dann setzten sie ihre Fahrt zu der mehr als 300 Kilometer entfernten thüringischen Ortschaft Stadtilm fort, wo Gerlach zu Wirtz' Überraschung anordnete, die LKWs zu entladen. Es schien, als hätte Gerlach beschlossen, Diebners Gruppe den Versuch fortsetzen zu lassen. Wirtz rief Heisenberg in Hechingen an, der seinerseits Gerlach anrief. Heisenberg und Carl Friedrich von Weizsäcker, der in der Zwischenzeit aus Straßburg geflohen und sich zum KWIfP in Hechingen begeben hatte, brachen zunächst auf Fahrrädern auf, ehe sie eine gefährliche Fahrt mit Zug und Auto antraten. Am 5. Februar trafen sie in Stadtilm ein und begannen, bei Gerlach eindringlich dafür zu werben, den Versuch nach Hechingen zu verlegen.[37]

Diebner mag durchaus versucht haben, Gerlach zu überreden, ihn den Versuch durchführen zu lassen, bei dem schließlich das von seiner Gruppe

36 Karl Wirtz an Werner Heisenberg (26. Januar 1945), AMPG, I. Abt. Rep. 34; Karl Wirtz an Werner Heisenberg (29. Januar 1945), AMPG, I. Abt. Rep. 34.

37 Irving, Traum, 275–276.

entwickelte Design zur Anwendung kommen sollte. Auch die Aussicht, das Uran und das schwere Wasser weitere 200 Kilometer durch vom Krieg gezeichnete Gebiete von Stadtilm nach Hechingen zu transportieren, hat Gerlach möglicherweise abgeschreckt. Aber es gab noch einen weiteren, »existentielleren« Grund dafür, warum die beiden Gruppen darüber stritten, wer von ihnen den Versuch ausführen sollte. Wie Heisenberg seiner Frau am 1. Februar schrieb: »In unserem Kernphysikerverein ist der innere Kampf (Diebner contra K.W.I.) neu entflammt, was wohl mit der neuen Einziehungswelle und der drohenden Gefahr von Osten zusammenhängt.«[38] Die Gruppe, die mit diesem Versuch betraut war, konnte sich in relativer Sicherheit wähnen; die andere musste befürchten, sowjetisches Kanonenfutter zu werden. Letztendlich gab Heisenbergs Ansehen den Ausschlag. Gerlach stimmte zu, sein Institut den – wie sich bald zeigen sollte – letzten Uranmaschinenversuch starten zu lassen, aber nicht bevor er persönlich nach Hechingen gefahren war, um die Vorbereitungen zu inspizieren, die dort bereits getroffen worden waren.[39] Einer der jüngsten Wissenschaftler in Hechingen, Erich Bagge, reiste jetzt nach Stuttgart, um einige LKWs abzuholen; von dort fuhr er mit einem Fahrer weiter nach Stadtilm, wo er Wirtz, das meiste Uran und die anderthalb Tonnen verwendbares schweres Wasser mitnahm. Ein Teil des Urans und das verunreinigte schwere Wasser ließ er zurück. Zu seiner Reise notierte Bagge in seinem Tagebuch: »Abenteuerliche Fahrt, Jagdbomber, Bomberverbände. Fahrt im wesentlichen nachts. Rutsch in den Straßengraben bei Ottingen.« Ende Februar ging die Arbeit »recht energisch« weiter, obwohl die Wissenschaftler von Tieffliegern gestört wurden.[40]

Mit dem gleichen Magnesiumbehälter, Grafitmantel und den gleichen anderthalb Tonnen schweren Wassers, die bei den Großversuchen mit Schichtenanordnungen im Bunkerlabor benutzt wurden, bereitete Wirtz in einer Höhle in Haigerloch den Versuch B-VIII vor, bei dem er die von der Gottower Gruppe entwickelte Gitteranordnung von Uranwürfeln benutzte. Insgesamt verfügten sie über 680 Uranwürfeln mit einem Gesamtgewicht von rund anderthalb Tonnen.[41] Mitten in dem Versuch ging ihnen plötzlich auf, dass sie die meisten Sicherheitsvorkehrungen ignoriert und nur einen Block aus neutronenabsorbierendem Cadmium zur Verfügung hatten. Die-

38 Werner Heisenberg an Elisabeth Heisenberg (1. Februar 1945), in Heisenberg und Heisenberg, 273–274.

39 Irving, Traum, 275.

40 Tagebuch von Erich Bagge (23. Februar 1945), ADM, IMC 29 141; Werner Heisenberg, »Über die Arbeiten zur technischen Ausnutzung der Atomkernenergie in Deutschland«, *Die Naturwissenschaften*, 33 (1946), 325–329, hier 328; Werner Heisenberg an Friedrich Hund (28. Februar 1945), AMPG, I. Abt. Rep. 34.

41 Hoffmann, Epsilon, 2. Aufl., 258; Heisenberg und Wirtz, 158–160.

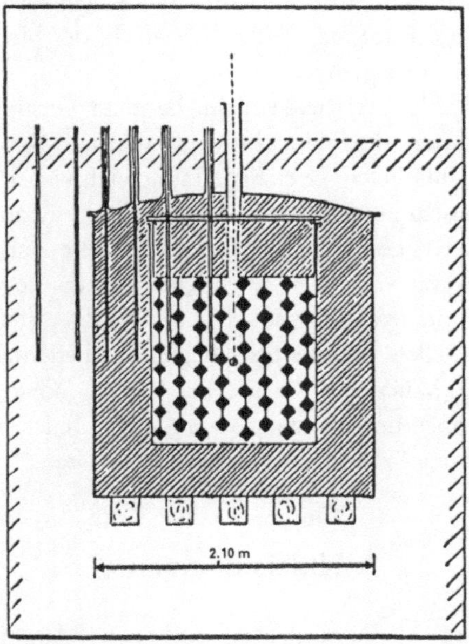

Abb. 23: Schematische Darstellung von Versuch B-VIII. Ein mit schwerem Wasser gefüllter Zylinder, in dem ein Gitter aus Uranmetallwürfeln aufgehängt ist, alles von einem Mantel aus Kohlenstoff umhüllt.

sen konnten sie in das Wasserbecken werfen, wenn die Kettenreaktion außer Kontrolle geraten sollte. Heisenberg scheint geglaubt zu haben, dass sich die Maschine bei einer bestimmten Temperatur von selbst stabilisieren würde. Aber selbst wenn dies der Fall gewesen wäre, wusste er nicht, bei welcher Temperatur dies geschehen konnte. Niemand schlug vor, den Versuch abzubrechen: Sie alle waren entschlossen, ihr Ziel zu erreichen.[42]

Am 1. März schickte Heisenberg ein Telegramm mit der Nachricht, dass eine zehnfache Steigerung der Neutronendichte erreicht worden sei, nach Stadtilm. Sie mussten das Volumen der Maschine um 50 Prozent erhöhen, um den kritischen Punkt zu erreichen und eine sich selbst unterhaltende Kettenreaktion in Gang zu setzen. Das in Stadtilm noch verbliebene schwere Wasser war aber aufgrund seiner Verunreinigung unbrauchbar, und in dieser Phase des Krieges wäre es unmöglich gewesen, Uran oder schweres Wasser von Stadtilm nach Haigerloch zu transportieren. Stattdessen zogen

42 Cameron Reed, »An Inter-Country Comparison of Nuclear Pile Development during World War II«, *European Physical Journal H*, 46/15 (2021); David C. Cassidy, *Beyond Uncertainty: Heisenberg, Quantum Physics, and The Bomb* (New York 2009), 364; Irving, Traum, 278.

die KWIfP-Wissenschaftler in Betracht, Uranoxidstücke, die sie zur Hand hatten, in den Kohlenstoffmantel einzusetzen, in der Hoffnung, die Neutronenproduktion zu steigern.[43]

Die Wissenschaftler erwarteten nicht, bei dem Versuch Kritikalität zu erreichen. Sie wussten, dass sie nicht genug schweres Wasser hatten. Dennoch hofften sie, ihr Ziel zu erreichen. Tatsächlich war der letzte Versuch mit einer Uranmaschine nicht die wohldurchdachte Krönung ihrer Arbeiten während des Krieges, sondern eine verzweifelte Aktion, bei der das eingesetzt wurde, was verfügbar war, nicht das, was notwendig gewesen wäre, um etwas Bedeutendes für sie selbst und für Deutschland zu vollbringen und sicherzustellen, dass sie bis Kriegsende überlebten. Am 17. April sahen Heisenberg, Wirtz und die anderen KWIfP-Wissenschaftler in der Ferne Dörfer brennen und erstmalig auch Artilleriefeuer am Horizont. Sie warteten, bis es dunkel wurde, und vergruben das Uran.[44]

Hitlers Bombe?

Als im Sommer 1942 klar geworden sei, dass Deutschland keine Atombombe bauen könne, wandten sich laut Rainer Karlsch einige Wissenschaftler der Kernfusion zu, um eine Waffe zu entwickeln, die vielleicht den Verlauf des Krieges beeinflussen könnte.[45] In seinem 2005 erschienenen Buch *Hitlers Bombe: Die geheime Geschichte der deutschen Kernwaffenversuche* behauptete Karlsch, deutsche Wissenschaftler wären in der Lage gewesen, mit der von ihnen »perfektionierten Hohlladungstechnik nukleare Anfangsreaktionen auszulösen«; damit hätten sie eine »taktische Kernwaffe« entwickelt.[46] In einer späteren Aufsatzsammlung ging Karlsch noch weiter, indem er behauptete, der Bauplan habe auch geringe Mengen angereicherten Urans umfasst, um die Temperatur zu erhöhen. Er nannte dies »Hybridkonfigurationen«, die aus chemischen Sprengstoffen, Spaltmaterial und Fusionsstof-

43 *Foreign Intelligence Supplement No. 1 to Manhattan District History. Book I: General. Volume 14: Intelligence and Security*, 4.29, www.osti.gov/opennet/manhattan_district (letzter Zugriff am 30. Juli 2020); Heisenberg und Wirtz, 162, 164; Heisenberg, Ausnutzung, 328.

44 Tagebuch von Werner Heisenberg (17. April 1945), in Heisenberg und Heisenberg, 287.

45 Rainer Karlsch, »Was geschah im März 1945? Dokumente und Zeugenaussagen zu den Tests auf dem Truppenübungsplatz Ohrdruf«, in Rainer Karlsch und Heiko Petermann (Hgg.), *Für und Wider »Hitlers Bombe«. Studien zur Atomforschung in Deutschland* (Münster 2007), 15–48, hier 21.

46 Rainer Karlsch, *Hitlers Bombe: Die geheime Geschichte der deutschen Kernwaffenversuche* (München 2005), 24, 232.

fen bestanden hätten. Im Jahr 2007 spekulierte Karlsch, dass die Deutschen womöglich, statt einer taktischen Kernwaffe, den »Zündmechanismus« für eine Wasserstoffbombe getestet hätten, die selbst ein »erhebliches Zerstörungspotential« besessen hätte. Ferner behauptete er, dieser Test sei erfolgreich verlaufen, in dem Sinn, dass dabei kinetische Energie und Radioaktivität freigesetzt worden sei.[47]

Sowjetische Dokumente

Es gibt drei sowjetische Dokumente aus der Kriegszeit, auf die sich Karlsch bezieht: ein Bericht des sowjetischen Militärnachrichtendienstes vom November 1944, ein zweiter Bericht vom 23. März 1945 und eine Stellungnahme zu Letzterem von dem sowjetischen Physiker I. V. Kurchatov (1903–1960) eine Woche später. In dem ersten Dokument heißt es: »Die Deutschen stehen im Begriff Tests einer neuen Geheimwaffe durchzuführen, die eine große *Zerstörungskraft* besitzt.« Die Bombe habe einen Durchmesser von anderthalb Meter und bestehe aus mehreren ineinandergesetzten Hohlkugeln.[48]

Das zweite Dokument – allem Anschein nach ein Bericht aus zweiter Hand – enthält einen Bericht über zwei Explosionen, die starke Detonationswellen und hohe Temperaturen erzeugten. Bis in eine Entfernung von 500 bis 600 Metern seien Bäume umgestürzt, Gebäude und Befestigungen, die für den Versuch errichtet worden seien, seien zerstört worden. Kriegsgefangene seien an die Stelle gebracht worden, wo sich das Explosionszentrum befunden habe. Einige seien getötet worden, wobei oftmals nichts von ihnen übrig geblieben sei, während andere Verbrennungen erlitten, deren Grad von der Entfernung vom Zentrum der Detonation abhing.[49] Karlsch stützte sich auf Zeugenaussagen aus den 1960er-Jahren, um die Annahme zu untermauern, dass es Tests eines starken Waffensystems, bei denen helles Licht erzeugt worden sei, gegeben habe, die große Zerstörungen anrichteten und bei denen Insassen von Konzentrationslagern umkamen beziehungsweise verstümmelt worden seien. Im Jahr 2007 gab er in einem Aufsatz allerdings eine gewisse Skepsis bezüglich der Glaubwürdigkeit dieser Quellen zu erkennen. Jedenfalls liefern uns Gespräche mit Zeitzeugen keinerlei Aufschlüsse über die Konstruktionsweise der Waffe.[50] In dem Bericht vom 23. März heißt es zunächst, die Bombe mit einem Gewicht von zwei Tonnen »enthält vermutlich U-235«, worauf ohne nähere Erläuterung vermerkt wird,

47 Rainer Karlsch, »Vorwort«, in Karlsch und Petermann, 10.
48 GRU Bericht (15. November 1944), in Karlsch, geschah, 22.
49 GRU Bericht (23. März 1945), in Karlsch, geschah, 25–26.
50 Karlsch, geschah, 15-48, hier 18, 34–37, 47.

die Bombe bestehe unter anderem aus »einer Kugel aus metallischem Uran 235«. Der Bericht schließt mit einer Warnung: »Ohne Zweifel führen die Deutschen Tests einer Bombe mit großer Zerstörungskraft durch. Im Falle ihres *erfolgreichen Tests* und der Herstellung solcher Bomben in ausreichender Menge werden sie über eine Waffe verfügen, *die in der Lage ist, unsere Offensive zu verlangsamen.*«[51]

Kurchatov las den Bericht vom 23. März 1945 durch die Brille seines eigenen Verständnisses des Funktionsmechanismus einer Atombombe. Während er die Konstruktionsdetails für sehr plausibel hielt, fand er andere Abschnitte der Beschreibung unklar. Ausgehend von diesem Material war Kurchatov nicht vollkommen überzeugt, dass »die Deutschen tatsächlich Versuche mit einer Atombombe vorgenommen haben«. Weil eine solche Waffe Zerstörungen anrichten würde, die sich über mehrere Kilometer, nicht nur ein paar hundert Meter, erstreckten, mutmaßte Kurchatov, dass der Mechanismus der Bombe ohne Uran-235 getestet worden sei.[52]

2006, ein Jahr nach der Veröffentlichung von Karlschs Buch *Hitlers Bombe,* beauftragte ein deutscher Fernsehsender die Physikalisch-Technische Bundesanstalt damit, Bodenproben von dem Ort, an dem der Kerntest durchgeführt worden sein soll, zu untersuchen. Nachdem sie Messungen vorgenommen hatten, gelangten die Physiker zu dem Schluss, dass die nachgewiesene Strahlung durch den radioaktiven Niederschlag von oberirdischen Kernwaffentests in den 1950er- und 1960er-Jahren und die Nuklearkatastrophe von Tschernobyl im Jahr 1986 verursacht worden sei. Bezüglich des Tests einer Kernwaffe am Ende des Krieges zeigten die Messergebnisse »keinen Befund«.[53]

Hohlladungs-Fusionsversuche

Nach dem Krieg beschrieb der für das Heereswaffenamt tätige Physiker Erich Schumann Versuche, die er zusammen mit Walter Trinks (1905–1995) – ebenfalls ein HWA-Wissenschaftler ohne weitere Verbindung zur Arbeitsgemeinschaft Kernphysik – geplant hatte und bei denen dadurch, dass brisante Explosivstoffe um eine gasgefüllte Metallkugel zur Detonation gebracht wurden, eine Kernfusion ausgelöst werden sollte. Bei diesem sogenannten »Hohlladungs«-

51 GRU Report (23. März 1945), in Karlsch, geschah, 25–26.

52 I. V. Kurchatov, Stellungnahme zu Unterlagen »Über eine deutsche Atombombe« (30. März 1945), in Karlsch, geheime, 342–343.

53 Herbert Janßen und Dirk Arnold, »In Bodenproben keine Spur von ›Hitlers Bombe‹« (15. Februar 2006), www.ptb.de/cms/en/gateways/press/press-releases/press-release.html?tx_news_pi1%5Bnews%5D=321&cHash=19ceb389eb977cdd14f86faboa1e109f (letzter Zugriff am 25. Juni 2020).

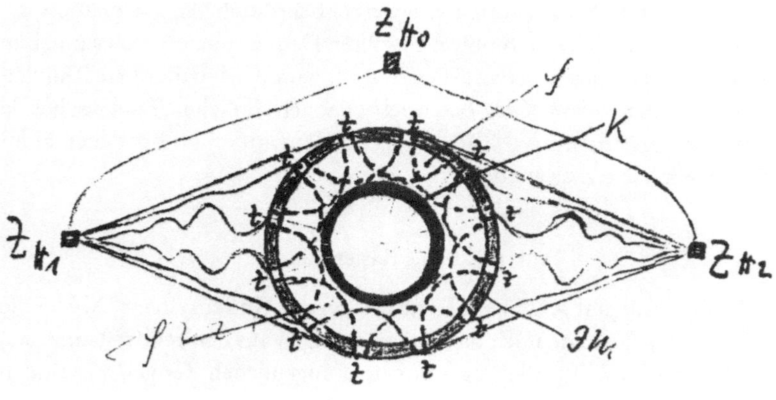

Abb. 24: Schematische Darstellung des Hohlladungdesigns.

Design wird die bei der Detonation freigesetzte Energie und Wärme der Explosivstoffe auf einen Punkt im Innern der Schale fokussiert. Wenn diese Explosivstoffe in der richtigen Weise zur Detonation gebracht würden, sollten sie eine kugelförmige Druckwelle erzeugen, die das Gas sehr schnell verdichten und auf hohe Temperaturen erhitzen würde.

Trinks hatte folgende Berechnung angestellt: Wenn die Kugelschale aus Eisen bestünde und mit Wasserstoff gefüllt wäre, dann könnten Kernreaktionen in dem verdichteten und erhitzten Wasserstoff 10 000- bis 100 000-mal so viel Energie erzeugen wie die brisantesten chemischen Sprengstoffe. Allerdings erkannten die Wissenschaftler, dass in der Praxis die Temperaturen und der Druck, die notwendig wären, um eine Kernfusion zu erzeugen, nur »annähernd erreicht werden können«. Schumann und Trinks begannen Ende 1943 damit, solche Versuche vorzubereiten, aber das Reichsrüstungsministerium untersagte sie.[54]

Im Jahr 1944 führte eine von Trinks geführte Gruppe von Wissenschaftlern des Heereswaffenamts, die unter der Leitung von Kurt Diebner und mit Unterstützung von Walther Gerlach arbeiteten, bescheidenere Versuche durch, mit denen getestet werden sollte, ob auf diese Weise eine Kernfusion herbeigeführt werden konnte. In ihrem Bericht hieß es, schon des Öfteren sei vorgeschlagen worden, mit chemischen Explosivstoffen Kernreaktionen in Gang zu setzen, die ihrerseits die Wirkung der Explosivstoffe erhöhen sollten. Obgleich dieser Weg »nach einfachen Überlegungen ungangbar scheint«, wollten sie ihn experimentell überprüfen. Eine mit Deuterium angereicherte Kugel aus Paraffin wurde in einem Hohlzylinder aus brisan-

54 Erich Schumann an Ernst Telschow (2. April 1948), in Karlsch, geheime, 334–337.

ten chemischen Sprengstoffen eingesetzt. Die durch die Detonation der Sprengstoffe ausgelösten Stoßwellen sollten Deuteriumatome verschmelzen und Neutronen produzieren. Wie erwartet, wurde keine messbare Aktivität gefunden. Nach dem Krieg beschrieb Diebner ähnliche Versuche, bei denen statt Paraffin schweres Wasser verwendet wurde und bei denen ähnliche Ergebnisse erzielt wurden.[55]

Ockhams Rasiermesser

Gab es im Frühjahr 1945 einen Test eines starken Waffensystems? Weder die sowjetischen Berichte noch die Zeugenaussagen aus den 1960er-Jahren stellen überzeugende Quellen dar. Auf dem angeblichen Testgelände finden sich keine Hinweise auf Radioaktivität, die durch einen Kernwaffentest im Jahr 1945 verursacht worden wären. Die Tatsache, dass Spuren eines radioaktiven Niederschlags, der sich dort etwas mehr als zehn Jahre nach dem hypothetischen Ereignis niederlegte, immer noch gefunden werden können, deutet darauf hin, dass es entweder keinen derartigen Test gab oder dass bei dem Test keine Kernreaktionen ausgelöst wurden.

Falls die sowjetischen Dokumente richtig sind und ein erfolgreicher Test stattgefunden hat, dann gibt es keine schlüssigen Beweise dafür, dass dabei ein Hohlladungsdesign für eine Hybridbombe erprobt wurde. Im ersten sowjetischen Dokument wird eine Hohlkugel erwähnt, aber darin ist auch eine Reihe ineinandergesetzter Kugeln beschrieben. Da es schwierig ist, eine Hohlkugel symmetrisch implodieren zu lassen, scheint eine Reihe ineinandergeschachtelter Kugeln unplausibel zu sein. Es gibt keine sonstigen Belege, die die Berichte über die Tests mit dem Hohlladungsdesign in Verbindung brächten. Weil die Hohlladungsversuche während des Krieges außerdem keine Kernfusion in Gang setzten, ja dies wahrscheinlich gar nicht tun konnten, wäre ein Test, bei dem dieser Konstruktionstyp verwendet worden wäre, wahrscheinlich nicht erfolgreich gewesen.

In seinem Buch und seinen Aufsätzen argumentiert Karlsch oft, dass Ereignisse stattgefunden hätten, für die es keine Belege gibt, weil Wissenschaftler verschwiegen waren und auch nach dem Krieg nicht über das sprechen wollten, was sie getan hatten. So gibt es logischerweise auch keine Dokumente, die Karlschs Behauptung bestätigen würden, während des Krieges hätten nicht dokumentierte Versuche und Tests stattgefunden. So

55 W. Hermann, G. Hartwig, H. Rackwitz, W. Trinks und H. Schaub, Versuche über die Einleitung von Kernreaktionen durch die Wirkung explodierender Stoffe (1944?), ADM, FA 002 721; Kurt Diebner, »Fusionsprozesse mit Hilfe konvergenter Stoßwellen – Einige ältere und neuere Versuche und Überlegungen«, *Kerntechnik*, 3 (1962), 89–93.

hätte etwa die von Karlsch beschriebene Hybridvorrichtung hoch angereichertes Uran oder vielleicht auch Element 94 benötigt, aber weder Groths, Beyerles und Hartecks Arbeiten an Zentrifugen noch die Versuche mit Uranmaschinen in Leipzig, Gottow oder Berlin haben eine derartige Anreicherung oder gar die Produktion von Plutonium je erreicht. In seinem Buch behauptet Karlsch, andere Forscher hätten Uran mit anderen Isotopentrennungsverfahren und -geräten anreichern können und bei Versuchen mit anderen Reaktortypen hätte Element 94 erzeugt werden können. Aber auch dafür gibt es keine schlüssigen Beweise.

Dies wirft auch die Frage auf, warum Wissenschaftler nach dem Krieg nicht offen über solche wissenschaftlichen Durchbrüche hätten reden und die Anerkennung dafür beanspruchen sollen. Karlsch würde vielleicht argumentieren, dies sei darauf zurückzuführen, dass der Test große Verluste an Menschenleben verursacht habe – Insassen eines Konzentrationslagers seien getötet und verstümmelt worden. Aber dabei unterstellt er, dass der Test stattfand, dass das Hohlladungsdesign für die Fusionreaktion angewandt wurde und dass der Test erfolgreich war – was alles unwahrscheinlich ist. Zudem waren Wissenschaftler bereit, zuzugeben, dass sie an der Uranisotopentrennung und an Uranmaschinen gearbeitet hatten, obwohl Hiroshima und Nagasaki sehr klar gemacht hatten, wohin diese Forschung führen konnte.

Karlschs These, wonach die Deutschen eine taktische Kernwaffe beziehungsweise den Zündmechanismus einer Wasserstoffbombe erprobt hätten, lässt sich mithilfe von Ockhams Rasiermesser auf ihre Triftigkeit überprüfen. Dabei handelt es sich um eine philosophische Regel, die besagt, dass unter miteinander konkurrierenden Theorien die einfachsten den komplexeren vorzuziehen sind.[56] Sofern das Gegenteil nicht bewiesen ist, sollten die Fakten für sich selbst sprechen. Wenn Wissenschaftler nach dem Krieg vermutete Arbeiten während des Krieges nicht erwähnten und es keine Beweise dafür gibt, dass sie diese Arbeiten tatsächlich ausgeführt hatten, dann sollten wir davon ausgehen, dass sie diese Arbeiten nicht durchgeführt hatten. Tatsächlich sollte Karlschs Argument umgekehrt werden. Statt anzunehmen, dass sowjetische Berichte über den Test einer Waffe von großer Sprengkraft, bei dem es zu schweren Zerstörungen und dem Verlust von Menschenleben gekommen sei, zutreffend sind, dass also die Deutschen in der Lage gewesen sein müssten, eine solche Vorrichtung auf der Basis des Hohlladungsdesigns zu bauen, sollten wir anerkennen, dass die Deutschen nicht imstande waren, derartige Vorrichtungen zum Laufen zu bringen, und dass ein Test mit diesem Konstruktionstyp nicht erfolgreich gewesen

56 www.merriam-webster.com/dictionary/Occam%27s%20razor (letzter Zugriff am 7. August 2020).

wäre. Die einfachste und überzeugendste Erklärung ist, dass die Deutschen während des Krieges keinen erfolgreichen Test mit einer taktischen Kernwaffe beziehungsweise dem Zündmechanismus einer Wasserstoffbombe durchführten. Vielmehr erschöpften sich die Bemühungen um den Bau einer Kernwaffe in den Projekten, die unter Leitung von Kurt Diebner, Paul Harteck, Werner Heisenberg und anderen vorangetrieben wurden.

Götterdämmerung

Die Verwüstungen des Krieges

»Götterdämmerung« bedeutet wörtlich der Niedergang der Götter, aber das Wort wird auch im übertragenen Sinne verwendet und bezeichnet dann den Zusammenbruch und die Zerstörung eines Regimes, einer Gesellschaft oder Kultur. Der Nationalsozialismus kam teilweise durch Gewalt an die Macht, übte seine Herrschaft durch Unterdrückung, Diskriminierung und die Suche nach Sündenböcken aus, entfesselte einen Weltkrieg, verübte einen historisch beispiellosen Genozid und fand ein gewaltsames Ende. Zudem beschleunigte und intensivierte sich dieser Prozess zum Ende hin. In den ersten fünf Monaten des Jahres 1945 fielen 1,4 Millionen deutsche Soldaten, davon allein 450 000 im Januar. Die Zahlen schließen nicht die Zehntausende von Zivilisten ein, die bei alliierten Luftangriffen zu Tode kamen.[57]

Im Jahr 1944 galt die Sorge der Wissenschaftler in der Arbeitsgemeinschaft ebenso sehr ihrem physischen Überleben wie ihren Forschungsarbeiten. Hamburg war die deutsche Großstadt, die britischen Luftwaffenstützpunkten am nächsten lag, und sie war daher wiederholt Ziel von Bombenangriffen. Paul Harteck war persönlich betroffen. Im Winter 1943/44 besuchte er zum ersten Mal seit vielen Jahren nicht seine Familie in Wien. Die Reise, die Harteck gezwungen hätte, mehr als 70 Stunden mit Eisenbahnfahrten und dem »Stürmen« von Zügen zu verbringen, schreckte ihn ab. Seit Mai hatte Hamburg alle Urlaubsreisen von Staatsbediensteten untersagt. Wie Harteck an Karl-Friedrich Bonhoeffer schrieb: »[...] und was sich bis zum August noch alles ereignen wird, das können nur Leute wissen, die bedeutend klüger sind als wir.« Im Juni schrieb Harteck an Bonhoeffer, er habe »mittlerweile vor den Luftangriffen etwas Respekt bekommen«, insbesondere, nachdem er sie aus der Nähe kennengelernt habe.[58]

57 Adam Tooze, *Die Ökonomie der Zerstörung – Die Geschichte der Wirtschaft im Nationalsozialismus* (München 2007), 653.

58 Paul Harteck an Klaus Clusius (18. Januar 1944), ADM, FA 002 797; Paul Harteck an Karl-Friedrich Bonhoeffer (9. Mai 1944), ADM, FA 002 797; Paul Harteck an Karl-Friedrich Bonhoeffer (26. Juni 1944), ADM, FA 002 797.

Einen Monat später wandte sich Harteck mit einem Brief an seinen Kollegen Klaus Clusius in München, weil er von ihm seit einem schweren Luftangriff auf die süddeutsche Stadt »noch kein Lebenszeichen bekommen« habe. Obgleich sich Harteck dafür entschuldigte, Clusius während der Münchner Katastrophe zu behelligen, fügte er hinzu, das »Leben muss ja weitergehen«. Als gebürtiger Bayer hatte Heisenberg enge persönliche Verbindungen nach München; so hatte er u. a. an der dortigen Universität studiert. Im August weilte Heisenberg für eine Stunde in der Stadt, als er dort umsteigen musste, und sah die Umgebung des Bahnhofs. Wie er seinem Mentor Arnold Sommerfeld (1868–1951) schrieb: »[...] auch in Berlin ist ein solches Ausmaß an Zerstörung selten. Und wie lange wird es dauern, bis die Spuren dieses Wahnsinns verwischt sind [...].«[59]

Heisenberg lehrte viele Jahre lang als Professor in Leipzig. Seine Familie hatte dort gelebt, ehe sie nach Urfeld zog. Weil Berlin für Heisenberg so frustrierend und entmutigend war, kehrte er mehrfach für kurze Aufenthalte nach Leipzig zurück, um sich dort zu erholen. Nachdem sein Haus unbewohnbar geworden war, wohnte er im Mai 1943 bei seinen Nachbarn. Wie er seiner Frau Elisabeth schrieb:

> Am Sonntag morgen frühstückten wir im Garten. Das war ja garnicht so leicht, in unseren Garten hinüberzuschauen, in dem ich fast jede Blume selbst gepflanzt hab; oft kam mirs vor, als müsste ich hinten vom Sandplatz Woi's [sein Sohn] Stimme hören – ich musste mich richtig zusammennehmen, um mir nichts merken zu lassen. [...] Grüss alle Kinder sehr von mir. Um mich mach Dir keine Sorgen, ich komm hier schon durch.

Im folgenden Januar hielt sich Heisenberg erneut in Leipzig auf. In der Straße, in der seine Familie gewohnt hatte, »sieht es trostlos aus«. Er habe geraume Zeit gebraucht, bis er habe erkennen können, welches ihr Haus war. Einen Wiederaufbau hielt er für unmöglich. Solange er lediglich die Zerstörung, auch innerhalb des Hauses, sah, blieb »das Bild fremd und berührt kaum«. Aber die eine oder andere Ecke sei intakt geblieben, zum Beispiel das Fenster vor seinem Arbeitszimmer mit dem grünen Rollladen oder der Ofen im Wohnzimmer, »und das geht einem durch und durch«.[60]

Das für das KWIfP in Berlin gebaute Bunkerlabor war ein bequemer Luftschutzraum, aber schon bald kam es zu Komplikationen. Da das Labor mit Geldern gebaut worden war, mit denen das Reichsrüstungsministerium

59 Paul Harteck an Klaus Clusius (31. Juli 1944), ADM, FA 002 797; Werner Heisenberg an Arnold Sommerfeld (8. August 1944), ADM, ASN.

60 Karl-Friedrich Bonhoeffer an Paul Harteck (2. Mai 1944), ADM, FA 002 797; Werner Heisenberg an Elisabeth Heisenberg (24. Mai 1943), in Heisenberg und Heisenberg, 217–218; Werner Heisenberg an Elisabeth Heisenberg (28. Januar 1944), in Heisenberg und Heisenberg, 230–231.

geheime Forschungsvorhaben förderte, war bei einem Luftangriff Zivilisten der Zutritt nicht gestattet. Die Gestapo setzte dieses Verbot durch; bei einer Inspektion im Juli 1944 erlangte sie Kenntnis davon, dass Familienangehörigen von KWIfP-Mitarbeitern Zugang zum Bunker gewährt worden war. Dies müsse aufhören. Fortan durften nur noch KWIfP-Mitarbeiter und Wehrmachtsangehörige in Uniform in dem Bunker Schutz suchen. Zwei Wochen später, am 25. Juli, folgte ein Nachbar des KWIfP, Emil Karl, bei einem Luftangriff Soldaten in den Bunker. Der Mann hatte keinen Ausweis bei sich. Als man ihn auf die behördlichen Vorschriften hinwies, weigerte er sich, den Bunker zu verlassen, selbst als man ihm mit der Gestapo drohte. Er antwortete, dass »man doch wohl wisse, wer er sei«, und »er wolle doch sehen, wer ihm hier Vorschriften mache«. Heisenberg wies die Gestapo darauf hin, dass der Mann am KWIfP nicht bekannt sei, allerdings habe man mittlerweile seinen Namen und seine Anschrift herausgefunden. Er leitete diese Information an die Gestapo weiter und schrieb, »es würde dem Institut eine große Hilfe sein«, wenn von deren Seite Herrn Karl »das Unzulässige seines Verhaltens mitgeteilt werden könnte«.[61]

Am 2. Februar 1944 wurde das von Otto Hahn geleitete Kaiser-Wilhelm-Institut für Chemie (KWIfC) schwer getroffen: Eine Bombe zerstörte den linken Flügel des Gebäudes und Brandbomben setzten das Institut in Brand. Die nahe gelegene Villa des Institutsdirektors wurde ebenfalls stark beschädigt. Institutsmitarbeiter, die sich mit ihren Familien im Luftschutzbunker aufhielten, kamen heraus, um das Feuer zu löschen, bevor der Angriff vorüber war. Alsbald trafen weitere Mitarbeiter des KWIfC ein, aber auch Wissenschaftler und sonstige Beschäftigte aus dem nahen Kaiser-Wilhelm-Institut für Physikalische Chemie, Heisenberg und von Laue aus dem KWIfP sowie Rudolf Mentzel, ein hoher Beamter im Reichserziehungsministerium. Alle halfen, den Brand zu löschen und in den Trümmern nach Dingen zu suchen, die noch zu retten waren. Kurz darauf stellte die SS ein fünfzig Mann starkes »Aufräumungskommando« aus Zwangsarbeitern und Gefangenen bereit, das bei den Aufräumarbeiten helfen sollte. Weil das KWIfC zerstört war, zog das Institut an seinen Evakuierungsstandort in Tailfingen um, unweit des KWIfP in Hechingen.[62]

61 Reichsministerium für Bewaffnung und Munition an Kaiser-Wilhelm-Gesellschaft (24. August 1943), AMPG, I. Abt. Rep. 34; Forstmann an Karl Weber (18. September 1943), AMPG, I. Abt. Rep. 34; Gestapo (Berlin) an Werner Heisenberg (14. Juli 1944), AMPG, I. Abt. Rep. 34; Werner Heisenberg an Meyer (Gestapo) (26. Juli 1944), AMPG, I. Abt. Rep. 34.

62 Otto Hahn, Bericht über den Angriff vom 15.2.44 (Brand und Volltreffer im Kaiser-Wilhelm-Institut für Chemie), AMPG, I. Abt. Rep. 11; Forstmann, Bericht über die Fliegerschäden in Dahlem nach dem Angriff am 15. Februar 1944, AMPG, I. Abt. Rep. 11.

Heisenberg hatte es nie wirklich gefallen, in Berlin zu leben und an Uran zu forschen, aber im Jahr 1944 machte der immer weiter unkontrolliert um sich greifende Krieg das Leben bestenfalls schwierig. Seine Briefe an seine Frau Elisabeth berichten von den Belastungen im Alltag. Anfang Januar war Fliegeralarm zu hören, aber es sei so dunkel gewesen, zum Teil, weil überall die Lichter ausgeschaltet gewesen seien, dass er lange den Weg zum Institut nicht gefunden habe. Dann habe eine »wilde Schießerei« begonnen, worauf er gegen einen Baum gerannt sei. Als er schließlich im KWIfP ankam, habe die Schießerei aufgehört. Nachdem Heisenberg einen kräftigen Tee getrunken hatte, habe sich das »seelische Gleichgewicht« wieder eingestellt. Als er im Juli nach Berlin fuhr, machte der Zug plötzlich halt. Alle liefen in den Wald, aber dann habe es doch keinen Angriff gegeben. Mittlerweile fand Heisenberg seine Zeit in Berlin »recht greulich«, und er »zähle die Tage«, bis er nach Hechingen abreisen könne. Auch Max von Laue stand kurz vor dem Umzug. Wie er an Otto Hahn schrieb: »Einer meiner Jugendwünsche bestand darin, dass ich Weltgeschichte erleben wollte. Ein höchst törichter Wunsch! Weltgeschichte, die man erlebt, ist nie ein Vergnügen, mitunter aber höllisch langweilig.«[63]

Der Holocaust, ein historisch beispielloses Verbrechen gegen die Menschlichkeit, das der Nationalsozialismus zu verantworten hat, hatte nur in wenigen Fällen direkte Auswirkungen auf die Arbeitsgemeinschaft. Eines dieser Beispiele ist der Fall von Nikolaus Riehl, Industriephysiker und Direktor der Auergesellschaft, der für die Uranproduktion und -verarbeitung zuständig war. Weil Riehl eine Verbindung zur Technischen Universität Berlin hatte, verlangte deren Verwaltung eine Bescheinigung über Riehls arische – in der Praxis: nichtjüdische – Abstammung. Das Reichssippenamt (RSA) war die einzige Verwaltungsbehörde, die befugt war, die Abstammung festzustellen. Zwar waren die RSA-Mitarbeiter nicht direkt an den Morden in den Todeslagern beteiligt, dennoch machten ihre Entscheidungen manchmal den Unterschied zwischen Leben und Tod.[64]

Als die Deportationen nach Auschwitz und der Massenmord an Juden dort im Juni 1943 in vollem Gange waren, kontaktierte ein Verwaltungsbediensteter der Technischen Universität das RSA wegen Riehls Nachweis arischer Abstammung. Dort wurde ihm allerdings nur mitgeteilt, dass der Wissenschaftler »trotz mehrfacher Aufforderung« einige der Unterlagen, die

63 Werner Heisenberg an Elisabeth Heisenberg (Januar 1944), in Heisenberg und Heisenberg, 229; Werner Heisenberg an Elisabeth Heisenberg (11. Juli 1944), in Heisenberg und Heisenberg, 248; Max von Laue an Otto Hahn (28. April 1944), AMPG, III. Abt. Rep. 14 2461.

64 Thomas Pegelow, »Determining ›People of German Blood‹, ›Jews‹ and ›Mischlinge‹: The Reich Kinship Office and the Competing Discourses and Powers of Nazism, 1941–1943«, *Contemporary European History*, 15/1 (2006), 43–65, hier 46.

das RSA für die Erstellung des Gutachtens benötige, nicht beigebracht habe. Riehl, der von einer russischen jüdischen Mutter in Russland geboren worden war, konnte die Dokumente, die ihn als Arier ausweisen würden, nicht einreichen. Wenn er in die Kategorie der halbjüdischen Mischlinge eingestuft würde, dann würde er Gefahr laufen, deportiert zu werden. Bis Dezember des Jahres 1943 wurde Riehl einige weitere Male ermahnt, reichte die Unterlagen jedoch auch dann nicht ein. Allerdings gewährte man ihm einen Aufschub, als alle Papiere an der Technischen Universität, die sich auf seinen Fall bezogen, bei einem Brand vernichtet worden waren. Als der Verwaltungsmitarbeiter die Sache im Juli 1944 wiederaufnahm, teilte ihm Riehl mit, die Dokumente müssten wohl auf dem Postweg verloren gegangen sein. Aber in der Zwischenzeit waren weitere Kopien der notwendigen Bescheinigungen gemacht und an das RSA geschickt worden. Obgleich der Massenmord in Auschwitz bis November weiterging, schlüpfte Riehl anscheinend infolge des Chaos, das durch den Krieg verursacht worden war, durch die Ritzen der Maschinerie, die in den von Deutschland kontrollierten Gebieten Juden aufspüren und in den Tod deportieren sollte. Wahrscheinlich befürchtete er bis ans Ende des Krieges, sein Status als Nicht-Arier könnte entdeckt werden.[65]

Ein weiteres sehr wichtiges Ereignis während des Dritten Reichs, der Versuch, Hitler zu ermorden, und dessen Nachspiel, beeinflusste ebenfalls das Leben der Wissenschaftler der Arbeitsgemeinschaft. Im November 1942, nach seiner doppelten Berufung zum Professor für Physik an der Universität Berlin und zum Direktor des Kaiser-Wilhelm-Instituts für Physik, wurde Heisenberg Mitglied der Mittwochsgesellschaft, auch »Freie Gesellschaft zur wissenschaftlichen Unterhaltung« genannt, einer einflussreichen Gruppe von 16 oder 17 Männern, die entweder anerkannte Experten auf ihrem Gebiet waren oder bedeutende Positionen im öffentlichen Leben bekleideten und die sich jeden zweiten Mittwoch zu einem Vortrag mit anschließender Aussprache trafen.[66] In seinen Memoiren erinnerte sich Heisenberg an diese Zusammenkünfte als einige der glücklichsten Momente seines Lebens in Berlin. Am 12. Juli 1944 war Heisenberg der Gastgeber des letzten Treffens der Gesellschaft während des Dritten Reichs. Das Harnack-Haus der KWG steuerte etwas Milch und Wein bei, während Heisenberg mit Rationen, die er aufgehoben hatte, und Himbeeren, die er im Garten des KWIfP selbst gepflückt hatte, ein paar Kekse buk, um seinen Gästen

65 TH Berlin an REM (2. Juni 1943), BABL, Riehl Research Wi; TH Berlin an REM (18. Dezember 1943), BABL, Riehl Research Wi; TH Berlin an REM (26. Juli 1944), BABL, Riehl Research Wi.

66 Vgl. Klaus Scholder, *Die Mittwochsgesellschaft. Protokolle aus dem geistigen Deutschland 1932–1944*, 2. Aufl. (Berlin 1982).

zumindest ein frugales Mahl anbieten zu können. Anschließend hielt Heisenberg einen Vortrag über die Atomenergie in Sternen und, so weit, wie es die Geheimhaltungserfordernisse erlaubten, über deren technische Nutzung auf der Erde.[67]

Eine Woche später, am 19. Juli, gab Heisenberg das Protokoll des Treffens ab und nahm den Nachtzug Richtung Süden, zuerst nach München und dann nach Kochel am See, von wo er zu Fuß zwei Stunden bis zu seinem Haus in Urfeld brauchte. Unterwegs begegnete er einem Soldaten, der seinen Rucksack auf einem Handwagen hinter sich herzog. Heisenberg legte seinen Koffer dazu und half ihm zu ziehen. Dann erzählte der Soldat Heisenberg, er habe gerade im Radio von einem Attentat auf Hitler und einer Revolte an der Spitze der Wehrmacht gehört. Ein paar Stunden später saß Heisenberg in Urfeld selbst am Rundfunkgerät und hörte, dass mehrere Mitglieder der Mittwochsgesellschaft entweder tot oder verhaftet seien oder als Mitwisser der Verschwörung genannt wurden. Heisenberg »wusste, was das zu bedeuten hatte«. Er fragte sich vermutlich, ob er ebenfalls verhaftet werden würde. Ein paar Wochen später schrieb er aus Hechingen an seine Frau:

> Die Wehrmachtsnachrichten aus dem Westen machen mir Sorgen; auch fand ich heute den Bericht über die Gerichtsverhandlung der Attentäter sehr deprimierend. Ich finde es fast unmöglich, das allgemeine Schicksal bewusst mitzutragen, und so zieht man sich eben in seine kleine Welt und zu den Pflichten zurück, die einfach und immer klar zu erfüllen sind; vielleicht genügt es auch, wenn jeder das tut.[68]

Der Theologe Dietrich Bonhoeffer (1906–1945), Bruder des Physikochemikers Karl-Friedrich, schloss sich Gruppen an, die sich zum Widerstand gegen Hitler verschworen. Im April 1943 wurden Dietrich und dessen Schwager Hans von Dohnanyi (1902–1945) verhaftet und der »Wehrkraftzersetzung« bezichtigt, eines Verbrechens, auf das die Todesstrafe stand. Nach dem Attentat auf Hitler wurde die Lage der Gefangenen noch prekärer. Im Februar 1945 schickte Karl-Friedrich Bonhoeffer seinem Freund und Kollegen Harteck eine »Lebenszeichenkarte«, in der er ihm etwas von seinem Kummer offenbarte. Die jüngsten Luftangriffe hatten Bonhoeffer vom Kontakt mit der Außenwelt weitgehend abgeschnitten. Der Bahnhof in Leipzig war außer Betrieb, Post wurde nicht mehr zugestellt, die Telefone in seiner Wohnung und seinem Institut funktionierten nicht mehr.[69]

67 Werner Heisenberg, *Der Teil und das Ganze: Gespräche im Umkreis der Atomphysik* (München 1973), 222; Werner Heisenberg an Elisabeth Heisenberg (11. Juli 1944), in Heisenberg und Heisenberg, 248.

68 Heisenberg, *Teil*, 223; Werner Heisenberg an Elisabeth Heisenberg (10. August 1944), in Heisenberg und Heisenberg, 252.

69 Karl-Friedrich Bonhoeffer an Paul Harteck (2. Februar 1945), RPI, PHP Harteck B1 F7.

Karl-Friedrich Bonhoeffer erfuhr nach einem Abstecher nach Berlin, dass das Urteil in dem jüngsten Prozess gegen seinen Bruder vor dem Volksgerichtshof, einem Sondergericht für politische Verbrechen, »von bisher nie da gewesener Härte sei«. Die Familie hatte sowohl Berufung eingelegt als auch ein Gnadengesuch gestellt, auch wenn Bonhoeffer dessen Erfolgsaussichten als sehr niedrig einschätzte. Er beendete seinen Brief an Harteck resigniert: »Übrigens kann ja niemand den Ablauf der kommenden Dinge im einzelnen voraussehen. [...] Aber wie lange wird man noch Entschlussfreiheit haben, wahrscheinlich nur so lange, als man sich aus anderen Gründen eben noch nicht entschließen kann.«

Harteck war »sehr erschrocken« über den Inhalt von Bonhoeffers Brief. Er schrieb: »Was Euch betroffen hat ist derart, dass es sich nicht in Worten und in einem Brief ausdrücken lässt. [...] Also Kopf hoch und hoffentlich sehen wir uns bald.« Ende März, also einen Monat bevor sein Bruder schließlich in einem Konzentrationslager ermordet wurde, schrieb Bonhoeffer ein weiteres Mal an Harteck, und zwar in einem verzweifelten Ton: »Allmählich stumpft man tatsächlich gegen alles ab und lebt wie das Vieh. Man weiss nicht mehr, ob die liebsten Menschen, die man hat, noch am Leben sind; von allem getrennt, was man gern hat, kann man nicht mal seinen eigentlichen Beruf leben.«[70]

Der bemerkenswerteste und besonders nachdenklich stimmende Beleg für eine »Götterdämmerungs«-Stimmung unter den Wissenschaftlern, die am Uranprojekt arbeiteten, findet sich in einem Brief, den Heisenberg im Oktober 1943 über Carl Friedrich von Weizsäcker an seine Frau Elisabeth schrieb:

> Ich verstehe mich im Grunde überhaupt nicht mit ihm; diese Art, alles prinzipiell zu nehmen und überall die ›letzte Entscheidung‹ zu erzwingen, ist mir so völlig fremd. Weizs. kann so Sätze sagen, wie etwa: er wäre in einer total zerstörten Stadt ganz zufrieden, denn dann wisse man sicher, dass das nicht wiederkäme und dass die Menschen, aus dem Erlebnis von Schuld und Strafe reif würden zu einer anderen Art zu denken – womit dann der neue Glaube [der Nationalsozialismus] gemeint ist, zu dem er sich selbst bekennt. Dann sagt er weiter, dass dieser Glaube natürlich dem der alten Welt, d. h. der Angelsachsen, unversöhnlich feind sei und dass ja auch Christus gesagt habe, er sei nicht gekommen, den Frieden zu bringen, sondern das Schwert –, worauf man dann wieder so weit ist, wie am Anfang, d. h. wer nicht das Gleiche glaubt, wie ich, muss

70 Karl-Friedrich Bonhoeffer an Paul Harteck (2. Februar 1945), RPI, PHP Harteck B1 F7; Paul Harteck an Karl-Friedrich Bonhoeffer (19. Februar 1945), RPI, PHP Harteck B1 F7; Karl-Friedrich Bonhoeffer an Paul Harteck (20. März 1945), RPI, PHP Harteck B1 F8.

> ausgerottet werden. Mir ist dieser ewige Zirkel vom Glauben an die heiligsten Güter, die mit Feuer u. Schwert verteidigt werden müssen, ganz unerträglich; offenbar bin ich darin ganz undeutsch [...].

Ungefähr zur gleichen Zeit äußerten nationalsozialistische Amtsträger, die die Linientreue Weizsäckers beurteilen sollten, der Physiker sei weder politisch aktiv noch gewillt, es zu werden. Weizsäckers Kokettieren mit dem Nationalsozialismus scheint rein intellektuell gewesen zu sein.[71]

Den Tiger reiten

Die letzten anderthalb Jahre des Krieges in Europa zeichneten sich durch fieberhafte Anstrengungen in Deutschland aus, Wunderwaffen wie Raketen und Strahlflugzeuge zu bauen, in dem verzweifelten Bemühen, die Niederlage abzuwenden. Zu der Zeit, als Walther Gerlach die Leitung der Arbeitsgemeinschaft übernommen hatte – wenn nicht schon lange vorher –, war es den Wissenschaftlern und Verwaltungsbeamten, die mit wissenschaftlicher Forschung befasst waren, klar, dass Deutschland vermutlich nicht rechtzeitig Atombomben bauen könnte, um den Ausgang des Krieges noch zu beeinflussen. Sie hatten zwei gleichermaßen gefährliche Optionen. Wenn sie zugaben, dass ihre Forschungsarbeiten nicht zu kriegsentscheidenden Waffen führten, würden sie womöglich alle als Kanonenfutter an die Front geschickt; wenn sie versicherten, dass sie Atombomben von sehr hoher Sprengkraft entwickeln könnten, dann würde man sie unter enormen Druck setzen, dieses Versprechen einzulösen.

Die beiden Personen, die am häufigsten als Vermittler zwischen den Forschern und der mächtigen nationalsozialistischen Elite fungierten, Gerlach und Heisenberg, wandelten auf Messers Schneide: Sie versprachen nie, Atombomben zu bauen, aber zugleich stellten sie verlockend die Möglichkeit eines plötzlichen Durchbruchs in Aussicht. Der Präsident der Kaiser-Wilhelm-Gesellschaft, Albert Vögler, bat Heisenberg im April 1944 um Auskunft darüber, ob »wir durch die Versuche der Herstellung sogenannter Energiebomben näher gekommen sind«. Im Januar 1945 berichtete Gerlach mit Bezug auf die Arbeiten an Uran: »[...] wir befinden uns hier überall auf Neuland, in welchem jede sorgsam durchgeführte Einzelfrage neue Wege erschließen kann.« Nach dem Krieg sagte Gerlach in Farm Hall, er habe führenden Nationalsozialisten gesagt: »derjenige, der mit dem Einsatz der Bombe drohen konnte, würde alles erreichen können«.[72]

71 Werner Heisenberg an Elisabeth Heisenberg (14. Oktober 1943), in Heisenberg und Heisenberg, 224-225; Borger (Hauptamt Wissenschaft, NSDAP) an Parteikanzlei (2. Oktober 1942), IZG, MA 612 59823.

72 Albert Vögler an Werner Heisenberg (12. April 1944), AMPG, I. Abt. Rep. 34; Alsos

Selbstverständlich unterdrückte und bedrohte die NS-Führung Wissenschaftler nicht nur. Sie belohnte und ehrte auch Forscher, die ihnen halfen, ihre Pläne umzusetzen. Ende November 1943, ungefähr zur Zeit des Stabwechsels von Abraham Esau zu Walther Gerlach, forderte Reichsmarschall Hermann Göring in seiner Eigenschaft als Oberaufseher des Reichsforschungsrats, Wissenschaftler, die einen besonderen Beitrag zu kriegswichtigen Forschungsanstrengungen geleistet hatten, für Auszeichnungen zu nominieren. Daraufhin wurde Harteck, Hahn und Heisenberg von Hitler das Kriegsverdienstkreuz erster Klasse verliehen. Reichsrüstungsminister Speer, der Hahn und Heisenberg nominiert hatte, beabsichtigte, ihnen die Kreuze persönlich zu überreichen. Anscheinend kam es nicht dazu. Speers Adjutant, Johannes Goerner, schrieb Heisenberg im Dezember, Hitlers Glückwünschschreiben sowie das Kreuz seien beim jüngsten Luftangriff zerstört worden. Ein zweites Kreuz solle ihm so bald wie möglich zugeschickt werden. Als das Ersatzkreuz und die Urkunde im Januar eintrafen, bedankte sich Heisenberg bei Goerner und bat diesen, Speer Heisenbergs Dank auszurichten.[73]

Es ist bemerkenswert, wie viele der mächtigsten Männer im NS-Regime sich für Kernenergie zu interessieren begannen, insbesondere in jenen Monaten, in denen das Regime in den letzten Zügen lag. Obgleich die NS-Führung fest entschlossen war, die letzten Reserven an Menschenkraft für den Krieg herauszupressen, wusste sie auch, dass dies nicht für eine Wende des Krieges ausreichen würde. In einem Artikel, der im Sommer 1944 im *Völkischen Beobachter*, der wichtigsten NS-Zeitung, erschien, weckte Propagandaminister Joseph Goebbels Hoffnungen auf die baldige Verfügbarkeit derartiger Waffen, als er schrieb:

> Ich würde mich schämen, eine solche Sprache zu sprechen, wenn die Tatsachen mich nicht dazu berechtigten. Ich sah kürzlich moderne deutsche Waffen, bei deren Anblick mir nicht nur das Herz höher schlug, sondern einen Augenblick stillstehen blieb. […] Das deutsche Erfindergenie hat seine Zerreißprobe bestanden.[74]

Report on Gerlach Summary of Nuclear Reports (2. Mai 1945), ADM, IMC 29 1320-1323; Hoffmann, Epsilon, 2. Aufl., 180.

73 Kurt Diebner an Paul Harteck (19. November 1943), ADM, FA 002 796; Ernst Telschow an Werner Heisenberg (26. November 1943), AMPG, III. Abt. Rep. 93; Ernst Telschow an Otto Hahn (26. November 1943), AMPG, III. Abt. Rep. 14 5604; Goerner an Werner Heisenberg (17. Dezember 1943), AMPG, III. Abt. Rep. 93; Werner Heisenberg an Goerner (Speers Ministerium) (12. Januar 1944), AMPG, III. Abt. Rep. 93.

74 Joseph Goebbels, »Der Totale Krieg wird praktische Wirklichkeit«, *Völkischer Beobachter* (28. Juli 1944), zitiert in Karlsch, geheime, 163.

Auch von Rudolf Mentzel, dem De-facto-Leiter des Reichsforschungsrates, wurden Gerlach und die Uran-Wissenschaftler massiv unterstützt. Auf Initiative von Speer erließ Hitler im Juni 1944 eine Verfügung über die »Konzentration der Rüstung und Kriegsproduktion«. Von nun an würden nur noch »umstürzende« Forschungsanstrengungen gefördert, die versprachen Deutschland einen Vorsprung vor seinen Feinden zu verschaffen. Mentzel ordnete an, sämtliche vom RFR geförderten Forschungsvorhaben einer gründlichen Prüfung zu unterziehen, interpretierte den Erlass allerdings in einer Weise, die Wissenschaftler von der Front fernhielt. So schrieb er:

> Das Ziel dieser Aktion ist weniger die Freimachung von Arbeitskräften als vielmehr die Schaffung der Möglichkeit, mit den im Forschungssektor überhaupt vorhandenen wissenschaftlichen und technischen Kräften die vordringlichen Forschungsvorhaben mit größtmöglicher Intensität anzupacken und baldmöglichst zum Abschluss zu bringen.

Anders gesagt, es sollten einige Forschungsprogramme eingestellt und die daran beteiligten Forscher bei anderen, dringlicheren Projekten eingesetzt werden. Gerlach, der für die gesamte physikalische Forschung zuständig war, begann dies umzusetzen, wobei er die Forschungen über schweres Wasser, Ultrazentrifugen und Uranmaschinen unverändert fortführte.[75]

Im Juni 1944 zitierte ein hoher SS-Führer den Reichsführer SS Heinrich Himmler, der über die Möglichkeit neuer Waffen, die sich wie Atombomben anhörten, gesprochen habe. Zunächst einmal sei »die Dauer des Krieges noch nicht abzusehen, außerdem dürfte das nicht der letzte Krieg sein«. Überdies könnten durch Fortschritte der Technik »urplötzlich Sprengkörper auftauchen, deren Wirkungen und deren Schnelligkeit unsere neusten Sprengmittel der Vergeltungswaffen in den Schatten stellen«. Bald darauf unterstellte Hitler als Konsequenz aus dem Attentat auf ihn das Ersatzheer und damit auch die Rekrutierung und die Ausbildung von Ersatzsoldaten dem Befehl Himmlers. Als Himmler später von Plänen erfuhr, 14 000 Wissenschaftler und Ingenieure einzuberufen, stoppte er die Aktion umgehend, »da ich den Abbau unserer Forschung für Wahnsinn halte«. Ein paar Monate zuvor hatte Himmler angeordnet, in Konzentrationslagern eingesperrte Wissenschaftler in der Grundlagenforschung einzusetzen. Gerlach unterstützte diesen Beschluss.[76]

75 Rudolf Mentzel an Walther Gerlach (2. September 1944), BAK, R26 III 515; Walther Gerlach an Werner Heisenberg (30. Oktober 1944), AMPG, I. Abt. Rep. 34; Walther Gerlach an RFR (26. Februar 1945), ADM, IMC 29 1158-1159.

76 SS-Obergruppenführer Hossmann an die Gauleiter Murr und Wagner (22. Juni 1944), BABL, Berlin-Lichterfelde, NS 19/317, zitiert in Karlsch, geheime, 193; Heinrich Himmler an Befehlshaber des Ersatzheeres, Obergruppenführer Jüttner (23. Juli 1944), ADM, IMC 31 1062; Leon Poliakov und Joseph Wulf, *Das Dritte Reich und seine Denker*, 2. Aufl. (Frankfurt am Main 1983), 319, 321.

Auch Martin Bormann (1900–1945), der Leiter der Partei-Kanzlei der NSDAP und als jemand, der den Zugang zu Hitler kontrollierte, einer der mächtigsten Männer des Regimes, stellte sich hinter diese Maßnahme. Die Uranforscher waren bereits von der Einberufung zur Wehrmacht befreit. Jetzt wies Bormann die mächtigen NSDAP-Gauleiter an, Wissenschaftler, Ingenieure und Techniker nicht zu »Sondereinsätzen« außerhalb ihres Arbeitsortes heranzuziehen. Werner Osenberg hat diesen Befehl in einem Rundschreiben weitergeleitet. Er merkte dazu an, Göring, Himmler und Bormann hätten klar zu verstehen gegeben, dass »die als Ausgangsbasis unserer Wehrtechnik dienende Kriegsforschung mit allen Mitteln und in vollem Umfang aufrecht erhalten werden muss«.[77]

Der bei weitem wichtigste und begeistertste Unterstützer der Arbeitsgemeinschaft in der nationalsozialistischen Elite war Reichsrüstungsminister Albert Speer, ohne dessen Rückendeckung das KWIfP-Bunkerlabor nie gebaut, das meiste Uran nie gegossen und einige der Wissenschaftler vermutlich an die Front geschickt worden wären. Im Oktober 1944 erinnerte KWG-Präsident Vögler Heisenberg daran, dass er gern bereit sei, Speer um mehr Unterstützung zu bitten, »der sich, wie Sie wissen, ausserordentlich für die Fragen interessiert und mich bei jeder Gelegenheit darauf anspricht, in diesem Sinne zu reden«. Unmittelbar vor Weihnachten stellte Speer dies auch gegenüber Gerlach klar:

> Ich messe jedoch der Forschung auf dem Gebiet der Kernphysik eine außerordentliche Bedeutung bei und verfolge Ihre Arbeiten mit großen Erwartungen. [...] Ich bin sicher, dass Sie die Versuche mit aller Intensität vorwärts treiben. Sie können auf meine Unterstützung zur Überwindung von Schwierigkeiten, die die Arbeiten hemmen würden, jederzeit rechnen [...]. Trotz der außerordentlichen Beanspruchung aller Kräfte für die Rüstung sind die für Ihre Arbeiten verhältnismäßig kleinen Hilfsmittel immer noch zu ermöglichen.[78]

77 Martin Bormann, Rundschreiben an die Gauleiter. Betrifft: Sicherstellung der für Forschungsaufgaben freigestellten Kräfte (3. September 1944), ADM, IMC 29 1062; Werner Osenberg, Rundschreiben. Betreff: Bildung einer Wehrforschungs-Gemeinschaft (7. September 1944), AMPG, I. Abt. Rep. 34; Walther Gerlach an Martin Bormann (16. Dezember 1944), AMPG, I. Abt. Rep. 34.

78 Albert Vögler an Werner Heisenberg (31. Oktober 1944), AMPG, I. Abt. Rep. 34; Albert Speer an Walther Gerlach (19. Dezember 1944), BAK, R3/1579.

Der Volkssturm

Nachdem Heisenberg aus dem kriegsverwüsteten Berlin nach Hechingen gezogen war, konzentrierte er sich auf das Wohlergehen seiner Familie in dem fernen, abgelegenen Urfeld. Elisabeth hatte eine Hausangestellte, die ihr mit den sechs kleinen Kindern zur Hand ging, aber die Familie sah sich wachsenden Herausforderungen gegenüber. Heisenberg schrieb seiner Frau häufig; er drängte sie des Öfteren, unbedingt dafür zu sorgen, dass sie alle genügend zu essen hätten. Im August 1944 gemahnte er sie daran, sich um Kohle-, Kartoffel- und Karottenlieferungen zu kümmern. Elisabeth solle mit ihren Lebensmittelmarken alles einkaufen, was sie bekommen könne: Brot, Mehl, Butter und vor allem Salz, »das vielleicht bald sehr knapp wird!«. Im März schrieb Heisenberg: »Es fängt jetzt wirklich der Kampf ums Dasein an, und ich finde es schrecklich, dass ich Euch jetzt nicht helfen kann.«[79]

Heisenberg machte sich auch Sorgen um die Sicherheit seiner Familie. Im Oktober schrieb er Elisabeth, er habe im Radio gehört, siebzig Prozent aller Sechzehnjährigen hätten sich freiwillig zum Heer gemeldet. »Wie gut, dass unsere Kinder noch so klein sind.« Am bedrohlichsten waren vielleicht die alliierten Luftangriffe, die Heisenberg Tag für Tag in Hechingen erlebte. Anfang März schickte er Elisabeth detaillierte Anweisungen, was sie tun solle, um die Sicherheit der Kinder zu gewährleisten:

> Die Luftoffensive, die seit acht Tagen über Deutschland hereingebrochen ist, wird wohl das Entsetzlichste sein, was seit dem 30-jährigen Krieg ein Volk in Europa zu ertragen hatte. Ich möchte Dir auf Grund der Erfahrungen der letzten Tage einige Sicherungsmassnahmen schreiben, die ich für Euch in Urfeld für nötig halte, besonders wenn die Front noch näher an Euer Gebiet heranrückt. Die grösste Gefahr für so einen kleinen Ort sind Tieffliegerangriffe. [...] An klaren Tagen sollen die Kinder nie unten auf die Strasse gehen. Am besten wäre es, dass einer von Euch an solchen Tagen dauernd vor dem Haus sitzt und die Luftlage beobachtet. [...] Die Kinder sollten an solchen Tagen nur auf der Terrasse spielen. Wenn plötzlich an solchen Tagen ein Flugzeug angebraust kommt, so müssen sie sich am besten alle einfach hinter die Terrassen-

79 Werner Heisenberg an Arnold Sommerfeld (8. August 1944), SN; Werner Heisenberg an Elisabeth Heisenberg (25. August 1944), in Heisenberg und Heisenberg, 254–255; Werner Heisenberg an Elisabeth Heisenberg (1. September 1944), in Heisenberg und Heisenberg, 255–256; Werner Heisenberg an Elisabeth Heisenberg (21. Januar 1945), in Heisenberg und Heisenberg, 272; Werner Heisenberg an Elisabeth Heisenberg (9. März 1945), in Heisenberg und Heisenberg, 279–280; Werner Heisenberg an Elisabeth Heisenberg (16. März 1945), in Heisenberg und Heisenberg, 282–283.

mauer werfen (dicht an den Boden geschmiegt) und ich würde das einfach mit den Kindern üben. Ich glaube, man könnte die Kinder daran gewöhnen, dass man sich vor jedem Flugzeug decken muss, ohne dass sie deswegen sehr nervös werden. […] Beim Mittagessen vor dem Haus müsst Ihr aber sehr vorsichtig sein vor den Fliegern![80]

Ende August erlitten Heisenbergs Pläne, seine Familie in Urfeld zu besuchen, einen herben Rückschlag, als Joseph Goebbels, der mittlerweile dafür verantwortlich war, die Heimatfront für den Krieg zu mobilisieren, per Erlass eine allgemeine Urlaubssperre verhängte und die wöchentliche Pflichtarbeitszeit auf sechzig Stunden erhöhte. Nach Heisenbergs Meinung würde der neue Erlass »viel böses Blut machen«. Außerdem bezweifelte er, dass er zu Leistungssteigerungen führen werde, vielmehr werde eine »erhebliche Beeinträchtigung der schon sehr unsicher gewordenen Menschen [eintreten]«. Jedoch fügte er hinzu: »Aber das muss sich ja die Führung überlegt haben.« Im Januar 1945 erschien es ihm, als könne der Krieg im Osten »zu ganz plötzlichen und unerwarteten Wendungen führen«. Sollten sich die Russen der bayerischen Grenze nähern, würde Heisenberg versuchen, nach Urfeld zu kommen.[81]

Physisch und mental ging es ihm relativ gut, aber nach einer Fahrradfahrt nach Haigerloch bemerkte er, dass seine physischen Kraftreserven noch geringer waren, als er gedacht hatte. Er war sich nicht sicher, ob sie für eine Fahrt mit dem Rad nach Urfeld ausreichen würden. Im März erschien eine solche Reise sogar noch zweifelhafter, weil Fahrten mit der Bahn zu riskant waren, der Weg für das Rad zu weit sei und ein solcher über Landstraßen gefährlich war. »Jedenfalls mach Dir keine Sorgen, wenn ich nicht so bald komme und wenn Du längere Zeit nichts von mir hörst. Ich will es alles so machen, wie es für uns am besten ist, und das kann man erst im Augenblick entscheiden.« Elf Tage später schrieb Elisabeth an Werner: »Du wirst nicht mehr kommen können, geliebtes Herz, Du! Was wird uns bevorstehen? Hier in Urfeld ist die Stimmung ausgezeichnet. Die Leute glauben alle fest an die Wende. Soviel Standhaftigkeit ist doch wirklich erschütternd.«[82]

80 Werner Heisenberg an Elisabeth Heisenberg (10. Oktober 1944), in Heisenberg und Heisenberg, 261; Werner Heisenberg an Elisabeth Heisenberg (1. März 1945), in Heisenberg und Heisenberg, 277–278.

81 Werner Heisenberg an Elisabeth Heisenberg (25. August 1944), in Heisenberg und Heisenberg, 254–255; Werner Heisenberg an Elisabeth Heisenberg (21. Januar 1945), in Heisenberg und Heisenberg, 272.

82 Werner Heisenberg an Elisabeth Heisenberg (23. Februar 1945), in Heisenberg und Heisenberg, 276; Werner Heisenberg an Elisabeth Heisenberg (1. März 1945), in Heisenberg und Heisenberg, 277–278; Elisabeth Heisenberg an Werner Heisenberg (12. März 1945), in Heisenberg und Heisenberg, 280–281.

Im September 1944 war der Krieg spürbar näher an Hechingen herangerückt. »Durch das Dorf fahren Wagenkolonnen des Heeres; nicht sauber geputzte Lastautos, sondern verdreckte, dicht mit Stroh oder Laub zugedeckte Pferdewagen mit müden Gäulen, daneben die Soldaten, müde und gleichgültig. Man spürt, dass die Front nicht mehr weit ist.« Fliegeralarme waren so häufig – manchmal zogen Hunderte von Flugzeugen gleichzeitig am Himmel über ihnen vorüber –, dass sie gar nicht mehr mitbekamen, wann sie begannen oder endeten. Ende Oktober sah Heisenberg »eine ungeheure Menge von Flugzeugen« über Hechingen, die auf dem Weg nach Stuttgart waren. Schon aus der Ferne war der Angriff so »entsetzlich, dass es einen graut bei dem Gedanken, noch einmal in diese Mühle hineinzusollen«. Aber am nächsten Morgen sah er »wieder das goldene Laub der Bäume auf dem Zollern, und das Leben fängt wieder an, wie immer«.[83]

Im Oktober 1944 wurden alle wehrfähigen Männer zwischen 16 und 60 Jahren in Deutschland zum Dienst in einer nationalen Miliz eingezogen. Diese Männer sollten die letzte Verteidigungslinie gegen die vorrückenden alliierten Armeen sein. Der junge Physiker Erich Bagge notierte in seinem Tagebuch: »Es beginnt die Zeit des deutschen Volkssturms. [...] die Front rückt immer näher. [...] Der Himmel verdüstert sich immer mehr für Deutschland.« Am 6. November mussten sich alle Wissenschaftler beim Volkssturm melden. Max von Laue berichtete Heisenberg, dass »sie es natürlich mit großer Begeisterung taten«. Wie Heisenberg seiner Frau mitteilte, war die Gefahr, dass KWIfP-Wissenschaftler an die Front geschickt würden, vorläufig gebannt: »Aber hier im Ort müssen wir energisch mittun.« Gerlach schickte einen Brief an Martin Bormann und die örtlichen NSDAP-Funktionäre, in dem er Hitlers Stellvertreter an seinen Befehl erinnerte, dass die Wissenschaftler nicht zu Einsätzen außerhalb ihres Ortes herangezogen werden sollten. In diesem Schreiben, von dem er Heisenberg einen Durchschlag schickte, erwähnte er ausdrücklich, dass deren wissenschaftliche Arbeiten »unerwarteterweise zu einer kriegsentscheidenden Wichtigkeit kommen können«.[84]

83 Werner Heisenberg an Elisabeth Heisenberg (26. September 1944), in Heisenberg und Heisenberg, 256–257; Werner Heisenberg an Elisabeth Heisenberg (3. Oktober 1944), in Heisenberg und Heisenberg, 258; Werner Heisenberg an Elisabeth Heisenberg (12. Oktober 1944), in Heisenberg und Heisenberg, 262; Werner Heisenberg an Elisabeth Heisenberg (22. Oktober 1944), in Heisenberg und Heisenberg, 263.

84 Für den *Volkssturm* vgl. Ian Kershaw, *Hitler, 1936–1945* (München 2013), 930–32; Erich Bagge, Tagebuch, ADM, IMC 29 141; Max von Laue an Werner Heisenberg (7. November 1944), AMPG, I. Abt. Rep. 34; Werner Heisenberg an Elisabeth Heisenberg (27. Oktober 1944), in Heisenberg und Heisenberg, 263-264; Walther Gerlach an Martin Bormann (16. Dezember 1944), AMPG, I. Abt. Rep. 34.

Der Dienst im Volkssturm war aufreibend und mitunter offensichtlich sinnlos. An einem Januartag verbrachten die Männer zwei Stunden damit, die Lieder »Die Wacht am Rhein« und »O Deutschland hoch in Ehren« zu lernen. Wie Heisenberg an Elisabeth schrieb: »Über die Verwendung beim Einsatz war ich mir nicht ganz klar.« Ein paar Tage später musste Heisenberg früh aufstehen und verbrachte mehrere Stunden frierend im Freien. Er hielt für etwa drei Minuten ein Gewehr in der Hand und gab einen Schuss ab. Ansonsten stand er starr in der Kälte. Aber dann wurde er plötzlich und unerwartet von einigen hohen Offizieren in »einem vornehmen Auto« zu einem Treffen mitgenommen, bei dem auch einige Gläser Wermuth getrunken wurden. »Ausserdem imponiert so ein Vorkommnis den guten Hechingern natürlich gewaltig, und das schadet auch nichts.«[85] Früh am Morgen des 11. Januar war es »barbarisch kalt«, –20° Celsius. Heisenberg heizte seine Wohnung ein bisschen, »aber wenn ich gar keine Kohlen bekomme, kann ich mir diesen Luxus nur noch selten leisten«. Ende Januar war sein Kohlenvorrat aufgebraucht. Heisenberg trug jetzt zwei Schichten Unterwäsche und Unterhemden. Auch der Strom für alle Fabriken und Betriebe wurde gesperrt. Heisenberg bemühte sich, den Institutsbetrieb aufrechtzuerhalten, wenn auch auf einem niedrigeren Niveau als zuvor. Falls das Institut ganz geschlossen würde, befürchtete er, dass seine Mitarbeiter zum Militärdienst »weggeholt« würden. Da Heisenberg tagsüber nirgends mehr hingehen konnte, um sich aufzuwärmen, rechnete er damit, dass sich sein Husten und seine rheumatoide Arthritis verschlimmern würden, »aber es gibt ja noch schlimmere Sorgen«.[86]

Die Nachrichten aus dem Osten waren sehr alarmierend. Heisenberg konnte sich nicht vorstellen, wie der Krieg fortgeführt werden könne, wenn Berlin besetzt war, »aber man muss eben das Beste hoffen«. Der Dienst seiner Leute im Volkssturm ging weiter, allerdings ohne Waffen. Mitte Februar hatten die eingezogenen Männer ein weiteres seltsames Erlebnis – nicht bei einer Übung, sondern bei einem »Einsatz«. Sie sollten die Wälder nach Flüchtlingen durchkämmen. Da sie keine Waffen hatten, »war schwer einzusehen, wie wir bewaffnete Leute verhaften sollten«. Bei strömendem Regen marschierten sie in einer Kolonne in ein anderes Dorf. Als sie schon sehr durchnässt waren, kam eine Bäuerin mit einem großen Tablett voller Schnapsgläser und schenkte allen ein, so viel sie wollten. Daher blieben sie fast zwei Stunden dort, in denen »die Stimmung sehr heiter wurde«. Dann

85 Werner Heisenberg an Elisabeth Heisenberg (11. Januar 1945), in Heisenberg und Heisenberg, 270–271; Werner Heisenberg an Elisabeth Heisenberg (14. Januar 1945), in Heisenberg und Heisenberg, 271–272.

86 Werner Heisenberg an Elisabeth Heisenberg (11. Januar 1945), in Heisenberg und Heisenberg, 270–271; Werner Heisenberg an Elisabeth Heisenberg (28. Januar 1945), in Heisenberg und Heisenberg, 272–273.

bemerkten sie, dass sie ihre Zugverbindung verpasst hatten, so dass sie »in kleinen Trüpplein vergnügt nach Hause liefen, ohne irgendeinen Feind zu erblicken«.[87]

Es wurde immer schwieriger, Nahrungsmittel aufzutreiben. Am 9. März 1945 schrieb Heisenberg seiner Frau: »Auch verhungern werde ich hier nicht, es gibt viele Freunde, die mir in der Not helfen können.« Nur eine Woche später sah es allerdings schon weit schlechter aus: »Denn es geht mit der Ernährung jetzt wirklich ans Leben.« Selbst in Hechingen wurde Heisenberg nicht mehr annähernd satt. Er magerte immer mehr ab und wurde körperlich schwächer. Obgleich er hin und wieder etwas zu essen geschenkt bekam, war es immer noch zu wenig. »Wer hätte vor zehn Jahren gedacht, dass man einmal um jedes Stück Brot dankbar sein würde, das man geschenkt bekommt?«[88]

Die Bomber machten wissenschaftliches Arbeiten jetzt beinahe unmöglich. Sie tauchten so schnell auf, dass Heisenberg gerade genug Zeit hatte, um vom Wohnzimmer in die besser geschützte Küche zu laufen. Die Flugzeuge griffen normalerweise Automobile oder Züge an, warfen Bomben ab und waren dann schon wieder verschwunden. Heisenberg fühlte sich »wie das Wild im Wald, das auf jeden Laut horcht und sich durch einen schnellen Sprung in Sicherheit bringen kann«. Tatsächlich nahm Heisenberg, wenn er Zeit hatte, seine wissenschaftliche Arbeit oft mit in den Wald und genoss »die Ruhe der Gefahrlosigkeit«. Hin und wieder musste er an den alten Soldatenspruch denken: »Lieber Gott, lass es Abend werden. – Morgen wirds dann ganz von selber.«[89]

Heisenbergs Odyssee

Ungeachtet aller Entbehrungen erwies sich Hechingen am Ende des Krieges als friedlicher als die andere Außenstelle der Arbeitsgemeinschaft in Stadtilm. Nachdem das meiste Uran und schwere Wasser nach Hechingen gebracht worden waren, hatten Diebner und die anderen Wissenschaftler praktisch nichts mehr zu tun. Ihre Langeweile endete jäh Anfang April, als

87 Werner Heisenberg an Elisabeth Heisenberg (28. Januar 1945), in Heisenberg und Heisenberg, 272–273; Werner Heisenberg an Elisabeth Heisenberg (15. Februar 1945), in Heisenberg und Heisenberg, 274–275.

88 Werner Heisenberg an Elisabeth Heisenberg (9. März 1945), in Heisenberg und Heisenberg, 279–280; Werner Heisenberg an Elisabeth Heisenberg (16. März 1945), in Heisenberg und Heisenberg, 282–283; Werner Heisenberg an Elisabeth Heisenberg (11. April 1945), in Heisenberg und Heisenberg, 284–285.

89 Werner Heisenberg an Elisabeth Heisenberg (9. März 1945), in Heisenberg und Heisenberg, 279–280; Werner Heisenberg an Elisabeth Heisenberg (11. April 1945), in Heisenberg und Heisenberg, 284–285.

plötzlich die SS auftauchte, ihnen mitteilte, der Führer habe befohlen, Geheimnisträger zu evakuieren, und drohte, diejenigen, die sich weigerten, zu erschießen. Das meiste Uran, schwere Wasser und der größte Teil der Geräte wurden auf LKWs geladen, ebenso Diebner und einige der Wissenschaftler. Dann fuhr die Fahrzeugkolonne Richtung Süden. Schließlich gelang es aber den Wissenschaftlern, ihre SS-Bewacher abzuschütteln, die Materialien an verschiedenen Orten in Bayern zu verstecken und auf das Kriegsende zu warten.[90]

In aller Frühe am Morgen des 19. April, kurz nachdem alliierte Truppen in Hechingen eingezogen waren, brach Heisenberg mit dem Fahrrad Richtung Urfeld auf, legte aber Teilstrecken mit dem Zug zurück. Sobald die Sonne aufging, verließ er bei erster sich bietender Gelegenheit den Zug, um Angriffen von Tieffliegern auszuweichen. Als er mit dem Rad unterwegs war, kam er an vielen zerstörten Autos vorbei. Den zweiten Zug bestieg er erneut sehr früh am Morgen. Dieser blieb aber schon bald liegen. Ein Ersatzzug wurde bereitgestellt, aber auch dieser kam nicht sehr weit, so dass Heisenberg beschloss, die Reise mit seinem Rad fortzusetzen. Um acht Uhr morgens erreichte er Kaufbeuren und musste im überfüllten Wartesaal des Bahnhofs um ein Glas Tee kämpfen. Der Zug brachte ihn nach Schongau, wo er von 1 Uhr bis 5 Uhr in der Früh in einem Saal warten musste, »der mit einem Haufen halbwüchsiger Buben in SS-Uniform, vermutlich vom Balkan, gefüllt« war. Heisenberg wagte es nicht, zu schlafen, weil er befürchtete, sein Gepäck und sein Rad könnten gestohlen werden. Der nächste Zug brachte ihn nach Weilheim, wo er wieder auf sein Rad stieg.

Als sich Heisenberg am 21. April einer Holzbrücke näherte, sah er davor parkende SS-Autos und Waffen, die unter zwei Heuhaufen versteckt waren. Die SS-Männer musterten Heisenberg argwöhnisch, aber sie hielten ihn nicht an. Nach dem Krieg erzählte Heisenberg, er habe einen SS-Mann mit amerikanischen Zigaretten bestochen, damit er ihn durchließ. Jetzt stand Heisenberg ein langer und anstrengender Aufstieg zum Kesselberg bevor. Kurz vor 12 Uhr mittags sah er den Walchensee vor sich liegen und wusste, dass »dieser Teil des Kampfes gewonnen ist«. Jetzt war er auch schon bald zu Hause, wo er seine Frau und seine Kinder begrüßte. Im Haus hatte sich einiges geändert, woran er sich erst gewöhnen musste. Die Hühner im Erdgeschoss störten ihn etwas, aber ihm leuchtete natürlich deren Nützlichkeit ein.[91]

90 Siegfried Hülsmann, Bericht (4. November 1945), AMPG, I. Abt. Rep. 34; Irving, Traum, 282–283.

91 Tagebuch von Werner Heisenberg (15. April bis 3. Mai 1945), in Heisenberg und Heisenberg, 286–299, hier 288–290; Werner Heisenberg an Robert Jungk (17. November 1956), AMPG, III. Abt. Rep. 93.

Am 23. April meldete der Rundfunk, Berlin sei eingeschlossen und der Führer sei in Berlin. Die häufigen Fahrten in umliegende Gemeinden, um Lebensmittel zu kaufen, bei denen er immer wieder stundenlang in langen Schlangen warten musste, machten Heisenberg bewusst, dass der Krieg auch hier immer näher rückte. Am 27. April war die Straße voller Soldaten und Generälen, »die in der Sonne spazieren gehen und offenbar den Krieg aufgegeben haben«. Am nächsten Tag verkündete der Münchner Rundfunksender erstmals die »Bayerische Freiheitsbewegung«, aber gegen Mittag verstummte er schon wieder. Am Abend konnte wieder gesendet werden, und es hieß, diese Bewegung sei niedergeschlagen worden, und lokale NS-Funktionäre forderten die Bevölkerung auf, durchzuhalten – der Sieg sei nah.[92]

Als Heisenberg Milch holen gegangen war, begegnete er Colin Ross (1885–1945) und seiner Frau, mit denen er befreundet war. Heisenberg sprang vom Rad und begrüßte sie vergnügt. Ross sagte, er freue sich, dass Heisenberg wieder in Urfeld sei, aber im Übrigen war das Paar etwas kurz angebunden und verabschiedete sich schnell wieder. Am nächsten Tag erfuhr Elisabeth, dass sich Ross und seine Frau erschossen hatten. Heisenberg notierte in seinem Tagebuch, dass Ross beliebt war und als ehrenwerter Mensch galt. Er fügte hinzu: »Die anständigen Nazi's ziehen die Konsequenz, die Lumpen bleiben übrig.« Nach ihrer Rückkehr in ihr Haus gegen 18 Uhr wurden Elisabeth und Werner Heisenberg gebeten, zum Begräbnis zu kommen. Als Heisenberg die beiden aufgebarten Leichname sah, machte Ross' markantes und ruhiges Gesicht einen tiefen Eindruck auf ihn. Aber im Ganzen war die Lage so angespannt, dass »selbst der Tod mich nicht mehr sehr bewegt«. Elisabeth empfand ähnlich. Die Toten wurden von Soldaten zum Grab getragen, das wenige Meter von ihrem Haus entfernt geschaufelt worden war. Ein Leutnant verlas die letzten Worte von Colin Ross: »Er wolle den Untergang Deutschlands und der neuen Idee nicht überleben. Seine Frau, Reisegefährtin auf so vielen Wanderungen, wolle ihn auf dieser Wanderung begleiten.« Wie Heisenberg in seinem Tagebuch vermerkte: »Zum letzten Mal grüssen wir mit dem Hitlergruss.«[93]

Der Ring um Berlin wurde immer enger, so dass Hitler eines Tages verschwinden würde. Heisenberg hatte auch gehört, dass Himmler den Westalliierten die Kapitulation angeboten habe. Aber es war nicht klar, wie der Krieg in Urfeld enden würde. Heisenberg fuhr am 29. zum Einkaufen ins nahe Kochel, das wie ein »Ameisenhaufen« anmutete, in dem es von Soldaten, SS und ausländischen Arbeitern wimmelte. Einige der SS-Leute waren

92 Tagebuch von Werner Heisenberg (15. April bis 3. Mai 1945), in Heisenberg und Heisenberg, 286–299, hier 290–292.

93 Ebd., 291–293.

Ausländer, junge Männer, die »ihr Brot offenbar durch Plündern verdienen«. Im Bahnhof sah er einen Güterzug voller Gefangener aus dem Konzentrationslager Dachau, die »schrecklich verhungert und bleich« aussahen. Am nächsten Tag war der Zug weg.[94]

Die meisten anderen Urfelder waren bereits ans andere Seeufer geflohen, aber dort waren auch SS-Männer. Über ihnen, auf dem Berg, lag eine intakte Infanterie-Kompanie. Als der Himmel aufklarte, sah Heisenberg, dass es in zwei nahen Dörfern brannte, und erst da wurde ihm plötzlich der ganze Ernst ihrer Lage bewusst. Noch dazu würde Heisenberg mit kleinen Kindern reisen müssen. Das Ehepaar Heisenberg beschloss, den Keller herzurichten und dort zu bleiben. Mittlerweile hatte sich ein Heeresoffizier namens Schuster zu den Heisenbergs gesellt; Schuster wollte den Rest des Krieges mit ihrer Hilfe aussitzen. Als sich Heisenberg und Schuster dem Haus näherten, wurden sie von dem Führer der Infanteriekompanie gestellt und gefragt, was sie oben auf dem Berg machen wollten, ob sie etwa versuchten, überzulaufen. Aber Schuster, der seine Ausweispapiere bei sich hatte, konnte sie aus dieser brenzligen Lage herauswinden. Urfeld, das ein »richtiges N. S.-Nest« gewesen war, hatte eine NS-Gebietsführerschule beherbergt. Am 1. Mai trugen die Kinder der Schule ihre Liederbücher, Hitler-Bilder usw. auf ein großes Feld und zündeten sie an. Gegen 23 Uhr rief eine Nachbarin Heisenberg von ihrer offenen Haustür aus zu: »Hitler ist tot!« Vielleicht, so Heisenbergs Hoffnung, würde Urfeld jetzt doch von Kampfhandlungen verschont.[95]

Am nächsten Tag, dem 2. Mai, ging Heisenbergs Fahrrad kaputt, so dass er es zu einer Radwerkstatt schieben musste. Dort begegnete er dem Inhaber eines örtlichen Gasthauses, der die weiße Fahne gehisst hatte, aber Heisenberg »mit allen Zeichen des Schreckens« erzählte, dass in der Nacht zuvor 16 Soldaten, die ihr Lager verlassen hatten, von der SS gestellt und gehängt worden seien. Und in den Wäldern um Sachenbach, wohin Heisenberg ging, würde sich viel SS herumtreiben. Die Nachricht von Hitlers Tod hatte die Soldaten dort noch nicht erreicht. Doch als Heisenberg es ihnen sagte, reagierten sie »völlig gleichgültig«. Eine Bäuerin erzählte, die SS verberge sich in den Wäldern und plündere und brenne Häuser mit weißen Fahnen nieder. Heisenberg notierte: »Niemand wagt eine Meinung darüber zu sagen, ob das recht oder unrecht sei. Im Grunde hoffen wohl alle, dass die Amerikaner bald kommen sollten.«[96]

Als Heisenberg später an jenem Nachmittag seine in der Nähe untergebrachte Mutter besuchte, erschienen plötzlich drei Bewaffnete auf der

94 Ebd., 292–294.
95 Ebd., 290–296.
96 Ebd., 296.

Terrasse seines Hauses, stießen die Tür auf und stellten Elisabeth und Schuster mit vorgehaltenen Maschinenpistolen. Beide dachten zuerst, es handele sich um SS, aber es waren Amerikaner, die nach Werner Heisenberg fragten. Elisabeth rief Werner an und sagte ihm, er solle zurückkommen. Colonel Pash (1900–1995), der Anführer der Gruppe, wollte ihn allein sprechen. Während die beiden in Sesseln saßen, fing plötzlich draußen eine wilde Schießerei an. Pash sprang auf und lief mit der Maschinenpistole auf die Terrasse. Heisenberg selbst war so bewegt, dass das, was er seit vielen Jahren erwartet, gefürchtet und gehofft hatte, schließlich eingetreten war, »dass ich dem kleinen Feuergefecht mit völliger Ruhe und in bester Stimmung zusehe«. Die übrigen Hausbewohner, besonders die Kinder, versteckten sich schnell im Keller. Nach rund zehn Minuten wurde es still. Ein amerikanischer Major berichtete, ein SS-Mann sei getötet worden, zwei seien verwundet und der Rest sei geflohen.[97]

Erst danach wurde das Gespräch zwischen Pash und Heisenberg fortgeführt. Pash äußerte, er habe den Befehl, Heisenberg festzunehmen, würde aber in jeder Weise für ihn und seine Familie sorgen. Sie würden am nächsten Tag abreisen, bis dahin könne Heisenberg Vorbereitungen treffen. Die militärische Lage in Urfeld war sehr instabil. Dort waren zehn Amerikaner, eine ganze deutsche Infanteriekompanie, die sich wahrscheinlich ergeben wollte, und verstreut in den Wäldern SS. Am Abend hielten die Heisenbergs eine »kleine Friedensfeier« mit den letzten Resten Alkohol ab. Alle waren guter Stimmung, obgleich Elisabeth sehr müde war und Wolfgang (1938–1994) immer wieder fragte, warum Heisenberg wieder weggehe. Sein Vater habe ihm versprochen, dass er bei ihm bleiben würde, sobald es Frieden gebe.[98]

Am nächsten Morgen fuhr Heisenberg in einem amerikanischen Militärfahrzeug zum Einkaufen und konnte eine große Menge Nahrungsmittel besorgen. Das gesamte Gebiet war voller Panzer, LKWs und Truppen. Die materielle Überlegenheit der Amerikaner war für alle offensichtlich. Heisenberg verabschiedete sich von seiner Mutter und seiner Familie und brach gegen 16 Uhr nach Heidelberg auf. Ihre Abfahrt sorgte für ziemlichen Wirbel. Vorneweg fuhr ein Jeep, gefolgt von einem Panzer, dann Heisenberg in einem Panzerwagen mit montiertem Maschinengewehr, ein zweiter Panzer und schließlich ein zweiter Jeep, die alle durch Urfeld fuhren, während das gesamte Dorf die Straße säumte. Wie es Heisenberg in einem Interview mit David Irving viele Jahre danach beschrieb, sagten ihm einige Einheimische später, »selbst Stalin hätte nicht so gut eskortiert werden können«. Heisenberg aß in Augsburg zu Abend, und zum ersten Mal seit vielen Monaten

97 Ebd., 297.
98 Ebd., 298–299.

war der Tisch so reich gedeckt, dass er bald nichts mehr zu sich nehmen konnte. Heisenberg und die ihn begleitenden amerikanischen Soldaten trafen, völlig durchgefroren, gegen 2:30 Uhr in der Früh in Heidelberg ein. Heisenberg stieg in ein warmes Bett und schlief schnell ein. Nach der Aufregung um seine Person während der letzten Tage hätte man es ihm nachsehen können, wenn er gedacht hätte, dass die Alliierten ihn für eine sehr bedeutende Person hielten.[99]

Fazit

In den letzten anderthalb Jahren des Krieges versiegte die Schwerwasserproduktion, die Herstellung von Uranmetall kam zum Erliegen und alliierte Bomber und die immer weiter vorrückenden Fronten trieben die Wissenschaftler aufs Land, wo es hauptsächlich ums Überleben ging. Die Forschungsarbeiten über schweres Wasser, Uranisotopentrennung und Uranmaschinen waren zwar stark beeinträchtigt, wurden aber trotzdem bis Kriegsende fortgesetzt. Die Wissenschaftler kamen dem Bau von Maschinen, die zur Aufrechterhaltung einer nuklearen Kettenreaktion beziehungsweise zur Herstellung von Kernsprengstoffen in der Lage waren, zwar nahe, verfehlten dieses Ziel aber knapp.

Epilog: Vergleich mit dem Stand des Manhattan-Projekts zum Zeitpunkt des Kriegsendes in Europa

Obgleich die Amerikaner Grafit-Uran-Kernreaktoren zur Gewinnung von Plutonium und eine Kombination aus Gasdiffusion, Thermodiffusion und elektromagnetischer Isotopentrennung zur Anreicherung von Uran-235 für Atombomben einsetzten, führten sie die gleichen Versuche mit schwerem Wasser und Zentrifugen durch wie die Deutschen, unternahmen aber viel größere Anstrengungen. Die Amerikaner begannen Anfang 1943 Schwerwasserfabriken zu bauen und nahmen diese im Januar des Folgejahres in Betrieb. Dabei setzten sie auf die beiden im Wesentlichen gleichen grundlegenden Verfahren zur Gewinnung von schwerem Wasser wie die Deutschen – die fraktionierte Destillation von Wasser und katalytische Austauschreaktionen unter Verwendung von Wasserstoff und Wasser. Das Werk, das auf der Basis des katalytischen Austauschverfahrens arbeitete, befand sich auf dem Gelände einer Bergwerksgesellschaft in British Columbia, Kanada, weil man so den

99 Ebd., 299; Interview von David Irving mit Werner Heisenberg und Carl Friedrich von Weizsäcker (19. Juli 1966), ADM, IMC 31 617.

elektrolytischen Wasserstoff, der dabei als Nebenprodukt anfiel, verwerten konnte. Die Dupont Co. baute in den Vereinigten Staaten drei Fabriken, die nach dem fraktionierten Destillationsverfahren arbeiteten. Bis Ende März 1945, als das deutsche Uranprojekt zum Stillstand kam, hatte das Manhattan-Projekt fast 20 Tonnen schweres Wasser produziert, was die deutschen Anstrengungen weit übertraf. Die Amerikaner verfügten über jede Menge Elektrizität und mussten nicht davon ausgehen, dass ihre Fabriken womöglich bombardiert würden.[100]

Obwohl es im Frühjahr 1943 den Anschein hatte, dass es zwei Jahre dauern würde, um genügend schweres Wasser für den Bau eines Kernreaktors zu erzeugen, der groß genug wäre, um darin Plutonium zu produzieren, waren mit der Dauer des Krieges und der Produktion von Materialien so viele Unwägbarkeiten verbunden, dass am Manhattan-Projekt beteiligte Wissenschaftler beschlossen, im Argonne Lab in Illinois einen kleinen Schwerwasserreaktor im Labormaßstab zu bauen. Im November 1943 beschränkte sich das Programm auf einen kleinen Reaktor mit einer Leistung von 250 Kilowatt. Am 15. Mai 1944 wurde der Uran-Schwerwasser-Reaktor in Argonne in Betrieb genommen. Ähnlich wie in Fermis erstem Grafit-Schwerwasser-Reaktor setzte auch im Argonne-Reaktor eine sich selbsterhaltende Kettenreaktion ein, bevor das ganze Uran eingebracht worden war. Die Deutschen kamen nie so weit, einen Kernreaktor aus technischer Perspektive zu entwerfen. Selbst wenn die Uranmaschine in Haigerloch ein Erfolg gewesen wäre, wäre sie wahrscheinlich zeitlich nur die zweite und nur die zweitbeste ihres Typs gewesen.[101]

Im Jahr 1946 führte Jesse Beams, auf dessen Forschungsarbeiten sich Wilhelm Groth gestützt hatte, als er Zentrifugen entwickelte, eine Bestandsaufnahme der deutschen Arbeiten während des Krieges durch. Beams vermerkte zustimmend, die Deutschen hätten den Schluss gezogen, dass Zentrifugen zwar teuer wären, aber am ehesten in der Lage, Uran-235 erfolgreich abzuscheiden. Der Luftkrieg hatte verhindert, dass diese Forschungsanstrengungen über das experimentelle Stadium hinausgelangten, aber Groth und seine Kollegen hatten sowohl auf theoretischer als auch auf experimenteller Ebene gewisse Fortschritte gemacht. Bei Kriegsende hatten die Deutschen, was den Stand der Zentrifugenentwicklung anlangte, noch immer einen großen Rückstand auf die Amerikaner, die ihre Arbeit daran Ende 1943 praktisch beendeten. Zu diesem Zeitpunkt wurden nach und

100 Henry DeWolf Smyth, *Atomic Energy for Military Purposes: The Official Report on the Development of the Atomic Bomb under the Auspices of the United States Government, 1940–1945* (Princeton 1945), 168–169; *Manhattan District History Book III: The P-9 Project*, 5.9 und 5.27, www.osti.gov/opennet/manhattan_district (letzter Zugriff am 12. September 2020).

101 Smyth, 148–149.

nach Produktionsanlagen, die auf der Basis des Gasdiffusions- und des elektromagnetischen Trennungsverfahrens arbeiteten, in Betrieb genommen.[102]

Die ersten Proben angereicherten Urans wurden im Februar 1944 nach Los Alamos geschickt. Als die erste große Lieferung von Uran-235 im August eintraf, erschien es unwahrscheinlich, dass rechtzeitig genügend Uran-235 produziert würde, um daraus eine Waffe herzustellen, die noch im laufenden Krieg eingesetzt werden könnte. Aber ab Januar 1945 verstetigte sich die Produktion immer mehr.[103] Das Uran-235-»Gerät« (gadget), dem der Codename »Little Boy« gegeben wurde, war nach dem »Kanonenprinzip« aufgebaut, das heißt, dass ein Teil des Spaltmaterials auf das andere geschossen wurde, um die kritische Masse zur Detonation zu bringen. Die Konstruktion war Anfang Mai fertig, die erste Uran-235-Einsetzung wurde am 25. Juli abgeschlossen und getestet. Die erste Atombombe wurde zwölf Tage später auf Hiroshima abgeworfen. Trotz größter Anstrengungen gelang es den Amerikanern erst am Ende des Krieges, eine einzige Uran-235-Bombe zu bauen.[104]

Sobald die Plutoniumproduktion aufgenommen wurde, lieferte sie viel schneller als die Isotopentrennung Spaltmaterial. Im Anschluss an Fermis erfolgreiche Demonstration einer anhaltenden Kettenreaktion begannen am Manhattan-Projekt beteiligte Wissenschaftler mit dem Bau eines zweiten Kernreaktors aus Grafit und Uran in Clinton, Tennessee, als Pilotanlage für die Plutoniumproduktion. Der viel größere Reaktor in Clinton bestand aus einem Grafitwürfel, der von waagerechten Röhren durchzogen war, und zylindrischen Uranstöcken, die mit gasdichten Aluminiumhüllen überzogen waren und die in den Reaktor hineingeschoben und herausgezogen werden konnten. Die Anlage ging im November 1943 in Betrieb. Bis März 1944 wurde Plutonium nur grammweise nach Los Alamos geschickt. Der erste plutoniumerzeugende Reaktor in Hanford, Washington, ging im September 1944 in Betrieb und lieferte bis Anfang 1945 mehrere Kilogramm Plutonium.[105]

Während des Sommers 1944 war das Manhattan-Projekt plötzlich mit einer existenziellen Krise konfrontiert. Eine Gruppe von Wissenschaftlern testete das Plutonium aus Clinton und stellte schockiert fest, dass das Reaktor-Plutonium im Gegensatz zu dem in Zyklotronen produzierten Plutoni-

102 Jesse Beams, Report on the Use of the Centrifuge Method for the Concentration of U235 by the Germans (9. April 1946), ADM, FA 002 769.

103 Lilian Hoddeson, Paul Henriksen, Roger Meade und Catherine Westfall, *Critical Assembly: A Technical History of Los Alamos during the Oppenheimer Years, 1943–1945* (Cambridge 1993), 39, 251, 263.

104 Hoddeson, Henriksen, Meade und Westfall, 265.

105 Smyth, 142–147; Hoddeson, Henriksen, Meade und Westfall, 38.

um eine sehr hohe Rate spontaner Kernspaltungen aufwies und wahrscheinlich bei einer nach dem Kanonenprinzip aufgebauten Bombe eine verfrühte Detonation verursachen würde. Die einzige Alternative war ein Aufbau, der eine vollkommen symmetrische Implosion erfordern würde, etwas, was sehr schwierig, wenn nicht sogar unmöglich zu sein schien. Oppenheimer richtete daraufhin die Arbeiten im Labor von Los Alamos umgehend neu aus: auf das primäre technische Ziel, die Entwicklung einer Anordnung, bei der durch Implosion eine unkontrollierte Kettenreaktion in Plutonium in Gang gesetzt würde.

Die relativ kleine bestehende Implosionsforschungsgruppe wurde zu einem wohlkoordinierten, multidisziplinären Großforschungsprojekt erweitert, an dem Hunderte, auf 14 verschiedene Gruppen verteilte Arbeitskräfte mitwirkten. Im Februar 1945 hatten die Wissenschaftler ein Implosionsdesign ausgewählt, die Plutonium-Halbkugeln für den Trinity-Test wurden am 2. Juli geliefert, und das »Fat Man«-Gadget wurde zwei Wochen später in der Wüste von New Mexico erfolgreich zur Detonation gebracht. Die Plutonium-Halbkugeln für die nächste Implosionsbombe wurden am 23. Juli fertiggestellt und in die Atombombe eingesetzt, die 17 Tage später auf Nagasaki abgeworfen wurde. Der Krieg in Europa war bekanntlich schon Monate zuvor zu Ende gegangen.[106]

Wenn man die deutsche Arbeitsgemeinschaft mit dem Manhattan-Projekt vergleicht, erkennt man sowohl die erheblichen Unterschiede in der Größenordnung der beiden Vorhaben als auch die zerstörerischen Auswirkungen des Krieges auf Forschungs- und Entwicklungsanstrengungen in Deutschland. Die plötzliche Herausforderung, die die Entdeckung der Spontanspaltung bedeutete, und die außerordentlichen Anstrengungen der Amerikaner, die notwendig waren, um sie zu meistern, zeigen in aller Deutlichkeit, dass die wenigen Wissenschaftler, die mit relativ bescheidenen Mitteln in Deutschland unter dem nationalsozialistischen Regime arbeiteten, gar keine Chance hatten, eine Atombombe zu realisieren.

Selbstverständlich wussten die deutschen Wissenschaftler nicht genau, wie man eine Atombombe baute, aber auch die Amerikaner wussten dies erst Anfang 1945. Aber zwei Fachkollegen Heisenbergs sollen hier das letzte Wort haben. Alvin Weinberg (1915–2006) und Lothar Nordheim (1899–1985), die während des Krieges an Kernreaktoren gearbeitet hatten, bekamen einige der deutschen Forschungsberichte über Uranmaschinen in die Hände und urteilten:

> Im Allgemeinen würden wir sagen, dass ihre Vorgehensweise der unseren in keiner Weise unterlegen war; in manchen Aspekten war sie sogar

106 Hoddeson, Henriksen, Meade und Westfall, 3, 129, 162, 228, 312, 330–331.

überlegen […] ausgehend von den wenigen Berichten, die wir gesehen haben, würden wir sagen, dass ihr Verständnis der Prinzipien dem unseren vergleichbar ist. […] Die Deutschen wussten, wie man ein funktionierendes Gitter baut. Aus praktischer Sicht ist das alles, worauf es ankommt. […]

Allgemein gewinnt man aus den deutschen Berichten den Eindruck, dass sie auf der richtigen Spur waren und dass ihre Überlegungen und ihre Entwicklungen in einem erstaunlichen Ausmaß den unseren entsprachen. Die Tatsache, dass es ihnen nicht gelang, eine Kettenreaktion in Gang zu setzen, ist hauptsächlich darauf zurückzuführen, dass sie nicht über schweres Wasser in ausreichender Menge verfügten.

Es ist auch ziemlich klar, dass die deutschen Anstrengungen insgesamt bei weitem nicht die Größenordnung der amerikanischen Anstrengungen erreichten. Dies mochte mit der schwierigen wirtschaftlichen Lage Deutschlands beziehungsweise mit der Tatsache zusammenhängen, dass die Haltung der deutschen Regierung weniger förderlich war. Tatsache bleibt, dass eine unabhängige Forschergruppe, die viel kleiner war als unsere und unter viel schwierigeren Bedingungen arbeiten musste, so viel erreichte.[107]

107 Alvin Weinberg und Lothar Nordheim an Arthur Compton (8. November 1945), ADM, IMC 31 1182-1184.

Teil 2:
MIT DER BOMBE LEBEN

8. Übermäßige Vereinfachungen

> [Heisenberg war] umgeben von einer Gruppe von Wissenschaftlern, die beinahe nie sein Urteil anzweifelten. [...] Keiner seiner Mitarbeiter schien je verstanden zu haben, dass die echte Lösung weit jenseits akademischer Laboraktivitäten lag und mit gewaltigen industriellen Kapazitäten verbunden war. [...] Jedenfalls waren sie mit ihrem Konzept einer Uranbombe so sehr auf dem Holzweg, dass daraus nie hätte etwas werden können. [...]
> Ich bin mir sicher, dass Heisenberg eine der führenden Personen des Atomenergieprojekts gewesen wäre, wenn er auf unserer Seite gearbeitet hätte. In Deutschland arbeitete Heisenberg in einem Vakuum, einer Atmosphäre, die ganz allein durch seine Fähigkeiten geschaffen wurde. Selbst im Falle eines bedeutenden Wissenschaftlers wie Heisenberg war diese Fähigkeit nicht genug.
>
> Samuel Goudsmit in »Secrecy or Science« (1946).[1]

Die Alsos-Mission

Im Jahr 1944 schickte das amerikanische Manhattan-Projekt eine nachrichtendienstliche Spezialeinheit mit dem Auftrag nach Europa, Hinweisen auf die mögliche Existenz einer deutschen Atombombe nachzugehen und gegebenenfalls vorhandene Bedrohungen zu neutralisieren. Diese Alsos-Mission wurde gemeinsam von Colonel Boris Pash und dem Physiker Samuel Goudsmit geleitet. Goudsmit, ein hochangesehener niederländischer Physiker, der amerikanischer Staatsbürger geworden war, kannte einige der Wissenschaftler persönlich, die wahrscheinlich am deutschen Projekt mitgewirkt hatten. Während des Krieges war er in der RADAR-Forschung tätig gewesen, so dass er nicht viel über das Manhattan-Projekt hätte verraten können, falls er in Gefangenschaft geraten sollte. Außerdem war er Jude.

Die Alsos-Mission folgte den vorrückenden alliierten Truppen. In Straßburg, am westlichen Rheinufer im Elsass gelegen, das Deutschland im Jahr 1940 von Frankreich annektiert hatte, stießen Goudsmit und seine Kollegen auf erste belastbare Belege für die deutschen Arbeiten mit Uran. Karl-Heinz Höcker und Carl Friedrich von Weizsäcker waren bereits von Straßburg zu Heisenbergs Gruppe in Hechingen geflohen. Der unkooperative Physiker Rudolf Fleischmann (1903–2002) wurde zusammen mit Papieren und Korrespondenz der Institute, die er und Weizsäcker leiteten, gefangen genom-

1 Samuel Goudsmit, »Secrecy or Science«, *Science Illustrated*, 1 (1946), 97–99, hier 98–99.

men. Goudsmit erkannte sehr schnell, dass sich das deutsche Uranprojekt in einem sehr frühen Stadium befunden hatte und sehr weit vom Bau einer Atombombe entfernt war.[2] Allerdings stieß er auch auf irreführende Berichte von Fleischmann, der in Bothes Institut an der Isotopentrennung gearbeitet hatte und eine Randfigur in der Arbeitsgemeinschaft gewesen war.

In einem Bericht aus dem Jahr 1942 erwähnte Fleischmann, der sich für die Förderung des Baus eines Zyklotrons aussprach, Uranmaschinen, die sowohl für die Energieproduktion als auch für die Entwicklung einer Waffe genutzt werden könnten: »Mithilfe einer schnellen Zündung ließe sich die Uranmaschine womöglich auch in eine selbstgesteuerte Bombe [eine primitive Frühform eines Marschflugkörpers] umfunktionieren.« Ein in Straßburg verhörter Chemiker sagte Gesandten der Alsos-Mission auch, er habe von einem Erfinder gehört (keiner von beiden hatte etwas mit der Arbeitsgemeinschaft für Kernphysik zu tun), das Mindestgewicht einer Atombombe betrage acht Tonnen. Untermauert wurde dies, als Goudsmit einen Berichtsentwurf fand, den Walther Gerlach im Januar 1945 aufgesetzt hatte und in dem die Fortschritte bei der Uranmaschine beschrieben waren, allerdings ohne dass Bomben erwähnt wurden. Darin sah Goudsmit einen Beleg dafür, dass die Deutschen nicht verstanden hätten, wie eine Atombombe funktioniere. Dies ist der Ursprung von Goudsmits irriger Annahme, die Deutschen hätten sich eine Atombombe als eine außer Kontrolle geratene Uranmaschine vorgestellt.[3]

Die Alsos-Mission stöberte sehr zügig die meisten der wichtigsten Wissenschaftler der Arbeitsgemeinschaft auf. Nur vier Tage nachdem Diebner unter Bewachung der SS gezwungen worden war, Stadtilm zu verlassen, erreichte die Alsos-Mission die Ortschaft und fand aufschlussreiche Dokumente, Teile von Uranmaschinen und eine große Anzahl an Gerätschaften. Hechingen erreichten amerikanische und französische Truppen, drei Tage nachdem Heisenberg den Ort verlassen hatte. Die Deutschen hatten das schwere Wasser in Benzinfässern versteckt, das Uran vergraben und die

2 Samuel Goudsmit an Major Frank Smith (31. Januar 1945), NARA, *Foreign Intelligence Supplement No. 1 to Manhattan District History Book I: General. Volume 14: Intelligence and Security*, www.osti.gov/opennet/manhattan_district (letzter Zugriff am 16. Juli 2023).

3 Rudolf Fleischmann, Notes on Report by Alsos (22. Mai 1942), ADM, FA 002 396; Alsos Report on Gerlach Summary of Nuclear Reports (2. Mai 1945), ADM, IMC 29 1320-1323. Manfred Popp hat jüngst Goudsmits Argument aufgegriffen: Manfred Popp, »Misinterpreted Documents and Ignored Physical Facts: The History of ›Hitler's Atomic Bomb‹ Needs to Be Corrected«, *Berichte zur Wissenschaftsgeschichte*, 39 (2016), 265–282; Manfred Popp, »Hitlers Atombombe. Störfall der Wissenschaftsgeschichte«, *Spektrum der Wissenschaft*, 12/16 (2016), 12–21; Manfred Popp, »Why Hitler Did Not Have Atomic Bombs«, *Journal of Nuclear Engineering*, 2 (2021), 9–27.

Abb. 25: Samuel Goudsmit während der Alsos-Mission.

Dokumente in einer Jauchegrube versenkt. Bald darauf trafen Alsos-Mitarbeiter ein und begannen, Wirtz und Weizsäcker zu verhören. Die beiden Physiker erkannten sehr schnell, dass es sinnlos wäre, immer noch Geheimnisse wahren zu wollen, und führten die Amerikaner zu den versteckten Materialien.[4] Im Rahmen der Mission wurden kurz darauf Diebner, Gerlach und Heisenberg in Bayern abgeholt.[5]

Nachdem Heisenberg jahrelang die gefährlichen politischen und ideologischen Untiefen des Dritten Reichs umschiffen musste, war er sowohl erleichtert als auch bereit, ein neues Kapitel in seinem Leben aufzuschlagen. Wie er einen Tag nach seinem Weggang an Elisabeth schrieb:

> In meinen Gefühlen ist das Unglück der vergangenen Zeit und der Anblick der unendlichen Zerstörung gemischt mit dem intensiven Glück darüber, neu anfangen und wieder aufbauen zu können. […] Ich selbst

4 Fred Wardenburg an Samuel Goudsmit (12. April 1945), ADM, IMC 31 1153; Erich Bagge, Tagebuch, ADM, IMC 29 134-159; Landsdale an Groves (5. Mai 1945), NARA, M1109 File 7B; Interview von David Irving mit Werner Heisenberg und Carl Friedrich von Weizsäcker (19. Juli 1966), ADM, IMC 31 616-617.

5 R.C. Ham, Munich Operation: Report to Boris Pash (12. Mai 1945), NARA, RG 160 Box 93 Folder 334.

> habe das Gefühl, zum ersten Male seit 12 Jahren wirklich etwas für Deutschland tun zu können und bin so frisch und lebendig wie seit Jahren nicht mehr. Hoffentlich gibt es das Schicksal, dass ich meiner Aufgabe gewachsen bin.

Zwei Tage später schrieb Heisenberg seinem Schwager in England von ähnlichen Gefühlen:

> Wenn ich bei den Verhandlungen, die dann kommen, etwas dafür tun kann, dass in Deutschland wieder aufgebaut wird, in erster Linie im wissenschaftlichen Sektor, so ist das ja ein Ziel, für das sich viele Opfer lohnen. [...] Deutschland sieht, wie Du wohl weißt, trostlos aus. Alle großen Städte, mit Ausnahme von Heidelberg, sind zu 80% zerstört. Dazu die Mentalität des Volkes durch zwölf Jahre Propaganda hoffnungslos verdreht. Aber es hilft ja nichts, darüber zu jammern, man muss wieder von vorn aufbauen.[6]

Goudsmit und Heisenberg kannten sich seit vielen Jahren. Heisenberg hatte Goudsmit mehrere Male besucht, u.a. auf einer Reise in die Vereinigten Staaten unmittelbar vor dem Ausbruch des Zweiten Weltkriegs. Die beiden Physiker kamen in Heidelberg wieder zusammen. Sein Zusammentreffen mit Goudsmit verlief, wie er in einem Brief an Elisabeth schrieb, »so freundschaftlich, als seien die letzten sechs Jahre nicht gewesen, und mir selbst geht es innerlich und äusserlich so gut, wie seit Jahren nicht mehr. Ich bin voller Hoffnung und Unternehmungslust für die Zukunft. Natürlich wird es auch Rückschläge geben, aber das darf einen nicht irre machen«.[7]

In einem Interview in den 1960er-Jahren erinnerte sich Heisenberg daran, dass er Goudsmit gefragt habe, ob die Amerikaner ein ähnliches Programm wie das deutsche Uranprojekt gehabt hätten, und er erhielt die klare Antwort, sie hätten nichts in dieser Art unternommen.[8] So schrieb Elisabeth in ihren Memoiren aus den 1980er-Jahren, Heisenberg habe ihr erzählt: »Goudsmit sagte dazu lächelnd, man hätte Wichtigeres im Kriege zu tun gehabt und keine Anstrengungen in dieser Richtung unternommen.«[9]

6 Werner Heisenberg an Elisabeth Heisenberg (4. Mai 1945), in Werner Heisenberg und Elisabeth Heisenberg, *»Meine Liebe Li!« Der Briefwechsel 1937–1946* (St. Pölten 2011), 299–300; Werner Heisenberg an Fritz Schumacher (Oxford) (6. Mai 1945 [nicht zugestellt]), ADM, IMC 31 1085.

7 Werner Heisenberg an Elisabeth Heisenberg (7. Mai 1945), in Heisenberg und Heisenberg, 300–301.

8 Interview von David Irving mit Werner Heisenberg und Carl Friedrich von Weizsäcker (19. Juli 1966), ADM, IMC 31 616-617; Werner Heisenberg an David Irving (23. Mai 1966) AMPG, III. Abt. Rep. 93 1743.

9 Elisabeth Heisenberg, *Das politische Leben eines Unpolitischen. Erinnerungen an Werner Heisenberg* (München 1983), 133.

Im Jahr 1947 veröffentlichte Goudsmit seine Darstellung des Zusammentreffens im *Life Magazine*, mit der er für sein in Kürze erscheinendes Buch *Alsos* warb:

> Ich begrüßte meinen alten Freund und ehemaligen Kollegen herzlich. Ganz spontan sagte ich: »Wollen Sie nicht nach Amerika kommen und mit uns arbeiten?« Aber er war von seiner eigenen Bedeutung und der seiner Arbeit, auf die er seine Internierung zurückführte, noch immer zu sehr beeindruckt.
> »Nein, ich will nicht fort von hier«, sagte er. »Deutschland braucht mich. Wenn amerikanische Wissenschaftler etwas über das Uranproblem lernen wollen, dann würde ich mich freuen, ihnen die Ergebnisse unserer Forschungsarbeiten zu zeigen, wenn sie in mein Labor kommen.«
> Es war traurig, ihn dies sagen zu hören, und entbehrte auch nicht einer gewissen Ironie, denn mir war ja bewusst, wie viel mehr wir über das Problem wussten als er. Aber ich habe ihn nicht aufgeklärt. Ich bedankte mich lediglich für sein Angebot und ließ ihn in dem sicheren Glauben, seine Arbeit sei der unseren voraus.[10]

Nach dem Zweiten Weltkrieg hatte es den Anschein, als stünde der Kernspaltung in Deutschland beziehungsweise in vielen anderen Ländern eine große Zukunft bevor. Für den kurzen Zeitraum von Mai bis August 1945 wiegten die katastrophale Niederlage Deutschlands, die offenkundige Bereitschaft der alliierten Behörden, beim Wiederaufbau des kriegsverwüsteten Landes zu helfen, und der falsche Eindruck, sie seien den Amerikanern voraus, Heisenberg und andere in dem Glauben, sie könnten die Arbeiten, die sie während des Krieges geleistet hatten, zum Nutzen ihres Landes verwenden.

Am erstaunlichsten ist vielleicht, dass Goudsmit Heisenberg und seine Kollegen nicht gründlich über ihre Arbeit befragte. Carl Friedrich von Weizsäcker erinnerte sich, dass er bereit gewesen war, den Amerikanern alles zu erzählen, aber Goudsmit unterhielt sich nur eine Stunde mit ihm und wirkte desinteressiert. Weizsäcker fühlte sich anschließend deprimiert und herabgewürdigt.[11] Goudsmit befragte sie vermutlich deshalb nicht eingehender, weil er bereits gefunden hatte, wonach er suchte, nämlich scheinbare Belege dafür, dass die Nazis die deutsche Wissenschaft zugrunde gerichtet hatten und dass die deutschen Uranarbeiten wissenschaftlich auf schwachen Füßen standen.

10 Samuel Goudsmit, »Nazis' Atomic Secrets«, *Life*, 23 (20. Oktober 1947), 123–134.

11 Interview von David Irving mit Werner Heisenberg und Carl Friedrich von Weizsäcker (19. Juli 1966), ADM, IMC 31 616-617; Carl Friedrich von Weizsäcker an Robert Jungk (6. November 1956), AMPG, III. Abt. Rep. 111, 250.

Die Hoffnung der Deutschen, dass sich Amerikaner und Briten sehr für ihre Arbeit interessieren würden, währte so lange, bis sie die Nachricht vom Abwurf der Atombombe erreichte. Die zutiefst überraschte und mitunter widersprüchliche Reaktion der Deutschen in Farm Hall auf Hiroshima war zum Teil auf Goudsmits Täuschungsmanöver zurückzuführen. Tatsächlich beklagte sich Heisenberg bitter, Goudsmit habe »sie alle sehr geschickt belogen«.[12] Goudsmit war ein Nachrichtenoffizier im Dienst einer feindlichen Macht und musste so handeln, wie er es tat; dazu gehörte auch, dass er seine Kollegen täuschte. Heisenberg dagegen, der die gefährlichsten letzten Jahre des Dritten Reichs dank seiner Vorsicht überlebt hatte, war jetzt nicht mehr so auf der Hut. Als Goudsmit jedoch später nicht mehr in Diensten der US-Armee beziehungsweise der US-Regierung stand, gestand der Physiker nicht ein, dass er tatsächlich dazu beigetragen hatte, diese Reaktion zu provozieren, und sah sie stattdessen als Beleg deutscher Arroganz und Unfähigkeit an.

Die Kontrolle behalten

Zurück in Deutschland

Nach dem Abwurf der Atombombe verstanden die Internierten in Farm Hall, warum sie festgehalten worden waren, aber nicht, warum sie dies weiterhin wurden. Der Wunsch, nach Hause zurückzukehren und wieder mit ihren Familien vereint zu sein, bestimmte ihr Leben. Am Tag des Angriffs auf Hiroshima schrieb Heisenberg an seine Frau:

> Wenn die Trennung von Euch [seiner Familie] nicht wäre, so ginge es mir hier ganz ausgezeichnet. […] Das einzige, was mich sehr bedrückt, ist die Sorge um Euch. Ich habe ein sehr schlechtes Gewissen, dass ich jetzt in dieser schlimmsten Zeit nicht bei Euch bin, aber ich kanns ja nicht ändern. Ich bitte Dich daher, mir sehr ausführlich zu schreiben, wie die Verhältnisse bei Euch sind, ob Ihr zu essen habt, ob Du Arbeitskräfte hast, wo Mama wohnt und ob Ihr gesund seid.[13]

Zwei Wochen später schrieb Elisabeth Heisenberg zurück und bat ihren Mann, »sein Herz zu wappnen« für die sehr traurige Nachricht, die sie ihm mitteilen müsse. Seine Mutter sei gestürzt, habe dann den Verstand verlo-

12 Dieter Hoffmann (Hg.), *Operation Epsilon. Die Farm-Hall-Protokolle erstmals vollständig, ergänzt um zeitgenössische Briefe und weitere Dokumente der 1945 in England internierten deutschen Atomforscher*, 2. Aufl. (Diepholz 2023), 186.

13 Werner Heisenberg an Elisabeth Heisenberg (6. August 1945), in Heisenberg und Heisenberg, 304.

ren und sei schließlich gestorben. Die Kinder seien alle wohlauf, auch wenn sie nur wenig Gemüse zu essen hätten. Elisabeth schrieb auch, sie sei stark abgemagert, aber jetzt ruhiger und sehe der Zukunft hoffnungsvoller entgegen.[14]

Die Stimmung der Internierten hellte sich deutlich auf, sobald klar war, dass ihre Freilassung unmittelbar bevorstand. Die Amerikaner untersagten die Rückkehr in die französische Besatzungszone. Natürlich kam auch die sowjetische Zone nicht in Frage, aber im Rahmen ihrer Politik, Deutsche für den Wiederaufbau des Landes einzusetzen, bemühten sich die britischen Besatzungsbehörden sehr, es Heisenberg und seinen Kollegen so angenehm wie möglich im Nachkriegsdeutschland zu machen. Am 7. Dezember 1945 erging der amtliche Befehl, die Internierten nach Deutschland zurückzubringen. Das Benehmen ihrer Schützlinge hatte die britischen Aufseher oft sowohl amüsiert als auch verärgert, so dass sie mit großem Humor beschrieben, wie Karl Wirtz einlenkte. Obgleich sie alle ihren Aufseher verflucht hatten, wäre es klug, es sich mit ihm nicht zu verscherzen, wie Wirtz zugab. Sie wussten nicht, ob er für sie nicht noch einmal von Nutzen sein könnte.[15]

Die in Farm Hall internierten Wissenschaftler wurden zuerst in die britische Besatzungszone gebracht. Bagge, Korsching, Hahn, Heisenberg, von Laue und Wirtz ließen sich zunächst in der vom Krieg vergleichsweise unberührten Stadt Göttingen nieder, wo die Kaiser-Wilhelm-Gesellschaft und das Kaiser-Wilhelm-Institut für Physik als Max-Planck-Gesellschaft und Max-Planck-Institut für Physik neu gegründet wurden. Sobald Heisenberg zurück in Deutschland war, schrieb er an Elisabeth: Da sie vermutlich gefragt worden sei, was er mit der Atombombe zu tun gehabt habe, schicke er ihr einen Auszug aus einem Brief, den Carl Friedrich von Weizsäcker an seine Frau gerichtet habe und der dieses Problem exakt und zutreffend beschreibe.

> Zu unseren Arbeiten im Krieg: Die schwere moralische Entscheidung, ob wir eine Atombombe bauen sollten, ist uns erspart geblieben. Die technischen und organisatorischen Möglichkeiten, die wir in Deutschland hatten, hätten den Aufwand, der in Amerika für dieses Problem getrieben wurde, keineswegs zugelassen. Wir haben uns auf die Vorarbeiten für die kleinere Aufgabe des Baus einer wärmeliefernden Maschine beschränkt, auf Bahnen, die offenbar den in Amerika hierfür verfolgten ähnlich waren, und sind dem endgültigen Erfolg bei Kriegsende nahe gewesen. Wir haben damit getan, was in unseren Kräften stand, um un-

14 Elisabeth Heisenberg an Werner Heisenberg (20. August 1945), in Heisenberg und Heisenberg, 304–306.

15 Hoffmann, Epsilon, 2. Aufl., 339–340, 408.

> serem Land den nötigen Anteil an einer unvermeidlichen technischen Entwicklung zu sichern.[16]

Die Nachwirkungen des Nationalsozialismus überschatteten das Leben in Deutschland. Heisenberg kritisierte den Beginn der Entnazifizierung:

> Wir haben Fragebogen ausfüllen müssen, die denen des dritten Reichs – bis auf das Vorzeichen [Hakenkreuz] – aufs Haar gleichen. Ich musste wieder an den dummen Witz vor vielen Jahren denken, bei dem vermutet wurde, die Fragebogen des 4. Reiches würden die Fragen enthalten: Waren Sie einmal im K. Z.? Wenn nicht; warum nicht? Die erste Frage ist tatsächlich in etwas anderer Form im Fragebogen vorhanden; nur die zweite fehlt.

Elisabeth war erschüttert von dem, was im Osten geschah. Es sei »ungeheuerlich«, dass »auch da einmal wieder Rache auf unschuldige Menschen zurückfallen wird«. Zum Teil als Vergeltung für die mörderische deutsche Besatzungspolitik während des Krieges, als sowjetische Truppen nach Westen vordrangen, töteten, vergewaltigten und beraubten einige von ihnen Zivilisten und trieben sie nach Deutschland zurück. Nach dem Krieg wurden Deutsche von neuen Regimen in Polen, der Tschechoslowakei und in anderen Ländern vertrieben, manchmal mit Gewalt. Elisabeth hatte geglaubt, »nur bei uns wäre man unfähig, wirklich vernünftig, ehrlich und menschlich zu denken«. Aber im Rest der Welt sei es wohl nicht anders und wahrscheinlich nie anders gewesen.[17]

Elisabeth fragte Werner, ob sie die Wahl hätten, in Deutschland zu bleiben oder nach Amerika zu gehen. Es war fraglos Heisenbergs Entscheidung, und er hatte gründlich darüber nachgedacht. Obgleich Amerika zweifellos das Zentrum des wissenschaftlichen Lebens war und die Arbeitsbedingungen für Heisenberg in Deutschland viel schlechter wären, wurde er in Amerika nicht gebraucht, denn dort gab es viele andere fähige Physiker; auch das geistige Leben müsste in Deutschland wiederaufgebaut werden.[18] Heisenberg glaubte, dass er sich an das Leben in Göttingen gewöhnen werde. Die fruchtbare Landschaft sei in mancher Weise lebendiger als in Bayern und die Menschen seien »kaum so eigennützig und starrköpfig wie unsere bayerischen Bauern«. Aber manchmal hatte er Heimweh.

16 Werner Heisenberg an Elisabeth Heisenberg (9. Januar 1946), in Heisenberg und Heisenberg, 316.

17 Werner Heisenberg an Elisabeth Heisenberg (20. Januar 1946), in Heisenberg und Heisenberg, 321–322; Elisabeth Heisenberg an Werner Heisenberg (23. Januar 1946), in Heisenberg und Heisenberg, 323.

18 Werner Heisenberg an Elisabeth Heisenberg (25. Januar 1946), in Heisenberg und Heisenberg, 325–326.

> Ich denke an die makellose Schönheit des Blicks von unserer Terrasse, und ich hätte so gern einmal den ganzen Jahreslauf, Frühling, Sommer und Herbst, dort oben verlebt. Weisst Du, so einen Oktober, wo hinter dem Pass der Nebel anfängt, und der See in der Farbenpracht der italienischen Seen leuchtet. Aber man kann nicht alles haben, schliesslich muss ich ja meine Arbeit tun, und auch in Göttingen werden wirs besser haben als die meisten anderen Menschen.

Elisabeth antwortete, sie gewöhne sich an den Gedanken, dass sie einmal in München landen würden, meinte aber, dass er dort jetzt nicht glücklich wäre. Ihr Haus sei beschlagnahmt worden, und München sei »tot und trostlos, besonders wenn man es mal so geliebt hat wie Du«. Aber eines Tages würden sie wieder dort hinziehen, und »dann hast Du Deine Berge auch wieder«.[19]

Goudsmits Kreuzzug

In einem Brief vom August 1945 an Vannevar Bush, einen einflussreichen wissenschaftspolitischen Entscheidungsträger in der US-Regierung, unterbreitete Goudsmit seine Vorschläge bezüglich der Linie, die die USA gegenüber der deutschen Wissenschaft einschlagen sollten. Während es »unsinnig« sei, wissenschaftliche Forschung verbieten zu wollen oder Forschungseinrichtungen zu zerstören, hielt es Goudsmit für das Beste, die Deutschen ihre Probleme in Bezug auf die Wiederbelebung der Wissenschaft und der Wissenschaftsindustrie selbst lösen zu lassen. »Lassen Sie sie ihre Universitäten und Forschungseinrichtungen wiedereröffnen, wenn sie dies ohne materielle Hilfe von außen tun können. Lassen Sie sie ihre Ergebnisse publizieren, wenn sie Papier und Druckpressen finden können […].« Die Amerikaner sollten sich die Haltung zu eigen machen, dass für sie die wissenschaftlichen Entwicklungen in Deutschland unerheblich seien. »Die recht weit verbreitete Verehrung der deutschen Wissenschaft, selbst nach ihrem raschen Niedergang, schadet unseren eigenen Fortschritten und unserer eigenen Entwicklung […].«[20]

Bald nach seiner Rückkehr in die USA begann Goudsmit, populäre Kurzartikel über das deutsche Uranprojekt zu veröffentlichen.[21] Goudsmit bestritt kurzerhand eine meiner zentralen Thesen, nämlich dass die sich

19 Werner Heisenberg an Elisabeth Heisenberg (5. Juni 1946), in Heisenberg und Heisenberg, 340–341; Elisabeth Heisenberg an Werner Heisenberg (11. Juni 1946), in Heisenberg und Heisenberg, 341–342.

20 Samuel Goudsmit an Vannevar Bush (23. August 1945), NBL, SGP Box 25, Folder 4.

21 Zum Beispiel: Goudsmit, Secrecy; Samuel Goudsmit, »War Physics in Germany«, *The Review of Scientific Instruments*, 17/1 (1946), 49–52; Samuel Goudsmit, »How Germany Lost the Race«, *Bulletin of the Atomic Scientists*, 1/7 (1946), 4–5.

stetig verschlechternde Kriegslage den Fortschritt des deutschen Uranprojekts entscheidend beeinflusst habe. Außerdem kritisierte er die Deutschen dafür, dass sie zu dem Schluss gelangt seien, es wäre ihnen nicht möglich gewesen, während des Krieges eine Atombombe in Deutschland zu bauen; er machte ihr »Unverständnis« dafür verantwortlich.[22] Selbst die Hoffnungen der Deutschen, die Fortschritte, die sie mit der Uranmaschine gemacht hätten, könnten nach dem Krieg für Deutschland von Vorteil sein, wurden von Goudsmit so dargestellt, als hätten sich dahinter verwerfliche Motive verborgen: »das Hauptmotiv [...] war die feste Überzeugung, Deutschland könne den Frieden gewinnen, wenn es abermals die Welt der Wissenschaft beherrsche, ungeachtet des Ausgangs des militärischen Kräftemessens.«[23]

Eine der vernichtendsten Behauptungen von Goudsmit – weil sie die Deutschen arrogant erscheinen ließ – war, dass die Deutschen überzeugt davon seien, den Amerikanern in Bezug auf die Uranforschung voraus zu sein, auch wenn er einräumte, dass sie »so gut wie nichts über alliierte Entwicklungen wussten, abgesehen von dem, was sie im Sommer 1939 aufschnappten«.[24] Es gibt keinerlei Belege aus der Kriegszeit, die diese Einschätzung stützten, vielmehr gibt es mehrere dokumentierte Fälle, bei denen deutsche Wissenschaftler die Warnung aussprachen, die Amerikaner würden mit ihren viel größeren Ressourcen am selben Problem arbeiten.

Goudsmit hatte zwei Quellen für seine Behauptung. In den letzten verzweifelten Monaten des Krieges, als die Wissenschaftler befürchten mussten, jederzeit kurzfristig einberufen zu werden und als Kanonenfutter zu enden, stellte Gerlach in seinen Berichten die Möglichkeit in den Raum, dass sie den Amerikanern nach wie vor voraus seien, um sich auf diese Weise die Unterstützung mächtiger Nazi-Förderer zu sichern. Goudsmit nahm diese Aussagen für bare Münze.[25] Seine zweite Quelle war Heisenbergs Aussage, alliierte Wissenschaftler seien an Arbeiten interessiert, die in seinem Labor durchgeführt worden seien. Heisenberg traf diese Aussage jedoch, nachdem ihm Goudsmit erzählt hatte, dass die Amerikaner während des Krieges nicht an Uran geforscht hätten. Goudsmit riss nicht nur beide Quellen aus dem Zusammenhang, sondern schmückte sie auch noch aus: »Das Bemerkenswerte an den Deutschen ist, dass sie den gesamten Krieg hindurch glaubten, sie wären unseren diesbezüglichen Anstrengungen voraus. Erst als sie die Nachricht vom Abwurf der Atombombe erhielten, er-

22 Samuel Goudsmit an Rudolf Ladenburg (14. Oktober 1946), NBL, SGP Box 14, Folder 138.

23 Goudsmit, War, 50.

24 Goudsmit, Lost, 5.

25 Samuel Goudsmit, »Heisenberg on the German Uranium Project«, *Bulletin of the Atomic Scientists*, 3/11 (1947), 343; Samuel Goudsmit, »Germans Overrated on Atom«, *Washington Post* (3. August 1947), B8.

kannten sie, dass sie keinen Vorsprung gehabt hatten, sondern im Rückstand gewesen waren.«[26]

Obgleich Goudsmit ein Jahr damit verbracht hatte, der Spur der deutschen Atombombe zu folgen, und jetzt viel Zeit darin investierte, seine Botschaft, die Nazis hätten die deutsche Wissenschaft im Allgemeinen und die Uranforschung im Besonderen zugrunde gerichtet, zu verbreiten, war dies nur ein Mittel, um sein eigentliches Ziel zu erreichen: die Einschränkung der Wissenschaftsfreiheit und -kommunikation in Amerika zu beenden und rückgängig zu machen. Die erfolgreiche Mobilisierung der Wissenschaft für die Kriegsanstrengungen hatte in Verbindung mit dem heraufziehenden Kalten Krieg in den Vereinigten Staaten eine heftige Debatte darüber entfacht, ob die wissenschaftliche Forschung ziviler oder militärischer Kontrolle unterliegen sollte. Goudsmit wollte einen Beitrag zu dieser Debatte leisten, indem er das deutsche Uranprojekt als ein abschreckendes Beispiel dafür anführte, was passieren kann, wenn sich Politik und Ideologie in die Wissenschaft einmischen.

Goudsmit zufolge ist der wichtigste Faktor beim wissenschaftlichen Fortschritt der freie Informationsaustausch zwischen den Wissenschaftlern und Technikern der Welt. Isolation dagegen könne zu Stagnation, Fehlern und Verfall führen. Die Einschränkungen, die während des Krieges in den Vereinigten Staaten dem wissenschaftlichen Informationsaustausch sowie der Reisefreiheit von Wissenschaftlern und damit der Möglichkeit, an internationalen Konferenzen teilzunehmen, auferlegt wurden, sollten aufgehoben werden. Der Nutzen von Wissenschaft und Technik, so Goudsmit weiter, sei so groß, dass nur ein »Regime wie das der Nazis mit lauter Irren an der Spitze etwas tun würde, was diesem ein Ende bereiten würde«.[27]

Ihre Version der Geschichte erzählen

In den letzten Monaten des Dritten Reichs gründeten einige Physiker mithilfe von Albert Speer eine neue physikalische Fachzeitschrift, die *Physikalischen Blätter*, die als ein Nachrichtenorgan für die Physikergemeinde diente. Als Industriephysiker war ihr Herausgeber Ernst Brüche (1900–1985) relativ unabhängig von mächtigen Hochschulphysikern wie Heisenberg. Brüche hatte Goudsmits Artikel »Secrecy or Science« gelesen und beschloss, einen Auszug in deutscher Übersetzung in den *Blättern* zu veröffentlichen.[28]

26 Goudsmit, Lost, 4.
27 Goudsmit, Secrecy, 98–99.
28 Ernst Brüche an Carl Friedrich von Weizsäcker (20. August 1946), AMPG, III. Abt. Rep. 93.

Heisenberg und Weizsäcker wollten einen Bericht über ihre Uranarbeiten veröffentlichen, aber die britischen Behörden erlaubten dies zunächst nicht.[29]

Weizsäcker teilte Heisenberg mit, dass sie die Publikation durch Brüche nicht verhindern könnten, und »ferner habe ich das Gefühl, daß auf die Dauer eine Erörterung der Fragen, die Goudsmit anschneidet, in der Öffentlichkeit nicht vermieden werden kann«. Deshalb sei es wichtig, dass »wir wenigstens die Freiheit bekommen, selbst über diese Dinge zu sagen, was wir meinen«.[30] Da die britischen Behörden ihnen jetzt die Erlaubnis erteilten, fertigte Heisenberg ein Manuskript seines Artikel über die Entwicklung des Uranprojekts während des Krieges an und reichte Abschriften davon an einige andere Wissenschaftler weiter, die eine herausragende Rolle gespielt hatten. Er wies darauf hin, dass er selbst die Berichte aus der Kriegszeit nicht mehr besitze, und bat seine Kollegen, sicherzustellen, dass die Arbeiten ihrer Institute richtig zitiert würden.[31]

Walther Bothe fand den Artikel ausgezeichnet, mit zwei Einschränkungen. Er war der Meinung, dass Heisenberg dem Verdienst Kurt Diebners und dessen Mitarbeitern nicht ganz gerecht werde, und er sei »noch nicht so ganz überzeugt, dass unser Absorptionsquerschnitt für reinen Kohlenstoff so sehr falsch ist«.[32] Heisenberg schwächte seine Formulierung ab, behauptete aber in der veröffentlichten Fassung weiterhin, Bothe habe einen Fehler gemacht, der das deutsche Vorhaben gebremst habe:

> Der Absorptionsquerschnitt von technisch reinstem Elektrographit für Neutronen wurde im Kaiser-Wilhelm-Institut in Heidelberg bestimmt und daraus auf das Verhalten des reinen Kohlenstoffs geschlossen; es schien, daß nach dem damaligen Stand der Kenntnisse auch reinste Kohle eben nicht mehr für die Herstellung eines Uranbrenners geeignet sein sollte, während bekanntlich in den USA Kohle mit größtem Erfolg verwendet worden ist.[33]

Bothes Messung war der einzige Fehler in der Arbeitsgemeinschaft, den Heisenberg zugeben wollte. Dagegen ist es auffallend und vielleicht auf-

29 Carl Friedrich von Weizsäcker an Ernst Brüche (27. August 1946), AMPG, III. Abt. Rep. 93.

30 Carl Friedrich von Weizsäcker an Werner Heisenberg (27. August 1946), AMPG, III. Abt. Rep. 93; Ernst Brüche, Einleitung zu Samuel Goudsmit, »Wissenschaft oder Geheimhaltung«, *Physikalische Blätter*, 2 (1946), 203–207, hier 203.

31 Werner Heisenberg an Walther Bothe, Klaus Clusius, Siegfried Flügge, Walther Gerlach und Paul Harteck (29. November 1946), AMPG, III. Abt. Rep. 6.

32 Walther Bothe an Werner Heisenberg (7. Dezember 1946), AMPG, III. Abt. Rep. 6.

33 Werner Heisenberg, »Über die Arbeiten zur technischen Ausnutzung der Atomkernenergie in Deutschland«, *Die Naturwissenschaften*, 33 (1946), 325–329, hier 327.

schlussreich, dass ein sehr folgenreicher Fehler, für den Heisenbergs Kollege Karl Wirtz mitverantwortlich war, nach dem Krieg nicht mehr erwähnt wurde. Er hatte zugelassen, dass ein Teil des begrenzten schweren Wassers verunreinigt und danach nicht aufbereitet wurde.

Insgesamt war Heisenbergs Aufsatz eine klare, prägnante, ausgewogene und sehr genaue Darstellung der deutschen Uranarbeiten während des Krieges. Der Bau einer deutschen Atombombe sei aus mehreren Gründen unmöglich gewesen: wegen der ab dem Jahr 1942 angespannten kriegswirtschaftlichen Lage, der durch alliierte Bombenangriffe verursachten Schäden und dem, was er die »psychologischen Voraussetzungen bei der Führung« nannte (es fällt auf, dass Heisenberg nach dem Krieg die Nationalsozialisten offenbar nur noch sehr widerwillig beim Namen nannte), die noch 1942 ein rasches Ende des Krieges erwartet habe. Um die notwendige Unterstützung für ein Projekt im industriellen Maßstab zu erhalten, hätten die deutschen Wissenschaftler Versprechungen machen müssen, die sie nicht hätten halten können. Da eine Atombombe unerreichbar zu sein schien, hätten sie ihre Anstrengungen auf die energieerzeugende Uranmaschine konzentriert.[34]

Am Schluss seines Aufsatzes ging Heisenberg allerdings von der faktenbasierten Darstellung zu einer subjektiven Analyse ihrer Motive über, indem er die Idee des »die Kontrolle behalten« einführte. Damit erweckte er den Eindruck, er und seine Kollegen hätten absichtlich keine Atombomben für das nationalsozialistische Regime entwickelt.

> Die deutschen Physiker hatten von vornherein bewußt darauf hingearbeitet, die Kontrolle über das Vorhaben in der Hand zu behalten, und sie haben den Einfluß, den sie als Sachverständige hatten, darauf verwendet, die Arbeiten in dem in diesem Bericht geschilderten Sinne zu lenken. Die äußeren Umstände haben ihnen die schwere Entscheidung, ob sie Atombomben herstellen sollten, aus der Hand genommen.[35]

In der Entwurfsfassung des Texts war noch ergänzt worden:

> Für die Forscher, die am Uranvorhaben mitarbeiteten, hatte diese Entscheidung noch eine andere, menschliche Seite. Diese Physiker wussten von der großen Verantwortung, die ein Mensch zu tragen hat, der solche Naturkräfte entfesseln kann, und sie haben von vornherein bewusst und mit viel Mühe darauf hingearbeitet, die Kontrolle über das Vorhaben in der Hand zu behalten. Sie haben sich auch von Anfang an die schwere Frage vorlegen müssen, ob die Sache gut sei, für die hier die größten

34 Ebd., 329.
35 Ebd., 329.

> Naturkräfte eingesetzt werden sollen. Die äußeren Umstände haben ihnen die schwere moralische Entscheidung, ob sie Atombomben herstellen sollten, aus der Hand genommen.[36]

Obgleich es keine eindeutigen und zwingenden Beweise in die eine oder die andere Richtung aus der Zeit vor dem Ende des Krieges gibt, dass Heisenberg und seine Kollegen über solche moralischen Fragen nachdachten, taten sie dies mit Sicherheit jetzt.

Alsos

In seinem Aufsatz hatte Heisenberg das amerikanische und das deutsche Uranprojekt auf anschauliche Weise einander gegenübergestellt:

> In Amerika entschloß man sich, mit einem Aufwand, der einen nicht unbeträchtlichen Teil des gesamten amerikanischen Kriegsaufwandes ausgemacht haben dürfte, die Herstellung von Atombomben zu versuchen. In Deutschland wandte man sich mit einem Aufwand, der etwa den tausendsten Teil des amerikanischen betrug, dem Problem der mit Atomenergie betriebenen Maschine zu.[37]

Goudsmit war wütend, weil Heisenberg den Eindruck erweckt hatte, es sei »eine bewusste Entscheidung der deutschen Wissenschaftler gewesen, keine Atombomben herzustellen«.[38] Daraufhin schrieb Goudsmit ein Buch, *Alsos*, in dem er das, was er in seinen jüngsten Aufsätzen geschrieben hatte, weiter ausführte und mit dem er seine Argumente einem viel größeren Publikum nahebringen wollte.[39]

Scheitern

Als Goudsmit die skeptische Reaktion der Deutschen auf die Nachrichten aus Hiroshima schilderte (dies bezog sich zweifellos auf die in Farm Hall Internierten, auch wenn Goudsmit dies nicht ausdrücklich erwähnte), merkte er an, dass »einige der jüngeren Männer eine brillante scheinbar einleuchtende Rechtfertigung für ihr Scheitern fanden«; sie würden diese zu ihrem Vorteil verwenden, indem sie beteuerten, sie hätten nie Kernwaffen herstellen wollen, und der Welt sagten, dass »die deutsche Wissenschaft

36 Werner Heisenberg an Walther Bothe, Klaus Clusius, Siegfried Flügge, Walther Gerlach und Paul Harteck (29. November 1946), AMPG, III. Abt. Rep. 6.

37 Heisenberg, Ausnutzung, 329.

38 Goudsmit, Heisenberg, 343.

39 Samuel Goudsmit, *Alsos*, 2. Aufl. (Los Angeles 1983), erstmals 1947 veröffentlicht.

niemals eingewilligt hätte, an so etwas Entsetzlichem wie der Atombombe zu arbeiten«. Dies sei die »neue Erkennungsmelodie« der deutschen Wissenschaft geworden: »Deutschland arbeitete ausschließlich zu friedlichen Zwecken an dem Uranproblem; die Alliierten hingegen verfolgten damit zerstörerische Ziele.« Zwar stimme es, dass die Deutschen an einer Uranmaschine und nicht an einer Atombombe gearbeitet hätten, aber dies sei

> *nur deshalb der Fall gewesen, weil sie den Unterschied zwischen der Maschine und der Bombe nicht verstanden.* Eigentlich strebten sie nach der Bombe. Und das, was heute die ganze Welt über Plutonium weiß, *wussten die deutschen Wissenschaftler nicht – bis man es ihnen nach Hiroshima erzählte.*[40]

Während Goudsmit einräumte, die Deutschen hätten gewusst, dass eine Atombombe aus reinem Uran-235 hergestellt werden könnte, behauptete er in *Alsos* sowie in mehreren Aufsätzen und Briefen an Kollegen, sie und besonders Heisenberg hätten »nie daran gedacht, Plutonium in der Bombe zu verwenden«. Außerdem sei das deutsche Konzept der Bombe »recht verschieden von unserem gewesen und primitiver«: eine Uranmaschine, »in der die Kettenreaktion so schnell ablief, dass sie eine Explosion herbeiführen würde«. Die deutsche Bombe sei »lediglich ein explosiver Reaktor gewesen und hätte im Vergleich zu einer echten Bombe bloß aufgebraust«. Goudsmit ging so weit, die anfängliche Verwirrung der Deutschen in Farm Hall damit zu erklären, dass sie »noch immer glaubten, wir hätten einen vollständigen Uranreaktor auf Hiroshima abgeworfen«.[41]

Obgleich die Deutschen einen großen Rückstand auf die Amerikaner hatten und sehr weit davon entfernt waren, eine Atombombe bauen zu können, war das, was Goudsmit in *Alsos* über das technische Verständnis des Funktionsmechanismus einer Atombombe der Deutschen behauptete, schlichtweg falsch. Carl Friedrich von Weizsäckers Bericht von 1940 und seine Patentschrift von 1941 zeigen, dass die Deutschen wussten, dass Plutonium (Element 94) in einem Kernreaktor (Uranmaschine) hergestellt und als Spaltmaterial in einer Bombe verwendet werden konnte. Aus dem Text von Heisenbergs Vortrag vor dem Reichsforschungsrat im Februar 1942, den Goudsmit in seinen Akten hatte, geht klar hervor, dass Heisenberg sich das Funktionsprinzip von Atombomben als Kettenreaktionen schneller Neutronen in reinen Massen entweder von Uran-235 oder von Plutonium

40 Ebd., 138–139. Hervorhebung des Textes im Original. Heisenberg wurde mit den Worten zitiert: »Der deutsche Uranmeiler, den ich aufbaute, um Energie für Maschinen, nicht für Bomben, zu erzeugen ... Wie die Welt heute weiß, wird der Sprengstoff, Plutonium, in einem solchen Uranmeiler hergestellt.«

41 Ebd., 176–177, 243, 134; Goudsmit, Heisenberg; Goudsmit, Overrated; Goudsmit, Atomic; Samuel Goudsmit an Rudolf Ladenburg (14. Oktober 1946), NBL, SGP Box 14, Folder 138.

vorstellte.[42] Abgesehen von einigen vorläufigen Analysen von Paul Müller, die durch Weizsäckers Arbeit über Transurane gegenstandslos wurden, und ungeachtet Fleischmanns Bericht von 1942 stellten sich die deutschen Physiker eine Bombe nie als einen außer Kontrolle geratenen Reaktor vor.[43]

Waffenschmiede für die Nazis

Nach dem Krieg erschien in den Vereinigten Staaten ein neues Wissenschaftsmagazin, das *Bulletin of the Atomic Scientists*, das von einer Gruppe von Wissenschaftlern, die am Manhattan-Projekt mitgewirkt hatten und die sich, wie Goudsmit, für wissenschaftspolitische Fragen interessierten, gegründet wurde. Philipp Morrison (1915–2005), ein Manhattan-Projekt-Wissenschaftler, der persönlich an den Bombenabwürfen auf Hiroshima und Nagasaki beteiligt war, rezensierte *Alsos* für das *Bulletin.* Goudsmit hatte den Niedergang der deutschen Wissenschaft auf »ihre Arroganz und Selbstgefälligkeit, ihre engstirnige politische Instrumentalisierung mit Arbeitsverboten für viele ihrer größten Männer oder auch deren Vertreibung aus Deutschland sowie ihre zunehmende technische Fokussierung« zurückgeführt. Goudsmit und Morrison befürchteten, die Vereinigten Staaten könnten die gleichen Fehler begehen. In Bezug auf Heisenbergs Behauptung, die Motive der deutschen Wissenschaftler seien friedlicher Natur gewesen, da »sie keine Bomben, sondern lediglich einen Kernreaktor wollten«, teilte Morrison Goudsmits Auffassung, das sei eine nachträgliche Rationalisierung:

> Nicht anders als ihre alliierten Pendants arbeiteten auch die deutschen Wissenschaftler für das Militär, so gut ihnen die Umstände dies erlaubten. Aber der Unterschied, den man ihnen nie wird verzeihen können, ist, dass sie für die Sache von Himmler und Auschwitz arbeiteten, für die Bücherverbrenner und die Geiselnehmer. Es wird lange dauern, bis die Wissenschaftsgemeinde die Waffenschmiede der Nazis willkommen heißen wird, auch wenn ihre Arbeit nicht erfolgreich war.[44]

In Übereinstimmung mit Goudsmit machte Morrison bei seiner Bewertung auch eine Ausnahme für die »mutigen und anständigen Männer« wie Max von Laue, die sich von den deutschen Kriegsanstrengungen fernhielten und

42 Werner Heisenberg, Die theoretischen Grundlagen für die Energiegewinnung aus der Uranspaltung (26. Februar 1942), ADM, IMC 29 1005-1013; David Irving kopierte diesen Bericht aus den Unterlagen von Goudsmit.

43 Vgl. Popp, Misinterpreted; und Mark Walker, »Physics, History, and the German Atomic Bomb«, *Berichte zur Wissenschaftsgeschichte*, 40 (2017), 271–288.

44 Philip Morrison, »Alsos: The Story of German Science«, *Bulletin of the Atomic Scientists*, 3/12 (1947), 354, 365.

sich im Bereich der Wissenschaft den Nazis widersetzten.[45] Sowohl in Briefen an Kollegen als auch in Publikationen unterstrich Goudsmit das politische und moralische Versagen der meisten deutschen Wissenschaftler während des Dritten Reichs, wobei er Otto Hahn und Max von Laue als sehr positive Ausnahmen hinstellte, die damit die Regel bestätigen sollten. In Wirklichkeit hatten sowohl Hahn als auch von Laue den nationalsozialistischen Behörden Zugeständnisse gemacht, auch wenn sie sich einigen NS-Kollegen und -Maßnahmen widersetzten.[46]

Ironischerweise bemühten sich sowohl Hahn als auch von Laue in der Nachkriegszeit intensiv darum, praktisch all ihre Kollegen, einschließlich einiger mit problematischer Nazi-Vergangenheit, zu entlasten und zu rehabilitieren. Dazu gehörte auch, dass sie die Stimmen von Forschenden, die Opfer des Dritten Reichs gewesen waren, wie etwa Ursula Martius Franklin (1921–2016), zum Schweigen brachten.[47] In einem Brief, den Max von Laue nach dem Krieg an seinen Sohn Theodor schrieb, behauptete er, deutsche Wissenschaftler und Techniker hätten sich während des Krieges nicht anders verhalten als ihre englischen, französischen und amerikanischen Kollegen. Auch wenn diese Kollegen vielleicht erwidern würden, »wir haben gegen Hitler, ihr für ihn gearbeitet«, war sich von Laue »nicht sicher, ob alle diejenigen, welche daraus einen Vorwurf machen, anders gehandelt hätten, wären sie zufällig in Deutschland zur Welt kommen [sic]«. Nach von Laues Meinung müssten zwar die »großen Verbrecher« so oder so »beseitigt« werden, aber für alle anderen müsse eine »GROSSE AMNESTIE« (Großschreibung durch von Laue) kommen. Tatsächlich ging er so weit, zu behaupten, dass – ob durch Gesetz oder gesellschaftliche Übereinkunft – Beschuldigungen gegen bestimmte Personen für das, was sie während des Dritten Reichs getan hätten, verboten werden sollten.[48]

45 Ebd., 365.

46 Samuel Goudsmit an Vannevar Bush (23. August 1945), NBL, SGP Box 25, Folder 4; vgl. die Kapitel »Kompromisse mit Hitler« und »Rehabilitierung«.

47 Für Hahn vgl. Ruth Lewin Sime, »The Politics of Memory: Otto Hahn and the Third Reich«, *Physics in Perspective*, 8 (2006), 3–51; für von Laue und Martius/Franklin, vgl. Gerhard Rammer, »Allied Control of Physics and the Collegial Self-Denazification of the Physicists«, in Helmuth Trischler und Mark Walker (Hgg.), *Physics and Politics: Research and Research Support in Twentieth Century Germany in International Perspective* (Stuttgart 2010), 61–84; Gerhard Rammer, »›Sauberkeit im Kreise der Kollegen‹. Die Vergangenheitspolitik der Deutschen Physikalischen Gesellschaft«, in Dieter Hoffmann und Mark Walker (Hgg.), *Physiker zwischen Autonomie und Anpassung. Die Deutsche Physikalische Gesellschaft im Dritten Reich* (Berlin 2007), 359–420; und Ursula Maria Martius, »Videant consules …«, in Hoffmann und Walker, Autonomie, 636–640.

48 Max von Laue an Theodor von Laue (10. Juli 1946?), ADM, Gerlach Papers NL 080/097-01.

Es war daher vielleicht keine Überraschung, dass von Laue der deutsche Wissenschaftler war, der auf Morrisons Rezension antwortete. Von Laue, der darauf hinwies, dass er Goudsmits Buch nicht gelesen habe, attackierte Morrison wegen seines »ungeheuerlichen Vorwurfs, die deutschen Wissenschaftler hätten in ihrer Gesamtheit für Himmler und Auschwitz gearbeitet«. Von Laue führte weiter aus, es sei für einen Wissenschaftler nicht immer möglich gewesen, sich dem Dienst für die Kriegsführung zu entziehen. Dadurch, dass die Leiter der Institute diese in den Dienst der Kriegsanstrengungen stellten, hätten sie viele jüngere Wissenschaftler von einem weit direkteren Kriegseinsatz bewahren und »politisch Verfolgte vor dem Konzentrationslager oder Schlimmerem« schützen können, und dazu hätten auch einige »nichtarische Deutsche« gehört. Von Laue stellte die rhetorische Frage: Würden gestrenge Kritiker wie Morrison auch in diesen Fällen von »Waffenschmieden für Himmler und Auschwitz« reden? Schließlich kritisierte von Laue Veröffentlichungen wie die Buchbesprechung Morrisons, weil sie »den Hass konservieren«.[49]

Morrison erwiderte, von Laue habe das, was er geschrieben habe, falsch wiedergegeben: »Ich sagte in der Rezension, über die er schreibt, nicht, dass diese Männer für Himmler arbeiteten, sondern, dass sie für die Sache von Himmler, den Sieg des nationalsozialistischen Deutschlands arbeiteten.« In Bezug auf die Direktoren der großen Institute, die von Laue verteidigt hatte, schrieb Morrison:

> Viele der fähigsten und angesehensten Männer der deutschen Wissenschaft haben, zweifellos angetrieben von Gefühlen der nationalen Loyalität, von traditionellen Verhaltensmustern gegenüber Obrigkeiten oder auch einfach von Furcht, zum Vorteil des Nazi-Staates gearbeitet. Diese Männer waren tatsächlich die Waffenschmiede der Nazis. […] Es ist nicht am Rezensenten, zu beurteilen, wie groß die Gefahr war, in der sie sich befanden; es ist sicherlich nicht an ihm, zu behaupten, er könne tapferer oder klüger als sie gewesen sein. Aber es waren Gefühle wie die ihren, Schwächen wie die ihren und Furcht wie die ihre, die mithalfen, die Deutschen für ein Jahrzehnt zu Sklaven einer menschenverachtenden Tyrannis zu machen, die Europa zerstörte und in ihrer Zeit den Begriff Kultur selbst angriff. Sollen wir das tragische Versagen dieser deutschen Gelehrten vergessen?[50]

49 Max von Laue, »The Wartime Activities of German Scientists«, *Bulletin of the Atomic Scientists*, 4/4 (1948), 103; Max von Laue, »Die Kriegstätigkeit der deutschen Physiker«, *Physikalische Blätter*, 4 (1948), 424–425, wiederabgedruckt in Hoffmann und Walker, Autonomie, 640–643.

50 Philip Morrison, »A Reply to Dr. von Laue«, *Bulletin of the Atomic Scientists*, 4 (1948), 104.

Interessanterweise veröffentlichte Brüche in den *Blättern* nur von Laues schneidige Verteidigung der deutschen Wissenschaftler, in der er Morrisons Rezension falsch wiedergibt, so dass das deutsche Publikum einen ganz anderen Eindruck von der Debatte bekam als sein amerikanisches Pendant, welches das *Bulletin* las. In dem gleichen Heft, das Morrisons Erwiderung auf von Laue enthielt, fügte der Herausgeber des *Bulletin*, Eugene Rabinowitch (1901–1973), einen Kommentar hinzu. Er stellte zunächst einmal fest, dass von Laue ein Recht darauf habe, von amerikanischen Wissenschaftlern »respektvoll angehört« zu werden, erweiterte dann aber Morrisons Kritik »auf einige sehr berühmte Wissenschaftler, deren anscheinend vorbehaltlose Zusammenarbeit mit den Verbrechern an der Macht zweifellos dazu beitrugen, die Skrupel vieler aus der breiten Masse der deutschen Wissenschaftler zum Verstummen zu bringen«.[51] Obgleich niemand seinen Namen erwähnte, dachten alle an Heisenberg.

Vielleicht eine übermäßige Vereinfachung

Waldemar Kaempffert (1877–1956), ein Amerikaner mit einem sehr deutsch klingenden Namen, rezensierte in seiner Eigenschaft als Wissenschaftsredakteur der *New York Times* sowohl Goudsmits Buch als auch Heisenbergs Artikel. Während Kaempffert Heisenbergs Darstellung überzeugend und objektiv fand, beschrieb er Goudsmits Buch als einen »populärwissenschaftlichen, etwas emotionalen und daher einseitigen Bericht«, in dem die Deutschen als aufgeblasen und arrogant hingestellt würden und Heisenberg selbst als ein »verschlagener Schurke« erscheine. Kaempffert ergänzte Heisenbergs Argumentation um Beispiele aus dem amerikanischen Manhattan-Projekt. Die Zerstörung der norwegischen Schwerwasser-Produktionsanlage, aber auch die Tatsache, dass es in Deutschland nichts gab, was mit der mächtigen Tennessee Valley Authority oder den Wasserkraftwerken am Columbia River vergleichbar gewesen wäre, sowie die insgesamt starke Belastung der deutschen Kriegswirtschaft führten dazu, dass das deutsche Uranprojekt nur im kleinen Rahmen vorangetrieben werden konnte.[52] In einem späteren Brief an Goudsmit drückte es Kaempffert folgendermaßen aus: Wenn die deutschen Behörden den deutschen Wissenschaftlern, die an

51 »Comment by the Editor«, *Bulletin of the Atomic Scientists*, 4 (1948), 104.

52 Für die Zitate vgl. Waldemar Kaempffert, »Why the Germans Failed to Develop an Atomic Bomb Is Now Revealed in Two Reports«, *New York Times* (26. Oktober 1947), B9; und »Mr. Kaempffert Replies« [to Samuel Goudsmit, »German Atom Research: Scientist Disputes Statement on Development of Bomb«], *New York Times* (9. November 1947).

Uran arbeiteten, die erforderlichen industriellen Ressourcen zur Verfügung gestellt hätten, dann »wäre dies gleichbedeutend damit gewesen, den Krieg zu verlieren«.[53]

In seiner Erwiderung in der *New York Times* wiederholte Goudsmit seine Behauptung, die Deutschen hätten nicht gewusst, wie eine Atombombe funktioniert, und er kritisierte Heisenberg dafür, dass er »die Nazis wegen ihrer fatalen Einmischung in wissenschaftliche Angelegenheiten« nicht gerügt habe.[54] In einem persönlichen Brief an den Wissenschaftsredakteur brachte Goudsmit seine Verwunderung darüber zum Ausdruck, dass Kaempffert auf Heisenbergs Bericht »hereingefallen« sei. Zugleich räumte er ein, dass seine Beschreibung in *Alsos* von Heisenbergs Angebot, die deutschen Arbeiten an dem Uranproblem mit alliierten Wissenschaftlern zu teilen, »nicht hinreichend klar« sei. Während die entsprechende Stelle in *Alsos* dies als Beleg für Heisenbergs Überzeugung, die Deutschen seien den Amerikanern voraus, interpretierte, gab Goudsmit jetzt zu, dass Heisenberg gemeint habe, amerikanische Kollegen seien willkommen gewesen, im Rahmen von Forschungsaufenthalten oder Stipendien wieder an seinem Institut zu arbeiten, wie es vor dem Krieg der Fall gewesen war.[55]

Der Dialog zwischen Goudsmit und Heisenberg

Ende September 1947 schrieb Heisenberg direkt an Goudsmit und teilte ihm mit, dass er bereits mehrere seiner Artikel über die deutschen Uranarbeiten gelesen habe. Was die technischen Arbeiten betreffe, so war Heisenberg der Ansicht, sein in *Naturwissenschaften* erschienener Aufsatz enthalte alle wesentlichen Punkte, vielleicht präziser, als es Goudsmit damals bewusst gewesen sei. Heisenberg hatte den Eindruck, dass Goudsmit »vielleicht doch die Einzelheiten unserer Arbeiten und insbesondere die psychologische Situation in Deutschland während des Krieges nicht genau genug kennen gelernt« habe. Insbesondere ein Punkt, so Heisenberg, müsse auf einem Missverständnis beruhen: Goudsmits Annahme, die Deutschen hätten die Uranarbeiten gewissermaßen als »einen Wettlauf mit Amerika« aufgefasst, und »wenn nicht den Krieg, so doch wenigsten den Frieden gewinnen« wollen.

53 Waldemar Kaempffert an Samuel Goudsmit (3. November 1947), NBL, SGP Box 12, Folder 121.

54 Samuel Goudsmit an die *New York Times* (29. Oktober 1947), NBL, SGP Box 12, Folder 121; für das Zitat vgl. Samuel Goudsmit, »German Atom Research«, *New York Times* (9. November 1947).

55 Vgl. Goudsmit, Alsos, 2. Aufl., 113; Samuel Goudsmit an Waldemar Kaempffert (29. Oktober 1947), NBL, SGP Box 12, Folder 121.

Heisenberg erinnerte Goudsmit daran, dass er ihm in Heidelberg gesagt habe, die Deutschen seien davon überzeugt, dass die Amerikaner mit ihrer unvergleichlich viel besseren Infrastruktur das Uranproblem schneller und besser lösen könnten, sofern sie sich dazu entschließen würden. Die Deutschen hätten nie ernstlich an einen Wettlauf gedacht, sondern lediglich die Möglichkeit in Betracht gezogen, dass die Amerikaner dieses Problem gar nicht aufgreifen würden, weil es den Deutschen erschien, als wären die Aussichten, dass es noch den Verlauf dieses Krieges beeinflussen könnte, sehr gering.

> Als Sie mir daher in Heidelberg erzählten, dass die Physiker bei Ihnen wesentlich nur für den Krieg gearbeitet und sich mit Atomfragen nicht beschäftigt hatten (diese Antwort mussten Sie mir natürlich damals geben), schien mir das gar nicht unplausibel, und insofern waren wir dann froh, dass wir scheinbar für den Frieden vernünftige Arbeit geleistet hatten.

Heisenberg räumte ein, dass es für Goudsmit sehr schwer sein müsse, sich in ihre psychische Situation während des Krieges einzufühlen. Einerseits war vollkommen klar, dass ein Sieg des Nationalsozialismus in Europa schreckliche Folgen haben würde, andererseits konnten die deutschen Wissenschaftler sich gerade wegen des Hasses, den der Nationalsozialismus gesät hatte, keine großen Hoffnungen hinsichtlich der Folgen einer totalen Niederlage machen. »Eine solche Lage führt von selbst zu einer mehr passiven und bescheidenen Haltung, bei der man sich damit begnügt, im Kleinen zu helfen oder zu retten, wo es möglich ist, und im Übrigen eine für später vielleicht nützliche Arbeit zu tun.«[56] Goudsmit wies in seinem Antwortschreiben darauf hin, dass er inzwischen ein »kleines, eher populärwissenschaftliches Buch« geschrieben habe, »in dem ein paar Abschnitte vorkommen, die Ihnen vielleicht nicht gefallen«. In Amerika und wahrscheinlich überall sonst war man bestrebt, das Verhältnis zwischen Staat und Wissenschaft neu zu gestalten, und Goudsmit wollte unbedingt verhindern, dass die Vereinigten Staaten die gleichen Fehler wie Deutschland machten. Einige Auslassungen und Untertreibungen in Heisenbergs Artikel, der tatsächlich in erster Linie als eine Verteidigung deutscher Physiker unter Hitler gedacht zu sein schien, hatten Goudsmit verwundert und schockiert. Es höre sich so an, als scheue sich Heisenberg davor, die Nazis für ihre

> vorsätzliche und dumme Zerschlagung der Grundlagenforschung [zu tadeln]. […] Muss man in Deutschland immer noch Kompromisse ein-

56 Werner Heisenberg an Samuel Goudsmit (23. September 1947), NBL, SGP Box 10, Folder 96.

> gehen? Sind die Nazis noch immer so mächtig, dass Sie es nicht wagen, den raschen Niedergang der einstmals überlegenen deutschen Wissenschaft offen ihrer Weltanschauung anzulasten?[57]

Unter den vielen anderen Themen, über die Goudsmit mit Heisenberg sprechen wollte, entschied er sich für nur eines, »über das zu schreiben am schwersten ist«, nämlich die »mittlere Position«, die viele Deutsche, auch Heisenberg, eingenommen hätten. Als Goudsmit von den Bemühungen erfuhr, mit den Nazis Kompromisse zu schließen, war er »tief enttäuscht« und höchst verwundert, dass Heisenberg nicht erkannt hatte, dass ein derartiger Kompromiss unmöglich war. Goudsmit muss nun seinerseits Heisenberg schockiert haben, indem er seinem Schreiben Kopien von Briefen beilegte, die der Reichsführer SS Heinrich Himmler an seinen Stellvertreter Reinhard Heydrich (1904–1942) und an Heisenberg selbst geschrieben hatte. Die auch in *Alsos* abgedruckten Briefe belegten, dass Heisenberg Himmler gebeten hatte, zu intervenieren, um die politischen Angriffe des Physikers Johannes Stark auf ihn zu unterbinden, und dass Himmler eingewilligt hatte. Warum, fragte Goudsmit, glaubte Heisenberg, dass er mit jemandem wie Himmler zusammenarbeiten könne?[58]

In *Alsos* zeichnete Goudsmit ein wenig schmeichelhaftes Bild von Heisenberg. Zunächst erwähnte er, dass sein deutscher Kollege in der führenden Nazi-Zeitung Einsteins Relativitätstheorie verteidigt hatte und dafür heftig kritisiert worden war. Aber so, wie es Goudsmit erzählte, hatte auch dies eine Schattenseite: Obgleich Heisenberg Exzesse und insbesondere Dummheiten der Nazis mutig bekämpfte, waren seine Motive nicht so edel, wie man es sich von einem so bedeutenden Menschen vielleicht erhofft hätte. Er ging nicht deshalb gegen die Nazis an, weil sie schlecht waren, sondern, weil sie schlecht für Deutschland oder zumindest für die deutsche Wissenschaft waren. Seine Hauptsorge war, dass Deutschland seine führende Stellung in der Wissenschaft, insbesondere in der Physik, verlieren könnte. Aus diesem Grund war er entschieden gegen die Verbannung jüdischer deutscher Physiker.

Auch Heisenbergs Entscheidung, in Deutschland zu bleiben, interpretierte Goudsmit in einer negativen Weise:

> Heisenberg hatte viele Stellenangebote aus den Vereinigten Staaten. Doch war er so sehr von seiner eigenen wichtigen Rolle in Deutschland über-

57 Samuel Goudsmit an Werner Heisenberg (1. Dezember 1947), NBL, SGP Box 10, Folder 96.

58 Samuel Goudsmit an Werner Heisenberg (1. Dezember 1947), NBL, SGP Box 10, Folder 96; Goudsmit, Alsos, 2. Aufl., 115–119; vgl. das nachstehende Kapitel »Kompromisse mit Hitler«.

> zeugt, dass er sich beharrlich weigerte, auszuwandern. Er glaubte von jeher daran, dass Deutschland kraftvolle Führung brauche und dass er eine der bedeutenden Führungsfiguren sein könne. [...] Sein extremer Nationalismus führte ihn jedoch während des Krieges auf Abwege. Er glaubte so sehr an die Größe Deutschlands, dass er den Bemühungen der Nazis, Deutschland wieder zu einem machtvollen Staat zu machen, eine größere Bedeutung beimaß als ihren Exzessen. In seinem törichten Optimismus glaubte er nach wie vor daran, dass diese Exzesse schließlich aufhören würden, sobald Deutschland die Weltherrschaft errungen hätte.[59]

Es ist bemerkenswert, wie diametral entgegengesetzt Goudsmit und Heisenberg die Handlungen und Motive von Letzterem wahrnahmen. Während sich Heisenberg als jemanden sah, der unter erheblichen Risiken für sich selbst seine persönliche Sicherheit und berufliche Entwicklungschancen zum Wohle Deutschlands opferte, sah Goudsmit einen arroganten Nationalisten und verwarf kurzerhand die Möglichkeit, dass das Arbeiten zum Wohl der deutschen Wissenschaft etwas Positives sein könnte.

Das, was Goudsmit wirklich von Heisenberg wollte, war das, wozu sein deutscher Kollege am allerwenigsten bereit war. Jetzt, nicht während des Krieges, so Goudsmit, sei die richtige Zeit für die bescheidenere Haltung, von der Heisenberg in seinem Brief gesprochen habe. Heisenberg und »einige der berühmten Männer unter euch« sollten »ihre wahre Größe zeigen, ihren Stolz hinunterschlucken und der Welt couragiert von den Fehlern Deutschlands erzählen, als Mahnung für die Zukunft«. Ausgehend von seinen Erfahrungen und seine eigenen Fehleinschätzungen zugebend, sollte Heisenberg »den aussichtslosen Kampf gegen den Widerstand unter Kollegen und in der Regierung, den Niedergang des Interesses an der Grundlagenforschung, den Konflikt der Wissenschaft mit der Weltanschauung der Nazis und letztlich den Tod der deutschen Wissenschaft« schildern.[60]

Heisenberg schrieb Goudsmit Anfang Januar einen zweiten Brief. Im Gegensatz zu seinem amerikanischen Kollegen war für Heisenberg »die Frage, ob die deutschen Physiker gewußt haben, daß eine Atombombe durch die Kettenreaktion mit schnellen Neutronen funktioniert und daß man aus 235 Uran oder 239Pu Atombomben herstellen kann«, am wichtigsten. Der erste Punkt wurde nach der Veröffentlichung der Arbeit von Bohr und Wheeler im Grunde als selbstverständlich angesehen, »wobei mir völlig klar ist, daß die wirkliche Konstruktion der Atombombe die Lösung mancher schwierigen physikalischen Frage voraussetzt, die Sie [die Amerikaner] gelöst und die wir aus den bekannten Gründen nicht angegriffen haben«.

59 Goudsmit, Alsos, 2. Aufl., 113–115.
60 Samuel Goudsmit an Werner Heisenberg (1. Dezember 1947), NBL, SGP Box 10, Folder 96.

Was Plutonium anlange, so habe Weizsäcker, als er 1940 seinen Bericht schrieb, zwar nicht gewusst, ob das durch Neutroneneinfang entstandene stabile Element die Ladung 93 oder 94 tragen würde, aber auch hier sei es aufgrund des Bohr-Wheelerschen Aufsatzes klar gewesen, dass das Transuran genauso spaltbar wäre wie Uran-235.

Als Nächstes nahm Heisenberg Bezug auf seinen Vortrag vor dem Reichsforschungsrat im Februar 1942 und das Diagramm, das die Neutronenvermehrung in reinem Uran-235 mit derjenigen in einer Uranmaschine aus gewöhnlichem Uran und schwerem Wasser verglich. Er legte für Goudsmit auch eine nach dem Gedächtnis angefertigte Skizze bei.

»Was sie darstellen, brauche ich Ihnen nicht weiter zu erklären«, bemerkte Heisenberg. Er meinte, Goudsmit habe diese Berichte vielleicht nicht gesehen, und er fügte hinzu, er glaube nicht, dass diese Berichte von besonderer Bedeutung seien, vielmehr sei die ganze Entwicklung nach der Entdeckung von Hahn und Straßmann und der Bohr-Wheelerschen Arbeit praktisch zwangsläufig gewesen. Heisenberg sah die große Leistung der am Manhattan-Projekt beteiligten Physiker vor allem »in der ungeheuren Effektivität der technischen Durchführung, in dem planvollen Einsatz größter Mittel, die nur von dem riesigen Industriepotenzial Amerikas bereitgestellt werden konnten«.

Erst nachdem sie sich über die Tatsachen einig geworden seien, so Heisenberg, sollten sie beginnen, über politische Motive zu sprechen. Vielleicht würde das Gespräch besser so lange aufgeschoben, bis sie sich persönlich miteinander unterhalten könnten. »Ich glaube nicht, daß durch eine Behandlung dieser Frage in der breiten Öffentlichkeit etwas gewonnen werden kann.« Trotzdem ging Heisenberg sofort auf einige der von Goudsmit vorgebrachten Punkte ein. Heisenberg war schon seit Langem der Auffassung, dass der Nationalsozialismus der Wissenschaft in Deutschland schwer geschadet habe, erstens durch die Vertreibung vieler fähiger Wissenschaftler aus Deutschland und zweitens durch die Förderung abstruser wissenschaftlicher Theorien. Außerdem hatte Heisenberg dies nicht bloß gelegentlich in einem Kreis ihm freundschaftlich verbundener Kollegen geäußert, sondern diesen Punkt zu einer Zeit, als dies gefährlich sein konnte, auch in einer Reihe von Petitionen an Dienststellen der deutschen Regierung gemacht, um schlussendlich Veränderungen herbeizuführen.

Heisenberg wäre es nie in den Sinn gekommen, zu glauben, dass die deutschen Wissenschaftler andere Menschen als ihre Kollegen in den Ländern der Alliierten gewesen seien. Goudsmit müsse zugeben, dass die deutschen Physiker in einer »anderen psychologischen Situation« als ihre Kollegen in England und Amerika waren und »eine andere Stellung zu der Weltanschauung ihrer Regierung einnehmen mußten als die alliierten Physiker zur Weltanschauung ihrer Völker«. Was die »›complacency‹«, also die

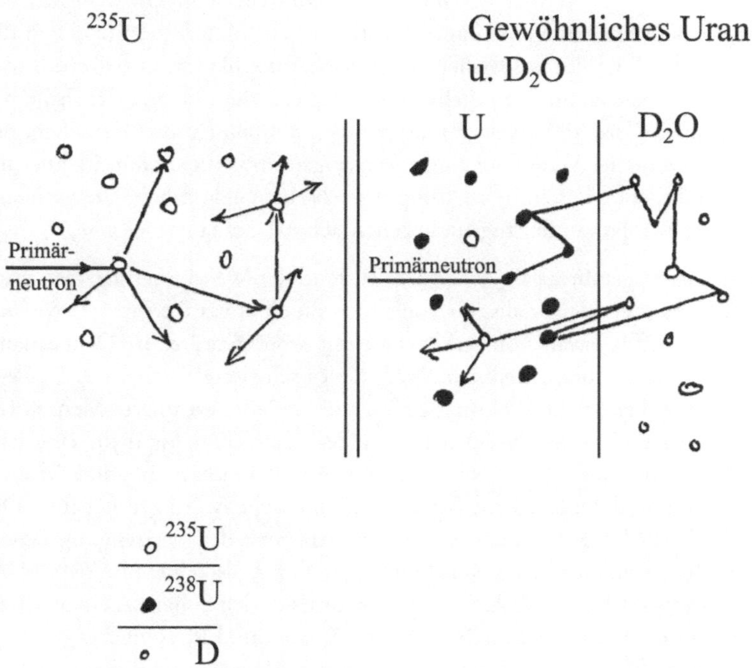

Abb. 26: Handgezeichnetes Diagramm der Kettenreaktionen in Uran.

Selbstgefälligkeit, der deutschen Physiker anlange, so habe Heisenberg in jeder Sitzung, die mit höheren Regierungsstellen über das Uranvorhaben stattgefunden habe, darauf hingewiesen, dass die Amerikaner an Menschen und Laboratorien sehr viel besser ausgerüstet seien und das Atomenergieproblem viel schneller lösen würden als die Deutschen, sofern sie es während des Krieges aufgreifen würden.

Schließlich wollte sich Heisenberg auch zu der »politischen Haltung, die Sie als Kompromiß mit dem Nazismus zu bezeichnen für richtig halten«, äußern. Heisenberg habe niemals auch nur einen Augenblick bezweifelt, dass die deutsche Regierung zu einem erheblichen Teil aus »Narren und Lumpen« bestehe. Aber er habe auch gewusst, dass dann, wenn es den Deutschen nicht gelinge, dieses System von innen heraus zu unterhöhlen und schließlich zu beseitigen, »eine große Katastrophe hereinbrechen wird, die Millionen von unschuldigen Menschen in Deutschland und in anderen Ländern das Leben kostet«. Heisenberg sei nicht so naiv gewesen, zu glauben, sie hätten große Erfolgschancen gehabt, bevor die Katastrophe hereinbrechen würde. Trotzdem würde er auch jetzt noch glauben,

> meine Pflicht sträflich versäumt zu haben, wenn ich nicht wenigstens in meinem kleinen Kreise das Äußerste versucht hätte, eine Bresche in die Verblendung der politischen Machthaber zu schlagen, in der Hoffnung, daß andere an anderen Stellen dann das Gleiche tun. [...] Ich habe niemals das leiseste Verständnis aufbringen können für die Menschen, die sich von aller Verantwortung zurückzogen und einem dann in einer ungefährlichen Tischunterhaltung versicherten: »Sie sehen, Deutschland und Europa werden zugrunde gehen, ich habe es ja immer gesagt.

Heisenberg glaubte, dass es für den Zustand der Welt besser gewesen wäre, wenn der Nationalsozialismus von innen durch etwas Besseres ersetzt statt durch Waffengewalt von außen beseitigt worden wäre. In Deutschland herrsche jetzt unbeschreibliche Not, die es schwierig mache, das Denken der Menschen in die Richtung zu lenken, die jeder ernsthafte Mensch für nötig halte. »Was wir in Deutschland jetzt brauchen, ist nicht eine haßerfüllte Abrechnung mit der vergangenen Zeit, sondern ein stilles Wiederaufbauen und der langsame Beginn eines menschenwürdigen Lebens.« Die deutschen Physiker würden sich sicher gern an jeder Anstrengung beteiligen, die zu einem »›better world understanding‹«, also einem besseren Weltverständnis, führen würde, wie Goudsmit geschrieben habe. Leider hätten ihre Unterredungen in den Vereinigten Staaten und in Heidelberg gezeigt, »wie unendlich schwer es ist, einen anderen Menschen wirklich zu verstehen. Aber auch da dürfen wir es eben nicht aufgeben, sondern müssen unsere Anstrengungen verdoppeln.«[61]

Heisenbergs Anwalt

Zu diesem Zeitpunkt tauchte vorübergehend ein Vermittler zwischen Goudsmit und Heisenberg auf, der in einzigartiger Weise für diese Rolle qualifiziert war: Bartel van der Waerden (1903–1996), ein mittlerweile in den Vereinigten Staaten tätiger niederländischer Mathematiker, der an der Universität Leipzig Heisenbergs Kollege gewesen war und der während des Dritten Reichs in Deutschland gelebt hatte.[62] Nachdem van der Waerden *Alsos* gelesen hatte, fragte er Goudsmit, was er gemeint habe, als er schrieb, sie seien »hinter der Bombe her gewesen«. Meinte er, die deutschen Wissen-

61 Werner Heisenberg an Samuel Goudsmit (5. Januar 1948), NBL, SGP Box 11, Folder 98; obgleich Goudsmit bereits den Text des Vortrags, den Heisenberg im Februar 1942 gehalten hatte, besaß, war das Diagramm darin offenbar nicht enthalten.

62 Vgl. Reinhard Siegmund-Schultze, »Bartel Leendert van der Waerden (1903–1996) im Dritten Reich: Moderne Algebra im Dienste des Anti-Modernismus?«, in Dieter Hoffmann und Mark Walker (Hgg.), *»Fremde« Wissenschaftler im Dritten Reich. Die Debye-Affäre im Kontext* (Göttingen 2011), 200–229.

schaftler, die wussten, wer Hitler war, hätten das »fürchterliche Verbrechen« geplant, ihm eine Atombombe zur Verfügung zu stellen? Goudsmit war nicht der Meinung, dass es ein Verbrechen gewesen wäre, an der Atombombe zu arbeiten, vielmehr sei dies etwas, was »man nicht aufhalten kann. Es ist eine Art wissenschaftlicher Triumph, dessen Konsequenzen man erst erkennt, wenn es zu spät ist«.[63]

Seit van der Waerden in die Vereinigten Staaten gekommen war, hatte er seinen früheren Leipziger Kollegen vorsichtig verteidigt. Nach dem Treffen mit Goudsmit schrieb van der Waerden Heisenberg ein weiteres Mal. Goudsmit gehöre nicht zu jenen Personen, die »Sie und Ihre Freunde für mitschuldig an den entsetzlichen Geschehnissen der Nazi-Zeit halten«. Er wolle aufrichtig sowohl die internationale Zusammenarbeit als auch freundschaftliche Beziehungen zu deutschen Physikern wiederherstellen. Van der Waerden sagte Heisenberg, dass seine Behauptungen im Hinblick darauf, was sie gewusst hatten, richtig gewesen seien. Goudsmit lagen die Berichte vor. Goudsmit und van der Waerden hätten lange über die Schuldfrage gesprochen. Sie seien verschiedener Meinung in Bezug darauf, was Heisenbergs Gruppe getan hätte, wenn sie mehr über Plutonium gewusst hätte, aber nachdem er nochmals darüber nachgedacht hatte, räumte Goudsmit ein, dass man jemanden nicht danach beurteilen sollte, was er vielleicht getan hätte, wenn die Umstände andere gewesen wären.[64]

Obgleich van der Waerden Heisenberg gegenüber Goudsmit und anderen verteidigte, stellte er ihm auch ganz offen unangenehme Fragen. Waren Heisenbergs Gespräche mit hohen Amtsträgen des Nazi-Regimes über potenzielle Kernsprengstoffe bloß Teil einer Taktik gewesen, um Geld für die physikalische Forschung zu bekommen? War er entschlossen, es nie so weit kommen zu lassen, eine Waffe zu entwickeln? »Dann wäre ja alles in Ordnung: denn diesen Leuten gegenüber ist jeder Betrug erlaubt. Oder?« Als Heisenbergs selbsternannter »Anwalt« habe van der Waerden genug Daten, um ihn zu verteidigen; aber als sein Freund würde er sehr gern glauben, dass »Ihre Anständigkeit unter allen Umständen stärker gewesen wäre als Ihr Nationalismus plus Ehrgeiz«.[65]

Heisenberg antwortete umgehend. Da jeder Brief aus Deutschland von einem Zensor gelesen werde und gerade dann, wenn er sich mit dem Thema Atombombe befasse, womöglich öffentlich gemacht werde, müsse Heisen-

63 Bartel van der Waerden an Samuel Goudsmit (17. März 1948), NBL, SGP Box 10, Folder 93; Samuel Goudsmit an Bartel van der Waerden (März 1948), NBL, SGP Box 11, Folder 98.

64 Bartel van der Waerden an Werner Heisenberg (18. März 1948), AMPG, III. Abt. Rep. 93.

65 Bartel van der Waerden an Werner Heisenberg (20. April 1948), AMPG, III. Abt. Rep. 93.

berg »amtlicher« schreiben, als er es eigentlich wolle. Als Heisenberg Ende 1941 gewusst habe, dass die Uranmaschine funktionieren würde und dass wahrscheinlich Atombomben gebaut werden könnten, war er »zutiefst erschrocken über die Möglichkeit, dass man irgendwelchen Machthabern (nicht nur Hitler) solche Waffen in die Hand geben könnte«. Anfang 1942 habe es ihn sehr gefreut, dass ihnen die Entscheidung abgenommen worden sei, denn es sei klar gewesen, dass Deutschland niemals in der Lage gewesen wäre, während des Krieges Atombomben zu bauen.

> Ich haette es auf jeden Fall fuer ein Verbrechen gehalten, Atombomben fuer Hitler zu machen; aber ich finde es auch nicht gut, dass sie anderen Machthabern gegeben und von ihnen angewandt worden sind. Andererseits habe ich aus den vergangenen Jahren etwas gelernt, was meine Freunde im Westen noch nicht ganz sehen wollen: dass in solchen Zeiten fast niemand darum herumkonnte, Verbrechen zu begehen oder sie durch Nichthandeln zu unterstuetzen, sei es auf deutscher, oder russischer oder angelsaechsischer Seite.

Als Heisenberg seinen Brief noch einmal durchlas, erkannte er, dass dieser letzte Satz in zweierlei Weise missverstanden werden konnte. Und so fuhr er in einem Post Scriptum fort: »Erstens koennte man denken, ich wollte Oppenheimer oder Fermi als Verbrecher bezeichnen, oder man koennte weiter annehmen, dass ich selbst unter Umstaenden bereit gewesen waere, beliebige Verbrechen ›fuer Hitler‹ zu begehen.« Van der Waerden kenne Heisenberg gut genug, um zu wissen, dass er keines von beiden gemeint habe. Vielmehr meine Heisenberg damit, dass die Auflösung der Rechtsordnungen in großen Völkern auch Nationen, die für ihre Selbsterhaltung kämpften, dazu zwinge, so brutal zu sein wie ihre Gegner, »was den Prozess der Auflösung dann in unheimlicher Weise beschleunigt«. Aber er wolle nicht zu viel über diese Dinge schreiben.[66]

Als Goudsmit Heisenberg antwortete, räumte er ein: »Es ist klar, dass ich in meinem Buch die wissenschaftlichen Tatsachen vereinfachen musste, um den Lesern diese wichtige Idee nahezubringen. Man kann die Nichtphysiker nicht dadurch beeindrucken, dass man hochwissenschaftliche Aufsätze erörtert.« In *Alsos* sei es ihm vor allem darum gegangen, vor den Folgen zu warnen, wenn »unfähige Leute die Wissenschaft kontrollieren und sich in sie einmischen«. Während die Kernforschung so teuer sei, dass Universitäten sie nicht aus eigener Kraft stemmen könnten, würden sich Regierungsstellen und das Militär überall auf der Welt mehr und mehr dafür interessieren. Diese Situation drohe »dem wissenschaftlichen Fort-

66 Werner Heisenberg an Bartel van der Waerden (28. April 1948), NBL, SGP Box 10, Folder 93.

schritt ernsthaften Schaden zuzufügen, so wie es unter den Nazis und in vielen Wissenschaftszweigen unter den Kommunisten geschehen sei. Hierzulande haben einige Wissenschaftler bereits ernste Schwierigkeiten, wie Sie wissen.« Als Goudsmit seinen Brief durchlas, bemerkte er, dass sein Inhalt nur geringfügig von dem seines letzten Briefs an Heisenberg abwich. Wie Heisenberg war Goudsmit der Meinung, es sei viel leichter, solche Dinge im persönlichen Gespräch zu erörtern.[67]

Aber Heisenberg, der ausführlich über seine persönlichen Erfahrungen, Wahrnehmungen und Motive geschrieben hatte, wollte jetzt erst einmal eine Richtigstellung. Es war klar, dass Goudsmit die Berichte vorliegen hatte, die das bestätigten, was die Deutschen gewusst hatten. Nachdem Heisenberg ausführlich jene Behauptungen Goudsmits über ihr wissenschaftliches Verständnis, die ihn bei der Lektüre von *Alsos* am meisten geärgert hatten, zitiert hatte, schlug er Goudsmit vor, den folgenden Text im *Bulletin of the Atomic Scientists* zu veröffentlichen:

> Die deutschen Physiker erkannten den Unterschied zwischen Uranmaschine und Atombombe. Sie wußten auch seit 1940 von der Möglichkeit, Atomsprengstoff aus dem Uranbrenner zu gewinnen und wussten seit 1942, dass es sich dabei um das Element 94 (Pu) handelt. Sie wußten wenigsten soviel über die Herstellung und die Konstruktion von Atombomben, daß sie sich darüber klar waren, daß die Herstellung von Bomben in Deutschland während des Krieges nicht gelingen konnte. Aus diesem Grund blieb ihnen die moralische Entscheidung, ob sie Atombomben machen sollten, erspart, und sie haben nur an der Uranmaschine gearbeitet.

Heisenberg fügte hinzu, dass er es vorziehe, nicht auf den übrigen Inhalt von Goudsmits Brief einzugehen, weil »ich viele Formulierungen darin für unrichtig halte«, aber er nicht wolle, dass eine kritische Diskussion die Gegensätze zwischen ihnen noch vermehre. Er habe gehofft, dass er und Goudsmit sich nach einer Verständigung über die Tatsachen auch über die Motive einigen könnten, und er wolle »diese Hoffnung einstweilen noch nicht aufgeben«. Selbstverständlich teile er die Auffassung, dass ein totalitäres System der Wissenschaft sehr schade. Tatsächlich habe er dies schon oft gesagt und geschrieben, »aber in Ihrem Buch ist diese Ansicht eben mit unrichtigen Argumenten begründet, und das finde ich sehr schade«.[68]

67 Samuel Goudsmit an Werner Heisenberg (20. September 1948), NBL, SGP Box 10, Folder 95.

68 Werner Heisenberg an Samuel Goudsmit (3. Oktober 1948), NBL, SGP Box 10, Folder 93.

Etwa zur selben Zeit schrieb Goudsmit seinem ebenfalls in die USA emigrierten Kollegen Victor Weisskopf (1908–2002), der gerade von einer Reise nach Deutschland zurückgekehrt war, einen Brief und fragte ihn darin: »Wann werden die deutschen Kollegen für die Zukunft arbeiten, statt zu versuchen, die Vergangenheit zu rechtfertigen?« Weisskopf antwortete, ihre Kollegen neigten im Großen und Ganzen weniger dazu, diese Vergangenheit zu rechtfertigen, als man denken sollte, auch wenn es »ein paar bemerkenswerte Ausnahmen wie etwa Hr. Heisenberg gibt, und auch sie werden dazulernen«. Daraufhin schickte Goudsmit eine Kopie von Heisenbergs letztem Brief an Weisskopf. Obgleich Weisskopf verstehe, wie ärgerlich die Situation sei, riet er Goudsmit, nichts im *Bulletin* zu veröffentlichen. »Wir sollten dieses nutzlose Herumbohren in der Vergangenheit beenden.« Ja, Heisenbergs Haltung sei »tragikomisch«, aber dies, so Weisskopf weiter, verdanke sich den »zwangsläufigen Vereinfachungen« Goudsmits. Indem Goudsmit ein populärwissenschaftliches Buch über eine komplexe Situation geschrieben habe, habe er notwendigerweise Behauptungen aufgestellt, die er jetzt relativieren müsse, bevor er sie verteidigen könne. »Eine *vereinfachte* Formulierung meiner Kritik an Ihrem Buch: Der Stil ist dem Thema nicht angemessen. Damit will ich Heisenberg nicht verteidigen, sondern nur sein Verhalten erklären […].«[69]

Nachdem Heisenberg zwei Monate auf eine Richtigstellung gewartet hatte, legte er mithilfe von Waldemar Kaempffert sein Anliegen im Rahmen eines Interviews mit der *New York Times* direkt der amerikanischen Öffentlichkeit vor. Als Antwort auf Goudsmits wiederholte Kritik, Heisenberg habe nicht ausdrücklich die Nazis für den Niedergang der deutschen Wissenschaft verantwortlich gemacht, schrieb er »die Schuld daran ganz klar dem Hitler-Regime und dessen ›Rassentheorien‹« zu. Im Gegensatz zu den amerikanischen Physikern hätten die deutschen Physiker während des Krieges nie die rückhaltlose Unterstützung der »totalitären Regierung« gehabt. Heisenberg kritisierte auch ausdrücklich die Vertreibung einiger der fähigsten Physiker in Deutschland aus politischen oder »rassischen« Gründen und die Förderung abstruser wissenschaftlicher Theorien. Zum Glück hätten die deutschen Physiker »niemals eine moralische Entscheidung treffen müssen«, weil »sie und die Wehrmacht sich einig gewesen seien, dass es vollkommen unmöglich sei, während des Krieges eine Bombe zu bauen«.

69 Samuel Goudsmit an Victor Weisskopf (29. September 1948), NBL, SGP Box 24, Folder 257; Victor Weisskopf an Samuel Goudsmit (6. Oktober 1948), NBL, SGP Box 24, Folder 257; Victor Weisskopf an Samuel Goudsmit (13. Dezember 1948), NBL, SGP Box 24, Folder 257.

Ohne Goudsmits Namen oder Buch zu erwähnen, setzte sich Heisenberg anschließend mit der Kritik an der wissenschaftlichen Kompetenz der deutschen Forscher auseinander:

> […] laut den Geschichten, die über uns kolportiert wurden, wären wir zu dem absurden Schluss gekommen, ein ganzer Atommeiler oder -brenner sei auf Hiroshima abgeworfen worden, in der Erwartung, er würde explodieren. Unsere Unwissenheit war angeblich so groß, dass wir nicht den Unterschied zwischen einer Bombe und einem [nuklearen] Brenner kannten. Die Wahrheit ist, dass die allgemeinen Grundsätze, die notwendigerweise der Planung und dem Bau einer Atombombe zugrunde liegen, den deutschen Physikern durchaus bekannt waren. Ebenso die Möglichkeit, Uran in einem Brenner in Plutonium umzuwandeln.

Mit dem Hinweis, dass sich derzeit rund 300 deutsche Dokumente aus der Zeit des Krieges in Washington befänden, forderte Heisenberg, die Titel oder sogar die vollständigen Berichte zu veröffentlichen. Die Berichte würden beweisen, dass führende Kernphysiker in Deutschland in Bezug auf ihr theoretisches Wissen über Kettenreaktionen, die Grundlagen der Konstruktion von Atomreaktoren beziehungsweise Uranbrennern und die allgemeinen Grundsätze, die bei der Herstellung einer Atombombe angewendet werden müssten, keinen großen Rückstand auf amerikanische Physiker hatten.[70]

Goudsmit widersprach in seiner Erwiderung in der *New York Times* Heisenbergs Behauptung, die Deutschen hätten keinen großen Rückstand auf ihre amerikanischen Kollegen gehabt, relativierte aber zähneknirschend einige seiner Behauptungen: »In meinem Buch ›Alsos‹ habe ich erklärt, die deutschen Wissenschaftler hätten den Unterschied zwischen einem Atomreaktor und einer Bombe nicht gekannt. Dies ist vielleicht eine übermäßige Vereinfachung, was einige Schlüsselpersonen anlangt, aber ich wollte auf diese Weise technische Erklärungen vermeiden […].« Nachdem Goudsmit nun den Text von Heisenbergs Vortrag im Februar 1942 gelesen hatte, räumte er ein, dass Heisenberg gewusst habe, dass Plutonium ein spaltbares Material sei, das in einem Kernreaktor produziert werden konnte, beharrte jedoch darauf, dass die meisten seiner Kollegen dieses Wissen nicht hatten. Unerklärlicherweise behauptete Goudsmit jedoch weiterhin, dass »die deutschen Physiker auch den entscheidenden Punkt nicht erkannten, nämlich dass eine Bombe auf einer Reaktion beruht, die durch schnelle Neutronen in Plutonium oder in U-235 ausgelöst wird«. Laut Goudsmit war die wichtigste Erkenntnis, die man aus den deutschen Uranarbeiten wäh-

70 Werner Heisenberg (Interview), »Nazis Spurned Idea of an Atomic Bomb«, *New York Times* (28. Dezember 1948).

rend des Krieges ziehen konnte, nicht die »nachträgliche Schlussfolgerung von Dr. Heisenberg«, sondern die Tatsache, dass »die deutsche Wissenschaft, die einst nicht ihresgleichen hatte, durch die Jahre des Hitlerismus so stark geschwächt worden war, dass sie nicht die entscheidende Waffe produzieren konnte, der die deutsche Wissenschaft den Weg geebnet hatte«.[71]

Heisenberg schickte einen weiteren Brief an die *New York Times*, in dem er darauf hinwies, dass Goudsmit einige der in *Alsos* aufgestellten Behauptungen richtiggestellt habe. Angesichts der Tatsache, dass »selbst ein so guter Physiker wie Dr. Goudsmit durch Misstrauen und unvollständige Informationen in die Irre geführt werden kann«, sprach er sich abermals dafür aus, die deutschen Berichte zu veröffentlichen. Heisenberg, der eine gewisse Frustration erkennen ließ, fragte auch, warum Goudsmit seinen Brief mit den Worten beendet habe: »Die deutschen Physiker sollten der Welt von den schädlichen Auswirkungen des Nazi-Regimes auf die Wissenschaft berichten, statt die Öffentlichkeit von ihren hervorragenden Forschungsleistungen während des Krieges überzeugen zu wollen.« Dabei habe Heisenberg doch zu Beginn des Interviews das »Hitler-Regime und seine ›Rassentheorien‹« kritisiert und anschließend »die Fortschritte, die nach der Entdeckung von Dr. Hahn und Dr. Straßmann gemacht wurden, nicht als eine bedeutende und unerwartete wissenschaftliche Leistung, sondern als eine natürliche, anwendungsorientierte Entwicklung« beschrieben. Heisenberg bekundete am Schluss seines Briefs die »größte Bewunderung für die Tüchtigkeit der amerikanischen Physiker, die in so kurzer Zeit den ganzen Weg von theoretischer Erkenntnis zu den bedeutendsten praktischen Ergebnissen gegangen sind«.[72]

Als Goudsmit Heisenberg fragte, ob er es für besser halte, ihren »Gedankenaustausch« vollständig einzustellen, antwortete Heisenberg in dem bislang schärfsten Ton:

> Daß es mir selbst auch lieber gewesen wäre, wenn die Frage nach den deutschen Atomenergie-Arbeiten nicht in die Öffentlichkeit gezerrt worden wäre, wissen Sie. Da Sie aber in sehr vielen amerikanischen Zeitungen und durch Ihr Buch immer wieder und wieder falsche Nachrichten über die deutschen Physiker verbreitet haben, schien es mir berechtigt, dass auch einmal in einer Tageszeitung eine richtige Darstellung des Sachverhalts erscheint. Ich dachte, daß Sie, selbst dann, wenn Sie in den sachlichen Punkten anderer Meinung sind als ich, dies als recht und billig anerkennen würden, und ich bin enttäuscht darüber, daß es nicht so ist.

71 Samuel Goudsmit, (Brief an den Herausgeber), *New York Times* (9. Januar 1949).
72 Werner Heisenberg, »German Atom Research«, *New York Times* (30. Januar 1949).

Goudsmit schickte einen letzten Brief zu »unserer Streitfrage«. Weil er befürchtete, er und Heisenberg könnten die Fassung verlieren, legte er seine Sichtweise ein letztes Mal dar und brachte die Hoffnung zum Ausdruck, sie würden sich weiterhin über wissenschaftliche Fragen austauschen. Goudsmit hatte gehört, dass Heisenberg im Herbst nach Amerika kommen wolle, um an einer wissenschaftlichen Konferenz teilzunehmen, und lud Heisenberg ein, ihn am Brookhaven Laboratory zu besuchen. Heisenberg schrieb umgehend zurück, dass er daran interessiert wäre, die wissenschaftliche Arbeit in Brookhaven mit eigenen Augen zu sehen. Dieser Besuch kam vorerst nicht zustande, aber ein Jahr später, im Herbst 1950, kam Heisenberg als Goudsmits Gast nach Brookhaven; dort machte er einen Rundgang durch das Forschungszentrum, führte Gespräche mit Mitarbeitern und hielt einen Vortrag. Durch die Physik versöhnten sich die beiden Männer.[73]

Obgleich Goudsmit Heisenberg verzieh, sprach er ihn nicht frei. Im Sommer 1951 wurde Goudsmit von einem Kollegen in Yale, Gregory Breit (1899–1981), kontaktiert. Jemand hatte eine Geldspende angeboten, damit Heisenberg dauerhaft dem Lehrkörper der Universität Yale beitreten könnte. In dem Wissen, dass Heisenberg umstritten war, bat die Verwaltung der Universität Breit, ein paar repräsentative Meinungen amerikanischer Physiker einzuholen, bevor sie das Angebot annahm. Zunächst lobte Goudsmit Heisenberg, der zweifellos einer der bedeutendsten Physiker sei, »fast so bedeutend wie Einstein und Bohr«. Heisenberg sei ein ausgezeichneter Lehrer und Dozent und würde sicherlich zu dem Erfolg jedes Forschungsprojekts beitragen, an dem er mitwirken würde. Allerdings habe Heisenberg Einladungen, in die Vereinigten Staaten zu kommen, ausgeschlagen, weil er überzeugt davon sei, dass Deutschland ihn brauche. Nur wenn Westdeutschland von Russland besetzt werden würde, wäre er vermutlich gewillt, auszuwandern.[74]

Goudsmit bezweifelte, dass Heisenberg gut in die amerikanische Gesellschaft passen würde. Obgleich Heisenberg nie Mitglied der Nazi-Partei gewesen war und kein Verständnis für die Exzesse der Nazis gezeigt hatte, war er ein »loyaler Deutscher, dessen Loyalität zu weit ging«. Nach wie vor

73 Samuel Goudsmit an Werner Heisenberg (11. Februar 1949), NBL, SGP Box 10, Folder 95; Werner Heisenberg an Samuel Goudsmit (20. April 1949), NBL, SGP Box 10, Folder 95; Samuel Goudsmit an Werner Heisenberg (3. Juni 1949), NBL, SGP Box 10, Folder 96; Werner Heisenberg an Samuel Goudsmit (22. Juni 1949), NBL, SGP Box 10, Folder 96; Samuel Goudsmit an Werner Heisenberg (19. September 1950), NBL, SGP Box 10, Folder 96; Samuel Goudsmit an Werner Heisenberg (9. Oktober 1950), NBL, SGP Box 10, Folder 96.

74 Gregory Breit an Samuel Goudsmit (16. Juni 1951), NBL, SGP Box 6, Folder 29; Samuel Goudsmit an Gregory Breit (2. Juli 1951), NBL, SGP Box 6, Folder 29.

behaupte Heisenberg, die »Exzesse der Nazis seien lediglich ein normales Nebenprodukt einer Revolution, und die Verbrecher an der Spitze würden sich mäßigen oder abgelöst werden, sobald die revolutionären Kräfte ein Gleichgewicht erreichten«. Seit Kriegsende habe sich Heisenberg beharrlich darum bemüht, »die deutsche Forschung in ein günstigeres Licht zu rücken, als sie es verdient, und einige ihrer Defizite wegzuerklären, wobei er mitunter unredlich wird«. Goudsmits Empfehlungen an Breit ähnelten in verblüffender Weise dem Rat, den er unmittelbar nach dem Ende des Krieges Vannevar Bush gegeben hatte.

> Heisenbergs Beschäftigung in den USA sollte ausschließlich von der Einschätzung seiner möglichen zukünftigen Beiträge zur Physik abhängig gemacht werden. Es wäre falsch, ihm eine hohe Stellung anzuvertrauen, in der er womöglich Einfluss auf politische Angelegenheiten nehmen könnte, wie zum Beispiel auf das Verhältnis zwischen physikalischer Forschung und Verteidigung, Beschlüsse der Amerikanischen Physikalischen Gesellschaft oder auch allgemeine bildungspolitische Probleme. Ich befürchte, dass seine Meinungen in solchen Angelegenheiten oftmals nicht mit den unseren übereinstimmen werden.

Breit bemühte sich dennoch weiterhin darum, Heisenberg nach Yale zu holen. Allerdings warnte er seinen deutschen Kollegen: »Ich sollte darauf hinweisen, dass einige Menschen nicht erkannt haben, dass der Zweite Weltkrieg vorbei ist. Eine Person könnte völlig unerwartet Einwände erheben und die gemäß unseren Statuten vorgeschriebenen Genehmigungen hinauszögern.« Heisenberg, der während des Dritten Reichs nicht emigriert war, machte Breit klar, dass er nur dann in Betracht ziehen würde, Deutschland zu verlassen, wenn ein weiterer Krieg käme und die sowjetische Truppen Göttingen besetzen würden.[75]

Tatsächlich schien Heisenberg manchmal seine Landsleute nur widerwillig für das zu kritisieren, was sie während des Dritten Reichs getan hatten. Mehrere seiner emigrierten Kollegen waren überrascht, als er nach dem Krieg Äußerungen machte, die die Schrecken des Nationalsozialismus zu verharmlosen schienen. Nach Darstellung von Rudolf Peierls soll Heisenberg während einer Reise nach England im Jahr 1947 einem Kollegen, der zur Emigration aus Deutschland gezwungen worden war, gesagt haben: »Man hätte die Nazis noch weitere fünfzig Jahre an der Macht lassen sollen, dann wären sie recht anständig geworden.« Ein Jahr später schilderte Lise

75 Samuel Goudsmit an Vannevar Bush (23. August 1945), NBL, SGP Box 25, Folder 4; Samuel Goudsmit an Gregory Breit (2. Juli 1951), NBL, SGP Box 6, Folder 29; Gregory Breit an Werner Heisenberg (3. August 1951), AMPG, III. Abt. Rep. 93; Werner Heisenberg an Gregory Breit (25. August 1951), AMPG, III. Abt. Rep. 93.

Meitner ein unangenehmes Gespräch mit Heisenberg und anderen. Nachdem deutsche Kollegen gesagt hatten, dass Deutsche schreckliche Dinge getan hätten, antwortete Heisenberg: »Es hätte doch jede geistige Umwälzung leider immer große Grausamkeiten mit im Gefolge gehabt.« Als Meitner fragte, ob man die Französische Revolution, die eine geistige und ethische Grundlage gehabt habe, wirklich mit dem Nazismus oder die napoleonischen Eroberungskriege mit dem Zweiten Weltkrieg vergleichen könne, blieb Heisenberg die Antwort schuldig. In seiner Antwort an Breit schrieb Heisenberg dagegen: »Es ist mir durchaus verständlich, dass manche Kollegen noch feindlich gegen uns Deutsche eingestellt sind, denn manche meiner Landsleute haben tatsächlich entsetzliche Dinge getan, und wir schämen uns, dass wir sie nicht haben verhindern können.«[76]

Sünden der Väter

Der Schatten von Auschwitz

In *Alsos* enthüllte Goudsmit auch einen persönlich niederschmetternden Schlag, den er während der Alsos-Mission erhielt: Er erfuhr, was aus seinen Eltern geworden war. Beim Besuch seines Elternhauses in den Niederlanden wurde er

> von diesem niederschmetternden Gefühl gepackt, das alle von uns, die Angehörige und Freunde durch die Hand der mörderischen Nazis verloren haben, schon einmal empfunden haben: ein schreckliches Gefühl der Schuld. Vielleicht hätte ich sie retten können. […]
> Es war zu spät. Wenn ich mich etwas mehr beeilt hätte, wenn ich einen Besuch bei der Einwanderungsbehörde nicht um eine Woche aufgeschoben hätte, wenn ich die erforderlichen Briefe ein bisschen schneller geschrieben hätte, dann hätte ich sie mit Sicherheit rechtzeitig vor den Nazis retten können. Jetzt vergieße ich Tränen, weil ich mich so schwer mit Schuld beladen fühle. Mittlerweile weiß ich, dass das, was ich gefühlt habe, auch viele andere fühlten, die ihre Lieben an die Nazis verloren. Ach! Meine Eltern waren nur zwei von vier Millionen Opfern, die in dreckigen, brechend vollen Viehwaggons zu den Konzentrationslagern gekarrt wurden, aus denen sie nie zurückkehren sollten.

76 Nevill Mott und Rudolf Peierls, »Werner Heisenberg. 5 December 1901 – 1 February 1976«, *Biographical Memoirs of Fellows of the Royal Society*, 23/11 (1977), 212–251, hier 236; Lise Meitner an James Franck, in Klaus Hentschel, *Die Mentalität deutscher Physiker in der frühen Nachkriegszeit (1945–1949)* (Heidelberg 2005), 155; Werner Heisenberg an Gregory Breit (25. August 1951), AMPG, III. Abt. Rep. 93.

> Die Welt hat die Deutschen immer so sehr für ihre Ordentlichkeit bewundert. Sie sind so systematisch; sie haben einen so ausgeprägten Sinn für Genauigkeit. Aus diesem Grund haben sie exakte Protokolle über ihre Untaten geführt, die wir später in ihren eigenen Akten in Deutschland fanden. Und daher kenne ich das genaue Datum, an dem mein Vater und meine blinde Mutter in der Gaskammer ermordet wurden. Es war der siebzigste Geburtstag meines Vaters.[77]

Goudsmit wurde durch den Tod seiner Eltern im wahrsten Sinne doppelt bestraft: zunächst, als er es erfuhr, und dann, als Kritiker dies benutzten, um seine Objektivität anzuzweifeln. Kaempffert sagte dies in aller Deutlichkeit:

> Ich hoffe, Sie nehmen es mir nicht übel, wenn ich sage, dass Sie niemals die Alsos-Mission hätten leiten sollen, und zwar wegen des tragischen Todes Ihrer Verwandten durch die Hand der Nazis. Der ganze Tonfall Ihres Buches spricht dafür, dass Sie eine Hexenjagd betreiben wollen, entschlossen, jedes Dokument, das Sie finden, und jede Zeugenaussage, die Sie hören, in der denkbar negativsten Weise zu interpretieren. Im Gegensatz dazu ist der Artikel von Heisenberg in den *Naturwissenschaften* nüchtern und glaubhaft.[78]

Es ist vielleicht nicht überraschend, dass die Korrespondenz zwischen Goudsmit und Kaempffert zwei Monate später abbrach. Allerdings muss von Laues Kritik am schmerzlichsten für Goudsmit gewesen sein. Nachdem er das Verhalten seines deutschen Kollegen während des Dritten Reichs über den grünen Klee gelobt hatte, benutzte von Laue das Schicksal von Goudsmits Eltern, um sowohl ihn als auch seinen Rezensenten Philip Morrison zu diskreditieren:

> Wieweit Morrison durch jene Ereignisse persönlich getroffen wurde, wissen wir nicht. Von Goudsmit aber ist uns bekannt, daß er Vater und Mutter, dazu viele andere nahe Verwandte in Auschwitz oder anderen Konzentrationslagern verloren hat. Wir haben volles Verständnis für den namenlosen Schmerz, den schon dieses Wort in ihm immer erneuern muß. Aber als unbefangenen Beurteiler der in Betracht kommenden Verhältnisse können wir gerade deswegen weder ihn noch seinen Referenten Morrison anerkennen.[79]

77 Goudsmit, Alsos, 2. Aufl., 48–49.

78 Waldemar Kaempffert an Samuel Goudsmit (3. November 1947), NBL, SGP Box 12, Folder 121.

79 Laue, Wartime, 103; Laue, Kriegstätigkeit, 424-425.

Morrison wies von Laues *ad-hominem*-Kritik zurück. Nein, er persönlich habe nicht gelitten, aber er könne nicht »erkennen, dass es angemessen oder relevant [ist], diese Frage zu stellen«. Nicht Goudsmit, die Person, »die zweifellos einen unbeschreiblichen Schmerz empfinden sollte, wenn das Wort Auschwitz erwähnt wird«, sei voreingenommen, sondern

> manch berühmter deutscher Physiker im heutigen Göttingen, manch scharfsinniger und verantwortungsvoller Mann, der ein Jahrzehnt im Dritten Reich leben konnte und nicht ein einziges Mal seine komfortable, verantwortliche Stellung in echtem Widerstand gegen die Männer, die diesen schändlichen Ort des Todes errichten konnten, aufs Spiel setzte.[80]

Tatsächlich war Heisenberg, der selbstverständlich der »berühmte deutsche Physiker in Göttingen« war, persönlich in das Schicksal von Goudsmits Eltern verwickelt. Während des Krieges hatte der niederländische Physiker Dirk Coster sowohl an Heisenberg als auch an von Laue geschrieben und sie gebeten, sich in Briefen für Goudsmits Eltern einzusetzen. Beide Briefe trafen zu spät ein, und »das Unabwendbare war schon geschehen«. Heisenberg hatte an Coster geschrieben:

> Auf Ihre Anfrage teile ich Ihnen gern mit, dass ich Herrn Dr. Goudsmit für einen der besten Forscher auf dem Gebiet der theoretischen Physik halte. Sein Name ist ja durch die Entwicklung der magnetischen Eigenschaften des Elektrons in der ganzen wissenschaftlichen Welt bekannt geworden, und ich hatte auf internationalen Kongressen, an denen er teilnahm, auch stets einen starken Eindruck von seiner wissenschaftlichen Persönlichkeit. Da Goudsmit sich auch in Amerika stets sehr gastfreundlich gegenüber uns Deutschen gezeigt hat, auch in einer Zeit, in der in Amerika schon deutschlandfeindliche Strömungen stark zu spüren waren (Ich war noch im Sommer 1939 bei ihm zu Gast), würde es mir sehr leid tun, wenn seinen Eltern aus Gründen, die mir nicht bekannt sind, Schwierigkeiten in Holland entstünden.[81]

Natürlich gab es wahrscheinlich nichts, was Heisenberg oder von Laue hätten tun können, um die Deportation und Ermordung von Goudsmits Eltern zu verhindern. Dies muss auch Heisenberg klar gewesen sein, der davon ausging, dass seine Briefe abgefangen und gelesen wurden. In dieser Phase des Dritten Reichs hätte selbst ein so augenscheinlich höflich unverbindlicher Brief den Physiker in ernste Schwierigkeiten bringen können. Es wäre viel leichter und sicherer gewesen, einfach nicht zu antworten. Goudsmit wusste von Heisen-

80 Morrison, Reply.
81 Dirk Coster an Max von Laue (7. Juni 1943), ADM, IMC 29 1051; Werner Heisenberg an Dirk Coster (16. Februar 1943), ADM, IMC 29 1051.

bergs Intervention, er brachte Heisenbergs Brief sogar aus Europa mit zurück in die USA. In seinem Nachruf auf Heisenberg aus dem Jahr 1976 schrieb Goudsmit:

> Heisenberg wurde 1943 gebeten, sich für Bekannte einzusetzen, die in ein Konzentrationslager geschickt wurden. Er antwortete lediglich mit einem schwammigen Brief. Ich bezweifele, dass er irgendetwas anderes hätte tun können. Ich bezweifele, dass ich beziehungsweise die meisten Physiker, die ich kenne, es unter den Umständen besser gemacht hätten.[82]

Aktive und passive Opposition

Carl Friedrich von Weizsäcker stammte aus einer Adelsfamilie, die über hervorragende Beziehungen verfügte. Sein Vater Ernst (1916–1951), ein hoher Beamter im Auswärtigen Amt, war ein prominentes Beispiel für die traditionellen deutschen Eliten, die sich mit Hitlers Regime arrangierten und für dieses arbeiteten. Obgleich Ernst von Weizsäcker dem neuen Regime anfänglich sehr skeptisch gegenüberstand, gelangte er schließlich zu der Überzeugung, man müsse ihm »alle Hilfe und Erfahrung angedeihen lassen und mit dafür sorgen, dass die jetzt einsetzende zweite Etappe der neuen Revolution eine ernsthaft konstruktive wird«. Im Jahr 1938 wurde Weizsäcker zum Staatssekretär befördert, dem zweithöchsten Dienstrang im Ministerium, direkt hinter dem Außenminister, und in der Folge trat er auch der NSDAP und der SS bei. Ernst von Weizsäcker versuchte den Ausbruch des Zweiten Weltkriegs zu verhindern, nicht um die grundsätzliche Bewahrung des Friedens zu erreichen, sondern den Bestand des Reiches zu erhalten.[83]

Deutsche Diplomaten erwiesen sich als »willige Helfer« der SS bei der »Endlösung der Judenfrage«. Einem Schweizer Gesandten sagte Weizsäcker 1938, die Juden müssten Deutschland verlassen, »sonst gingen sie eben über kurz oder lang ihrer vollständigen Vernichtung entgegen«. Das Außenministerium war über die *Einsatzgruppen*-Tötungskommandos und ihre Morde an Juden im Jahr 1941 umfassend unterrichtet. Weizsäcker und andere hohe Amtsträger zeichneten die Zusammenfassungen der Berichte ab, die auch Statistiken über die Zahl der exekutierten Juden enthielten. Im Frühjahr 1942 ersuchte der hohe SS-Führer Adolf Eichmann (1906–1962) das Auswärtige Amt, der Deportation Tausender französischer und staaten-

82 David C. Cassidy, *Beyond Uncertainty: Heisenberg, Quantum Physics, and The Bomb* (New York 2009), 355.

83 Eckart Conze, Norbert Frei, Peter Hayes und Moshe Zimmermann, *Das Amt und die Vergangenheit. Deutsche Diplomaten im Dritten Reich und in der Bundesrepublik* (München 2010), 69, 30, 127, 128.

loser Juden nach Auschwitz zuzustimmen. Als ihm der Entwurf des Antwortschreibens vorgelegt wurde, wandelte Weizsäcker die Formulierung, das Auswärtige Amt habe »keine Bedenken« in »keinen Einspruch« um, ehe er es abzeichnete.[84] Im Jahr 1943, nach der Niederlage der deutschen Armee in Stalingrad, wechselte Weizsäcker auf den Posten des deutschen Botschafters beim Heiligen Stuhl.

Nach dem Krieg wurde Ernst von Weizsäckers Verhalten während des Dritten Reichs einer genauen Prüfung unterzogen. Heisenberg, der der Familie Weizsäcker sehr nahestand, äußerte diesbezüglich gegenüber Elisabeth: »Es ist wirklich traurig zu sehen, wieviele anständige Menschen jetzt mit den übelsten Naziverbrechern in einen Topf geworfen werden [...].« Im November 1947, zwei Wochen nachdem bekanntgegeben worden war, dass gegen von Weizsäcker Anklage erhoben würde, setzte Heisenberg ein bemerkenswertes Schreiben auf, das nie veröffentlicht wurde und den Titel trug »Aktive und passive Opposition im Dritten Reich«.[85]

Wenn sich die Mehrheit der Deutschen gleich im Jahr 1933 jeglicher Mitarbeit mit dem Nationalsozialismus verweigert hätten, so Heisenberg gleich zu Beginn, dann wäre vieles Unglück vermieden worden. Stattdessen sei es dem Regime gelungen, die »im Ganzen urteilslosen Massen« für sich zu gewinnen, so dass die »relativ dünne Schicht der Menschen«, die instinktiv erkannten, dass das neue System von Grund auf schlecht war, nur zwei Möglichkeiten hatte: passive oder aktive Opposition. Wenn Menschen erkannten, dass das »Hitlersche System« zu einer Katastrophe für Deutschland und Europa führen würde, aber keinen Weg sahen, aus dem Innern Deutschlands etwas daran zu ändern, dann konnten sie »als Märtyrer ins Konzentrationslager gehen,[86] auswandern oder sich jedenfalls in Deutschland von jeder Verantwortung zurückziehen« und warten, bis das System von außen her durch einen Krieg und damit verbundenem »unerhörten Opfer an Gut und Blut« beseitigt würde. Heisenberg nannte diese Haltung passive Opposition. Einige der »Konsequentesten aus dieser Gruppe« entschlossen sich später, auf Seiten der Alliierten zu kämpfen, viele »haben sich allerdings damit begnügt, in einem fremden Land Sicherheit vor Verfolgung zu genießen«.[87]

Eine andere Gruppe von Menschen war der Auffassung, dass ein Krieg so entsetzlich wäre, dass sie alles in ihrer Macht Stehende tun müssten, um

84 Conze, Frei, Hayes und Zimmermann, 173, 187–198, 229, 397.

85 Werner Heisenberg an Elisabeth Heisenberg (17. März 1946), in Heisenberg und Heisenberg, 331.

86 Anmerkung durch den Autor: Die Option des Märtyrertums wurde in der zweiten Fassung des Manuskripts gestrichen.

87 Anmerkung durch den Autor: Diese letzte Option wurde auch aus der zweiten Fassung gestrichen.

eine solche Katastrophe zu beenden, abzukürzen oder zu verringern. Viele dieser Menschen, die die Stabilität einer modernen Diktatur nicht verstanden, hätten in den ersten Jahren den Weg des offenen, unmittelbaren Widerstands versucht und seien in einem Konzentrationslager geendet. Für andere, die die Aussichtslosigkeit eines direkten Angriffs auf die Diktatur erkannt hätten, sei als einziger Weg geblieben, ein gewisses Maß an Einfluss zu erwerben, also eine Haltung, die von außen als ein Mitmachen erschienen sein muss. Heisenberg behauptete: »Es ist wichtig, sich klarzumachen, daß dies tatsächlich der einzige Weg war, wirklich etwas zu ändern.« Nur so könne man »den Nationalsozialismus ohne enorme Opfer durch etwas Besseres [...] ersetzen«. Diese Haltung nannte er aktive Opposition.

Zudem seien diese Menschen, so Heisenberg, in einer viel schwierigeren Lage. Ein Mitglied der aktiven Opposition habe immer wieder an unwichtigen Stellen dem System Zugeständnisse machen müssen, um bei wichtigen Dingen seinen Einfluss zum Besseren ausüben zu können. In gewissem Sinne hätten sie »ein doppeltes Spiel spielen« müssen. Um die unvermeidlichen, schwierigen moralischen Probleme, die sich einem Mitglied der aktiven Opposition stellten, zu verdeutlichen, nahm Heisenberg das vorweg, was später als Weichensteller-Problem der Ethik bezeichnet wurde. Nehmen wir an, so schrieb er, dass jemand, der ein Menschenleben retten wolle, an eine Stelle gelangt sei, an der er wirklich über Leben und Tod von Menschen entscheiden könne, und weiter, dass er, wie »es in einem wirklich bösen System wie dem Nationalsozialismus durchaus denkbar ist«, die Hinrichtung von zehn unschuldigen Menschen nur dadurch verhindern könne, dass er das Todesurteil für einen anderen Unschuldigen unterzeichne. Das Schicksal des einen Unschuldigen, so Heisenberg, sei so oder so bereits besiegelt. Was solle der Mensch mit Macht über Leben und Tod tun? In einem solchen Fall solle er nach Heisenbergs Auffassung das Todesurteil unterzeichnen, solange er bereit sei, die Folgen, die sich daraus für ihn persönlich ergeben, zu tragen. Heisenberg zufolge sei eine solche Haltung der Einstellung einer Person überlegen, die einfach mit dem allen nichts zu tun haben wolle.[88]

Ernst von Weizsäcker wurde der Hauptangeklagte in einem Strafprozess gegen deutsche Diplomaten, denen Kriegsverbrechen zur Last gelegt wurden. Wie Norbert Frei in seiner Studie über die »Vergangenheitspolitik« in Westdeutschland der Nachkriegszeit gezeigt hat, wurde der einstige Staatssekretär die Galionsfigur der ehemaligen Entscheidungsträger des Auswärtigen Amtes, die sich um eine kollektive moralische Rehabilitierung bemühten. Obgleich die Richter zugestanden, dass Weizsäcker nicht gewusst

88 Werner Heisenberg, Die aktive und passive Opposition im Dritten Reich (Geschrieben im Zusammenhang mit Zeitungsberichten über die Kriegsverbrecherprozesse in Nürnberg) (12. November 1947), AMPG, III. Abt. Rep. 93.

haben mochte, wie die Tötungsmaschinerie in Auschwitz im Einzelnen funktionierte, müsse er gewusst haben, dass diese Deportationen in den sicheren Tod führten. Selbst sein Sohn Carl Friedrich hatte ausgesagt, dass man »selbstverständlich wusste«, dass die Juden ermordet wurden. Als das Gericht Ernst von Weizsäcker schuldig sprach und ihn zu einer siebenjährigen Haftstrafe verurteilte, verstärkten diese ehemaligen hohen Ministerialen im Auswärtigen Amt ihre Bemühungen, seine vorzeitige Entlassung zu erreichen. Weizsäckers Strafe wurde zunächst auf fünf Jahre verkürzt. Prominente Persönlichkeiten wie Theodor Heuss (1884–1963), der erste deutsche Bundespräsident, ersuchten in einer Petition um die Freilassung Weizsäckers. John McCloy (1895–1989), der amerikanische Hohe Kommissar, verfügte im Oktober 1950, nachdem Weizsäcker drei Jahre und drei Monate inhaftiert gewesen war, die Freilassung des Häftlings, der bald darauf, im August 1951, verstarb.[89] Obgleich ihm Heisenbergs Manuskript nicht vorlag, charakterisierte der Politikwissenschaftler Joseph Haberer auf der Grundlage anderer öffentlich zugänglicher Quellen Heisenbergs Argumentation scharfsinnig als »Widerstand durch Kollaboration« und kam zu dem Schluss, sie liefere eine »Rechtfertigung dafür, sich auf die Seite der Sieger – wer immer sie sind – zu stellen«.[90] Heisenbergs Analyse der aktiven und passiven Opposition stand fraglos in Zusammenhang mit dem Prozess gegen Weizsäcker, aber sie liest sich auch wie ein vielleicht unabsichtlich autobiografischer Bericht über Heisenbergs eigenen, manchmal qualvollen Lebensweg unter den Gegebenheiten des Dritten Reiches.

Ein echter Diplomat

Die Lebenswege von Samuel Goudsmit und Carl Friedrich von Weizsäcker wurden durch das Schicksal ihrer Eltern untrennbar miteinander verbunden. Im Jahr 1943 wurden Goudsmits Mutter und Vater nach Auschwitz deportiert, wo sie ermordet wurden; im Jahr 1947 wurde Carl Friedrich von Weizsäckers Vater Ernst zunächst angeklagt und dann als Kriegsverbrecher zu einer Haftstrafe verurteilt, weil er der Verschleppung französischer und staatenloser Juden in ebendieses Lager zugestimmt hatte. Die Diskussion um Ernst von Weizsäckers Rolle im Holocaust und die späteren Bemühun-

89 Norbert Frei, *Vergangenheitspolitik. Die Anfänge der Bundesrepublik und die NS-Vergangenheit* (München 1999), 178; Conze, Frei, Hayes und Zimmermann, 397, 433–434.

90 Joseph Haberer, *Politics and the Community of Science* (New York 1969), 167–168; Herbert Mehrtens, »Das ›Dritte Reich‹ in der Naturwissenschaftsgeschichte: Literaturbericht und Problemskizze«, in Herbert Mehrtens und Steffen Richter (Hgg.), *Naturwissenschaft, Technik und NS-Ideologie. Beiträge zur Wissenschaftsgeschichte des Dritten Reiches* (Frankfurt am Main 1980), 15–87, hier 34.

gen seines Sohnes Carl Friedrich und anderer, seinen Namen reinzuwaschen, müssen für Goudsmit besonders schmerzlich gewesen sein. Dies erklärt vielleicht, dass Goudsmit, der mit Heisenberg seinen Frieden gemacht hatte, Weizsäcker nie vergeben hat.

Heute wird oft gefragt, warum Heisenberg, Weizsäcker und ihre Kollegen an Kernwaffen für das Nazi-Regime gearbeitet hatten. Dies war allerdings nicht die wichtigste Frage, die Physiker nach dem Krieg diskutierten. Vielmehr stellten emigrierte und ausländische Wissenschaftler, von denen viele selbst an Atombomben gearbeitet hatten, die Frage, warum ihre deutschen Kollegen in Deutschland geblieben waren, innerhalb des Nazi-Systems gearbeitet und Kompromisse mit den Nazis geschlossen hatten. Obgleich Goudsmit, wie wir sahen, auch Heisenbergs diesbezügliche Entscheidungen hinterfragte, hob er sich seine eigentliche Kritik für Weizsäcker auf.

Der aus Goudsmits Sicht erdrückendste Beleg für Weizsäckers Bereitschaft, den Nazis Zugeständnisse zu machen, bezog Max von Laue ein, den Goudsmit abermals als ein Musterbeispiel für einen deutschen Wissenschaftler, der das Richtige tat, anführte, um Weizsäcker durch Vergleich mit ihm zu diskreditieren. Im Jahr 1942 fand in Seefeld (Tirol) eine Physikertagung statt, scherzhaft auch »theologischer Dialog« genannt, bei dem nach einem Kompromiss zwischen den beiden Physikerlagern gesucht werden sollte: auf der einen Seite eine kleine Gruppe von Physikern, die Anhänger der »Deutschen Physik« von Philipp Lenard und Johannes Stark waren, zwei Wissenschaftlern, die zu den frühen Unterstützern Hitlers gehörten; auf der anderen Seite die Mainstreamphysiker, die moderne Physik unterrichteten und dazu forschten. Einer der prominentesten intellektuellen Sündenböcke des Dritten Reichs, die Relativitätstheorie von Albert Einstein, war der Hauptstreitpunkt. Für Mainstreamphysiker wie Heisenberg und Weizsäcker ging es bei dieser Tagung darum, die Einstein'sche Physik – wenn auch nicht Einstein selbst – zu rehabilitieren und ein Ende der weltanschaulichen Angriffe auf die moderne Physik zu erreichen.[91]

Goudsmit betonte, wie unterschiedlich von Laue und Weizsäcker auf eine Rüge reagierten, die Ersterer vom Reichsministerium für Wissenschaft, Erziehung und Volksbildung erhielt, weil er bei einem Vortrag ein Jahr später in Stockholm Einsteins Relativitätstheorie erwähnte. Weizsäcker schlug eine Kompromissformulierung vor, die in Seefeld ausgearbeitet worden war: »Die Relativitätstheorie wäre auch ohne Einstein entstanden, sie ist aber nicht ohne ihn entstanden.« Stattdessen veröffentlichte von Laue

91 Dies war die zweite derartige Tagung. Für den »theologischen Dialog« vgl. Alan Beyerchen, *Wissenschaftler unter Hitler. Physiker im Dritten Reich* (Frankfurt am Main 1982), 239–259; und das Kapitel »Kompromisse mit Hitler«.

einen Aufsatz über die Relativitätstheorie und schrieb Weizsäcker: »Das soll meine Antwort sein.«[92] Goudsmits Bericht über den Versuch Weizsäckers, von Laue dazu zu bewegen, Kompromisse mit den Nazis zu machen, wühlte den prominenten Emigranten James Franck (1882–1964) derart auf, dass das Vorhaben seiner Kollegen, der ebenfalls emigrierten Physiker George Gamow und Edward Teller (1908–2003), Weizsäcker zu einem Vortrag in die Vereinigten Staaten einzuladen, aufgegeben werden musste.[93]

Aber Teller ließ sich davon nicht beirren und arrangierte ein Jahr später mithilfe persönlicher Kontakte in der US-Marine eine Reise für Weizsäcker und seine Frau nach Amerika, die auch Vorträge an der Universität Chicago einschloss, an der sowohl Teller als auch Franck lehrten.[94] Goudsmit schrieb direkt an Robert Hutchins (1899–1977), den Präsidenten und Kanzler der Universität, und protestierte mit der Begründung gegen Weizsäckers Einladung, diese könnte »sich negativ auf die Verbreitung demokratischer Ideen und Ideale unter der jüngeren deutschen Intelligenzija auswirken, Idealen, die für die Gedankenfreiheit so wichtig sind«. Da eine Einladung durch eine amerikanische Universität dem Ansehen deutscher Wissenschaftler enorm förderlich sein könnte, sollten nur Deutsche eingeladen werden, die »die Verbreitung demokratischer Werte im deutschen Bildungswesen stärken, was nach einer so langen Phase des Autoritarismus eine sehr schwere Aufgabe ist«. Bei Weizsäcker sei dies nicht der Fall, so Goudsmit.

Goudsmits Widerstand gegen Weizsäcker beruhte nicht auf dem, was er tun würde. »Selbst wenn er ein Links- oder Rechtsextremist wäre – was er nicht ist –, würde ich niemals Einspruch erheben gegen sein Recht, seine Ansichten darzulegen. Eine echte Demokratie ist stark genug, um uneingeschränkte Redefreiheit zuzulassen […].« Weizsäcker sei ein ausgezeichneter Physiker und

> war wahrscheinlich kein Nazi. Selbst seinem Vater, der vor Kurzem in Nürnberg wegen seiner Beteiligung an Kriegsverbrechen schuldig gesprochen worden ist, kann man nicht vorwerfen, ein fanatischer Anhänger Hitlers gewesen zu sein, obwohl er eine Zeit lang Staatssekretär im Außenministerium gewesen ist. Kritikwürdig an Vater und Sohn ist vielmehr ihre Philosophie des Kompromisses. Dies ist eine weit verbrei-

92 Goudsmit, Alsos, 2. Aufl., 105; Carl Friedrich von Weizsäcker an Max von Laue (2. Juni 1943), ADM, IMC 29 1066; Max von Laue an Carl Friedrich von Weizsäcker (4. Juni 1943), ADM, IMC 29 1067; vgl. das Kapitel »Kompromisse mit Hitler«.

93 Wolfgang Finkelnburg an Werner Heisenberg (6. Februar 1948), AMPG, III. Abt. Rep. 93.

94 Carl Friedrich von Weizsäcker an Edward Teller (4. November 1948), AMPG, III. Abt. Rep. 111 264; Edward Teller an Carl Friedrich von Weizsäcker (21. Februar 1949), AMPG, III. Abt. Rep. 111 264.

> tete und normalerweise verzeihliche Schwäche, aber sie sollte nicht bei einem Mann vorkommen, den wir auswählen, um der deutschen Jugend unsere Lebensweise beizubringen.

Auf Weizsäckers Bemühungen in Seefeld verweisend, behauptete Goudsmit, Weizsäckers »widersprüchliche Kompromisshaltung« habe sich am deutlichsten gezeigt, als er versuchte, »einige der grundlegenden Ideen der Physik so zu verdrehen, dass sie zur Nazi-Weltanschauung passen«. Moralische Unterstützung sollten jene deutschen Kollegen bekommen, die, anders als Weizsäcker, demokratische Freiheitsideen glaubwürdig verbreiten könnten und die in der Niederlage Deutschlands eine »Befreiung von totalitärer Herrschaft« sahen. Wie Goudsmits Brief an Hutchins zeigte, kämpfte der Physiker darum, seine unversöhnliche Ablehnung einer »Ehrung« Weizsäckers durch Einladungen zu Vorträgen in den Vereinigten Staaten mit seinem Glauben an die Redefreiheit und an die geistige Freiheit unter einen Hut zu bringen. Hutchins antwortete, Weizsäckers Werdegang sei ihnen durchaus bekannt und er glaube nicht, dass sein Besuch »der Demokratisierung Deutschlands abträglich sei«.[95]

Teller hatte bei Heisenberg in Leipzig promoviert und bei Weizsäcker studiert. Obgleich Teller im Holocaust Familienangehörige verloren hatte, knüpfte er schon bald wieder Kontakte zu den beiden deutschen Physikern. Im Herbst 1949 traf sich Goudsmit mit Teller und Weizsäcker. Als Teller seinen deutschen Kollegen zu verteidigen versuchte, wiegelte Goudsmit ab:

> Ich habe mich noch immer nicht ganz von der Unterredung mit von Weizsäcker erholt: Besonders verstört hat mich die Art, wie Sie sich als sein »Anwalt« in Szene setzten. […] Der Leitfaden Ihrer Argumentation, nämlich, dass ihn die Stellung seines Vaters gezwungen habe, so zu handeln, wie er es getan habe, ist völlig lächerlich. Wenn sein Vater aus einem Fenster der Reichskanzlei gesprungen wäre, wäre er ihm dann auch hinterhergesprungen? Dies wäre keine schlechte Lösung gewesen.[96]

Als Goudsmit erfuhr, dass sich James Franck mit Weizsäcker getroffen hatte, als dieser in Chicago weilte, protestierte er.

> Wie Sie vermutlich schon gehört haben, bin ich überhaupt nicht glücklich über von Weizsäckers Besuch und ich vermute, Sie können sich denken, warum. Dieser Tage sagte man mir, dass Sie auch mit ihm ge-

95 Samuel Goudsmit an Robert Hutchins (15. September 1949), NBL, SGP Box 24, Folder 258; Robert Hutchins an Samuel Goudsmit (20. September 1949), NBL, SGP Box 24, Folder 258.

96 Samuel Goudsmit an Edward Teller (22. November 1949), NBL, SGP Box 22, Folder 240.

sprochen und ihm all die Dinge, die er während des Krieges tat, verziehen hätten.

Es sei tragisch, dass Weizsäcker anstandslos in die Vereinigten Staaten habe einreisen können, während es Goudsmit nicht gelungen sei, für andere Deutsche, die dies mehr verdient hätten, eine Erlaubnis zu erhalten.[97]

Franck antwortete mit einer langen, ausführlichen Erklärung. Er hielt es wie Goudsmit für eine schlechte Idee, »Weizsäcker zu einem Besuch in diesem Land einzuladen, statt anderer Männer, die mit den Nazis keinerlei Kompromisse geschlossen und sich mustergültig verhalten hatten«. Zunächst habe Franck jeglichen Kontakt mit Weizsäcker abgelehnt, aber als der deutsche Physiker über einen Mittelsmann an ihn herangetreten und nun auch vor Ort sei, habe er zugestimmt, um ihm klarzumachen, »warum wir so über ihn dachten, wie wir es taten«. Außerdem habe Franck »die Dinge, die ich ihm sagen musste, in keiner Weise beschönigt«.

Weizsäcker sei »außerordentlich aufrichtig« gewesen und habe »die Dinge, die er getan hatte, nicht verbrämt«. Er habe sich entschlossen, eine »realistische Haltung gegenüber der Situation einzunehmen«, was nach Francks Interpretation bedeutete: »Die Nazis sind an der Macht; ich muss einen Weg finden, unter ihrem Regime zu leben und etwas Nützliches zu leisten, statt bloß zu vegetieren.« Anfangs habe Weizsäcker geglaubt, dass »sich der verbrecherische Furor der Nazis nach und nach legen werde«, aber er habe schließlich erkannt, dass diese Hoffnung vergeblich gewesen sei. Natürlich war Franck nicht seiner Meinung. Aber er hatte Weizsäcker doch hoffentlich mit seiner Erklärung beeindruckt, dass er deswegen mit ihm rede, damit Weizsäcker »einsieht, dass er Unrecht hat, und dass, wenn ein Mann von seiner Intelligenz jetzt, wo der Druck aufgehört hat, nicht in der Lage ist, zu erkennen, wo er sich irrte, die moralische Atmosphäre in Deutschland niemals rein werden könne«.

Franck hat Weizsäcker nicht verziehen und auch nicht vergessen, was er getan hatte, aber er machte reinen Tisch mit ihm und gelangte zu dem Schluss, dass es falsch wäre, weiteren Kontakten mit ihm aus dem Weg zu gehen. Jetzt, da Weizsäcker in den Vereinigten Staaten war, hielt es Franck für seine Pflicht, »dafür zu sorgen, dass er nicht abreist, ohne etwas dazugelernt zu haben«. Zwei Jahre später bedankte sich Weizsäcker bei Franck für die Gespräche, »die auch für mich nicht leicht waren. […] auf dieser Ebene angesprochen und darum gebeten zu werden, sich selbst zu prüfen, ist ein Akt menschlicher Ernsthaftigkeit, der nicht häufig vorkommt.«[98]

97 Samuel Goudsmit an James Franck (23. Januar 1950), NBL, SGP Box 9, Folder 75.
98 James Franck an Samuel Goudsmit (27. Januar 1950), NBL, SGP Box 9, Folder 75; Carl Friedrich von Weizsäcker an James Franck (21. Juni 1952), RLC, JFP Box 10, Folder 4.

Kurz darauf hörte Goudsmit von Bart Bok (1906–1983), einem niederländisch-amerikanischen Astronomen an der Universität Harvard, dass Victor Weisskopf daran beteiligt gewesen sei, Weizsäcker an den dortigen Fachbereich Astronomie und ans MIT einzuladen. Weisskopf sei angeblich so weit gegangen, zu sagen, dass das, was Goudsmit über Weizsäcker gesagt habe, »entweder nicht wahr oder nicht von Belang« sei. Wütend fragte Goudsmit, wie Weisskopf und Teller »so stockdumm sein können, sich für eine solche Figur, wie es Ihr Freund von Weizsäcker ist, einzusetzen«. Gleich nach seiner Rückkehr nach Deutschland werde dieser die beiden Physiker als »naive Dummköpfe beschreiben, die wegen einer sentimentalen Verbundenheit mit dem alten Deutschland leicht dafür benutzt werden können, den Einfluss Deutschlands hier zu stärken«. Goudsmit habe gehört, dass Weizsäcker eine Kampagne gestartet habe, mit dem Ziel, »die Haftentlassung seines armen, unschuldigen Vaters zu erreichen. Dieser arme Mann konnte einfach nicht anders, als Staatssekretär im Außenministerium für Hitler zu sein – das war auf keinen Fall seine Schuld. Und das Todesurteil für nur 8000 Juden zu unterzeichnen ist selbstverständlich auch nur ein Bagatelldelikt.« Ihm sei klar, dass Weisskopf aus »tiefer menschlicher Güte« Weizsäcker helfe. Goudsmit wisse, dass Weisskopfs Herz noch immer in Deutschland sei, aber er müsse »diese Haltung endlich ablegen, weil dieses Deutschland der Weimarer Republik nur in unserer Fantasie und in einem kleinen Winkel unter ein paar Intellektuellen existierte. Heute ist es jedenfalls nicht mehr vorhanden.«[99]

Weisskopf war zutiefst erschüttert über Goudsmits »unsinnige« Schlussfolgerungen. Weizsäcker hatte Weisskopf im Vorjahr um eine Einladung ans MIT gebeten, aber Weisskopf antwortete, er habe dafür keine Mittel, und lehnte eine Einladung mit »einigen Höflichkeitsfloskeln« ab. Gleichzeitig ließ Weisskopf Bok wissen, dass Weizsäcker für Vorträge verfügbar sei, er ihn aber aus politischen Gründen niemals einladen würde. Später sei Weisskopf Weizsäcker zufällig in Washington begegnet und habe ihn in einem offenen persönlichen Gespräch »so heftig angegriffen, wie er nur konnte«. Als Weizsäcker einräumte, er sei verblendet gewesen, als er die Nazis unterstützt habe, antwortete Weisskopf, dass ein Mensch, der sich von den Nazis habe blenden lassen, »auf jeden Fall gefährlich« sei. Weisskopf empfand es »fast als eine persönliche Beleidigung, in diesen Angelegenheiten in einen Topf mit Teller geworfen zu werden«. Goudsmit entschuldigte sich für das Missverständnis und dafür, ihm »womöglich

99 Samuel Goudsmit an Victor Weisskopf (20. Februar 1950), NBL, SGP Box 24, Folder 257.

ungerechtfertigte Sorgen verursacht zu haben, aber dieser Weizsäcker-Fall ärgert mich einfach über alle Maßen«.[100]

Doch trotz seines persönlichen Verlusts, seiner Ambivalenz gegenüber Heisenberg und seiner feindseligen Haltung zu Weizsäcker vollzog Goudsmit schließlich eine Kehrtwende. Während er im Jahr 1945 noch dafür plädiert hatte, die Deutschen sich selbst zu überlassen, rief er drei Jahre später im *Bulletin* dazu auf, »unsere Beziehungen zu deutschen Wissenschaftlern zu erneuern«. Auch wenn es verständlich sei, dass es vielen Wissenschaftlern in Amerika »widerstrebt, sich wieder mit unseren deutschen Kollegen zu unterhalten, wie wenn nichts geschehen wäre«, und die Grundlagenforschung in Deutschland sowohl in qualitativer als auch in quantitativer Hinsicht einen raschen Niedergang erlebte, sei es wichtig, unter ihren deutschen Kollegen für demokratische Ideale zu werben. Zu diesem Zweck müssten amerikanische Wissenschaftler

> jene deutschen Kollegen, auf deren Integrität wir vertrauen, moralisch unterstützen. Davon gibt es viele. Wir müssen nicht mit all ihren Meinungen übereinstimmen und sollten den sehr schwierigen Umständen Rechnung tragen, unter denen sie gelebt haben und noch immer leben. Wir müssen mit ihnen wieder kommunizieren wie in der Zeit vor Hitler. Der Austausch wissenschaftlicher Literatur, der jetzt aufgrund unserer Gleichgültigkeit weitgehend zum Stillstand gekommen ist, sollte aktiv gefördert werden. Die wissenschaftliche Forschung in Deutschland sollte wieder durch finanzielle Zuschüsse und Materiallieferungen unterstützt werden. Durch die Förderung der richtigen Personen, Institutionen und Programme schaffen wir langfristig vielleicht eine Atmosphäre gegenseitigen Verstehens, die der Verbreitung demokratischer Ideale und Praktiken förderlich ist.[101]

Fazit

Der Zweite Weltkrieg brachte Samuel Goudsmit auf der Suche nach einer möglichen deutschen Atombombe nach Europa. Hier hatte er entsetzliche persönliche Verluste erlitten und glaubte Belege dafür gefunden zu haben, dass Werner Heisenberg und seine Kollegen nicht wussten, wie man Atom-

100 Victor Weisskopf an Samuel Goudsmit (24. Februar 1950), NBL, SGP Box 24, Folder 257; Samuel Goudsmit an Victor Weisskopf (26. Februar 1950), NBL, SGP Box 24, Folder 257.

101 Samuel Goudsmit an Vannevar Bush (23. August 1945), NBL, SGP Box 25, Folder 4; Samuel Goudsmit, »Our Task in Germany«, *Bulletin of the Atomic Scientists* (April 1948), 106.

bomben baut. Dies passte gut zu Goudsmits vorgefasster Überzeugung, die Nazis hätten die deutsche Wissenschaft zugrunde gerichtet. Er zog das deutsche Uranprojekt und das Schreckgespenst einer politischen oder ideologischen Beeinflussung der Wissenschaft heran, um sich für die Freiheit der wissenschaftlichen Forschung in Amerika einzusetzen. Für dieses Anliegen führte er mehrere Jahre lang einen regelrechten öffentlichen Kreuzzug. Jedoch waren einige der Behauptungen Goudsmits falsch, was zu einem äußerst nervenzermürbenden Dialog mit Heisenberg führte, in dem die beiden Männer oft aneinander vorbeiredeten, aber schließlich übereinkamen, ihren Streit beizulegen. Die zweite Hauptperson im Fadenkreuz von Goudsmits Kritik war Carl Friedrich von Weizsäcker. Hier reichte die Verbitterung zwischen den beiden Männern viel tiefer und wurde niemals überwunden.

9. Kompromisse mit Hitler

> Ich muss zugeben, dass ich zutiefst enttäuscht war, als ich von diesen Versuchen, Zugeständnisse zu machen, erfuhr. Was mich am meisten verwunderte, war die Tatsache, dass Sie, Sie selbst, nicht erkannten, dass ein Kompromiss mit den Nazis unmöglich war. Ihre Bemühungen, sie von der Stichhaltigkeit der Relativitäts- und der Quantentheorie zu überzeugen, wirken fehl am Platz. Wie konnten Sie nur hoffen, erfolgreich zu sein, wie konnten Sie bloß denken, dass dies bedeutende Belange wären? Wussten Sie denn nicht, mit wem Sie es zu tun hatten? Männer wie von Laue hätten Ihnen die Augen öffnen müssen. Viele haben das nicht verstanden, aber von Ihnen erwartete jeder ein klarsichtigeres Urteil. [...] Warum haben Sie nicht gespürt, dass es aussichtslos war, einen Himmler überzeugen zu wollen [...]?
>
> Samuel Goudsmit an Werner Heisenberg (1. Dezember 1947).[1]

Weimar

Alles beginnt mit Einstein

Samuel Goudsmit kritisierte sowohl Carl Friedrich von Weizsäcker als auch Werner Heisenberg dafür, dass sie versucht hätten, Kompromisse mit den Nazis zu schließen.[2] Dies wirft mehrere Fragen auf:

(1) Dachten die deutschen Wissenschaftler selbst, dass sie Kompromisse machten?
(2) Machten sie aus Goudsmits Sicht Kompromisse?
(3) Machten sie aus historischer Perspektive Kompromisse?
(4) Was bedeutet »Kompromiss« in diesem Zusammenhang?

Die Antworten auf all diese Fragen beginnen mit Albert Einstein, dem in Deutschland geborenen Physiker jüdischer Herkunft, der durch eine Reihe von Publikationen von weitreichender Bedeutung im Jahr 1905 zu großer Bekanntheit und hohem Ansehen in der internationalen physikalischen Fachgemeinschaft gelangte. In dessen Aufsätzen ging es unter anderem um eine Theorie, die schon bald spezielle Relativitätstheorie genannt wurde. Dieser Zweig der Physik brachte dadurch, dass er die Möglichkeit eines bevorzugten Bezugssystems bestritt und die Endlichkeit und Konstanz der Lichtgeschwindigkeit akzeptierte, zumindest in Gedankenexperimenten

1 Samuel Goudsmit an Werner Heisenberg (1. Dezember 1947), NBL, SGP Box 10, Folder 95.
2 Ebd.

eine Reihe scheinbarer Paradoxien hervor, wie etwa unterschiedlich schnell alternde Zwillinge oder sich verkürzende Züge.

Im Jahr 1914, am Vorabend des Ersten Weltkriegs, lockte der bekannte deutsche Physiker Max Planck Einstein mit einem Paket wissenschaftlicher Ernennungen, die es ihm erlauben würden, sich – befreit von allen Lehrverpflichtungen – auf seine physikalische Forschungsarbeit zu konzentrieren. Zu diesen Ehrungen zählten u. a. die Mitgliedschaft in der Preußischen Akademie der Wissenschaften und die Berufung zum Direktor am Kaiser-Wilhelm-Institut für Physik in Berlin. Das Kaiser-Wilhelm-Institut für Physik war allerdings nur auf dem Papier ein Institut; im Grunde gewährte man Einstein lediglich Forschungsgelder, über die er frei verfügen konnte.

Einstein arbeitete seit 1907 an einer Verallgemeinerung der speziellen Relativitätstheorie. Die allgemeine Relativitätstheorie schließt beschleunigte Bezugssysteme ein und ist eine Theorie der Gravitation. In einem schier übermenschlichen Kraftakt gelang es Einstein ungeachtet einer Erkrankung, kriegsbedingter Unterernährung, der mathematischen Komplexität und des Drucks, unter den ihn die Bemühungen des berühmten Mathematikers David Hilbert (1862–1943), die richtigen Gleichungen als Erster zu finden, setzten, das Problem zu lösen. Im Jahr 1915 präsentierte er der Preußischen Akademie der Wissenschaften seine endgültigen Gleichungen zur allgemeinen Relativitätstheorie. Dies machte Einstein noch nicht berühmt, das sollte erst später kommen. Tatsächlich sorgte Einsteins öffentliches Eintreten für Pazifismus und Internationalismus während des Krieges – dem genauen Gegenteil der politischen Haltungen, die die Mehrheit der deutschen Wissenschaftler einnahmen – für mehr Aufsehen.[3]

Für die meisten Deutschen war die Niederlage im Ersten Weltkrieg ein jäh über sie hereinbrechendes, erschütterndes Ereignis, das ihre Welt in einer Welle der Wut und Verzweiflung auf den Kopf stellte. Nur zwei Wochen nach dem Waffenstillstand veröffentlichte Einstein eine – wie er es zweifellos sah – spielerische Erwiderung auf die wissenschaftliche Kritik der Relativitätstheorie, die Galileis (1564–1642) berühmten *Dialog über die beiden hauptsächlichen Weltsysteme* zwischen den Anhängern des aristotelischen und denen des kopernikanischen Weltbildes nachempfunden war. Während Einstein selbst der Relativist war, spielte der konservative Experimen-

3 Für die allgemeine Relativitätstheorie vgl. Matthew Stanley, *Einstein's War* (New York 2019); für Einsteins politische Einstellung während des Krieges vgl. Stanley; David Rowe und Robert Schulman (Hgg.), *Einstein on Politics* (Princeton 2007), 61–92; für den Nationalismus der meisten deutschen Physiker während des Krieges vgl. Stefan Wolff, »Physicists in the ›Krieg der Geister‹: Wilhelm Wien's ›Proclamation‹«, *Historical Studies in the Physical and Biological Sciences*, 33/2 (2003), 337–368; und Stefan Wolff, »Die Konstituierung eines Netzwerkes reaktionärer Physiker in der Weimarer Republik«, *Berichte zur Wissenschaftsgeschichte*, 31 (2008), 372–392.

Abb. 27: Albert Einstein im Jahr 1921.

talphysiker Philipp Lenard, Professor an der Universität Heidelberg, die Rolle des konservativen Anti-Relativisten. Genauso wie die katholische Kirche Anstoß an Galileis Darstellung des Aristotelismus nahm, fand Lenard Einsteins Scherz vermutlich nicht witzig.[4]

Im Jahr 1919 stand Einsteins Name auf der Titelseite von Zeitungen rund um die Welt. Eine von dem Astronomen Arthur Eddington (1882–1944) geleitete britische Expedition machte sich eine Sonnenfinsternis zunutze, um den Nachweis zu erbringen, dass die Gravitation Lichtstrahlen beugt, wie es die allgemeine Relativitätstheorie vorhergesagt hatte. Eddington, ein pazifistischer Quäker, hatte Einsteins Theorie sowohl aus wissenschaftlichen als auch aus politischen Gründen zu bestätigen versucht: Die Bestätigung der Theorie eines deutschen Wissenschaftlers wäre ein starkes Zeichen für den auch in Kriegszeiten ungebrochenen hohen Wert der internationalen Zusammenarbeit in der Wissenschaft.[5] In politischer Hinsicht besaß Ein-

4 Albert Einstein, »Dialogue about Objections to the Theory of Relativity«, *Die Naturwissenschaften*, 6/48 (29. November 1918), 697–702, in Rowe und Schulman, 97–103.

5 Für die Beziehung zwischen Eddington und Einstein vgl. Stanley.

stein, zumindest im Westen, eine außerordentliche Anziehungskraft. Wie ein Artikel in der *New York Times* mit dem Titel »Im Himmel sind alle Lichtstrahlen krumm« vermerkte, hatte sich Einstein, der 1896 mit 16 Jahren die deutsche Staatsbürgerschaft abgelegt hatte und bis 1901, als er Bürger der Schweiz wurde, staatenlos war, sowohl gegen den deutschen Nationalismus gewandt als auch die Revolution nach dem Krieg begrüßt. Einstein wurde zu einer populären Ikone, während die Relativitätstheorie viel mehr als nur eine wissenschaftliche Theorie wurde und der Widerstand gegen sie Ausmaße annahm, die weit über die Wissenschaft hinausreichten.[6]

Anti-Relativität

Ungeachtet der Tatsache, dass die Einstein'sche Physik diejenige Isaac Newtons (1643–1727) allem Anschein nach ersetzt hatte, wurden Eddingtons Ergebnisse und Einstein selbst in Großbritannien freundlich aufgenommen. In einem Artikel, der in der Londoner *Times* erschien, erlaubte sich Einstein einen weiteren Scherz:

> Die Beschreibung meiner Person und meiner Lebensverhältnisse in der *Times* zeigt ein unterhaltsames Meisterstück an Phantasie seitens des Verfassers. Dank der Anwendung der Relativitätstheorie auf den Geschmack der Leser werde ich heute in Deutschland ein deutscher Mann der Wissenschaft genannt, während ich in England als ein Schweizer Jude vorgestellt werde. Wenn man mich schließlich als ein *bête noire* [»schwarzes Schaf«] betrachten sollte, wird man diese Bezeichnungen umkehren: Ich werde für die Deutschen zu einem Schweizer Juden und für die Engländer zu einem deutschen Mann der Wissenschaft werden!

Weniger als ein Jahr später schien sich Einsteins Vorhersage zu bewahrheiten. In Berlin fand eine gegen die Relativitätstheorie gerichtete öffentliche Veranstaltung statt. Einstein selbst saß im Publikum. Er rechnete damit, sich amüsieren zu können. Stattdessen wurde er zum Ziel pseudowissenschaftlicher und antisemitischer Anfeindungen. In einem Schritt, den der Physiker später bedauerte, veröffentlichte er: »Meine Antwort. Über die antirelativistische G.m.b.H.« Seine Kritiker seien eigentlich einer Antwort von ihm unwürdig, so schrieb er; es gehe ihnen nicht um das Streben nach Wahrheit. Eine rhetorische Frage andeutend, formulierte er: »Wäre ich Deutschnationaler mit oder ohne Hakenkreuz statt Jude von freiheitlicher internationaler Gesinnung, so …« Obwohl Lenard nicht an der Veranstaltung teilgenommen hatte, griff Einstein ihn an:

6 »Lights All Askew in the Heavens«, *New York Times* (10. November 1919).

> Als ausgesprochenen Gegner der Relativitätstheorie wüsste ich unter den Physikern von internationaler Bedeutung nur Lenard zu nennen. Ich bewundere Lenard als Meister der Experimentalphysik; in der theoretischen Physik aber hat er noch nichts geleistet und seine Einwände gegen die allgemeine Relativitätstheorie sind von solcher Oberflächlichkeit, dass ich es bis jetzt nicht für nötig erachtet habe, ausführlich auf dieselben zu antworten. Ich gedenke es nachzuholen.

Auf der bevorstehenden Tagung der Gesellschaft Deutscher Naturforscher und Ärzte in Bad Nauheim werde es eine wissenschaftliche Diskussion über die Relativitätstheorie geben, bei der jeder Teilnehmer seine Einwände vorbringen könne.[7]

Arnold Sommerfeld, Professor für theoretische Physik an der Universität München und damals Präsident der Deutschen Physikalischen Gesellschaft, versuchte zwischen Einstein und Lenard zu vermitteln. In einem Brief an Einstein behauptete er, Lenard habe nichts mit der antirelativistischen Veranstaltung in Berlin zu tun gehabt. Zugleich appellierte er an Einstein:

> Von Deutschland fortgehn dürfen Sie aber nicht! Ihre ganze Arbeit wurzelt in der deutschen (und holländischen) Wissenschaft; nirgends findet sie soviel Verständnis wie in Deutschland. Deutsch[land] jetzt, wo es so namenlos von allen Seiten misshandelt wird, zu verlassen, sähe Ihnen nicht gleich.

Tatsächlich hatte Einstein an »Fahnenflucht« gedacht und befürchtet, sein anhaltendes Schweigen zu den Einwänden und Anschuldigungen würde als Zustimmung gedeutet werden. »Schlimm ist, dass jede Äusserung von mir von Journalisten geschäftlich verwertet wird. Ich muss mich eben sehr abschliessen […].« Sommerfeld drängte Einstein, vor der Tagung ein versöhnliches Wort an Lenard zu schicken, aber dazu kam es nicht.[8]

Sommerfeld schrieb auch an Lenard, aber der Heidelberger Physiker wies »mit Entrüstung« die Vorstellung zurück, eine Entschuldigung Einsteins würde genügen. Einsteins Äußerungen, die ihn »in den Augen des Lesers herabsetzen müssen«, seien ein Zeichen seiner »persönlichen Geringschätzung« für Lenard. Falls Einstein seine Äußerungen bereue, solle er sich öffentlich davon distanzieren.

7 Albert Einstein, »Meine Antwort. Über die antirelativistische G.m.b.H.«, *Berliner Tageblatt und Handels-Zeitung* (27. August 1920), 1.

8 Arnold Sommerfeld an Albert Einstein (3. September 1920), in Armin Hermann (Hg.), *Albert Einstein/Arnold Sommerfeld. Briefwechsel. Sechzig Briefe aus dem goldenen Zeitalter der modernen Physik* (Basel 1968), 65, 68–69; Albert Einstein an Arnold Sommerfeld (6. September 1920), in Hermann, Briefwechsel, 69; Arnold Sommerfeld an Albert Einstein (11. September 1920), in Hermann, Briefwechsel, 71.

Die Tagung zur Relativitätstheorie in Bad Nauheim wurde von Physikern geleitet, die Einstein unterstützten. Die Redner stellten sich hinter die Relativitätstheorie. Die Aussprache war zwar höflich im Ton und sachlich, aber auch einer strengen Regie unterworfen. Lenard beharrte auf dem Standpunkt, die Physik müsse dem »gesunden Menschenverstand« entsprechen, worauf Einstein entgegnete, »Anschaulichkeit« in der Physik sei selbst relativ und dem Wandel der Zeit unterworfen, ja seiner Meinung nach sei die Physik »begrifflich und nicht anschaulich«.[9]

Außenpolitik

Während Kollegen wie Planck und Sommerfeld Einsteins wissenschaftliche Position verteidigten, teilten sie seine pazifistischen und internationalistischen politischen Überzeugungen nicht. Als eine französische Publikation Einstein mit der Aussage zitierte, die Deutschen hätten eine verheerende Rolle im Krieg gespielt und die Niederlage verdient, hielt Sommerfeld dies für eine glatte Lüge. Nachdem Einstein ihm gesagt hatte, dass seine Äußerungen in dem Interview größtenteils zutreffend wiedergegeben worden seien, war Sommerfeld am Boden zerstört.[10]

Im Jahr 1922 lud der französische Physiker Paul Langevin (1872–1946) Einstein zu Vorträgen nach Paris ein. Zuerst sagte Einstein mit der Begründung ab, dass seine deutschen Kollegen nach wie vor von internationalen wissenschaftlichen Konferenzen ausgeschlossen seien und dass einige Menschen, »deren Empfindlichkeit durch das Geschehen und Erleben der letzten Jahre fast ins Krankhafte gesteigert worden ist, in diesem Augenblick meine Reise nach Paris als einen Akt der Treulosigkeit empfinden und derart gekränkt sein würden, dass sehr missliche Folgen entstehen könnten«. Ein anschließendes Gespräch mit Einsteins Freund Walther Rathenau (1867–1922), einem einflussreichen Industriellen, Juden und deutschen Außenminister, überzeugte ihn jedoch davon, die Einladung anzunehmen.[11]

9 Philipp Lenard an Arnold Sommerfeld (14. September 1920), in Charlotte Schönbeck, *Albert Einstein und Philipp Lenard. Antipoden im Spannungsfeld von Physik und Zeitgeschichte* (Heidelberg 2000), 28; K. Körner, »Versammlungen und Kurse. Die 86. Versammlung der Gesellschaft Deutscher Naturforscher und Ärzte in Bad Nauheim vom 19.–25. September 1920«, *Zeitschrift für mathematischen und naturwissenschaftlichen Unterricht aller Schulgattungen*, 52 (1921), 79–84, hier 80–82; »Anschaulichkeit; Allgemeine Diskussion über Relativitätstheorie«, *Physikalische Zeitschrift*, 21 (1920), 666–668.

10 Rowe und Schulmann, 114.

11 Albert Einstein an Paul Langevin (27. Februar 1922), in Diana Kormos Buchwald, József Illy, Ze'ev Rosenkranz und Tilman Sauer (Hgg.), *The Collected Papers of Albert Einstein. Volume 13: The Berlin Years: Writings & Correspondence January 1922–March 1923* (Princeton 2012), 155–156; Albert Einstein an Paul Langevin (6. März 1922), in Rowe und Schulmann, 116.

Noch während sich Einstein in Frankreich aufhielt, wurde er von dem konservativen Experimentalphysiker Johannes Stark in einem Leserbrief an eine Zeitung kritisiert. Einstein reise zu einer Zeit nach Paris, so Stark, zu der das deutsche Volk »von den Franzosen in der brutalsten Weise unterdrückt [wird]. Sie reißen ihm ein Stück nach dem andern vom Leibe, sie üben an ihm Erpressung über Erpressung, sie setzen ihm Farbige zur Aufsicht ins Rheinland, sie haben ihm in der letzten Note der Reparationskommission unerträgliche Zumutungen gestellt.« Weiter schrieb Stark, dies sei angesichts der Tatsache, dass Einstein ein »pazifistischer und international gesinnter Jude« sei, nicht weiter verwunderlich, aber als Direktor eines Kaiser-Wilhelm-Instituts, der zudem mehrere weitere offizielle Positionen bekleide, solle sich Einstein »von seiner Anbiederung an die Franzosen abhalten lassen«.[12]

Aber Einstein hielt nicht nur wissenschaftliche Vorträge, sondern äußerte auch den Wunsch, die vom Krieg verwüsteten Regionen selbst in Augenschein zu nehmen. In einem Artikel, der anschließend in einer französischen Zeitschrift erschien, wurde Einstein mit der Aussage zitiert: »Wir sollten alle Studenten Deutschlands – alle Studenten der Welt – hierherbringen, damit sie sehen, wie hässlich der Krieg ist.« Er ließ sich auch inmitten der Zerstörungen fotografieren. Ein paar Monate später wurde Rathenau von Rechtsextremisten ermordet. Im Gedenken an seinen Freund schrieb Einstein, er habe es bedauert, dass Rathenau Außenminister geworden sei.

> Bei der Haltung, die ein großer Teil der gebildeten Schicht Deutschlands gegen die Juden einnimmt, wäre nach meiner Überzeugung stolze Zurückhaltung der Juden im öffentlichen Leben das Natürliche. Daß Haß, Verblendung und Undankbarkeit so weit gehen würden, hätte ich doch nicht gedacht. Denjenigen aber, welche die ethische Erziehung des deutschen Volkes in den letzten fünfzig Jahren geleitet haben, möchte ich zurufen: An ihren Früchten sollt ihr sie erkennen.[13]

Philipp Lenard reagierte vollkommen anders auf die Nachricht von Rathenaus Ermordung. Der Tag der Beisetzung wurde zu einem nationalen Trauertag erklärt, aber der Physiker weigerte sich demonstrativ, die Flagge des physikalischen Instituts auf Halbmast zu setzen oder die Arbeit einzustellen. Als sich Gewerkschaftsmitglieder versammelten und riefen, Lenard solle

12 Johannes Stark, (Brief an den Herausgeber), *Deutsche Tages-Zeitung* (4. April 1922), in Siegfried Grundmann, *Einsteins Akte*, 2. Aufl. (Berlin 2004), 217.

13 Charles Nordmann, »Avec Einstein dans les régions dévastées«, *L'Illustration* 80/4128 (15. April 1922), 328–331, in Rowe und Schulmann, 118–119; eine Reproduktion der Fotografie befindet sich zwischen den Seiten 268 und 269; Albert Einstein, »In Memoriam Walther Rathenau«, (nach dem 24. Juni 1922), in Kormos Buchwald, Illy, Rosenkranz und Sauer, 450–451.

herauskommen, wurden sie aus einem Feuerwehrschlauch mit kaltem Wasser bespritzt. Dann drang die Menge in das Institut ein und zwang Lenard, sie in das Gewerkschaftshaus zu begleiten, wo er von der Polizei in Schutzhaft genommen wurde, um die Menge zu beschwichtigen. Als die Gewerkschaftsmitglieder anschließend wegen Hausfriedensbruchs vor Gericht gestellt wurden, gelang es dem jüdischen Verteidiger, Lenard dafür verantwortlich zu machen. Der Student, der den Konflikt angezettelt hatte, wurde bei einer disziplinarischen Anhörung unter dem Vorsitz eines jüdischen Professors von allen Vorwürfen freigesprochen. Lenard wurde von rechten Studenten unterstützt, und der Fall sorgte dafür, dass die junge nationalsozialistische Bewegung viel Aufmerksamkeit erhielt.[14]

Lenard, der politisch und wissenschaftlich konservativ war, war ungeachtet der Tatsache, dass er im Jahr 1905 den Nobelpreis erhalten hatte, überzeugt davon, dass seine wissenschaftlichen Leistungen nicht die ihnen gebührende Beachtung und Anerkennung erhalten hatten. Der Physiker glaubte, dass er, nicht Wilhelm Röntgen (1845–1923), der wahre Entdecker der Röntgenstrahlen sei und dass die Engländer, insbesondere J. J. Thomson (1856–1940), seine Verdienste nicht angemessen gewürdigt hätten. Einsteins wachsender Ruhm und die Aufmerksamkeit, die der Relativitätstheorie geschenkt wurde, waren auch direkte Bedrohungen für Lenards Konzeption des Äthers als eines hypothetischen immateriellen Mediums, das die Übertragung elektromagnetischer Effekte und anderer Dinge erlauben sollte, das jedoch durch die Relativitätsthorie überflüssig geworden war.

Im Jahr 1922 feierte die Gesellschaft Deutscher Naturforscher und Ärzte ihr hundertjähriges Bestehen. Max Planck organisierte eine Sondertagung zur Relativitätstheorie in Leipzig, für die Einstein als Hauptredner vorgesehen war. Einstein erklärte sich widerwillig dazu bereit, nur um seine Zusage wenig später aufgrund von Todesdrohungen zurückzuziehen. Stattdessen nutzte Einstein seinen Ruhm und begann, andere Länder zu bereisen. Planck antwortete verbittert: »So weit sind wir also nun glücklich gekommen, daß eine Mörderbande […] einer rein wissenschaftlichen Gesellschaft ihr Programm diktiert.«[15]

In der zweiten Auflage eines Buches, das kurz vor der Tagung veröffentlicht wurde, traf Lenard eine klare Unterscheidung zwischen der jüdischen und der deutschen Wissenschaft.

> Es ist bekannte jüdische Eigentümlichkeit, sachliche Fragen leicht sofort aufs Gebiet des persönlichen Streits zu verschieben. […] Lebt gesunder

14 Alan Beyerchen, *Wissenschaftler unter Hitler. Physiker im Dritten Reich* (Frankfurt am Main 1982), 134–136.

15 Rowe und Schulmann, 124–125; Albert Einstein an Max Planck (6. Juli 1922), in Grundmann, 176, und Rowe und Schulmann, 125; Grundmann, 223.

> deutscher Geist – der freilich Pflege und Schutz nötig hatte – wieder auf, so wird von selbst der Fremdgeist weichen müssen, der als dunkle Macht überall auftaucht und der auch in allem, was zur »Relativitätstheorie« gehört, so deutlich sich ausprägt. Wir leben in einem nicht weniger dunklem Zeitalter als die Inquisition es war.[16]

Statt eines Triumphs hielt die Leipziger Tagung jedoch eine weitere Enttäuschung für Lenard bereit. Vermutlich aufgrund seines politischen Extremismus erhielt er viel weniger wissenschaftliche Rückendeckung als in Bad Nauheim noch zwei Jahre zuvor.[17] Die Meldung, dass Einstein der Nobelpreis zuerkannt worden sei, und zwar nicht für die Relativitätstheorie, sondern für seine theoretische Erklärung des photoelektrischen Effekts – wobei sich Einstein auf Erkenntnisse bezog, die Lenard bei eigenen Experimenten zu diesem Effekt gesammelt hatte –, muss ihm den Rest gegeben haben.[18]

Auch Johannes Stark begann eine öffentliche Kampagne gegen den jüdischen Einfluss in der deutschen Wissenschaft. Wie Lenard war auch Stark Nobelpreisträger und ein angesehener Experimentalphysiker, der von den Entwicklungen der modernen Physik und den deutschen Kollegen, die sie praktizierten, entfremdet wurde. Im Jahr 1922 legte er seine Professur an der Universität Würzburg nieder, nachdem Kritik daran laut geworden war, dass er mit dem Nobelpreisgeld eine Beteiligung an einer Porzellanfabrik erworben hatte – etwas, was gegen den Geist des Nobelpreises verstieß. Auch verübelte er anderen Mitgliedern des Lehrkörpers ihren Widerstand gegen einen Studenten, der sich mit einer Arbeit über die optischen Eigenschaften von Porzellan habilitieren wollte, weil es sich dabei nach Ansicht einiger Kollegen Starks um ein rein technisches, kein wissenschaftliches Problem handele. Stark hoffte wahrscheinlich, zum Präsidenten der Physikalisch-Technischen Reichsanstalt ernannt zu werden. Dazu kam es nicht, und nachdem Stark auch bei der versuchten Rückkehr an die Universität übergangen worden war, verbitterte er zunehmend.[19]

Im Jahr seines Abschieds von Würzburg veröffentlichte Stark eine Polemik gegen die moderne Physik, die er Lenard zu dessen 60. Geburtstag widmete und die den Titel »Die gegenwärtige Krisis in der deutschen Physik« trug. Stark, der sich selbst als Sprecher und Verteidiger der Experimentalphysik gegen die moderne Physik positionierte, war empört darüber, dass »Einstein von gewisser Seite als der größte Physiker in mehreren Jahrhunderten vor dem breiten Publikum herausgestellt wird«. Die allgemeine Relativitätstheorie, die für sich beanspruche, den Äther abzuschaffen, werde

16 Philipp Lenard, *Äther und Uräther*, 2. Aufl. (1922), 9, zitiert in Schönbeck, 36.
17 Beyerchen, 131–133.
18 Schönbeck, 39.
19 Beyerchen, 156–158.

durch Propaganda weiterverbreitet. Die Quantentheorie, deren führender Vertreter Arnold Sommerfeld sei, sei so dogmatisch wie die katholische Kirche. Besonders herabsetzend, so Stark, sei es, dass die Kritiker der Relativitäts- und der Quantentheorie als zweitklassige Wissenschaftler hingestellt würden, die deren mathematische Grundlagen nicht verstünden. Einstein und seine Anhänger hätten vergessen, dass »die Theorie in der Physik nicht Selbstzweck, nicht allein für den Theoretiker und den Mathematiker da ist, sondern daß sie eine Hilfe für den Experimentalphysiker sei, seine Arbeit anregen oder formal abschließen soll«.[20]

Hitler umarmen

Die langjährige freundliche persönliche und wissenschaftliche Beziehung zwischen Lenard und Stark wurde jetzt zu einer politischen Zusammenarbeit. Wie eine beträchtliche Anzahl von Deutschen, aber anders als die meisten Hochschullehrer und Wissenschaftler, wandten sich sowohl Lenard als auch Stark aus beruflichen Enttäuschungen Hitler und dem Nationalsozialismus zu. Darin fanden sie Erfüllung.[21] Obwohl beide die Quantenmechanik und die Relativitätstheorie vollständig oder teilweise ablehnten, war für Lenard die Unterscheidung von arischer und jüdischer Wissenschaft eine Frage der Weltanschauung; für Stark hingegen war sie eine Waffe, die er gegen diejenigen einsetzte, die ihn seines Erachtens lange Zeit als einen Außenseiter behandelt hatten.

Philipp Lenard

Lenard wurde von persönlichen Ressentiments getrieben, die sich daraus speisten, dass ihm angeblich die Anerkennung als wissenschaftlicher Erstentdecker verwehrt blieb. Er hasste die Engländer abgrundtief, wurde zu einem fanatischen Antisemiten und identifizierte sich während der Weimarer Republik wie kein zweiter Wissenschaftler – die Rassenhygieniker eingeschlossen – mit der Hitler'schen Bewegung. Lenard hoffte, der Nationalsozialismus werde die von ihm angestrebte arische Forschungs- und Bildungspolitik verwirklichen.[22]

Es ist auffällig, wie sehr sich die Führung der neuen NS-Bewegung für Einstein und die Relativitätstheorie interessierte. Alfred Rosenberg (1893–1946), der baltendeutsche, antisemitische Chefredakteur der NSDAP-Parteizeitung *Völkischer Beobachter* und selbsternannte Philosoph des National-

20 Johannes Stark, *Die gegenwärtige Krisis in der deutschen Physik* (Leipzig 1922), 6, 11.
21 Beyerchen, 150.
22 Schönbeck, 39.

sozialismus, kontaktierte Lenard Anfang 1923, um ihn zu fragen, ob er bei einer »polemischen Bekämpfung des Herrn Einstein« mitmachen wolle. Rosenberg hatte Material über Einstein gesammelt und wollte einen Artikel veröffentlichen, der »Herrn Einstein von seiner politischen Agitationsseite her etwas beleuchten« würde. Als Lenard dies ablehnte, aber anbot, einen seiner Studenten zu empfehlen, antwortete Rosenberg, der Artikel des Studenten müsse nicht unter seinem vollen Namen erscheinen, denn die Nationalsozialisten »haben kein Interesse daran, dass sie auf den schwarzen Listen der Juden geführt werden«.[23]

Im Jahr 1924 veröffentlichte der Experimentalphysiker Ernst Gehrcke (1878–1960), einer der Sprecher auf der Antirelativitätsveranstaltung 1920 in Berlin, ein Buch mit dem Titel *Die Massensuggestion der Relativitätstheorie*. Gehrcke, der sich auf Gustave Le Bons (1841–1931) Theorien der Massenpsychologie stützte, untersuchte anhand Tausender von Zeitungsausschnitten, wie die Relativitätstheorie popularisiert wurde; dabei bezog er auch Einsteins Vortragsreisen, seinen Einsatz für Zionismus und Pazifismus, den Bau eines Observatoriums in der Nähe von Berlin mit dem Spitznamen »Einsteinturm« und einen Zeichentrickfilm über die Relativitätstheorie in seine Analyse ein. Gehrckes Buch regte Rosenberg dazu an, Lenard und Stark zu bitten, einen Artikel über Massensuggestion für den *Völkischen Beobachter* zu schreiben. Joseph Goebbels, der zukünftige Propagandaminister des Dritten Reichs, thematisierte das Buch in seinem autobiografischen Roman *Michael*. Darin behauptete er, die Relativitätstheorie habe eine »die Massen hypnotisierende Wirkung gehabt, obwohl sie von den meisten Leuten nicht verstanden wurde«.[24]

Im Verlauf der ersten fünf Jahre nach dem Ende des Ersten Weltkriegs schlossen sich mehrere völkische Gruppen zur nationalsozialistischen Bewegung zusammen. »Völkisch« bezeichnet einen romantischen, ethnischen deutschen Nationalismus, in der Regel mit rassistischer und antisemitischer Prägung. Seit Herbst 1923 war Lenard Mitglied des Bundes völkischer Lehrer Deutschlands. Am 8. und 9. November inszenierten die Nationalsozialisten den sogenannten »Bürgerbräu-Putsch« mit dem Ziel, gewaltsam die Kontrolle über München zu übernehmen, von dort nach Berlin zu marschieren und die Reichsregierung zu stürzen. Der Versuch scheiterte. Nach einem aufsehenerregenden öffentlichen Prozess, in dem sich Hitler als

23 Völkischer Beobachter an Philipp Lenard (17. Februar 1923), ADM, JN 7c; Alfred Rosenberg an Philipp Lenard (6. Oktober 1924), ADM, JN 7b.

24 Ernst Gehrcke, *Die Massensuggestion der Relativitätstheorie. Kulturhistorisch-psychologische Dokumente* (Berlin 1924); Joseph Goebbels, *Michael* (München 1929), in Grundmann, 116.

Märtyrer des deutschen Volkes darstellte, wurde der NS-Führer in der Festung Landsberg inhaftiert.

Während Hitler seine Haft verbüßte, unternahmen Lenard und Stark einen für Wissenschaftler beispiellosen Schritt, indem sie einen ungeheuerlichen Unterstützerbrief in einer Zeitung veröffentlichten. Obgleich die meisten deutschen Hochschullehrer in der Zeit der Weimarer Republik konservativ und nationalistisch gesinnt waren, beteiligten sie sich nur selten an parteipolitischen Auseinandersetzungen; nur sehr wenige Hochschulprofessoren erklärten öffentlich ihre Unterstützung für Hitler und den Nationalsozialismus. Lenard verfasste den Text, und wie Stark im Jahr 1936 sagte, war dieser »so sehr von Herzen geschrieben«, dass er kein einziges Wort änderte.

> Wir möchten nur als Naturforscher hier uns äußern. [...] wir [erkennen] in Hitler und seinen Genossen [...] eben denselben Geist [...], den wir bei unserer Arbeit, damit sie tiefgehend und erfolgreich sei, selbst stets gesucht, erstrebt, aus uns hervorgeholt haben; den Geist restloser Klarheit, der Ehrlichkeit der Außenwelt gegenüber, zugleich der inneren Einheitlichkeit, den Geist, der jede Kompromissarbeit haßt, weil sie unwahrhaftig ist. Es ist das aber auch der Geist, den wir – als uns vorbildlich – früh schon in den großen Forschern der Vergangenheit erkannt und verehrt haben, in Galilei, Kepler, Newton, Faraday. [...]
> Diese Geister finden sich erfahrungsmässig nur mit arisch-germanischem Blut verkörpert, wie denn auch die genannten Großen der Naturforschung dieses Blutes waren. [...] Es ist ganz die gleiche Tätigkeit, immer mit demselben asiatischen Volk [den Juden] im Hintergrund, die Christus ans Kreuz, Jordanus Brunus auf den Scheiterhaufen brachte, Hitler und Ludendorff mit dem Maschinengewehr beschießt und hinter Festungsmauern bringt: der Kampf der Dunkelgeister gegen die Lichtbringer [...] klare, ganze Menschen überhaupt wollen wir haben, eben wie Hitler einer ist. Er und seine Kampfgenossen, sie scheinen uns wie Gottesgeschenke aus einer längst versunkenen Vorzeit, da Rassen noch reiner, Menschen noch größer, Geister noch weniger betrogen waren.[25]

Rosenberg, der unermüdlich daran arbeitete, den Einfluss des Nationalsozialismus auf die intellektuelle Sphäre auszudehnen, »abseits von Kampf und Tagespolitik«, stand oft in Kontakt mit Lenard und fragte diesen, ob er für die von Rosenberg geleitete NS-Kulturorganisation seinen Namen als

25 Philipp Lenard und Johannes Stark, »Hitlergeist und Wissenschaft«, *Großdeutsche Zeitung. Tageszeitung für nationale und soziale Politik und Wirtschaft* (8. Mai 1924), 1–2, neu abgedruckt in *Nationalsozialistische Monatshefte*, 7/71 (Februar 1936), 110–111.

Förderer zur Verfügung stellen würde und ob er andere Intellektuelle empfehlen könne, »die bereit wären, uns zu helfen«. Als der Physiker sich dazu bereit erklärte, dankte ihm Rosenberg und fügte hinzu, dass Hitler »überaus erfreut sein wird über die rege Anteilnahme, die Sie an seiner Arbeit nehmen«. Lenard bot in diesem Zuge an, der Organisation Rosenbergs eine Geldspende zukommen zu lassen, worauf dieser antwortete, er habe »wirklich nicht darauf reflektiert, wo doch Ihre moralische Unterstützung uns mehr wert ist als alles andere«.[26]

Tatsächlich war Lenard ein sehr aktiver und großzügiger finanzieller Förderer der Bewegung Hitlers. Nicht nur der SS, deren Fördermitglied er war, sondern auch anderen nationalsozialistischen Organisationen und Wahlkampagnen ließ er regelmäßig Spenden zukommen. Er reagierte auch auf gezielte Spendenaufrufe: für die Übernahme der Beförderungskosten von SS-Männern zu Parteiveranstaltungen, für die Unterstützung von SS- und Parteimitgliedern in Gerichtsverfahren oder zur Unterstützung von deren Familien, wenn sie verletzt oder getötet worden waren. Der Physiker erhielt persönliche Dankschreiben für seine großzügigen Spenden vom Reichsführer SS Heinrich Himmler und von Hitler selbst.[27]

Im Jahr 1926 nahm Lenard an einer Massenkundgebung für Hitler teil und fand die Erfahrung erfrischend. Im selben Jahr beabsichtigten Hitler und Lenard, sich bei einer Kundgebung in Karlsruhe zu treffen, aber das Treffen wurde abgesagt, nachdem die Regionalregierung Hitler Redeverbot erteilt hatte. Hitler und sein Adjutant Rudolf Heß (1894–1987) besuchten Lenard 1928 in dessen Haus. Später schrieb Heß an Lenard: »Herr Hitler denkt oft und gern an den seinerzeitigen Besuch und an Ihr ebenso scharfes wie leider zutreffendes Urteil über Ihre Herren Kollegen zurück.« Die NS-Führung erkannte den Wert von Lenard für ihre Bewegung und scheint ihn respektvoll behandelt zu haben – etwas, was Lenard bei seinen Fachkollegen offenbar vermisste. Hitler sah in Lenard zweifellos einen Geistesverwandten.[28]

26 Alfred Rosenberg an Philipp Lenard (28. September 1927), ADM, JN 7c; Alfred Rosenberg an Philipp Lenard (4. Oktober 1927), ADM, JN 7b; Alfred Rosenberg an Philipp Lenard (2. Februar 1928), ADM, JN, 7b.

27 SS (Himmler) an Philipp Lenard (22. Juli 1926), ADM, JN 7c; Adolf Hitler an Philipp Lenard (8. Juni 1927), ADM, JN, 7a; SS an Philipp Lenard (2. August 1927), ADM, JN 7c; NSDAP an Philipp Lenard (23. April 1928), ADM, JN 7c; JF Lehmann an Philipp Lenard (15. Mai 1929), ADM, JN 7a.

28 Beyerchen, 138–139; Adolf Hitler an Philipp Lenard (23. Oktober 1926), ADM, JN 7a; Rudolf Heß an Philipp Lenard (2. Mai 1928), ADM, JN 7a.

Johannes Stark

Johannes Stark war eindeutig ein Antisemit, wobei sich sein Antisemitismus auf seine Konflikte mit Arnold Sommerfeld – der ironischerweise kein Jude war – bei der Besetzung akademischer Positionen und der Quantentheorie konzentrierte. Schon vor dem Ende des Ersten Weltkriegs, im Jahr 1915, als sich Starks Hoffnungen, auf eine Professur in Göttingen berufen zu werden, durch die Bestellung von Sommerfelds Student Peter Debye zerschlugen, machte Stark den dortigen »jüdischen und philosemitischen Kreis« von Mathematikern und theoretischen Physikern und ihren »rührigen Geschäftsführer Herrn Sommerfeld« dafür verantwortlich. Als Stark 1927 einen wissenschaftlichen Aufsatz an Lenard schickte, wurde er von dem älteren Heidelberger Professor sanft gerügt. Die Publikation solle Stark bei seinen Bemühungen helfen, eine andere Position zu erlangen, »nicht weil wertvolles Neues darin ist«, sondern weil »Sie so viele Juden loben. Möchte das bewirken, dass man Sie wieder für persönlich annehmbar hält.«[29]

Als Stark ein Jahr später eine andere Publikation an Lenard schickte, rechtfertigte er seine Arbeit mit antisemitischen Argumenten: »Um den Physik-Juden um Einstein, Bohr und Sommerfeld das Monopol der Atomforschung zu entreißen, schien es mir notwendig, neue Gedanken aus dem Geiste der experimentellen Forschung heraus zu bringen, statt ihre Rabulistik nur zu kritisieren. [...] Freilich fürchte ich, dass mir das Verdienst ihrer Schöpfung durch die jüdischen Macher weggenommen werden wird [...].« Am Rand von Starks Brief vermerkte Lenard: »Selbstverständlich!« Stark beschrieb im Weiteren die Taktiken, die das »jüdische Unternehmen« seiner Einschätzung nach verfolgen würde. Zuerst würde niemand die beiden Publikationen Starks kommentieren oder rezensieren; weiterhin würde ein neues »Geschrei« um die jüngsten Fortschritte in der Atomforschung einsetzen, die mit den Namen Planck, Schrödinger (1887–1961) und Louis de Broglie (1892–1987) verbunden seien; dies würde »Sommerfeld und Konsorten« Gelegenheit geben, ihre Theorie zu korrigieren, Teile aus den Publikationen Starks zu übernehmen und sie als eigene Arbeiten auszugeben. »Ich bin aber durchaus nicht gewillt, mich von den Juden ausnützen und

29 Andreas Kleinert, »Der Briefwechsel zwischen Philipp Lenard (1862–1947) und Johannes Stark (1874–1957)«, *Jahrbuch 2000 der Deutschen Akademie der Naturforscher Leopoldina* (Halle/Saale) LEOPOLDINA (R. 3), 46 (2001), 243–261, hier 254; Dieter Hoffmann, »Johannes Stark – eine Persönlichkeit im Spannungsfeld von wissenschaftlicher Forschung und faschistischer Ideologie«, *Philosophie und Naturwissenschaften in Vergangenheit und Gegenwart*, 22 (1982), 90–101, hier 91; Philipp Lenard an Johannes Stark (9. November 1927), ADM, JN 7c.

zuschaufeln zu lassen. Im Gegenteil ich werde alles, was ich tun kann, tun, um die Herrschaft der Juden in meiner Wissenschaft zu brechen.«[30]

Im Jahr 1928 bemühte sich Stark wie besessen darum, einen Ruf als Professor für Experimentalphysik an die Universität München zu erhalten. In einem Brief, in dem er sich bei Lenard für dessen Empfehlungsschreiben an das bayerische Kultusministerium bedankte, bemerkte er: »Die ganze Gruppe Sommerfeld-Einstein-Planck-Debye ist nämlich stark über die Aussichten meiner Berufung beunruhigt. Sie fürchten von mir einen starken Einfluss auf die deutsche Physik, wenn ich von der Münchener Professur aus wirken könnte.« Stark hatte Informanten, die ihn über das Auswahlverfahren auf dem Laufenden hielten, und deutete das, was sie ihm sagten, gemäß dem »Schlüssel« jüdischer Einflussnahme. Fast jeder, der ihn ablehnte oder jemand anderen unterstützte, war für ihn entweder Jude, Katholik oder ein Freund der Juden. Stark ging Sommerfeld sogar direkt an. Er warf ihm vor, das Auswahlverfahren zu steuern und ihn zu übergehen, was »eine öffentliche Deklassierung meiner Persönlichkeit und meiner wissenschaftlichen Leistungen bedeutet«. Sommerfeld antwortete, der Vorwurf, er habe sich unprofessionell verhalten, habe ihn verletzt; er habe in seinen Büchern immer die Bedeutung der Entdeckungen Starks herausgestellt und nicht auf seine Kritik an einer vermeintlichen »Quanten-Orthodoxie« reagiert, weil es diese nicht gebe. Im Frühjahr 1929 war sich Stark im Klaren darüber, dass er die Münchner Professur nicht bekommen würde, weil »der Minister dem konzentrierten Druck jüdischer Herren nachgegeben hat und entschlossen ist, deren Wünschen zu willfahren«.[31]

Wie Lenard engagierte sich auch Stark schon frühzeitig in völkischen Organisationen. Einige Tage vor dem Bürgerbräu-Putsch ließ er die von ihm geführte völkische Gruppe in der NS-Bewegung aufgehen. Im Jahr 1924 veröffentlichte er seinen eigenen öffentlichen Rundbrief, in dem er Hitler unterstützte. Als Hitler in Haft war, brachte ihm Starks Frau, ebenfalls eine begeisterte Anhängerin, Lebensmittel. Nach Hitlers Haftentlassung im Dezember 1924 lud Stark ihn ein, sich in seinem Haus zu erholen – ein Angebot, für das der NS-Führer sehr dankbar war.[32] Stark sprach mit Lenard oft über Hitler. Der nationalsozialistische Führer war derjenige von

30 Johannes Stark an Philipp Lenard (5. Mai 1928), ADM, JN 7c.

31 Johannes Stark an Philipp Lenard (29. Oktober 1928), ADM, JN 7c; Johannes Stark an Philipp Lenard (28. Dezember 1928), ADM, JN 7c; Johannes Stark an Arnold Sommerfeld (30. Januar 1929), in Michael Eckert und Karl Märker (Hgg.), *Arnold Sommerfeld, Wissenschaftlicher Briefwechsel. Band 2: 1919–1951* (Berlin 2004), 296–297; Arnold Sommerfeld an Johannes Stark (18. Februar 1929), in Eckert und Märker, 298; Johannes Stark an Philipp Lenard (17. März 1929), ADM, JN 7c.

32 Kurt Zierold, *Forschungsförderung in drei Epochen* (Wiesbaden 1968), 173–174; Johannes Stark an das Oberste Parteigericht (7. November 1937), BABL, BDC Stark.

allen zeitgenössischen politischen Persönlichkeiten, den Stark am höchsten schätzte, auch wenn der Physiker dessen Aussichten pessimistisch beurteilte. »Ich wünsche, dass einmal ein Durcheinander kommt, welches ihm ermöglicht, die Macht zu ergreifen [...].« Im Juli 1929, in einer Zeit, in der die Aussichten der Nationalsozialisten recht düster zu sein schienen, schrieb Stark seinem Kollegen: »Sie haben recht, lieber Lenard, Hitler ist unsere einzige Hoffnung. Die jüdische Herrschaft in Deutschland kann nur mit Gewalt gebrochen werden.«[33]

Ein paar Monate später begann dann jenes Durcheinander, das sich Stark gewünscht hatte, mit dem Krach an der New Yorker Börse, der den Beginn der Großen Depression markierte. Am 1. April 1930 wurde Stark offiziell Mitglied der NSDAP. Er schloss sein privates Labor, um Hitler durch Reden und Veröffentlichungen in seinem Kampf um die Macht zu unterstützen. Als Politiker, die die aktuelle Stimmung in der Bevölkerung für sich ausnutzen wollten, vorgezogene Reichstagswahlen im September erwirkten, gewannen die Nationalsozialisten immerhin 18,3 Prozent der abgegebenen Stimmen und 230 Sitze im Reichstag. Mittlerweile hatte Stark sich voll und ganz der nationalsozialistischen Sache verschrieben, wie er Lenard wissen ließ:

> Ich schätze es als ein grosses Glück, dass ich hier Hitler so oft sprechen höre und neben dem Studium seines grossartigen Buches [*Mein Kampf*] die unmittelbare Wirkung seiner Persönlichkeit erleben darf. Er ist in meinen Augen der grösste deutsche Mann seit einem Jahrhundert, Forscher, Staatsmann, Organisator und Held zugleich. Er wird die deutsche Jugend mit Sicherheit zum Sieg über die Feinde des Deutschtums führen. Auch auf mich alten Herrn übt er eine so starke Wirkung aus, dass ich mich versucht fühle, in den politischen Kampf einzugreifen, sei es auch nur in bescheidener literarischer Weise.

Starks Ehefrau legte einem Brief, den Stark an Lenard schrieb, eine handschriftliche Notiz bei, in der sie diesem mitteilte, dass sie sich beim Frauenhilfswerk der SA engagiere und arbeitslose Parteimitglieder mit Lebensmitteln und Spendenaktionen unterstütze. »Ich habe da ziemlich viel Arbeit. Aber das tue ich so gern, denn für den Führer tun wir ja doch alles.«[34]

33 Johannes Stark an Phlipp Lenard (16. April 1928), ADM, JN 7c; Johannes Stark an Philipp Lenard (10. Juli 1929), ADM, JN 7c.

34 Zierold, 173–174; Johannes Stark an das Oberste Parteigericht (7. November 1937), BABL, BDC Stark; Johannes Stark an Philipp Lenard (24. September 1930), in Kleinert, Briefwechsel, 253–254; Johannes Stark an Philipp Lenard (1. Oktober 1931), ADM, JN 7c.

Gleichschaltung

Die Einstein-Affäre und die Preußische Akademie der Wissenschaften

Seit 1930 arbeiteten Politiker und Strippenzieher, die in Deutschland an den Schaltstellen der Macht saßen, systematisch darauf hin, die Demokratie abzuschaffen. Der letzte, verhängnisvolle Schritt war die Ernennung Adolf Hitlers zum Reichskanzler am 30. Januar 1933 durch Reichspräsident Paul von Hindenburg. Albert Einstein hielt sich in den Vereinigten Staaten auf und kehrte nie nach Deutschland zurück. Als er die repressiven Maßnahmen der neuen nationalistisch-nationalsozialistischen Koalitionsregierung zu kritisieren begann, sagte sein älterer Kollege Max Planck voraus, dass wegen dieser Kritik »Ihre Stammes- und Glaubensgenossen hier dadurch in ihrer ohnehin schon schwierigen Lage keineswegs erleichtert, sondern doch vielmehr gedrückt werden«. Während er an Bord eines Schiffs nach Europa war, informierte Einstein die Preußische Akademie der Wissenschaften, dass er wegen der »gegenwärtig herrschenden Zustände« in Deutschland zurücktrete, wobei er sich jedoch über alle Maßen bei der Akademie und ihren Mitgliedern für ihre Unterstützung und die »schönen menschlichen Beziehungen« bedankte.[35]

Am selben Tag griff Einstein in einer Stellungnahme, die in französischen und deutschen Zeitungen erschien, die neue deutsche Regierung an.

> Die Akte brutaler Gewalt und Bedrückung, die gerichtet sind gegen alle Leute freien Geistes und gegen die Juden […] haben glücklicherweise das Gewissen aller Länder aufgerüttelt, die dem Humanitätsgedanken und den politischen Freiheiten treu bleiben. Die Internationale Liga gegen den Antisemitismus hat sich das große Verdienst erworben, die Gerechtigkeit zu verteidigen dadurch, daß sie die Einigung der Völker herstellt, die nicht durch das Gift angesteckt sind. Wir können hoffen, daß die Reaktion dagegen ausreichen wird, um Europa vor einem Rückfall in die Barbarei längst entschwundener Epochen zu bewahren. Mögen alle Freunde unserer so schwer bedrohten Zivilisation alle ihre Bemühungen konzentrieren, um diese Weltkrankheit zu beseitigen. Ich bin mit ihnen.

Genauso scharf war ein Kommentar in der *Kölnischen Zeitung*. Einstein hatte in Deutschland ungehindert arbeiten können, aber dies hielt ihn nicht davon ab, die Deutschen als Barbaren zu brandmarken und der Hoffnung Ausdruck zu geben, dass »eine Art Einigung Europas gegen uns zustande

35 Max Planck an Albert Einstein (19. März 1933), in Grundmann, 441; Rowe und Schulman, 270; Albert Einstein an die Preußische Akademie der Wissenschaften, Berlin (28. März 1933), in Grundmann, 442.

kommt«. Er wolle an einen Ort ziehen, wo er frei vom »Gift« des Patriotismus leben könne.[36]

Am 30. März nahm die Akademie Einsteins Austritt zur Kenntnis und erklärte, dass weitere Maßnahmen hinfällig seien. Allerdings forderte der nationalsozialistische preußische Kultusminister Bernhard Rust persönlich die Akademie auf, am 1. April eine öffentliche Stellungnahme zu Einstein abzugeben. Das Datum fiel mit dem landesweiten eintägigen Boykott jüdischer Geschäfte und Freiberufler zusammen. Ernst Heymann (1870–1946), einer der vier beständigen Sekretäre der Akademie, veröffentlichte daraufhin eine Pressemitteilung, in der es hieß, die Akademie habe »mit Entrüstung von den Zeitungsnachrichten über die Beteiligung Albert Einsteins an der Greuelhetze in Amerika und Frankreich Kenntnis erhalten«. Er fügte hinzu, man habe »keinen Anlaß den Austritt Einsteins zu bedauern«.[37]

Einstein antwortete der Akademie, er habe sich nie an Gräuelhetze beteiligt, ja nie etwas davon selbst miterlebt. Vielmehr würde man lediglich »die offiziellen Kundgebungen und Anordnungen der verantwortlichen deutschen Regierungspersonen sowie das Programm betreffend die Vernichtung der deutschen Juden auf wirtschaftlichem Wege wiedergeben und kommentieren«. Allerdings fügte Einstein hinzu, dass er die gegenwärtigen Verhältnisse in Deutschland als »einen Zustand psychischer Erkrankung der Massen« beschrieben habe, und erörterte die Ursachen dafür. Einen nachdenklicheren Brief schrieb Einstein an Max Planck. Darin bat er ihn, sich vorzustellen, er wäre Professor in Prag und es käme eine tschechische Regierung ans Ruder, die »die tschechischen Deutschen ihrer Existenzquelle beraubte und sie gleichzeitig mit Gewalt verhinderte, das Land zu verlassen«. Hielte es Planck dann für richtig, dies stillschweigend hinzunehmen und nichts zu unternehmen, um den tschechischen Deutschen zu helfen?[38]

Planck, ebenfalls ein beständiger Sekretär der Akademie, fand einen Kompromiss, dem die Mehrheit seiner Kollegen zustimmen konnte, und trug dies durch eine Rede in das Protokoll ein.

> Ich glaube im Sinne meiner akademischen Fachkollegen sowie auch der überwältigenden Mehrheit aller deutschen Physiker zu sprechen, wenn ich sage: Herr Einstein ist nicht nur einer unter vielen hervorragenden

36 Albert Einstein, Stellungnahme zu den Verhältnissen in Deutschland, (28. März 1933), in Grundmann, 443; *Kölnische Zeitung* (30. März 1933), in Grundmann, 443.

37 Sitzung der Gesamt-Akademie vom 30. März 1933, BBAA, AdW II-IV, 102; Außerordentliche Sitzung der Gesamt-Akademie vom 6. April 1933, BBAA, AdW, II-IV, 102; Pressemitteilung der Preußischen Akademie der Wissenschaften (1. April 1933), in Grundmann, 444.

38 Albert Einstein an Heinrich Ficker (5. April 1933), BBAA, AdW II-III-57 und HUJ, AEA 36-062; Albert Einstein an Max Planck (6. April 1933), HUJ, AEA 19-391.

> Physikern, sondern Herr Einstein ist der Physiker, durch dessen in unserer Akademie veröffentlichte Arbeiten die physikalische Erkenntnis in unserem Jahrhundert eine Vertiefung erfahren hat, deren Bedeutung nur an den Leistungen Johannes Keplers und Isaac Newtons gemessen werden kann. Es liegt mir vor allem deshalb daran, dies auszusprechen, damit nicht die Nachwelt einmal auf den Gedanken kommt, daß die akademischen Fachkollegen Herrn Einsteins noch nicht im Stande waren, seine Bedeutung für die Wissenschaft zu begreifen.

Gleichwohl, so Planck weiter, habe sich Einstein durch sein politisches Verhalten selbst die Möglichkeit genommen, in der Akademie zu bleiben.[39]

Ein weiterer Kollege und enger Freund von Einstein, der ebenfalls der Akademie angehörte, Max von Laue, benutzte »eine Gelegenheit«, um ihm einen Brief zu schicken, der die nationalsozialistischen Zensoren umging und in dem er Einstein mitteilte, dass er über die Ergebnisse sehr traurig sei: »[...] das Schlimmste ist die vollkommene Ohnmacht etwas dagegen zu tun. Was Aufsehen erregt, verschlimmert die Lage nur.« Abgesehen von Planck, Erwin Schrödinger (der schon bald fortgehen sollte) und einigen anderen war Berlin für von Laue jetzt verödet. »Aber warum musstest Du auch *politisch* hervortreten! Ich bin weit entfernt, Dir aus Deinen Äußerungen einen Vorwurf zu machen. Nur, finde ich, soll der Gelehrte [sich] damit zurückhalten. Der politische Kampf fordert andere Methoden und andere Interessen, als die wissenschaftliche Forschung. Der Gelehrte kommt in ihm in der Regel unter die Räder.« Einstein widersprach. Derartige Selbstbeschränkungen »überlassen die Führung widerstandslos den Blinden und Verantwortungslosen«. Obgleich er kein einziges Wort bereue, fügte der Physiker hinzu, dass sein »Gefühl warmer Freundschaft für Dich und einige wenige Andere dort bestehen bleibt. Hoffentlich sehen wir uns in besseren Zeiten wieder«. Eine Woche später bat Einstein von Laue, seinen Austritt aus weiteren Organisationen wie der Deutschen Physikalischen Gesellschaft in die Wege zu leiten, »da so neue theatralische Effekte vermieden werden«.[40]

39 Max Plancks Rede an die Akademie (11. Mai 1933), in Grundmann, 445–446.
40 Max von Laue an Albert Einstein (14. Mai 1933), in Dieter Hoffmann und Mark Walker (Hgg.), *Physiker zwischen Autonomie und Anpassung. Die Deutsche Physikalische Gesellschaft im Dritten Reich* (Weinheim 2007), 531; Albert Einstein an Max von Laue (26. Mai 1933), HUJ, AEA 16-089; Albert Einstein an Max von Laue (5. Juni 1933), in Hoffmann und Walker, Autonomie, 532–533.

Die Haber-Affäre

Die frustrierte nationalsozialistische Führung sah sich wegen der Schwäche der deutschen Wirtschaft, negativer Reaktionen des Auslands und der Ambivalenz, die viele Deutsche zeigten, gezwungen, den landesweiten Boykott jüdischer Geschäfte auf einen Tag zu begrenzen. In der Folge wurden neue antisemitische Maßnahmen umgesetzt, zu denen auch das am 7. April erlassene Gesetz zur Wiederherstellung des Berufsbeamtentums – eine euphemistische Bezeichnung – zählte. Beamte, die einen jüdischen Großelternteil hatten, konnten jetzt entlassen oder zwangsweise frühpensioniert werden. Reichspräsident Hindenburg hatte verlangt, für nichtarische Beamte, die vor August 1914 verbeamtet worden waren oder die im Ersten Weltkrieg an der Front gekämpft hatten, Ausnahmeregelungen zu schaffen. Obgleich der Nobelpreisträger und stramme deutsche Nationalist Fritz Haber (1868–1934) an der Front gedient hatte und sogar der Hauptverantwortliche dafür war, dass im Ersten Weltkrieg erstmals chemische Waffen eingesetzt wurden, wollte er als Direktor des Kaiser-Wilhelm-Instituts für Physikalische Chemie sich nicht dafür verwenden, seine jüdischen Mitarbeiter zu entlassen. Wie er in seinem Rücktrittsschreiben an den preußischen Kultusminister Bernhard Rust schrieb, verlangten die überlieferten Standards der wissenschaftlichen Forschung, dass er bei der Auswahl von Mitarbeitern ausschließlich deren fachliche und charakterliche Eignung, nicht ihre Rassenzugehörigkeit, berücksichtige. Haber ging ins Exil, wo er im Jahr darauf starb. In einem Nachruf in einer wissenschaftlichen Zeitschrift stellte Max von Laue insbesondere Habers Entdeckung eines Verfahrens zur Gewinnung von Stickstoff aus der Atmosphäre heraus, verglich diesen aber auch mit dem Athener Feldherrn Themistokles (524 v. Chr. – 459 v. Chr.), der die Griechen zum Sieg über die Perser führte, anschließend jedoch geächtet und ins Exil geschickt worden sei.[41]

Zwei Wochen später schrieb Stark an die Deutsche Physikalische Gesellschaft. Er war empört darüber, dass von Laue behauptet habe, die NS-Regierung habe Haber verbannt, und verlangte, dass sich von Laue unverzüglich aus dem Vorstand der Gesellschaft zurückziehe. Ein Beamter im preußischen Kultusministerium teilte von Laue später mit, dass sein Vergleich mit Themistokles »mit gewissem Erstaunen« gelesen worden sei, fügte jedoch hinzu, der Minister habe bislang keine weiteren Schritte angeordnet. Von Laue schickte Einstein eine Kopie des Nachrufs und von Starks Brief. Er meinte, Stark habe vielleicht »einfach ins Blaue geredet«. Einstein

41 Fritz Haber an Reichsminister Bernhard Rust (30. April 1933), in Hoffmann und Walker, Autonomie, 530–531; Max von Laue: Fritz Haber (16. Februar 1934), in Klaus Hentschel (Hg.), *Physics and National Socialism: An Anthology of Primary Sources* (Basel 1996), 76–77.

freute sich sehr über die Post: »Wenn ich den lebhaften Wunsch habe, jemand noch einmal wiederzusehen, dann bist du's.«[42]

Im Januar 1935 kündigten die Kaiser-Wilhelm-Gesellschaft, die Deutsche Physikalische Gesellschaft und zunächst auch die Deutsche Chemische Gesellschaft an, dass sie eine Gedenkfeier zu Ehren von Fritz Haber abhalten wollten. Das Reichsministerium für Wissenschaft, Erziehung und Volksbildung (REM), in dem das preußische Kultusministerium mittlerweile aufgegangen war, brachte umgehend seine Missbilligung dieser Veranstaltung zum Ausdruck. Aus Habers Rücktrittsschreiben gehe eindeutig »seine innere Einstellung gegen den heutigen Staat« hervor. Die Absicht, Haber zu ehren, unter dessen 40 wissenschaftlichen Mitarbeitern 23 Juden gewesen waren, sei eine »Herausforderung des nationalsozialistischen Staates«. Allen Mitarbeitern, die dem Dienstbereich des Ministeriums unterstellt waren, wurde die Teilnahme an der Gedenkfeier untersagt. Der Präsident der KWG, Max Planck, schrieb daraufhin direkt an Minister Rust und beteuerte, es liege ein »schweres Missverständnis« vor. Dies sei keineswegs eine Herausforderung des NS-Staates, sondern lediglich eine Gedächtnisfeier für ein verstorbenes Mitglied, das sich »unvergängliche Verdienste um die deutsche Wissenschaft, Wirtschaft und Kriegstechnik erworben hat«. Planck wies darauf hin, dass eine Absage der Veranstaltung negative Auswirkungen auf den Ruf Deutschlands in der Welt haben würde, und schrieb weiter: »Die Kaiser-Wilhelm-Gesellschaft zur Förderung der Wissenschaften hat von ihrer positiven Einstellung zum heutigen Staat und ihrem Treuebekenntnis zum Führer und seiner Regierung häufig genug durch Wort und Tat Zeugnis abgelegt.«[43]

In seinem Antwortschreiben würdigte Rust Plancks positive Haltung, wies gleichwohl darauf hin, dass Haber deshalb aus dem Amt geschieden sei, weil »er sich im Gegensatz zum nationalsozialistischen Staat stellte«. Rust lehnte es ab, das Teilnahmeverbot im Allgemeinen zu widerrufen, aber weil

42 Johannes Stark an den Vorstand der Deutschen Physikalischen Gesellschaft (1. März 1934), in Hoffmann und Walker, Autonomie, 543; Max von Laue, Zum Brief von Herrn Johannes Stark an den Vorstand der Deutschen Physikalischen Gesellschaft vom 1. März 1934, in Hoffmann und Walker, Autonomie, 544; REM Vermerk (4. April 1934), in Hoffmann und Walker, Autonomie, 544–545; Max von Laue an Albert Einstein (10. März 1934), in Hoffmann und Walker, Autonomie, 545–546; Albert Einstein an Max von Laue (23. März 1934), in Hoffmann und Walker, Autonomie, 546–547.

43 Für die Gedächtnisfeier für Haber vgl. Helmut Maier, *Chemiker im »Dritten Reich«: Die Deutsche Chemische Gesellschaft und der Verein Deutscher Chemiker im NS-Herrschaftsapparat* (Frankfurt am Main 2015), 140–145; REM Erlass (15. Januar 1935) und Max Planck an Bernhard Rust (18. Januar 1935), in Hoffmann und Walker, Autonomie, 557–559.

die aus- und die inländische Presse bereits über die Veranstaltung unterrichtet worden sei und Gäste aus dem Ausland erwartet würden, war er bereit, die Feier als eine private Feier der KWG zu erlauben. Er bot weiter an, bestimmten Mitgliedern der Gesellschaften, die daran teilnehmen wollten, Genehmigungen zu erteilen. Doch als Karl-Friedrich Bonhoeffer, ein ehemaliger Student Habers, eine solche Genehmigung beantragte, wurde sie ihm verwehrt. So verlas Otto Hahn dessen Rede. Keine Hochschulprofessoren, nicht einmal Max von Laue, nahmen daran teil. Die Haber-Gedächtnisfeier im Jahr 1935 war das, was einem organisierten öffentlichen Protest von Wissenschaftlern während des Dritten Reichs am nächsten kam. Zu etwas auch nur annähernd Vergleichbarem kam es nie wieder.[44]

Der Diktator der Physik

Als langjährige Unterstützer Hitlers profitierten Lenard und Stark enorm von der nationalsozialistischen Machtergreifung. »Endlich ist die Zeit gekommen, da wir unsere Auffassung von Wissenschaft und Forschung zur Geltung bringen können«, schrieb Stark an Lenard. Stark war ein Bekannter des nationalsozialistischen Reichsinnenministers Wilhelm Frick (1877–1946) und bat diesen, die beiden Physiker bei der Besetzung von Stellen an wissenschaftlichen Instituten zu konsultieren. Lenard schrieb direkt an Hitler und bat ihn, die Bildungsminister in den verschiedenen deutschen Ländern anzuweisen, vor der Berufung eines Wissenschaftlers Lenards Rat einzuholen. Sowohl Hitler als auch Frick waren einverstanden.

Im Mai 1933 berief Frick Stark zum Präsidenten der Physikalisch-Technischen Reichsanstalt, etwas, was der Physiker schon seit Jahren angestrebt hatte. Lenard erklärte diesen Vorgang im *Völkischen Beobachter* zu einem Zeichen dafür, dass ein neues Zeitalter der Wissenschaft angebrochen sei:

> Es war zuviel geworden in der Physik, und zwar von oben herab. Mit dem mächtigen Einbringen der Juden in maßgebende Stellen, auch an Universitäten und Akademien, war die Grundlage alles Naturwissens, die Beobachtung der Natur selbst, in Vergessenheit und außer Geltung gebracht worden.
>
> An hervorragender Stelle stehende Theoretiker hätten diese Entwicklung schon besser leiten dürfen. Jetzt hat es Hitler geleitet. Der Spuk ist zerfallen; der Fremdgeist verlässt bereits sogar freiwillig die Universitäten, ja das Land […].

Gleichwohl war Stark besorgt. Wie er Lenard schrieb:

44 Bernhard Rust an Max Planck (24. Januar 1935), BBAA, AdW II-XIV, 23, 14; vgl. auch Maier, Chemiker, 140–154.

Abb. 28: Philipp Lenard im Jahr 1942.

> Nicht die Juden und unsere sonstigen Gegner fürchte ich, sondern die Anmaßung, den Neid und die Intrige in den führenden nationalsozialistischen Kreisen. Wir müssen auch hier die Dinge sehen, wie sie wirklich sind. Leute wie ich und Sie sind im nationalsozialistischen Führerkreis nicht geschätzt. Erstens sind wir alt und allein schon darum minderwertig; zweitens haben wir etwas geleistet und dies empfinden viele in der Umgebung Hitlers als einen Vorwurf für sich; drittens sind wir Männer der Wissenschaft […] und Wissenschaft ist Hitler grundsätzlich unsympathisch.[45]

Stark verfolgte jetzt eine Strategie, die typisch für führende Nationalsozialisten war: Er versuchte, seinen beherrschenden persönlichen Einfluss auf alles, was sich in einem bestimmten Sektor tat, zu festigen. Er selbst stellte dies als eine Neuordnung und Ausweitung der physikalischen Forschung dar.[46] Sein nächstes Ziel war es, die Kontrolle über die Deutsche Physikalische Gesellschaft zu übernehmen, aber dabei stand ihm Max von Laue im

45 Johannes Stark an Philipp Lenard (3. Februar 1933), in Andreas Kleinert, »Lenard, Stark und die Kaiser-Wilhelm-Gesellschaft. Auszüge aus der Korrespondenz der beiden Physiker zwischen 1933 und 1936«, *Physikalische Blätter*, 36/2 (1980), 35–43, hier 35; Philipp Lenard, Denkschrift, (21. März 1933), in Grundmann, 436–437, und in Kleinert, Gesellschaft, 35; Wilhelm Frick an Philipp Lenard (22. April 1933), in Grundmann, 437; Philipp Lenard an Johannes Stark (27. April 1933), in Kleinert, Gesellschaft, 257; Professor Philipp Lenard, »Ein großer Tag für die Naturforschung«, *Völkischer Beobachter* (13. Mai 1933); Johannes Stark an Philipp Lenard (20. April 1933), in Kleinert, Gesellschaft, 35–36.

46 Johannes Stark, »Organisation der physikalischen Forschung«, in Hoffmann und Walker, Autonomie, 537–542.

Weg. In einem berühmten Eröffnungsvortrag auf der Jahrestagung der Gesellschaft in Würzburg gedachte von Laue des 300. Jahrestags des Abschlusses von Galileis Prozess vor der Inquisition und stellte einen direkten und eindeutigen Zusammenhang zwischen der Ablehnung des heliozentrischen Weltbildes durch die Kirche und zeitgenössischen Kontroversen um die Relativitätstheorie her. Das Gerücht aufgreifend, wonach Galilei bei der Unterzeichnung eines Schriftstücks, in dem er der Theorie des Kopernikus (1473–1543) abschwor, gesagt haben soll »und sie bewegt sich doch«, behauptete von Laue, der italienische Wissenschaftler müsse sich selbst die Frage gestellt haben: »Was soll das alles? Ob ich, ob irgendein Mensch es nun behauptet oder nicht, ob politische, ob kirchliche Macht dafür ist oder dagegen, das ändert doch nichts an den Tatsachen! Wohl kann Macht deren Erkenntnis eine Zeitlang aufhalten, aber einmal bricht diese doch durch.«[47]

Ein zweifellos wütender Stark kündigte im Anschluss an, er selbst werde der »Diktator der Physik« werden und physikalische Veröffentlichungen kontrollieren. Auch drohte er Verlegern, die sich nicht fügten: »Und bist Du nicht willig, so brauch ich Gewalt.« Jedoch hatte Stark den demokratischen Prozess nicht hinreichend korrumpiert beziehungsweise die versammelten Physiker nicht genug eingeschüchtert. Als in geheimer Abstimmung der neue Präsident der Gesellschaft gewählt wurde, fiel die Wahl auf den Industriephysiker Karl Mey (1879–1945). Später kritisierte Stark von Laue öffentlich dafür, dass dieser Einstein und die Relativitätstheorie unterstütze, und außerdem »durfte er doch nicht der nationalsozialistischen Regierung eine Vergewaltigung der Freiheit der wissenschaftlichen Forschung andeutungsweise unterstellen«.[48]

Einige Monate später wurde Stark für die Mitgliedschaft in der Preußischen Akademie der Wissenschaften nominiert. Zu denen, die ihn vorschlugen, gehörten Friedrich Paschen (1865–1947), sein Vorgänger als Präsident der Physikalisch-Technischen Reichsanstalt (PTR), und Max Planck. Obgleich dies eine Ehre war, die ein PTR-Präsident normalerweise erwarten konnte, taten Paschen und Planck dies möglicherweise unter Druck. Von Laue hielt eine Ansprache vor der Akademie und wandte sich erneut gegen Stark. Er kam erneut auf Starks Selbstbezeichnung als »Diktator der Physik« zu sprechen und meinte, dass dieser nach seiner Bestellung zum Präsidenten der PTR eine Reihe wichtiger, ihm aber »verhasster« Untersuchungen abrupt habe abbrechen lassen. Am beunruhigendsten aber seien Starks Pläne für physikalische Fachzeitschriften. Wenn Stark seinen Willen bekomme,

47 Max von Laue, »Ansprache bei Eröffnung der Physikertagung in Würzburg am 18. September 1933«, in Hoffmann und Walker, Autonomie, 535–537.

48 Max von Laue, »Bemerkung zu der vorstehenden Veröffentlichung von J. Stark«, *Physikalische Blätter*, 3 (1947), 272–273; Stark, Nationalsozialismus und Wissenschaft, 8.

so von Laue, könnten theoretische Arbeiten in Deutschland womöglich nicht mehr erscheinen. Von Laue ging auch auf Starks öffentliche Kritik an jüngsten Entwicklungen in der modernen Physik ein, bei welcher Stark »in einer wenig taktvollen, Persönliches und Sachliches, Wissenschaftliches und Politisches keineswegs trennenden Art« verfahre. Man könne verstehen, dass einem Mann wie Stark, »der seiner ausschweifenden Phantasie niemals Zügel strenger wissenschaftlicher Schulung angelegt hat [...], die unerbittliche Logik der Relativitätstheorie und die ungewohnten mathematischen Methoden der Quantentheorie« nicht zusagten, aber dies könne nicht als Rechtfertigung für die Art und Weise dienen, wie Stark öffentlich über diese Dinge spreche. Im Anschluss an von Laues Intervention wurde die Nominierung zurückgezogen.[49]

Von Laues erfolgreicher Widerstand gegen Stark wirft mehrere Fragen auf. Warum wurde von Laue nicht bestraft? Wenn Stark Hitlers Unterstützung hatte, warum bekam der Physiker dann nicht, was auch immer er wollte? Von Laue gehörte einer älteren Generation an, die ignoriert werden konnte. Als nationalsozialistische Amtsträger Ende Dezember 1934, kurz nachdem die Akademie die Aufnahme Starks abgelehnt hatte, die Mathematiker und Physiker an der Universität Berlin hinsichtlich ihrer wissenschaftlichen Leistung und ihrer politischen Einstellung beurteilten, wurde von Laue als hervorragender, wenn auch pädagogisch nicht besonders begabter Wissenschaftler eingestuft, über dessen politisches Verhalten nichts bekannt sei. Alle Interventionen von Laues erfolgten in wissenschaftlichen Kontexten – auf wissenschaftlichen Konferenzen und in Publikationen. Der Physiker selbst dachte zweifellos, er beherzige den Ratschlag, den er Einstein gegeben hatte, und halte sich aus der Politik heraus.[50]

Starks Misserfolge deuten darauf hin, dass er doch nicht so mächtig oder skrupellos war – oder vielleicht auch weder das eine noch das andere. Er kritisierte von Laue mehrfach im kleinen Kreis und in der Öffentlichkeit, augenscheinlich ohne nennenswerte Konsequenzen. Das Schicksal des Schriftstellers Ernst Wiechert (1887–1950) steht in aufschlussreichem Gegensatz dazu. Als Wiechert indirekt Kritik an dem totalen Herrschaftsanspruch der Nationalsozialisten übte und gegen die Verhaftung von Pastor Martin Niemöller (1892–1984) im Jahr 1938 protestierte, ließ Joseph Goebbels ihn ins Konzentrationslager Buchenwald sperren. Nach seiner Freilassung zitierte Goebbels Wiechert zu sich, wobei er ihm genüsslich seine

49 Sitzung der phys.-math. Klasse (PAW) (14. Dezember 1933), BBAA, AdW II-IV, 137 228; Max von Laue, »Bemerkung zu der vorstehenden Veröffentlichung von J. Stark«, *Physikalische Blätter*, 3 (1947), 272–273; Sitzung der phys.-math. Klasse (PAW) (11. Januar 1934), BBAA, AdW II-IV, 137 231.

50 Verzeichnis der Dozenten für Mathematik an der Universität Berlin und deren Beurteilung in politischer und wissenschaftlicher Hinsicht, BABL, BDC Bieberbach.

Macht über Leben und Tod vor Augen führte. In seinem Tagebuch notierte Goebbels: »Ich bin in bester Form und steche ihn geistig ab. Eine letzte Warnung! […] Der Delinquent ist am Schluss ganz klein und erklärt, seine Haft habe ihn zum Nachdenken und zur Erkenntnis gebracht. Das ist sehr gut so. Hinter einem neuen Vergehen steht nur die physische Vernichtung. Das wissen wir nun beide.«[51]

Allerdings hatte die Wirkungslosigkeit von Starks Angriffen auf von Laue wahrscheinlich mehr mit Starks Feinden zu tun. Dem am 1. Mai 1934 geschaffenen Reichserziehungsministerium wurde die Zuständigkeit für das gesamte Bildungswesen übertragen. Als das von Frick geleitete Innenministerium einen Monat später die Verantwortung für die wissenschaftlichen Einrichtungen an das neu gebildete REM abgeben musste, verloren Stark und Lenard einen mächtigen Förderer. Während hohe Beamte im REM von Laue nicht als eine Bedrohung für ihre Machtstellung ansahen, war Stark fraglos jemand, der in Bezug auf Macht und Einfluss mit ihnen konkurrierte. Max von Laue war als Starks Kollege und Peiniger für das REM sehr nützlich.

Obgleich das REM in Stark eine Bedrohung sah, hatte der Physiker Hitlers Gunst. Einige Tage bevor jener den Entschluss fasste, das REM zu schaffen und Rust als Minister einzusetzen, empfing er Stark, hörte sich seine Pläne für die Organisation der Forschung an und sagte anschließend Rust, er solle Starks Pläne berücksichtigen. Im Juni 1934 ernannte Rust Stark zum Präsidenten dessen, was schon bald *Deutsche Forschungsgemeinschaft* heißen sollte – die Institution, die Fördergelder für Forschungsprojekte vergab. Damit ging einer der größten Wünsche Starks in Erfüllung: Er konnte nun Einfluss darauf nehmen, was erforscht wurde und wie.[52]

Starks Hauptgegner im REM war der Chemiker Rudolf Mentzel, ein Spezialist für chemische Waffen. Wie Erich Schumann wurde auch Mentzel nach dem Krieg von amerikanischen und deutschen Wissenschaftlern als inkompetent hingestellt,[53] aber er war, wie Schumann, auch ein tüchtiger wissenschaftspolitischer Entscheidungsträger im NS-Staat. Auch wenn Mentzel kein erstklassiger Wissenschaftler war, hatte er einen tadellosen politischen Leumund: Er hatte direkt nach dem Ersten Weltkrieg in den paramilitärischen Freikorps gekämpft, trat frühzeitig in die SA und die NSDAP ein und wurde 1932, am Vorabend des Dritten Reichs, Mitglied der SS. Im Jahr 1934 wurde Mentzel zum Leiter einer Abteilung für Wissen-

51 Moritz Föllmer, *»Ein Leben wie im Traum«. Kultur im Dritten Reich* (München 2016), 75–76. Vgl. auch Michael Kater, *Culture in Nazi Germany* (New Haven 2019), 151.

52 Patrick Wagner, *Notgemeinschaften der Wissenschaften. Die Deutsche Forschungsgemeinschaft (DFG) in drei politischen Systemen, 1920 bis 1973* (Stuttgart 2021), 171–173.

53 Samuel Goudsmit, *Alsos*, 2. Aufl. (Los Angeles 1983), 6.

schaften innerhalb des REM ernannt; 1939 stieg er zum obersten wissenschaftspolitischen Entscheidungsträger auf. Zwei Jahre zuvor war er Mitglied des Senats der Kaiser-Wilhelm-Gesellschaft geworden und stieg 1940 erneut zum Vizepräsidenten der Gesellschaft auf, zwei Jahre bevor er faktisch die Kontrolle über den Reichsforschungsrat übernahm.[54]

Anfang 1935 brachte das REM einen Gesetzentwurf in Umlauf, der die Errichtung einer Reichsakademie zur Koordinierung der Forschungsaktivitäten vorsah, die die DFG ersetzt und direkt der Kontrolle des Ministeriums unterstanden hätte. Stark protestierte bei Hitler, und obwohl es ihm gelang, die geplante Reichsakademie zu verhindern, wurde sein Ersuchen um eine persönliche Unterredung mit Hitler abgelehnt. Von nun an arbeitete Mentzel darauf hin, Stark innerhalb der DFG zu entmachten und als politischen Rivalen kaltzustellen.[55]

Starks Fall begann mit seinen Versuchen, die KWG zu beeinflussen. Kurz nach seinem Amtsantritt als Präsident der PTR im Mai 1933 wurde er in den Senat der Gesellschaft gewählt. Als Theodor Vahlen (1869–1945), ein hoher Ministerialbeamter im REM, Lenard fragte, ob er in Betracht ziehen würde, Präsident der Gesellschaft zu werden, falls Planck zurücktrete, lehnte Lenard dies sofort ab. Diese »ganz rein jüdische Angelegenheit« müsste »man zunächst wohl einfach zerschlagen, um etwas Sinnvolles daraus zu machen«. Die Kaiser-Wilhelm-Gesellschaft beabsichtigte die Neugründung eines Kaiser-Wilhelm-Instituts für Metallforschung in Stuttgart, während Stark dieses in die PTR in Berlin eingliedern wollte. Stark beklagte seinen mangelnden Einfluss auf Entscheidungen der KWG, deren Gönner »Juden, Demokraten und Freimaurer« seien. Als sich Stark mit seinen Plänen für das Metallforschungsinstitut nicht durchsetzen konnte, erklärte er im Dezember 1933 seinen Rücktritt als Mitglied des Senats.[56]

Als Max Planck Anfang 1936 bekannt gab, dass er keine weitere Amtszeit als Präsident der KWG anstrebe, schrieb Rust an Hitler, dass Stark, der als Präsident der PTR und der DFG »überlastet« sei, angeboten habe, auch das Amt des Präsidenten der KWG zu übernehmen. Rust fügte hinzu: »Ich muß jedoch darauf hinweisen, daß Herr Professor Stark zu meinem großen Bedauern von so vielen namhaften führenden Männern und höchsten

54 Klaus Hentschel, *Physics and National Socialism: An Anthology of Primary Sources* (Basel 1996), XXXIX.

55 Zierold, 188–189; Wagner, 177, 183.

56 Helmut Maier, *Forschung als Waffe. Rüstungsforschung in der Kaiser-Wilhelm-Gesellschaft und das Kaiser-Wilhelm-Institut für Metallforschung 1900–1945/48,* Band 1 (Göttingen 2007), 312, 320, 340; Johannes Stark an Philipp Lenard (3. Mai 1933), in Kleinert, Gesellschaft, 36; Philipp Lenard an Johannes Stark (8. Mai 1933), in Kleinert, Gesellschaft, 36; Johannes Stark an Philipp Lenard (6. April 1936), in Kleinert, Gesellschaft, 37.

Staatsstellen abgelehnt wird, daß die Zusammenarbeit auf große Schwierigkeiten stoßen müßte.« Am selben Tag schrieb Stark Lenard, das Gerede über den Rücktritt von Planck werde benutzt, um »gegen mich zu intrigieren, mit der Lüge«, Stark habe Rust gebeten, ihn zu Plancks Nachfolger zu machen. Tatsächlich wolle Stark nicht an die Spitze der Gesellschaft treten, selbst wenn der Minister ihn dringend darum bitten würde. Hitler überließ die Entscheidung Rust, und so wurde der Industrielle Carl Bosch Präsident der KWG. Unabhängig davon, ob Stark darum ersucht hatte, ihn zum Nachfolger Plancks zu machen oder nicht, spricht Hitlers Entscheidung jedenfalls dafür, dass Stark nicht der Favorit des Führers und daher angreifbar war.[57]

Obgleich Rust Starks Position gestärkt hatte, indem er ihn zum DFG-Präsidenten gemacht hatte, kontrollierte das REM das Budget der Stiftung. Als Stark Anfang 1935 seinen ersten Budgetantrag einreichte, bat er um die sehr große Summe von 19,2 Millionen Reichsmark, erhielt aber nur 4,4 Millionen Reichsmark, wie sie schon seinem Vorgänger bewilligt worden waren. Außerdem behielt sich das REM das Recht vor, über die Verwendung von 2 Millionen Reichsmark davon zu entscheiden. Starks Pläne, die PTR massiv auszubauen und über sie die deutsche Forschung zu koordinieren, wurden dadurch Makulatur. Der Physiker gab dem »jungen, bornierten, gewissenlosen [und] machthungrigen« Mentzel die Schuld daran.[58] Das REM und Stark befanden sich nun in einem lähmenden Dauerkonflikt: Jeder konnte zwar die Pläne des anderen vereiteln, aber nicht seine eigenen Ziele verwirklichen. Jetzt, wo Stark nicht mehr unangefochten zu sein schien, wurde er von allen Seiten attackiert, und er machte sich unentwegt neue Feinde. Stark weigerte sich, Forschungsvorhaben der Ahnenerbe-Stiftung der SS zu finanzieren, weil ihn deren wissenschaftliches Niveau nicht überzeugte, wodurch er die Feindschaft der von Heinrich Himmler geführten Organisation auf sich zog.[59] Eduard Wildhagen (1890–1970), dem wichtigsten und engsten Mitarbeiter Starks bei der DFG, wurde von dem Historiker Walter Frank (1905–1945) vorgeworfen, während der Weimarer Republik Juden und jüdische Interessen unterstützt zu haben. Wissenschaftler, die Wildhagen aus der DFG ausgeschlossen hatte, lieferten Belastungsmaterial, Mentzel übersandte die Personalakte Wildhagens, und auch der SD stellte Dokumente bereit. Nach nur zwei Monaten sah sich Stark gezwungen, Wildhagen zu entlassen. Stark wiederum musste aufgrund seiner

57 Bernhard Rust an Adolf Hitler, in Zierold, 208; Johannes Stark an Philipp Lenard (3. Februar 1936), in Kleinert, Gesellschaft, 36; Wagner, 186.

58 Wagner, 174; Johannes Stark an Philipp Lenard (29. April 1936), in Kleinert, Gesellschaft, 38.

59 Beyerchen, 169.

eigenen finanziellen Misswirtschaft seinen Hut nehmen. Ein Zahnarzt namens Fritz Oberländer behauptete, er könne aus den Sumpfgebieten in Oberbayern Gold gewinnen. Stark bezahlte 50.000 Reichsmark aus DFG-Mitteln für die Rechte an dem Verfahren Oberländers, das sich als wertlos erwies. Sowohl das REM als auch der Reichsrechnungshof drohten damit, Stark persönlich zur Rechenschaft zu ziehen.[60]

Als Stark daraufhin seine Amtsniederlegung anbot, wurden die Anschuldigungen fallengelassen. Der Physiker erhielt zudem die Zusicherung, die PTR werde auch zukünftig finanziell gefördert. Als Mentzel sein Amt als Präsident der DFG antrat, fand er heraus, dass der Physiker viel mehr Geld ausgegeben hatte, als im Budget bereitgestellt war. Stark sagte Lenard, dass er zweieinhalb Jahre für die deutsche Forschung gearbeitet und »schwer gegen ihre Bürokratisierung gekämpft« habe. Jetzt, da die schwere Last der DFG-Präsidentschaft von seinen Schultern genommen sei, fühle er sich emotional und physisch erleichtert und freue sich darauf, sich wieder seinen wissenschaftlichen Interessen widmen zu können.[61]

Doch just in dem Moment, da Stark einen Konflikt mit nationalsozialistischen Gesinnungsgenossen beigelegt hatte, tat sich ein neuer auf. In Traunstein, einer Stadt im ländlichen Bayern, wo Stark einen Gutshof besaß, schockierte ein lokaler nationalsozialistischer Funktionär namens Karl Sollinger die Einheimischen: Er beteiligte sich an der brutalen Misshandlung und dem Niederstechen eines Polizeikommissars, der in einer örtlichen Kneipe die Sperrstunde durchzusetzen versuchte. Sollinger wurde angeklagt und zu einer Haftstrafe von acht Monaten verurteilt. Sein Freund Adolf Wagner (1890–1944), der mächtige NSDAP-Gauleiter von Oberbayern, überredete Reichsjustizminister Franz Gürtner (1881–1941) – selbst kein Nationalsozialist, sondern eher ein »Überbleibsel« der anfänglichen politischen Zusammenarbeit zwischen Nationalisten und Nationalsozialisten –, das Urteil »aus staats- und parteipolitischen Gründen« nicht zu vollstrecken.

Sollinger wurde anschließend von einem Gericht in Traunstein erneut zu einer sechsmonatigen Haftstrafe und einer Geldbuße verurteilt, weil er bei einer der größten nationalsozialistischen Wohlfahrtseinrichtungen, dem Winterhilfswerk des Deutschen Volkes, Gelder veruntreut hatte. Dieses Urteil wurde im Zuge der allgemeinen Begnadigung, die Hitler am 7. August 1934 verfügte, aufgehoben. Als Sollinger sich abermals über die Sperrstunde hinwegsetzte, mit seiner Macht prahlte und erklärte, er würde niemals Anweisungen der Polizei Folge leisten, war Stark überzeugt davon, dass Sollinger aus staats- und parteipolitischen Gründen bestraft werden musste.

60 Wagner, 186–189.

61 Ebd., 189; Rudolf Mentzel an Johannes Stark (4. Januar 1937), BABL, 15,19 70/144; Johannes Stark an Philipp Lenard (12. November 1936), in Kleinert, Gesellschaft, 38.

Nachdem Stark sich zweimal erfolglos bei Wagner beschwert hatte, unternahm er den folgenreichen Schritt, Gürtner über Sollingers wiederholte Gesetzesverstöße zu unterrichten.[62]

Als Gürtner die Verhaftung Sollingers anordnete, reagierte Wagner wütend. Im März 1936 stellte er einen förmlichen Antrag, Stark aus der NSDAP auszuschließen. Dadurch, dass Stark alle Parteistellen umgangen und sich direkt an das Justizministerium gewandt habe, habe er dem öffentlichen Ansehen sowohl Wagners als auch der Partei erheblichen Schaden zugefügt. Außerdem habe Rudolf Heß, Hitlers persönlicher Bevollmächtigter für die NSDAP, 1934 verfügt: »Jeden Parteigenossen aber, der sich in Zukunft noch in Dingen der Partei beschwerdeführend an außerhalb stehende staatliche und andere Stellen bezw. deren Leiter wendet, werde ich künftig rücksichtslos aus der Partei ausschließen.« Als ein alter Nationalsozialist hätte Stark wissen müssen, dass ein »Nationalsozialist einen anderen nicht bei der Justiz verkaufen darf«, äußerte sich Wagner später gegenüber dem Obersten Parteigericht.[63]

Stark wiederum versicherte empört, er habe in keiner Weise gegen die Parteidisziplin verstoßen oder dem Ansehen der Partei geschadet. Genau das hätten vielmehr Sollinger und Wagner getan. Wenn der Physiker gewusst hätte, dass solche Beschwerden zunächst an Heß gerichtet werden sollten, dann hätte er dies getan. Auch beantragte er seinerseits den Ausschluss Wagners aus der NSDAP – ein Antrag mit extrem geringen Erfolgsaussichten, der Starks Furchtlosigkeit, seine Wut oder seine Naivität belegte. Wagner, der sich über die Amtsniederlegung Starks als Präsident der DFG freute, dachte mittlerweile, der Physiker sei ausreichend bestraft, und war bereit, das Ausschlussverfahren einzustellen, wenn Stark seinen Fehler zugeben und sich schriftlich bei Wagner und Sollinger entschuldigen würde. Da Stark dies ablehnte, musste er sich vor dem Parteigericht verantworten.[64]

Stark beschrieb seinen Prozess als das tragische Ende seines vierzehnjährigen Kampfes für Hitler und dessen Bewegung und bestritt kategorisch sämtliche Anschuldigungen, die gegen ihn erhoben wurden. Die Tatsache, dass das Oberste Parteigericht der NSDAP wegen Handlungen, zu denen der Physiker sich im ureigenen Interesse des Nationalsozialismus verpflichtet fühlte, einen Prozess gegen ihn eröffnete, erschütterte ihn. Stark hatte länger für Hitler gekämpft als Wagner und konnte selbst beurteilen, was der Partei schadete beziehungsweise nützte. Der Physiker ließ das Gericht über-

62 Franz Gürtner an Rudolf Heß (30. Januar 1936), BABL, BDC Stark.

63 Nippold an Arthur Görlitzer (4. März 1936), BABL, BDC Stark; Adolf Wagner an Oberstes Parteigericht (31. März 1937), BABL, BDC Stark.

64 Johannes Stark an Oberstes Parteigericht (1. Juli 1936), BABL, BDC Stark; Johannes Stark an Oberstes Parteigericht (4. Februar 1937), BABL, BDC Stark; Adolf Wagner an Oberstes Parteigericht (31. März 1937), BABL, BDC Stark.

dies wissen, dass er nicht beabsichtige, den Ausschluss sang- und klanglos hinzunehmen: Er werde Hitler persönlich über das tragische Ende seines Kampfes für die NS-Bewegung und ihren Führer unterrichten. Stark war fest davon überzeugt, dass Hitler sein Verhalten nicht als einen Verstoß gegen die Interessen seiner politischen Bewegung ansehen würde.[65]

Nach sorgfältiger Prüfung aller Zeugenaussagen und Beweismittel hielt das Parteigericht es nicht für sinnvoll, das Verfahren gegen Stark fortzuführen. Es bestand kein Zweifel an Starks Überzeugung, dass Sollinger diszipliniert werden musste. Er selbst konnte lediglich dafür bestraft werden, dass er sich mit seinen Beschwerden nicht über die offiziellen Parteikanäle an Heß gewandt hatte. Obgleich der Physiker seine Beschwerde an Heß hätte richten sollen, musste das Gericht Starks Auffassung zustimmen, dass die Affäre Sollinger dem Ansehen der Partei geschadet hatte. Stark habe die ordnungsgemäße Vorgehensweise vielleicht auch nicht gekannt. Folglich sei seine Schuld sehr gering. Da Sollinger in keiner Weise bestraft worden war und Stark bereits das Amt des Präsidenten der DFG verloren hatte, stellten das Gericht und die NSDAP-Führung wegen Starks großen Verdiensten für die NS-Bewegung in der Vergangenheit das Verfahren im Januar 1938 ein.[66]

Die Sommerfeld-Nachfolge

Im Jahr 1934 beabsichtigte Arnold Sommerfeld, Johannes Starks Erzfeind, sich an der Universität München emeritieren zu lassen, und er wollte, dass einer seiner erfolgreichsten Schüler, Werner Heisenberg, sein Nachfolger wird. Die meisten deutschen Physiker und Mitglieder des Lehrkörpers der Universität München hätten Heisenberg wohl ebenfalls für eine ideale Wahl gehalten. Aber Stark wollte Heisenberg als Nachfolger Sommerfelds unbedingt verhindern und kämpfte entschlossen und hartnäckig gegen diesen Plan. Die später so genannte »Sommerfeld-Nachfolge« war die letzte politische Kampagne Starks, und sie bedeutete eine tiefe Zäsur im Verhältnis zwischen der NS-Regierung und der deutschen Physikergemeinde.

Heisenberg war neben dem dänischen Physiker Niels Bohr, Erwin Schrödinger und anderen einer der Begründer der Quantenmechanik und war 1928 im jungen Alter von 27 Jahren ordentlicher Professor an der Univer-

65 Johannes Stark an Oberstes Parteigericht (26. Oktober 1937), BABL, BDC Stark; Johannes Stark an Oberstes Parteigericht (7. November 1937), BABL, BDC Stark; Johannes Stark an Oberstes Parteigericht (23. Dezember 1937), BABL, BDC Stark.

66 Schneider an Rudolf Heß (16. November 1937), BABL, BDC Stark; Hansen an Oberstes Parteigericht (11. Januar 1938), BABL, BDC Stark; In Sachen des Prof. Dr. Johannes Stark, (17. Januar 1938), BABL, BDC Stark; für Starks Konflikt mit Wagner vgl. auch Johannes Stark, *Erinnerungen eines deutschen Naturforschers* (Mannheim 1987), 118–122.

Abb. 29: Johannes Stark im Jahr 1937.

sität Leipzig geworden. Obgleich Heisenberg selbst nicht vom Berufsbeamtengesetz betroffen war, mussten viele junge Wissenschaftler, die mit ihm arbeiteten, sein Institut verlassen. Heisenberg erhielt später, nach der Machtergreifung der Nationalsozialisten, eine Reihe sehr gut dotierter Stellenangebote aus den Vereinigten Staaten, u. a. von der Columbia University und der Harvard University, aber er wollte Deutschland nicht verlassen.[67]

Um die Suche nach Sommerfelds Nachfolger zu beeinflussen, die »mir selbst am Herzen liegt«, warb Stark in München Verbündete an und versuchte, von ehemaligen Kollegen innerhalb des REM Auskünfte zu erhalten, was jedoch zunächst erfolglos blieb. Der Physiker prangerte in zunehmendem Maße andere Wissenschaftler öffentlich an. In seinem 1934 erschienenen Buch *Nationalsozialismus und Wissenschaft* behauptete Stark, dass in den vergangenen Jahrzehnten »der Theoretiker-Konzern in der Physik«, in dessen Mittelpunkt Einstein und Sommerfeld und andere »judengeistige Wissenschaftler« stünden, auf ihrem wissenschaftlichen Gebiet eine Herrschaft ausgeübt hätten, wobei sie sich manchmal eines »geistigen Terrors« bedient hätten. In der veröffentlichten Fassung der Rede, die er im Dezember 1935 anlässlich der Einweihung des nach Philipp Lenard benannte Instituts für Physik der Universität Heidelberg hielt, begann Stark seine Aufmerksamkeit auf Heisenberg zu richten:

67 Frederick Saunders an Werner Heisenberg (9. Mai 1934), AMPG, III. Abt. Rep. 93; Frederick Saunders an Werner Heisenberg (24. Juli 1934), AMPG, III. Abt. Rep. 93; Werner Heisenberg an Arnold Sommerfeld (31. August 1938), in Eckert und Märker, 452–453.

> Auf die Sensation und die Reklame der Einsteinschen Relativitätstheorie folgte die Matrizentheorie Heisenbergs und die sogenannte Wellenmechanik Schrödingers, die eine so undurchsichtig und formalistisch wie die andere. [...] Nun, Einstein ist heute aus Deutschland verschwunden [...]. Aber leider haben seine deutschen Freunde und Förderer noch die Möglichkeit, in seinem Geiste weiter zu wirken. [...] Und der theoretische Formalist Heisenberg, Geist vom Geist Einsteins, soll sogar durch eine Berufung ausgezeichnet werden.[68]

Die Denunzierungskampagne eskalierte in einem Schlagabtausch im *Völkischen Beobachter.* Zuerst erschien ein Artikel eines Studenten der Physik, der großzügig aus Starks Heidelberger Rede zitierte, der wiederum großzügig von Lenard zitiert hatte, der wiederum Heisenberg angegangen war. Nach Gesprächen mit einem NS-Funktionär in Leipzig und dem Dekan der Philosophischen Fakultät der Universität München gelangte Heisenberg zu der Überzeugung, dass er reagieren müsse. In einem Artikel, der auch in der führenden NS-Zeitung erschien, verteidigte der Physiker die moderne Physik einschließlich der Quanten- und der Relativitätstheorie und stellte abschließend fest, die theoretische Physik sei »eine der vornehmsten Aufgaben der deutschen wissenschaftlichen Jugend«. Stark verfasste umgehend eine Erwiderung auf Heisenbergs Aufsatz, in der er abermals die Forderung erhob, dass Wissenschaftler, die eine Physik im Heisenberg'schen Stil betrieben, nicht zu Professoren berufen werden sollten, und er griff seinen jüngeren Kollegen an, wobei er seinen Worten durch Hervorhebung besonderes Gewicht verlieh: »*Heisenberg vertritt in seinem Artikel auch heute noch die Grundeinstellung der jüdischen Physik, ja, er erwartet sogar, dass die jungen Deutschen diese Grundeinstellung sich zu eigen machen und sich Einstein und dessen Genossen zum wissenschaftlichen Vorbild nehmen.*«[69]

Ungeachtet Starks Erwiderung deutet die bloße Tatsache, dass es Heisenberg erlaubt wurde, einen Artikel im *Völkischen Beobachter* zu veröffentlichen, darauf hin, dass führende Nationalsozialisten eine ambivalente Haltung gegenüber Stark hatten. Mentzel, der sich zu dieser Zeit noch im-

68 Johannes Stark an H. Gall (7. Juli 1934), BABL, 15.19 65/256; Theodor Vahlen (REM) an Johannes Stark (29. August 1934), BABL, 15.19 67/188; Stark, Nationalsozialismus und Wissenschaft, 12; Johannes Stark, »Philipp Lenard als deutscher Naturforscher. Rede zur Einweihung des Philipp-Lenard-Instituts in Heidelberg am 13. Dezember 1935«, *Nationalsozialistische Monatshefte*, 7/71 (Februar 1936), 106–111.

69 Willi Menzel, »Deutsche Physik und jüdische Physik«, *Völkischer Beobachter*, Norddeutsche Ausgabe/Ausgabe A, Nr. 29 (29. Januar 1936); Werner Heisenberg, »Zum Artikel: Deutsche und Jüdische Physik«, *Völkischer Beobachter*, Norddeutsche Ausgabe/Ausgabe A, Nr. 59 (28. Februar 1936), 6; Johannes Stark, »Stellungnahme von Prof. Dr. J. Stark«, *Völkischer Beobachter*, Norddeutsche Ausgabe/Ausgabe A, Nr. 59 (28. Februar 1936), 6.

Abb. 30: Werner Heisenberg im Jahr 1935.

mer darum bemühte, Stark aus der DFG auszuschließen, bat Heisenberg und zwei Experimentalphysiker, eine Denkschrift für das REM über die Lage der theoretischen Physik aufzusetzen.[70] Das Dokument, das dabei herauskam und das von 75 der bedeutendsten Physiker Deutschlands unterschrieben wurde, diagnostizierte eine akute »Krise« der deutschen Physik: Der große Bedarf an Physikern in der Industrie und der Wehrmacht könne nicht befriedigt werden; es sei oft schwer, freie Lehrstühle zu besetzen, und die Zahl der Physikstudenten im vergangenen Semester sei viel zu gering gewesen. Verschlimmert würden diese Probleme durch Angriffe, die die Unterzeichner für »unbegründet und schädlich« hielten, weil sie Studenten vom Studium der Physik und insbesondere der theoretischen Physik abschreckten, wobei doch eine solide theoretische Ausbildung sowohl für Wissenschaftler als auch für Ingenieure notwendig sei. Abschließend erklärten die Unterzeichner, sie würden es begrüßen, wenn »öffentliche Diskussionen in der Tagespresse, die den Wert der einen Forschungsrichtung zugunsten der anderen herabzusetzen suchen, in Zukunft unterbleiben«.[71]

Heisenberg schickte Lenard die Denkschrift, bevor sie beim Ministerium eingereicht wurde. Gemeinsam mit einigen jüngeren Kollegen, die der »Deutschen Physik« nahestanden,[72] wandte sich Lenard direkt an das Ministerium und erhob Einwände gegen die Denkschrift. Für Lenard und seine jüngeren Kollegen war das Thema Rasse Dreh- und Angelpunkt:

70 Werner Heisenberg an Heinrich Himmler (7. November 1937), in Beyerchen, 204–205.

71 Beyerchen, 205–206; Werner Heisenberg, Hans Geiger und Max Wien, »Petition an das REM (September 1936)«, in Walter Blum, Hans-Peter Dürr und Helmut Rechenberg (Hgg.), *Werner Heisenberg. Gesammelte Werke. Abteilung C: Allgemeinverständliche Schriften. Band V: Wissenschaft und Politik* (München 1989), 12–13.

72 Philipp Lenard, *Deutsche Physik*, 4 Bde. (München 1925).

> Was aber der Forscher, dem es um wahre Erkenntnis geht, und insbesondere der deutsche Forscher, der den geistigen Umbruch der letzten 3 Jahre innerlich erlebt hat, aufs schärfste ablehnen muss, das sind diejenigen Methoden der theoretischen Physik, die vor der nationalsozialistischen Revolution in schädlichster Weise zu beherrschendem Einfluss gekommen sind und die wir schlechthin als die Methoden des Nichtariers bezeichnen können.

Der Experimentalphysiker Rudolf Tomascheck (1895–1966) teilte dem Ministerium mit, dass es, anders als es die Denkschrift anklingen lasse, nicht um einen Kampf Experimentalphysik gegen theoretische Physik gehe, sondern vielmehr um einen Kampf »Deutsche Naturforschung gegen Judengeist«.[73]

Im Frühjahr 1937 hatte es den Anschein, als wäre Stark ins Abseits gedrängt. Wilhelm Dames (1904–1959), Mentzels Assistent im REM, bot Heisenberg an, im April als vorläufiger Nachfolger Sommerfelds dessen Lehrstuhl in München zu übernehmen, woran sich eine dauerhafte Berufung anschließen sollte. Heisenberg verkalkulierte sich, vielleicht in der Annahme, dass das übliche Verfahren nun eingehalten würde, und lehnte das Angebot ab. Er zog es vor, auf die reguläre Berufung zu warten.[74] Das war für Stark eine günstige Gelegenheit, die er immer gnadenloser ausnutzte. Im Mai denunzierte er Heisenberg beim Reichsstatthalter in Bayern:

> Heisenberg hat zwar den formellen Nachweis arischer Abstammung erbracht, er ist aber in seinem Geiste schlimmer als ein rassenreiner Jude […]. Wenn schon der jüdische Geist seine Herrschaft in der deutschen Physik behalten soll, dann ist der Schaden kleiner, wenn man Einstein zurückholt, als wenn man einem arisch abgestempelten Statthalter Einsteins die Möglichkeit lässt, in seinem Geiste weiter auf die deutsche Jugend zu wirken.

Stark versuchte erneut, Minister Rust dazu zu bringen, sich gegen Heisenberg zu stellen; zu diesem Zweck behauptete er zunächst, Sommerfeld sei zweifellos Jude, auch wenn er Belege für seine arische Abstammung vorgelegt habe; anschließend erklärte er, Heisenbergs »seelische Anlage« sei auf-

73 Philipp Lenard an REM (16. Mai 1936), ADM, Lenard Papers 68; Rudolf Tomaschek an Bernhard Rust (14. Mai 1936), ADM, JN 68; für Tomaschek vgl. Vanessa Osganian, »Rudolf Tomaschek – An Exponent of the ›Deutsche Physik‹ Movement«, in Christian Forstner und Mark Walker (Hgg.), *Biographies in the History of Physics: Actors, Objects, Institutions* (Cham 2020), 89–109.

74 Sommerfeld, Briefwechsel, 367; Werner Heisenberg an Niels Bohr (18. März 1937), in Beyerchen, 213.

grund seiner früheren Beziehungen zu Juden »undeutsch und der jüdischen verwandt«.[75]

Stark wollte Heisenberg in die größtmögliche Nähe zu Einstein und Juden rücken und hatte diesbezüglich noch einen Trumpf im Ärmel: Als Reichspräsident Hindenburg im August 1934 starb, nutzten die Nationalsozialisten umgehend die Gelegenheit, um ihre Macht weiter zu festigen, indem sie die politischen Ämter des Reichspräsidenten und des Reichskanzlers zu dem des »Führers« verschmolzen. Das Reichspropagandaministerium trat mit der Bitte an Stark heran, eine öffentliche Unterstützungserklärung der zwölf arischen deutschen Nobelpreisträger für Hitler zu organisieren. Stark schickte daraufhin Telegramme an seine Kollegen, darunter Werner Heisenberg und Max von Laue, und bat sie, ihre Namen unter folgenden Text zu setzen: »In Adolf Hitler ersehen und bewundern wir deutsche Naturforscher den Retter und Führer des deutschen Volkes. Unter seinem Schutz und seiner Förderung wird unsere wissenschaftliche Arbeit dem deutschen Volke dienen und das Ansehen in der Welt mehren.« Die Resonanz war so negativ, dass Stark das Vorhaben aufgab, aber nicht bevor er Propagandaminister Goebbels die Antworten auf seinen Aufruf und Starks Erwiderungen geschickt hatte. Von Laue weigerte sich mitzumachen, mit der Begründung, Wissenschaftler sollten nicht an einer politischen Kundgebung teilnehmen. Stark erwiderte, es handele sich nicht um eine Kundgebung, vielmehr sollte sie »ein Teil des großen nationalen Bekenntnisses des deutschen Volkes zu seinem Führer Adolf Hitler vor aller Welt« sein. Heisenberg teilte Stark mit: »Obwohl ich persönlich ›ja‹ stimme, scheint mir politische Kundgebung von Wissenschaftlern unrichtig, da auch früher niemals üblich. Unterzeichne daher nicht.«[76]

Im Juni war Stark davon überzeugt, dass Dames die Professur in München mit Heisenberg besetzen würde. Stark machte jetzt den folgenreichen Schritt, einen Artikel im SS-Wochenblatt *Das Schwarze Korps* zu veröffentlichen. Er schrieb an Lenard, es sei »bedauerlich«, dass sie sich mit diesen »Judengenossen übelster Sorte« herumschlagen müssten, aber es gehe darum, »ob der jüdische Geist mit der Berufung Heisenbergs nach München triumphieren soll«. Stark hoffte, der Artikel würde einen »vernichtenden

75 Johannes Stark an den Reichsstatthalter Bayerns (21. Mai 1937), ADM, JN 7a; Johannes Stark an Reichsminister Rust (REM) (11. Juni 1937), ADM, JN 7c.

76 Beyerchen, 165–166; Johannes Stark an die Nobelpreisträger Deutschlands (11. August 1934), in Beyerchen, 166; Johannes Stark an Max von Laue (21. August 1934), in Hoffmann und Walker, Autonomie, 547; »›Weiße Juden‹ in der Wissenschaft«, *Das Schwarze Korps* (15. Juli 1937), 8; Johannes Stark an Joseph Goebbels (23. August 1934), BABL 15,19 65/276.

Schlag gegen Heisenberg und Genossen führen«.[77] Es war tatsächlich ein meisterhaftes Beispiel für Rufmord im Dritten Reich.

Der Artikel mit dem Titel »Weiße Juden in der Wissenschaft«, womit deutsche Wissenschaftler unter »jüdischem Einfluss« gemeint waren, bestand aus zwei Teilen. Der erste, anonyme Abschnitt enthielt die politischen, ideologischen und rassistischen Angriffe; der zweite, der unter Starks Namen erschien, war nüchterner und fachlicher, aber ebenfalls voll und ganz antisemitisch. Wahrscheinlich hatte Stark den gesamten Aufsatz geschrieben, denn die Argumente im ersten Abschnitt deckten sich mit Meinungen, die er in Briefen oder Artikeln in jüngster Vergangenheit geäußert hatte. Gleich nach dem Titel folgte eine Zwischenüberschrift: »Einstein als Eckstein«. Tatsächlich ist es bemerkenswert, was für eine beherrschende Gestalt Einstein beziehungsweise dessen Schreckgespenst in der deutschen Physik blieb. Stark war gründlich; er führte alle Argumente, die ihm einfielen, ins Feld und wandte Heisenbergs Stärken gegen ihn.

Die Tatsache, dass Heisenberg schon in sehr jungen Jahren auf einen Lehrstuhl berufen worden war, war angeblich ein Beweis dafür, dass er dies nicht verdient hatte und es ausschließlich den Machenschaften Sommerfelds verdankte. Gleich nach Antritt seiner Professur in Leipzig habe Heisenberg den deutschen Assistenten seines Instituts entlassen und dann überwiegend Juden und Ausländer eingestellt. Der Aufsatz, den Heisenberg im *Völkischen Beobachter* veröffentlichte, sei »in ein parteiamtliches Organ eingeschmuggelt« worden und habe junge deutsche Wissenschaftler dazu ermutigen sollen, dem Beispiel Einsteins nachzueifern. Die Denkschrift, die Heisenberg und andere zur Unterstützung der modernen Physik aufgesetzt hätten, wurde als Versuch interpretiert, seine Gegner mundtot zu machen.

Während Angriffe dieser Art von jemandem wie Stark zu erwarten waren, nahmen seine Angriffe auf Heisenberg mit der zweiten Zwischenüberschrift – »Der ›Ossietzky‹ der Physik« – eine viel gefährlichere Wendung. Carl von Ossietzky (1889–1938) war ein Journalist und Pazifist, der während der Weimarer Republik die gegen den Versailler Vertrag verstoßende Aufrüstung der Wehrmacht enthüllt hatte und der auch nach der Machtübernahme der Nationalsozialisten weiterhin den deutschen Militarismus anprangerte. Im Jahr 1933 wurde er in ein Konzentrationslager verschleppt. Als ihm während der Haft, im Jahr 1935, der Friedensnobelpreis verliehen wurde, war Hitler so außer sich, dass er verfügte, in Zukunft dürfte kein deutscher Staatsbürger mehr einen Nobelpreis annehmen. In dem im *Schwarzen Korps* erschienenen Artikel hieß es: »1933 erhielt Heisenberg den

77 Johannes Stark an Philipp Lenard (2. Juni 1937), ADM, JN 7a; Johannes Stark an Philipp Lenard (29. Juli 1937), ADM, JN 7c.

Nobelpreis zugleich mit den Einstein-Jüngern Schrödinger und Dirac – eine Demonstration des jüdisch beeinflußten Nobelkomitees gegen das nationalsozialistische Deutschland, die der ›Auszeichnung‹ Ossietzkys gleichzusetzten ist.«

Stark also insinuierte mit der Bezugnahme auf Ossietzky, dass auch Heisenberg eigentlich in ein Konzentrationslager gehörte, und erhob in seinem Artikel seine bislang schwerste Anschuldigung gegen den jüngeren Kollegen. »Heisenberg stattete seinen Dank ab, indem er sich im August 1934 weigerte, einen Aufruf der deutschen Nobelpreisträger für den Führer und Reichskanzler zu unterzeichnen.« Das zeige seinen »jüdischen Geist«, denn er halte nichts von »Volksverbundenheit und nationaler Verantwortung der Wissenschaftler«. Der erste Teil des Aufsatzes endete mit einer unmissverständlichen Drohung: Heisenberg sei lediglich ein Beispiel für etliche andere Wissenschaftler, die alle »Statthalter des Judentums im deutschen Geistesleben [sind], die ebenso verschwinden müssen wie die Juden selbst«.[78]

Heisenberg und Himmler

Appell an die SS

Auch wenn Max Planck, Arnold Sommerfeld und Max von Laue wiederholt von Stark angegriffen worden waren, reagierte Heisenberg anders: Er setzte sich zur Wehr. Als er sich beim Rektor der Universität Leipzig über die »schamlosesten« Angriffe Starks beschwerte, stellte er klar,

> dass mir hier eine grundsätzliche Entscheidung des Ministeriums wichtig wäre: entweder hält das Ministerium den Standpunkt des ›Schwarzen Korps‹ für richtig, dann bitte ich um meine Entlassung. Oder aber das Ministerium missbilligt solche Angriffe: dann glaube ich auf den Schutz Anspruch zu haben, den etwa z. B. die Wehrmacht selbst ihrem jüngsten Leutnant in einem solchen Fall gewähren würde.[79]

Hier nun nimmt die Geschichte eine unerwartete Wende. Heisenbergs Mutter war eine Bekannte der Mutter von Heinrich Himmler, dem Reichsführer SS. Heisenberg bat seine Mutter, bei Anna Maria Himmler (1866–1941) zu intervenieren, die daraufhin Heisenberg riet, um eine Unterredung mit ihrem Sohn zu ersuchen. Annie Heisenberg (1871–1945) wiederum übergab den Brief ihres Sohnes an Himmlers Mutter, die ihn schließlich an

78 ›Weiße Juden‹, 8.

79 Werner Heisenberg an Spektabilität, Universität Leipzig (17. Juli 1937), HUB, Uk. H185 IV, 45.

ihren Sohn weiterreichte. Heisenberg bekam zwar keinen Termin für eine persönliche Unterredung, aber seine Botschaft erreichte ihren Adressaten.

Gegenstand war natürlich Starks Angriff in *Das Schwarze Korps*. Als Erstes attackierte Heisenberg Stark und Lenard an ihrem wundesten Punkt, ihrem Alter. So betonte er auf subtile Weise seine relative Jugend. Die älteren Mitglieder der Physiker-Gemeinde hätten die Entwicklung der modernen Physik nicht umfassend mitgetragen. Besonders »die beiden alten Forscher« Lenard und Stark hätten diese abgelehnt und sich ihr widersetzt. Seit Beginn der nationalsozialistischen Revolution hätten die beiden Physiker diesen Kampf mit dem Argument geführt, »die Wissenschaft, in der der Jude Einstein etwas geleistet hat, ist auch politisch ähnlich unerfreulich wie die Ansichten Einsteins und ist auf jeden Fall als ›jüdisch‹ abzulehnen«. Heisenberg versicherte Himmler, er sei jederzeit bereit, sich an einer objektiven Diskussion wissenschaftlicher Fragen zu beteiligen. Allerdings sei er nicht gewillt, sich als »weißer Jude« oder »Ossietzky der Physik« hinstellen zu lassen.

Diese Form des Angriffs sei schon deshalb vollkommen unannehmbar, weil Heisenberg ein Beamter des nationalsozialistischen Staates sei. Heisenberg fragte, was Studenten, die seine Vorlesungen hörten oder von ihm geprüft würden, denken sollten, wenn sie Starks Artikel lasen. Heisenberg ersuchte abermals um eine grundsätzliche Entscheidung. Wenn Starks Ansichten mit denen der Regierung übereinstimmten, werde er um seine Entlassung bitten. Aber wenn dies nicht der Fall sei, wie ihm das REM ausdrücklich versichert habe, dann bitte er Himmler als Reichsführer SS »um einen wirksamen Schutz gegen solche Angriffe« in den Zeitungen, die seiner Kontrolle unterstanden. Zum Schluss kam Heisenberg auf seine politische Einstellung zu sprechen. Er gehöre keiner Partei an und sei »der nationalsozialistischen Revolution ferngestanden«. Aus diesem Grund habe er es nicht für richtig gehalten, in die NSDAP einzutreten, um Vorteile zu erlangen, die er nicht verdiene. Gleichwohl habe er beabsichtigt, als deutscher Staatsdiener in der Position zu wirken, auf die er gesetzt worden sei, und er sei dankbar für jede Gelegenheit, die ihm gegeben werde. Als politische Leumundszeugen verwies er auf den Befehlshaber des Freikorps, dem er nach dem Ersten Weltkrieg angehörte, auf weitere Offiziere und auf die nationalsozialistische Studentenführung an der Universität Leipzig. Der Brief endete auf »*Heil Hitler!*«.[80]

Heisenbergs Brief wurde an den Schriftleiter des *Schwarzen Korps* weitergeleitet, der seinerseits Stark um eine Stellungnahme bat. Heisenberg könne, so Stark, nicht bestreiten, dass er einen deutschen Assistenten entlassen und dafür zwei ausländische Juden eingestellt habe, dass er den öffentlichen

80 Werner Heisenberg an Heinrich Himmler (21. Juli 1937), ADM, JN 7a.

Aufruf zugunsten des Führers nicht unterzeichnet habe und dass er durch seine Denkschrift die Unterstützung des REM zu gewinnen suchte. Um seine »jüdische Vergangenheit« vergessen zu machen, habe Heisenberg in »echt jüdischer Weise« die Tatsachen im Hinblick auf Lenards und Starks Angriffe auf den jüdischen Geist in der Physik verdreht. Mit »der ihm eigentümlichen Bescheidenheit« habe sich Heisenberg als ein junger Vertreter des Fortschrittes in der Physik, Lenard und Stark dagegen als »alt und rückständig« hingestellt. Des Weiteren behauptete Stark, selbst Einstein und Schrödinger seien höher zu schätzen als Heisenberg. Einsteins feindliche Gesinnung gegenüber dem Nationalsozialismus entspreche seiner jüdischen Eigenart, während Schrödinger, »der sich in seinen Theorien vom jüdischen Geist hat anstecken lassen«, seinen Lehrstuhl an der Berliner Universität aufgegeben und Deutschland verlassen habe. Dagegen wolle Heisenberg, »ein Liebling des Weltjudentums«, weiterhin unter der »Maske des politisch Harmlosen seine Rolle als Vorkämpfer des jüdischen Geistes und Einflusses weiterspielen« und, in einer kaum verhüllten Warnung an Himmler, »dabei den Schutz und wenn möglich sogar die Förderung nationalsozialistischer Persönlichkeiten genießen«.[81]

Himmler antwortete Heisenberg im November 1937, wobei er die Anschuldigungen weitergab, die Stark in seinem Schreiben an den Schriftleiter des *Schwarzen Korps* gegen Heisenberg erhoben hatte. Heisenberg nahm seinerseits unverzüglich Stellung zu diesen Vorwürfen, die er so überzeugend wie möglich zu entkräften suchte. Er habe den deutschen Assistenten entlassen, weil dieser sich nicht für moderne Physik interessiert habe. Die beiden Männer, die er an seiner statt eingestellt habe, seien sehr gute Physiker, wenn auch Juden. Heisenberg und andere hätten Starks Aufruf nicht unterschrieben, weil sie Letzterem nicht vertrauten und der Meinung seien, sie sollten ihre Loyalität in wissenschaftlicher, nicht in politischer Hinsicht unter Beweis stellen. Die Denkschrift sei ausdrücklich von einem hohen Ministerialbeamten des REM, Rudolf Mentzel, angefordert worden. Schließlich schlug Heisenberg vor, den Konflikt zwischen ihm und Stark durch eine persönliche Unterredung zwischen ihnen beizulegen.[82]

Ermittlungen

Himmler übergab den Fall Heisenberg an die Kulturabteilung des SD, die seinem persönlichen Stab unterstand. Heisenberg erwähnte diese Ermittlungen in keinem seiner Erinnerungsberichte und sagte damals auch seiner Frau nichts davon. Der SD unterzog Heisenberg langen und erschöpfenden

81 Johannes Stark an Das Schwarze Korps (6. September 1937), ADM, JN 7a.
82 Beyerchen, 219–220.

Vernehmungen, schleuste Spitzel unter seine Studenten und in sein Institut ein und ließ die Gestapo sein Haus verwanzen. Aber die vielleicht gefährlichste Taktik, die der SD regelmäßig anwandte, bestand darin, eine noch schwerwiegendere Anschuldigung gegen das Opfer zu erheben, das daraufhin den minder schweren Vorwurf einräumte. In Heisenbergs Fall vermittelt ein Brief von Hermann Beuthe, Physiker und Starks rechte Hand in der Physikalisch-Technischen Reichsanstalt, an Ludwig Wesch (1909–1994), der unter Lenard in Heidelberg promoviert und sich anschließend bei ihm habilitiert hatte, flüchtige Einblicke in diese Taktik: Der Artikel im *Schwarzen Korps* enthalte nicht alle Informationen; Heisenberg habe schnell geheiratet, um etwas zu vertuschen. Paragraf 175 des Weimarer Strafgesetzbuchs erklärte homosexuelle Handlungen zwischen Männern zu einem Verbrechen. Wer im Jahr 1937 dieses Verbrechens schuldig befunden wurde, landete in der Regel sofort in einem Konzentrationslager. Tatsächlich benutzte die SS oft den Paragrafen 175, um Geständnisse für minder schwere Straftaten zu erpressen. Aber obwohl Heisenberg aus verschiedenen Gründen recht unvermittelt geheiratet hatte, gibt es keinerlei Anhaltspunkte dafür, dass die Verschleierung einer homosexuellen Veranlagung einer davon gewesen wäre.

Es ist bemerkenswert, dass beide Seiten Physiker im SD hatten. Sowohl Beuthe als auch Wesch waren Mitglieder des SD. Auf Heisenbergs Seite stand Johannes Juilfs (1911–1995), der gerade unter Max von Laue seine Promotion in Mathematik und theoretischer Physik abschloss. Zum Glück für Heisenberg wurde Juilfs, nicht Beuthe oder Wesch, mit in die Untersuchung einbezogen. Alle drei der bekannten SS-Ermittler, die auf Heisenbergs Fall angesetzt wurden, hatten Physik studiert: Einer hatte Heisenberg als Prüfer in seinem Promotionsverfahren im Fach Physik an der Universität Leipzig und Juilfs arbeitete mit Starks standhaftestem akademischen Gegenspieler zusammen. Anfang 1938 bat ein Mitglied von Himmlers persönlichem Stab Juilfs darum, einen umfassenden Bericht über Heisenberg und die theoretische Physik anzufertigen.[83]

Um diese Zeit schätzte Heisenberg seine Chancen pessimistischer ein. Im Februar schrieb er an Sommerfeld: »Wenn die Versetzung [von Leipzig nach München] jetzt nicht erfolgt, ist ja auch mit Sicherheit anzunehmen, dass Stark von Neuem stänkern wird. […] Es ist wirklich schade, dass man in einer Zeit, in der die Physik so wunderbare Fortschritte macht und in der es wirklich Spass macht, daran mitzuarbeiten, immer wieder mit diesen politischen Dingen zu tun bekommt.« In einem späteren Brief fügte Hei-

83 David C. Cassidy, *Beyond Uncertainty: Heisenberg, Quantum Physics, and The Bomb* (New York 2009), 275–277.

senberg hinzu: »Nur verliere ich manchmal alle Hoffnung, dass sich in Deutschland die Anständigen durchsetzen werden [...].«

Heisenberg beklagte in einem Brief an den Dekan seiner Fakultät abermals die schwierige Lage, in der er sich befinde; er erwähnte darin auch den Fall eines Studenten, der ein Stipendium erhalten habe, um bei Heisenberg zu studieren, aber darauf verzichtete, weil er fürchtete, es könne ihm politisch schaden. Aber die zuständigen Ministerialbeamten im REM zeigten wenig Verständnis. Heisenberg habe kein Recht, auf eine Entscheidung zu drängen, vielmehr müsse er sich gedulden, bis der richtige Zeitpunkt für eine Entscheidung gekommen sei. Auch wenn Stark mit seinen Angriffen zu weit gegangen sei, habe Heisenberg »derartige Angriffe durch sein eigenes politisch nicht zu billigendes Verhalten selbst heraufbeschworen«, insbesondere durch seine Weigerung, den Aufruf zu Gunsten des Führers zu unterschreiben. Allerdings werde das REM Heisenberg dafür nicht bestrafen.[84]

Im Frühjahr 1938 erreichten Heisenberg weitere schlechte Nachrichten. Ein untergeordneter SS-Führer, vermutlich Juilfs, teilte ihm mit, dass er nichts für ihn habe erreichen können. Die Entscheidung liege bei Himmler, und nach Juilfs' Einschätzung werde der Reichsführer SS wohl nichts unternehmen. Heisenberg schrieb daraufhin an Sommerfeld: »Dass es mir sehr schmerzlich wäre, aus Deutschland fortzugehen, wissen Sie; ich möchte es nicht tun, wenn es nicht unbedingt sein muss. Aber ich hab auch keine Lust, hier als Mensch zweiter Klasse zu leben.«[85] Im November desselben Jahres wirkte Heisenberg noch resignierter. In einem Brief an Walther Gerlach, in dem er sich für dessen Unterstützung bedankte, schrieb Heisenberg, er habe ein »ausgesprochen dickes Fell« und es würde ihn nicht trübsinnig machen, wenn er bei der Münchner Professur nicht zum Zuge käme. Es würde ihn natürlich ärgern, aber »wir leben eben noch mitten in einer Revolution und dabei soll man jedenfalls das eigene private Schicksal nicht allzu wichtig nehmen«.[86]

84 Werner Heisenberg an Arnold Sommerfeld (12. Februar 1938), in Eckert und Märker, 446–447; Werner Heisenberg an Arnold Sommerfeld (23. Februar 1938), in Eckert und Märker, 448–449; Werner Heisenberg an Dekan der Philosophischen Fakultät Universität Leipzig (22. Februar 1938), HUB, Uk. H 185 IV, 42; Studentkowski (Sächsisches Ministerium für Volksbildung) an Knick (Rektor der Universität Leipzig) (22. Dezember 1938), HU Uk. H185 IV, 37.

85 Werner Heisenberg an Arnold Sommerfeld (14. April 1938), in Sommerfeld, Briefwechsel, 449–450.

86 Werner Heisenberg an Walther Gerlach (16. November 1938), in Michael Eckert, »Die Deutsche Physikalische Gesellschaft und die ›Deutsche Physik‹«, in Hoffmann und Walker, Autonomie, 139–172, hier 148.

Die Intervention von Ludwig Prandtl

Im November 1937 erhielt Heisenberg bei seinen Bemühungen, die Untersuchung des SD zu beeinflussen, Schützenhilfe von einem wichtigen Verbündeten: dem angesehenen und einflussreichen Aerodynamiker Ludwig Prandtl (1875–1953), der über ausgezeichnete Kontakte zum Reichsluftfahrtministerium und durch diese zu einflussreichen Nationalsozialisten wie Hermann Göring verfügte. In politischen Beurteilungen Prandtls wurde darauf hingewiesen, dass er keiner NS-Organisation angehöre, und er wurde dargestellt als

> der Typ eines weltfremden Wissenschaftlers. Sein ganzes Interesse dient nur seiner wissenschaftlichen Arbeit, in der er Weltruf genießt. [...] Zusammenfassend kann Prandtl als der Typ des ehrenwerten, gewissenhaften und um seine Unbescholtenheit und Anständigkeit besorgten Gelehrten einer alten Zeit bezeichnet werden, den wir allerdings im Hinblick auf seine außerordentlich wertvollen wissenschaftlichen Leistungen im Aufbau der Luftwaffe weder entbehren können noch wollen.

Heisenberg erläuterte das Problem gegenüber Prandtl folgendermaßen: »Die ganze Schwierigkeit liegt immer darin, dass aus unseren naturwissenschaftlichen Kreisen so geheime Fäden in die Kreise der SS führen. Wenn Sie durch Ihre Beziehungen zur Luftfahrt irgendwie Zugang zu den SS-Kreisen hätten, so könnten Sie doch sehr viel Gutes stiften.« Prandtl antwortete, dass er bisher keine Fühlung mit der SS-Leitung, aber Anlass für Optimismus habe, weil Alfred Rosenberg parteiamtlich und öffentlich erklärt habe, dass die NSDAP keine »weltanschaulich dogmatische Haltung« gegenüber »Problemen der experimentellen und theoretischen Naturwissenschaft« einnehme und sich für die »Freiheit der Forschung« ausgesprochen habe.[87]

Im März 1938 bekam Prandtl unerwartet seine Chance, als er bei einem Bankett der Deutschen Akademie der Luftfahrtforschung zufällig neben Himmler zu sitzen kam. Als Prandtl die Gelegenheit nutzte, sich für Heisenberg einzusetzen, antwortete Himmler, dass, falls Heisenberg von der Richtigkeit der Einstein'schen Theorie überzeugt sei, nichts dagegen einzuwenden sei, wenn er diese vertrete. Aber Heisenberg solle sich zugleich

87 Michael Eckert, *Ludwig Prandtl – Strömungsforscher und Wissenschaftsmanager. Ein unverstellter Blick auf sein Leben* (Berlin 2017), 253–254; NSDAP (Süd-Hannover-Braunschweig) an NSDAP (München-Oberbayern) (28. April 1941), BABL, BDC Prandtl; Göttingen Kreisleiter an das Amt für Technik Gauamtsleitung (28. Mai 1937), AMPG, III. Abt. Rep. 61; Werner Heisenberg an Ludwig Prandtl (24. November 1937), in Eckert, Prandtl, 254; Ludwig Prandtl an Werner Heisenberg (18. Dezember 1937), in Eckert, Prandtl, 254.

Abb. 31: Ludwig Prandtl im Jahr 1937.

genügend von Einstein als Person und Politiker distanzieren, denn Letzterer »stehe in einem schroffen Gegensatz zum heutigen [deutschen] Staat«. Prandtl versprach Himmler, dessen Rat an Heisenberg weiterzuleiten.[88]

Heisenberg antwortete sofort und dankte Prandtl. Schon bevor ihm Himmler diesen Rat gegeben habe, habe er sich zum Beispiel in Privatgesprächen bereits entsprechend verhalten, weil ihm »Einsteins Haltung der Öffentlichkeit gegenüber niemals sympathisch war«. In Vorträgen habe er aber immer nur über rein wissenschaftliche Fragen gesprochen und daher keine Gelegenheit gehabt, etwas über die Person Einsteins – oder auch die Starks – zu sagen. Aber Heisenberg werde Himmlers Rat auch in Zukunft gern befolgen. Wenn er über die Relativitätstheorie spreche, werde er gleichzeitig betonen, dass er politisch und weltanschaulich eine andere Stellung einnehme als Einstein. Dies könne Himmler schon daraus ersehen, dass er, anders als Einstein, nicht die Absicht habe, Deutschland zu verlassen.[89]

Prandtl wartete den »Anschluss« Österreichs ans Deutsche Reich, die anschließende Volksabstimmung, die Feier von Hitlers Geburtstag und die Reise des Führers nach Rom ab, ehe er in einem Brief an Himmler an das gemeinsame Gespräch beim Bankett anknüpfte. Prandtl leitete eine Kopie von Heisenbergs Brief weiter, in dem dieser sich bereit erklärte, die von Himmler vorgeschlagenen Richtlinien zu befolgen, aber Prandtl fügte auch einige Worte über die theoretische Physik hinzu. Er teilte Heisenbergs Mei-

88 Eckert und Märker, 370; Ludwig Prandtl an Werner Heisenberg (5. März 1938), in Eckert, Prandtl, 254–255.

89 Werner Heisenberg an Ludwig Prandtl (8. März 1938), AMPG, IX 4 1935-1939.

nung, wonach eine kleine Gruppe von Experimentalphysikern, die »mit den Forschungen der Theoretiker nicht haben Schritt halten können«, die jüngsten Entwicklungen hauptsächlich deshalb abgelehnt habe, weil erhebliche Teile derselben von nichtarischen Forschern stammten.

Aber anders als Heisenberg war Prandtl bereit, sich einer antisemitischen Rhetorik zu bedienen. Unter den nichtarischen Forschern »waren solche von minderem Rang, die mit der ihrer Rasse eigentümlichen Betriebsamkeit ihre Talmiware ausposaunten. Dass solche Erzeugnisse verschwinden, ist nur recht und billig.« Aber es gebe auch nichtarische Forscher allerersten Ranges, die sich mit großem Eifer darum bemühten, die Wissenschaft voranzubringen, und die sie in der Vergangenheit auch tatsächlich gefördert hätten. Was Einstein anlange, so müsse man zwischen dem Menschen und dem Physiker unterscheiden. »Der Physiker ist durch und durch erstklassig, aber der frühe Ruhm scheint ihm erheblich zu Kopf gestiegen zu sein, so dass er menschlich unleidlich geworden ist.« Die Wissenschaft könne sich aber nicht mit solchen persönlichen Eigenschaften beschäftigen. Naturwissenschaftliche Gesetze seien entdeckt worden, die ihrerseits zu neuen Entdeckungen führten, und diese könnten nicht weggelassen werden, ohne das auf ihnen aufgebaute Lehrgebäude zu zerstören.

Auf Heisenberg zurückkommend, behauptete Prandtl, es sei dringend notwendig, das ihm anhaftende Stigma aufzuheben und dass sowohl die zentralen Reichsbehörden als auch die höchsten Parteistellen deutlich machten, dass sie Starks Meinung nicht teilten. Andernfalls würde die Effektivität von Heisenberg als akademischer Lehrer ernsthaft beeinträchtigt, weil Studenten die Botschaft vermittelt werde, dass das, was sie von ihm lernen könnten, wertlos, vielleicht sogar schädlich sei. Prandtl schlug konkret vor, Heisenberg solle erlaubt werden, einen Beitrag in der *Zeitschrift für die gesamte Naturwissenschaft* zu veröffentlichen, die von loyal zu Lenard und Stark stehenden Wissenschaftlern kontrolliert und redaktionell verantwortet werde. Prandtl schloss seinen Brief mit der Bemerkung, »daß es mir bei der ganzen Sache weniger um die Person sondern darum zu tun ist, dieses für die Weiterentwicklung unserer Naturkenntnis ungemein wichtige Fach nicht veröden zu lassen«.[90]

Die Rehabilitierung Heisenbergs durch die SS

Neun Tage nachdem Prandtl seinen Brief an Himmler geschickt hatte, schickte der Reichsführer SS Briefe an Prandtl, Heisenberg und seinen Stellvertreter in der SS, Reinhard Heydrich. Wie Prandtl war auch Himmler zu der Überzeugung gelangt, dass Heisenberg ein »gerader und integerer

90 Ludwig Prandtl an Heinrich Himmler (12. Juli 1938), AMPG, Abt. III Rep. 61, 675.

Mann« sei. Auch fand der Reichsführer SS Prandtls Anregung, Heisenberg solle in der *Zeitschrift für die gesamte Naturwissenschaft* einen Beitrag veröffentlichen, »für sehr erwägenswert« und gab diese an Heydrich weiter. In seinem Schreiben an Heisenberg wies Himmler darauf hin, dass er gerade deshalb, weil er dem Reichsführer SS durch seine eigene Familie empfohlen worden sei, Heisenbergs Fall habe »besonders korrekt und besonders scharf untersuchen lassen«. Himmler freue sich, Heisenberg mitteilen zu können, dass er die Angriffe im *Schwarzen Korps* nicht billige und weitere Angriffe gegen ihn untersagt habe. Er bot Heisenberg an, sich persönlich mit ihm zu treffen, so dass »wir uns eingehend mündlich von Mann zu Mann aussprechen können«. Schließlich fügte Himmler in einem »PS« noch hinzu: »Ich halte es allerdings für richtig, wenn Sie in Zukunft die Anerkennung wissenschaftlicher Forschungsergebnisse von der menschlichen und politischen Haltung des Forschers klar vor Ihren Hörern trennen.«[91]

Himmler schickte Heydrich Abschriften des SS-Berichts über Heisenberg, von Prandtls »sehr ordentlichem« Brief an Himmler und des Briefes, den der Reichsführer SS selbst an Heisenberg geschrieben hatte. Er bat Heydrich, darauf hinzuwirken, dass Heisenberg in der *Zeitschrift für die gesamte Naturwissenschaft* etwas veröffentlichen könne. Weiter bat er Heydrich, Franz Six, dem SS-Führer, der das Amt für Weltanschauungsfragen leitete, sowie der Führung des nationalsozialistischen Studentenbundes zu erklären, dass Himmler Heisenberg für »anständig« halte und der Meinung sei, »daß wir es uns nicht leisten können, diesen Mann, der verhältnismäßig jung ist und Nachwuchs heranbringen kann, zu verlieren oder tot zu machen«.[92]

Das SS-Gutachten selbst, das vermutlich Juilfs verfasst hat, sagt mehr darüber aus, wie Heisenberg verteidigt wurde oder sich selbst verteidigte, als darüber, was Heisenberg wirklich dachte. Anders gesagt: Wir wissen nicht, was Heisenberg bei seinen Vernehmungen sagte, ob es sich bei seinen ihm zugeschriebenen Aussagen um Juilfs' Interpretation handelt oder ob der Bericht eine Mischung aus beidem ist. Das Gutachten verweist zunächst darauf, dass Heisenberg einen überragenden wissenschaftlichen Ruf genieße und bereits eine Reihe tüchtiger junger theoretischer Physiker ausgebildet habe. Heisenberg sei der Ansicht, dass es einen Konflikt zwischen experimenteller und theoretischer Physik nicht geben könne, weil beide Teilgebiete aufeinander angewiesen seien. Vielmehr mache er in der theoretischen Physik einen scharfen Unterschied zwischen guten und schlechten

91 Heinrich Himmler an Ludwig Prandtl (21. Juli 1938), AMPG, III. Abt. Rep. 61; Heinrich Himmler an Werner Heisenberg (21. Juli 1938), NBL, SGP Box 11, Folder 98.

92 Heinrich Himmler an Reinhard Heydrich (21. Juli 1938), NBL, SGP Box 11, Folder 98.

Abb. 32: Reichsführer SS Heinrich Himmler im Jahr 1938.

Wissenschaftlern. In die Kategorie der schlechten Wissenschaftler schloss er jene Physiker ein, »die sich von der anschaulichen Erfahrung entfernen« oder die »artfremde Denker in der Physik« seien. Insbesondere ordne Heisenberg einige der Juden und arischen Forscher aus jüdischen Schulen, die von seinen Gegnern Lenard und Stark bekämpft würden, in diese Kategorie ein. Obgleich er aus einer Schule »jüdischer Auffassungsweise und Methodik in der Physik« komme, die von der Natur losgelöst sei und seine ersten bedeutenden Leistungen daher ein »artfremdes Gepräge« trügen, habe der Physiker mittlerweile eine Arbeitsmethodik entwickelt, die mehr und mehr von der »artgemäßen anschaulichen Denkweise« bestimmt sei.

Heisenberg wird als menschlich »anständig« und als der »Typ eines apolitischen Gelehrten« beschrieben. Er sei jederzeit bereit, »rückhaltlos für Deutschland einzutreten«, weil, wie der Bericht Heisenberg zitiert, man entweder »als guter Deutscher geboren ist oder nicht«. Er sei direkt nach dem Ersten Weltkrieg Angehöriger des Freikorps Lützow gewesen, habe aus freien Stücken während des Dritten Reichs in der Wehrmacht gedient und sich im September 1938, als ein Krieg mit der Tschechoslowakei drohte, freiwillig zum Dienst gemeldet. Das Gutachten ging auch auf Starks Aufruf zu Gunsten Hitlers im Jahr 1934 ein. Heisenberg habe sich nicht daran beteiligt, weil eine Mitwirkung von ausländischen Kollegen hätte missverstanden werden können. »Im Laufe der Jahre hat sich Heisenberg jedoch mehr und mehr durch die Erfolge vom Nationalsozialismus überzeugen lassen und steht ihm heute positiv gegenüber.« Heisenberg denke noch immer, dass, abgesehen von der gelegentlichen Teilnahme an einem politischen (Indoktrinations)-Lager und dergleichen, eine aktive politische Betätigung für einen Hochschullehrer nicht angebracht sei. Der Bericht endet mit einer antisemitischen Aussage: »Die Überfremdung des deutschen Lebensraumes mit Juden lehnt auch Heisenberg heute grundsätzlich ab.« Heisenberg war das Gutachten nicht zugänglich, er wusste nur, dass er rehabilitiert worden war.[93]

Heisenberg dankte Himmler für seinen »freundlichen Brief«, der »mich von einer großen Sorge befreit«. Der Physiker freute sich auf eine persönliche Unterredung mit Himmler, denn diese werde »zur Klärung der Missverständnisse, die zwischen Politik und Wissenschaft entstanden sind, beitragen«. Heisenberg hoffte auch, dass »sich irgendeine Form finden lässt, in der auch öffentlich klargestellt wird, dass die Angriffe auf meine Ehre unberechtigt waren«. Anfangs hoffte Heisenberg, durch die Rehabilitierung durch die SS könne er einen Ruf nach München erhalten, aber tatsächlich hatte Rudolf Heß, Hitlers persönlicher Stellvertreter in der NSDAP, diese Berufung endgültig abgelehnt. Himmler hatte Partei für Heisenberg ergriffen, konnte Heß aber nicht dazu bewegen, seine Meinung zu ändern. Juilfs ließ Heisenberg wissen, dass die Partei nach ihrer Entscheidung gegen Heisenberg jetzt ihr Gesicht verlieren würde, wenn er nach München käme. Himmler hatte kein großes Interesse daran, sich für Heisenberg einzusetzen, weil sich der Physiker in München vielleicht doch noch als ein »schlechter Nationalsozialist herausstellen könnte« und dies dann dem Reichsführer SS angelastet würde.[94]

Die SS und Himmler hatten andere Pläne für Heisenberg. Als Heydrich das Gutachten der SS über Heisenberg an Rudolf Mentzel schickte, fügte er ein entsprechendes Begleitschreiben bei. In Wien seien die fachlich anerkannten Hochschullehrer der Physik, die größtenteils bereits zu der Zeit der NSDAP angehört hätten, als eine solche Mitgliedschaft in Österreich noch verboten gewesen sei, politisch und weltanschaulich zuverlässig. Dies schien Gewähr dafür zu bieten, dass Heisenberg durch den dortigen Kreis von Physikern »zum Interesse am politischen Geschehen und der nationalsozialistischen Weltanschauung hingezogen wird«. Die nationalsozialistischen Funktionäre in Wien wollten unbedingt, dass Heisenberg kam.[95]

93 SS-Gutachten betr. Heisenberg (26. Mai 1939), BABL, REM 2943, 370-372.

94 Werner Heisenberg an Heinrich Himmler (23. Juli 1938), NBL, SGP Box 11 Folder 98; Werner Heisenberg an Arnold Sommerfeld (23. Juli 1938), in Eckert und Märker, 451–452; Faber, Dekan der naturwissenschaftlichen Fakultät Münchens an Rektorat München (29. Dezember 1938), in Freddy Litten, *Mechanik und Antisemitismus. Wilhelm Müller (1880–1968)* (München 2000), 83–84; Werner Heisenberg an Arnold Sommerfeld (15. Februar 1939), in Eckert und Märker, 460–461; Werner Heisenberg an Arnold Sommerfeld (13. Mai 1939), in Eckert und Märker, 465–466.

95 SS (Chef des Sicherheitshauptamtes) an Rudolf Mentzel (26. Mai 1939), BABL, REM 2943, 370-372; Rössner an Haertle (12. Juni 1942), IZG, MA-116/5 HA Wissenschaft Heisenberg.

Himmler, der von Angelegenheiten, die er zweifellos für weitaus wichtiger hielt, stark in Anspruch genommen wurde, teilte Heisenberg jetzt mit, dass sich, da seine Berufung an die Universität Wien geplant sei, eine persönliche Unterredung erübrige. Heisenberg antwortete ein wenig zwiespältig, er werde sehr gern nach Wien gehen, wenn die mit seinem Fach in Verbindung stehenden Lehrstühle so besetzt würden, dass »dadurch eine fruchtbare Zusammenarbeit in größerem Umfang möglich wird«. Allerdings hoffe er nach wie vor auf eine persönliche Unterredung. Tatsächlich sind sich die beiden nie begegnet. Heisenbergs Mitarbeit am Uranprojekt während des Krieges, das ihn zum regelmäßigen Pendeln zwischen Leipzig und Berlin zwang, bevor er sowieso in die Reichshauptstadt umgezogen war, bedeutete de facto das Ende aller Versuche, ihn nach Wien zu bringen.[96]

Kurz nachdem sein Artikel im *Schwarzen Korps* erschienen war, bat das REM Stark, Kandidaten für München vorzuschlagen. Ironischerweise tat er sich damit schwer. Es gab nur sehr wenige politisch und weltanschaulich geeignete Kandidaten, und diese waren eigentlich auch schon zu alt, da »alle jüngeren Theoretiker entweder Sommerfelds Schüler sind oder unter seinem Einfluss stehen«. Stark empfahl schließlich Wilhelm Müller (1880–1968), einen Ingenieur, der angewandte Mechanik unterrichtete und ein kleines antisemitisches Buch über »Wissenschaft und Judentum« veröffentlicht hatte. Obgleich Müllers Schwächen als Wissenschaftler unverkennbar waren, erschien er den Gefolgsleuten von Lenard und Stark in München wohl als das geringere Übel.[97] Am 1. Dezember 1939 trat Müller die Nachfolge von Sommerfeld als Professor für theoretische Physik an der Universität München an und stellte bald darauf Ludwig Glaser (1889–1945) als Assistenten ein, einen Studenten Starks und einen der frühesten öffentlichen Gegner Einsteins. Als ein Kollege Heisenberg mitteilte, dass Glaser »schon seit längerer Zeit geisteskrank« sei, schrieb Heisenberg seiner Frau: »Im Ganzen belustigt mich dieses ganze Affentheater.«[98]

96 Heinrich Himmler an Werner Heisenberg (7. Juni 1939), NBL, SGP Box 11 Folder 98; Werner Heisenberg an Heinrich Himmler (14. Juni 1939), NBL, SGP Box 11 Folder 98.

97 Johannes Stark an Philipp Lenard (29. Juli 1937), ADM, JN 7c; Johannes Stark an Bruno Thüring (27. Januar 1938), BABL, 15,19 71/206; Bruno Thüring an Johannes Stark (1. Februar 1938), BABL, 15,19 71/207; Litten, 101–104.

98 Werner Heisenberg an Arnold Sommerfeld (17. Dezember 1939), in Eckert und Märker, 468–469; Werner Heisenberg an Elisabeth Heisenberg (4. Oktober 1940), in Heisenberg und Heisenberg, 152.

Gegenangriff

Das Münchner Religionsgespräch

Die Berufung des inkompetenten Wilhelm Müller auf den Münchner Lehrstuhl war ein Pyrrhussieg für Lenard, Stark und ihre wenigen Gefolgsleute und Unterstützer. Unter Leitung von Wolfgang Finkelnburg, einem angesehenen Experimentalphysiker an der Technischen Hochschule Darmstadt, der sich im Nationalsozialistischen Deutschen Dozentenbund (NSDB) politisch engagierte, starteten Physiker einen Gegenangriff. Im November 1940 organisierte die Reichsführung des NSDB eine Diskussion zwischen vierzehn Physikern aus beiden Lagern, der »deutschen Physik« und der etablierten physikalischen Fachgemeinschaft, die schon bald unter der Bezeichnung »Religionsgespräch« firmierte. Zu den sieben Physikern, die die Lenard-Stark-Schule vertraten, gehörten unter anderen Rudolf Tomaschek, Ludwig Wesch, Bruno Thüring (1905–1989) und Müller. Die beiden Letztgenannten zogen sich vorzeitig zurück, nachdem Gustav Borger (1899–1989), Mediziner und Leiter des Wissenschaftsamts im NSDB, der die Veranstaltung unparteiisch leitete, ihr Verhalten kritisiert hatte. Zu den sieben Vertretern des anderen Lagers gehörten Finkelnburg und Carl Friedrich von Weizsäcker.[99]

Die Anhänger von Lenard und Stark waren gezwungen, über Physik statt über Politik zu diskutieren.[100] Am Ende der Veranstaltung verständigte man sich auf eine Fünf-Punkte-Vereinbarung, in der sowohl die spezielle Relativitätstheorie als auch die Quantenmechanik als integrale Bestandteile der Physik anerkannt wurden. In der Praxis bedeutete dies, dass der NSDB die moderne Physik offiziell ausdrücklich guthieß. Die Bewegung der »deutschen Physik« begann daraufhin rasch zu zersplittern. Tomaschek war Experimentalphysiker an der Technischen Hochschule München, die jetzt ebenfalls einen theoretischen Physiker suchte. Heisenberg schrieb an Sommerfeld:

> Dass Tomaschek jetzt für das Extraordinariat an der T. H. lauter tüchtige Theoretiker vorschlagen will, im Gegensatz zu seiner sonstigen Haltung, bestätigt mir meine alte Ansicht, dass Tomaschek zwar der einzige tüchtige, aber charakterlich weitaus unerfreulichste Mann der Gegenseite ist. Sonst hab ich übrigens in den letzten Wochen nichts mehr von der ›deutschen Physik‹ gehört.[101]

99 Eckert und Märker, 480–481; Carl Ramsauer an Bernhard Rust (1. Januar 1942), Anlage VI. Der Münchener Einigungs- und Befriedungsversuch, in Hoffmann und Walker, Autonomie, 616–617.

100 Beyerchen, 240–242.

101 Eckert und Märker, 480–481; Carl Ramsauer an Bernhard Rust (1. Januar 1942),

Die Ramsauer-Petition

Ludwig Prandtl war empört über Müllers Berufung und beklagte sich direkt bei Hermann Göring: »Es dreht sich kurz gesagt darum, daß eine Gruppe von Physikern, die leider das Ohr des Führers besitzt, gegen die theoretische Physik wütet und die verdientesten theoretischen Physiker verunglimpft, ganz untragbare Besetzung der Lehrstühle durchzusetzen versteht usw., und zwar mit der Begründung, daß die moderne theoretische Physik eine jüdische Mache wäre, die man nicht schnell genug auszutilgen und durch eine ›deutsche Physik‹ zu ersetzen haben würde.« Da man diesen Kampf nur gewinnen könne, wenn man den Führer auf seine Seite bringe, wollte Prandtl, dass Göring persönlich intervenierte. Ein hochrangiger enger Mitarbeiter Görings antwortete, der Reichsmarschall könne sich gegenwärtig nicht um diese Angelegenheit kümmern – Prandtl wusste nicht, dass Göring die Vorbereitungen der deutschen Luftwaffe für den Einmarsch in der Sowjetunion beaufsichtigte. Prandtl solle sich vielmehr an den Reichserziehungsminister wenden. Prandtl antwortete, dass es sinnlos sei, die Sache Rust vorzulegen, da dieser unter dem Zwang »übermächtiger Parteieinflüsse« Berufungen habe vornehmen müssen, die er selbst nicht gutgeheißen habe.[102]

Prandtl wandte sich daraufhin an Carl Ramsauer, den Industriephysiker, der als Vorsitzender der Deutschen Physikalischen Gesellschaft eine förmliche Petition an Rust richten konnte. Ramsauer nahm sich der Sache voller Begeisterung an und sicherte sich umgehend die Unterstützung hochrangiger Offiziere im Heer, in der Kriegsmarine und der Luftwaffe. Am 20. Januar 1942 schickte Ramsauer eine 29-seitige Denkschrift sowie ein fünfseitiges Begleitschreiben an Minister Rust. Darin behauptete er, die amerikanische physikalische Forschung habe die deutsche überflügelt; die moderne theoretische Physik, die für das Bildungswesen, die Technik und die Wehrfähigkeit von entscheidender Bedeutung sei, sei zu Unrecht als ein Produkt des jüdischen Geistes verunglimpft worden und, um Prandtl zu zitieren, Berufungen wie die Müllers seien »Sabotage«.

Wie Prandtl vor ihm erging sich Ramsauer in antisemitischer Rhetorik: »Der berechtigte Kampf gegen den Juden Einstein und gegen die Auswüchse seiner spekulativen Physik hat sich auf die ganze moderne theoretische

Anlage VI. Der Münchener Einigungs- und Befriedungsversuch, in Hoffmann und Walker, Autonomie, 616–617; Werner Heisenberg an Arnold Sommerfeld (5. Januar 1941), in Eckert und Märker, 536–537.

102 Ludwig Prandtl an Hermann Göring (28. April 1941), AMPG, III. Abt. Rep. 61; Rumann (Zweiter Staatssekretär Görings) an Ludwig Prandtl (19. Mai 1941), AMPG, III. Abt. Rep. 61; Ludwig Prandtl an Rumann (Zweiter Staatssekretär Görings) (27. Mai 1941), AMPG, III. Abt. Rep. 61.

Physik übertragen, und sie weitgehend als ein Erzeugnis jüdischen Geiste in Mißachtung gebracht.« Als Ramsauer nach dem Krieg seine Denkschrift veröffentlichte, um nachzuweisen, dass es durchaus deutsche Physiker gegeben habe, die in Opposition zum Nationalsozialismus gestanden hätten, tilgte er diese antisemitische Aussage.[103]

Ramsauers Denkschrift, die sofort unter führenden Politikern und Militärs kursierte, sollte im Kontext der Erkenntnis betrachtet werden, dass der Blitzkrieg vorbei war und die Kriegswirtschaft effizienter und produktiver werden musste. Heisenberg war beeindruckt, wie gründlich Admiral Witzell Ramsauers Denkschrift gelesen hatte, in der die Kernphysik gerühmt wurde als »das einzige Gebiet, von dem wir für das Energie- und Sprengstoffproblem wesentliche Fortschritte erhoffen können«. Einen Monat nachdem Ramsauer seine Denkschrift eingereicht hatte, hielten Heisenberg und seine Kollegen vom Uranprojekt Vorträge vor dem Reichsforschungsrat, bei denen auch viele geladene ranghohe Militärs zugegen waren. Im Juni 1942 hielt Heisenberg erneut einen Vortrag vor Speer, Milch und ihren jeweiligen Stäben.[104]

Tatsächlich waren im Sommer 1942 die Führer der deutschen Rüstungswirtschaft – darunter General Emil Leeb, Leiter des Heereswaffenamtes, General Friedrich Fromm, Chef der Heeresrüstung und Befehlshaber des Ersatzheeres, Admiral Karl Witzell, Chef des Marinewaffenhauptamtes im Oberkommando der Marine, Feldmarschall Erhard Milch, Staatssekretär im Reichsluftfahrtministerium und Generalinspekteur der Luftwaffe, und natürlich der Reichsminister für Bewaffnung und Munition, Albert Speer – über das militärische Potenzial von Uran im Bilde. So schrieb Heisenberg an Finkelnburg: »Ganz allgemein scheint mir das Interesse der höchsten Stellen für die moderne Physik jetzt recht groß zu werden.«[105]

103 Ludwig Prandtl an Carl Ramsauer (8. Juni 1941), AMPG, III. Abt. Rep. 61; Carl Ramsauer an Ludwig Prandtl (31. Oktober 1941), in Hoffmann und Walker, Autonomie, 592–593; Ludwig Prandtl an Erhard Milch (13. November 1941), AMPG, III. Abt. Rep. 61; Generalchefingenieur Lucht (Reichsluftfahrtministerium) an Ludwig Prandtl (3. Dezember 1941), in Hoffmann und Walker, Autonomie, 593; Carl Ramsauer an Bernhard Rust (20. Januar 1942), in Hoffmann und Walker, Autonomie, 594–617; Carl Ramsauer, »Eingabe an Rust«, *Physikalische Blätter*, 3 (1947), 43–44.

104 Ramsauer, Eingabe.

105 Werner Heisenberg an Wolfgang Finkelnburg (22. Mai 1942), AMPG, III. Abt. Rep. 93; vgl. auch das Kapitel »Überzeugungsarbeit«.

Einstein aus der Geschichte herausschreiben

Anfang November 1942 veranstaltete der NSDB ein »Physikerlager« in Seefeld in Tirol, das vor dem »Anschluss« zu Österreich gehört hatte. Unter den 30 Teilnehmern waren auch drei Vertreter des NSDB. Die wenigen verbliebenen Anhänger von Lenard und Stark standen auf verlorenem Posten und erklärten sich bereit, die Quantenmechanik und die Relativitätstheorie anzuerkennen. Obwohl es in der Einladung ausdrücklich hieß, Zweck des Lagers sei es nicht, einen Kompromiss zwischen den beiden Richtungen zu finden, sondern vielmehr »den Zusammenhang unter den Physikern zu stärken«, war ein hauptsächlich von dem theoretischen Physiker Fritz Sauter und von Carl Friedrich von Weizsäcker verfasster Kompromiss das wichtigste Ergebnis des Treffens. Einstein wurde geopfert: Die Physiker einigten sich darauf, dass die Grundlagen der speziellen Relativitätstheorie von Ariern geschaffen worden seien und dass die Theorie auch dann weiterentwickelt worden wäre, wenn Einstein nicht daran mitgewirkt hätte.[106]

Im Mai 1943 wurde Max von Laue, der nicht in Seefeld gewesen war, von Rudolf Mentzel dafür kritisiert, dass er bei einem Vortrag in Schweden die Relativitätstheorie erwähnt habe, ohne zugleich klar zum Ausdruck zu bringen, dass die »deutsche Forschung von der Theorie Einsteins ausdrücklich Abstand nimmt«. Von Laue leitete Mentzels Brief an Weizsäcker weiter, der ihn drängte, die Kritik nicht auf sich sitzen zu lassen und hierbei auf das Physikerlager des NSDB und dessen Anerkennung der speziellen Relativitätstheorie als eines festen Bestandteils der Physik hinzuweisen. Weizsäcker fasste die Debatte bei dem Physikerlager in einem Satz zusammen: »Die Relativitätstheorie wäre auch ohne Einstein entstanden, sie ist aber nicht ohne ihn entstanden.« Da von Laue schon in der Vergangenheit vom REM gerügt worden war, ohne dass dies ernsthafte Konsequenzen gehabt hätte, beunruhigte ihn Mentzels Schelte vermutlich nicht weiter. Von Laue schrieb an Weizsäcker zurück, er habe einen Fachaufsatz, in dem die Relativitätstheorie zur Anwendung komme, an eine Zeitschrift geschickt, und dies sei seine Antwort auf Mentzel.[107]

106 Reichsdozentenführer Schultze an Werner Heisenberg (7. Oktober 1942), AMPG, III. Abt. Rep. 93; Teilnehmerliste (1.–3. November 1942), NBL, SGP Box 25, Folder 12; Carl Friedrich von Weizsäcker an Sauter (21. Juni 1943), NBL, SGP Box 25, Folder 12; Vorläufiger Bericht über das Physikerlager in Seefeld (Tirol) (1.–3. November 1942), NBL, SGP Box 25, Folder 12.

107 Rudolf Mentzel an Max von Laue (22. Mai 1943), NBL, SGP Box 25, Folder 12; Max von Laue an Carl Friedrich von Weizsäcker (26. Mai 1943), NBL, SGP Box 25, Folder 12; Carl Friedrich von Weizsäcker an Max von Laue (2. Juni 1943), ADM, IMC 29 1066; Max von Laue an Carl Friedrich von Weizsäcker (4. Juni 1943), ADM, IMC 29 1067.

Auch wenn der Kampf gegen die »Deutsche Physik« Ende 1942 klar gewonnen war, bestand Heisenberg nach wie vor darauf, einen Artikel in der *Zeitschrift für die gesamte Naturwissenschaft* zu veröffentlichen. Als deutlich wurde, dass es anscheinend seitens einiger SS-Führer und eindeutig von Bruno Thüring, einem unbelehrbaren Verbündeten Starks und Herausgeber der Zeitschrift, Widerstände dagegen gab, schrieb Heisenberg direkt an Himmler. Nachdem Heisenberg dem Reichsführer SS für seine Bestellung zum Direktor das Kaiser-Wilhelm-Instituts für Physik in Berlin und die »damit verbundene Wiederherstellung meiner Ehre« gedankt hatte, teilte er Himmler mit, er habe sein Manuskript bei SS-Stellen eingereicht mit der Bitte, es weiterzuleiten, aber bei der Zeitschrift behaupte man, dieses nicht erhalten zu haben. Die SS-Stellen reagierten nicht auf Heisenbergs Nachfragen. Ein Angehöriger von Himmlers persönlichem Stab versprach, sich umgehend der Sache anzunehmen. Daraufhin erschien der Aufsatz mit dem Titel »Die Bewertung der ›modernen theoretischen Physik‹« im Herbst 1943.[108]

Im ersten Teil des Aufsatzes, überschrieben mit »Das wissenschaftliche Problem«, kostete Heisenberg sichtlich die Gelegenheit aus, mit seinen Peinigern abzurechnen, wobei er mit einer kategorischen Ablehnung der »Deutschen Physik« begann. Statt zwischen einer »pragmatischen oder dogmatischen«, einer »wirklichkeitsnahen oder wirklichkeitsfremden« oder einer »anschaulichen oder formalistischen« Physik zu unterscheiden, schlug Heisenberg eine andere Unterscheidung vor: die zwischen »richtig und falsch«. Wie er, Weizsäcker und ihre Verbündeten es immer wieder getan hatten, schloss Heisenberg die allgemeine Relativitätstheorie aus, die viel schwerer von Einstein zu trennen war, mit der Begründung, dass sie empirisch nicht so gut abgesichert sei wie die spezielle Relativitätstheorie. Sowohl die Quantenmechanik als auch die spezielle Relativitätstheorie hätten Vorhersagen gemacht, die durch Experimente bestätigt worden seien. Aufgrund des Erfolgs dieser beiden Theorien müssten Kritiker diesen widersprechende experimentelle Befunde und keine philosophischen Argumente oder politischen Angriffe vorbringen. »An dieser entscheidenden Stelle muß es nun wirklich heißen: Das Experiment an die Front!«

Der zweite Teil war dem »weltanschaulichen und politischen Kampf um die theoretische Physik« gewidmet. Er könne keinen Grund erkennen, so Heisenberg, warum ein Nationalsozialist einen Widerspruch zwischen sei-

108 Werner Heisenberg an Bosech (Reichssicherheitshauptamt) (26. Juni 1942), AMPG, III. Abt. Rep. 93; Bruno Thüring an Johannes Stark (31. Mai 1937), BABL, 15,19 71/204; Bruno Thüring an Werner Heisenberg (14. Oktober 1942), AMPG, III. Abt. Rep. 93; Werner Heisenberg an Bosech (Reichssicherheitshauptamt) (10. Dezember 1942), AMPG, III. Abt. Rep. 93; Werner Heisenberg an Heinrich Himmler (4. Februar 1943), AMPG, III. Abt. Rep. 93; Brandt (Persönlicher Stab des Reichsführers SS) an Werner Heisenberg (15. Februar 1943), AMPG, III. Abt. Rep. 93.

ner weltanschaulichen Haltung und der modernen theoretischen Physik oder deren Naturverständnis empfinden sollte. Außerdem habe der Kampf gegen die moderne theoretische Physik eine »sehr unerfreuliche Wirkung« auf das Ansehen der deutschen Forschung und auf die wissenschaftlich-technische Leistungsfähigkeit Deutschlands. Die Verfechter der »Deutschen Physik« hätten den Anteil jüdischer Forscher an der Entwicklung der Relativitätstheorie und der Quantentheorie so weit wie möglich hervorgehoben, den Anteil deutscher Forscher möglichst gering veranschlagt und Letztere als bloßen »Anhang« oder als »Propagandisten« der jüdischen Forscher hingestellt. Selbstverständlich sei dies nicht geschehen, um die jüdische Leistung herauszustellen, sondern um die beiden Theorien in Misskredit zu bringen. Heisenberg behauptete nun, die Verkleinerung der Leistung deutscher Wissenschaftler, wie etwa von Max Planck, sei nicht hinnehmbar und passe »nicht zum deutschen Wesen«. Tatsächlich war er der Auffassung: »Andere als wissenschaftliche Argumente oder Hilfsmittel in einem wissenschaftlichen Streit entsprechen nicht der Würde der deutschen Forschung.«

Heisenberg befolgte auch die Leitlinien von Seefeld und schrieb Einstein aus der Geschichte heraus. Abgesehen von einem Verweis in einer Fußnote, die einen Unterstützer von Lenard und Stark diskreditieren soll, taucht Einsteins Name nur ein einziges Mal in dem Artikel auf:

> eine physikalische Theorie macht Aussagen über die Wirklichkeit, das ist ihr einziger Inhalt. Die Wirklichkeit verläuft unabhängig von den Theorien, wie diese auch entstanden sein mögen. Amerika wäre auch entdeckt worden, wenn Columbus nie gelebt hätte; die Theorie der elektrischen Erscheinungen wäre auch ohne Maxwell, die elektrischen Wellen wären ohne Hertz gefunden worden; denn an den Tatsachen konnten die Entdecker ja gar nichts ändern. Ebenso wäre die Relativitätstheorie zweifellos auch ohne Einstein entstanden; gerade hier kann man im einzelnen zeigen, daß auch andere Gelehrte schon ihr Denken in die gleiche Richtung gelenkt hatten; durch die Arbeiten von Voigt, Lorentz und Poincaré stand man schon ganz dicht vor der vollständigen Formulierung der speziellen Relativitätstheorie. Bei der Frage nach der *Richtigkeit* einer Theorie wird man also die Entdeckungsgeschichte am besten völlig beiseite lassen.[109]

An den Absichten, die Heisenberg hier verfolgte, bestehen keinerlei Zweifel: Gegenüber dem Mathematiker Theodor Vahlen, einem langjährigen NSDAP-Mitglied und Präsidenten der Preußischen Akademie der Wissen-

109 Werner Heisenberg, »Die Bewertung der ›modernen theoretischen Physik‹«, *Zeitschrift für die gesamte Naturwissenschaft*, 9/10–12 (1943), 201–212, hier 201, 211, 205.

schaften, beschrieb er seinen bald erscheinenden Artikel wie folgt: »Ich habe in diesem Artikel den Standpunkt vertreten, dass die sogenannte spezielle Relativitätstheorie […] auch ohne Einstein entstanden wäre.«[110]

Fazit

Für Samuel Goudsmit waren Weizsäckers Kompromisse beim Münchner »Religionsgespräch« und beim Seefelder Physikerlager dessen schlimmste Verbrechen. Tatsächlich ging das Herausschreiben Einsteins aus der Entstehungsgeschichte der speziellen Relativitätstheorie über die klare Unterscheidung zwischen Politik und Wissenschaft hinaus, die der Reichsführer SS Heinrich Himmler verlangt hatte. Heisenberg hatte Glück, dass Goudsmit und andere ausländische Kollegen offenbar nie Kenntnis von seinem Artikel aus dem Jahr 1943 erlangten. Die öffentliche Distanzierung von Einstein war wohl der größte berufliche Kompromiss, den Heisenberg als Wissenschaftler mit dem Nationalsozialismus einging. Andererseits fällt auf, was Heisenberg und Weizsäcker nicht taten. So finden sich weder in Weizsäckers Seefelder Text noch in Heisenbergs Artikel antisemitische Äußerungen oder Angriffe auf die Person Einstein. Aber auch wenn sich Heisenberg und Weizsäcker nie dem Antisemitismus verschrieben, passten sie sich selbst und ihre wissenschaftliche Forschung in anderer Weise an die NS-Ideologie an.

Aber ging Heisenberg Kompromisse mit den Nazis ein? Heisenberg widersetzte sich dem Nationalsozialismus nicht, aber er identifizierte sich auch nicht damit, und er ging auch nicht in die »innere Emigration«. Wie er es in seinem Manuskript über aktive und passive Opposition beschrieb, entschloss er sich, in einer Position zu bleiben, die ihm Ansehen und Einfluss sicherte, ja, er errang sogar nach und nach immer mehr Einfluss, und er schloss im Zuge dessen notwendige Kompromisse, wie er später behauptete. Im Jargon der Nachkriegszeit war er das, was man einen Mitläufer nennt. Um die Münchner Professur zu kämpfen und die moderne Physik zu verteidigen, sowohl weil Heisenberg die Position wollte und verdiente, als auch um Johannes Stark und der »Deutschen Physik« einen Sieg zu verwehren, bedeutete, sich mit einigen mächtigen und einflussreichen Nationalsozialisten einzulassen, um andere Nationalsozialisten ins Abseits zu drängen oder mundtot zu machen. Anders ausgedrückt: Heisenberg musste sich im komplexen, verschlungenen und manchmal gefährlichen Terrain des Lebens und der Arbeit unter Hitler zurechtfinden.

110 Werner Heisenberg an Theodor Vahlen (10. September 1942), AMPG, III. Abt. Rep. 93.

Es ist auch klar, dass Heisenberg weiter ging, als nur ein Ende der öffentlichen Angriffe Starks und anderer sowie seine berufliche Rehabilitierung zu fordern. Der Ton seines ersten Briefes an Himmler, sein Beharren auf einer persönlichen Unterredung mit dem Reichsführer SS und seine Entschlossenheit, den Artikel in der *Zeitschrift für die gesamte Naturwissenschaft* erscheinen zu lassen, gingen weit darüber hinaus. Heisenbergs Kampf um die Münchner Professur war kein Kampf gegen die Nationalsozialisten – auf allen Seiten gab es Nationalsozialisten und alle Seiten hatten Verbündete in der SS. Verwunderlich ist nicht, dass sich Heß und die Parteikanzlei gemeinsam mit Stark gegen Heisenberg stellten, sondern vielmehr, dass einige der mächtigsten Personen in der NS-Führung, wie etwa Heß und Himmler, so viel Zeit und Mühe auf die Entscheidung verwandten, ob ein bestimmter Wissenschaftler auf einen bestimmten Lehrstuhl berufen werden sollte oder nicht. Letztlich war dies auf Hitlers Loyalität zu seinen langjährigen Unterstützern Lenard und Stark und auf die eigentümliche Struktur des NS-Staates zurückzuführen.

Nach dem Krieg konnten Heisenberg und Weizsäcker ihre Kompromisse nicht gegen die Kritik ausländischer und emigrierter Kollegen verteidigen. Aber die beiden deutschen Physiker müssen Goudsmits Auffassung vom Leben und Arbeiten unter dem Nationalsozialismus und von den Optionen, die ihnen offenstanden, für atemberaubend simplifizierend, schwarz-weiß und naiv gehalten haben. Weizsäcker und Heisenberg, die das Dritte Reich von Anfang bis Ende erlebt hatten, wussten es besser. So, wie die Schilderung der Kompromisse mit Hitler mit Einstein begann, so endete sie auch mit ihm. Heisenberg und Einstein hatten sich in der Zeit der Weimarer Republik mehrmals getroffen. Im Jahr 1954, ein Jahr vor seinem Tod, lud Einstein Heisenberg, der sich zu einer Vortragsreise in den Vereinigten Staaten aufhielt, ein, ihn in seinem Haus in Princeton zu besuchen. Wie bei all ihren früheren Gesprächen diskutierten sie nur über Physik.[111]

111 Werner Heisenberg, *Encounters with Einstein* (Princeton 1989), 112–117, 121.

10. Rehabilitierung

> Weizsäcker geht davon aus, daß es nicht mehr möglich ist, so zu tun, als existiere die Atombombe nicht – sie also gewissermaßen totzuschweigen oder fortzuzaubern – daß es vielmehr notwendig ist, eine politische Lebensordnung zu schaffen, die es beiden Teilen der Welt ermöglicht, trotz und mit der Bombe zu leben.
>
> Aus der Einleitung des Herausgebers zum ersten Teil des Essays »Mit der Bombe leben« von Carl Friedrich von Weizsäcker.[1]

Nobelpreis-Geschichten

Im Sommer 1945 sorgten die Nachrichten aus Hiroshima dafür, dass sich die öffentliche Aufmerksamkeit wieder der Entdeckung der Kernspaltung zuwandte. In Farm Hall musste Hahn in der britischen Presse Berichte mit Überschriften wie »Eine Jüdin fand den Schlüssel zur Lösung« lesen, die ihn nicht erwähnten und vielmehr Lise Meitner als die Entdeckerin darstellten.[2] Als die deutschen Wissenschaftler zwei Tage später auf die Nachrichten aus Hiroshima mit einer Denkschrift reagierten (die die britischen Behörden geheim hielten), bekräftigten sie Hahns Anspruch als Erstendecker: »Die Hahnsche Entdeckung ist kurz nach ihrer Veröffentlichung in vielen Laboratorien, insbesondere in den Vereinigten Staaten, nachgeprüft worden. Auf die großen Energien, die bei der Uranspaltung frei werden, wurde von verschiedenen Forschern, zuerst wohl von Meitner und Frisch, hingewiesen. Dagegen hatte Professor Meitner bereits ein halbes Jahr vor der Entdeckung Berlin verlassen und war an der Entdeckung selbst nicht beteiligt.«[3]

Am 16. November hob die unerwartete Meldung in der britischen Presse, Hahn sei der Nobelpreis für Chemie des Jahres 1944 verliehen worden, die Stimmung der Wissenschaftler in Farm Hall, die mittlerweile ihrer Internierung überdrüssig waren und bezweifelten, dass sie jemals nach Deutschland zurückkehren würden. Hahns Nobelpreis tröstete sie vorerst darüber hinweg, dass sie noch immer in Farm Hall festsaßen und dass ihre Arbeit während des Krieges aus ihrer Sicht gescheitert war. Der Nobelpreis war natürlich eine große Ehre für Hahn, aber die Wissenschaftler sahen darin auch ein Mittel, diejenigen, die sie gefangen hielten, unter Druck zu setzen. Als die Briten Hahn

1 Carl Friedrich von Weizsäcker, »Mit der Bombe leben (I)«, *Die Zeit* (15. Mai 1958).
2 Max von Laue an Theodor von Laue (7. August 1945), NBL, SGP Box 14, Folder 142.
3 Dieter Hoffmann (Hg.), *Operation Epsilon. Die Farm-Hall-Protokolle erstmals vollständig, ergänzt um zeitgenössische Briefe und weitere Dokumente der 1945 in England internierten deutschen Atomforscher*, 2. Aufl. (Diepholz 2023), 207.

Abb. 33: Lise Meitner im Jahr 1946.

vorschlugen, einen Brief nach Schweden zu schicken, in dem er erklärte, den Nobelpreis anzunehmen, aber zugleich sein Bedauern darüber zum Ausdruck brächte, dass er nicht selbst zur Verleihung nach Stockholm kommen könne, bestand Hahn darauf, dies mit seiner Internierung zu begründen. In diesem Fall, so darauf der verantwortliche britische Offizier, würde der Brief nicht befördert werden: »*Ihr seid Deutsche, ihr habt den Krieg verloren.*«[4]

Hahn konnte im Dezember 1946 doch nach Schweden reisen, um den Preis in Empfang zu nehmen. Er wurde herzlich aufgenommen:

> Der Aufenthalt in Stockholm und die ganze Aufnahme, die meine Frau und ich gefunden haben, waren wundervoll. Wir hatten dauernd das Gefühl, dass man uns als Deutschen betont herzlich gegenüberstand. Natürlich kam das Interesse größtenteils auch durch den Umstand, dass ich im vergangenen Jahre nicht greifbar war und dass ich in Verbindung mit der Atombombe gebracht wurde.[5]

Hahn kam mit dem festen Entschluss nach Schweden, die öffentliche Aufmerksamkeit, die man ihm als Nobelpreisträger entgegenbrachte, als eine Plattform zu nutzen, um eine politische Stellungnahme abzugeben und sich für Deutschland einzusetzen.[6] Auch schien er die Rolle von Lise Meitner bei der Entdeckung der Kernspaltung sowie die deutschen Kriegsverbrechen und den Holocaust »vergessen« oder verdrängt zu haben.

4 Erich Bagge, Kurt Diebner und Kenneth Jay, *Von der Uranspaltung bis Calder Hall* (Hamburg 1957), 67, 69.

5 Otto Hahn an Fritz Straßmann (28. Dezember 1946), AMPG, III. Abt. Rep. 14, 4267 17.

6 Ruth Lewin Sime, *Lise Meitner. Ein Leben für die Physik* (Frankfurt am Main 2001), 439–440.

Im Januar 1947 schrieb Meitner an ihren Freund und Kollegen James Franck, Hahn habe gesagt, die Alliierten würden in Deutschland dasselbe tun, was die Deutschen in Polen und Russland getan hätten, was aber ebenso eine mächtige Übertreibung und Verdrehung der Tatsachen sei:

> Auf Gegengründe ging er [Hahn] einfach nicht ein, er verdrängt die Vergangenheit mit aller Macht, obwohl er die Nazis wirklich immer gehasst und verachtet hat. Aber da sein zweites Hauptmotiv ist, Deutschland wieder zu internationalem Ansehen zu bringen [...], leugnet er einfach das Geschehene oder bagatellisiert es.[7]

Die Schwedische Akademie der Wissenschaften entscheidet, an wen die Nobelpreise vergeben werden. Im Fall der Kernspaltung beschloss zunächst ein Ausschuss aus fünf schwedischen Chemikern – de facto eine Mehrheit von drei Ausschussmitgliedern – im Jahr 1944, dass der Nobelpreis für Chemie allein an Hahn gehen sollte. Im Jahr darauf entschied ein Ausschuss aus fünf schwedischen Physikern, abermals mit einer Mehrheit von drei Stimmen, dass Meitner und Frisch kein Nobelpreis für Physik zugesprochen werden solle.[8]

Es stellt sich die Frage, wie Hahn auf den Ausschluss Meitners von einem Nobelpreis reagierte, zumal sehr schnell klar wurde, dass die Entscheidung für ihn allein umstritten war. Nachdem Hahn der Nobelpreis verliehen worden war, konnte er andere Personen zur Preisvergabe vorschlagen. In den beiden folgenden Jahren, in denen er vermutlich am meisten bewirkt hätte, nominierte er Meitner nicht für den Nobelpreis für Physik, aber sehr wohl einen anderen deutschen Kollegen für einen Nobelpreis für Chemie. Schließlich schlug er Meitner dann doch im Jahr 1948 vor.[9] Interessanterweise sagte Hahn dem Physiker, Nobelpreisträger, Kollegen und einstigen Emigranten Max Born (1882–1970) im Jahr 1954 etwas anderes: »Was Lise Meitner anbelangt, so habe ich sie unmittelbar, nachdem ich den Preis erhalten hatte, vorgeschlagen.«[10] Hahn bezweifelte nicht, dass Meitner großes

7 Lise Meitner an James Franck (16. Januar 1947), in Sime, Leben, 445–446.

8 Elisabeth Crawford, Ruth Lewin Sime und Mark Walker, »A Nobel Tale of Wartime Injustice«, *Nature*, 382 (1996), 393–395; Elisabeth Crawford, Ruth Lewin Sime und Mark Walker, »A Nobel Tale of Postwar Injustice«, *Physics Today*, 50 (September 1997), 26–32; vgl. auch Robert Marc Friedman, *The Politics of Excellence: Behind the Nobel Prize in Science* (New York 2001), 225, 240–244, 246–249, 252–254; Elisabeth Crawford, *The Nobel Population 1901–1950: A Census of the Nominators and Nominees for the Prizes in Physics and Chemistry* (Tokyo 2002); und Ruth Lewin Sime, »Politics, Persecution, and the Prize: Lise Meitner and the Discovery of Nuclear Fission«, in Vera Mainz und E. Thomas Storm (Hgg.), *The Posthumous Nobel Prize in Chemistry. Volume 2. Ladies in Waiting* (Washington, DC, 2018), 33–51.

9 Crawford, Population, 182–183, 323–324.

10 Otto Hahn an Max Born (14. Januar 1954), ADM, WGN NL 080/127-02.

Unrecht widerfahren war und dass sie Hilfe und Unterstützung verdiente. Er wollte ihr Freund und Kollege bleiben. Allerdings sträubte er sich mit Händen und Füßen dagegen, zuzugeben, dass die Entscheidung, ihm allein den Nobelpreis zuzuerkennen, falsch oder ungerecht war.

Unterdrückung

Otto Hahn kehrte als Nobelpreisträger, frisch gekürter Präsident der Kaiser-Wilhelm-Gesellschaft, die bald nach Max Planck umbenannt werden sollte, und, nach Einschätzung der britischen Militärregierung, als ein »bekannter Gegner des Nationalsozialismus« im Triumph nach Deutschland zurück.[11] Nach dem Krieg wirkte Hahn maßgeblich daran mit, dass drei Aspekte der deutschen Wissenschaft im Dritten Reich systematisch unter den Teppich gekehrt wurden: ihre Nazifizierung, ihre Mitwirkung im Rahmen der Kriegsanstrengungen und ihre Beteiligung an Kriegsverbrechen. Dies geschah auf drei verschiedenen Ebenen: bei Hahns eigenen Forschungsarbeiten und denen des von ihm geleiteten Kaiser-Wilhelm-Instituts für Chemie, bei der Kaiser-Wilhelm/Max-Planck-Gesellschaft (MPG) und bei der deutschen Wissenschaft insgesamt.

Schon zu Beginn des Dritten Reichs setzte eine weitreichende und folgenreiche Nazifizierung des Kaiser-Wilhelm-Instituts für Chemie ein; viele seiner Mitglieder bekannten sich offen zum Nationalsozialismus – Hahn und Straßmann, die dies nicht taten, waren hier die Ausnahmen.[12] Ein geheimer Bericht von Hahn an das Heereswaffenamt im Jahr 1940 verdeutlicht, dass sich praktisch sein gesamtes Institut während des Krieges mit Forschungsvorhaben beschäftigte, die für die Entwicklung von Kernreaktoren und Erzeugung von spaltbaren Materialien wie Uran-235 und Plutonium unmittelbar relevant waren. Beispielsweise führte Fritz Straßmann eine vergleichende Analyse von Uran aus unterschiedlichen Quellen durch, einschließlich des von dem belgischen Unternehmen Union Minière geförderten Urans.[13] Als Hahn drei Jahre später einen Vortrag vor der Deutschen Akademie der Luftfahrtforschung hielt, erläuterte er, auf welche Weise die Arbeiten, die er und Straßmann persönlich durchführten, die militärische Forschung unterstützten. Die Abfallprodukte der Kernspaltung, die in einer Uranmaschine anfielen, könnten den Spaltungsprozess stören. Daher sei es wichtig, zu wissen, welche Stoffe produziert würden und in welchen Men-

11 Otto Hahn, Unterredung mit Colonel Blount am 31. August 1946, AMPG, Gründungsakten, 4(10).

12 Sime, Leben, 185–186, 198–200.

13 Otto Hahn, Bericht über die Arbeiten des Kaiser Wilhelm-Instituts für Chemie über »Präparat 38« (10. Dezember 1940), ADM, FA 002 514.

gen und wie effektiv sie Neutronen absorbierten.[14] Tatsächlich waren das alles große Herausforderungen, die auch die Amerikaner bewältigen mussten, bevor sie die ersten Atombomben bauen konnten. Nach dem Krieg stellte Hahn all diese Arbeiten systematisch als Grundlagenforschung dar.[15]

Die KWG hat sich von Anbeginn der nationalsozialistischen Herrschaft aus freien Stücken an die mitunter radikale neue Politik der Hitler'schen Bewegung angepasst. Ein wichtiger Schritt in diesem Prozess war die Ernennung des Chemikers Ernst Telschow zum Generalsekretär der KWG. Telschow war NSDAP-Mitglied und gliederte die KWG stark in einen im Aufbau befindlichen militärisch-industriell-akademischen Komplex ein – zuerst im Rahmen der Wiederaufrüstungsbemühungen, später zur Unterstützung der Kriegswirtschaft.[16] Hauptsächlich dank Telschows Bemühungen unterstützten viele, wenn nicht sogar die meisten der KWG-Institute aktiv die Kriegsanstrengungen, insbesondere die Institute für Metallforschung, Strömungsforschung und medizinische Forschung, wobei Wissenschaftler, die am letztgenannten Institut arbeiteten, einige der ersten Nervengase entwickelten.[17] Im Jahr 1945 räumte Telschow inoffiziell ein:

14 Otto Hahn, Künstliche Atomumwandlungen und die Spaltung des Urans (6. Mai 1943), ADM, FA 002 737.

15 Otto Hahn, Die deutschen Arbeiten über Atomkernenergie (2. Februar 1946), AMPG, III. Abt. Rep. 14 G183, 5–8; vgl. auch Ruth Lewin Sime, »The Politics of Forgetting: Otto Hahn and the German Nuclear-Fission Project in World War II«, *Physics in Perspective*, 14 (2012), 59–94.

16 Rüdiger Hachtmann, *Wissenschaftsmanagement im »Dritten Reich«: Geschichte der Generalverwaltung der Kaiser-Wilhelm-Gesellschaft* (Göttingen 2007); Rüdiger Hachtmann, »A Success Story? Highlighting the History of the Kaiser Wilhelm Society's General Administration in the Third Reich«, in Susanne Heim, Carola Sachse und Mark Walker (Hgg.), *The Kaiser Wilhelm Society under National Socialism* (Cambridge 2009), 19–46.

17 Helmuth Trischler, *Luft- und Raumfahrtforschung in Deutschland 1900–1970. Politische Geschichte einer Wissenschaft* (Frankfurt am Main 1992); Helmuth Trischler, »Self-mobilization or Resistance? Aeronautical Research and National Socialism«, in Monika Renneberg und Mark Walker (Hgg.), *Science, Technology, and National Socialism* (Cambridge 1994), 72–88, 356–358; Helmut Maier, *Forschung als Waffe. Rüstungsforschung in der Kaiser-Wilhelm-Gesellschaft und das Kaiser-Wilhelm-Institut für Metallforschung: 1900–1945*, 2 Bde. (Göttingen 2007); Helmut Maier (Hg.), *Rüstungsforschung im Nationalsozialismus. Organisation, Mobilisierung und Entgrenzung der Technikwissenschaften* (Göttingen 2002); Helmut Maier (Hg.), *Gemeinschaftsforschung, Bevollmächtigte und der Wissenstransfer. Die Rolle der Kaiser-Wilhelm-Gesellschaft im System kriegsrelevanter Forschung des Nationalsozialismus* (Göttingen 2007); Moritz Epple, »Rechnen, Messen, Führen: Kriegsforschung am Kaiser-Wilhelm-Institut für Strömungsforschung 1937–1945«, in Maier, Rüstungsforschung, 305–356; Ulf Schmidt, *Secret Science: A Century of Poison Warfare and Human Experiments* (Oxford 2015), 74–99, hier 97.

> Nach dem Ausscheiden von Max Planck und Friedrich Glum sind unter dem Einfluss der Partei und den Präsidenten Bosch und Vögler eine große Anzahl von Instituten auf den Gebieten der angewandten Wissenschaft noch hinzugekommen, wodurch der Charakter der Gesellschaft stark verändert worden ist. Es sollte angestrebt werden, einen Teil dieser Institute wieder auszugliedern und den rein wissenschaftlichen Charakter der Gesellschaft wieder herzustellen.[18]

Andere Institute spielten eine wichtige Rolle bei der angestrebten Kolonisierung und Germanisierung Osteuropas im Rahmen des Generalplans Ost, manchmal mit mörderischen Konsequenzen. Eine Reihe biologisch ausgerichteter Institute wurde gegründet, um die deutsche Vorherrschaft über Osteuropa und die im Westen der Sowjetunion eroberten Gebiete auch für den wissenschaftlichen Erkenntnisgewinn zu nutzen.[19] Forscher der Kaiser-Wilhelm-Institute für Anthropologie, Hirnforschung und Psychiatrie waren an den unmenschlichen medizinischen Experimenten in deutschen Konzentrationslagern und medizinischen Einrichtungen beteiligt.[20] Am unheilvollsten war vielleicht die Verbindung zwischen dem von Otmar von Verschuer (1896–1969) geleiteten Kaiser-Wilhelm-Institut für Anthropologie und seinem ehemaligen Studenten Josef Mengele (1911–1979), dem leitenden Lagerarzt des KZ Auschwitz, der Humanpräparate an das Institut schickte.[21]

Nach dem Krieg weigerte sich Verschuer, seinen Stuhl in aller Stille zu räumen; vielmehr forderte er, sein Institut solle unter dem Dach der MPG neu eröffnet werden. Die MPG wollte sich unbedingt von Verschuer distanzieren, zugleich aber keinerlei Fehlverhalten der Gesellschaft oder eines ihrer Institute eingestehen. Daher wurde eine Kommission eingesetzt, der

18 Ernst Telschow, »Ziele der KWG« (1945), AMPG, Gründungsakten.

19 Susanne Heim, *Kalorien, Kautschuk, Karrieren. Pflanzenzüchtung und landwirtschaftliche Forschung in Kaiser-Wilhelm-Instituten 1933 bis 1945* (Göttingen 2003); und Susanne Heim (Hg.), *Autarkie und Ostexpansion. Pflanzenzucht und Agrarforschung im Nationalsozialismus* (Göttingen 2002).

20 Carola Sachse (Hg.), *Die Verbindung nach Auschwitz: Biowissenschaften und Menschenversuche an Kaiser-Wilhelm-Instituten* (Göttingen 2003); Hans Walter Schmuhl (Hg.), *Rassenforschung an Kaiser-Wilhelm-Instituten vor und nach 1933* (Göttingen 2003); Wolfgang Schieder und Achim Trunk (Hgg.), *Adolf Butenandt und die Kaiser-Wilhelm-Gesellschaft: Wissenschaft, Industrie und Politik im »Dritten Reich«* (Göttingen 2004); Hans-Walter Schmuhl, *Grenzüberschreitungen: das Kaiser-Wilhelm-Institut für Anthropologie, menschliche Erblehre und Eugenik 1927–1945* (Göttingen 2005), 470–501.

21 Schmuhl, Grenzüberschreitungen, 470–501; Paul Julian Weindling, »Mengele at Auschwitz: Reconstructing the Twins«, in Susan Bargett, Christine Schmidt und Dan Stone (Hgg.), *Beyond Camps and Forced Labor* (Cham 2020), 11–30.

unter anderem ein Professor von der Universität Berlin und drei bekannte MPG-Wissenschaftler und Institutsdirektoren angehörten: Boris Rajewsky (1893–1974), Max Hartmann (1876–1962) und Adolf Butenandt (1903–1995). Sie verfolgten ganz klar das Ziel, Verschuer zu rehabilitieren, allerdings nicht, um ihn in die MPG zurückzuholen, sondern um eine andere Anstellung für ihn zu finden. So stellten sie in Bezug auf Verschuer entschieden »die Möglichkeit des Wissens über die Massenvernichtung in Auschwitz zum Zeitpunkt des Empfangs der Präparate« in Abrede. Die Strategie der MPG ging auf: Verschuer wurde im Jahr 1951 auf einen Lehrstuhl an der Universität Münster berufen.[22]

Das Engagement der MPG für Verschuer stand in auffälligem Gegensatz zu ihrem systematischen Widerstand gegen die bundesdeutsche Politik der Wiedergutmachung. Obwohl sich viele Wissenschaftler, die die KWG aus rassischen oder politischen Gründen verlassen mussten, um Entschädigungen bemühten, wandte die Max-Planck-Gesellschaft konsequent bürokratische und legalistische Methoden an, um die Ansprüche der Wissenschaftler zu bestreiten oder die Durchsetzung von Entschädigungsmaßnahmen zu vereiteln. Da die MPG jetzt öffentlich finanziert wurde, ging es dabei im Grunde nicht um Geld. Vielmehr wollte die MPG keinerlei Verantwortung für das Unrecht übernehmen, das die KWG beziehungsweise ihre Entscheidungsträger im Dritten Reich begangen hatten.[23]

Als die vier alliierten Siegermächte beschlossen, die Kaiser-Wilhelm-Gesellschaft aufzulösen, weil sie »weitgehend Kriegsarbeit geleistet« habe, erwiderte Hahn:

> Die Kaiser-Wilhelm-Gesellschaft hat auch im Kriege im weitesten Umfang die Grundlagenforschung weiter gepflegt, wie es ihrer Tradition entsprach. Natürlich wurden auch in gewissem Umfange Aufgaben durchgeführt, die für die Kriegswirtschaft von Bedeutung waren. Sie waren aber auch immer von wissenschaftlicher Bedeutung.

Telschow äußerte sich im gleichen Sinne: »Das wissenschaftliche Niveau der K.W.G. ist auch unter der nationalsozialistischen Herrschaft gehalten worden, was objektive Beurteiler im Ausland zugeben werden.«[24] Wenn die

22 Carola Sachse, »›Persilscheinkultur‹. Zum Umgang mit der NS-Vergangenheit in der Kaiser-Wilhelm/Max-Planck-Gesellschaft«, in Bernd Weisbrod (Hg.), *Akademische Vergangenheitspolitik. Beiträge zur Wissenschaftskultur der Nachkriegszeit* (Göttingen 2002), 217–246, hier 233–234.

23 Michael Schüring, *Minervas verstoßene Kinder. Vertriebene Wissenschaftler und die Vergangenheitspolitik der Max-Planck-Gesellschaft* (Göttingen 2006).

24 Otto Hahn, Denkschrift (1946), AMPG, Gründungsakten 5; Ernst Telschow, Antwort auf die Fragen (18. Mai 1947), AMPG, Gründungsakten, 12.

Kaiser-Wilhelm-Institute militärische Forschung betrieben hätten, dann sei es zumindest solide Wissenschaft gewesen.

Hahn war jetzt einer der einflussreichsten Sprecher der deutschen Wissenschaft im Allgemeinen. Zusammen mit Hermann Rein (1989–1953), Rektor der Universität Göttingen und Experte für Luftfahrtmedizin – dessen Ansehen bekanntlich durch die tödlichen Niederdruck- und Niedertemperaturversuche an Insassen von Konzentrationslagern befleckt worden war –, veröffentlichte Hahn einen Artikel mit dem Titel »Einladung nach USA« in der *Göttinger Universitäts-Zeitung.*[25] Hahn und Rein stellten einen Zusammenhang zwischen der von ihnen als ungerecht empfundenen Entnazifizierung und der Ausbeutung deutscher Wissenschaftler, Ingenieure und Patente durch die siegreichen Alliierten her. Sie schrieben:

> Vor Jahrhunderten verschickten die Fürsten Landeskinder als Plantagenarbeiter oder Soldaten. Heute verschickt man den Wissenschaftler. [...] Wir begreifen nicht, wie lange man offenbar braucht, um endlich wieder »Kriminalität« und »politischen Irrtum« auseinanderzuhalten. [...] Was bezweckt man damit, dass man diese Menschen offenbar systematisch in Verzweiflung und Apathie hineinzustossen sich bemüht? Das Ergebnis kann kein Friede für Europa sein.

Dieser Zeitungsartikel bringt Hahns Nachkriegsbotschaft auf den Punkt: Die Deutschen und die deutsche Wissenschaft seien nicht Täter, sondern Opfer gewesen. Dagegen verlor Hahn in der Öffentlichkeit kaum ein Wort über die Opfer des Nationalsozialismus und die Rolle, die die deutsche Wissenschaft dabei gespielt hatte.[26]

Otto Hahn hatte nach dem Sturz des Nationalsozialismus viel für die deutsche Wissenschaft getan, aber seine Weigerung, sich dem Faust'schen Pakt zu stellen, den sein eigenes KWIfC, die KWG und die deutsche Wissenschaft im Allgemeinen mit dem NS-Regime eingegangen waren, ist vielleicht sein unheilvollstes Vermächtnis. Selbstverständlich war Hahn beileibe nicht der Einzige, der sich der Vergangenheit nicht stellen wollte, ja man kann sogar behaupten, dass dies symptomatisch für die deutsche Gesellschaft insgesamt gewesen ist,[27] aber als erstem Präsidenten der MPG

25 Paul Julian Weindling, *Nazi Medicine and the Nuremberg Trials: From Medical War Crimes to Informed Consent* (Houndills 2004), 66.

26 Wiederveröffentlicht von Otto Hahn und Hermann Rein, »Einladung nach USA«, *Physikalische Blätter* 3/2 (1947), 33–35.

27 Vgl. Lutz Niethammer, *Die Mitläuferfabrik. Die Entnazifizierung am Beispiel Bayerns* (Berlin 1982); Clemens Vollnhals, *Entnazifizierung: Politische Säuberung und Rehabilitierung in den vier Besatzungszonen 1945–1949* (München 1991); Norbert Frei, *Vergangenheitspolitik. Die Anfänge der Bundesrepublik und die NS-Vergangenheit* (München 1999).

kam seinen Worten und Taten eine besondere Bedeutung zu. Es verging mehr als ein halbes Jahrhundert, bis die MPG damit begann, das, was die KWG und ihre Wissenschaftler im Dritten Reich getan hatten, ernsthaft aufzuarbeiten.[28] Otto Hahn hatte maßgeblichen Anteil an dieser langen Verleugnung und Verdrängung der Vergangenheit der Gesellschaft.

Während Hahn noch in Farm Hall interniert war, schrieb ihm Lise Meitner einen zutiefst persönlichen und eindringlichen Brief:

> Ich habe Dir in diesen Monaten in Gedanken sehr viele Briefe geschrieben, weil mir klar war, daß selbst Menschen wie Du und Laue die wirkliche Lage nicht begriffen hatten. […] Das ist ja das Unglück von Deutschland, daß Ihr alle den Maßstab für Recht und Fairness verloren habt. […] Ihr habt auch alle für Nazi-Deutschland gearbeitet und habt auch nie nur einen passiven Widerstand zu machen versucht. Gewiß, um Euer Gewissen los zu kaufen, habt Ihr hier und da einem bedrängten Menschen geholfen, aber Millionen unschuldiger Menschen hinmorden lassen, und keinerlei Protest wurde laut.[29]

Es ist unklar, ob Hahn diesen Brief jemals erhielt beziehungsweise, falls er ihn erhielt, wann er ihn las. Dessen ungeachtet liest sich ein späterer Brief wie eine Reaktion auf Meitners Vorhaltungen. Hahn wusste, wie das Leben im Dritten Reich gewesen war, und es wird deutlich, dass er sich bewusst war, was er getan hatte:

> Hättest Du, wenn Du in unserer Lage gewesen wärst, anders gehandelt als so viele von uns, nämlich notgedrungen Konzessionen zu machen und innerlich dabei unglücklich zu sein? Was mußte selbst der von Dir und uns allen so hochverehrte Geheimrat Planck für Konzessionen machen! […] Du kannst gegen ein Terrorregime doch nichts ausrichten […] Wie kann man einem ganzen Volk sein Verhalten während solcher Zeiten dauernd vorwerfen? […] Wir alle wissen, daß Hitler für den Krieg verantwortlich ist und für das unsägliche Unglück der ganzen Welt, aber es muß ja wieder einmal eine Art Verständnis auch für das deutsche Volk […] in der Welt eintreten.[30]

28 Die Max-Planck-Gesellschaft finanzierte ein Forschungsprojekt über die Geschichte der Kaiser-Wilhelm-Gesellschaft im Nationalsozialismus, das von 1998 bis 2005 lief, dessen begleitende Buchreihe von Reinhard Rürup und Wolfgang Schieder herausgegeben wurde und bei dem nacheinander Doris Kaufmann, Carola Sachse, Susanne Heim und Rüdiger Hachtmann als Projektleitung fungierten.

29 Lise Meitner an Otto Hahn (27. Juni 1945), AMPG, III. Abt. Rep. 14, 4898; zitiert in Sime, Leben, 397.

30 Otto Hahn an Lise Meitner (16. Juni 1948), zitiert in Sime, Leben, 461.

Die Legende von Kopenhagen

Nach den Nachrichten über Hiroshima erkannten Weizsäcker und Heisenberg, dass ihre Arbeiten während des Krieges und ihre zukünftige wissenschaftliche Forschung von dem Thema Atomwaffen entkoppelt werden mussten. Die beiden Physiker verfolgten eine wohldurchdachte und nuancierte Strategie. Zunächst einmal argumentierten sie, dass ihnen die Entscheidung, ob Hitler Kernwaffen zur Verfügung gestellt werden sollten, abgenommen worden sei. Auf diese Weise konnten sie herausstreichen, dass sie einerseits keine Atombomben gebaut, aber andererseits die deutschen Kriegsanstrengungen nicht hintertrieben hatten. Als Nächstes behaupteten sie, sie hätten eine internationale Vereinbarung sämtlicher Physiker angestrebt, mit dem Ziel, die Entwicklung und den Bau solcher Waffen weltweit zu verhindern – nicht nur in Nazi-Deutschland. Der angebliche Beleg dafür, dass sie dieses Vorhaben tatsächlich verfolgt hätten, sollte ein Besuch der beiden deutschen Physiker bei Heisenbergs Mentor Niels Bohr in dem von deutschen Truppen besetzten Dänemark im Jahr 1941 sein. Dieser Besuch und die Legende, die sich darum rankte, bestimmten schließlich das Narrativ über die deutschen Arbeiten an der Kernspaltung während des Krieges.

Die frühesten bekannten Quellen für diesen Besuch entstanden im Umfeld der öffentlichen und privaten Kontroverse zwischen Goudsmit und Heisenberg. Im Jahr 1946 schrieb der Physiker Rudolf Ladenburg an Samuel Goudsmit:

> Ich danke Ihnen sehr für Ihren erhellenden Brief. Er bestätigt in mancherlei Hinsicht das, was uns Niels Bohr gesagt hat: Heisenberg und Weizsäcker besuchten Bohr im Jahr 1941 und äußerten ihre Hoffnung und Überzeugung, dass, sofern der Krieg nur lange genug dauern würde, die Atombombe den Ausschlag zugunsten Deutschlands geben würde.

Als der niederländische Mathematiker Bartel van der Waerden sich im Jahr 1948 bei Heisenberg erkundigte, was in Kopenhagen besprochen worden sei, antwortete der Physiker:

> Als ich Herbst 1941 Niels Bohr in Kopenhagen sprach, habe ich an ihn die Frage gerichtet, ob ein Physiker das moralische Recht habe, an Atomproblemen im Kriege zu arbeiten. Bohr fragte zurück, ob ich glaubte, dass eine kriegerische Verwendung der Atomenergie möglich sei, und ich antwortete: ja, das wusste ich.[31]

31 Rudolf Ladenburg an Samuel Goudsmit (23. Oktober 1946), NBL, SGP Box 14, Folder 138; Werner Heisenberg an Bartel van der Waerden (28. April 1948), AMPG, III. Abt. Rep. 93, 1705.

Durch derartige Äußerungen war es von Anfang an schwierig, die unterschiedlichen Nachkriegsberichte über den Besuch von Heisenberg und Weizsäcker in Einklang zu bringen. Heisenbergs Antwort an van der Waerden passte auch gut zu den Argumenten, die er in seinem Manuskript über aktive und passive Opposition vorbrachte:[32] Im System zu bleiben, bedeutete für ihn Opposition; weil er und Weizsäcker Teil des Systems waren, konnten sie nicht nur Bohr und dessen Kollegen im besetzten Dänemark helfen, sie konnten auch die Entwicklung und den Bau von Kernwaffen auf allen Seiten verhindern (oder es zumindest versuchen).

Im Jahr 1955 legte Weizsäcker im Rahmen einer Aufsatzsammlung zu Ehren des kürzlich verstorbenen Albert Einstein eine differenziertere Version dieses Arguments vor. Er konstatierte, dass deutsche Kernphysiker nicht in die Verlegenheit kamen, entscheiden zu müssen, ob sie Atombomben bauen sollten oder nicht, und fügte hinzu, verschiedene Wissenschaftler hätten, vor eine solche Entscheidung gestellt, wohl unterschiedlich reagiert. »Einige hätten gewiss Bomben machen wollen, andere ebenso gewiss nicht.« Am meisten bedauerte Weizsäcker – in einer kaum verschleierten Anspielung auf Heisenbergs Gespräch mit Bohr 1941 –, dass sie ihren alliierten Kollegen nicht klargemacht hätten, dass die Deutschen keine Atombomben bauten, was vielleicht den Bau von Atomwaffen generell verhindert hätte.[33]

Heller als tausend Sonnen

Anfang 1955 bat der Schriftsteller Robert Jungk Heisenberg um eine Unterredung, bei der es um ein von Jungk geplantes Buch gehen sollte; das Buch sollte sich mit der Frage befassen, wie sich Wissenschaftler und insbesondere Physiker in den vergangenen dreißig Jahren mit dem Problem der politischen Macht auseinandergesetzt hatten. Heisenberg gab ihm einen Korb. Das Thema sei, wie Jungk selbst wisse, »außerordentlich schwierig und delikat«. Heisenberg äußerte, er habe die Erfahrung gemacht, dass ein anderer – »auch wenn er ein noch so guter Schriftsteller ist« – seine Meinung nicht ganz richtig wiedergeben könne.[34] Weizsäcker hingegen traf sich im Sommer 1955 mit Jungk und bestärkte ihn in seinem Vorhaben. »Je länger ich es mir über-

32 Werner Heisenberg, Die aktive und die passive Opposition im Dritten Reich (Geschrieben im Zusammenhang mit Zeitungsberichten über die Kriegsverbrecherprozesse in Nürnberg) (12. November 1947), AMPG, III. Abt. Rep. 93, 1705.

33 Carl Friedrich von Weizsäcker an Carl Seelig (14. Oktober 1955), in Carl Seelig (Hg.), *Helle Zeit – Dunkle Zeit. In Memoriam Albert Einstein* (Zürich 1955), 130–133, hier 130–131.

34 Robert Jungk an Werner Heisenberg (10. Februar 1955), AMPG, III. Abt. Rep. 93; Werner Heisenberg an Robert Jungk (14. Februar 1955), AMPG, III. Abt. Rep. 93.

lege, desto wichtiger scheint mir, daß über die Themen, die wir besprochen haben, etwas Wohlüberlegtes geschrieben wird, und Sie haben die Gabe dazu und werden die Resonanz finden.«

Anscheinend war unter den Themen, die sie besprachen, auch Heisenbergs und Weizsäckers Besuch bei Niels Bohr im Jahr 1941. Die Ausführungen Jungks in seinem 1956 erschienenen Buch *Heller als tausend Sonnen. Das Schicksal der Atomforscher* deuten darauf hin, dass er von Weizsäcker beeinflusst worden war. Während seiner Internierung in Farm Hall hatte der Physiker gesagt:

> Die Geschichte wird festhalten, dass die Amerikaner und die Engländer eine Bombe bauten und dass zur selben Zeit die Deutschen unter dem Hitler-Regime eine funktionsfähige Maschine herstellten. Mit anderen Worten, die friedliche Entwicklung der Uranmaschine fand in Deutschland unter dem Hitler-Regime statt, während die Amerikaner und die Engländer diese grässliche Kriegswaffe entwickelten.

Dies stimmte weitgehend mit der bemerkenswerten und umstrittenen Gegenüberstellung überein, die Jungk in seinem Buch vornahm:

> Es erscheint paradox, daß die in einer säbelrasselnden Diktatur lebenden deutschen Kernphysiker, der Stimme ihres Gewissens folgend, den Bau von Atombomben verhindern wollten, während ihre Berufskollegen in den Demokratien, die keinen Zwang zu befürchten hatten, mit ganz wenigen Ausnahmen sich mit aller Energie für die neue Waffe einsetzten.[35]

Auch wenn im ersten Nachkriegsjahrzehnt innerhalb und außerhalb Deutschlands Geschichten beziehungsweise Gerüchte über den Besuch in Kopenhagen kursierten, machte erst *Heller als tausend Sonnen* die Unterhaltung zwischen Niels Bohr und Werner Heisenberg im besetzten Dänemark im Jahr 1941 öffentlich bekannt. Jungk zufolge reisten Heisenberg und Weizsäcker nach Kopenhagen, um Bohr zu bitten, ihnen dabei zu helfen, ihre britischen und amerikanischen Kollegen zu kontaktieren und dadurch weltweit den Bau von Atomwaffen zu verhindern. Jungk schrieb, Heisenberg habe, unter vier Augen mit Bohr, das Gespräch behutsam auf Atombomben gebracht. »Zu dem offenen Bekenntnis, daß er und seine Gruppe alles tun würden, den Bau einer solchen Waffe zu verhindern, falls die Gegenseite ähnlich handeln wolle, ist es aber leider nicht gekommen.«

35 Carl Friedrich von Weizsäcker an Jungk (21. September 1955), AMPG, III. Abt. Rep. III 250; Hoffmann, Epsilon, 2. Aufl., 197–198; Robert Jungk, *Heller als tausend Sonnen. Das Schicksal der Atomforscher*, 2. Aufl. (Stuttgart 1958), 122.

Vielmehr hätten die beiden Männer Jungk zufolge aneinander vorbeigeredet. Heisenberg fragte Bohr, ob er den Bau einer Atombombe für möglich halte, und sein dänischer Mentor habe »nein« geantwortet. Als Heisenberg beteuerte, dass derartige Waffen durchaus hergestellt werden könnten, habe Bohr diese Aussage so sehr beschäftigt, dass er den anschließenden Ausführungen Heisenbergs über »die moralische Fragwürdigkeit einer solchen Waffe« keine Aufmerksamkeit mehr schenkte und jetzt vielmehr überzeugt davon war, dass die Deutschen »intensiv und erfolgreich an einer Uranbombe arbeiteten«.[36]

Jungks Buch machte einen starken Eindruck auf die deutschsprachige Welt, auch auf Lise Meitner in Schweden. Anfang 1957 schrieb sie an Hahn: »Das Buch ist eine Mischung von amüsanten Anekdoten, von sensationell aufgebauschten halb-korrekten wissenschaftlichen Schilderungen und bestimmt unwahren persönlichen Behauptungen.« Jungk habe ein falsches Bild von Weizsäcker und Heisenberg gezeichnet, »in diesem Fall zu ihren Gunsten«. Ein englischer Kollege habe ihr gesagt, Jungks Buch habe »ihn krank gemacht«; es sei in der Absicht geschrieben worden, »Weizsäcker vom Nazismus reinzuwaschen«. Otto Hahn hingegen schrieb einem amerikanischen Kollegen, er habe es mit »sehr großem Interesse« gelesen. Die meisten seiner deutschen Kollegen waren der gleichen Meinung wie Hahn, auch wenn jeder irgendetwas gegen bestimmte Aussagen in dem Buch einzuwenden hatte. »Das Buch liest sich tatsächlich fast wie ein Roman, es hat dichterische Freiheiten, die von den Sachverständigen erkannt und natürlich auch kritisiert werden können.«[37]

Weizsäckers Reaktion auf Jungks Buch war vielschichtig. Er schrieb im Spätherbst 1956 an Jungk, in »einem der schrecklichsten Augenblicke seit 1945«. Damit meinte er die Suezkrise, als israelische, französische und britische Truppen in Ägypten einmarschierten, und die sich damit überschneidende gescheiterte ungarische Revolution gegen die stalinistische Regierung. Jungks Buch war stark beeinflusst von der Lage, in der sich die Großmächte befanden. Weizsäcker musste gestehen, dass er »eigentlich nicht glücklich« mit Jungks Buch war, auch wenn es einige verdienstvolle Aspekte darin gebe: Das Buch sei gut geschrieben und bereite schwerverständliche Materie so auf, dass auch der Laie folgen könne. Die Bedeutung der Sache werde dem Leser schon frühzeitig vor Augen geführt, während einige der anekdotischen Abschnitte »wirklich sehr amüsant« seien. Mehr als jeder andere Schriftsteller, den Weizsäcker kenne, habe Jungk versucht, die Geschichte der Atombombe als eine Geschichte echter Menschen zu schreiben.

36 Robert Jungk, *Heller als tausend Sonnen,* 2. Aufl., 120–121.

37 Lise Meitner an Otto Hahn (9. Januar 1957), ADM, WGN NL 080/127-02; Lise Meitner an Otto Hahn (24. Januar 1957), ADM, WGN NL 080/127-02; Otto Hahn an Moir (Bulletin of the Atomic Scientists) (23. November 1957), AMPG, III. Abt. Rep. 14 5141.

Es sei »ein wichtiger und vermutlich notwendiger Schritt«, dass Jungk die Rolle deutscher Wissenschaftler so beschrieben habe, »wie sie meiner Kenntnis nach wirklich war«. Am wichtigsten seien zwei Punkte: erstens, seien die deutschen Physiker, »um es etwas zurückhaltender zu sagen als Sie es tun, sehr glücklich [gewesen], dass sie nicht in die Lage gekommen sind, Atombomben machen zu können«; zweitens, sei der Irrtum der Amerikaner, die Deutschen würden eifrig Atombomben bauen, der Hauptgrund dafür gewesen, dass noch während des Zweiten Weltkriegs Bomben fertiggestellt worden seien. Weizsäcker fügte noch einen dritten Punkt hinzu: »dass wir Deutschen, obwohl wir beunruhigt waren, doch versäumt haben, den Amerikanern eine klare Mitteilung darüber zu machen, dass wir keine Bomben machen«, und es »auch für ganz unwahrscheinlich hielten, dass die Amerikaner Bomben machen konnten«.

Jungk habe richtig bemerkt, die deutschen Physiker hätten darüber nie öffentlich reden wollen. Dafür gebe es mehrere Gründe, aber einer der wichtigsten sei die »außerordentliche Kompliziertheit« der »moralischen und politischen Probleme«. Über sich selbst sagte Weizsäcker: »Ich habe und hatte durchaus nicht das Empfinden, in meinem Verhalten zum 3. Reich richtig gehandelt zu haben. Ein Schuldbewusstsein bleibt hier unvertilgbar. Auf der anderen Seite habe ich die meisten Menschen, die sich vorstellten, sie hätten selbst richtig gehandelt, nur naiv finden können.«

Im Hinblick auf die Atombombe und alles, was Samuel Goudsmit in seinem Buch *Alsos* an Weizsäcker kritisiert hatte, sagte er:

> Aber eigentlich habe ich das Empfinden, nicht falsch gehandelt zu haben, und Goudsmits Buch, das ich doch, um offen zu sein, ganz ungewöhnlich töricht finde, war mir ein Indikator dafür, dass es wahrscheinlich noch zehn oder mehr Jahre zu früh sei, um mit den Amerikanern über diese Probleme so zu reden, dass eine Hoffnung bestünde, sich wirklich zu verständigen. Ich finde es sehr viel leichter, über die Vergangenheit nicht zu reden und den so offensichtlichen guten Willen der meisten amerikanischen Freunde und Kollegen dort zu unterstützen, wo akute Probleme von heute vorliegen.

Viele Jahre später schrieb Weizsäcker seinem Freund und Kollegen in den USA, Edward Teller, Goudsmit sei die einzige Person aus seinem früheren Kollegenkreis, der »uns Unrecht getan hat«, weil er die Pflicht gehabt hätte, sich »sorgfältiger zu informieren, als er es getan hat«.[38]

38 Carl Friedrich von Weizsäcker an Robert Jungk (6. November 1956), AMPG, III. Abt. Rep. III 250; Carl Friedrich von Weizsäcker an Edward Teller (27. November 1972), AMPG, III. Abt. Rep. III 264.

Das Wichtigste an Jungks Buch ist aus Weizsäckers Sicht, dessen »moralische Leidenschaft«. Jungk verstehe, dass »man zu diesen Fragen nicht neutral stehen kann«. Obwohl der Physiker Jungks Lösungsvorschläge für diese Probleme nicht immer überzeugend und manchmal, »wenn ich das Wort gebrauchen darf, auch ein bisschen naiv finde«, habe Jungk doch zu Recht darauf hingewiesen, dass die Welt wegen des atomaren Wettrüstens »vor einen sehr unerbittlichen Richterstuhl gestellt« sei.

Das grundsätzlich Negative an Jungks Buch sei, so fasste es Weizsäcker in einem Satz zusammen: Die Antworten, die Jungk gebe, hielten nicht immer das Niveau, das er mit den Fragen aufgeworfen habe. Jungk habe Wissenschaftler dem prüfenden Blick der Öffentlichkeit ausgesetzt, aber »niemand sieht sich gern nackt auf den Marktplatz gestellt«. Einige von Jungks Beschreibungen seien dramatisch überspitzt. »Das wirkliche Leben ist ja wohl nicht weniger geheimnisvoll als ein Bild von Rembrandt, und manchmal kommt mir Ihre Schilderung vor, als zöge jemand zur Verdeutlichung in einem Rembrandtbild die Konturen mit Rotstift nach [...].«

Weizsäcker kam erneut – diesmal in einer differenzierteren Weise – auf die Frage zu sprechen, ob die deutschen Wissenschaftler Atombomben hätten bauen wollen. Während des Krieges gab es zwischen den deutschen Physikern keine ausdrückliche mündliche Vereinbarung, nicht an einer Bombe zu bauen oder ein solches Vorhaben geheim zu halten. Es habe vollständiges Einvernehmen darüber geherrscht, dass es nicht wünschenswert sei, Atombomben zu entwickeln.

> Was wir getan hätten, wenn wir entdeckt hätten, dass wir imstande wären, Bomben zu machen, kann ich nicht nachträglich sagen, denn dieser Fall ist nicht eingetreten. Hierzu gehörte aber weniger Verabredung und mehr selbstverständliches Einvernehmen, als es bei Ihnen erscheint. Ich möchte ausdrücklich sagen, dass ich nicht völlig sicher bin, ob dieses Einvernehmen den Augenblick, in dem wir eine Bombe hätten machen können, überdauert hätte. Ich glaube zwar, dass die Mehrheit der deutschen Physiker auch dann einig geblieben wäre, mehr wage ich aber nicht zu sagen.

Sie hätten seinerzeit der nationalsozialistischen Regierung, insbesondere Albert Speer, mitgeteilt, »dass wir keine Bombe machten, sondern das zu bauen versuchten, was man heute einen Reaktor nennt«. Ihrer Einschätzung nach bestand die Gefahr, dass er sagen würde, die Reaktoren seien nicht kriegswichtig, und die Einstellung der Forschungsarbeiten angeordnet hätte. »Die Möglichkeit eines Sprengstoffes haben wir in der Tat erwähnt, aber bewusst so, dass dies nicht als ein im Krieg erreichbares Ziel erschien.« Auf diese Weise hätten sie dann den Schutz eines Rüstungsprojekts genossen, »und natürlich wusste keiner, der nicht an unseren Arbeiten beteiligt war mit Gewissheit, dass wir keine Bomben machten«. Es sei einfach taktisch klüger erschienen, die Regierung nicht zu täuschen. Weizsäcker räumte ein, dass es auch ihm so lieber gewesen war.

Aber Weizsäcker machte Jungk auch unmissverständlich klar, dass »auf der anderen Seite keiner unseres engsten Freundeskreises gezögert [hätte], Hochverrat gegen diese Regierung zu begehen, wenn wir damit ein klar umrissenes, von uns als notwendig erkanntes Ziel hätten erreichen können«. Dies wirft die Frage auf: Warum hat Heisenberg damals Bohr nicht die ganze Wahrheit gesagt? Weizsäcker erklärte, dass er und Heisenberg während des Dritten Reichs oft die Erfahrung gemacht hätten, »dass dort, wo dieses wesentlich unerschütterliche menschliche Vertrauen da war, das Aussprechen geheimer Dinge oft ganz überflüssig war, weil man sich ohnehin verstand«. Unter solchen Umständen habe man nach Möglichkeit keine Geheimnisse ausgesprochen, weil man, wenn man dies tat, bei Vernehmungen durch die Gestapo womöglich sich selbst und die andere Person belasten würde. Heisenberg habe naiverweise angenommen, er könne in derselben Weise mit Bohr sprechen. Als klar wurde, dass Bohr Heisenberg nicht mehr vollständig vertraute, wäre es sehr riskant gewesen, ihm gegenüber ganz offen zu sein. Bohr sei zweifellos ein bewundernswerter Mensch, aber Weizsäcker sei sich nicht sicher gewesen, »ob er jeden Schritt hätte vermeiden können, der dann Heisenberg hätte gefährden können«.[39]

Jungk nahm Weizsäckers ausgewogene und differenzierte Mischung aus Lob und Kritik positiv auf. Tatsächlich habe der Physiker seinen »wundesten Punkt« getroffen: Jungk sei sich seines Hanges zum »Verzeichnen und Dramatisieren« bewusst und versuche »ihn schon seit Jahren zu bekämpfen«. Ja, er verstehe das Argument »Wenn Dich Zehntausende lesen sollen, musst Du wirken« und »Wenn Du wirken willst, musst Du zuspitzen«, aber er wies die Unterstellung zurück, sein Buch verdanke sich ökonomischen Zwängen. Vielmehr »sitzt die Sache tiefer«. Jungk wollte einen Überblick über eine sehr spezielle, fachwissenschaftliche Materie geben, aber jedes Mal, wenn er ein bisschen tiefer grub, fragte er sich: Wo wird dies enden? Er wies den Vorwurf zurück, nicht gewissenhaft zu arbeiten. Jungk machte sich nach den Gesprächen Notizen. Wenn es zu Fehlern gekommen sei, dann seien diese das Ergebnis einer ungenauen Niederschrift des Protokolls, nicht von Böswilligkeit oder Nachlässigkeit. Weizsäcker hatte Jungk geschrieben, er habe den Personen seiner Geschichte im Grunde keinen Ausweg gelassen, und dort, wo er es versucht habe, sei er naiv gewesen. Jungk akzeptierte dies, erwiderte jedoch, dies sei nicht seine Aufgabe. Vielmehr erinnerte er den Physiker an die einfachsten ethischen Gebote: »Du sollst

39 Carl Friedrich von Weizsäcker an Robert Jungk (6. November 1956), AMPG, III. Abt. Rep. 111, 250.

nicht töten (und nicht dazu Beihilfe leisten). Du sollst den Mitmenschen schützen und nicht verraten. Du sollst keine Gewaltanwendung gestatten, sei es selbst in Namen von etwas, das Dir gerecht erscheint.« In dieser Hinsicht, so Jungk, hätten die meisten Atomwissenschaftler versagt. »Wären sie nur naiver gewesen [...].«[40]

Als Heisenberg in einem Brief an Jungk Stellung zu dessen Buch nahm, brachte er zwei grundlegende Kritikpunkte vor. Der erste, »ziemlich wichtige« Punkt war Jungks Beschreibung von Weizsäckers politischer Haltung. Jungk hatte geschrieben: »Er (Edward Teller) mußte annehmen, sein alter Studienfreund werde Hitler die Treue halten.« Dies zeichne ein »völlig falsches Bild« von Weizsäckers politischer Haltung, so Heisenberg. Weizsäcker habe »die Persönlichkeit Hitlers und die von seiner Bewegung begangenen Verbrechen genau so verabscheut wie jeder andere anständige Mensch«. Obgleich sich dieser Abscheu nie vermindert habe, habe sich später vielleicht Bewunderung daruntergemischt, als Weizsäcker gesehen habe, wie Hitler innerhalb Deutschlands nach und nach die gesamte politische Macht an sich zog und das Ausland zu Zugeständnissen zwang, ohne auf nennenswerten Widerstand zu stoßen. Mit dem Beginn des Krieges standen alle deutschen Physiker vor dem Dilemma, dass sie entweder für Hitlers Sieg oder für die Niederlage Deutschlands arbeiten mussten, und »natürlich erschienen uns beide Alternativen schrecklich«. Die meisten deutschen Physiker »versuchten zu bewahren, was an Wertvollem zu bewahren war, und das Ende der Katastrophe abzuwarten, sofern man glücklich genug war, es zu erleben«. Dieser Abschnitt in Heisenbergs Brief an Jungk enthält nicht nur eine Verteidigung von Weizsäckers Verhalten im Dritten Reich, sondern er liest sich auch so, als ob er, bewusst oder unbewusst, autobiografisch wäre.

Heisenberg nahm auch Anstoß an einem Abschnitt in Jungks Buch, in dem dieser den »aktiven Widerstand gegen Hitler« beschrieb, der »von einem völligen Missverständnis einer totalitären Diktatur bestimmt ist«. Das Argument, das er in seinem Manuskript über aktive und passive Opposition vorgebracht hatte, aufgreifend, behauptete Heisenberg, dass in einer Diktatur nur jemand, der scheinbar in dem System mitmache, aktiven Widerstand ausüben könne, während sich jeder, der sich dem System offen entgegenstelle, jeglicher Möglichkeit des aktiven Widerstands beraube. Wenn etwa ein Professor gelegentlich Kritik in politisch harmloser Form übe, so Heisenberg gegenüber Jungk, dann könne sein politischer Einfluss leicht abgeriegelt werden, indem man den Studenten sage: »Der alte Professor X ist ja ein netter alter Mann, aber er kann natürlich kein Verständnis für die Begeisterung der Jugend aufbringen.« Wenn der Professor versuche, die

40 Robert Jungk an Carl Friedrich von Weizsäcker (26. Dezember 1956), AMPG, III. Abt. Rep. 111, 250.

Studenten politisch zu mobilisieren, dann »würde er natürlich nach wenigen Tagen im Konzentrationslager enden, und selbst sein Opfertod würde praktisch unbekannt bleiben«. Dies bedeute nicht, dass Heisenberg selbst Widerstand gegen Hitler geleistet habe. Im Gegenteil, der Physiker habe sich »sehr geschämt«, wenn er sich mit den Männern vergleiche, die Hitler aus dem Weg zu räumen versuchten, und von denen einige seine Freunde gewesen seien. »Aber auch ihr Beispiel zeigt, daß wirklicher Widerstand nur von Leuten kommen kann, die scheinbar mitspielen [...].«[41]

Jungk antwortete, Weizsäcker selbst habe zugegeben, dass er ungeachtet des Abscheus, den einzelne Nationalsozialisten in ihm erweckten, doch »eine gewisse Sympathie oder sagen wir einmal Verständnis für den Nationalsozialismus in seinen Anfängen« empfunden habe, da »ihm hier ein Durchbruch tieferer Kräfte am Werk zu sein schien«. Heisenberg antwortete, dass ein solches »Verständnis für den Nationalsozialismus in seinen Anfängen« doch etwas ganz anderes sei als der Ausdruck »Treue gegenüber Hitler«, den Jungk gebraucht habe. Man könne »Verständnis für den Nationalsozialismus« mit Abneigung gegenüber Hitler verbinden, sobald man zum Beispiel erkannte, dass »ein echtes idealistisches Streben des deutschen Volkes von einer so unerfreulichen Gestalt wie Hitler missbraucht wurde«. Auch wenn sich die Zuspitzung auf »Hitler gleich Nationalsozialismus« in den folgenden Jahren bewahrheitete, behauptete Heisenberg, dass dies vielen Deutschen nicht von Anfang an klar gewesen sei.[42]

Jungk interessierte sich ganz besonders für den Besuch in Kopenhagen und bat Heisenberg um mehr Details. Als Heisenberg seiner Bitte Folge leistete, veröffentlichte Jungk in der zweiten Auflage von *Heller als tausend Sonnen*, die in mehrere Sprachen übersetzt wurde, u. a. ins Dänische und Englische, lange Auszüge aus Heisenbergs Brief. Dies schloss auch eine ausführliche Darstellung dessen ein, was Heisenberg 1948 an van der Waerden geschrieben hatte.

> Mein Besuch in Kopenhagen war im Herbst 1941; ich glaube mich zu erinnern, daß es etwa Ende Oktober gewesen ist. Um diese Zeit waren wir im »Uranverein« auf Grund unserer Experimente mit Uran und schwerem Wasser zu folgender Meinung gekommen: Es wird sicher möglich sein, einen Reaktor aus Uran und schwerem Wasser zu bauen, der Energie liefert. [...] Dieses Gespräch fand dann statt auf einem abendlichen Spaziergang in dem Stadtviertel in der Nähe von Ny-Carls-

41 Werner Heisenberg an Robert Jungk (17. November 1956), AMPG, III. Abt. Rep. 93, 1705.

42 Robert Jungk an Werner Heisenberg (29. Dezember 1956), AMPG, III. Abt. Rep. 93, 1705; Werner Heisenberg an Robert Jungk (18. Januar 1957), AMPG, III. Abt. Rep. 93, 1705.

> berg. Da ich wußte, daß Bohr von deutschen politischen Stellen überwacht wurde und daß Äußerungen Bohrs über mich höchst wahrscheinlich wieder nach Deutschland gemeldet wurden, habe ich versucht, das Gespräch so in Andeutungen zu halten, daß ich mich damit nicht unmittelbar in Lebensgefahr brachte. Das Gespräch mag damit begonnen haben, daß ich etwas beiläufig die Frage stellte, ob es eigentlich richtig sei, daß die Physiker sich jetzt in Kriegszeiten mit dem Uranproblem beschäftigten, da doch immerhin mit der Möglichkeit gerechnet werden müßte, daß die Fortschritte auf diesem Gebiet zu sehr schwerwiegenden Konsequenzen in der Kriegstechnik führen könnten. Bohr hat die Bedeutung dieser Frage sofort verstanden, wie ich aus seiner etwas erschreckten Reaktion entnahm. Er hat nach meiner Erinnerung etwa mit der Gegenfrage geantwortet: »Ja glaubst du denn wirklich, daß man die Uranspaltung zur Konstruktion von Waffen ausnützen kann?« Ich mag dann etwa geantwortet haben: »Ich *weiß*, daß dies im Prinzip möglich ist, aber es würde wohl ein ungeheuer großer technischer Aufwand dazu gehören, von dem man hoffen kann, daß er in diesem Krieg nicht mehr geleistet werden wird.« Bohr war offenbar über diese Antwort so erschrocken, daß er glaubte, ich wollte ihm damit sagen, daß Deutschland große Fortschritte in Richtung auf die Konstruktion von Atomwaffen gemacht habe. In meinem nun folgenden Versuch, diese falsche Reaktion zu korrigieren, ist es mir wohl nicht gelungen, Bohrs Vertrauen völlig zu gewinnen, besonders, da ich immer nur wagte, in ganz vorsichtigen Andeutungen zu reden (was sicher ein Fehler von mir war) aus Angst, auf irgendeinen Wortlaut später festgelegt werden zu können. [Hier sollten sich eigentlich Auslassungspunkte finden, die jedoch in Jungks Buch fehlten] Ich selbst war über das Ergebnis dieses Gespräches sehr unglücklich.[43]

Heisenberg hatte in seinem Brief an Jungk, der sich in diesem Abschnitt weitgehend mit dem deckt, was er 1948 in seinem Brief an Bartel van der Waerden geschrieben hatte, noch ausführlicher über das Gespräch in Kopenhagen geschrieben, aber entweder wollte Jungk selbst diese Details nicht abdrucken, oder Heisenberg war gegen ihre Veröffentlichung:

> Ich fragte dann Bohr noch einmal, ob es nicht in Anbetracht der offensichtlichen moralischen Bedenken möglich wäre, daß alle Physiker sich darüber einigten, daß man die Arbeit an Atombomben, die ja sowieso

43 Robert Jungk an Werner Heisenberg (29. Dezember 1956), AMPG, III. Abt. Rep. 93, 1705; Jungk, *Brighter*, 102–104; Jungk, *Heller als tausend Sonnen*, 2. Aufl., 407–408; Werner Heisenberg an Robert Jungk (18. Januar 1957), AMPG, III. Abt. Rep. 93, 1705.

> wohl nur mit einem ungeheuren technischen Aufwand hergestellt werden könnten, gar nicht versuchen sollte. Aber Bohr meinte, daß es wohl hoffnungslos sei, auf das Geschehen in den einzelnen Ländern Einfluß zu nehmen, und daß es sozusagen der natürliche Lauf der Welt wäre, daß die Physiker in ihren Ländern an der Produktion von Waffen arbeiten.[44]

Cathryn Carson wies auf den bedeutsamen Unterschied zwischen Jungks kühner Behauptung hin, Heisenberg, Weizsäcker und ihre Kollegen hätten die deutschen Uranarbeiten sabotiert, wenn ihre alliierten Kollegen sich bereit erklärt hätten, das Gleiche zu tun, und Heisenbergs viel zurückhaltenderer Aussage, alle Physiker hätten verbindlich vereinbaren können, keine Atomwaffen zu bauen. Tatsächlich sprachen weder Heisenberg noch Weizsäcker je von Sabotage, und sie wussten, dass es für Deutschland nicht möglich gewesen wäre, während des Krieges Atomwaffen zu bauen. Carson meint, dass es Heisenberg »weniger um eine geheime Absprache als vielmehr um einen Konsens« gegangen sei.[45] Allerdings wirft dies eine Frage auf: Wenn alliierte Physiker mit Heisenberg und Weizsäcker hätten zusammenarbeiten wollen, um die Atombombe zu verhindern, was hätten die beiden deutschen Physiker dann von ihren Kollegen konkret erwartet?

Während Heisenberg und Weizsäcker *Heller als tausend Sonnen* mit zwiespältigen Gefühlen aufnahmen und unabhängig voneinander an Jungk schrieben, um Dinge zu korrigieren und klarzustellen, ist es wichtig, sich vor Augen zu führen, was sie nicht hinterfragten, kritisierten oder korrigierten: erstens die Tatsache, dass Jungk moralisch überlegene Deutsche und moralisch unterlegene Amerikaner und Emigranten gegenüberstellte; und zweitens seine Behauptung, die beiden Physiker wären 1941 nach Kopenhagen gefahren, um Bohr zu bitten, den Kontakt zu alliierten Physikern zu vermitteln, in der Absicht, so die Entwicklung von Atomwaffen weltweit aufzuhalten. Was Jungk anlangte, so hatte er vielleicht einfach zwischen den Zeilen der suggestiven Gegenüberstellung gelesen, die Heisenberg und Weizsäcker seit ihrer Rückkehr nach Deutschland verbreitet hatten: Wir konnten keine Atombomben bauen und waren froh darüber; wir haben versucht, auch die Amerikaner davon abzuhalten.

44 Werner Heisenberg an Robert Jungk (18. Januar 1957), AMPG, III. Abt. Rep. 93, Nr. 1705; Werner Heisenberg an Bartel van der Waerden (28. April 1948), NBL, SGP Box 10, Folder 93.

45 Cathryn Carson, »Reflexionen zu ›Kopenhagen‹«, in Matthias Dörries (Hg.), Michael Frayn, *Kopenhagen. Stück in zwei Akten. Mit zwölf wissenschaftsgeschichtlichen Kommentaren*, 3. erweiterte Aufl. (Göttingen 2003), 172–188; Cathryn Carson, *Heisenberg in the Atomic Age: Science and the Public Sphere* (Cambridge 2010), 403–405.

Niels Bohrs Reaktion auf *Heller als tausend Sonnen*

Als die zweite Auflage von *Heller als tausend Sonnen* in Deutschland und u. a. in dänischer und englischer Übersetzung erschien, schien der lange Auszug aus Heisenbergs Brief an Jungk über die Unterredung in Kopenhagen sehr klar darauf hinzudeuten, dass der Physiker hinter Jungks Interpretation stand. Niels Bohr war offensichtlich befremdet, sowohl von Heisenbergs Darstellung ihrer Unterhaltung im Jahr 1941 als auch von deren Veröffentlichung. Zwischen 1957 und 1962 setzte er mehrere Briefe als Antwort an Heisenberg auf.

Bohr war

> während der deutschen Besatzung in einer sehr schwierigen und gefährlichen Lage, der Besuch war ein Ereignis, das einen recht außerordentlichen Eindruck auf uns alle gemacht haben muss, und daher habe ich sorgfältig jedes Wort notiert, das ich in unserer Unterhaltung äußerte, bei der ich, da wir ständig von der Überwachung durch deutsche Polizei bedroht waren, sehr vorsichtig sein musste.[46]

Allerdings gestand Bohr auch ein, dass

> ich zu dem damaligen Zeitpunkt und seither immer den entschiedenen Eindruck hatte, dass Du und Weizsäcker das Symposion am Deutschen Wissenschaftlichen Institut [DWI], an dem ich aus prinzipiellen Gründen nicht teilnahm, und den Besuch bei uns arrangiert hattet, um Euch selbst davon zu überzeugen, dass uns kein Leid angetan wurde, und um uns in jeder Weise in unserer gefährlichen Lage zu helfen.[47]

Am meisten interessierte Bohr, warum es Heisenberg und Weizsäcker erlaubt worden war, nach Kopenhagen zu kommen. Tatsächlich wurde er dies nach seiner Flucht aus Dänemark im Jahr 1943 gefragt.

> Die Frage, wie weit es mit Deutschland gekommen war, beschäftigte nicht nur Physiker, sondern vor allem die Regierung und den Geheimdienst [..., die wissen wollten], wie der Besuch eingefädelt worden war und welcher Zweck damit verfolgt wurde, da man sich insbesondere fragte, wieso und mit welcher Autorisierung eine so brisante Angelegenheit, von so großer politischer Bedeutung, mit jemandem in einem besetzten und feindlich gesinnten Land erörtert werden konnte.[48]

46 Matthias Dörries (Hg.), *Michael Frayn's Copenhagen in Debate: Historical Essays and Documents on the 1941 Meeting Between Niels Bohr and Werner Heisenberg* (Berkeley 2005), 151.
47 Ebd., 111, 113; für dieses Symposion und seinen Kontext vgl. das Kapitel »Kopenhagen«.
48 Ebd., 153, 155, 157.

Bohr befand sich vielleicht auch in einem Gewissenskonflikt, da er befürchtete, seine Weitergabe der Information, dass Heisenberg und die Deutschen an Atombomben arbeiteten, die Entschlossenheit der Alliierten nur noch verstärkt hätte, solche selbst zu bauen.[49]

In den Entwürfen zu seinen Antwortschreiben an Heisenberg strich Bohr das Thema der kulturellen Kollaboration heraus: Während ihres Aufenthalts in Dänemark hatten Heisenberg und Weizsäcker Bohr und seine Kollegen gedrängt, mit den deutschen Besatzungsbehörden zu kooperieren.

> [E]s machte sowohl auf Margrethe als auch auf mich, aber auch auf jeden am Institut, mit dem Ihr beide gesprochen habt, einen starken Eindruck, dass Du und Weizsäcker Eure entschiedene Überzeugung zum Ausdruck brachtet, dass Deutschland [den Krieg] gewinnen würde und dass es daher von uns recht dumm sei, weiterhin auf einen anderen Ausgang des Krieges zu hoffen und gegenüber allen deutschen Kooperationsangeboten zurückhaltend zu sein.[50]

Bei ihren Gesprächen mit Christian Møller (1904–1980) versuchten Heisenberg und Weizsäcker zu erläutern, dass die Haltung der Dänen – und insbesondere der dänischen Physiker – gegenüber Deutschland unangemessen und unhaltbar sei, weil ein deutscher Sieg bereits sicher sei und jeglicher Widerstand gegen eine Zusammenarbeit nur Unheil über Dänemark bringen könne.[51] »[…] meine Besorgnis wurde nicht dadurch geringer, dass ich von den anderen am Institut hörte, Weizsäcker habe gesagt, wie vorteilhaft es für die Lage der Wissenschaft in Deutschland nach dem Sieg wäre, dass sie in einem bedeutsamen Maße zur Erreichung dieses Ziels beitragen könnten.«[52]

Bohrs Erinnerungen an ihre Unterhaltung über Atomwaffen weichen in bedeutsamer Weise von Heisenbergs Darstellung ab. Während Heisenberg etwa behauptete, sie hätten einen Abendspaziergang gemacht, um nicht belauscht zu werden, schrieb Bohr:

> Ich erinnere mich auch recht deutlich an unsere Unterhaltung in meinem Zimmer im Institut, wo Du Dich in vagen Worten in einer Weise ausgedrückt hast, die bei mir den festen Eindruck hinterlassen musste, dass unter Deiner Leitung in Deutschland alles getan würde, um Atomwaffen zu entwickeln.[53]

49 John Cornwell, *Hitler's Scientists: Science, War, and the Devil's Pact* (New York 2004), 308.

50 Dörries, Debate, 109.

51 Ebd., 131, 133.

52 Ebd., 163.

53 Ebd., 109.

Heisenberg schrieb an Jungk, Bohr habe auf seine Äußerungen mit der Frage, ob er wirklich glaube, dass die Kernspaltung für den Bau einer Waffe nutzbar gemacht werden könne, reagiert. Bohr dagegen erinnerte sich

> ganz deutlich [an] den Eindruck, den es auf mich machte, als Du mir zu Beginn unserer Unterhaltung unvermittelt gesagt hast, dass Du sicher seist, dass der Krieg, wenn er nur lange genug dauerte, mit Atomwaffen entschieden würde. Ich habe darauf überhaupt nicht reagiert, aber da Du darin vielleicht einen Ausdruck des Zweifels sahst, sagtest Du, dass Du Dich in den letzten Jahren fast ausschließlich dieser Frage gewidmet hättest.[54]

Bohr mag der Behauptung widersprochen haben, dass er erschrocken war, als er erfuhr, dass eine Bombe technisch machbar sei. Auch hätte er der Aussage widersprochen, dass er die Physik hinter der Atombombe nicht verstanden hatte.[55] Heisenbergs Kollege wies scharfsinnig darauf hin, dass sich seine Wahrnehmung des Krieges vermutlich mit der Zeit gewandelt habe.

> Ich denke nicht nur an die feste Überzeugung, die Du und Weizsäcker bezüglich eines deutschen Siegs zum Ausdruck brachtet, der nicht unseren Hoffnungen entsprach, sondern mehr noch daran, wie, im Zuge des Kriegsverlaufs, Eure Überzeugung weniger fest werden und schließlich der Gewissheit der Niederlage Deutschlands weichen musste.[56]

Auch wenn der deutsche Physiker Johannes Jensen später als Heisenberg und Weizsäcker nach Kopenhagen gekommen war und »die Anstrengungen zur Steigerung der Schwerwasserproduktion in Norwegen beschrieb und in diesem Zusammenhang auch erwähnte, dass es für ihn und andere deutsche Physiker dabei nur um eine industrielle Anwendung der Atomenergie gegangen sei«,[57] geschah dies im Jahr 1942 oder 1943, zu einem Zeitpunkt, als »der Krieg bereits einen Verlauf genommen hatte, der sich deutlich von dem unterschied, was Du und Weizsäcker im Jahr 1941 als Eure Überzeugung zum Ausdruck brachtet«.[58] Als Bohr später in die Vereinigten Staaten reiste, brachte er eine Zeichnung eines Kernreaktors mit, die auf den Informationen von Jensen beruhte.[59] Schließlich schrieb Bohr, weil Heisenberg ihm gesagt habe, dass »er an der Freisetzung von Atomenergie arbeite und seiner

54 Ebd., 153, 155, 157.
55 Carson, Heisenberg, 410.
56 Dörries, Debate, 153, 155, 157.
57 Ebd., 145.
58 Ebd., 145.
59 Jeremy Bernstein, »The Drawing or Why History Is Not Mathematics«, *Physics in Perspective*, 5 (2003), 243–261, hier 256–257.

Überzeugung Ausdruck gab, dass der Krieg, wenn er nicht mit einem deutschen Sieg ende, mit solchen Mitteln entschieden werde«,[60] es »für mich ziemlich unverständlich war, wie Du mir gegenüber durchblicken lassen konntest, dass die deutschen Physiker alles in ihrer Macht Stehende tun würden, um eine solche Anwendung der Atomwissenschaft zu verhindern«.[61]

Niels Bohr hat diesen Brief nie an Heisenberg abgeschickt.[62]

Die Göttinger Erklärung von 1957

Während der Zeit des Nationalsozialismus waren Heisenbergs Hauptgegner Nichtwissenschaftler, zweitrangige politisch opportunistische Wissenschaftler und einige politisierte Wissenschaftler, die einstmals erstklassig gewesen waren – sie alle versuchten zu diktieren, welche Art wissenschaftlicher Forschung gefördert oder gar praktiziert werden sollte. Heisenberg hatte sich zunächst gegen die Anhänger der »Deutschen Physik« durchsetzen und anschließend seine Uranforschung fortsetzen können, indem er mächtige Nationalsozialisten wie den Reichsführer SS Heinrich Himmler und Reichsrüstungsminister Albert Speer beeindruckte und deren persönliche Unterstützung erhielt. Nach dem Schock von Hiroshima gaben sowohl Heisenberg als auch Weizsäcker zu, dass die Atombombe einen tiefen Schatten auf ihre Arbeit während des Krieges geworfen habe. Heisenberg hatte im Nationalsozialismus und in der Zeit unmittelbar danach einige wichtige Lektionen gelernt: Erstens, die Wissenschaftspolitik sollte von einem elitären Kreis von Forschern, die fundamentale Beiträge zur wissenschaftlichen Erkenntnis geleistet hatten, bestimmt werden; zweitens, mächtige Politiker sollten diese wissenschaftspolitischen Beschlüsse unterstützen; und, drittens, die kernphysikalische Forschung und insbesondere ihr öffentliches Image müssten von ihren militärischen Anwendungen als Kernwaffen getrennt werden.

Heisenbergs von Grund auf elitäre Auffassung von Wissenschaftspolitik lieferte ganz klar die Blaupause für den kurzlebigen Deutschen Forschungsrat (DFR), für den er sich einsetzte. Der DFR setzte sich aus hervorragenden Wissenschaftlern zusammen und schloss Verwaltungsbeamte, Politiker oder Vertreter anderer Gruppen aus. Seine Hauptaufgabe bestand nach eigenem Bekunden darin, die Regierung in Fragen der Wissenschafts-

60 Dörries, Debate, 131.

61 Ebd., 163.

62 Diese unveröffentlichten Briefe wurden im Jahr 2002 im Internet veröffentlicht. Siehe: https://nbarchive.ku.dk/collections/bohr-heisenberg/documents/ (letzter Zugriff am 18. Dezember 2024).

politik hochkarätig fachlich zu beraten.[63] Obgleich der DFR die Wissenschaftspolitik nur in einem sehr allgemeinen Sinne festlegen wollte, vertraten die beteiligten Wissenschaftler in der Praxis nur die Interessen der Grundlagenforschung, nicht der angewandten Forschung, sowie der Naturwissenschaften, nicht der Sozial- oder Geisteswissenschaften. Einige Beobachter hielten den DFR für eine undemokratische Institution, die sie an den Reichsforschungsrat erinnerte, ein Instrument, mit dem die nationalsozialistische Regierung die akademische Forschung an Universitäten und anderen Institutionen für die Kriegsanstrengungen mobilisierte. Heisenberg und andere Fürsprecher des DFR wiesen diese Kritik zurück, vielleicht, weil ihre eigene Vergangenheitspolitik es ihnen schwer machte, irgendein Fehlverhalten während des Dritten Reichs zuzugeben.

Der wissenschaftspolitische Konkurrent des DFR im Westdeutschland der Nachkriegszeit war die neugegründete Notgemeinschaft der Deutschen Wissenschaft (NDW), eine Institution, die für die Vergabe staatlicher Gelder zur Förderung der wissenschaftlichen Forschung zuständig war. Sie war während der Weimarer Republik gegründet und während des Dritten Reichs in Deutsche Forschungsgemeinschaft umbenannt worden. Die NDW wurde von verschiedenen westdeutschen Bundesländern unterstützt und versprach, Wissenschaft und Forschung in einem viel breiteren Sinne als der DFR zu fördern. Letztlich fusionierte der DFR mit der NDW zur Deutschen Forschungsgemeinschaft, so dass Heisenbergs Bemühungen gewisse Früchte trugen.[64]

Die Wiederaufnahme der Kernforschung in Westdeutschland war nach dem Krieg untrennbar mit Fragen verbunden, die Kernwaffen betrafen. Das amerikanische Atoms-for-Peace-Programm, das zivile Nutzungen der Kernenergie zu fördern versprach, wurde durch mehrfache Neuausrichtungen der nationalen Sicherheitsstrategie der USA beeinträchtigt. Die militärischen Doktrinen »New Look«, die vorsahen, eine große Zahl amerikanischer Truppen und konventioneller Waffen, die in Westeuropa stationiert waren, durch weniger teure Kernwaffen zu ersetzen, und »Massive Vergeltung«, wonach ein sowjetischer Angriff auf Westeuropa mit konventionellen Streitkräften mit der Drohung eines amerikanischen Atomangriffs auf die Sowjetunion abgeschreckt werden sollte, warfen die Frage auf, ob sie der Bundesrepublik Deutschland ausreichenden Schutz bieten würden.[65]

63 Michael Eckert, »Primacy Doomed to Failure: Heisenberg's Role as Scientific Adviser for Nuclear Policy in the FRG«, *Historical Studies in the Physical and Biological Sciences*, 21/1 (1990), 29–58, hier 30; Arne Schirrmacher, »Physik und Politik in der frühen Bundesrepublik Deutschland. Max Born, Werner Heisenberg und Pascual Jordan als politische Grenzgänger«, *Berichte zur Wissenschaftsgeschichte*, 30 (2007) 13–31, hier 16; vgl. auch Carson, Heisenberg, 193–205.

64 Carson, Heisenberg, 204.

65 Robert Lorenz, *Protest der Physiker. Die »Göttinger Erklärung« von 1957* (Bielefeld 2011), 37.

Die Regierung von Bundeskanzler Adenauer musste sich entscheiden, ob sie der Europäischen Verteidigungsgemeinschaft und der von den USA geführten Organisation des Nordatlantikvertrags (NATO) beitreten wollte. Mit dem Beitritt zur Europäischen Verteidigungsgemeinschaft wäre eventuell die gemeinsame Entwicklung von Atomwaffen mit anderen europäischen Ländern verbunden; bei einem Beitritt zur NATO war mit der Stationierung amerikanischer Kernwaffen zu rechnen. Die Mitgliedschaft in diesen Organisationen war eng verflochten mit der Frage, ob und wann die Alliierten ihre nach Kriegsende aufgebaute Kontrolle über die westdeutsche Nuklearforschung lockern würden. Als ein international bekannter und hochangesehener Wissenschaftler wurde Heisenberg zu einem wichtigen Berater und Repräsentanten für Adenauer; er beteiligte sich an den Verhandlungen über die Mitgliedschaft der Bundesrepublik in der Europäischen Verteidigungsgemeinschaft und in der neu geschaffenen Europäischen Organisation für Kernforschung (*Conseil européenne pour la recherche nucléaire*, CERN).

Das Verhältnis zwischen Adenauer und Heisenberg war einseitig. Wenn Heisenberg nützlich für Adenauer war, bediente sich der Kanzler sehr gern seiner Dienste. Aber in Bezug auf seinen größten Herzenswunsch ließ Adenauer Heisenberg im Stich. Beide Männer wollten eine nukleare Reaktorstation in der Bundesrepublik errichten. Heisenberg, dem Johannes Stark im Dritten Reich einen Lehrstuhl in München verweigert hatte, äußerte den dringenden Wunsch, dass das neue Forschungszentrum in die bayerische Landeshauptstadt kommt, wohin er sein Max-Planck-Institut für Physik verlegen wollte. Adenauer schockierte Heisenberg, der so viel für den Kanzler getan habe, als er sich – zumindest teilweise aus parteipolitischen Gründen – für Karlsruhe als Standort für die deutsche Reaktorstation entschied.[66] Spätestens 1957 hatte sich Heisenberg von Adenauer entfremdet.

Das Bundesministerium für Atomfragen wurde im Jahr 1955 gegründet; an seiner Spitze stand der ehrgeizige und tatkräftige Franz Josef Strauß (1915–1988). Bald darauf wurde die Deutsche Atomkommission als Beratungsgremium des Ministeriums eingesetzt. Im Jahr 1956 wurde Strauß Verteidigungsminister, und sein offensichtlicher Flirt mit Kernwaffen beunruhigte die Mitglieder der Atomkommission, darunter Hahn, Walther Gerlach, Heisenberg und Weizsäcker. Sie befürchteten, die Reaktorstation in Karlsruhe könne ein militärisches Forschungszentrum werden, mit der Folge, dass andere Länder sich der Wiederaufnahme der Kernforschung in

66 Eckert, Primacy, 47; Lorenz, 256; Rolf-Jürgen Gleitsmann, *Im Widerstreit der Meinungen: Zur Kontroverse um die Standortfindung für eine deutsche Reaktorstation (1950–1955). Ein Beitrag zur Gründungsgeschichte des Kernforschungszentrums Karlsruhe und zu einem Kapitel deutscher Kernenergiegeschichte* (Karlsruhe 1986).

Westdeutschland entgegenstellen würden. Die Wissenschaftler schickten Strauß einen Brief, in dem sie ihre Bedenken darlegten und damit drohten, mit ihrer Kritik an die Öffentlichkeit zu gehen, falls die Regierung Adenauer die atomare Bewaffnung Deutschlands anstrebe. Daraufhin versicherte Strauß den Wissenschaftlern Anfang 1957, er sei lediglich im Rahmen einer multinationalen europäischen Allianz an Kernwaffen interessiert.[67]

Die USA hatten 1953 mit der Stationierung von Atomwaffen in Deutschland begonnen. Als die NATO im Frühjahr 1957 ankündigte, ihre in der Bundesrepublik stationierten Streitkräfte mit zusätzlichen Atomwaffen auszurüsten, hielt die Regierung Adenauer dies für einen günstigen Zeitpunkt, um auf eine eigene atomare Bewaffnung zu drängen.[68] Auf einer Pressekonferenz am 5. April 1957 bagatellisierte Adenauer Atomwaffen als »Weiterentwicklung der Artillerie«. Strauß knüpfte drei Tage später daran an, indem er öffentlich erklärte, die Bundeswehr benötige moderne Waffen, und die Tatsache, dass alle NATO-Staaten ihre Verteidigung gemeinsam gewährleisteten, bedeute, dass sie alle mit Atomwaffen ausgestattet werden müssten. Dies erschütterte die Wissenschaftler so sehr, dass sie ihre kollektiven Vorbehalte und Differenzen zurückstellten und die Göttinger Erklärung, wie sie später genannt wurde, veröffentlichten.[69]

Die Erklärung wurde von achtzehn hochangesehenen westdeutschen Naturwissenschaftlern unterzeichnet – drei Chemikern und fünfzehn Physikern –, von denen keiner kommunistischer oder sozialistischer Sympathien verdächtig war. Carl Friedrich von Weizsäcker war die treibende Kraft hinter der Erklärung; er schrieb den Text und überarbeitete ihn. Er begann mit dem Satz »Die Pläne einer atomaren Bewaffnung der Bundeswehr erfüllen die unterzeichnenden Atomforscher mit tiefer Sorge« und stellte anschließend die von Adenauer und Strauß verbreiteten falschen Informationen richtig. Jede »taktische« Atomwaffe habe die gleiche vernichtende Wirkung wie die Atombombe, die Hiroshima zerstört habe. Während eine taktische Atomwaffe eine Stadt zerstören könne, könne eine Wasserstoffbombe einen Landstrich von der Größe des Ruhrgebiets unbewohnbar machen. Die von Wasserstoffbomben freigesetzte Radioaktivität könne die Bevölkerung der Bundesrepublik auslöschen. Außerdem gebe es keine technischen Möglichkeiten, um große Bevölkerungsgruppen vor dieser Gefahr sicher zu schützen.

67 Lorenz, 46, 208, 48; vgl. auch Carson, Heisenberg, 320–330.

68 Carola Sachse, »The Max Planck Society and Pugwash during the Cold War: An Uneasy Relationship«, *Journal of Cold War Studies*, 20/1 (2018), 170–209, hier 180, 174.

69 Lorenz, 50–51; Carola Sachse, *Wissenschaft und Diplomatie. Die Max-Planck-Gesellschaft im Feld der internationalen Politik (1945–2000)* (Göttingen 2023), 389–392; »Strauß denkt an Änderung der Wehrpflicht« [unbekannte Zeitung] (8. April 1957), ADM, WGN NL 080/327/2-02.

Obwohl sie einräumten, dass sie keine Politiker, sondern Wissenschaftler seien, beteuerten sie, über Kernwaffen nicht schweigen zu können, weil sie mitverantwortlich für die Folgen ihrer wissenschaftlichen Forschung seien. Sie prangerten ausdrücklich den Kommunismus an, gaben aber auch zu, dass die wechselseitige Angst vor Wasserstoffbomben dazu beigetragen habe, den Frieden zu bewahren. Allerdings seien sie der Meinung, dass dies langfristig eine unzuverlässige Art der Friedenssicherung sei. Sie behaupteten, ein »kleines Land« wie die Bundesrepublik würde sich selbst am besten schützen und den Weltfrieden am ehesten fördern, wenn es »ausdrücklich und freiwillig auf den Besitz von Atomwaffen jeder Art verzichtet«. Der vielleicht wichtigste Teil der Erklärung war die klare Gegenüberstellung, mit der sie endete:

> Jedenfalls wäre keiner der Unterzeichnenden bereit, sich an der Herstellung, der Erprobung oder dem Einsatz von Atomwaffen in irgendeiner Weise zu beteiligen. Gleichzeitig betonen wir, daß es äußerst wichtig ist, die friedliche Verwendung der Atomenergie mit allen Mitteln zu fördern, und wir wollen an dieser Aufgabe wie bisher mitwirken.[70]

Die Erklärung stieß in den Medien auf eine starke, positive Resonanz; die Erklärung wurde als ein moralisch mutiger Schritt gewertet. Zuerst griff Adenauer die Wissenschaftler als »irreal« an und äußerte, die achtzehn Professoren hätten ihre Erklärung an die Adresse der Sowjetunion richten sollen. Weizsäcker antwortete, sie hätten sich an die westdeutsche Regierung gewandt, weil sie Bürger der Bundesrepublik seien, und warf jetzt namentlich Adenauer vor, die zerstörerische Kraft taktischer Atomwaffen zu verharmlosen. Daraufhin änderte Adenauer seine Taktik und traf sich mit Gerlach, Hahn und Weizsäcker, um den Anschein zu erwecken, dass es im Grunde keinen Dissens zwischen dem gebe, was die Wissenschaftler wollten, und dem, was die Regierung tat.[71]

Adenauers heftige Reaktion war zum Teil der Tatsache geschuldet, dass fünf Monate später Bundestagswahlen anstanden. Der Bundeskanzler, der Feuer mit Feuer bekämpfen wollte, sicherte sich die Unterstützung eines bekannten und politisch sehr konservativen Physikers, Pascual Jordan (1902–1980), um die Glaubwürdigkeit der mittlerweile so genannten Göttinger Achtzehn anzugreifen. 100 000 Exemplare seiner Broschüre *Wir*

70 Fritz Bopp, Max Born, Rudolf Fleischmann, Walther Gerlach, Otto Hahn, Otto Haxel, Werner Heisenberg, Hans Kopfermann, Max v. Laue, Heinz Maier-Leibnitz, Josef Mattauch, Friedrich-Adolf Paneth, Wolfgang Paul, Wolfgang Riezler, Fritz Strassmann, Wilhelm Walcher, Carl Friedrich Frhr. v. Weizsäcker und Karl Wirtz, »Die Göttinger Erklärung« (12. April 1957), in Lorenz, 31–32.

71 Lorenz, 57, 61–62; »Heftiges Duell zwischen Kanzler und Professoren«, *Welt am Sonntag* (13. April 1957), 1, ADM, WGN NL 080/144-03.

Abb. 34: Walther Gerlach, Otto Hahn und Carl Friedrich von Weizsäcker nach einem Treffen mit Bundeskanzler Konrad Adenauer.

müssen den Frieden retten! wurden gedruckt und verteilt. Jordan behauptete, die Göttinger Achtzehn seien als Wissenschaftler politisch naiv und unfreiwillige Helfershelfer der Sowjetunion. Die Erklärung sei in ihrer »extremen Weltfremdheit« nichts anderes als »eine an die Bevölkerung der Bundesrepublik gerichtete Aufforderung zum kollektiven Selbstmord«.[72] Tatsächlich hatte die Göttinger Erklärung kaum politische Konsequenzen. Adenauers Partei gewann die anschließenden Wahlen mühelos, indem sie die Gefahr eines sowjetischen Angriffskriegs beschwor. Die Nachbarn der Bundesrepublik lehnten die nukleare Bewaffnung Deutschlands ab. Die Amerikaner waren bereit, Atomwaffen in Westdeutschland zu akzeptieren, aber nur in begrenzter Zahl und unter der Kontrolle der NATO.

Eine viel beachtete Reihe historischer Beiträge über die Atombombe im einflussreichen deutschen Nachrichtenmagazin *Der Spiegel*, die kurz nach der Göttinger Erklärung erschien, nahm auch die deutschen Uranarbeiten während des Krieges genauer unter die Lupe. Als Weizsäcker nach seinen Forschungen gefragt wurde, äußerte er, sie – die Forscher – hätten wissen wollen, ob Kettenreaktionen möglich seien: »Einerlei, was wir mit unseren Kenntnissen anfangen würden – wissen wollten wir es.« Er knüpfte an das

72 Schirrmacher, 19; Richard Beyler, »The Demon of Technology, Mass Society, and Atomic Physics in West Germany, 1945–1957«, *History and Technology*, 19/3 (2003), 227–239, hier 233.

an, was er vertraulich an Jungk geschrieben hatte: »Wenn wir unter dem direkten Befehl gestanden hätten, eine wissenschaftlich und technisch als möglich erkannte Bombe zu bauen, wer weiß, ob wir uns diesem Befehl hätten entziehen können«, sagte der Physiker dem *Spiegel*. Der Autor des *Spiegel*-Artikels stellte eine Verbindung zwischen Jungks Schilderung von Heisenbergs Unterhaltung mit Bohr in Kopenhagen und der Göttinger Erklärung her und gab darüber zu verstehen, Heisenberg habe etwas daraus gelernt, dass es ihm nicht gelungen war, Bohr unmissverständlich klarzumachen: »Baut ihr sie nicht, dann bauen auch wir sie nicht.« Einige der Göttinger Achtzehn hätten sich gegen die nukleare Bewaffnung Westdeutschlands ausgesprochen, weil sie »nicht ein zweites Mal schweigen« wollten.

Wie schon Samuel Goudsmit zuvor, so charakterisierte auch der Autor des *Spiegel*-Artikels Weizsäckers Verhalten im Dritten Reich als »flexibel«, aber jetzt in einem positiven Sinn. Weizsäcker sei unter den drei Physikern, die Adenauer nach der Erklärung zu einer Unterredung gebeten habe, der »streitbare Genosse«, der im Dritten Reich »Wendigkeit gegenüber der höheren Gewalt« gelernt habe. Als Weizsäcker gefragt wurde, warum er sich nicht verteidigt habe, als Goudsmit ihm vorwarf, er hätte im Dritten Reich »mitgemacht«, habe er diesem eine Antwort gegeben, die »Millionen von Deutschen wohl anstehen würde«: »Ich war nicht schuldlos genug, um mich freisprechen zu können, und nicht schuldig genug, um mich rechtfertigen zu müssen.«[73]

Die Göttinger Erklärung von 1957 und das Buch *Heller als tausend Sonnen*, das in erster Auflage 1956 und in zweiter Auflage 1958 erschien, verstärkten sich gegenseitig. Nach der Veröffentlichung von Jungks Buch äußerte sogar Franz Josef Strauß, dass »zur Ehre der deutschen Atomforscher gesagt werden müsse, dass sie sich geweigert hätten, für die Diktatoren eine Atombombe zu bauen«.[74] Die öffentliche Weigerung der achtzehn Wissenschaftler, der Regierung Adenauer beim Erwerb von Atomwaffen zu helfen, verlieh Jungks Behauptung, Heisenberg, Weizsäcker und ihre Kollegen hätten während des Dritten Reichs keine Atombombe bauen wollen, mehr Glaubwürdigkeit. Das Buch wiederum ließ diese Wissenschaftler konsequent erscheinen: Sowohl im Nationalsozialismus als auch in der neuen westdeutschen Bundesrepublik unterstützten sie die zivile – nicht die militärische – Erforschung der Kernspaltung. Wenn man zwischen den Zeilen dieser Gegenüberstellung las – was sehr viele Menschen taten –, wurden die Zusammenhänge

73 »Und führe uns nicht in Versuchung. Vom gespaltenen Atom zu gespaltenen Gewissen – Die Geschichte einer menschheitsgefährdenden Waffe«, *Der Spiegel* (8. Mai 1957), 45–46, 48–53.

74 Gerta Tzschaschel an Werner Heisenberg (27. Oktober 1956), AMPG, III. Abt. Rep. 93, 1705.

klarer: Diese Wissenschaftler hätten Hitler Atomwaffen verwehrt, während des Krieges wollten sie den Regierenden aller Staaten Atomwaffen verweigern, und jetzt versuchten sie, Konrad Adenauer und Franz Josef Strauß von der nuklearen Bewaffnung Deutschlands abzuhalten.

Mit der Bombe leben

Obwohl Weizsäcker die Göttinger Erklärung verfasst hatte, stellte sie das Minimum dessen dar, worauf sich die achtzehn Unterzeichner einigen konnten. Zu diesem Zeitpunkt hatte Weizsäcker bereits eine differenziertere Analyse von Atomwaffen und dessen, was man gegen sie tun könnte, erarbeitet. In seinem Briefwechsel mit Robert Jungk stimmte der Physiker der Aussage zu, dass die Wasserstoffbombe im Moment vielleicht die beste Garantie gegen einen dritten Weltkrieg sei. Er verteidigte zudem seinen Freund Edward Teller und dessen »allerdings leidenschaftliche Meinung, seine Kollegen trieben Vogel-Strauß-Politik, indem sie meinten, die Welt werde in Ordnung kommen, wenn nur sie selbst keine Waffen mehr machten«.[75]

In einem Rundfunkvortrag, den Weizsäcker im März 1957 hielt, einen Monat vor der Göttinger Erklärung, fragte er, ob die Menschheit wohl die Kraft hätte, auf den großen Krieg zu verzichten. Auf diese Frage gebe es anscheinend drei verschiedene Antworten:

(1) Ein dritter Weltkrieg wird kommen und er wird entweder unserer Kultur und damit dem Atomzeitalter ein Ende machen, oder aber er wird eine Weltherrschaft herbeiführen, die dann den Frieden garantiert.
Oder man sagt:
(2) Zu einem totalen Krieg wird es nicht mehr kommen, aber Kriege mit begrenzten Mitteln und Zielen wird es immer geben.
Oder schließlich man sagt:
(3) Jeglicher Krieg wird durch stillschweigende oder ausdrückliche Übereinkunft abgeschafft werden.

Weizsäcker hielt einen dritten Weltkrieg zum damaligen Zeitpunkt für unwahrscheinlich, auf lange Sicht aber für sehr wohl möglich. In absehbarer Zukunft werde es wahrscheinlich zu begrenzten Kriegen kommen, aber er bezweifelte, dass sie helfen würden, einen weiteren Weltkrieg zu verhindern.

75 Carl Friedrich von Weizsäcker an Robert Jungk (6. November 1956), AMPG, III. Abt. Rep. 111, 250; Carl Friedrich von Weizsäcker an Robert Jungk (4. Januar 1957), AMPG, III. Abt. Rep. 111, 250.

In Bezug auf die dritte Option war sich Weizsäcker unsicher. Er hielt es für möglich, dass »die Menschheit lernen wird, den Krieg zu vermeiden«, aber er fügte hinzu, dazu seien genauso große Anstrengungen erforderlich, wie sie in der Vergangenheit im Krieg gemacht worden seien: »Der Friede ist nicht billiger als der Krieg.«

Weizsäcker stellte in seinem Vortrag – wie auch in der Göttinger Erklärung – klar, dass er persönlich nichts mit westdeutschen Atomwaffen zu tun haben wolle. Aber dann traf der Physiker eine Unterscheidung zwischen Atomrüstung auf der Basis nationaler Souveränität und als Teil einer größeren, transnationalen Allianz. Für kleinere Länder wie Westdeutschland wäre es »verbrecherischer und selbstmörderischer Unsinn«, wenn sie anfingen, sich selbst nuklear zu bewaffnen. Dagegen wäre die atomare Bewaffnung der NATO, die die Bundesrepublik einschließen würde, »eine durchdachte Maßnahme«. In Westdeutschland zur Verteidigung seiner Bevölkerung stationierte taktische Atomwaffen erschienen Weizsäcker sinnvoll, aber die Anschaffung national-souverän einsetzbarer Atomwaffen für die Bundesrepublik, wie sie Adenauer und Strauß wollten, sei dies nicht.[76]

Nur ein paar Wochen nach der Veröffentlichung der Göttinger Erklärung hielt Weizsäcker vor dem Verband deutscher Studentenschaften einen Vortrag über die »Verantwortung der Wissenschaft im Atomzeitalter«. Nachdem er die deutsche und die amerikanische Atombombenforschung gegenübergestellt und ausdrücklich betont hatte, dass er kein moralisches Urteil über seine amerikanischen und emigrierten Kollegen fällen wolle, führte er den Begriff des »einfacheren Weges« ein. Amerika sei für die Freiheit in den Krieg gezogen, habe dann aber den einfacheren Weg gewählt, die Atombombe gebaut und sich zu deren Abwurf entschlossen. Weizsäcker meinte offensichtlich mit »einfacher« nicht wissenschaftlich, technisch oder bezüglich der industriellen Anstrengungen einfacher, sondern vielmehr, dass es schwerer gewesen wäre, sich zu entschließen, eine so mächtige Waffe nicht zu bauen beziehungsweise, nachdem man sie gebaut hatte, sie nicht einzusetzen.

Nach dem Krieg hätten die Vereinigten Staaten und die Sowjetunion abermals den einfacheren Weg genommen und die Wasserstoffbombe entwickelt, so dass man jetzt zum ersten Mal in der Geschichte »eine Waffe hat, die ganze Völker ausrotten kann«. Für Weizsäcker stand es außer Frage, dass die Menschheit aufhören sollte, den einfacheren Weg zu gehen. Als Erstes sollten Atomwaffentests eingestellt werden. Physiker und Ingenieure

76 Carl Friedrich von Weizsäcker, Atomenergie und Atomzeitalter. Elfte Vorlesung: Politische Folgen, Drittes Programm des NDR (3. März 1957), anschließend veröffentlicht als Carl Friedrich von Weizsäcker, *Atomenergie und Atomzeitalter* (Frankfurt am Main 1957).

sollten – vielleicht unter der Regie der Vereinten Nationen – Lösungen für die Überwachung und Verifikation eines solchen Testverbots erarbeiten.[77]

Nachdem ein in die USA emigrierter Kollege, der Physiker Victor Weisskopf, der zuvor Weizsäckers Haltung im Nationalsozialismus scharf kritisiert hatte, in einer amerikanischen Zeitung einen Artikel über die Erklärung gelesen hatte, kontaktierte er Weizsäcker und ersuchte ihn um mehr Informationen. Weizsäcker schickte seinem Kollegen daraufhin den vollständigen Text der Erklärung und schilderte die Gespräche, die einige der Göttinger Achtzehn in der Zwischenzeit mit Adenauer und Mitgliedern seiner Regierung geführt hatten. Adenauer wolle zweifelsohne den Fokus von dem, was seine Regierung tat, auf die internationale Gemeinschaft verschieben, etwas, womit Weizsäcker selbst einverstanden war.

Weizsäcker schlug vor, die Physiker der ganzen Welt sollten eine internationale Konferenz über das Thema abhalten: Wie lässt sich die atomare Abrüstung wirksam kontrollieren? Die Initiative zur Konferenz sollte von Physikern aus kleineren Ländern, die keine Atomwaffen besaßen, ausgehen. Eine solche Konferenz könne im Grunde nicht scheitern, so Weizsäcker, denn unabhängig davon, ob sie zu brauchbaren Ergebnissen führen werde oder nicht, würde schon die bloße Tatsache, dass sie stattfindet, die politischen Spannungen verringern. Allerdings wäre dies nur sinnvoll, wenn Physiker sowohl aus den USA als auch aus der Sowjetunion daran teilnähmen, und Weizsäcker hoffte, dass Weisskopf dabei helfen würde. In diesem Zusammenhang erwähnte er, die Erklärung habe in Deutschland »eine für uns ganz unerwartete sehr große Resonanz gehabt«, und er hoffe, dass sie Adenauer ermuntern werde, sich mit noch größerem Nachdruck für die Atomabrüstung einzusetzen.[78]

Weisskopf antwortete, er sei mit Weizsäcker »viel mehr einig als Sie glauben«, und ließ ihn wissen, dass die Göttinger Erklärung in den USA sehr gut aufgenommen worden sei. Alle begrüßten es, dass eine wichtige und verantwortungsbewusste Gruppe von Physikern das Problem der atomaren Abrüstung anpacke. Weisskopf wies darauf hin, dass der Paragraf, in dem es heiße, die deutschen Wissenschaftler weigerten sich, an Atomwaffen zu arbeiten, »natürlich hier etwas Schwierigkeiten bereitet«, auch deshalb, weil es das Einzige war, worüber die Zeitungen berichteten. Während Weisskopf voll und ganz mit allem einverstanden war und sich weigerte, an der Wasserstoffbombe zu arbeiten, fühlten sich einige Physiker »etwas zu persön-

77 Carl Friedrich von Weizsäcker, Die Verantwortung der Wissenschaft im Atomzeitalter, Festvortrag, gehalten anlässlich der Eröffnung der 9. Ordentlichen Mitgliederversammlung des Verbandes Deutscher Studentenschaften (29. April 1957), ADM, WGN NL080/327/2-04.

78 Carl Friedrich von Weizsäcker an Victor Weisskopf (25. April 1957), AMPG, III. Abt. Rep. 111 245-264-267.

lich getroffen«. Der vollständige Text, den Weisskopf mittlerweile von Weizsäcker erhalten hatte, stellte klar, dass die Göttinger Achtzehn »keineswegs (zumindest nicht direkt) die U.S.-Physiker, die an der Bombe arbeiten, verurteilen wollen«. Weisskopf befürwortete die Konferenz, die Weizsäcker vorschlug, unbedingt und sicherte seine Unterstützung dafür zu. Tatsächlich wurden ihre Bemühungen durch die erste Pugwash Conference on Science and World Affairs, die im Juli 1957 in Nova Scotia abgehalten wurde, überflüssig gemacht. Während bei diesem Treffen keine Deutschen zugegen waren, obwohl sie eingeladen worden waren, nahm Weizsäcker im April 1958 an der zweiten Pugwash Conference teil.[79]

Weizsäcker hatte erkannt, dass das atomare Wettrüsten eines der größten Probleme für die Menschheit war, und er beschloss, sich seiner Lösung zu widmen. Obgleich er weiterhin Treffen der Göttinger Achtzehn organisierte, veröffentlichte die Gruppe keine weitere gemeinschaftliche Erklärung über Atomwaffen. Einige Mitglieder, etwa Karl Wirtz, mittlerweile Direktor des Instituts für Neutronenphysik und Reaktortechnik in Karlsruhe, waren nicht bereit, die Regierung Adenauer ein weiteres Mal zu kritisieren. Andere hielten eine weitere Stellungnahme schlichtweg nicht für notwendig oder hilfreich, und wieder andere wollten, dass die Gruppe eine noch viel entschiedenere Haltung einnahm. Allerdings ließ sich Weizsäcker von dieser mangelnden Einigkeit nicht aufhalten; im März und April 1958 reiste er in die USA, wo er sich über den dortigen Diskurs über Atomwaffen informierte. Dazu traf er sich mit Wissenschaftlern und Strategieexperten und lernte die neue Terminologie und die neuen Konzepte, die er dann gesammelt mit zurück nach Deutschland brachte.[80]

Im Mai und Juni 1958 veröffentlichte Weizsäcker in der einflussreichen Wochenzeitung *Die Zeit* einen vierteiligen Essay mit dem Titel »Mit der Bombe leben«.[81] Der Ton und der Inhalt der öffentlichen Debatte über Atomwaffen, die Weizsäcker bei seiner Rückkehr nach Deutschland vorfand, beunruhigten ihn. Menschen auf »beiden Seiten« würden nicht auf der Grundlage von Fakten, sondern emotional argumentieren. Die Debatte werde grob vereinfachend geführt, die eine Seite sage: »damit auf uns keine

79 Victor Weisskopf an Carl Friedrich von Weizsäcker (6. Mai 1957), AMPG, III. Abt. Rep. 111 245-264-267; C.F. Powell an Werner Heisenberg (17. Mai 1957), ADM, WGN NL 080/327/2-04; Sachse, Pugwash.

80 Carl Friedrich von Weizsäcker an die Göttingen 18 (9. Mai 1958), ADM, WGN NL 080/347-1; Lorenz, 279.

81 Carl Friedrich von Weizsäcker, »Mit der Bombe leben (I)«, *Die Zeit* (15. Mai 1958); Carl Friedrich von Weizsäcker, »Mit der Bombe leben (II)«, *Die Zeit* (22. Mai 1958); Carl Friedrich von Weizsäcker, »Mit der Bombe leben (III)«, *Die Zeit* (29. Mai 1958); Carl Friedrich von Weizsäcker, »Mit der Bombe leben (IV)«, *Die Zeit* (5. Juni 1958).

Atombomben fallen, dürfen wir sie selbst nicht haben«, die andere Seite sage: »damit auf uns keine Atombomben fallen, müssen wir sie selbst haben«. Nur eine Seite könne Recht haben, aber vielleicht hätten auch beide Seiten Unrecht.[82]

Anhand von sieben Thesen führte Weizsäcker seine Leser in das Konzept der abgestuften Abschreckung ein:

(1) Die große Abrüstung ist bis auf weiteres nicht zu erwarten.
(2) Die Existenz der großen Bomben macht den großen Krieg sehr unwahrscheinlich.
(3) Sie schützt jedoch nicht vor kleineren Aggressionen, als auch nicht vor dem langsamen Verlust des Kalten Krieges.
(4) Der Westen muss gerüstet sein, begrenzte Kriege mit begrenzten Waffen auszufechten.
(5) Eben diese Bereitschaft für begrenzte Kriege macht auch diese Kriege in wachsendem Maße unwahrscheinlich.
(6) Die Abschaffung des Krieges überhaupt ist das angestrebte Ziel. Sie ist Voraussetzung, nicht Folge der Abrüstung.
(7) Sie erfordert außer der abgestuften Abschreckung noch vielfachen anderen politischen und moralischen Einsatz.[83]

Eine große Abrüstung würde Einschränkungen der Souveränität der Supermächte und aller anderen Länder erforderlich machen. Je mehr Staaten zudem in den Besitz von Atomwaffen gelangten, umso instabiler würde die Lage – Weizsäcker nannte dies das Problem des atomaren Chaos. Dies veranlasste ihn dazu, eine Aussage, die er in der Göttinger Erklärung gemacht hatte, zu relativieren. Die Überzeugung, dass die Bundesrepublik besser geschützt wäre, wenn sich auf ihrem Territorium keine Atomwaffen befänden, sei »nur in sehr begrenztem Umfang richtig«. Wenn alle kleinen Länder auf Atomwaffen verzichteten, würde dies die Gefahr für alle Länder deutlich vermindern. Aber die Göttinger Achtzehn hätten nie behauptet, dass Deutschland verschont bliebe, wenn es, umgeben von atomar bewaffneten Ländern, keine Atomwaffen besäße.[84]

Die vielleicht schärfste Kritikerin von »Mit der Bombe leben« war Hedwig Born (1891–1972), die Ehefrau des Physikers Max Born. Als die Nationalsozialisten im Jahr 1933 den öffentlichen Dienst säuberten, verlor Born seinen Lehrstuhl und nahm eine Stelle in Schottland an. Nach dem Krieg und seiner Emeritierung war Born einer der wenigen Emigranten, die nach Deutschland zurückkehrten, wo er die Göttinger Erklärung unterschrieb.

82 Weizsäcker, Mit der Bombe leben (I).
83 Weizsäcker, Mit der Bombe leben (II).
84 Weizsäcker, Mit der Bombe leben (IV).

Als Quäker waren die Borns dem Frieden verpflichtet und entsetzt über das atomare Wettrüsten und die Aussicht, dass Atomwaffen nach Deutschland kommen könnten.

Anscheinend vollkommen unabhängig von der Kritik, die Samuel Goudsmit übte, schnitt Hedwig Born das Thema »Kompromisse« an, indem sie fragte, ob für einen Christen wie Weizsäcker »Überzeugung und Kompromiss vereinbar sind«. Sie schrieb Weizsäcker mit Bezug auf ein Bibelzitat:

> Samuel 3, 10 sagt Samuel zu Gott: »Rede, Herr, dein Knecht hört« – er sagt nicht: »Höre, Gott, dein Knecht redet.« Das erstere entspricht der Überzeugung; sie wird uns zuteil, sie geschieht uns. Das zweite ist der Kompromiss, der menschliche Einwand. Wir können aber nicht ZUGLEICH hören und reden. [...]
> Sie haben »gehört« – im Manifest UND »geredet« – »Mit der Bombe leben« –, und nun hat keine der Äußerungen mehr einen Sinn, denn Sie haben Unvereinbares zu vereinen gesucht. [...]
> Man kann nicht öffentlich, innerer Gewissensüberzeugung folgend, ein Zeugnis ablegen – hier spräche ich als Quäker, der zu seinem Friedenszeugnis steht – und dann sozusagen ÖFFENTLICH »mit dem Teufel rechten«, und dabei, OB MAN WILL ODER NICHT, zum Advokatus Diaboli werden.[85]

Weizsäcker besuchte die Borns im Juli 1958. Nach dem Abendessen überreichte Hedwig Born ihm einen Brief, in dem sie ihre Kritik ausführlich darlegte. Nachdem er ihn im Stillen gelesen hatte, kam er »mit irgendwie tief verstörten Augen« zurück zu seinen Gastgebern und sagte, der Brief sei »die zutiefst reichende Kritik, die ich bisher erfahren habe«. Sie diskutierten dann den Rest des Tages und den nächsten Morgen, wobei Max Born mehr zuhörte als sagte. Als sich Weizsäcker verabschiedete, waren die Borns noch immer »zutiefst unbefriedigt«. Wie Hedwig Born an einen Freund schrieb, hatte sie mit ihrer Unterscheidung zwischen »Überzeugung« und »Kompromiss« »nachtwandlerisch ins Schwarze getroffen«. Weizsäcker »›blickt zurück, nachdem er die Hand an den Pflug legte‹ und blickt voran – aber: auf ›politischen Erfolg‹«.[86]

Einen Monat später erklärte Weizsäcker in einer öffentlichen Stellungnahme zu der anhaltenden Kritik von Pascual Jordan, wieso er in »Mit der Bombe leben« scheinbar eine andere Position vertrete als in der Göttinger Erklärung. Als die Erklärung veröffentlicht worden sei, hätten sie, die Un-

85 Hedwig Born an Carl Friedrich von Weizsäcker (15. Juli 1958), ADM, WGN NL 080/347-2.

86 Hedwig Born an Stauder (24. Juli 1958), ADM, WGN NL 080/347-2.

terzeichnenden, »einen lauten Schrei ausstoßen« müssen, um alle auf die mit Atomwaffen verbundenen Gefahren aufmerksam zu machen. Jetzt sei es an der Zeit, die politischen Für und Wider sorgfältig abzuwägen. Mittlerweile verstehe Weizsäcker zwei Dinge sehr viel besser: erstens die Nuklearpolitik der Supermächte und zweitens, wie die Göttinger Erklärung interpretiert worden ist – »(in meinen Augen zum großen Teil Missverständnisse)«. Eines der zentralen Anliegen Weizsäckers in »Mit der Bombe leben« war es, die Gefahr eines »atomaren Chaos« zu vermeiden, das, was später »nukleare Proliferation« (Verbreitung von Kernwaffen) genannt wurde. »Niemand von uns soll sich einbilden, wenn einmal mehrere europäische Nationalstaaten Atombomben haben, werde es möglich sein, auf die Dauer Rotchina, Ägypten oder irgendeine Diktatur in der ganzen Welt am Besitz dieser Bomben zu hindern.« Die Welt werde eher atomares Chaos als vollständige nukleare Abrüstung erleben, und dann würde das »Gleichgewicht des Schreckens«, das den Frieden auf unsichere Weise garantiere, instabil werden. Es wäre leichter, von vornherein eine internationale Ordnung zu schaffen, um ein solches Chaos zu verhindern, als die Supermächte zu entwaffnen, »doch wird man sie sicher nicht erreichen, wenn man sie durch seine eigene Handlungsweise sabotiert«.[87]

Für Menschen wie Max und Hedwig Born hatte Weizsäcker seine eigenen Prinzipien verraten und sich nicht an die Göttinger Erklärung gehalten, was so nicht stimmte. Die Erklärung richtete sich gegen die Bundesregierung, obwohl Adenauer dies in Abrede stellte: Westdeutschland sollte keine eigenen Atomwaffen entwickeln oder besitzen. Dies passte gut zu dem Imperativ, den Hahn, Heisenberg und andere teilten: Die Kernforschung in Westdeutschland sollte vom üblen Beigeschmack, der Atomwaffen anhaftete, getrennt werden. Weizsäcker unterstützte dieses Ziel zweifellos, aber er hatte höhere intellektuelle, persönliche und politische Ambitionen als die »Sag einfach nein«-Botschaft der Göttinger Erklärung. Im Gegensatz zu einigen der Wissenschaftler, die die Göttinger Erklärung unterzeichnet hatten, analysierte Weizsäcker die bedrohliche Lage, in der sich die Welt befand, auf eine sehr differenzierte Weise und akzeptierte die Stationierung von Atomwaffen der NATO oder anderer internationaler Streitkräfte in Deutschland. In gewisser Weise setzte sich Weizsäcker sogar dafür ein.

Die Göttinger Erklärung trug dazu bei, Weizsäcker in den Augen einiger seiner ausländischen Kollegen zu rehabilitieren. Goudsmit hat ihm nie verziehen; andere Wissenschaftler, darunter Weisskopf, haben dies jedoch getan. »Mit der Bombe leben« rehabilitierte Weizsäcker in den Augen der Regierung Adenauer und bildete den Auftakt zu einer jahrzehntelangen in-

87 Carl Friedrich von Weizsäcker, »Prof. Weizsäcker antwortet«, *Die Weltwoche* (Zürich) (15. August 1958), ADM, WGN NL 080/144-08.

tensiven Beschäftigung mit den Wechselwirkungen zwischen Wissenschaft und Technik einerseits und Wissenschaft und der politischen Weltordnung andererseits. Weizsäcker spielte eine maßgebliche Rolle in der deutschen Pugwash-Gruppe, der 1959 gegründeten Vereinigung Deutscher Wissenschaftler (VDW). Nach dem Ende der Regierung Adenauer wurde der Physiker zu einem wichtigen Berater führender Politiker, unter anderen von Willy Brandt (1913–1992) und Helmut Schmidt (1918–2015).[88] Im Jahr 1970 erhielt er sein eigenes Max-Planck-Institut zur Erforschung der Lebensbedingungen der wissenschaftlich-technischen Welt.[89] Durch seine Mitgliedschaft in der ostdeutschen Leopoldina Akademie der Wissenschaften konnte er regelmäßig das kommunistische Ostdeutschland besuchen und inspirierte auch dort Intellektuelle. Als Carl Friedrich von Weizsäcker nach einem langen Leben im Jahr 2007 starb, war er zu einem der einflussreichsten und angesehensten Intellektuellen im Deutschland der Nachkriegszeit geworden.

Fazit

Otto Hahn, Werner Heisenberg und Carl Friedrich von Weizsäcker wurden in der Nachkriegszeit alle rehabilitiert. Bei Hahn verschleierten sein Nobelpreis und seine mächtige und einflussreiche Position als Präsident der Max-Planck-Gesellschaft, auf die er dank der Unterstützung der britischen Besatzungsbehörden gelangte, sowohl die Forschungsarbeiten, die er während des Krieges beaufsichtigt und durchgeführt hatte, als auch die Zugeständnisse, die er, wie praktisch alle deutschen Wissenschaftler, dem Nationalsozialismus gemacht hatte. Für Heisenberg und Weizsäcker war es viel schwerer, sich von dem üblen Geruch des Dritten Reichs, der ihnen anhaftete, zu reinigen, aber ihnen half die von Robert Jungk verbreitete Legende von Kopenhagen und ihre Mitwirkung, zusammen mit Hahn, an der Göttinger Erklärung. Weizsäcker schließlich, der nach dem Krieg viel enger mit dem Nationalsozialismus in Verbindung gebracht wurde als Hahn oder Heisenberg, rehabilitierte sich selbst durch sein Engagement für die nukleare Abrüstung. Sie hatten gelernt, mit der Bombe zu leben – jeder auf seine Weise.

88 Sachse, Pugwash.
89 Sachse, Diplomatie, 110–124, 416–438.

11. Kopenhagen

> Was man in diesen Tagen von den unfassbaren Gräueln in den Konzentrationslagern gehört hat, übersteigt alles, wovor man sich gefürchtet hat. Als ich im englischen Radio einen sehr sachlichen Bericht der Engländer und Amerikaner über Belsen und Buchenwald hörte, fing ich laut an zu heulen und konnte die ganze Nacht nicht schlafen. Und wenn Du die Menschen gesehen hättest, die aus den Lagern hierher kamen. Man sollte einen Mann wie Heisenberg und viele Millionen mit ihm zwingen, sich diese Lager und die gemarterten Menschen anzusehen. Sein Auftreten in Dänemark 1941 ist unvergesslich.
>
> Lise Meitner an Otto Hahn (27. Juni 1945).[1]

Im September 1941 besuchten Werner Heisenberg und Carl Friedrich von Weizsäcker Heisenbergs Mentor Niels Bohr im besetzten Dänemark.[2] Die Porträts von Heisenberg während seines Aufenthalts in Kopenhagen reichen von engstirniger deutscher Nationalist[3] bis hin zu Widerstandskämpfer gegen Hitler, der entschlossen gewesen sei, den Bau von Atomwaffen weltweit zu verhindern,[4] und schließen auch eine einflussreiche Dramatisierung ein.[5] Die Kontexte dieser Begegnung sind wichtig. Dazu gehören selbstverständlich der Zweite Weltkrieg und besonders der Überfall der Deutschen auf die Sowjetunion, die wissenschaftlichen Fortschritte, die die kernphysikalische Arbeitsgemeinschaft gemacht hat, und der ideologische Kampf innerhalb der deutschen Physik. Der vielleicht wichtigste Kontext war die deutsche kulturelle Propaganda während der Zeit des Nationalsozialismus, die kulturellen Austausch einschloss und oftmals außenpolitischen und anderen, umfassenderen politischen Anliegen diente.

Deutsche Truppen marschierten im April 1940 in Dänemark ein. Bis 1943 kooperierte die dänische Regierung mit den deutschen Besatzungstruppen in einer angespannten politischen Beziehung; dabei erhielt sie die Illusion aufrecht, die Deutschen seien keine feindlich gesinnten Eroberer. Heisenberg und Weizsäcker reisten zweifellos zum Teil deshalb nach Ko-

1 Lise Meitner an Otto Hahn (27. Juni 1945), ADM, WGN NL 080/127-02.

2 Vgl. Matthias Dörries (Hg.), *Michael Frayn's Copenhagen in Debate: Historical Essays and Documents on the 1941 Meeting Between Niels Bohr and Werner Heisenberg* (Berkeley 2005).

3 Paul Lawrence Rose, *Heisenberg and the Nazi Atomic Bomb Project* (Berkeley 1998), 271–282.

4 Thomas Powers, *Heisenbergs Krieg: Die Geheimgeschichte der deutschen Atombombe* (Hamburg 1993), 170–180.

5 Matthias Dörries (Hg.), Michael Frayn, *Kopenhagen. Stück in zwei Akten. Mit zwölf wissenschaftsgeschichtlichen Kommentaren*, 3. erweiterte Aufl. (Göttingen 2003).

penhagen, um sich nach Bohrs Befinden zu erkundigen und ihm nach Möglichkeit zu helfen. Allerdings hat es mit diesem Besuch mehr auf sich. Während ihres Aufenthalts in Kopenhagen unterstützten sie die regierungsamtliche deutsche Propaganda dadurch, dass sie an einer Tagung am Deutschen Wissenschaftlichen Institut (DWI) teilnahmen.[6] In seinem nach dem Krieg verfassten Manuskript über aktive und passive Opposition behauptete Heisenberg: Um in der Lage zu sein, sich der nationalsozialistischen Politik aktiv entgegenzustellen, musste man bleiben und innerhalb des Systems arbeiten, auch wenn dies bedeutete, Zugeständnisse zu machen. Seine Gastvorträge im Ausland und die damit verbundene Mitwirkung an der kulturellen Propaganda sollte in diesem Kontext betrachtet werden. Sie verdeutlichen auf plastische Weise, wie zweideutig und zwiespältig die Kooperation mit dem nationalsozialistischen Staat sein konnte. Sowohl innerhalb als auch außerhalb der Wissenschaftsgemeinde hat der Besuch in Kopenhagen den Status einer Legende angenommen. Dieses Kapitel interessiert sich allerdings nicht für die Legende von Kopenhagen, sondern für deren Geschichte.

Vorträge im Ausland als kulturelle Propaganda

Der Ausbruch des Krieges im September 1939 hielt Heisenberg nicht davon ab, im Ausland Vorträge zu halten. Im November 1940 wurde er von der Ungarischen Vereinigung für Kulturelle Zusammenarbeit für Anfang 1941 nach Budapest eingeladen. Der Leipziger Vertreter des Nationalsozialistischen Deutschen Dozentenbundes unterstützte die Einladung; er meinte, Heisenberg sei in jeder Hinsicht geeignet, die deutsche Wissenschaft im Ausland zu repräsentieren.[7] Sowohl der Dekan der Fakultät als auch der Rektor der Universität Leipzig waren ebenfalls der Ansicht, dass Heisenberg ein geeigneter Kandidat sei.[8] Das Reichsministerium für Wissenschaft, Erziehung und Volksbildung genehmigte den Vortrag in Budapest.[9]

Wie er seiner Frau Elisabeth schrieb, verbrachte Heisenberg eine anregende und angenehme Woche in Ungarn. Am Samstag wurde er abends zuerst in die Oper ausgeführt, wo er wegen der Sprache zwar nichts von

6 Für eine allgemeine historische Darstellung der DWIs vgl. Frank-Rutger Hausmann, *»Auch im Krieg schweigen die Musen nicht«. Die Deutschen Wissenschaftlichen Institute im Zweiten Weltkrieg* (Göttingen 2001).

7 Werner Heisenberg an den Rektor der Uni Leipzig (4. Dezember 1940), HUB, Uk. H185 IV, 23; Dozentenführer an Rektor Uni Leipzig (9. Dezember 1940), HUB, Uk. H185 IV, 23.

8 Rektor Uni Leipzig an REM (11. Dezember 1940), HUB, Uk. H185 IV, 22.

9 REM an Rektor Uni Leipzig (19. März 1941), HUB, Uk. H185 IV, 20.

dem Gesang verstand, aber die Musik und das Bühnenbild genoss. Anschließend war Heisenberg mit einem jungen ungarischen Physiker in einem »Nachtlokal«, wo es »unglaublich viel und gut zu essen gab«. Erst um zwei Uhr kam er ins Bett. Am nächsten Tag nahm ein ungarischer Kollege Heisenberg auf einen Autoausflug in die Umgebung Budapests mit. Sie bestiegen einen Berg, von dem man eine gute Aussicht auf die Stadt hatte; sie genossen die strahlende Sonne und den klaren Himmel. Dann machten sie einen Spaziergang auf der Margareteninsel in der Donau. Dort blühte alles. »Wie schön wäre es«, wenn Elisabeth hätte dabei sein können.

Der darauffolgende Montag war ein anstrengender Tag. Morgens besichtigte Heisenberg eine Glühbirnenfabrik, gefolgt vom Mittagessen. Heisenberg sprach den ganzen Tag mit verschiedenen Menschen, anschließend hielt er im großen Hörsaal des Physikalischen Instituts noch einen Vortrag für ein allgemeines Publikum.

> Der Saal war völlig überfüllt und ich wurde gefeiert wie eine Primadonna. Ich kann nicht sagen, dass ich das immer so haben wollte, aber es macht doch mehr Spass, vor vierhundert Leuten zu reden, die sich darüber freuen, als vor sechs gelangweilten sächsischen Gesichtern Tag für Tag Vorlesung zu halten.

Anschließend gab es ein feierliches Abendessen in einem Hotel der Stadt. Heisenberg prahlte: »Ich verzehre jeden Tag mindestens einmal, oft auch zweimal ein halbes gebratenes Huhn.« Das wäre in Deutschland selbst kaum vorstellbar gewesen, denn seit dem Beginn des Krieges waren Lebensmittel hier rationiert. Am Dienstag, Heisenbergs letztem Tag in Budapest, besichtigte er am frühen Morgen das Physikalische Institut, nahm mit der Gräfin Zichy in einem Palais ein spätes Frühstück ein, machte nachmittags in der Stadt Einkäufe und hielt schließlich einen zweiten Vortrag. Obgleich dies ein Fachvortrag über ein spezielles physikalisches Thema war, war der Hörsaal abermals überfüllt. Der Tag ging mit einem Bankett im vornehmsten Hotel Budapests zu Ende.[10]

Im Mai 1941 erhielt Heisenberg eine Einladung zu einem Vortrag am Institut für deutsche Ostarbeit (IDO) im Generalgouvernement, dem Teil des besetzten Polen, der nicht an Deutschland angeschlossen werden sollte.[11] Die Deutschen hatten das Institut am Standort der aufgelösten Universität

10 Werner Heisenberg an Elisabeth Heisenberg (28. April 1941), in Werner Heisenberg und Elisabeth Heisenberg, *»Meine Liebe Li!« Der Briefwechsel 1937–1946* (St. Pölten 2011), 163–165.

11 Wilhelm Coblitz an Werner Heisenberg (20. Mai 1941), AMPG, III. Abt. Rep. 93; für das IDO vgl. Götz Aly und Susanne Heim, *Vordenker der Vernichtung. Auschwitz und die deutschen Pläne für eine neue europäische Ordnung*, 2. Aufl. (Frankfurt am Main 2013).

Krakau eingerichtet. Bis auf sehr wenige Ausnahmen waren die polnischen Hochschullehrer von den deutschen Besatzungstruppen verhaftet und in das Konzentrationslager Sachsenhausen verschleppt worden. Das IDO unterstützte mit seinen Forschungsarbeiten die NS-Besatzungspolitik der Germanisierung: Ausbeutung und Vernichtung von Nichtariern und Erwerb von Lebensraum und Ressourcen für Deutsche auf Kosten dieser Völker. Die Sektion Astronomie und Mathematik am Institut beschäftigte russische Kriegsgefangene und Insassen von Konzentrationslagern als Zwangsarbeiter für mathematische Forschungsprojekte.[12] Wilhelm Coblitz (1906–1996), der Institutsdirektor, beschrieb ihre Arbeit als Vorbereitung für die Endlösung der europäischen Judenfrage nach dem Krieg.[13]

Gründer und Förderer des IDO war Hans Frank, der mächtige nationalsozialistische Führer, Generalgouverneur der besetzten Teile Polens und Heisenbergs einstiger Schulfreund. Die beiden Männer waren Duzfreunde.[14] Frank hatte Heisenberg persönlich zu dem Vortrag in Krakau eingeladen.[15] Heisenberg beantragte daraufhin die Genehmigung der Reise, und er bat Coblitz, seinen Vortrag so zu planen, dass Frank daran teilnehmen könne. Der Rektor, der Dekan, der Führer des Nationalsozialistischen Deutschen Dozentenbundes und das Oberkommando des Heeres befürworteten Heisenbergs Antrag.[16]

Aber das REM lehnte den Antrag ab. Rudolf Mentzel, ein hochrangiger Ministerialbeamter im Ministerium, begründete seine Entscheidung sorgfältig in einem Brief an Frank selbst.

> Das Institut für Deutsche Ostarbeit hat den Professor Heisenberg aus Leipzig zu einem Vortrag in Krakau eingeladen. Den Urlaub zu diesem Vortrag habe ich Professor Heisenberg nicht gewährt. Nunmehr teilt mir

12 Herbert Mehrtens, »Angewandte Mathematik und Anwendungen der Mathematik im nationalsozialistischen Deutschland«, *Geschichte und Gesellschaft*, 12/3 (1986), 317–347, hier 344.

13 Max Weinreich, *Hitler's Professors: The Part of Scholarship in Germany's Crimes against the Jewish People*, 2. Aufl. (New Haven 1999), 95–97.

14 Jeremy Bernstein, »Heisenberg in Poland«, *American Journal of Physics*, 72 (2004), 300–304, hier 300.

15 REM an Frank (29. Juli 1941), BABL, REM 690, 67; Paul Rosbaud, Interview (12. August 1945), NBL, SGP Box 27, Folder 41.

16 Wilhelm Coblitz an Werner Heisenberg (20. Mai 1941), AMPG, III. Abt. Rep. 93; Werner Heisenberg an Wilhelm Coblitz (6. Juni 1941), AMPG, III. Abt. Rep. 93; Werner Heisenberg an Elisabeth Heisenberg (13. Juni 1941), in Heisenberg und Heisenberg, 166-167; Berne (Rektor der Universität Leipzig) an REM (23. Juni 1941), HUB, Uk. H185 IV, 16; Berne (Rektor der Universität Leipzig) an REM (23. Juli 1941), HUB, Uk. H185 IV, 14.

> der Direktor des Instituts mit, dass Professor Heisenberg auf Ihren persönlichen Wunsch eingeladen wurde.
> Der Grund für meine Ablehnung, Heisenberg zu beurlauben, liegt in seiner politisch umstrittenen Persönlichkeit. Heisenbergs Beziehungen zu den jüdischen Physikern und ihrem Anhang im Ausland sind derartig weitgehend gewesen, dass die Parteikanzlei bis jetzt sich nicht entschließen konnte, zuzustimmen, dass dieser hochbegabte Gelehrte Berufungen nach Wien und München folgen konnte. Auch ich kann mich dem Bedenken der Parteikanzlei nicht verschließen, besonders, nachdem sich kürzlich in Budapest wieder herausgestellt hat, dass die dortige jüdisch beeinflusste physikalische wissenschaftliche Welt begeistert für Heisenberg demonstrierte. Auch ein Schreiben des Reichsministeriums für Volksaufklärung und Propaganda, das ich kürzlich erhielt, stellt den Vortrag, den Heisenberg in Budapest hielt, als vom Standpunkt des Nationalsozialismus nicht tragbar hin.
> Ich bin selbstverständlich bereit, Ihnen beim kulturellen Aufbau mit allen meinen Kräften zur Verfügung zu stehen und bitte Sie mir, Ihre Wünsche in dieser Hinsicht zu übermitteln.[17]

Zu diesem Zeitpunkt war die NSDAP noch nicht in der Lage, zu kontrollieren, was in dem mit Deutschland verbündeten Ungarn vor sich ging. Nach Ansicht der nationalsozialistischen Führung ging die dortige Regierung bei der Behandlung der Juden, die noch immer nicht vollständig aus dem öffentlichen Leben verbannt worden waren, nicht mit der gebotenen Entschlossenheit vor. Einige jüdische Physiker mochten Heisenbergs Vorträge gehört haben, was die ebenfalls anwesenden NS-Kader zweifellos in Verlegenheit brachte. Es ist nicht klar, ob Heisenberg jemals erfuhr, warum sein Antrag nicht genehmigt wurde.

Der Besuch in Kopenhagen

Die Vorgeschichte

Das Treffen zwischen Bohr und Heisenberg im September 1941 hat eine Vorgeschichte. Im März jenes Jahres reiste Weizsäcker nach Kopenhagen und hielt Vorträge an wissenschaftlichen Einrichtungen, auch an Bohrs Institut. Weizsäckers Besuch hatte starken Rückhalt, zum einen, weil sein Vater Ernst Staatssekretär im Auswärtigen Amt war, zum anderen, weil die

17 REM an Rektor Uni Leipzig (9. September 1941), HUB, Uk. H185 IV, 13; REM (Rudolf Mentzel) an den Generalgouverneur in Krakau (Hans Frank) (29. Juli 1941), BABL, REM 690-76.

Reise den deutschen Interessen diente. Weil Bohrs Mutter Jüdin war, stuften ihn die deutschen Besatzungsbehörden als Nichtarier ein. Allerdings hatten Bohr und die anderen Wissenschaftler an seinem Institut weiterarbeiten können, weil Deutschland in den ersten Kriegsjahren, in denen die dänische Regierung mit dem Dritten Reich kooperierte, Dänemark und die dänischen Juden relativ schonend behandelte. Weizsäcker wollte sich zweifellos ein eigenes Bild davon machen, wie es Bohr erging, aber er hatte auch noch weitere Motive für seine Reise.

Offiziell hielt sich Weizsäcker zu einer Vortragsreihe in Dänemark auf. Der oberste deutsche Repräsentant in Dänemark zeigte sich beeindruckt von Weizsäckers Leistung und berichtete an das Auswärtige Amt, der Physiker habe seinen auf Dänisch gehaltenen Vortrag »Ist die Welt in Zeit und Raum unendlich?« vor der Physikalischen und Astronomischen Gesellschaft so anregend gestaltet, dass »der breite Kreis der Zuhörer, unter denen sich der Befehlshaber der deutschen Truppen in Dänemark befand, seinen Ausführungen ohne weiteres folgen konnte«. Weizsäcker besuchte auch Bohrs Institut für Theoretische Physik, wo er einen Vortrag über »Das Verhältnis der Quantenmechanik zur Philosophie Kants« hielt. Weizsäckers Vorträge hätten »sowohl vor dem Laienpublikums als auch in den rein wissenschaftlichen dänischen Kreisen außerordentlich gut gewirkt«. Die deutschen Behörden in Dänemark wollten Weizsäcker im Herbst ein weiteres Mal einladen, diesmal zusammen mit Heisenberg, im Rahmen einer einwöchigen Konferenz über Mathematik, Astronomie und theoretische Physik am neu gegründeten Deutschen Wissenschaftlichen Institut. Das deutsche Auswärtige Amt leitete den Antrag mit seiner Zustimmung an das REM weiter.[18]

Weizsäcker nutzte die Reise auch, um Informationen über etwaige alliierte Arbeiten an Atomwaffen zu sammeln. In dem offiziellen Bericht, den Weizsäcker nach diesem Besuch einreichte, vermerkte er:

> Ich konnte Kenntnis nehmen von den experimentellen und theoretischen Arbeiten des Instituts für theoretische Physik (Prof. Bohr), die im letzten Jahr ausgeführt worden sind. Es handelt sich um Untersuchungen der Spaltung von Uran und Thorium durch schnelle Neutronen und Deuteronen. Von den Arbeiten, die auch für unsere hiesigen Untersuchungen von großem Interesse sind, habe ich Sonderdrucke und Manuskripte mitgebracht.
>
> Über die Frage der technischen Energiegewinnung durch die Uranspaltung wird in Kopenhagen nicht gearbeitet. Es ist dort bekannt, daß in

18 Der Bevollmächtigte des Deutschen Reiches in Dänemark an AA (Berlin) (27. März 1941), BABL, REM 2943, 524-25; AA, Vermerk (16. April 1941), BABL, REM 2943, 525.

> Amerika insbesondere von Fermi Untersuchungen über diese Fragen eingeleitet worden sind; doch sind seit der Dauer des Krieges keine klaren Nachrichten aus Amerika mehr eingelaufen. Professor Bohr wusste offensichtlich nicht, daß bei uns Arbeiten über diese Frage im Gange sind; selbstverständlich habe ich ihn in seiner Ansicht bestärkt. Das Gespräch wurde von ihm selbst auf diesen Gegenstand gebracht.
> Die amerikanische Zeitschrift Physical Review war in Kopenhagen bis zum Heft vom 15. Januar 1941 einschließlich vorhanden. Von den wichtigsten Arbeiten habe ich Photographien mitgebracht. Es wurde verabredet, daß die Hefte von der Deutschen Gesandtschaft laufend für uns photokopiert werden.[19]

Die Aussicht, dass die Amerikaner an Atomwaffen arbeiteten, bereitete Weizsäcker auch weiterhin Sorgen. Im Juli 1941 traf er sich mit Reichserziehungsminister Bernhard Rust, um über die Lage der Physik in Deutschland zu sprechen, u. a. auch über den Vorsprung der USA vor Deutschland auf dem Gebiet der Kernphysik.[20] Am 4. September, kurz bevor Weizsäcker zusammen mit Heisenberg nach Kopenhagen fuhr, leitete er einen Artikel aus einer schwedischen Zeitung, den er von der Presseabteilung des Auswärtigen Amtes erhalten hatte, an das Oberkommando des Heeres weiter. Darin hieß es, die Amerikaner arbeiteten an einer neuen Bombe von nie da gewesener Sprengkraft.[21]

Planung

Im Juni genehmigte ein hoher Ministerialbeamter im REM die erneute Reise von Weizsäcker nach Kopenhagen, verlor jedoch kein Wort über Heisenberg. Die Kaiser-Wilhelm-Gesellschaft, der Arbeitgeber Weizsäckers, teilte dem Minister mit, dass Weizsäcker gern an der Tagung in Kopenhagen teilnehmen würde.[22] Das Reichserziehungsministerium seinerseits unterrichtete das Auswärtige Amt Anfang Juni, dass Weizsäcker nach Däne-

19 Carl Friedrich von Weizsäcker, Bericht über die Vortragsreise nach Kopenhagen vom 19.–24.3.41 (26. März 1941), AMPG, I. Abt. Rep. 34.

20 Carl Friedrich von Weizsäcker an Bernhard Rust (5. September 1941), engl. Übersetzung in *Manhattan District History Book I: General. Volume 14: Intelligence and Security*, www.osti.gov/opennet/manhattan_district.jsp (letzter Zugriff am 18. August 2017).

21 Carl Friedrich von Weizsäcker an das Oberkommando des Heeres (4. September 1941), engl. Übersetzung in *Manhattan District History Book I: Gerneral. Volume 14: Intelligence and Security*, www.osti.gov/opennet/manhattan_district.jsp (letzter Zugriff am 18. August 2017).

22 REM an KWG (8. Mai 1941), BABL, REM 2943, 528; KWG an REM (20. Mai 1941), BABL, REM 2943, 529.

mark kommen würde.[23] Aber das DWI wollte auch Heisenberg für die Tagung gewinnen.[24]

Am 14. Juli traf sich Weizsäcker mit einem Vertreter des Deutschen Akademischen Austauschdienstes, um die Veranstaltung in Kopenhagen zu planen. Eine Woche später reichte er ein schriftliches Konzept ein. Drei deutsche Astronomen, Hans Kienle (1895–1975), Albrecht Unsöld (1905–1995) und Ludwig Biermann (1907–1986), sollten zusammen mit Weizsäcker und Heisenberg eingeladen werden. Leitthema der Konferenz könnte der Aufbau der Sternatmosphären sein – ein Thema, für das Kienle auf dem empirischen, Unsöld und Biermann auf theoretischem Feld in Deutschland führend seien. Außerdem – und wahrscheinlich der Hauptgrund für die Themenwahl – war dies auch das Hauptarbeitsgebiet des Direktors der Kopenhagener Sternwarte, Bengt Strömgren (1908–1987). Heisenberg würde seine Arbeiten über kosmische Strahlung vorstellen, während Weizsäcker über die Umwandlung von Elementen in Sternen sprechen würde.

Weizsäcker setzte sich auch für Heisenberg ein:

> Auf die Teilnahme Heisenbergs habe ich deshalb Wert gelegt, weil er einerseits als führender deutscher theoretischer Physiker an kulturpropagandistischer Wirkung schwerlich übertroffen werden kann und andererseits durch mehrjährigen Aufenthalt in Dänemark gerade für Kopenhagen wohl besonders geeignet ist und die dänische Sprache vollständig beherrscht.[25]

Das Auswärtige Amt informierte das REM Anfang August, dass sowohl Heisenberg als auch Weizsäcker konsultiert worden seien, und erkundigte sich, ob die Behörden in Kopenhagen auch mit der Teilnahme von Kienle, Biermann und Unsöld rechnen könnten.[26] Weizsäcker schrieb an Bohr und teilte ihm mit, dass er und Heisenberg auf der Konferenz über Astrophysik am DWI Vorträge halten würden, und er lud alle dänischen Wissenschaftler ein, daran teilzunehmen.[27]

Als das REM, das gerade erst Frank einen Korb gegeben hatte, sich gegen das Ansinnen stellte, Heisenberg nach Kopenhagen zu schicken, ersuchte das Auswärtige Amt um eine Unterredung mit dem REM.[28] Ein Vertreter des Auswärtigen Amts, der Direktor des Kopenhagener DWI und zwei

23 REM an AA (3. Juni 1941), BABL, REM 2943, 530.

24 Der Bevollmächtigte des Deutschen Reiches in Dänemark an AA (27. Juni 1941), BABL, REM 2943, 537.

25 Carl Friedrich von Weizsäcker an DAAD (22. Juli 1941), BABL, REM 2943, 538.

26 AA an REM (2. August 1941), BABL, REM 2943, 531.

27 Carl Friedrich von Weizsäcker an Niels Bohr (15. August 1941), NBA, Niels Bohr General Correspondence.

28 REM, Vermerk (21. August 1941), BABL, REM 2943, 532.

Vertreter des REM kamen am 2. September zusammen. Der Direktor wies darauf hin, dass

> die Veranstaltung von Seiten des Deutschen Wissenschaftlichen Instituts schon für den Termin vom 18. bis 24.9.1941 vollständig vorbereitet sei, und dass eine Rückgängigmachung im Interesse des Deutschen Wissenschaftlichen Instituts, das seine Arbeit jetzt erst begonnen habe, als sehr schädlich angesehen werden musste. Das DWI hat an der fachlichen Zusammensetzung der deutschen Gruppe kein besonderes Interesse. Es wurde betont, dass die Veranstaltung nur in Form eines wissenschaftlichen Kolloquiums stattfinden solle und dass ihr jeder offizielle Charakter fehle. Die Hinzuziehung der Astronomen geschah in erster Linie deswegen, um der Veranstaltung einen einseitigen physikalischen Charakter zu nehmen. [...] Heisenberg wird nur 2 bis 3 Tage in Kopenhagen anwesend sein.

Es wurde auch politischer Druck ausgeübt.

> Aus taktischen Gründen ist im übrigen empfehlungswert, diese Veranstaltung Weizsäckers durchzuführen, da sonst zu erwarten steht, dass die Angelegenheit nicht auf der Referentenebene bleibt. Die Tatsache, dass die kulturpolitische Abteilung des Auswärtigen Amts an der Durchführung der Veranstaltung solch besondere Interesse zeigt [...], ist wohl darauf zurückzuführen, dass die kulturpolitische Abteilung ein Eingreifen von Staatssekretär [Ernst] von Weizsäcker befürchtet.[29]

Nach einiger Diskussion einigte man sich mit Rudolf Mentzel, dem Leiter der Wissenschaftsabteilung bei REM, auf einen Vorschlag, die Verantwortung weiterzugeben. Das Ministerium würde die Konferenz genehmigen, wenn die Parteikanzlei der Teilnahme Heisenbergs zustimmte. Das REM stellte klar, dass die Veranstaltung im DWI stattfinden sollte, ohne dies der breiten Öffentlichkeit bekannt zu machen. Mit anderen Worten: Im Unterschied zu Heisenbergs kürzlicher Reise nach Budapest würde dieser Besuch straff kontrolliert, und es würde nicht zu peinlichen projüdischen Kundgebungen kommen.[30]

Die Parteikanzlei antwortete, es gebe keine Bedenken gegen Heisenbergs Reise nach Kopenhagen, vorausgesetzt, er halte sich zurück und bleibe nur ein paar Tage. Dänemark war zweifellos ein weniger heikles Gebiet als das Generalgouvernement. Die NSDAP stellte einmal mehr klar, dass ein Besuch Heisenbergs, der für große öffentliche Aufmerksamkeit sorgen würde, unerwünscht sei. Als Heisenberg Elisabeth mitteilte, dass die Reise geneh-

29 REM, Vermerk (2. September 1941), BABL, REM 2943, 534-535.
30 REM an Parteikanzlei (ca. 2. September 1941), BABL, REM 2943, 535.

migt worden sei, schrieb er: »Auf Bohr freue ich mich sehr, ebenso auf die Stadt, die ich doch sehr gern habe. Ein wenig bin ich doch auch dort zu Hause. Vielleicht kann ich von dort auch etwas mitbringen.«[31]

Der Besuch

Als Heisenberg und Weizsäcker im September 1941 nach Kopenhagen reisten, sah Ersterer einen klaren, wenn auch noch langen Weg zur Atombombe. Die Forschungen hatten einen Punkt erreicht, bei dem Atomwaffen zwar machbar zu sein schienen, aber trotzdem noch immer Jahre entfernt waren. Die Isotopentrennung mithilfe einer Ultrazentrifuge hatte bei anderen chemischen Verbindungen große Fortschritte gemacht, aber bei Uran noch nicht funktioniert. Ein Kernreaktortyp, der unter Heisenbergs Leitung in Leipzig entwickelt wurde, hatte eine erhebliche Neutronenvermehrung erzielt. In einem Bericht über Versuche mit einem Modellkernreaktor, den Heisenberg im März 1941 für eine interne Tagung schrieb, gelangte er zu dem Schluss, dass Energieerzeugung durch eine Kettenreaktion in einer Uranmaschine definitiv möglich sei.[32] Nur ein paar Wochen vor dem deutschen Überfall auf die Sowjetunion im Juni reichte Weizsäcker seinen Patentantrag zur Herstellung von Element 94 (Plutonium) in einer Uranmaschine ein.[33]

Mittlerweile hatten die Kämpfe im Osten eine beispiellose Größenordnung und Qualität angenommen. Es herrschte jetzt ein gnadenloser Krieg zwischen Rassen und Ideologien: der Nationalsozialismus gegen die »jüdisch-bolschewistische« Sowjetunion. Obgleich Deutschland eine Vormachtstellung in Europa hatte, Großbritannien sich im Belagerungszustand befand, die USA neutral blieben und der Blitzkrieg gegen die Sowjetunion noch immer gut zu laufen schien, geht aus Heisenbergs Briefen an seine Frau ganz klar hervor, dass ihn die Aussichten Deutschlands im Krieg mit wachsender Besorgnis erfüllten.

Zu den verfügbaren Primärquellen für den Besuch in Kopenhagen gehören Briefe, die Heisenberg während seines Aufenthalts in Dänemark an seine Frau schrieb, und die offiziellen Berichte, die Heisenberg, Weizsäcker und die deutschen Besatzungsbehörden in Dänemark nach der Arbeits-

31 REM, Vermerk (11. September 1941), BABL, REM 2943, 536; Werner Heisenberg an Elisabeth Heisenberg (9. September 1941), in Heisenberg und Heisenberg, 190–191.

32 Werner Heisenberg, Bericht über Versuche mit Schichtenanordnungen von Präparat 38 und Paraffin am Kaiser Wilhelm-Institut f. Physik in Bln-Dahlem (März, 1941), AMPG, I. Abt. Rep. 34.

33 Carl Friedrich von Weizsäcker, Kernenergieerzeugung aus dem Uranisotop der Masse 238 und anderen schweren Elementen (Herstellung und Verwendung des Elements 94) (6. Juni 1941), AMPG, I. Abt. Rep. 34.

Abb. 35: Niels Bohr und Werner Heisenberg 1936 in Kopenhagen.

tagung einreichten. Während die letztgenannten Dokumente ganz klar kritisch hinterfragt werden müssen, sollte man sich vor Augen führen, dass die Berichte in Anbetracht der Tatsache, dass so viele verschiedene Personen alles, was gesagt und getan wurde, beobachteten, die wichtigen Ereignisse aufgreifen mussten. Anders gesagt, die beiden Physiker konnten es sich nicht erlauben, über potenziell strittige oder wichtige Dinge mit Schweigen hinwegzugehen.

Heisenberg fuhr am Montag, den 15. September, nach Kopenhagen: »Am späten Abend ging ich unter sternklarem Himmel durch die verdunkelte Stadt zu Bohr.« Wie er seiner Frau schrieb, wandte sich ihre Unterhaltung sofort heiklen Themen zu:

> Das Gespräch ging schnell zu den menschlichen Fragen und Unglücken unserer Zeit; über die menschlichen ist die Einigkeit von selbst gegeben; bei den politischen Fragen werde ich schwer damit fertig, dass selbst bei einem Mann wie Bohr Denken, Fühlen und Hassen nicht ganz getrennt werden können. Aber wahrscheinlich soll das auch garnie getrennt werden.[34]

34 Werner Heisenberg an Elisabeth Heisenberg (16. September 1941), in Heisenberg und Heisenberg, 193.

Am nächsten Tag suchte Heisenberg den dänischen Wissenschaftler auf, der ihr lokaler Ansprechpartner für die Arbeitstagung war, und verständigte sich mit ihm über die Einzelheiten des Programms. Später besuchte Heisenberg Bohrs Institut.[35]

Die übrigen deutschen Tagungsteilnehmer trafen am Mittwoch in Kopenhagen ein, während Heisenberg den ganzen Abend mit Bohr verbrachte. Eine in Kopenhagen gestrandete junge Engländerin wohnte bei den Bohrs: »Bei den unvermeidlichen politischen Gesprächen, bei denen mir natürlich von selbst die Rolle zufiel, unser System zu verteidigen, zog sie sich zurück, und ich fand das eigentlich ganz nett von ihr.« Während es kaum verwunderlich ist, dass Heisenberg politischen Diskussionen nicht aus dem Weg gehen konnte, spricht dieses Zitat dafür, dass Heisenberg in Kopenhagen sowohl öffentlich als auch im privaten Kreis die deutsche Politik und den Krieg verteidigte.

Sämtliche Berichte aus der Nachkriegszeit über diesen Besuch stimmen darin überein, dass Heisenberg Bohr gesagt habe, dass die Deutschen an den potenziellen militärischen Anwendungen der Kernspaltung arbeiteten und dass Atombomben funktionieren sollten. Außer Heisenbergs Bericht aus der Nachkriegszeit gibt es keine zeitgenössischen Belege dafür, dass Heisenberg und Bohr einen Spaziergang machten, bei dem sie nicht der Gefahr ausgesetzt waren, abgehört zu werden. Und Heisenberg schien bei Bohr zu Hause seine Worte sorgfältig abzuwägen. Nach Bohrs Erinnerung wiederum fand das Gespräch in seinem Institut statt, wo, wie Heisenberg seiner Frau schrieb, er und Weizsäcker »einige wissenschaftliche Diskussionen [hatten], die Kopenhagener wissen aber auch nicht sehr viel mehr als wir«.[36] Unabhängig davon, wo das Gespräch nun stattfand, musste die Enthüllung, dass Weizsäcker, der Bohr noch im März in dem Glauben wiegte, die Deutschen arbeiteten nicht an militärischen Anwendungen der Kernspaltung, ihn getäuscht hatte, Bohr verstimmen. Allerdings hielt dies Bohr, Heisenberg und Weizsäcker nicht davon ab, sich freundlich miteinander auszutauschen. Der Besuch in Bohrs Institut und die Gespräche mit den dort tätigen Wissenschaftlern waren allerdings enttäuschend. Wie Heisenberg an Elisabeth schrieb:

> Morgen beginnen die Vorträge im Deutschen wissenschaftl. Institut; der erste offizielle Vortrag ist meiner, morgen Abend. Leider werden die Mitglieder des Bohr'schen Instituts aus politischen Gründen nicht kom-

35 Werner Heisenberg, Bericht über die Teilnahme an einer astrophysikalischen Arbeitstagung im Deutschen Wissenschaftlichen Institut in Kopenhagen (23. September 1941), BABL, REM 2943, 547.

36 Werner Heisenberg an Elisabeth Heisenberg (18. September 1941), in Heisenberg und Heisenberg, 194–195.

> men. Es ist merkwürdig, wie man hier, obwohl die Dänen ja völlig ungestört leben können u. es ihnen ausgezeichnet geht, verstanden hat, soviel Hass oder Angst zu erzeugen, dass auch eine Verständigung auf kulturellem Gebiet – wo sie früher selbstverständlich war –, fast unmöglich geworden ist. Im Bohr'schen Institut hab ich einen kleinen Vortrag auf Dänisch gehalten, das war natürlich genau so wie früher (die Leute vom Deutschen wissensch. Institut hatten das ausdrücklich gebilligt). Aber in das Deutsche Institut will man aus grundsätzlichen Erwägungen nicht gehen, weil bei und nach der Gründung eine Reihe von zackigen Reden über die Neue Ordnung in Europa gehalten worden sind.

In dem Bericht, den Heisenberg über die Arbeitstagung vorlegte, stellte er unmissverständlich fest, dass sich die Dänen geweigert hätten, zu kooperieren, und er machte keinen Hehl daraus, was er davon hielt:

> Von dem Zusammensein mit dänischen Kollegen habe ich den Eindruck gewonnen, dass unsere Beziehungen zu den wissenschaftlichen Kreisen in Skandinavien jetzt recht schwierig sind. Man stößt überall auf eine sehr reservierte, oft auch ablehnende Haltung. Nur wenige dänische Kollegen sind bei der augenblicklichen Lage zu einer wissenschaftlichen Zusammenarbeit in einem mehr oder weniger offiziellen Rahmen, wie ihn das Deutsche Wissenschaftliche Institut darstellt, bereit. Die Dänen nehmen diese Haltung ein, obwohl mir gegenüber fast alle Kollegen betont haben, dass sie über das Verhalten der deutschen Wehrmacht nicht die geringste Klage vorzubringen hätten.[37]

Am Ende des Krieges erklärten dänische Wissenschaftler, ihnen wäre die Arbeitstagung am DWI als ein Versuch erschienen, Bohr und seine Kollegen zu kultureller Kollaboration zu nötigen. Obwohl die Dänen zur Teilnahme an den Vorträgen gedrängt wurden – Weizsäcker sagte ihnen, wenn sie nicht ans DWI kämen, würde die SS ihr eigenes wissenschaftliches Institut eröffnen –, weigerten sie sich, zu kollaborieren. Während der Tagung nahm Weizsäcker den Direktor des DWI mit ans Institut für Theoretische Physik und drängte ihn an Bohrs Sekretärin vorbei, obwohl er keinen Termin bei diesem hatte. Dadurch zwang Weizsäcker Bohr in eine Konfrontation, die er unbedingt hatte vermeiden wollen, zum Teil deshalb, weil er befürchtete, der dänische Widerstand würde glauben, dass er mit den Deutschen kollaborierte.

37 Werner Heisenberg an Elisabeth Heisenberg (18. September 1941), in Heisenberg und Heisenberg, 195; Werner Heisenberg, Bericht über die Teilnahme an einer astrophysikalischen Arbeitstagung im Deutschen Wissenschaftlichen Institut in Kopenhagen (23. September 1941), BABL, REM 2943, 547.

Die dänischen Wissenschaftler erinnerten sich auch daran, dass Heisenberg sie eiskalt brüskiert habe, als er nämlich sagte, Kriege seien eine »biologische Notwendigkeit«, seine Freude über den erfolgreichen deutschen Feldzug im Osten zum Ausdruck brachte und sich als ein »leidenschaftlicher Nationalist« gebärdete.[38] Unmittelbar nach dem Krieg beschrieb Lise Meitner in einem Brief an den Schweizer Physiker Paul Scherrer (1890–1969) die »sehr merkwürdigen Dinge«, die sie von jungen dänischen Kollegen über Heisenberg gehört hatte: »Er war ganz erfüllt von dem Wunschtraum eines deutschen Sieges und entwickelte eine Theorie der höher stehenden und der Völker, über die Deutschland herrschen sollte, wobei er allerdings die Occupation von Dänemark und Norwegen als ›bedauerlich‹ bezeichnete.«[39] Ob aus Überzeugung oder aus Opportunismus – in den bemerkenswert sozialdarwinistischen Aussagen, die Heisenberg bei seinem Besuch in Dänemark im Jahr 1941 machte, spiegelte sich, bewusst oder unbewusst, die zeitgenössische NS-Propagandalinie über den Krieg wider.

Wahrscheinlich rieten Weizsäcker und Heisenberg Bohr und seinen Kollegen, mit den deutschen Repräsentanten in Kopenhagen zu kooperieren, was Bohr und seine Kollegen ihrerseits abgelehnt haben dürften. Für die Dänen wäre die Teilnahme an der Arbeitstagung oder an den abendlichen Vorträgen ein moralisch fragwürdiger politischer Akt mit unabsehbaren Konsequenzen gewesen. Für Heisenberg und Weizsäcker war eine solche Beteiligung lediglich der Preis dafür, dass sich deutsche Beamte, darunter auch Vertreter des Auswärtigen Amtes, um Bohr kümmerten. Am wichtigsten war vielleicht, dass Heisenberg und Weizsäcker ihren dänischen Kollegen lediglich rieten, das zu tun, was sie selbst taten, in Heisenbergs Worten, aktive Opposition zu betreiben: das heißt, innerhalb des nationalsozialistischen Systems zu arbeiten und zu Zugeständnissen bereit zu sein, in der Hoffnung zu überleben, oder vielleicht sogar zu gedeihen.

Die eigentliche Arbeitstagung begann am Freitag. In der Theorie wurde sie von Bengt Strömgren von der Kopenhagener Sternwarte und dessen Vater Elis (1870–1947) geleitet, was eine offenkundige Kollaboration mit dem DWI darstellte. Während Heisenberg berichtete, dass von dänischer Seite nur die beiden Strömgrens und die Mitglieder der Sternwarte teilgenommen hätten,[40] beschrieb das DWI die Veranstaltung in einem günsti-

38 J. G. Crowther, *Science in Liberated Europe* (London 1949), 106–108; Aage Bohr, »The War Years and the Prospects Raised by the Atomic Weapons«, in Stefan Rozental (Hg.), *Niels Bohr* (Amsterdam 1968), 193; Stefan Rozental, *NB. Erindringer om Niels Bohr* (Copenhagen 1985), 44–45; Interview mit Stefan Rozental.

39 Lise Meitner an Paul Scherrer (26. Juni 1945), zitiert in Dieter Hoffmann, »›Kopenhagen‹ war kein Einzelfall«, in Dörries und Frayn, *Kopenhagen*, 215–225, hier 215.

40 Werner Heisenberg, Bericht über die Teilnahme an einer astrophysikalischen Arbeitstagung im Deutschen Wissenschaftlichen Institut in Kopenhagen (23. September 1941), BABL, REM 2943, 547.

geren Licht: »Außer diesen beiden Herren waren noch die maßgebenden dänischen Astronomen und einige theoretische Physiker zugegen.« Während Bohr, der vielleicht renommierteste Wissenschaftler des Landes, und seine engsten Kollegen das DWI boykottierten, haben andere dies nicht getan.

Auf deutscher Seite nahmen neben Heisenberg und Weizsäcker zwei Astrophysiker, Hans Kienle und Ludwig Biermann, teil; sie leiteten die einzelnen Abschnitte der Arbeitstagung ein, die ihren Spezialgebieten gewidmet waren. Das Arbeitstreffen zog sich bis Samstag hin, wobei die Vormittags- und Nachmittagssitzungen durch »eine große Einladung auf der deutschen Gesandtschaft, an der das Essen bei weitem das beste war«, unterbrochen wurden. Weizsäcker schwärmte in seinem Bericht sogar regelrecht von der Gastlichkeit der Dänen. Das DWI habe außergewöhnlich angenehme Räumlichkeiten für die Arbeitstagung zur Verfügung gestellt. Besonders dankbar war Weizsäcker für

> die gastliche Aufnahme durch den Leiter des Institutes, Herrn Dr. Domes, und den Bevollmächtigten des Deutschen Reiches und die Mitglieder der Gesandtschaft einerseits, durch die dänischen Gelehrten, zu denen die deutschen Tagungsteilnehmer alte wissenschaftliche, persönliche Beziehungen haben, andererseits [...].[41]

Das DWI begnügte sich nicht mit einer wissenschaftlichen Fachtagung, sondern nutzte die Gelegenheit, Heisenberg für einen Vortrag für einen breiteren Hörerkreis zu gewinnen, der sich einerseits aus Personen zusammensetzte, die Heisenberg als Mitglieder der deutschen Kolonie in Kopenhagen beschrieb, darunter der Vertreter des Bevollmächtigten des Deutschen Reichs und Vertreter der NSDAP, und andererseits aus bekannten dänischen Repräsentanten wie etwa dem Rektor und dem Dekan der mathematisch-naturwissenschaftlichen Fakultät der Universität Kopenhagen, dem Präsidenten der Rask-Ørsted-Stiftung und Kollegen von der Technischen Hochschule. Heisenbergs Vortrag über »Den jetzigen Stand unserer Kenntnis von der kosmischen Strahlung« zeichnete sich durch eine »sehr klare und einfache Darstellung aus«, über die das DWI anmerkte: »Der gebildete Laie konnte ohne weiteres folgen« und »die Art der Darstellung fand bei den dänischen und deutschen Hörern großen Anklang«.[42]

41 Der Bevollmächtigte des Deutschen Reiches an Auswärtiges Amt (26. September 1941), BABL, REM 2943, 544-545; Werner Heisenberg an Elisabeth Heisenberg (20. September 1941), in Heisenberg und Heisenberg, 195–196; Carl Friedrich von Weizsäcker, Zusammenfassender Bericht über die astrophysikalische Arbeitswoche in Kopenhagen vom 18.–24.9.41 (1. Oktober 1941), BABL, REM 2943, 549-550.

42 Werner Heisenberg, Bericht über die Teilnahme an einer astrophysikalischen Ar-

Am Samstag, dem letzten ganzen Tag, den Heisenberg in Kopenhagen verbrachte, besuchte er Bohr ein weiteres Mal zu Hause, diesmal zusammen mit Weizsäcker. »Das war in vieler Weise besonders nett, das Gespräch drehte sich einen grossen Teil des Abends um rein menschliche Probleme, Bohr las etwas vor, ich spielte eine Mozart-Sonate (A-dur).« Ganz anders war Heisenberg gestimmt, als er seiner Frau über seine Rückreise berichtete: »Die Rückkehr nach Deutschland vom freien Dänemark her war mir recht bedrückend. Dort ist das Leben der Menschen noch so unbeschwert, hier ist alles bis zum äussersten gespannt.«[43]

Während Heisenberg fraglos enttäuscht darüber war, dass die Wissenschaftler an Bohrs Institut die Arbeitstagung und Heisenbergs abendlichen Vortrag boykottiert hatten, hatte Weizsäckers Bericht einen defensiveren Ton: »Der lebendige Beweis dafür, dass in Deutschland auch während des Krieges erfolgreich Wissenschaft getrieben wird, und die Möglichkeit, in persönlichen Gesprächen eine Reihe schiefer Urteile über Deutschland richtig zu stellen, war wohl nicht ohne Bedeutung.« Aus Sicht des DWI war die Veranstaltung ein Erfolg. Jede kulturelle Kooperation war ein guter Anfang: »Sowohl das Kolloquium als auch die Vorträge der Arbeitswoche durch hervorragende deutsche Wissenschaftler trugen dazu bei, dem Deutschen Wissenschaftlichen Institut neue dänische Forscher zuzuführen und damit den Teilnehmerkreis des Instituts zu erweitern.« Ein paar Monate später teilte das Auswärtige Amt dem REM mit, dass »unter dem kulturpolitischen Gesichtspunkt eine weitere Herausstellung von Professor Heisenberg als äußerst erwünscht bezeichnet werden muss«.[44]

beitstagung im Deutschen Wissenschaftlichen Institut in Kopenhagen (23. September 1941), BABL, REM 2943, 547; Carl Friedrich von Weizsäcker, Zusammenfassender Bericht über die astrophysikalische Arbeitswoche in Kopenhagen vom 18.–24.9.41 (1. Oktober 1941), BABL, REM 2943, 549-550; Der Bevollmächtigte des Deutschen Reiches an Auswärtiges Amt (26. September 1941), BABL, REM 2943, 544-545.

43 Werner Heisenberg an Elisabeth Heisenberg (22. September 1941), in Heisenberg und Heisenberg, 196–197.

44 Carl Friedrich von Weizsäcker, Zusammenfassender Bericht über die astrophysikalische Arbeitswoche in Kopenhagen vom 18.–24.9.41 (1. Oktober 1941), BABL, REM 2943, 549-550; Der Bevollmächtigte des Deutschen Reiches an Auswärtiges Amt (26. September 1941), BABL, REM 2943, 544-545; Auswärtiges Amt (Roth) an REM (27. November 1941), BABL, REM 2943, 557.

Der Botschafter des guten Willens

Schweiz, Ungarn und Slowakei

Heisenbergs Besuch bei Bohr im besetzten Dänemark im September 1941 war lediglich eine von vielen Vortragsreisen, die Heisenberg während des Krieges ins Ausland unternahm. Er trug in Holland, der Slowakei und Polen vor, jeweils zweimal in Dänemark, Ungarn und der Schweiz. In ihrer Gesamtheit helfen diese Auslandsreisen Heisenbergs, seinen Besuch in Kopenhagen im September 1941 richtig einzuordnen. Im Herbst 1942 erhielt er eine Einladung zu einem Vortrag vor dem Verband der Schweizerischen Studentenschaften. Die Schweiz war eines der wenigen Länder in Europa, die während des Krieges neutral blieben. Scherrer, der Heisenberg eingeladen hatte, bat seinen deutschen Kollegen, auch einen Vortrag vor den Physikern der Technischen Hochschule Zürich zu halten.[45] Heisenberg wurde anschließend überschwemmt von Vortragseinladungen. Letztlich erklärte er sich bereit, noch weitere Vorträge vor der Naturwissenschaftlichen Fakultät der Universität Genf, der Schweizerischen Physikalischen Gesellschaft und den Studentenschaften der Universität Bern und Basel zu halten.[46] Heisenbergs Einladung zu Vorträgen in der neutralen Schweiz wurde von den zuständigen deutschen Stellen ganz selbstverständlich begrüßt. Der Rektor der Universität Leipzig vermerkte wie üblich, dass der Dekan Heisenberg als geeignete Person für eine solche Reise ansehe und dass der Vertreter des NS-Dozentenbundes keine Einwände habe. Er bat das REM um Genehmigung,[47] die Ende Oktober erteilt wurde.[48] Die NSDAP erinnerte ihn lediglich an seine Verpflichtung, während seines Aufenthalts in der Schweiz die dortige Landesgruppe der NSDAP zu besuchen.[49]

Heisenberg traf am 17. November 1942 in Zürich ein und wurde vom Vorsitzenden der Studentenschaft abgeholt. Am nächsten Tag hielt er eine Rede im Universitätskolloquium über beobachtbare Variablen in der Theorie der Elementarteilchen. Obgleich dies eine schwierige Materie war, konnte er Elisabeth berichten: »Die Leute haben so fabelhaft zugehört und ich

45 Paul Scherrer an Werner Heisenberg (26. Mai 1942), AMPG, III. Abt. Rep. 93; Werner Heisenberg an Dekan phil. Fak. der Uni. Leipzig (10. Juni 1942), AMPG, III. Abt. Rep. 93.

46 Stueckelberg an Werner Heisenberg (20. August 1942), AMPG, III. Abt. Rep. 93; Studentenschaft der Universität Bern an Werner Heisenberg (7. September 1942), AMPG, III. Abt. Rep. 93; Fischer an Werner Heisenberg (23. Oktober 1942), AMPG, III. Abt. Rep. 93; Studentenschaft der Universität Basel an Werner Heisenberg (2. November 1942), AMPG, III. Abt. Rep. 93.

47 REM an Werner Heisenberg (21. Oktober 1942), AMPG, III. Abt. Rep. 93.

48 Rektor Uni Leipzig an REM (30. Juli 1942), HUB, Uk. H185 IN, 7.

49 NSDAP an Werner Heisenberg (28. Oktober 1942), AMPG, III. Abt. Rep. 93.

hatte nachher so herzlichen, ostentativen Beifall, dass auch unsere offiziellen Stellen einigermassen zufrieden sein werden.« Anschließend besuchte er Paul Scherrer an der Technischen Hochschule. Seinen nächsten Vortrag hielt Heisenberg am 19. November vor der Schweizerischen Physikalischen Gesellschaft; anschließend wurde er als Gast des Präsidenten der Gesellschaft zu einem Abendessen eingeladen. Am nächsten Tag fuhr er nach Basel, stattete den dortigen Physikern einen Höflichkeitsbesuch ab und hielt am Abend einen Vortrag vor der örtlichen Studentenschaft über die aktuellen Ziele der physikalischen Forschung. Zwei Tage später hielt er einen Abendvortrag vor der Züricher Studentenschaft über Änderungen an den Grundlagen der exakten Wissenschaften, bei dem der größte Hörsaal bis auf den letzten Platz besetzt war. Am 24. November besuchte er den deutschen Gesandten in der Schweiz und den Repräsentanten der NSDAP in Bern und hielt einen Vortrag vor der Studentenschaft.[50]

Heisenberg fühlte sich wohl in der Schweiz, auch wenn die Kontraste zu Deutschland manchmal bedrückend waren. An seinem ersten Tag in der Schweiz schrieb er Elisabeth:

> Du hattest Dir Sorge gemacht, ich könnte als Deutscher auf viel Hass treffen. Aber der erste Eindruck, der einen ganz tief ergreift, ist gerade das Umgekehrte: ein Mass an Freundlichkeit, wie wir es seit Jahren nicht mehr kennen. Und zwar nicht nur von Seiten der Menschen, mit denen man etwa von Friedenszeiten her befreundet ist. [...]
> Obwohl ich als Deutscher ja sofort an der Sprache kenntlich bin, habe ich überall nur freundliche und frohe Gesichter gesehen, von einem Hass dem einzelnen Deutschen gegenüber kann also gar keine Rede sein. [...]
> Nach der ersten Überraschung gewöhne ich mich langsam an das Leben unter ruhigen, stets freundlichen und hoffnungsfrohen Menschen [...].

Heisenberg wurde von den beiden Physikern Wentzel und Scherrer »verwöhnt, wie man es sich kaum vorstellen kann«. Er hatte ein schlechtes Gewissen gegenüber Elisabeth, weil sie nicht bei ihm sein konnte, aber »es ist eben Krieg« und daher war das unmöglich.

Heisenberg besuchte Scherrer auch zu Hause, aber auch wenn sie auf moderne Kunst zu sprechen kamen, die nicht nach Heisenbergs Geschmack war, »wurde über Politik zum Glück nicht mehr viel gesprochen«. Die beiden Physiker »hatten sich am Abend vorher in freundlichster Weise darüber geeinigt, nicht überall einig zu sein«. Heisenberg gefiel es, dass »hier bei solchen Diskussionen keine geheiligten Gefühle verletzt« werden. In sei-

50 Werner Heisenberg, Bericht (11. Dezember 1942), AMPG, III. Abt. Rep. 93; Werner Heisenberg an Elisabeth Heisenberg (17. und 19. November 1941), in Heisenberg und Heisenberg, 211–212.

nem offiziellen Bericht hielt er fest, dass er in der Schweiz durchweg ausgesprochen freundlich behandelt worden sei, und dies nicht nur von langjährigen Kollegen. Auch wenn er häufig auf die politische Ablehnung der »deutschen Neuordnung Europas« traf, habe sich diese Haltung nicht auf persönliche Beziehungen übertragen. Seine Vorträge seien auf großes Interesse gestoßen.[51]

Auch wenn es einigen NSDAP-Kadern missfallen hatte, wie Heisenbergs Besuch in Ungarn im Jahr 1941 verlaufen war, wollte Hans Freyer (1887–1969), der Präsident des Budapester DWI, ihn nochmals für einen Vortrag gewinnen: »Professor Heisenberg hat hier als Nobel-Preisträger und neuerdings durch seine Berufung an die Kaiser-Wilhelm-Gesellschaft einen so bekannten Namen, dass ein Vortrag von ihm einen kulturpolitischen Erfolg sichern würde.« Allerdings räumte Freyer ein, dass aufgrund der Kontroverse, die Heisenbergs vorherige Reise nach Ungarn verursacht hatte, weitere öffentliche Vorträge in Budapest keine gute Idee wären.[52]

Das REM war wenig begeistert, aber dem Budapester DWI gelang es, das widerspenstige Ministerium zu umgehen, indem es sich mit der Kaiser-Wilhelm-Gesellschaft zusammentat. Anfang November setzte die Gesellschaft das REM davon in Kenntnis, dass eine gemeinsame wissenschaftliche Tagung mit dem Budapester DWI geplant sei, bei der nicht nur Heisenberg, sondern auch Max Planck und Carl Friedrich von Weizsäcker Vorträge halten sollten.[53] Das REM reagierte verärgert. Ein weiterer Vortrag von Heisenberg in Budapest würde zweifellos Wissenschaftler jüdischer Abstammung oder solche mit liberalen politischen Anschauungen anlocken, darunter auch einige ehemalige Studenten und Kollegen Heisenbergs. Das Ministerium befürchtete, dass einige der Hörer die Sache als eine politische Demonstration für jüdische Wissenschaftler ansehen würden. Allerdings gewann die Bitte des Budapester DWI durch die Teilnahme der Kaiser-Wilhelm-Gesellschaft erheblich an Gewicht.[54]

Das REM unterrichtete das Auswärtige Amt, dass es deutsche Initiativen, mit der Absicht, Heisenberg ins Ausland zu schicken (im Unterschied zu Einladungen aus dem Ausland), für unangebracht halte, weil seine Besuche immer in Kontroversen endeten. Da jedoch KWG-Generalsekretär Ernst Telschow mit den Vorbereitungen für die Vorträge schon sehr weit vorangeschritten sei, ohne das REM oder das Auswärtige Amt anzuhören, erteile

51 Werner Heisenberg an Elisabeth Heisenberg (17. und 19. November 1941), in Heisenberg und Heisenberg, 209–211; Werner Heisenberg, Bericht (11. Dezember 1942), AMPG, III. Abt. Rep. 93.

52 Deutsche Gesandtschaft an AA (17. Oktober 1942), BABL, REM 2943, 89.

53 KWG (Forstmann) an REM (4. November 1942), BABL, REM 2943, 86.

54 REM, Vermerk (19. November 1942), BABL, REM 2943, 90.

das REM – dieses Mal – seine Zustimmung.[55] Ende November 1941 reisten Heisenberg, Planck, Telschow und Weizsäcker als Vertreter der KWG nach Ungarn. Innerhalb des DWI wurde ein nationalsozialistischer »Safe Space« eingerichtet, zu dem jüdische oder liberale Wissenschaftler keinen Zutritt hatten.

Planck hielt seinen Standardvortrag über »Sinn und Grenzen der exakten Wissenschaft«. Der Präsident des DWI, der, wie Planck zustimmend vermerkte, es sich selbst zur Aufgabe gemacht habe, die kulturellen Beziehungen zwischen Deutschland und Ungarn zu pflegen, holte Planck und dessen Frau am Bahnhof ab und kümmerte sich während ihres gesamten Aufenthalts um sie. Planck hielt seinen Vortrag am 1. Dezember in der gemütlichen Atmosphäre des DWI. Anwesend waren unter anderen Vertreter der NSDAP und viele ungarische Würdenträger wie etwa Erzherzog Joseph, der Präsident der Ungarischen Akademie der Wissenschaften, und Erzherzogin Anna. An Plancks Vortrag schloss sich ein offizieller Empfang an, der von angenehmen persönlichen Gesprächen begleitet wurde. Planck war beeindruckt von dem Wohlwollen, das Ungarn gegenüber Deutschen zum Ausdruck brachte, und insbesondere von Freyers Fähigkeit, bei den gebildeten Kreisen in Ungarn Interesse an der deutschen Kultur zu wecken und aufrechtzuerhalten. Wie Planck in seinem Bericht schrieb: »So verlief die ganze Veranstaltung durchaus befriedigend und hat ihren Zweck, die geistigen Verbindungen zwischen Deutschland und Ungarn zu fördern, sicherlich vollauf erfüllt.«[56]

Tags darauf hielt Weizsäcker vor geladenen Gästen, darunter »offizielle Persönlichkeiten und die Vertreter der Physik und der benachbarten Fächer in Budapest«, einen Vortrag über »Atomtheorie und Philosophie«. Anschließend genoss er das Treffen mit ungarischen Kollegen. Am selben Tag aß Heisenberg mit dem Direktor des DWI zu Mittag, war beim deutschen Gesandten zum Tee eingeladen und hielt am Abend einen Vortrag über »Die gegenwärtigen Ziele der physikalischen Forschung«. An die Vorträge von Heisenberg und Weizsäcker schloss sich ein Konzert mit Stücken von Mozart und Bach an. Mit einer zwanglosen Feier am Institut klang dieser arbeitsreiche Tag schließlich aus. Die drei deutschen Physiker trafen sich am nächsten Tag mit den Physikprofessoren der Universität Budapest zum Mittagessen, und Heisenberg speiste mit einem Kollegen von der Technischen Hochschule Budapest zu Abend. Am 4. Dezember kehrte er nach Deutschland zurück.[57]

55 REM an AA (26. November 1942), BABL, REM 2943, 93.
56 Max Planck, Bericht über meine Vortragsreise nach Budapest (10. Dezember 1942), BABL, REM 2943, 94.
57 Carl Friedrich von Weizsäcker, Bericht (um den 10. Dezember 1942 herum), BABL,

Das Auswärtige Amt unterstrich die Bedeutung der Zusammenarbeit mit der KWG. Das Budapester DWI hatte bis dahin nur geisteswissenschaftliche Vorträge gefördert; die Institutsleitung beschloss dann aber, das Spektrum auf die Physik zu erweitern, um Ungarn, die sich für Naturwissenschaften interessierten, für das DWI zu gewinnen. Die KWG freute sich, einige ihrer Wissenschaftler entsenden zu können. Zunächst hatte auch ihr Präsident, Albert Vögler, die Absicht, an dem Austausch teilzunehmen und einen kurzen Abriss der Geschichte der Gesellschaft zu geben. Aber dann fuhr Telschow an seiner statt. Wie Freyer zustimmend anmerkte, stieß Telschows Vortrag bei den ungarischen Wissenschaftlern und den Vertretern des ungarischen Kultusministeriums auf lebhaftes Interesse. Die Ungarn hatten die Forschungsgelder, die sie früher aus den USA erhielten, verloren; Freyer glaubte, dass Deutschland in die Bresche springen könnte.

Freyer lobte die Redner überschwänglich. Planck habe »mit erstaunlicher Frische, mit innerer Würde und geistiger Eleganz« vorgetragen. Weizsäckers frei gehaltener Vortrag sei schlichtweg brillant gewesen: »Heute [vermag] wohl kein anderer die Forschungslage der modernen Physik und die Problemlage der modernen Philosophie so produktiv zu verbinden, wie dieser junge Gelehrte.« Die Diskussion, die Weizsäckers Vortrag auslöste, zog sich bis Mitternacht hin. Schließlich gab Heisenberg »einen fein abgewogenen Überblick über die Problemlage der Physik und über die Richtungen, in denen gegenwärtig die Forschungsziele liegen. Der Vortrag war von einer Klarheit und Reife, wie sie nur der in der vordersten Front der Wissenschaft arbeitende Forscher vermitteln kann.« Heisenberg seinerseits berichtete: »Die Vorträge im Deutschen Wissenschaftlichen Institut waren von vielen Ungarn besucht, und ich hatte den Eindruck, dass es dem Deutschen Wissenschaftlichen Institut dort in sehr glücklicher Weise gelungen ist, das Interesse der Ungarn für deutsches Kulturgut wachzuhalten.«[58]

Aus Sicht des Präsidenten des Budapester DWI waren die Vorträge ein voller Erfolg. Die Hörer waren handverlesen, und so gut wie keiner hatte die Einladung nicht angenommen. Zu den Gästen gehörten neben dem Erzherzog und der Erzherzogin Gesandte beziehungsweise Vertreter Italiens, Finnlands, Kroatiens, der Slowakei, des ungarischen Bildungsministeriums, sämtliche Physikprofessoren der Universität Budapest und Vertreter anderer ungarischer Universitäten. Am erfreulichsten für die Deutschen war, dass die ungarische Seite bereits ihr großes Interesse an weiteren derartigen

REM 2943, 97; Werner Heisenberg, Bericht (11. Dezember 1942), AMPG, III. Abt. Rep. 93.

58 Deutsche Gesandtschaft Prag an AA (6. Januar 1943), BABL, REM 2943, 99-100; Werner Heisenberg, Bericht über die Reise nach Budapest vom 30.11.–4.12.42 (11. Dezember 1942), AMPG, III. Abt. Rep. 93, 1705.

kulturellen Veranstaltungen zum Ausdruck brachte. Genau das wollte Freyer hören.[59]

Die Reise nach Budapest im Jahr 1942 war das letzte Mal, dass Heisenberg bei einer Auslandsreise Schwierigkeiten hatte. Wenn er fortan einen Vortrag absagte, dann aus eigenem Entschluss. Im Jahr 1943 erhielt er zwei Einladungen nach Frankreich. Die deutsche Botschaft in Paris unterstützte eine Vortragsreihe am Collège de France und wollte, dass Heisenberg einen rein wissenschaftlichen Vortrag auf Französisch hielt.[60] Der Dekan der Universität Berlin leitete die Einladung mit der Anmerkung, er selbst, der Rektor und der Vertreter des NS-Dozentenbundes würden die Reise selbstverständlich befürworten, an Heisenberg weiter.[61] Das Deutsche Institut in Frankreich wünschte sich ebenfalls einen Vortrag von Heisenberg.[62] Er lehnte beide Einladungen mit der Begründung ab, sein Französisch sei nicht gut genug, um einen Vortrag in dieser Sprache zu halten.[63] Weizsäcker dagegen sprach in Paris, aber sowohl sein Vortrag als auch das Mittagessen, das zu seinen Ehren gegeben wurde, wurde von seinen französischen Kollegen boykottiert. Als der französische Physiker Frédéric Joliot-Curie seinem deutschen Kollegen vorwarf, es sei geschmacklos, eine Einladung der deutschen Besatzungsbehörden anzunehmen, entgegnete Weizsäcker, er sei gezwungen gewesen, anzunehmen.[64]

Wie Heisenberg unternahm auch Weizsäcker während des Kriegs viele Vortragsreisen ins Ausland, so etwa in besetzte Länder wie Dänemark, Frankreich und Lettland, aber auch in mit Deutschland verbündete Länder wie Italien, Finnland, Rumänien und Bulgarien. Im Jahr 1944 reiste er in zwei neutrale, aber Deutschland politisch nahestehende Länder, nämlich nach Spanien und Portugal. In den beiden letztgenannten Ländern beeindruckten ihn das Interesse an deutscher Philosophie und die große Sympathie für Deutschland, wie er sie in anderen europäischen Ländern, die er während des Krieges besucht hatte, nicht erfahren hatte, und so sprach er sich für engere kulturelle Beziehungen zwischen Spanien beziehungsweise Portugal und Deutschland aus.[65]

Im Februar 1943 schickte die Slowakische Universität in Pressburg (Bratislava) über das REM eine Einladung an Heisenberg, einen Vortrag in der Slowakei zu halten – einem Marionettenstaat, den das Deutsche Reich aus

59 Deutsche Gesandtschaft (Prag) an AA (6. Januar 1943), BABL, REM 2943, 99-100.

60 REM an Rektor der Uni Berlin (11. März 1943), HUB, Uk. H185 II, 8.

61 Bieberbach an Werner Heisenberg (22. März 1943), HUB, Uk. H185 II, 8; Dozentenführer an Rektor der Uni Berlin (17. März 1943), HUB, Uk. H185 I, 18.

62 REM an Werner Heisenberg (17. Juli 1943), AMPG, III. Abt. Rep. 93.

63 Werner Heisenberg an Bieberbach (25. März 1943), HUB, Uk. H185 I, 20.

64 Samuel Goudsmit, Interview mit »F. J.« (31. August 1944), NARA, M1108 File 26.

65 Samuel Goudsmit, *Alsos*, 2. Aufl. (Los Angeles 1983), 103.

dem Gebiet der Tschechoslowakei herausgeschnitten hatte. Der Vertreter des REM teilte Heisenberg mit, das Ministerium wünsche, dass er die Einladung annehme, und Heisenberg stimmte zu.[66] Zwischen März und Oktober 1942 waren slowakische Juden in Arbeits- und Konzentrationslager verschleppt worden, allerdings ist unklar, ob Heisenberg irgendetwas davon wusste. Am 28. März traf er sich mit dem Präsidenten der örtlichen Technischen Universität, dem Dekan der Slowakischen Universität und einem Vertreter des Deutschen Akademischen Austauschdienstes. Am Nachmittag desselben Tages war Heisenberg bei dem Präsidenten zu Gast, der ihn abends mit in die Oper nahm. Tags darauf wurde er vom deutschen Gesandten empfangen, aß mit dem Dekan und dem Präsidenten zu Mittag und hielt am Abend einen Vortrag über den Stand der atomphysikalischen Forschung, ehe er sich mit einigen Pressburger Naturwissenschaftlern zu einem späten Abendessen traf. Der folgende Tag verlief ähnlich: eine Führung durch das alte Rathaus mit dem Bürgermeister von Pressburg, Mittagessen mit dem Dekan, dem Präsidenten, dem örtlichen Leiter des Deutschen Akademischen Austauschdienstes und dem deutschen Gesandten, ein abendlicher Vortrag über kosmische Strahlung vor einer kleinen Gruppe von Naturwissenschaftlern und Studenten und Abendessen mit Pressburger Wissenschaftlern und einem Gastdozenten, einem italienischen Mathematiker. Die Pressburger Naturwissenschaftler waren sehr freundlich zu ihm. Heisenberg berichtete, dass das Verhältnis zwischen Deutschen und ihren slowakischen Kollegen sehr gut sei.[67]

Die Niederlande

Im Juni 1943 lud das niederländische Erziehungsministerium, das mit den NS-Besatzern kollaborierte, Heisenberg zu einem Besuch in den Niederlanden ein. Die zuständigen Vertreter des Ministeriums wünschten, dass Heisenberg persönliche Kontakte knüpfte und Gespräche im kleinen Kreis führte. Der Reichskommissar für die besetzten niederländischen Gebiete, der höchste Repräsentant des Deutschen Reichs in den Niederlanden, ermunterte Heisenberg, die Einladung anzunehmen.[68] Das REM begrüßte den Vorschlag, insbesondere weil die Einladung vom niederländischen Erziehungsministerium ausgesprochen worden war.[69] Heisenberg antwortete, er sei grundsätzlich bereit, die Niederlande zu besuchen, allerdings nur un-

66 REM an Werner Heisenberg (24. Februar 1943), AMPG, III. Abt. Rep. 93; Werner Heisenberg an DAAD (9. März 1943), AMPG, III. Abt. Rep. 93.
67 Werner Heisenberg an REM (9. April 1943), AMPG, III. Abt. Rep. 93.
68 REM an Werner Heisenberg (15. Juni 1943), AMPG, III. Abt. Rep. 93.
69 REM an Werner Heisenberg (31. Juli 1943), AMPG, III. Abt. Rep. 93.

ter gewissen Bedingungen. Er bat niederländische Regierungsstellen, ihm mitzuteilen, welche seiner niederländischen Kollegen ihn sehen wollten und wie genau sein Reiseplan aussehen würde. Vielleicht wegen seiner Erfahrungen in Kopenhagen zwei Jahre zuvor wollte Heisenberg wissen, was seine niederländischen Kollegen – unter ihnen auch Freunde und ehemalige Studenten – von der Idee hielten, bevor er zusagte.[70] Zu dieser Zeit waren die niederländischen Universitäten und die meisten Forschungsinstitute geschlossen, weil viele niederländische Intellektuelle nicht mit den deutschen Besatzungsbehörden kollaborieren wollten.

Ein hoher niederländischer Beamter in dem Ministerium, das mit den deutschen Behörden kollaborierte, ließ den niederländischen Physiker Hans Kramers (1894–1952) zu sich kommen und zeigte ihm Heisenbergs Brief. Kramers schrieb direkt an Heisenberg und schilderte die schlechten Arbeitsbedingungen niederländischer Hochschullehrer. Der Zustand des Physikalischen Labors an der Universität Leiden, an der Kramers Professor für theoretische Physik war, veranschaulichte beispielhaft die von ihm erwähnten schlechten Arbeitsbedingungen. Die deutschen Behörden hatten das Labor konfisziert und geschlossen, niederländische Wissenschaftler durften es nicht mehr betreten. Die wissenschaftlichen Geräte sollten als Kriegsbeute nach Deutschland geschafft werden.[71]

Ein Vertreter des niederländischen Bildungsministeriums hatte angedeutet, dass sich die Situation vielleicht durch die Wiederaufnahme persönlicher wissenschaftlicher Kontakte zwischen niederländischen und die »ausländischen«, also deutschen Kollegen verbessern ließe. Die niederländischen und die deutschen Behörden wollten, dass Heisenberg eine Woche in Holland verbrachte. Er sollte alle physikalischen Institute besuchen, sich mit niederländischen Kollegen treffen und vor kleinen Gruppen niederländischer Physiker Vorträge halten, in denen er eigene Forschungsergebnisse darlegte. Kramers fügte hinzu, dass er diese Angelegenheit mit Hendrik Casimir (1909–2000) und anderen niederländischen Wissenschaftlern besprochen habe. Alle würden einen Besuch Heisenbergs begrüßen – genau das wollte Heisenberg hören.[72]

Unmittelbar nachdem Heisenberg der Brief Kramers' zugestellt wurde, teilte er dem REM mit, dass er die Niederlande besuchen werde, und er ließ dabei durchblicken, dass die persönliche Einladung, die er von seinem niederländischen Kollegen erhalten hatte, seine Entscheidung maßgeblich beeinflusst habe. Heisenberg schrieb gleichzeitig an Kramers und teilte ihm mit, dass er sich auf den bevorstehenden Besuch freue. Kramers antwortete,

70 Werner Heisenberg an REM (11. August 1943), AMPG, III. Abt. Rep. 93.
71 Hans Kramers an Werner Heisenberg (5. Juli 1944), AMPG, III. Abt. Rep. 93
72 Hans Kramers an Werner Heisenberg (29. Juli 1943), AMPG, III. Abt. Rep. 93.

ihm gehe es genauso. Die deutschen Beamten in den Niederlanden waren ebenfalls erfreut, dass Heisenberg in die Niederlande kam, gleichzeitig missfiel es ihnen, dass Kramers, der nicht mit den Besatzungsbehörden kooperierte, in die Angelegenheit eingebunden worden war. Sie setzten Heisenberg davon in Kenntnis, dass es ihm zwar freistehe, Kramers privat zu treffen, dieser aber nicht am offiziellen Besuchsprogramm von Heisenberg teilnehmen sollte. Außerdem wurde Heisenberg angewiesen, gleich zu Beginn seines Besuchs die deutschen Besatzungsbehörden aufzusuchen, wo man ihn über die politische Lage an den niederländischen Hochschulen unterrichten werde. Heisenberg schrieb an seine Frau: »[Ich] werde nun doch nach Holland fahren; ich freue mich ein wenig auf das Zusammensein mit den alten Bekannten, hoffentlich wird es politisch nicht zu schwierig.«[73]

Heisenberg reiste im Oktober 1943 nach Holland. Den ganzen Sommer über hatten Studenten und Professoren an niederländischen Universitäten gegen die deutsche Besatzungspolitik und insbesondere auch gegen die Verfolgung niederländischer Juden protestiert. Die Deutschen reagierten mit brutaler Repression und der Deportation niederländischer Juden in die Vernichtungslager. Heisenbergs Besuch fand ein paar Monate nachdem er wegen Samuel Goudsmits Eltern einen Brief an seinen niederländischen Kollegen Dirk Coster geschrieben hatte, statt. Goudsmits Eltern waren zu dieser Zeit schon nach Auschwitz deportiert worden.[74]

Gleich nach seiner Ankunft in den Niederlanden traf sich Heisenberg mit kollaborierenden Vertretern des niederländischen Bildungsministeriums und mit Repräsentanten der deutschen Besatzungsbehörden. Tags darauf stattete er dem Physikalischen Institut der Universität Utrecht einen Höflichkeitsbesuch ab und aß mit dem theoretischen Physiker Léon Rosenfeld (1904–1974) zu Abend. Am nächsten Morgen reiste Heisenberg nach Leiden, besuchte das berühmte Kamerlingh-Onnes-Labor und traf sich mit Kramers. Am 21. Oktober hielt Heisenberg dann bei einem kleinen Kolloquium am Physikalischen Institut der Universität Leiden seinen ersten Vortrag, und zwar über die Theorie der Elementarteilchen. Die nächsten paar Tage verbrachte Heisenberg in Delft, wo er seinen Kollegen Ralph Kronig (1904–1995) sowie die dort ansässige Technische Universität besuchte. Am 24. Oktober nahmen Heisenberg und die Physiker der Philips AG sowie

73 Werner Heisenberg an REM (20. August 1943), AMPG, III. Abt. Rep. 93; Werner Heisenberg an Hans Kramers (20. August 1943), AMPG, III. Abt. Rep. 93; Hans Kramers an Werner Heisenberg (1. September 1943), AMPG, III. Abt. Rep. 93; REM an Werner Heisenberg (6. September 1943), AMPG, III. Abt. Rep. 93; Reichskommissar für die besetzten niederländischen Gebiete an Werner Heisenberg (15. September 1943), AMPG, III. Abt. Rep. 93; Werner Heisenberg an Elisabeth Heisenberg (14. Oktober 1943), in Heisenberg und Heisenberg, 224.

74 Vgl. das Kapitel »Übermäßige Vereinfachungen«.

Kollegen der Universität Leiden an einem von Kramers moderierten informellen Kolloquium in Rosenfelds Haus teil. Am nächsten Tag reiste Heisenberg nach Amsterdam, wo der Physiker an einigen Experimenten zur kosmischen Strahlung teilnahm. Am 26. Oktober besprach Heisenberg seinen Besuch mit Arthur Seyss-Inquart (1892–1946), dem Reichskommissar für die Niederlande.

Heisenbergs späterem Bericht zufolge wurde er überall sehr herzlich empfangen. »Das politische Thema wurde, soweit wie möglich, vermieden. Dort, wo dieses Thema doch berührt wurde, kam allerdings in den meisten Fällen eine schroffe Ablehnung des deutschen Standpunktes zum Ausdruck. Auf der rein wissenschaftlichen Basis wird aber eine Zusammenarbeit mit den holländischen Kollegen durchaus möglich sein.«[75]

Kurz nach Kriegsende wurde der Physiker Hendrik Casimir von dem Astronomen Gerard Kuiper (1905–1973), einem ehemaligen Landsmann, der jetzt Mitglied der amerikanischen Streitkräfte war, zu Heisenberg befragt. Kuiper schrieb darüber einen Bericht, der auf anschauliche Weise den Eindruck des kaltherzigen Nationalisten, den Heisenberg auf seine niederländischen Kollegen gemacht hatte, einfing. Casimir berichtete, Heisenberg habe von den deutschen Konzentrationslagern und der Plünderung anderer Länder gewusst, aber trotzdem gewollt, dass Deutschland Europa beherrsche. Tatsächlich habe der deutsche Physiker gesagt:

> Die Geschichte legitimiert die Herrschaft Deutschlands über Europa (und später die Welt) [...]. Nur eine Nation, die ihre Herrschaft in rücksichtsloser Weise ausübt, kann sich selbst erhalten. Aus diesem Grund gibt es nur zwei Möglichkeiten: Deutschland und Russland [...]. Und dann wäre vielleicht ein Europa unter deutscher Führung das kleinere Übel.

Heisenberg brachte hier ein Argument vor, das die NS-Propaganda nach der Katastrophe von Stalingrad häufig gebrauchte. Ein Brief an seine Frau, den er ungefähr zur gleichen Zeit geschrieben hatte, als er sich in Holland aufhielt, erlaubt es, seine Äußerungen besser einzuordnen: »Du siehst – meine Gedanken sind wieder ganz beim Krieg, es wird mir schwer, mich innerlich von all dem Schrecklichen, was geschieht, loszumachen. Zu einer Konzentration auf wissenschaftliche Arbeit reicht die Kraft nicht mehr.«[76]

Heisenberg war von seinen niederländischen Kollegen gebeten worden, ihr Land zu besuchen, um eine Verbesserung ihrer Arbeits- und Lebens-

75 Werner Heisenberg, Bericht über eine Reise nach Holland vom 18.–26.10.43 (10. November 1943), AMPG, III. Abt. Rep. 93, Nr. 1705.

76 Gerard Kuiper an Major Fisher (30. Juni 1945), SCUA, GKP; Werner Heisenberg an Elisabeth Heisenberg (21. Juli 1943), in Heisenberg und Heisenberg, 222.

bedingungen zu erreichen. Genau das hat er getan. Nachdem sich Heisenberg für ihn verwendet hatte, erhielt Rosenfeld die Erlaubnis, seine Mutter in Belgien zu besuchen. Nach Heisenbergs Besuch verkündeten die deutschen Besatzungsbehörden plötzlich, den niederländischen Wissenschaftlern werde möglicherweise erlaubt, einige der wissenschaftlichen Geräte, die sie für ihre Forschungsarbeiten dringend benötigten, zu behalten. Kramers und seine Kollegen reichten umgehend eine bescheidene Liste der Apparate ein, die sie gern behalten würden. Ein Vertreter des deutschen Reichskommissariats besuchte Kramers, berichtete, dass er mit Heisenberg in Berlin gesprochen habe, und brachte seine Verwunderung darüber zum Ausdruck, dass das Labor in Leiden noch immer geschlossen war. Er hob demonstrativ das Forschungsverbot auf und versprach, den niederländischen Physikern werde baldmöglichst mitgeteilt, welche Geräte nicht abtransportiert würden. Heisenbergs niederländische Kollegen waren ihm aufrichtig dankbar. So schrieb ihm Kramers: »Du hast uns große Dienste bewiesen, und ich gebe Dir gern unseren herzlichsten Dank dafür.«[77]

Die deutschen Besatzungsbehörden hatten Heisenberg gefragt, ob er zu einem weiteren Besuch bereit sei und wie die wissenschaftliche Kooperation zwischen niederländischen und deutschen Wissenschaftlern gestärkt werden könne. Er fühlte sich lange Zeit außerstande, darauf zu antworten, aber schließlich gab er eine unpolitische Antwort. In Anbetracht der Kriegslage, die sich für Deutschland stetig verschlechterte, schienen ihm weitere Besuche keine gute Idee zu sein. Er riet den Besatzungsbehörden, geduldig abzuwarten. Aber Heisenberg schrieb auch, dass er seinen Besuch als einen Erfolg werte, weil dadurch Kanäle des wissenschaftlichen Austauschs zwischen niederländischen Physikern und ihm wieder geöffnet worden seien. Aus seiner jüngsten Korrespondenz mit Kramers habe er großen Nutzen gezogen. Heisenberg war »überzeugt, dass nach einer glücklichen Beendigung des Krieges die wissenschaftlichen Beziehungen zu den holländischen Kollegen sehr schnell wieder in Gang kommen werden«. Tatsächlich teilte Heisenberg einem deutschen Kollegen mit, dass sein Besuch in Holland ungeachtet der politischen Spannungen gut verlaufen sei.[78]

77 Interview mit Stefan Rozental; Léon Rosenfeld an Werner Heisenberg (10. Dezember 1943), AMPG, III. Abt. Rep. 93; Léon Rosenfeld an Werner Heisenberg (14. April 1944), AMPG, III. Abt. Rep. 93; Hans Kramers an Werner Heisenberg (5. Juli 1944), AMPG, III. Abt. Rep. 93, 1705.

78 Werner Heisenberg an Schwarz (14. Februar 1944), AMPG, III. Abt. Rep. 93; Werner Heisenberg an Hiby (1. November 1943), AMPG, III. Abt. Rep. 93.

Krakau, Generalgouvernement (besetztes Polen)

Während Heisenberg noch in den 1930er-Jahren, als er politisch schwer angefeindet wurde, mit dem Gedanken an Auswanderung gespielt hatte, wuchs sein Ansehen kontinuierlich, nachdem er 1939 von der SS rehabilitiert worden war. Auf seine Ernennung zum Direktor des Kaiser-Wilhelm-Instituts für Physik im Jahr 1942 folgte noch im selben Jahr der Ruf auf einen Lehrstuhl an der Universität Berlin.[79] Beide Berufungen wurden von mehreren Regierungsstellen im NS-Staat gutgeheißen. Das Reichserziehungsministerium betonte, dass Heisenbergs Ernennung für die nationale Verteidigung von großer Bedeutung sei. Sowohl Albert Speers Rüstungsministerium als auch die Wehrmacht hatten großes Interesse an Heisenbergs Forschungsarbeiten.[80] Alfred Rosenbergs Amt schloss sich dem an, was Carl Ramsauer in seiner Denkschrift geschrieben hatte,[81] und äußerte, die NSDAP solle in dem Konflikt zwischen den Denkschulen Lenards und Heisenbergs in der theoretischen Physik nicht Partei ergreifen.[82] Der NS-Dozentenbund wiederholte lediglich einige der positiven Aussagen, die sich in dem Bericht der SS über Heisenberg fanden, und verwies zudem demonstrativ auf die Tatsache, dass Himmler persönlich angeordnet habe, die politischen Angriffe auf Heisenberg einzustellen.[83] Das stand in krassem Gegensatz zu den gescheiterten Versuchen, ihm einen Lehrstuhl in München oder Wien zu besorgen. Die Berliner Berufungen waren allerdings prestigeträchtiger als die Professuren, die ihm in München und Wien verwehrt worden waren, auch wenn Heisenberg zweifellos lieber nach Bayern zurückgekehrt wäre.

Die Ehrungen setzten sich fort, mit der Wahl in die Preußische Akademie der Wissenschaften im März 1942,[84] der Berufung zum korrespondierenden Mitglied der Deutschen Akademie der Luftfahrtforschung im September[85] und der Verleihung des Kopernikus-Preises im Juni. Gustav

79 Bernhard Rust an Werner Heisenberg (26. Februar 1943), AMPG, III. Abt. Rep. 93.

80 Parteikanzlei an Hartle (8. Juli 1942), MA 116/5 Wissenschaft Heisenberg IZG; Forstmann (KWG) an Werner Heisenberg (13. Oktober 1942), AMPG, III. Abt. Rep. 93; Ernst Telschow an Rudolf Mentzel (1. März 1943), ADM, IMC 29 1052-1053.

81 Vgl. das Kapitel »Kompromisse mit Hitler«.

82 Erxleben an Bechtold (Parteikanzlei) (9. September 1942), IZG, MA 116/5 Wissenschaft Heisenberg.

83 Erxleben an Borger (10. Juli 1942), IZG, MA 116/5 Wissenschaft Heisenberg; Erxleben an Parteikanzlei (9. September 1942), IZG, MA 116/5 Wissenschaft Heisenberg.

84 Laue an PAW (11. Dezember 1942), BBAA, AdW II-HI, 66/7; REM an PAW (17. April 1943), BBAA, AdW II-III, 66/7; Sitzung der Gesamt-Akademie vom 11. März 1943, BBAA, AdW II-IV, 104.

85 David C. Cassidy, *Beyond Uncertainty: Heisenberg, Quantum Physics, and The Bomb* (New York 2009), 334.

Borger, Leiter des Amtes Wissenschaft innerhalb der Reichsleitung des NS-Dozentenbundes und der Amtsträger, der die Treffen und Physiklager geleitet hatte, bei denen die »Deutsche Physik« ins Abseits gedrängt worden war, schrieb: »Ich freue mich darüber umso mehr, als dies doch wiederum eine erfreuliche Herausstellung Ihrer Arbeit und damit der theoretischen Physik durch eine offizielle Stelle ist.« Der Physiker antwortete, es erfreue ihn besonders deshalb, weil diese Verleihung als »eine offizielle Rehabilitierung der theoretischen Physik« angesehen werden könne. Das Preisgeld belief sich auf das Zweieinhalbfache von Heisenbergs Jahresgehalt. »Von Königsberg bekam ich die Mitteilung, dass der Kopernikuspreis diesmal 20.000 M betrage (der Schubkarren wird aber nicht mitgeliefert)«, scherzte Heisenberg mit Elisabeth. »Ich weiss nicht recht, was ich damit anfangen soll, vielleicht die letzte Leipziger Hypothek abbezahlen. Oder hast Du dafür einen guten Gedanken?«[86]

Im Dezember 1943 folgte Hitler der Empfehlung von Albert Speer und verlieh Heisenberg das Kriegsverdienstkreuz 1. Klasse. In seinem Dankschreiben äußerte Heisenberg, dass er sich »sehr über die hohe Anerkennung gefreut [hat], die damit meinen bescheidenen Bemühungen um die Kernphysik ausgesprochen worden ist«. Im Mai des folgenden Jahres wurde Heisenberg eine Titelgeschichte in dem angesehensten Propagandablatt von Joseph Goebbels, *Das Reich*, gewidmet. Aber in dem Maße, in dem Heisenbergs persönlicher Stern aufging, sank der Stern Deutschlands. Heisenberg beschrieb Anfang Dezember 1943 das vom Krieg verwüstete Berlin so: »Hier ist der Krieg so nahe, dass es schwer ist, die Gedanken davon loszumachen. So freue ich mich doppelt auf Weihnachten und auf Euch. – Vielleicht fahr ich in der nächsten Woche noch für zwei Nächte u. einen Tag nach Krakau.«[87]

Zwei Jahre nachdem das REM Heisenberg die Genehmigung zu einer Vortragsreise nach Krakau verweigert hatte, kontaktierte der Direktor des Instituts für Deutsche Ostarbeit (IDO), Wilhelm Coblitz, Heisenberg erneut. Generalgouverneur Frank würde es »außerordentlich begrüßen«, wenn Heisenberg nach Krakau kommen und dort einen Vortrag halten würde. Diesmal genehmigte das Reichserziehungsministerium die Reise, noch bevor Coblitz' Brief überhaupt bei Heisenberg eintraf. Der Physiker

86 Gustav Borger an Werner Heisenberg (7. Juni 1943), AMPG, III. Abt. Rep. 93; Werner Heisenberg an Borger (11. Juni 1943), AMPG, III. Abt. Rep. 93; Werner Heisenberg an Elisabeth Heisenberg (6. Juni 1943), in Heisenberg und Heisenberg, 221–222.

87 Goerner (Ministerium Speer) an Werner Heisenberg (17. Dezember 1943), AMPG, III. Abt. Rep. 93; Werner Heisenberg an Goerner (Speers Ministerium) (12. Januar 1944), AMPG, III. Abt. Rep. 93; Cassidy, Beyond, 339; Werner Heisenberg an Elisabeth Heisenberg (9. Dezember 1943), in Heisenberg und Heisenberg, 213.

antwortete umgehend: »Ich bin gern bereit, den vor zwei Jahren geplanten Vortrag […] in diesem Jahr nachzuholen. […] Vielleicht sind Sie so freundlich, mir mitzuteilen, welcher Termin dem Herrn Generalgouverneur Dr. Frank passen würde.« Coblitz antwortete: »Er legt gleich Ihnen Gewicht darauf, bei diesem Vortrag unbedingt zugegen zu sein.« Coblitz leitete auch die Einladung Franks an Heisenberg und seine Frau, in Franks Residenz, Burg Wartenberg, zu logieren, weiter. Auch wenn Elisabeth aufgrund »häuslicher Pflichten an die Familie gebunden« sei und daher nicht mitkommen könne, nahm Heisenberg die Einladung dankend an.

Als Coblitz den Physiker, der am IDO arbeitete, bat, an Heisenbergs Vortrag teilzunehmen, betonte er, dass »der Generalgouverneur, der mit Prof. Heisenberg sehr befreundet ist, ihn eingeladen hat und an diesem Vortrag teilnimmt«.[88] Heisenbergs Gastgeber, Hans Frank, war eines der gnadenlosesten und blutrünstigsten Mitglieder der NS-Elite. Zum Beispiel hielt er am 2. August 1943 an seine Mitarbeiter und andere Parteigenossen eine berüchtigte Rede, die er in seinem Tagebuch festhielt: »Bei uns stehen die Dinge ganz klar. Einem, der sagt, was mag mit der NSDAP werden, können wir erwidern: die NSDAP wird den Juden bestimmt überleben. Hier haben wir mit dreieinhalb Millionen Juden begonnen, von ihnen sind nur noch wenige Arbeitskompanien vorhanden, alles andere ist – sagen wir einmal – ausgewandert.«[89]

Heisenberg hielt seinen Vortrag in der zweiten Dezemberwoche, mehrere Monate nachdem die deutschen Behörden begonnen hatten, die jüdischen Ghettos in Krakau, Warschau und Lodz zu zerstören. Aber Heisenberg wird Frank nicht als einen gewissenlosen Mörder wahrgenommen haben. Ähnliches dürfte für Krakau gelten: Obwohl die Stadt Krakau während des Dritten Reichs heutzutage oft mit Schindlers Fabrik und dem nahe gelegenen Vernichtungslager Auschwitz, dem Symbol des Holocaust schlechthin, in Verbindung gebracht wird, erlebte Heisenberg wahrscheinlich eine angenehme Stadt, die noch nicht vom Krieg verwüstet worden war,

88 Wilhelm Coblitz an Werner Heisenberg (25. Mai 1943), AMPG, III. Abt. Rep. 93; Werner Heisenberg an Wilhelm Coblitz (26. Mai 1943), AMPG, III. Abt. Rep. 93; Werner Heisenberg an Wilhelm Coblitz (31. Mai 1943), AMPG, III. Abt. Rep. 93; Wilhelm Coblitz an Werner Heisenberg (15. Juli 1943), AMPG, III. Abt. Rep. 93; Wilhelm Coblitz an Werner Heisenberg (29. September 1943), AMPG, III. Abt. Rep. 93; Werner Heisenberg an Wilhelm Coblitz (11. Oktober 1943), AMPG, III. Abt. Rep. 93; Werner Heisenberg an Wilhelm Coblitz (29. Oktober 1943), AMPG, III. Abt. Rep. 93; Wilhelm Coblitz an Dennhardt (8. Dezember 1943), BAK R52IV/152.

89 Tagebuch von Hans Frank (2. August 1943), NS-Archiv. Dokumente zum Nationalsozialismus, www.ns-archiv.de/personen/frank/02-08-1943.php (letzter Zugriff am 31. Dezember 2019).

Abb. 36: Hans Frank.

gesäubert von Juden und mit Polen, die nur als Dienstpersonal oder Hilfsarbeiter in Erscheinung traten. Auschwitz besuchte er nicht, und er hätte wohl auch nicht viel darüber erfahren, wenn er danach gefragt hätte.

Reisen deutscher Wissenschaftler in das Generalgouvernement im besetzten Polen wurden nur unter sehr strengen Auflagen erlaubt. Sämtliche Kontakte zwischen deutschen Wissenschaftlern und polnischen Kollegen waren verboten.[90] Tatsächlich unterschied sich sein Vortrag am IDO grundlegend von Heisenbergs Vortragsreisen nach Dänemark, Ungarn, in die Slowakei und die Niederlande, eben weil keine Polen anwesend waren.[91] Aber dies mag Heisenberg nicht befremdet haben, denn Krakau war, zumindest vorübergehend, eine deutsche Stadt.

Die einzigen Informationen, die wir über Heisenbergs Aufenthalt in Krakau haben, stammen aus einem Zeitungsartikel, in dem sein Vortrag beschrieben wird.

Kleinste Bausteine aller Materie

Professor Dr. Heisenberg über die Atomphysik

Der Direktor des Kaiser-Wilhelm-Instituts für Physik, Berlin-Dahlem, Prof. Dr. Werner Heisenberg, sprach im Großen Hörsaal des Instituts für Deutsche Ostarbeit zu einem großen Kreis naturwissenschaftlich interessierter Hörer über eines der im Mittelpunkt der naturwissenschaft-

90 REM an Rektor der Uni Berlin (2. Juli 1941), HUB, PF 1483,107; REM, Merkblatt (1. Juni 1942), AMPG, III. Abt. Rep. 93; REM an Rektor Uni. Berlin (6. Juli 1942), HUB, PF 1484, 33.

91 Bernstein, Poland, 302.

lichen Fortschritte stehenden Themen: Die gegenwärtigen Ziele der physikalischen Forschung. [...]
Generalgouverneur Dr. Frank ergriff nach den mit Begeisterung aufgenommenen Ausführungen des Gelehrten als Präsident des Instituts für Deutsche Ostarbeit selbst das Wort zum Ausdruck des Dankes und würdigte das Werk des Vortragenden, der zu den markantesten Persönlichkeiten der deutschen, internationale Geltung besitzenden Wissenschaft gehöre. Mit kaum 30 Jahren Träger des Nobelpreises, gehöre Heisenberg in die Reihe der großen, deutschen Physiker, deren Lehre die theoretische Physik neuen bahnbrechenden Erkenntnissen zugeführt habe.[92]

Wieder Kopenhagen

Im Winter 1943/44 trat der Krieg in seine letzte und für die meisten Deutschen hoffnungsloseste Phase ein. Der immer weiter voranschreitende Zerfall der deutschen Gesellschaft, die Zerstörung der Städte durch Luftangriffe, Störungen im öffentlichen Verkehrssystem und zunehmende Versorgungsengpässe bei lebensnotwendigen Gütern erschwerten es auch Heisenberg, Einladungen zu Gastvorträgen anzunehmen. So fuhr er nicht nach Bukarest, um am dortigen DWI zu sprechen,[93] und auch nicht nach Klagenfurt, wohin ihn die Deutsche Akademie eingeladen hatte.[94] Stattdessen blieb er im Sommersemester 1944 in Berlin, um Vorlesungen an der Universität zu halten.[95] Eine der letzten Auslandsreisen Heisenbergs war eine Wiederholung seines Besuchs in Kopenhagen.

Im September und Oktober 1943 hatten sich die meisten Dänen, die die Deutschen für Juden hielten, so auch Niels Bohr, der Verschleppung in die Todeslager durch Flucht nach Schweden entzogen. Bohr teilte jetzt sein Wissen über die deutschen Uranarbeiten mit Regierungsstellen in Großbritannien und den USA. Anfang 1944 erfuhr Heisenberg von Hans Suess, einem deutschen Wissenschaftler, der auf der Durchreise in Kopenhagen Station gemacht hatte, und einem schwedischen Kollegen, Hans von Euler-Chelpin (1873–1964), dass die deutschen Behörden das Institut Bohrs geschlossen und dessen geschäftsführenden Direktor, Jørgen Bøggild (1903–

92 *Krakauer Zeitung*, 302 (18. Dezember 1943).

93 REM an Werner Heisenberg (17. Juli 1943), AMPG, III. Abt. Rep. 93; Werner Heisenberg an Deutsches Wissenschaftliches Institut Bukarest (18. Dezember 1943), AMPG, III. Abt. Rep. 93.

94 Deutsche Akademie an Werner Heisenberg (29. September 1943), AMPG, III. Abt. Rep. 93; Deutsche Akademie an Werner Heisenberg (29. Dezember 1943), AMPG, III. Abt. Rep. 93.

95 REM an Rektor der Uni Berlin (29. Dezember 1944), HUB, Uk. H185 I, 12.

1982), inhaftiert hatten.[96] Zu seinem Entsetzen fand Weizsäcker heraus, dass die Vertreter des Deutschen Reichs in Kopenhagen erwogen, ihn zum neuen Direktor des ehemaligen Bohr'schen Instituts zu machen. Er wollte seinen dänischen Kollegen nicht als Eroberer gegenübertreten und bat Heisenberg, seinen Einfluss zu nutzen, um den Plan zu vereiteln.[97] In Gesellschaft des Physikers Kurt Diebner vom Heereswaffenamt und anderen reiste Heisenberg am 24. Januar nach Dänemark und traf sich mit dem Bevollmächtigten des Deutschen Reichs in Kopenhagen.[98] Die deutschen Behörden erörterten die Frage, ob man das Bohr'sche Institut mit deutschen Physikern besetzen sollte, um dort tätige dänische Wissenschaftler dazu zu zwingen, die deutschen Kriegsanstrengungen zu unterstützen, oder um in dem Institut alle Geräte zu demontieren, die in Deutschland gebraucht würden.[99]

Heisenberg strebte offensichtlich eine Vereinbarung an, die so günstig wie möglich für die Dänen sein sollte. Zusammen mit einigen Vertretern der Besatzungsbehörden besichtigte er die Hochspannungsgeräte und das Zyklotron am Institut, wobei er betonte, dass diese Apparaturen schwer zu transportieren und kompliziert zu bedienen seien. Am nächsten Tag setzten die deutschen Behörden das dänische Außenministerium davon in Kenntnis, dass das Institut Bohrs ohne Auflagen wieder geöffnet und Bøggild auf freien Fuß gesetzt werden würde.[100] Anschließend teilte Heisenberg Johannes Jensen, einem Kollegen, der viele Freunde und Bekannte am Bohr'schen Institut hatte, mit, dass die Dänen über dieses Ergebnis sehr glücklich seien.[101]

Kurz nach Heisenbergs Rückkehr nach Berlin wurden die Luftangriffe verstärkt. Wie er Elisabeth schrieb: »Die Arbeit kann also weitergehen. Aber

96 Hans von Euler-Chelpin an Werner Heisenberg (8. Januar 1944), AMPG, III. Abt., Rep. 93, 1705; Rapport over Begivenhedeme under Besaettelsen af Universitetets Institut for teoretisk Fysik fra d. 6. December 1943 til d. 3. February 1944 (1944 oder 1945), NBA; Stephan Schwarz, »The Occupation of Niels Bohr's Institute: December 6, 1943–February 3, 1944«, *Physics in Perspective*, 23 (2021), 49–82.

97 Carl Friedrich von Weizsäcker an Werner Heisenberg (16. Januar 1944), in *Manhattan District History Book I: General. Volume 14: Intelligence and Security*, www.osti.gov/opennet/manhattan_district.jsp (letzter Zugriff am 18. August 2017).

98 Rapport over Begivenhedeme under Besaettelsen af Universitetets Institut for teore tisk Fysik fra d. 6. December 1943 til d. 3. February 1944 (1944 oder 1945), NBA.

99 Handschriftliche Notiz von Werner Heisenberg auf der Rückseite des Briefes von Hans von Euler-Chelpin an Werner Heisenberg (8. Januar 1944), AMPG, III. Abt. Rep. 93.

100 Rapport over Begivenhedeme under Besaettelsen af Universitetets Institut for teoretisk Fysik fra d. 6. December 1943 til d. 3. February 1944 (1944 oder 1945), NBA.

101 Werner Heisenberg an Johannes Jensen (1. Februar 1944), AMPG, III. Abt. Rep. 93.

wie lang noch?« Um neun Uhr abends brannte es noch immer hell in der Stadt. Am folgenden Sonntagabend erlebte Heisenberg einen weiteren Angriff »von unvorstellbarer Heftigkeit, die ganze Innenstadt scheint in Flammen zu stehen«. Heisenberg tröstete sich mit einem »anständigen Kakao« und »ein paar Plätzchen, die ich mir aus Kopenhagen mitgebracht habe«. Ein paar Tage später bemerkte er, dass die Tatsache, dass es seit dem letzten Angriff ruhig geblieben war, ihn nur umso besorgter machte. Er fand es »fast unmöglich«, sich »auf irgendeine geistige Arbeit zu konzentrieren«.[102]

Einen Monat nach seinem Besuch in Dänemark erhielt Heisenberg über das Auswärtige Amt und die deutschen Besatzungsbehörden eine Einladung zu einem weiteren Vortrag am Kopenhagener DWI.[103] Entsprechend verbrachte er vom 18. bis zum 22. April vier weitere Tage in Dänemark, und zwar als Gast von Otto Höfler (1901–1987), dem neuen Direktor des DWI. Höfler, dessen Fachgebiet Germanische Philologie war, war womöglich ein typischer Vertreter jener Wissenschaftler, die vom nationalsozialistischen Staat als kulturelle Botschafter ins Ausland entsandt wurden. Er hatte viele Jahre in Skandinavien verbracht und an der Universität Uppsala gelehrt. Höfler stand in Verbindung zu skandinavischen Kollegen, kannte diese Länder und beherrschte ihre Sprachen.[104]

Im Jahr 1938 half die SS Höfler, seine Professur in Kiel gegen eine renommiertere in München einzutauschen. Höfler revanchierte sich, indem er seine germanistischen Fachkenntnisse und seine engen Beziehungen nach Skandinavien in den Dienst der Bemühungen der SS stellte, die Überlegenheit der arischen Rasse mithilfe der germanischen Vorgeschichte zu begründen.[105] Im Jahr 1942, bevor er von der Universität München an das Kopenhagener DWI wechselte, besuchte Höfler Dänemark, um für die SS Informationen zu beschaffen.[106] Nachdem Höfler zum Direktor des DWI bestellt worden war, nutzte er Sprachkurse am DWI, um dänische Gestapo-Agenten schulen zu können.[107]

102 Werner Heisenberg an Elisabeth Heisenberg (29. Januar und 3. Februar 1944), in Heisenberg und Heisenberg, 231–234.

103 REM an Werner Heisenberg (1. März 1944), AMPG, III. Abt. Rep. 93; Deutsche Forschungsgemeinschaft an Werner Heisenberg (28. März 1944), AMPG, III. Abt. Rep. 93.

104 Wüst an Himmler (15. Oktober 1937), BABL, BDC Otto Höfler.

105 Wüst an Himmler (15. Oktober 1937), BABL, BDC Otto Höfler.

106 SS-Brigadeführer und Generalmajor der Polizei an Reichsführer-SS im Hause (23. November 1942), BABL, BDC Otto Höfler.

107 Frank-Rutger Hausmann, »The ›Third Front‹: German Cultural Policy in Occupied Europe, 1940–1945«, in Ingo Haar und Michael Faulbusch (Hgg.), *German Scholars and Ethnic Cleansing 1919–1945* (New York 2005), 213–235, hier 224.

Am Abend des 19. April hielt Heisenberg seinen Vortrag »Die kleinsten Bausteine der Materie« vor einem fast ausschließlich aus Deutschen bestehenden Hörerkreis. Heisenbergs dänische Kollegen sagten ihre Teilnahme ab, darunter auch jene Wissenschaftler, die zu der Tagung über Astrophysik im Jahr 1941 gekommen waren und die, bis zum Rücktritt der dänischen Regierung, an den Programmen des DWI teilgenommen hatten. Tags darauf aß Heisenberg mit dem Bevollmächtigten des Reichs, Dr. Werner Best (1903–1989),[108] zu Mittag und verbrachte den Abend als Gast Höflers.

Am 19. April stattete Heisenberg auch Bohrs ehemaligem Institut einen Besuch ab, worauf Heisenbergs dänische Kollegen ihn einluden, einen Vortrag über seine eigene Arbeit zu halten. Anschließend traf sich Heisenberg als Gast von Professor Møller mit mehreren dänischen Kollegen und deren Ehefrauen. Am 21. April hielt Heisenberg einen Vortrag über die »Theorie der Elementarteilchen« in dänischer Sprache; voraus ging ein kurzer »Institutstee«. Als Heisenberg die Dänen fragte, warum sie nicht zu seinem Vortrag am DWI gekommen seien, erhielt er die Antwort, dass sie wegen des gespannten politischen Verhältnisses zwischen Deutschland und Dänemark seit dem Rücktritt der dänischen Regierung im Jahr 1943 nichts mit einer »politischen Institution« wie dem DWI zu tun haben wollten. In seinem anschließenden Bericht unterstützte Heisenberg nachdrücklich die Pläne Höflers, sich einstweilen mehr auf wissenschaftliche und Forschungsarbeiten zu konzentrieren. Wie dieser war er der Meinung, man könne

> die Dänen für das Institut wahrscheinlich nur gewinnen, wenn man sich zunächst rein an die wissenschaftliche Arbeit hält und die mehr propagandistische Seite der Tätigkeit, wie Vorträge und dgl., auf eine spätere günstigere Zeit verschiebt. Nach glücklicher Beendigung des Krieges wird die wissenschaftliche Zusammenarbeit mit den Dänen sicher nicht auf Schwierigkeit stoßen.[109]

Das letzte Reiseziel: die Schweiz

Heisenbergs letzte Vortragsreise ins Ausland führte ihn im Herbst 1944 nach Genf und Zürich. Weizsäcker, dessen Schweizer Frau und deren Kinder begleiteten ihn nach Zürich; Weizsäckers Familie blieb in der Schweiz, als er nach Deutschland zurückkehrte.[110] Unter den Hörern von Heisen-

108 Werner Heisenberg, Bericht über eine Vortragsreise nach Kopenhagen (27. April 1944), HUB, Uk. H185 I, 32; für Best vgl. Ulrich Herbert, *Best. Biographische Studien über Radikalismus, Weltanschauung und Vernunft, 1903–1989* (Bonn 1996).

109 Werner Heisenberg, Bericht über eine Vortragsreise nach Kopenhagen (27. April 1944), HUB, Uk. H185 I, 32.

110 Cassidy, Beyond, 361.

bergs Vorträgen in Zürich war auch ein amerikanischer Spion, Moe Berg (1902–1972). Nach dem Krieg wurde in einem Bericht aus zweiter Hand behauptet, Berg hätte einen Revolver bei sich getragen und sei darauf vorbereitet gewesen, den Physiker zu erschießen. Wenn dies stimmt, wirft es kein sonderlich gutes Licht auf die amerikanische Spionage. Die bloße Tatsache, dass es Heisenberg erlaubt worden war, in die Schweiz zu reisen, hätte deutlich machen müssen, dass er kein Schlüsselwissenschaftler in einem Atombombenprojekt war, das kurz vor dem erfolgreichen Abschluss stand. Außerdem hätte Heisenberg wohl kaum in einem öffentlichen Vortrag in einem neutralen Land Auskunft über geheime Kriegsarbeiten preisgegeben – er tat dies nicht einmal innerhalb Deutschlands. Vielleicht ist diese Geschichte einfach zu gut, um wahr zu sein.[111]

Als Heisenberg sich mit seinen Schweizer Kollegen traf, wiederholte er das, was er seinen holländischen Kollegen ein Jahr zuvor gesagt hatte: Nur Deutschland stehe zwischen Russland und der europäischen Zivilisation.[112] Dies war eine der Leitparolen der nationalsozialistischen Propaganda nach Stalingrad. In den Äußerungen, die Heisenberg auf seinen Auslandsreisen traf, spiegelte sich die vorherrschende Propagandabotschaft dieser Phase des Krieges wider, wie seine Vortragsreisen nach Dänemark im Jahr 1941 und in die Niederlande im Jahr 1943, ja, tatsächlich all seine Vorträge im Ausland belegen. Zudem war Heisenberg während seines gesamten Erwachsenenlebens Antimarxist und Gegner der Sowjetunion. Daher gibt es gute Gründe anzunehmen, dass er einfach die offizielle Propagandalinie wiederholte beziehungsweise diese verinnerlicht hatte, oder vielleicht auch beides.

Viele der Emigranten und ausländischen Kollegen scheinen bei ihren Kommentaren sowohl während des Krieges als auch danach nicht berücksichtigt zu haben, dass Heisenberg, der seine Familie schützen wollte, nicht offen seine Meinung äußern konnte. Es bestand durchaus die Gefahr, dass er belauscht wurde und seine Äußerungen anschließend womöglich der Gestapo hinterbracht wurden. Dies bedeutet nicht unbedingt, dass Heisenberg nicht glaubte, was er sagte, sondern, dass nicht zu erwarten war, dass er defätistische Äußerungen machte, der NS-Politik widersprach oder zugegeben hätte, von Gräueltaten zu wissen. Mit anderen Worten: Seine Äußerungen müssen in ihrem Kontext betrachtet werden und dürfen nicht einfach für bare Münze genommen werden. Ob aus Überzeugung oder aus Vorsicht sagte er im Allgemeinen »das Richtige«, um Problemen mit der Gestapo und anderen deutschen Behörden aus dem Weg zu gehen.

111 Louis Kaufman, Barbara Fitzgerald und Tom Sewell, *Moe Berg: Athlete, Scholar, Spy* (Boston 1975), 195, 231; vgl. auch Powers, 537–542, 546.

112 Powers, 546.

Nach dem Krieg behaupteten Zeugen, Heisenberg habe in der Schweiz auf die Frage nach den Aussichten für einen deutschen Sieg gesagt: »Wie schön wäre es gewesen, wenn wir diesen Krieg gewonnen hätten.« Heisenberg selbst bestritt, sich so geäußert zu haben.[113] Solche Äußerungen hätten weder seinen Schweizer Kollegen noch den deutschen Behörden gefallen. Erstere hätten angenommen, Heisenberg habe gewollt, dass der Nationalsozialismus siegt. Letztere würden Heisenbergs Äußerung für Defätismus halten – etwas, das während der letzten, schrecklichen Kriegsmonate eine schwere Straftat war. Vielleicht hat Heisenberg deshalb nie einen Bericht über seine Reise in die Schweiz im Jahr 1944 eingereicht. Ende März 1945 erinnerte ihn das REM an dieses Versäumnis.[114] Zu dieser Zeit hielt sich Heisenberg aber bereits in Südwestdeutschland auf, wo ihm die vorrückenden amerikanischen Truppen mehr Sorge bereiteten als die Bürokraten in Berlin.

Fazit

Der Legende von Kopenhagen zufolge reisten Heisenberg und Weizsäcker im Herbst 1941, als deutsche Truppen noch immer tief in die Sowjetunion vorstießen, in das besetzte Dänemark. Dort hätten sie versucht, Bohrs Unterstützung für ihren Plan zu gewinnen, die Entwicklung jeglicher Atomwaffen zu verhindern. Was sagt uns die Geschichte über diese Legende?

Kontext

Auslandsbesuche wie der in Kopenhagen im September 1941 waren nur möglich, weil sie den Interessen des Dritten Reichs dienten. Heisenberg war gerade deshalb ein erfolgreicher Botschafter des guten Willens, weil er keine offensichtliche Propaganda verbreitete, sondern sowohl fach- als auch populärwissenschaftliche Vorträge hielt, während er zugleich die ihm zugewiesene Rolle als Verteidiger des nationalsozialistischen Systems spielte. Repräsentanten des Dritten Reichs hielten an Heisenberg fest, weil er Einheimische der besetzten Länder in Deutsche Wissenschaftliche Institute oder in vergleichbare Einrichtungen lockte und die kulturelle Kollaboration förderte – zumindest dem Anschein nach. Heisenberg besuchte nicht nur die astrophysikalische Arbeitstagung in Kopenhagen, sondern auch viele ähnliche und mitunter – aus heutiger Sicht – weitaus problematischere Orte, hielt

113 Goudsmit, Alsos, 2. Aufl., 114; Bartel van der Waerden an Werner Heisenberg (28. April 1948), AMPG, III. Abt. Rep. 93.

114 REM an Werner Heisenberg (27. März 1945), HUB, Uk. H185 I, 36.

dort Vorträge vergleichbar mit denen seiner anderen Reisen und verhielt sich dort in einer ähnlichen Weise. Das spricht dafür, dass er nicht nur deshalb nach Kopenhagen reiste, um nach Bohr zu sehen und mit ihm zu sprechen, sondern auch, um sein eigenes Ansehen zu steigern und die deutsche kulturelle Mission zu unterstützen. Das wiederum würde bestätigen, dass Heisenberg und Weizsäcker wahrscheinlich die nationalistischen und militaristischen Äußerungen trafen, an die sich ihre dänischen Kollegen erinnerten, gerade weil sie sich auch anderswo so geäußert hatten.

Die aktive Mitwirkung Heisenbergs und Weizsäckers an der nationalsozialistischen Kulturpropaganda und ihre Aufrufe an die Dänen, mit den deutschen Behörden zusammenzuarbeiten, erzeugten Misstrauen und kompromittierten jede andere Botschaft, die die beiden Physiker zu übermitteln versuchten. Heisenberg und Weizsäcker schienen dies nicht einsehen zu wollen, weder 1941 noch nach dem Krieg, vielleicht wegen Heisenbergs eigener Nachkriegsverteidigung seines Verhaltens im Dritten Reich. Nach Kopenhagen zu fahren, Vertreter der deutschen Besatzungsbehörden bei ihrer Propaganda zu unterstützen und an der Arbeitstagung am DWI teilzunehmen – all dies bedeutete, innerhalb des Systems zu arbeiten, Zugeständnisse in der Hoffnung zu machen, dass man irgendwann einmal die Autorität und die Gelegenheit hätte, Gutes zu tun. Nach dem Krieg nannte Heisenberg diese Haltung »aktive Opposition«. Diese kulturelle Propaganda gehört auch zu dem, was Samuel Goudsmit »Kompromisse mit den Nazis« nannte. Kopenhagen verdeutlicht somit, dass Kompromisse und aktive Opposition zwei Seiten derselben Medaille waren.

Vergangenheitspolitik

Im Jahr 1956 schrieb Heisenberg an Jungk: »Ich fragte dann Bohr noch einmal, ob es nicht in Anbetracht der offensichtlichen moralischen Bedenken möglich wäre, dass alle Physiker sich darüber einigten, dass man die Arbeit an Atombomben, die ja sowieso wohl nur mit einem ungeheuren technischen Aufwand hergestellt werden könnten, gar nicht versuchen sollte.«[115] Es gibt keinen eindeutigen Beleg für diese Behauptung. Bohr widersprach ihr auch, direkt nachdem er die dänische Ausgabe von *Heller als tausend Sonnen* gelesen hatte. Äußerungen Heisenbergs nach dem Krieg über seine Reise nach Kopenhagen im Jahr 1944 und seinen Besuch in Krakau 1943 können zur Aufklärung dieses Disputs beitragen.

Im Jahr 1947 schrieb Höfler an Heisenberg und erinnerte ihn an seinen Besuch am Kopenhagener DWI im Jahr 1944. Wie viele andere Wissen-

115 Werner Heisenberg an Robert Jungk (18. Januar 1957), AMPG, III. Abt. Rep. 93, 1705.

schaftler, die Mitglieder der SS gewesen waren oder Führungspositionen in der NSDAP bekleidet hatten, stieß Höfler auf Schwierigkeiten, als er nach dem Krieg in die akademische Welt zurückzukehren versuchte. Als sich Höfler 1949 auf eine Dozentenstelle an der Universität München bewarb, erkundigte sich der zuständige Dekan bei Heisenberg, »ob sich der Germanist [in Kopenhagen] streng auf die Wissenschaft beschränkt oder sich auf das Gebiet der politischen Kulturpropaganda begeben hat?«. Heisenberg antwortete überraschenderweise, er habe Höfler nie persönlich kennengelernt. Heisenberg zufolge hatte das Kopenhagener DWI »kein ganz schlechtes Ansehen«, und es habe auch keine »ausgesprochene Nazipropaganda« verbreitet. Es sei nicht Höflers Schuld gewesen, dass die Dänen nicht mehr in das DWI gekommen seien, vielmehr hätten die Dänen »nicht mehr mit einem deutschen Sieg gerechnet und [wollten] nicht auf die falsche Karte setzen«. Heisenberg sagte, er habe von seinen dänischen Kollegen niemals scharfe Kritik an Höfler gehört, wobei er allerdings einräumte, dass sie eine solche Kritik wohl kaum ihm gegenüber geäußert hätten. Heisenberg beendete seinen Bericht über Höfler mit dem Hinweis, dass, selbst wenn dieser nicht so erfolgreich gewirkt habe wie Freyer in Budapest, er auch nicht glaube, dass Höfler »in Dänemark sehr negative Spuren hinterlassen« habe.[116]

Im Oktober 1965, zwanzig Jahre nach dem Ende des Dritten Reichs, interviewte David Irving Heisenberg. Als sie auf die deutschen Arbeiten zur Kernspaltung während des Krieges zu sprechen kamen, schilderte Heisenberg seinen Besuch in Krakau 1943 in folgenden Worten:

> Hier in München war ich auf der Schule zusammen mit einigen Leuten, die später große Nazis wurden, darunter der Herr Generalgoverneur von Polen – Frank. Der Frank war in der Schulklasse meines Bruders und daher kannten wir uns natürlich und duzten uns. Ich habe ihn völlig aus den Augen verloren und dachte, gut, dass ich nichts mit ihm zu tun habe. Dann schrieb er mir so im September 43 etwa, wenn ich mich recht erinnere, ich sollte doch mal nach Krakau kommen, um dort einen wissenschaftlichen Vortrag zu halten. Ich fand, es ist doch blöd, was habe ich da in Krakau zu suchen, der Frank geht mich sowieso nichts an. Aber er hatte nun so freundschaftlich geschrieben: Mein lieber Freund! Kannst Du nicht … so dass ich ihm dann schrieb: Lieber Frank! Ja, ich habe hier mit so vielen anderen Dingen zu tun, leider ist es mir unmöglich zu kommen. Dann aber schickte er mir noch einmal einen Brief und machte es so dringlich, und schon mit Wendungen, die nicht so ganz ange-

116 Otto Höfler an Werner Heisenberg (12. Januar 1947), AMPG, III. Abt. Rep. 93; Klinger an Werner Heisenberg (28. Juni 1949), AMPG, III. Abt. Rep. 93; Heisenberg an Klinger (4. Juli 1944), AMPG, III. Abt. Rep. 93.

nehm klangen, und da dachte ich, na ja, also verfeinden will ich mich nun auch nicht. Gut, ich halte den Vortrag in Krakau.[117]

Tatsächlich gibt es keine bekannten Briefe von Frank an Heisenberg über den Besuch in Krakau, dafür aber mehrere von dem Direktor des Instituts für Deutsche Ostarbeit, Wilhelm Coblitz. Heisenberg war offenbar nur allzu gern bereit, als Franks Gast einen Vortrag in Krakau zu halten. Es gibt keine Anhaltspunkte dafür, dass er Vorbehalte gehabt hätte oder sich unter Druck gesetzt fühlte. Allerdings gibt es auch keine Belege dafür, dass Heisenberg versucht hätte, Frank – wie Ernst von Weizsäcker und Reichsführer SS Heinrich Himmler – dafür anzuwerben, ihm bei seinen politischen Schwierigkeiten behilflich zu sein. Die Reise nach Krakau machte Heisenberg natürlich nicht mitschuldig an dem Genozid, der im nahen Auschwitz begangen wurde, sondern, wie viele andere, zu einem Zuschauer des Massenmords.

Wenn man Heisenbergs nach dem Krieg vorgebrachte Rechtfertigungen für einige seiner umstrittensten Auslandsreisen anhand von Primärquellen überprüft, zeigt sich, dass sie weder präzise noch wahrheitsgemäß sind. Dies stellt auch das in Frage, was er nach dem Krieg über seinen Besuch in Kopenhagen im Jahr 1941 sagte. In anderen Worten: Heisenbergs Äußerungen nach dem Krieg, als er über sein Verhalten während des Nationalsozialismus sagen konnte, was er wollte, waren absichtlich oder unabsichtlich darauf zugeschnitten, ihn in der Nachkriegszeit in ein günstiges Licht zu rücken – sie waren also das, was Norbert Frei »Vergangenheitspolitik« genannt hat.[118] Letzten Endes lässt sich Heisenbergs Behauptung, er habe zu Bohr gesagt, wenn die amerikanischen Physiker keine Atombombe bauen würden, dann würden auch die deutschen Physiker dies nicht tun, weder bestätigen noch widerlegen. Aber neben fehlenden Belegen, dem Kontext der Kulturpropaganda und der Fragwürdigkeit von Heisenbergs Rechtfertigungen anderer Auslandsreisen nach dem Krieg gibt es noch weitere Gründe dafür, dass diese Behauptung unglaubwürdig ist.

Wichtige Belege liefern uns hier der Bericht Heisenbergs an das Heereswaffenamt vom November 1941 über den Stand der Forschungen in der Arbeitsgemeinschaft, sein Vortrag im Februar 1942 vor dem Reichsforschungsrat und der Vortrag für Speer und Milch im Juni 1942. Im November 1941 machte Heisenberg hohen Vertretern des NS-Staates unmissverständlich klar, dass Deutschland nicht über die notwendigen wirtschaftlichen Ressourcen verfüge, um noch während des Krieges Atombomben zu bauen. Wenn es Heisenberg klar erschien, dass Atomwaffen in Deutschland nicht machbar sein würden, dann versuchte er bei seinem Besuch in Kopenhagen

117 David Irvings Interview mit Werner Heisenberg (23. Oktober 1965), ADM, IMC 31 557.

118 Frei, Vergangenheitspolitik.

zwei Monate zuvor, als deutsche Truppen tief in die Sowjetunion vordrangen und ein möglicher Krieg zwischen Deutschland und Amerika wahrscheinlich erschien, eben nicht, alle Atomwaffen zu verhindern, sondern nur die amerikanischen.

Im Februar 1942 enthüllte er vor einflussreichen politischen und militärischen Führungspersonen, dass es grundsätzlich möglich sei, Bomben von unvorstellbarer Zerstörungskraft zu bauen. Er wies darauf hin, dass dies sehr schwierig wäre, und erwähnte zugleich, dass die Amerikaner wohl ebenfalls an einer solchen Bombe arbeiteten. Vier Monate später beschwor er vor Speer, Milch und anderen die Möglichkeit der Entwicklung neuartiger Bomben von enormer Sprengkraft, wobei er abermals einen Vergleich zu den USA zog und die Bedrohung hervorhob, die aus den gewaltigen Investitionen der USA in wissenschaftliche Forschung und Technik erwachsen würde. Dies hört sich nicht nach jemandem an, der die Entwicklung von Atomwaffen grundsätzlich unterbinden wollte. Es ist schwer vorstellbar, dass Heisenberg und Weizsäcker mit dem festen Vorsatz, den Bau von Atombomben weltweit zu ächten, nach Kopenhagen fuhren, und als sie Bohr nicht für diesen Plan gewinnen konnten, plötzlich ihre Meinung änderten und sich entschlossen, führende Nationalsozialisten mit dem schrecklichen Potenzial von Atomwaffen zu ködern, um sich ihre Unterstützung zu sichern.

Nicht zuletzt hatten diese beiden Männer bis zum Herbst 1941 die gefährlichen und teils tödlichen Untiefen des Dritten Reichs und seiner Politik überstanden, wobei sie auch direkt mit einigen der mächtigsten und düstersten Gestalten des Regimes in Kontakt kamen. Heisenberg und Weizsäcker waren nicht so naiv, zu glauben, sie könnten mit Bohrs Hilfe einen internationalen Physikerstreik organisieren und dadurch die Entwicklung der Atombombe stoppen. Auch dies ist eine Geschichte, die zu gut ist, um wahr zu sein.

Furcht

Warum verriet Heisenberg Niels Bohr, dass er Atombomben für machbar hielt und dass die Deutschen daran arbeiteten? Die Weitergabe solcher Informationen bedeutete Hochverrat und brachte beide Männer in Lebensgefahr. Heisenberg musste gute Gründe gehabt haben. Als Bohr Heisenbergs Enthüllungen den Alliierten mitteilte, wuchs tatsächlich ihre Besorgnis hinsichtlich möglicher deutscher Atomwaffen; Heisenberg hatte unabsichtlich dafür gesorgt, dass Atombomben wahrscheinlicher – nicht weniger wahrscheinlich – wurden.

Primärquellen verraten uns, dass Heisenberg und Weizsäcker im Frühjahr und Sommer 1941 aktiv Informationen über ein potenzielles amerikanisches Atombombenprojekt sammelten.[119] Dies ist die einfachste, unkompliziierteste und plausibelste Erklärung dafür, dass Heisenberg während eines Gesprächs mit Bohr erwähnte, dass Atombomben seiner Meinung nach gebaut werden könnten. Sobald Heisenberg davon überzeugt war, dass Atomwaffen möglich seien, dachte er folgerichtig über die Möglichkeit nach, dass die andere Seite an ihnen arbeitete, und er wusste, dass das wissenschaftliche und industrielle Potenzial der Vereinigten Staaten unvergleichlich größer war als das Deutschlands.[120] Als sich im Herbst 1941 ein zukünftiger Konflikt mit den Vereinigten Staaten abzeichnete,[121] sah Heisenberg einen klaren Weg zur Atombombe – aber in den USA, nicht in Deutschland.

Nach dem Krieg sagten Heisenberg und insbesondere Weizsäcker, sie hätten nicht gedacht, dass die Amerikaner an Atomwaffen arbeiteten. Dies mag letzten Endes tatsächlich der Wahrheit entsprochen haben, und es war mit Sicherheit im Frühjahr 1945 der Fall, nachdem ihnen Goudsmit falsche Auskünfte gegeben hatte. Aber vom Sommer 1941 bis zum Sommer 1942 scheint sie die Aussicht auf eine amerikanische Atombombe sehr beunruhigt zu haben. Es gibt zwei leicht voneinander abweichende Berichte darüber, wie Heisenberg den Ausgang des Krieges mit Atombomben verknüpfte, die beide direkt oder indirekt von Niels Bohr stammen. Im Jahr 1946 berichtete Rudolf Ladenburg, Bohr habe nach seiner Ankunft in den USA im Jahr 1943 warnend darauf hingewiesen, dass ihm Heisenberg gesagt habe, wenn der Krieg nur lange genug dauere, würden deutsche Atombomben den Sieg bringen. In einem der Entwürfe für seine nicht abgeschickten Briefe an Heisenberg aus den 1950er-Jahren erinnerte sich Bohr, dass Heisenberg gesagt habe, er sei sich sicher, wenn der Krieg nur lange genug dauere, würde er »mit solchen Mitteln entschieden werden«.[122] Beide Versionen sind mit der Annahme vereinbar, dass die Seite, die als erste Atombomben baute, diese auch einsetzen würde, um den Krieg zu gewinnen.

Als die nicht abgeschickten Briefe Bohrs an Heisenberg 2002 veröffentlicht wurden, wurde Carl Friedrich von Weizsäcker danach gefragt, was er davon halte. Es ist bemerkenswert, dass Weizsäcker gegen Ende seines lan-

119 Arnold Kramish hat behauptet, Informationsbeschaffung sei ein Hauptgrund für den Besuch in Kopenhagen gewesen; Heisenberg war kein Spion der NS-Regierung, aber er wollte Informationen über eine etwaige alliierte Atombombe sammeln, vgl. Arnold Kramish, *The Griffin* (Boston 1986), 120.

120 Werner Heisenberg, Die Arbeiten am Uranproblem (4. Juni 1942), AMPG, I. Abt. Rep. 34.

121 Werner Heisenberg an Elisabeth Heisenberg (12. November 1941), in Heisenberg und Heisenberg, 191.

122 Dörries, Debate, 153, 131; Rudolf Ladenburg an Samuel Goudsmit (23. Oktober 1946) NBL, SGP Box 14, Folder 138.

gen Lebens sich anscheinend zum ersten Mal öffentlich der Behauptung von Elisabeth Heisenberg anschloss, Heisenberg habe Angst davor gehabt, dass die Alliierten Atombomben auf Deutschland abwerfen könnten. Tatsächlich ging sie so weit, zu sagen: »Diese Vorstellung quälte ihn ständig.«[123] In einem Interview, das in einer deutschen Tageszeitung veröffentlicht wurde, erklärte Weizsäcker:

> Wir kamen aber [...] zu dem Schluss, dass wir nicht fertig werden, jedenfalls nicht in der Zeit, die uns nach unserer Meinung noch zur Verfügung stand. Deshalb bekamen wir nun Angst, dass die Engländer oder Amerikaner Atombomben schneller bauen konnten. Daraufhin sind wir gemeinsam zu Bohr gefahren. Heisenberg wollte ihn auffordern, den Physikern in England und Amerika nahe zu legen, auf die Atombombe zu verzichten. [...] Wir wussten aber, wenn wir uns direkt mit dieser Bitte an die Amerikaner wenden, würden die nur denken, wir wollten die Bombe allein bauen, wir wollten sie betrügen. Heisenberg meinte, Bohr könnte seine Kollegen in Amerika und England eher überzeugen.

Als er in einem anderen Zeitungsinterview danach gefragt wurde, was Heisenberg wohl dazu bewogen habe, Bohrs Hilfe zur Verhinderung der Arbeit von alliierten Physikern an Atombomben einzuwerben, antwortete Weizsäcker: »Nun, dass nicht eine Bombe auf uns fällt.«[124]

123 Elisabeth Heisenberg, 98; vgl. auch das Interview von David Irving mit Werner Heisenberg (23. Oktober 1965), ADM, IMC 31 541.

124 Carl Friedrich von Weizsäcker, »Bohr hat Heisenberg nicht lange genug zugehört«, *Die Welt* (8. Februar 2002); Carl Friedrich von Weizsäcker, »Angst vor der Bombe. Carl Friedrich von Weizsäcker über die neuen Dokumente und sein Treffen mit Bohr und Heisenberg«, *Süddeutsche Zeitung* (8. Februar 2002).

12. Schluss

Die Bombe

Warum hat das nationalsozialistische Regime während des Zweiten Weltkriegs keine Atombomben gebaut? Viele Historiker, Wissenschaftler und andere haben einfache Antworten geliefert: Walther Bothe habe einen Fehler gemacht, als er die Neutronenabsorption in Kohlenstoff gemessen habe;[1] der norwegische Widerstand und die alliierten Bombenangriffe auf die Norsk Hydro hätten die Versorgung mit schwerem Wasser unterbrochen;[2] Werner Heisenberg habe den Funktionsmechanismus von Atomwaffen nicht verstanden und gedacht, eine Atombombe sei ein außer Kontrolle geratener Kernreaktor;[3] die Deutschen hätten keinen starken militärischen Anführer gehabt;[4] Heisenberg, Carl Friedrich von Weizsäcker und Fritz Houtermans hätten den deutschen Behörden ihr Wissen über Plutonium verschwiegen;[5] Heisenberg und Weizsäcker hätten Niels Bohr für ihren Plan gewinnen wollen, den Bau von Atomwaffen weltweit zu unterbinden.[6] In diesem Buch wurde dargelegt, dass diese Erklärungen entweder falsch oder bestenfalls lediglich ein Teil der Wahrheit sind.

Da die Amerikaner mithilfe emigrierter Wissenschaftler eine Atombombe bauten, ist es sinnvoll, die deutschen Arbeiten an diesem Maßstab beziehungsweise Standard zu messen. Aber es genügt nicht, die Endergebnisse einander gegenüberzustellen, vielmehr bedarf es eines differenzierten Vergleichs während der verschiedenen Phasen des Krieges. Dabei zeigt sich, dass die deutschen Wissenschaftler zum Teil hervorragende, überwiegend jedenfalls gute Arbeit leisteten, einige Fehler machten und einige Rückschläge hinnehmen mussten, genauso wie die Wissenschaftler, die in den

1 Werner Heisenberg, »Das Dritte Reich versuchte nicht, die Atombombe zu bauen«, *Frankfurter Allgemeine Zeitung*, 286 (9. Dezember 1967), Beilage Bilder und Zeiten, 4; David Irving, *Der Traum von der deutschen Atombombe* (Gütersloh 1967), 85–86.

2 Irving, Traum, 161–175, 198–200, 207–216.

3 Samuel Goudsmit, *Alsos*, 2. Aufl. (Los Angeles 1983), 176–177; Paul Lawrence Rose, *Heisenberg and the Nazi Atomic Bomb Project* (Berkeley 1998), 115–122; Manfred Popp, »Misinterpreted Documents and Ignored Physical Facts: The History of ›Hitler's Atomic Bomb‹ Needs to Be Corrected«, *Berichte zur Wissenschaftsgeschichte*, 39 (2016), 265–282.

4 Irving, Traum, 305.

5 Thomas Powers, *Heisenbergs Krieg: Die Geheimgeschichte der deutschen Atombombe* (Hamburg 1993), 144–145.

6 Robert Jungk, *Heller als tausend Sonnen. Das Schicksal der Atomforscher*, 2. Aufl. (Stuttgart 1958), 110.

Vereinigten Staaten am Manhattan-Projekt arbeiteten. Während der Phase des Blitzkrieges, als Deutschland keine neuen Waffen von hoher Zerstörungskraft zu benötigen schien, deuteten vorläufige Messungen und Versuche an einer Modell-Uranmaschine darauf hin, dass der Bau von Kernreaktoren möglich war.

Nachdem der Feldzug gegen die Sowjetunion ins Stocken geraten war und die Vereinigten Staaten in den Krieg eingetreten waren – also in jener Zeit, in der die deutschen Physiker bei den Behörden Überzeugungsarbeit in Sachen Uran leisten mussten –, wurde klar, dass es wegen des begrenzten Potenzials der deutschen Kriegswirtschaft unmöglich war, rechtzeitig Atomwaffen herzustellen, die Deutschland hätten dienen können. Hier sollte man sich das Offensichtliche vor Augen führen: Der Krieg in Europa endete, bevor es den Amerikanern gelang, eine Atombombe zu testen. Im Sommer 1942 besaßen die Deutschen keine so tiefen und detaillierten Kenntnisse über Isotopentrennung, Uranmaschinen und die Funktionsweise einer Atombombe wie ihre amerikanischen Kollegen, aber der Rückstand war auch nicht besonders groß. Zum Teil, weil man davon ausging, dass die Amerikaner ebenfalls militärische Anwendungen der Kernspaltung erforschten, waren alle relevanten Akteure übereinstimmend der Auffassung, die Forschung solle fortgesetzt werden.

In der Phase des totalen Krieges wurden die Forschungsaktivitäten durch die zerstörerischen Auswirkungen des Krieges, durch Luftangriffe, Sabotage, Versorgungsengpässe und Evakuierungen erheblich beeinträchtigt. Die besten Beispiele dafür waren die Großversuche an der Uranmaschine mit einer Anordnung aus gegossenen Uranmetallplatten und schwerem Wasser. Im Juni 1942 erwartete Heisenberg, dass die Versuche im Herbst desselben Jahres starten könnten, und er hoffte, dass sie zu einem Uranbrenner mit sich selbst erhaltender Kettenreaktion führen würden; Karl Wirtz begann diese Uranmaschine schließlich Anfang 1944 aufzubauen. Hier ist der Gegensatz zu den Vereinigten Staaten besonders markant: Genau zu der Zeit, als der immer weiter um sich greifende Krieg die Forschungsaktivitäten in Deutschland ernsthaft zu beeinträchtigen drohte, begann die US-Regierung damit, massiv in Industrieanlagen zu investieren, und errichtete ein neues, geheimes Labor in Los Alamos, New Mexico. In der letzten, verzweifelten Kriegsphase, als die Niederlage absehbar war, konzentrierten sich die deutschen Wissenschaftler, wie sehr viele andere Deutsche, hauptsächlich darauf, sich selbst und ihre Familien zu retten.

Man vergleiche Heisenbergs Erfahrungen mit denen eines Wissenschaftlers wie J. Robert Oppenheimer, der den ersten Teil des Krieges als Dozent an der Universität Berkeley verbrachte, gelegentlich in andere amerikanische Städte reiste und im Frühjahr 1943 nach Los Alamos umzog. Dort konnten er und andere Wissenschaftler, Mathematiker, Ingenieure und

Techniker – ein Vielfaches der Gesamtzahl der Uranforscher in Deutschland – mit großzügiger finanzieller Unterstützung der US-Regierung ungestört ihrer Arbeit nachgehen und sich dabei auf die logistische und technische Unterstützung der US-Armee und etlicher Industriezweige stützen. Die Größenordnung der beiden Projekte lässt sich ab dem Jahr 1943 schlichtweg nicht mehr miteinander vergleichen, auch wenn die beiden jeweiligen Kerngruppen von Wissenschaftlern zunächst sehr ähnliche Forschung betrieben und einen ähnlichen Wissensstand hatten.

Tatsächlich waren die deutschen Wissenschaftler zu keinem Zeitpunkt in der Lage, Atomwaffen zu bauen, aber was wäre gewesen, wenn sie dazu in der Lage gewesen wären? Das amerikanische Manhattan-Projekt legt einige Antworten auf diese Frage nahe. Ursprünglich war die Aussicht, dass die Nazis Atomwaffen bauen könnten, eine so übermächtige Bedrohung, dass sie übermenschliche Anstrengungen der Wissenschaftler rechtfertigte, von denen sich einige sonst nicht an dem Projekt beteiligt hätten. Der Sieg in Europa erfolgte schließlich im Mai 1945, Monate vor dem ersten erfolgreichen amerikanischen Test einer Atombombe. Überraschend wenige der Wissenschaftler, die sich ins Zeug gelegt hatten, um den Wettlauf zur Bombe gegen Hitler zu gewinnen, stellten sich jetzt die grundsätzliche Frage, ob sie weitermachen sollten. Nur der polnische Physiker Joseph Rotblat (1908–2005) stieg aus dem Manhattan-Projekt aus.

Mehrere einflussreiche Wissenschaftler, darunter James Franck und Léo Szilárd, bemühten sich, den Einsatz der Atombombe gegen Japan zu verhindern. Zwar wurde ihren Petitionen und Argumenten höflich Gehör geschenkt, aber dann wurden sie beiseitegeschoben. Am 16. Juni 1945 kam der aus Arthur Holly Compton (1892–1962), Enrico Fermi, Ernest Lawrence und J. Robert Oppenheimer bestehende wissenschaftliche Beirat zu dem Schluss, dass »eine technische Demonstration aller Wahrscheinlichkeit nach nicht das Ende des Krieges bringen wird, […] es keine akzeptable Alternative zu einem direkten militärischen Einsatz gibt [… und Wissenschaftler] keine besondere Kompetenz für die Lösung der politischen, sozialen und militärischen Probleme, die durch das Aufkommen der Atomkraft aufgeworfen werden, für sich beanspruchen können«.[7] Wenn amerikanische und emigrierte Wissenschaftler die amerikanische Regierung nicht davon abhalten konnten, Atombomben auf Japan abzuwerfen, besteht dann Grund zur Annahme, dass, wenn Hitlers Regierung Atomwaffen zu Gebote gestanden hätten, Heisenberg, Weizsäcker oder jemand anderes die Nazis davon hätte abhalten können, sie einzusetzen?

7 Philip L. Cantelon, Richard G. Hewlett und Robert C. Williams (Hgg.), *The American Atom: A Documentary History of Nuclear Policies from the Discovery of Fission to the Present*, 2. Aufl. (Philadelphia 1991), 47–48.

Allerdings hängt die Antwort auf die Frage, ob die Deutschen sich bemühten, Atombomben zu bauen, davon ab, was man unter »sich bemühen« versteht. Wenn »sich bemühen« erfordert, dass man die enormen Anstrengungen im industriellen Maßstab unternimmt, die offensichtlich notwendig sein würden, dann hat der nationalsozialistische Staat sich nicht bemüht; wenn »sich bemühen« dagegen bedeutet, dass sie so hart, wie sie konnten, mit den Materialien und Ressourcen arbeiteten, die ihnen zur Verfügung standen, um so schnell wie möglich Fortschritte bei Zentrifugen, die reines Uran-235 anreichern oder herstellen konnten, oder bei Kernreaktoren, die Energie erzeugen und Plutonium produzieren konnten, zu erreichen, dann »bemühten« sich diese Wissenschaftler. Die Leser werden diese Frage für sich selbst beantworten müssen.

Mit der Bombe leben

Als Carl Friedrich von Weizsäcker für seinen Essay in der *Zeit* den Titel »Mit der Bombe leben« wählte, verstand er darunter, mit der existenziellen Bedrohung zu leben, die das bereits große Arsenal an Atomwaffen auf beiden Seiten des Kalten Krieges darstellte. Allerdings beschreibt dieser Ausdruck auch sehr gut den Prozess, in dessen Verlauf deutsche Wissenschaftler in der Nachkriegszeit einen Weg fanden, mit der Tatsache weiterzuleben, dass sie für ein genozidales Regime an den gleichen Waffen gearbeitet hatten, die in Sekundenschnelle zwei japanische Städte auslöschen konnten. Heisenberg, Weizsäcker und andere brauchten eine Möglichkeit, um sich selbst sowohl vom Nationalsozialismus als auch von den Bomben, die auf Hiroshima und Nagasaki fielen, zu distanzieren, ohne den Eindruck zu erwecken, Deutschland verraten zu haben. Die Gegenüberstellung, die Heisenberg in seinem Artikel von 1946 über die deutschen Arbeiten während des Krieges vornahm, indem er zuerst behauptete, Deutschland habe keine Atombombe bauen können, aber dann suggerierte, die Wissenschaftler hätten die Kontrolle über die Forschungsaktivitäten behalten, sollte in diesem Licht gelesen werden.

Als Samuel Goudsmit, der von ähnlichen Aussagen Weizsäckers in Farm Hall wusste, Heisenbergs Artikel so interpretierte, als würde der Physiker darin stillschweigend für sich in Anspruch nehmen, seinen alliierten Kollegen moralisch überlegen zu sein – Robert Jungk hatte dies später noch expliziter formuliert –, griff er generell deutsche Wissenschaftler an, indem er deren Bereitschaft zu Kompromissen mit dem Nazismus verurteilte. Diese Kritik entfremdete Heisenberg und Weizsäcker von vielen ihrer Kollegen außerhalb Deutschlands. Heisenberg und Goudsmit bemühten sich um eine Verständigung, aber da, wo Letzterer Zugeständnisse sah, behauptete Ersterer, aktive Opposition gegen das Hitler-Regime geleistet zu haben. Wenn man sich näher ansieht, wie und warum Heisenberg mit führenden Nationalsozialisten in Kontakt trat, dann zeigt sich, dass die Kompromisse, die er und seine Unterstützer eingingen, weitreichender und tiefgreifender waren, als Goudsmit wusste. Und dies weckt Zweifel an Heisenbergs Behauptung aus der Nachkriegszeit, dass solche Zugeständnisse nur gemacht worden waren, um in der Lage zu sein, Gutes zu tun.

Laut der Legende von Kopenhagen reisten Heisenberg und Weizsäcker, nachdem sie erkannt hatten, dass Deutschland während des Krieges keine Atombombe bauen könnte, nach Dänemark, um Niels Bohr für ihre Bemühungen zu gewinnen, den Bau jeglicher Atomwaffen zu verhindern. Und so hätten sie weder Verrat an Deutschland begangen noch versucht, Atombomben für Hitler zu bauen; sie hätten keine Kompromisse mit dem Nazismus gemacht, sondern Widerstand dagegen geleistet. Wenn man den Besuch im September 1941 im Kontext von Heisenbergs Vortragsreisen ins Ausland während des Dritten Reichs betrachtet, scheint die Angst vor einer amerikanischen Atombombe und nicht der Wunsch, Atomwaffen international zu verhindern, das wahrscheinlichste Motiv zu sein. Trotzdem half die Legende den beiden Physikern in der Nachkriegszeit, mit der Bombe zu leben. Im Privaten und öffentlich vertrug sie sich bestens mit den zwiespältigen Gefühlen, die die Aussicht auf eine atomare Bewaffnung Westdeutschlands in der Nachkriegszeit in ihnen auslöste und die in der Göttinger Erklärung zum Ausdruck kamen. Weizsäckers zweifellos aufrichtiges Engagement gegen die Gefahren der nuklearen Proliferation und eines Atomkrieges erlaubten ihm, die noch verbliebene Ächtung seiner Person nach dem Krieg zu überwinden.

Hitlers Atombombe bleibt ein kontroverses Thema, weil sie ein Gespenst ist, das nicht ein für alle Mal zu Grabe getragen werden kann. Michael Frayns Theaterstück *Kopenhagen*, das aus Gesprächen zwischen den Geistern von Niels Bohr, Margrethe Bohr und Werner Heisenberg besteht, ist – vielleicht unabsichtlich – eine Metapher hierfür.[8] Auch wenn es die deutsche Atombombe nie gab, hat die Vorstellung, dass sie existieren könnte, viele Leben tiefgreifend beeinflusst und für verschiedene Menschen ganz unterschiedliche Bedeutungen gehabt, wobei sich diese Bedeutung im Laufe der Zeit auch verändert hat. Hitlers Atombombe hat kaum etwas von ihrer Wirkmacht verloren – das hat weniger mit dem zu tun, was tatsächlich geschah, sondern damit, was hätte sein können. Sie lässt die Grenze zwischen Geschichte und Legende, Held und Schurke und vielleicht sogar zwischen Gut und Böse verschwimmen.

8 Matthias Dörries (Hg.), Michael Frayn, *Kopenhagen. Stück in zwei Akten. Mit zwölf wissenschaftsgeschichtlichen Kommentaren*, 3. erweiterte Aufl. (Göttingen 2003).

13. Epilog: Der Historiker als historischer Akteur

> Geschichte ist etwas, das vielleicht im Grunde erst geschrieben werden kann, wenn alles so lange vorbei ist, dass niemand mehr lebt, der ein aktuelles Interesse daran hat, wie es gewesen sein *sollte.*
>
> Carl Friedrich von Weizsäcker, in einem Interview im Jahr 1993.[1]

Historikerinnen und Historiker bemühen sich, so objektiv wie möglich zu sein, und dazu gehört, dass sie außerhalb der Geschichte stehen, die sie schreiben. Ich dachte auf jeden Fall, dass das auf mich zutrifft, als ich Carl Friedrich von Weizsäcker 1984 um ein Interview bat, um meine Archivrecherchen zu ergänzen.[2] Ich interessierte mich nicht für das angebliche Widerstandskomplott gegen Hitler in der Absicht, ihm den Zugriff auf Atombomben zu verwehren, da ich bereits davon überzeugt war, dass dies eine Legende war oder zumindest Teil einer solchen. Daher fragte ich Weizsäcker nicht danach. Am Ende unseres Interviews schien er sich darüber zu wundern, dass ich es nicht getan hatte. Als ich 1987 meine Dissertation abschloss, schickte ich ihm ein Exemplar, ohne eine Rückmeldung zu erhalten.[3] Ich hatte das Glück, die Jahre von 1989 bis 1990 in Berlin zu verbringen, und erlebte hautnah den Fall der Berliner Mauer und den jähen Übergang, den die Deutschen »die Wende« nennen. Mein Buch erschien im Dezember 1989, die deutsche Übersetzung kurz darauf, Anfang 1990.[4] Die deutsche Fassung meines Buches brachte mich in Kontakt mit Robert Jungk, den ich einmal in den Räumlichkeiten meines damaligen deutschen Verlags, des Siedler Verlags, traf. Mein Lektor Thomas Karlauf hatte ihn dazu überredet, ein Vorwort zu meinem Buch zu schreiben. Jungk verriet mir, dass es Weizsäcker gewesen sei, der ihm gesagt habe, deutsche Wissenschaftler hätten Hitler absichtlich Atomwaffen vorenthalten. Er deutete dies im Vorwort an, ohne Namen zu nennen, wobei er in seinen zwei Jahre später unter dem

1 Carl Friedrich von Weizsäcker, »Farm Hall und das deutsche Uranprojekt. Ein Gespräch«, in Dieter Hoffmann (Hg.), *Operation Epsilon. Die Farm-Hall-Protokolle erstmals vollständig, ergänzt um zeitgenössische Briefe und weitere Dokumente der 1945 in England internierten deutschen Atomforscher*, 2. Aufl. (Diepholz 2023), 519–549, hier 538.

2 Interview von Mark Walker mit Carl Friedrich von Weizsäcker (9. Mai 1985), American Institute of Physics, Niels Bohr Library and Archives, https://repository.aip.org/islandora/object/nbla%3A271351#page/1/mode/2up (letzter Zugriff am 31. Dezember 2023).

3 Mark Walker, *Uranium Machines, Nuclear Explosives, and National Socialism: The German Quest for Nuclear Power, 1939–1949*, Dissertation Princeton University (1987).

4 Mark Walker, *Die Uranmaschine. Mythos und Wirklichkeit der deutschen Atombombe* (Berlin 1990).

Titel *Trotzdem* veröffentlichten Memoiren ziemlich klar zu verstehen gab, dass Weizsäcker ihn getäuscht habe.

> Die Jahre 1953 bis 1955, in denen ich für mein Buch »Heller als tausend Sonnen« recherchierte, standen im Zeichen des amerikanischen Senators McCarthy, dessen Verdächtigungen und Verhöre es erreichten, dass sich viele amerikanische Wissenschaftler politisch so gefügig zeigten, als lebten sie unter einer Diktatur. Ein beschämendes und entmutigendes Schauspiel! Da bescherten mir nun deutsche Physiker die überraschende Enthüllung, dass es nicht einmal den Diktatoren des Dritten Reichs gelungen war, ihre Forscher zur Mitarbeit an einem von ihnen abgelehnten Projekt zu zwingen. Denn sie hatten, so meinte ich Carl Friedrich von Weizsäcker zu verstehen, als er mit mir im Arbeitszimmer seiner Göttinger Wohnung über diese Ereignisse sprach, ganz bewusst den Bau einer deutschen Atombombe zu verhindern versucht. Sie seien, wie er es wörtlich ausdrückte, in dieser Hinsicht nicht »Aktivisten«, sondern »Pazifisten« gewesen.
>
> Dies ist der Kern der Aussagen Weizsäckers und später auch Heisenbergs, derer ich mich erinnere und die ich bald nach meinen Interviews mit ihnen für meine Darstellung des Wettlaufs um die Atombombe verwendete.
>
> Als mein Buch »Heller als tausend Sonnen« im Herbst 1956 im Scherz-Goverts-Verlag erschienen war und sofort weltweit überwiegend zustimmendes Aufsehen erregte, erhoben meine beiden Kronzeugen zunächst keinerlei Protest, ja ich hörte, dass sie sogar sehr erfreut darüber waren, in den Augen der Weltöffentlichkeit wegen ihres heimlichen Widerstands gegen den Bau einer deutschen Atombombe von jedem Verdacht der Komplizenschaft mit dem Regime Hitlers befreit zu sein.[5]

Jahrzehnte nach der Veröffentlichung von Jungks Buch bestritt Weizsäcker, sich gegenüber Jungk in diesem Sinne geäußert zu haben, und beschrieb ihn als »naiv«.[6] Es verwunderte mich, als Jungk mir sagte, er habe seit Langem gewusst, dass die Verschwörungstheorie, die er in *Heller als tausend Sonnen* aufgenommen habe, unwahr sei. Aber er habe gezögert, dies öffentlich einzuräumen. Tatsächlich sagte er, mein Buch habe ihm die Gelegenheit dazu gegeben. Selbstverständlich hatte ich damals noch nicht den Briefwechsel zwischen Jungk und Weizsäcker gelesen.

5 Vgl. Robert Jungk, »Vorwort«, in Walker, Uranmaschine, 7–10; Robert Jungk, *Trotzdem. Mein Leben für die Zukunft* (München 1993), 297–298.

6 Carl Friedrich von Weizsäcker, *Bewußtseinswandel* (München 1988), 383; Jungk, Trotzdem, 299.

Als ich Weizsäcker kontaktierte, um mich für einen Fehler in der englischen Fassung meines Buches zu entschuldigen (sein Vorname war fälschlicherweise mit einem Bindestrich geschrieben), reagierte er. Wir hatten dann einen langen Briefwechsel, in dem er die Bitte äußerte, ihn ein weiteres Mal zu interviewen. Auch wenn ich mir damals darüber im Klaren war, dass ich vermutlich einer von sehr wenigen Menschen war, die eine solche Einladung ausschlugen, zögerte ich, ihn zu besuchen; ich glaubte sicher zu wissen, was er sagen würde und dass es mich nicht überzeugen würde. Er wiederum schien überzeugt zu sein, er müsse es mir nur persönlich erklären, dann würde ich ihm Recht geben und verstehen; aber ich wollte nicht in die Lage kommen, ihm offen widersprechen zu müssen.

Mein Buch erneuerte das Interesse an den deutschen Arbeiten zur Kernspaltung während des Krieges, was auch Weizsäckers Rolle beinhaltete. Im Jahr 1991 wurde der Film »Ende der Unschuld« über die deutsche Arbeit an Atomwaffen während des Krieges von einem der großen Fernsehsender Deutschlands an Ostern ausgestrahlt und fand große Beachtung.[7] Der Autor, Wolfgang Menge, hatte mich 1987, im letzten Jahr meines Promotionsstudiums, besucht, um einige Details für das Drehbuch abzuklären, das ihm zufolge damals fast fertig war. Nachdem er sich mit mir getroffen und das Exemplar meiner Dissertation, das ich ihm anschließend schickte, durchgelesen hatte, schrieb er das Drehbuch entsprechend den Grundlinien der Argumentation in meiner Arbeit mit einem weitaus kritischeren Tenor um. Kurz nach der Ausstrahlung nahm Weizsäcker an der Jahrestagung der Deutschen Akademie der Naturforscher Leopoldina teil und war sichtlich überrascht, als ihn junge Physiker zur Rede stellten und ihn fragten, ob er am Bau von Atomwaffen für Hitler mitgewirkt habe.[8]

Vermutlich als Reaktion auf die wachsende öffentliche Kritik erschien im Anschluss ein Interview mit Weizsäcker in dem einflussreichen Nachrichtenmagazin *Der Spiegel*. Seine Überschrift lautete »Ich gebe zu, ich war verrückt!«. Jetzt, 35 Jahre nach der Veröffentlichung von *Heller als tausend Sonnen* distanzierte er sich de facto öffentlich von der Behauptung, er habe Widerstand gegen Hitler geleistet, indem er den Bau von Atomwaffen verweigerte, die Hitler hätte einsetzen können. Statt sein Wissen über Plutonium herunterzuspielen oder zu verschleiern, hatte er es mit den Behörden geteilt.

7 Wolfgang Menge, *Ende der Unschuld. Die Deutschen und ihre Atombombe* (Berlin 1991).

8 »Abend der Physiker über das ›Ende der Unschuld‹«, *Die Zeit* (19. April 1991), www.zeit.de/1991/17/abend-der-physiker-ueber-das-ende-der-unschuld (letzter Zugriff am 20. Juni 2017).

> Ich hatte einfach überlegt, daß es möglich ist, mit den Folgeprodukten des Urans, die man heute als Plutonium bezeichnet, leicht eine Spaltung vorzunehmen. [...]
> Dann war die Frage: Soll ich das für mich behalten oder darüber einen Bericht schreiben? Ich habe einen Bericht geschrieben, den habe ich dann auch abgeliefert.
> Wenn Sie mich jetzt fragen, was für einen Grund das hatte, dann antworte ich: Ich dachte, wenn der Bau einer Bombe auf diese Weise möglich ist, dann werde ich einer sein, mit dem man darüber reden muß. Und dann werde ich zusehen, daß ich einen Weg zu den wirklichen Entscheidungsträgern finde, um mit denen etwas zu bereden, was diese unteren Burschen sowieso nicht verstehen.

Indem er darüber berichtete, hoffte er politischen Einfluss zu erlangen.

> Was ich damals gemacht habe, gehört zu denjenigen Handlungen meines Lebens, die ich nachträglich nicht noch einmal wiederholen würde. Ich habe falsch gehandelt. Das Technische interessierte mich überhaupt nicht, wissenschaftlich fand ich andere Sachen viel interessanter. Aber ich fand, Politik ist wichtig. Und ich hatte die Vorstellung, daß ich politischen Einfluß gewinnen könnte, wenn ich jemand wäre, mit dem selbst Adolf Hitler reden müßte. [...]
> Ich habe geglaubt – das war mein großer Irrtum –, es könnte ja sein, daß man den Hitler zu einer Politik des Friedens bewegen kann. Dazu können Sie natürlich sagen, ich sei verrückt gewesen. Und ich bin bereit zuzugeben: Ich war verrückt.[9]

Im Rückblick hätten Weizsäckers *Spiegel*-Interview von 1991 und Jungks Enthüllungen mir deutlich machen müssen, dass ich bereits aus der üblichen Rolle des Historikers herausgetreten war – aber ich erkannte das nicht. Erst auf einem Symposion, das meine Kollegen Klaus Hentschel und Dieter Hoffmann anlässlich des hundertsten Geburtstags Weizsäckers im Frühjahr 2012 an der Leopoldina-Akademie in Halle organisierten, wurde dies erschreckend deutlich. Mein Unbehagen begann, als einige Kollegen zu mir kamen und sagten, sie hätten meinen Briefwechsel mit Weizsäcker, der sich mittlerweile in einem Archiv befand, durchgesehen. Einer meinte, er sei »sehr interessant«.

Bei der Tagung selbst kamen sowohl Historiker als auch Zeitzeugen zu Wort – was sich als eine spannende Mischung erwies –, aber ich war ver-

9 Carl Friedrich von Weizsäcker, »›Ich gebe zu, ich war verrückt‹. Carl Friedrich von Weizsäcker über die Chance der Deutschen im Zweiten Weltkrieg, die Atombombe zu bauen«, *Der Spiegel*, 17 (1991), 227–238; vgl. auch Carl Friedrich von Weizsäcker, »Farm Hall und das deutsche Uranprojekt. Ein Gespräch«, 525–530.

blüfft, als man mir im Anschluss an meinen Vortrag keine Fragen über die historischen Ereignisse, die ich gerade analysiert hatte, sondern über meine persönlichen Kontakte zu Weizsäcker stellte. Während ich auf die Frage antwortete, dachte ich bei mir: »Ich bin Historiker, kein Zeitzeuge.« Das war mir sehr unangenehm, weil mir plötzlich klar wurde, dass ich die sichere Zone der objektiven Geschichtswissenschaften verlassen hatte und zu einem Teilnehmer genau der Geschichte geworden war, an deren Niederschrift ich mitgewirkt hatte. Der Historiker war zu einem historischen Akteur geworden. Mit dem vorliegenden Buch, für das ich auch Quellen auswertete, die in den 1980er- und 1990er-Jahren noch nicht zugänglich waren, mich mit Interpretationen von Forschenden aus den Geschichtswissenschaften und den Naturwissenschaften, mit dramaturgischen, journalistischen und anderen Werken auseinandersetzte, den chronologischen Rahmen bis weit in die Nachkriegszeit hinein ausdehnte und mir vor allem meiner eigenen Rolle bewusst wurde, hoffe ich, dass meine eigenen Bemühungen, »mit der Bombe zu leben«, zu einem guten Abschluss gekommen sind.

Anhang

Anmerkungen zur Textgestalt

Historikerinnen und Historiker erhalten in der Regel nur eine einzige Chance, um eine Geschichte zu schreiben. In meiner Dissertation, die später als Buch veröffentlicht wurde, habe ich mich wie in dem vorliegenden Buch mit den Bemühungen Deutschlands befasst, während des Zweiten Weltkriegs eine Atombombe zu bauen.[1] Dieses Buch ist keine aktualisierte Neuausgabe meiner früheren Arbeit, sondern eine im Wesentlichen neue historische Darstellung, teilweise auf der Basis von Quellenmaterial, das zu der Zeit, als ich mich zum ersten Mal wissenschaftlich mit diesem Thema beschäftigte, noch nicht zugänglich war. Dazu gehören die Farm-Hall-Transkripte, in russischen Archiven wiedergefundene Dokumente aus dem Kaiser-Wilhelm-Institut für Physik, die unveröffentlichten Briefe von Niels Bohr an Werner Heisenberg, der schriftliche Nachlass von Carl Friedrich von Weizsäcker und der Briefwechsel zwischen Elisabeth und Werner Heisenberg.

Wenn ich über das Dritte Reich schreibe, verwende ich das Adjektiv »nationalsozialistisch« oder dessen Akronym »NS« – und nicht das Substantiv »Nazi« –, außer wenn ein historischer Akteur das letztgenannte Wort verwendet hat. Ich möchte meinem Publikum die Geschichte möglichst realitätsnah darlegen. Im Gegensatz zur Nachkriegszeit dürfte ein Deutscher in der Zeit des Dritten Reichs nicht oft das abwertendere Wort »Nazi« gehört oder gesagt haben. Zudem werde ich hauptsächlich das generische Maskulinum verwenden. Dies hat den Grund, dass die Akteure dieser Geschichte – Physiker, hochrangige NS-Eliten und einflussreiche Politiker der frühen BRD – meist Männer waren. Eine Doppelnennung oder die Verwendung von Gender-Sonderzeichen würden in diesem Fall die historischen Geschlechterverhältnisse eher verzerren.

1 Mark Walker, *Die Uranmaschine. Mythos und Wirklichkeit der deutschen Atombombe* (Berlin 1990).

Abkürzungen

ADM: Archiv des Deutschen Museums, München
AMPG: Archiv der Max-Planck-Gesellschaft, Berlin
BABL: Bundesarchiv, Berlin-Lichterfelde
BAK: Bundesarchiv, Koblenz
DAAD: Deutsche Akademischer Austauschdienst
CUA: Columbia University Archives, New York, NY, USA
DAL: Deutsche Akademie für Luftfahrtforschung
DFG: Deutsche Forschungsgemeinschaft
DFR: Deutscher Forschungsrat
DWI: Deutsches Wissenschaftliches Institut
EBN: Erich Bagge Nachlass
HSA: Staatsarchiv Hamburg
HUB: Archiv der Humboldt-Universität, Berlin
HUJ: Hebräische Universität Jerusalem, Israel
HWA: Heereswaffenamt
IDO: Institut für deutsche Ostarbeit
IZG: Institut für Zeitgeschichte, München
KWG: Kaiser-Wilhelm-Gesellschaft
KWIfC: Kaiser-Wilhelm-Institut für Chemie
KWIfP: Kaiser-Wilhelm-Institut für Physik
MPG: Max-Planck-Gesellschaft
NARA: National Archives and Records Administration, College Park, MD, USA
NATO: North Atlantic Treaty Organization
NBA: Niels Bohr Archiv, Niels-Bohr-Institut, Kopenhagen, Dänemark
NBL: Niels Bohr Library & Archives, American Institute of Physics, College Park, MD, USA
NDW: Notgemeinschaft der Deutschen Wissenschaft
NSDAP: Nationalsozialistische Deutsche Arbeiterpartei
NSDB: Nationalsozialistischer Deutscher Dozentenbund
OKH: Oberkommando des Heeres
OSRD: Office of Scientific Research and Development
PTR: Physikalisch-Technische Reichsanstalt
REM: Reichsministerium für Wissenschaft, Erziehung und Volksbildung
RFR: Reichsforschungsrat
RPI: Institute Archives and Special Collections, Rensselaer Polytechnic Institute, Troy, NY, USA
RSA: Reichssippenamt
SCUA: Special Collections, University of Arizona, Tucson, AZ, USA
SD: Sicherheitsdienst der SS
VDW: Vereinigung Deutscher Wissenschaftler

Glossar

Adsorption Die Anlagerung von Atomen, Ionen oder Molekülen eines Gases, einer Flüssigkeit oder eines gelösten Festkörpers an einer Oberfläche.

Desorption Der physikalische Prozess, durch den adsorbierte Atome oder Moleküle von der Oberfläche getrennt werden.

Destillation Ein thermisches Verfahren, bei dem Bestandteile oder Substanzen einer Flüssigkeitsmischung durch selektive Verdampfung und anschließende Kondensation voneinander getrennt werden.

Elektrolyse Ein chemischer Zerlegungsprozess, der durch das Anlegen eines elektrischen Stroms an eine aus Ionen bestehende Flüssigkeit erzeugt wird.

Element 94 (Plutonium) Ein Transuran, das durch eine Abfolge von Zerfallsprozessen aus Uran-238 entsteht, nach dem dieses ein Neutron absorbiert hat; ein spaltbares Element, das zum Bau von Atombomben verwendet wird.

Elutriation (Schlämmung) Ein Prozess, bei dem Teilchen anhand ihrer Größe, ihrer Form und ihrer Dichte voneinander getrennt werden, wobei ein Flüssigkeits- oder Gasstrom, der für gewöhnlich der Sedimentationsrichtung entgegengesetzt fließt, zum Einsatz kommt.

Halbwertszeit Die Zeit, die verstreicht, bis die Hälfte der Atomkerne einer radioaktiven Probe durch die Emission von Energie oder Teilchen in andere Elemente zerfallen sind.

Isotope Atomarten eines chemischen Elements, die sich durch die Anzahl an Neutronen und dadurch in ihrem Gewicht unterscheiden, jedoch die gleichen chemischen Eigenschaften haben.

Katalysator Eine Substanz, die eine chemische Reaktion beschleunigt oder die Temperatur oder den Druck so verringert, dass die Reaktion beginnt, ohne dass diese Substanz bei der Reaktion selbst verbraucht wird.

Kernspaltung Eine Kernreaktion, bei der sich der ursprüngliche Kern in zwei Kerne mit kleinerer Ladungszahl und geringerer Masse unter der Emission von Energie und Neutronen aufspaltet.

Kritische Masse Die kleinste Masse eines spaltbaren Materials, die in einem Atomreaktor oder einer Atombombe benötigt wird, um eine sich selbst erhaltende Kettenreaktion zu erzeugen.

Resonanzabsorption Eine verstärkte Absorption von Neutronen durch Atomkerne, die bei bestimmten Neutronenenergien auftritt.

Schweres Wasser Wasser, das aus Sauerstoff und Deuterium, einem Isotop des Wasserstoffs mit einem zusätzlichen Neutron, besteht.

Uran-235 Ein seltenes Uranisotop, das eine nukleare Kettenreaktion aufrechterhalten und deshalb in Atombomben verwendet werden kann.

Uran-238 Das natürlich am häufigsten anzutreffende Uranisotop; nach der Absorption eines Neutrons kann es sich in Plutonium umwandeln.

Uranbrenner Ein funktionstüchtiger Kernreaktor.

Uranmaschine Ein Modell eines Kernreaktors zu Versuchszwecken.

Zyklotron Ein Teilchenbeschleuniger, in dem geladene Teilchen durch ein homogenes und zeitlich konstantes Magnetfeld auf spiralförmigen Bahnen gehalten und durch ein elektrisches Feld beschleunigt werden.

Archivverzeichnis

ADM: Archiv des Deutschen Museums, München

ASN: Sommerfeld Nachlass

FA 002: Atomdokumente

IMC: David Irving Microfilm-Sammlung

JN: Jung Nachlass

WGN: Walther Gerlach Nachlass

AMPG: Archiv der Max-Planck-Gesellschaft, Berlin

I. Abt. Rep. 1A Generalverwaltung der KWG

I. Abt. Rep. 11 KWI für Chemie

I. Abt. Rep. 34 KWI für Physik

I. Abt. Rep. 29 KWI für medizinische Forschung

II. Abt. Rep. 23 MPI für medizinische Forschung

III. Abt. Rep. 6 Nachlass Walther Bothe

III. Abt. Rep. 14 Nachlass Otto Hahn

III. Abt. Rep. 19 Nachlass Peter Debye

III. Abt. Rep. 61 Nachlass Ludwig Prandtl

III. Abt. Rep. 93 Nachlass Werner Heisenberg

III. Abt. Rep. 111 Nachlass Carl Friedrich von Weizsäcker

Gründungsakten: Eine Sammlung von Dokumenten über die Gründung der Max-Planck-Gesellschaft, die Forschenden in den 1980er-Jahren zugänglich gemacht wurde.

BABL: Bundesarchiv, Berlin-Lichterfelde

BDC: Materialien aus dem ehemaligen Berlin Document Center

BAK: Bundesarchiv, Koblenz

BBAA: Archiv der Berlin-Brandenburgische Akademie der Wissenschaften

AdW: Akademie der Wissenschaften

CUA: Columbia University Archives, New York, NY, USA

IRP: Isidor Isaac Rabi Papers

EBN: Erich Bagge Nachlass

HSA: Staatsarchiv Hamburg

HUB: Archiv der Humboldt-Universität, Berlin

HUJ: Hebräische Universität Jerusalem, Israel

AEA: Albert Einstein Archiv

IZG: Institut für Zeitgeschichte, München

NARA: National Archives and Records Administration, College Park, MD, USA

NBA: Niels Bohr Archiv, Niels-Bohr-Institut, Kopenhagen, Dänemark

NBL: Niels Bohr Library & Archives, American Institute of Physics, College Park, MD, USA

SGP: Samuel Goudsmit Papers

RPI: Institute Archives and Special Collections, Rensselaer Polytechnic Institute, Troy, NY, USA

PHP: Paul Harteck Papers

SCUA: Special Collections, University of Arizona, Tucson, AZ, USA.

GKP: Gerard Kuiper Papers

Literatur

»Abend der Physiker über das ›Ende der Unschuld‹«, *Die Zeit* (19. April 1991).

Aly, Götz, und Susanne Heim, *Vordenker der Vernichtung. Auschwitz und die deutschen Pläne für eine neue europäische Ordnung*, 2. Aufl. (Frankfurt am Main 2013).

»Anschaulichkeit; Allgemeine Diskussion über Relativitätstheorie«, *Physikalische Zeitschrift*, 21 (1920), 666–668.

Bagge, Erich, Kurt Diebner und Kenneth Jay, *Von der Uranspaltung bis Calder Hall* (Hamburg 1957).

Ball, Philip, *Serving the Reich: The Struggle for the Soul of Physics under Hitler* (Chicago 2014).

Bargett, Susan, Christine Schmidt und Dan Stone (Hgg.), *Beyond Camps and Forced Labor* (Cham 2020).

Bartov, Omer, *Hitler's Army: Soldiers, Nazis, and War in the Third Reich* (New York 1992); deutsche Übersetzung: *Hitlers Wehrmacht. Soldaten, Fanatismus und die Brutalisierung des Krieges* (Reinbek b. Hamburg 1995).

Bernstein, Jeremy, »Heisenberg and the Critical Mass«, *American Journal of Physics*, 70 (2002), 911–916.

Bernstein, Jeremy, »Heisenberg in Poland«, *American Journal of Physics*, 72 (2004), 300–304.

Bernstein, Jeremy, *Hitler's Uranium Club: The Secret Recordings at Farm Hall* (Woodbury 1996).

Bernstein, Jeremy, »The Drawing or Why History Is Not Mathematics«, *Physics in Perspective*, 5 (2003), 243–261.

Beyerchen, Alan, *Wissenschaftler unter Hitler. Physiker im Dritten Reich* (Frankfurt am Main 1982).

Beyerle, Konrad, Wilhelm Groth, Paul Harteck und Johannes Jensen, *Über Gaszentrifugen. Anreicherung der Xenon-, Krypton-, und der Selen-Isotope nach dem Zentrifugenverfahren* (Weinheim 1950).

Beyler, Richard, »The Demon of Technology, Mass Society, and Atomic Physics in West Germany, 1945–1957«, *History and Technology*, 19/3 (2003), 227–239.

Boberach, Heinz (Hg.), *Meldungen aus dem Reich. Die geheimen Lageberichte des Sicherheitsdienstes der SS 1938–1945*, Band 1 (Herrsching 1984).

Boberach, Heinz (Hg.), *Meldungen aus dem Reich. Die geheimen Lageberichte des Sicherheitsdienstes der SS 1938–1945*, Band 2 (Herrsching 1984).

Boelcke, W.A. (Hg.), *Deutschlands Rüstung im Zweiten Weltkrieg. Hitlers Konferenzen mit Albert Speer 1942–1945* (Frankfurt am Main 1969).

Boelcke, W.A. (Hg.), *Wollt ihr den totalen Krieg? Die geheimen Goebbels-Konferenzen 1939–1943* (München 1969).

Bohr, Aage, »The War Years and the Prospects Raised by the Atomic Weapons«, in Stefan Rozental (Hg.), *Niels Bohr* (Amsterdam 1968).

Bohr, Niels, und John Wheeler, »The Mechanism of Nuclear Fission«, in *Physical Review*, 56 (1939), 426–450, in Horst Wohlfarth (Hg.), *40 Jahre Kernspaltung: eine Einführung in die Originalliteratur* (Darmstadt 1979), 141–190.

Booth, E., J. Dunning, A. Grosse und A. Nier, »Neutron Capture by Uranium (238)«, *Physical Review*, 58 (1940), 475–476.

Bothe, Walther, und Peter Jensen, »Die Absorption thermischer Neutronen in Elektrographit«, *Zeitschrift für Physik*, 122 (1944), 749–755.

Broszat, Martin, und Elke Fröhlich (Hgg.), *Alltag und Widerstand. Bayern im Nationalsozialismus* (München 1987).

Browning, Christopher, *The Final Solution and the German Foreign Office: A Study of Referat D III of Abteilung Deutschland 1940–43* (New York 1978).

Brüche, Ernst, Einleitung zu Samuel Goudsmit, »Wissenschaft oder Geheimhaltung«, *Physikalische Blätter*, 2 (1946), 203–207.

Cantelon, Philip L., Richard G. Hewlett und Robert C. Williams (Hgg.), *The American Atom: A Documentary History of Nuclear Policies from the Discovery of Fission to the Present*, 2. Aufl. (Philadelphia 1991).

Carson, Cathryn, *Heisenberg in the Atomic Age: Science and the Public Sphere* (Cambridge 2010).

Carson, Cathryn, »Reflexionen zu ›Kopenhagen‹«, in Matthias Dörries (Hg.), Michael Frayn, *Kopenhagen. Stück in zwei Akten. Mit zwölf wissenschaftsgeschichtlichen Kommentaren*, 3. erweiterte Aufl. (Göttingen 2003), 172–188.

Cassidy, David C., *Beyond Uncertainty: Heisenberg, Quantum Physics, and The Bomb* (New York 2009).

Cassidy, David C., *Werner Heisenberg. Leben und Werk* (Heidelberg 1992).

»Comment by the Editor«, *Bulletin of the Atomic Scientists*, 4 (1948), 104.

Clusius, Klaus, und Gerhard Dickel, »Das Trennrohr«, *Zeitschrift für physikalische Chemie* B, 44 (1939), 459.

Conze, Eckart, Norbert Frei, Peter Hayes und Moshe Zimmermann, *Das Amt und die Vergangenheit. Deutsche Diplomaten im Dritten Reich und in der Bundesrepublik* (München 2010).

Cornwell, John, *Hitler's Scientists: Science, War, and the Devil's Pact* (New York 2004); deutsche Übersetzung: *Forschen für den Führer. Deutsche Naturwissenschaftler und der Zweite Weltkrieg* (Bergisch Gladbach 2006).

Crawford, Elisabeth, *The Nobel Population 1901–1950: A Census of the Nominators and Nominees for the Prizes in Physics and Chemistry* (Tokyo 2002).

Crawford, Elisabeth, Ruth Lewin Sime und Mark Walker, »A Nobel Tale of Postwar Injustice«, *Physics Today*, 50 (September 1997), 26–32.

Crawford, Elisabeth, Ruth Lewin Sime und Mark Walker, »A Nobel Tale of Wartime Injustice«, *Nature*, 382 (1996), 393–395.

Crowther, J. G., *Science in Liberated Europe* (London 1949).

Dahl, Per, *Heavy Water and the Wartime Race for Nuclear Energy* (Bristol 2009).

Dahn, Ryan, »Big Science, Nazified? Pascual Jordan, Adolf Meyer-Abich, and the Abortive Scientific Journal Physis«, *Isis*, 110/1 (2019), 68–90.

Dahn, Ryan, »The Farm Hall Transcripts: The Smoking Gun That Wasn't«, *Berichte zur Wissenschaftsgeschichte*, 45 (2022), 202–218.

Diebner, Kurt, »Fusionsprozesse mit Hilfe konvergenter Stoßwellen – Einige ältere und neuere Versuche und Überlegungen«, *Kerntechnik*, 3 (1962), 89–93.

Dörries, Matthias (Hg.), *Michael Frayn's Copenhagen in Debate: Historical Essays and Documents on the 1941 Meeting between Niels Bohr and Werner Heisenberg* (Berkeley 2005).

Dörries, Matthias (Hg.), Michael Frayn, *Kopenhagen. Stück in zwei Akten. Mit zwölf wissenschaftsgeschichtlichen Kommentaren*, 3. erweiterte Aufl. (Göttingen 2003).

Eckert, Michael, *Arnold Sommerfeld: Atomphysiker und Kulturbote 1868–1951. Eine Biografie* (Göttingen 2013).

Eckert, Michael, »Die Deutsche Physikalische Gesellschaft und die ›Deutsche Physik‹«, in Dieter Hoffmann und Mark Walker (Hgg.), *Physiker zwischen Autonomie und*

Anpassung. Die Deutsche Physikalische Gesellschaft im Dritten Reich (Weinheim 2007), 139–172.

Eckert, Michael, *Ludwig Prandtl – Strömungsforscher und Wissenschaftsmanager. Ein unverstellter Blick auf sein Leben* (Berlin, Heidelberg 2017).

Eckert, Michael, »Primacy Doomed to Failure: Heisenberg's Role as Scientific Adviser for Nuclear Policy in the FRG«, *Historical Studies in the Physical and Biological Sciences*, 21/1 (1990), 29–58.

Eckert, Michael, und Karl Märker (Hgg.), *Arnold Sommerfeld, Wissenschaftlicher Briefwechsel. Band 2: 1919–1951* (Berlin 2004).

Einstein, Albert, »Dialogue about Objections to the Theory of Relativity«, *Die Naturwissenschaften*, 6/48 (29. November 1918), 697–702, in David Rowe und Robert Schulmann (Hgg.), *Einstein on Politics* (Princeton 2007), 97–103.

Einstein, Albert, »In Memoriam Walther Rathenau«, (nach dem 24. Juni 1922), in Diana Kormos Buchwald, József Illy, Ze'ev Rosenkranz und Tilman Sauer (Hgg.), *The Collected Papers of Albert Einstein. Volume 13: The Berlin Years: Writings & Correspondence January 1922–March 1923* (Princeton 2012).

Einstein, Albert, »Meine Antwort. Über die antirelativistische G.m.b.H.«, *Berliner Tageblatt und Handels-Zeitung* (27. August 1920), 1.

Epple, Moritz, »Rechnen, Messen, Führen: Kriegsforschung am Kaiser-Wilhelm-Institut für Strömungsforschung 1937–1945«, in Helmut Maier (Hg.), *Rüstungsforschung im Nationalsozialismus. Organisation, Mobilisierung und Entgrenzung der Technikwissenschaften* (Göttingen 2002), 305–356.

Fermi, Enrico, »Experimental Production of a Divergent Chain Reaction«, in Horst Wohlfarth (Hg.), *40 Jahre Kernspaltung: eine Einführung in die Originalliteratur* (Darmstadt 1979), 322–370.

Fischer, Ernst Peter, *Werner Heisenberg – ein Wanderer zwischen zwei Welten* (Berlin 2015).

Flügge, Siegfried, »Kann der Energieinhalt der Atomkerne technisch nutzbar gemacht werden?«, *Die Naturwissenschaften*, 27 (1939), 402–410, in Horst Wohlfarth (Hg.), *40 Jahre Kernspaltung: eine Einführung in die Originalliteratur* (Darmstadt 1979), 119–140.

Föllmer, Moritz, *»Ein Leben wie im Traum«. Kultur im Dritten Reich* (München 2016).

Forstner, Christian, *Kernphysik, Forschungsreaktoren und Atomenergie. Transnationale Wissensströme und das Scheitern einer Innovation in Österreich* (Wiesbaden 2019).

Frank, Charles (Hg.), *Operation Epsilon: The Farm Hall Transcripts* (Bristol 1993).

Frayn, Michael, *Copenhagen* (New York 1998).

Frei, Norbert, *Vergangenheitspolitik. Die Anfänge der Bundesrepublik und die NS-Vergangenheit* (München 1999).

Frenkel, Viktor, »Professor Friedrich Houtermans – Arbeit, Leben, Schicksal. Biographie eines Physikers des zwanzigsten Jahrhunderts«, *Max-Planck-Institut für Wissenschaftsgeschichte Preprint* 414 (Berlin 2011).

Friedman, Robert Marc, *The Politics of Excellence: Behind the Nobel Prize in Science* (New York 2001).

Frisch, Otto, »Physical Evidence for the Division of Heavy Nuclei under Neutron Bombardment«, *Nature* 143 (1939), 276, in Horst Wohlfarth (Hg.), *40 Jahre Kernspaltung: eine Einführung in die Originalliteratur* (Darmstadt 1979), 101–102.

Gehrcke, Ernst, *Die Massensuggestion der Relativitätstheorie. Kulturhistorisch-psychologische Dokumente* (Berlin 1924).

Gerlach, Walther, »Otto Hahn – ein Forscherleben unserer Zeit«, in Dietrich Hahn (Hg.), *Otto Hahn. Ein Forscherleben unserer Zeit* (Stuttgart 1984), 11–135.

Gleitsmann, Rolf-Jürgen, *Im Widerstreit der Meinungen: Zur Kontroverse um die Standortfindung für eine deutsche Reaktorstation (1950–1955). Ein Beitrag zur Gründungsgeschichte des Kernforschungszentrums Karlsruhe und zu einem Kapitel deutscher Kernenergiegeschichte* (Karlsruhe 1986).

Goebbels, Joseph, »Der Totale Krieg wird praktische Wirklichkeit«, *Völkischer Beobachter* (28 Juli 1944).

Goebbels, Joseph, *Michael* (München 1929).

Goebbels, Joseph, *Tagebücher aus den Jahren 1942–1943* (Zürich 1948).

Goldhagen, Daniel, *Hitlers willige Vollstrecker* (München 1996).

Goudsmit, Samuel, (Brief an den Herausgeber), *New York Times* (9. Januar 1949).

Goudsmit, Samuel, *Alsos* (New York 1947).

Goudsmit, Samuel, *Alsos*, 2. Aufl. (Los Angeles 1983).

Goudsmit, Samuel, »Freedom of Science«, *Proceedings of the American Philosophical Society*, 94/2 (1950), 111–113.

Goudsmit, Samuel, »German Atom Research«, *New York Times* (9. November 1947).

Goudsmit, Samuel, »Germans Overrated on Atom«, *Washington Post* (3. August 1947), B8.

Goudsmit, Samuel, »Heisenberg on the German Uranium Project«, *Bulletin of the Atomic Scientists*, 3/11 (1947), 343.

Goudsmit, Samuel, »How Germany Lost the Race«, *Bulletin of the Atomic Scientists*, 1/7 (1946), 4–5.

Goudsmit, Samuel, »Nazis' Atomic Secrets«, *Life*, 23 (20. Oktober 1947), 123–134.

Goudsmit, Samuel, »Our Task in Germany«, *Bulletin of the Atomic Scientists* (April 1948), 106.

Goudsmit, Samuel, »Secrecy or Science«, *Science Illustrated*, 1 (1946), 97–99.

Goudsmit, Samuel, »War Physics in Germany«, *The Review of Scientific Instruments*, 17/1 (1946), 49–52.

Gowing, Margaret, *Britain and Atomic Energy, 1939–1945* (London 1964).

Grasso, Giacomo, Carlo Oppici, Federico Rocchi und Marco Sumini, »A Neutronics Study of the 1945 Haigerloch B-VIII Nuclear Reactor«, *Physics in Perspective*, 11 (2009), 318–335.

Groves, Leslie, *Now It Can Be Told: The Story of the Manhattan Project* (New York 1962); deutsche Übersetzung: *Jetzt darf ich sprechen: Die Geschichte der ersten Atombombe* (Köln, Berlin 1965; Wiederauflage 1983).

Grundmann, Siegfried, *Einsteins Akte*, 2. Aufl. (Berlin 2004).

Haberer, Joseph, *Politics and the Community of Science* (New York 1969).

Hachtmann, Rüdiger, »A Success Story? Highlighting the History of the Kaiser Wilhelm Society's General Administration in the Third Reich«, in Susanne Heim, Carola Sachse und Mark Walker (Hgg.), *The Kaiser Wilhelm Society under National Socialism* (Cambridge 2009), 19–46.

Hachtmann, Rüdiger, *Wissenschaftsmanagement im »Dritten Reich«. Geschichte der Generalverwaltung der Kaiser-Wilhelm-Gesellschaft* (Göttingen 2007).

Hahn, Otto, *Mein Leben* (München 1968).

Hahn, Otto, und Hermann Rein, »Einladung nach USA«, *Physikalische Blätter* 3/2 (1947), 33–35.

Hahn, Otto, und Fritz Straßmann, »Nachweis der Entstehung aktiver Bariumisotope aus Uran und Thorium durch Neutronenbestrahlung: Nachweis weiterer aktiver Bruchstücke bei der Uranspaltung«, *Die Naturwissenschaften*, 27 (1939), 89–95, in Horst Wohlfarth (Hg.), *40 Jahre Kernspaltung: eine Einführung in die Originalliteratur* (Darmstadt 1979), 78–96.

Hahn, Otto, und Fritz Straßmann, »Über den Nachweis und das Verhalten der bei der Bestrahlung des Urans mittels Neutronen entstehenden Erdalkalimetalle«, *Die Naturwissenschaften*, 27 (1939), 11–15, in Horst Wohlfarth (Hg.), *40 Jahre Kernspaltung: eine Einführung in die Originalliteratur* (Darmstadt 1979), 65–76.

Haupt, Heinz Dieter, *Deutschlands Weg zur Bombe. Chimäre oder Realität? Vom Dritten Reich bis zur Bundesrepublik. Die Geschichte alternativer Kernwaffenentwicklungen in Deutschland im Kontext der internationalen Forschung* (München 2022).

Hausmann, Frank-Rutger, *»Auch im Krieg schweigen die Musen nicht«. Die Deutschen Wissenschaftlichen Institute im Zweiten Weltkrieg* (Göttingen 2001).

Hausmann, Frank-Rutger, »The ›Third Front‹: German Cultural Policy in Occupied Europe, 1940–1945«, in Ingo Haar und Michael Faulbusch (Hgg.), *German Scholars and Ethnic Cleansing 1919–1945* (New York 2005), 213–235.

Heim, Susanne (Hg.), *Autarkie und Ostexpansion. Pflanzenzucht und Agrarforschung im Nationalsozialismus* (Göttingen 2002).

Heim, Susanne, *Kalorien, Kautschuk, Karrieren. Pflanzenzüchtung und landwirtschaftliche Forschung in Kaiser-Wilhelm-Instituten 1933 bis 1945* (Göttingen 2003).

Heim, Susanne, Carola Sachse und Mark Walker (Hgg.), *The Kaiser Wilhelm Society under National Socialism* (Cambridge 2009).

Heisenberg, Elisabeth, *Das politische Leben eines Unpolitischen. Erinnerungen an Werner Heisenberg* (München 1980).

Heisenberg, Werner, »Das Dritte Reich versuchte nicht, die Atombombe zu bauen«, *Frankfurter Allgemeine Zeitung*, 286 (9. Dezember 1967), Beilage Bilder und Zeiten, 4.

Heisenberg, Werner, *Der Teil und das Ganze. Gespräche im Umkreis der Atomphysik* (München 1973).

Heisenberg, Werner, »Die Bewertung der ›modernen theoretischen Physik‹«, *Zeitschrift für die gesamte Naturwissenschaft*, 9/10–12 (1943), 201–212.

Heisenberg, Werner, *Encounters with Einstein* (Princeton 1989), 112–117, 121.

Heisenberg, Werner, »German Atom Research«, *New York Times* (30. Januar 1949).

Heisenberg, Werner, »Nazis Spurned Idea of an Atomic Bomb«, *New York Times* (28. Dezember 1948).

Heisenberg, Werner, »Research in Germany on the Technical Application of Atomic Energy«, *Nature*, 160/4059 (1947), 211–215.

Heisenberg, Werner, »Über die Arbeiten zur technischen Ausnutzung der Atomkernenergie in Deutschland«, *Die Naturwissenschaften*, 33 (1946), 325–329.

Heisenberg, Werner, »Zum Artikel: Deutsche und Jüdische Physik«, *Völkischer Beobachter*, Norddeutsche Ausgabe/Ausgabe A, Nr. 59 (28. Februar 1936), 6.

Heisenberg, Werner, Hans Geiger und Max Wien, »Petition an das REM (September 1936)«, in Walter Blum, Hans-Peter Dürr und Helmut Rechenberg (Hgg.), *Werner Heisenberg. Gesammelte Werke. Abteilung C: Allgemeinverständliche Schriften. Band V: Wissenschaft und Politik* (München 1989), 12–13.

Heisenberg, Werner, und Elisabeth Heisenberg, *»Meine Liebe Li!« Der Briefwechsel 1937–1946* (St. Pölten 2011).

Heisenberg, Werner, und Karl Wirtz, »Großversuche zur Vorbereitung der Konstruktion eines Uranbrenners«, in Walther Bothe und Siegfried Flügge (Hgg.), *Naturforschung und Medizin in Deutschland 1939–1946. Band 14: Kernphysik und kosmische Strahlen. Teil II* (Weinheim 1949), 143–165.

Hentschel, Klaus, »›Der neue Weg‹: Mit ›interatomarer Energie‹ zum ›Herrn der Welt‹ werden. Zu einem bislang unbekannten Typoskript vom Oktober 1944«, *NTM*, 28 (2020), 121–147.

Hentschel, Klaus, *Die Mentalität deutscher Physiker in der frühen Nachkriegszeit (1945–1949)* (Heidelberg 2005).

Hentschel, Klaus (Hg.), *Physics and National Socialism: An Anthology of Primary Sources* (Basel 1996).

Hentschel, Klaus, und Dieter Hoffmann (Hgg.), *Carl Friedrich von Weizsäcker: Physik – Philosophie – Friedensforschung, Acta Historica Leopoldina* 63, (Stuttgart 2014).

Herbert, Ulrich, *Best. Biographische Studien über Radikalismus, Weltanschauung und Vernunft, 1903–1989* (Bonn 1996).

Hermann, Armin (Hg.), *Albert Einstein/Arnold Sommerfeld. Briefwechsel. Sechzig Briefe aus dem goldenen Zeitalter der modernen Physik* (Basel 1968).

Hermann, Armin, *The New Physics: The Route into the Atomic Age* (Bonn-Bad-Godesberg 1979).

Hermann, Armin, *Werner Heisenberg. 1901–1976* (Bonn-Bad-Godesberg 1976).

Hiebert, Miriam, *The Uranium Club: Unearthing the Lost Relics of the Nazi Nuclear Program* (Chicago 2023).

Himmler, Heinrich, »Rede Reichsführer-SS Himmler vor den Gauleitern am 6. Okt. 43 in Posen (6. Oktober 1943)«, in Bradley Smith und Agnes Peterson (Hgg.), *Geheimreden 1933 bis 1945 und andere Ansprachen* (Frankfurt am Main 1974), 162–183.

Hoddeson, Lillian, Paul Henriksen, Roger Meade und Catherine Westfall, *Critical Assembly: A Technical History of Los Alamos during the Oppenheimer Years, 1943–1945* (Cambridge 1993).

Hoffmann, Dieter, »Ein Physiker zwischen Hitler und Stalin«, *Spektrum der Wissenschaft*, 2 (2014), 62–70.

Hoffmann, Dieter, »Johannes Stark – eine Persönlichkeit im Spannungsfeld von wissenschaftlicher Forschung und faschistischer Ideologie«, *Philosophie und Naturwissenschaften in Vergangenheit und Gegenwart*, 22 (1982), 90–101.

Hoffmann, Dieter, »›Kopenhagen‹ war kein Einzelfall«, in Matthias Dörries (Hg.), Michael Frayn, *Kopenhagen. Stück in zwei Akten. Mit zwölf wissenschaftsgeschichtlichen Kommentaren*, 3. erweiterte Aufl. (Göttingen 2003), 215–225.

Hoffmann, Dieter (Hg.), *Operation Epsilon. Die Farm-Hall-Protokolle erstmals vollständig, ergänzt um zeitgenössische Briefe und weitere Dokumente der 1945 in England internierten deutschen Atomforscher*, 2. Aufl. (Diepholz 2023).

Hoffmann, Dieter (Hg.), *Operation Epsilon. Die Farm-Hall-Protokolle oder Die Angst der Alliierten vor der deutschen Atombombe* (Berlin 1993).

Hoffmann, Dieter, und Mark Walker (Hgg.), *Physiker zwischen Autonomie und Anpassung. Die Deutsche Physikalische Gesellschaft im Dritten Reich* (Weinheim 2007).

Hoffmann, Klaus, *Otto Hahn: Stationen aus dem Leben eines Atomforschers. Biografie* (Berlin 1978); Neuauflage unter dem Titel: *Schuld und Verantwortung: Otto Hahn, Konflikte eines Wissenschaftlers* (Berlin 1993).

Irving, David, *The German Atomic Bomb* (New York 1967); deutsche Übersetzung: *Der Traum von der deutschen Atombombe* (Gütersloh 1967).

Irving, David, *Hitlers Krieg. 1, die Siege 1939–1942* (München 1983).

Irving David, *Hitlers Krieg. 2, Götterdämmerung, 1942–1945* (München 1988).

Jungk, Robert, *Brighter than a Thousand Suns: A Personal History of the Atomic Scientists* (New York 1958).

Jungk, Robert, *Heller als tausend Sonnen. Das Schicksal der Atomforscher* (Stuttgart 1956).

Jungk, Robert, *Heller als tausend Sonnen. Das Schicksal der Atomforscher*, 2. Aufl. (Stuttgart 1958).

Jungk, Robert, *Trotzdem. Mein Leben für die Zukunft* (München 1993).

Jungk, Robert, »Vorwort«, in Mark Walker, *Die Uranmaschine. Mythos und Wirklichkeit der deutschen Atombombe* (Berlin 1990), 7–10.

Kaempffert, Waldemar, »Why the Germans Failed to Develop an Atomic Bomb Is Now Revealed in Two Reports«, *New York Times* (26. Oktober 1947).

Kant, Horst, »Die Erforschung und Nutzung der Kernenergie – ihre Ambivalenz(en) im historischen Kontext«, in Klaus Fischer und Heinrich Parthey (Hgg.), *Ambivalenz der Wissenschaft* (Berlin 2019), 135–172.

Kant, Horst, »Werner Heisenberg and the German Uranium Project«, *Max-Planck-Institut für Wissenschaftsgeschichte Preprint* 203 (Berlin 2002).

Karlsch, Rainer, *Hitlers Bombe: Die geheime Geschichte der deutschen Kernwaffenversuche* (München 2005).

Karlsch, Rainer, »Vorwort«, in Rainer Karlsch und Heiko Petermann (Hgg.), *Für und Wider »Hitlers Bombe«. Studien zur Atomforschung in Deutschland* (Münster 2007), 15–48.

Karlsch, Rainer, »Was geschah im März 1945? Dokumente und Zeugenaussagen zu den Tests auf dem Truppenübungsplatz Ohrdruf«, in Rainer Karlsch und Heiko Petermann (Hgg.), *Für und Wider »Hitlers Bombe«. Studien zur Atomforschung in Deutschland* (Münster 2007), 15–48.

Karlsch, Rainer, und Heiko Petermann (Hgg.), *Für und Wider »Hitlers Bombe«. Studien zur Atomforschung in Deutschland* (Münster 2007).

Karlsch, Rainer, und Mark Walker, »New Light on Hitler's Bomb«, *Physics World* (2005), 15–18.

Kater, Michael, *Culture in Nazi Germany* (New Haven 2019).

Kaufman, Louis, Barbara Fitzgerald und Tom Sewell, *Moe Berg: Athlete, Scholar, Spy* (Boston 1975).

Kershaw, Ian, *Hitler 1889–1936* (München 2013).

Kershaw, Ian, *Hitler 1936–1945* (München 2013).

Kleinert, Andreas, »Der Briefwechsel zwischen Philipp Lenard (1862–1947) und Johannes Stark (1874–1957)«, *Jahrbuch 2000 der Deutschen Akademie der Naturforscher Leopoldina (Halle/Saale)* LEOPOLDINA (R. 3), 46 (2001), 243–261.

Kleinert, Andreas, »Lenard, Stark und die Kaiser-Wilhelm-Gesellschaft. Auszüge aus der Korrespondenz der beiden Physiker zwischen 1933 und 1936«, *Physikalische Blätter*, 36/2 (1980), 35–43.

Kleint, Christian, Helmut Rechberg und Gerald Wiemers (Hgg.), *Werner Heisenberg 1901–1976. Beiträge, Berichte, Briefe. Festschrift zu seinem 100. Geburtstag. Abhandlungen der Sächsischen Akademie der Wissenschaften zu Leipzig. Mathematisch-naturwissenschaftliche Klasse, Band 62* (Stuttgart, Leipzig 2005).

Klöss, Erhard (Hg.), *Der Luftkrieg über Deutschland 1939–1945* (München 1963).

Körner, K., »Versammlungen und Kurse. Die 86. Versammlung der Gesellschaft Deutscher Naturforscher und Ärzte in Bad Nauheim vom 19.–25. September 1920«, *Zeitschrift für mathematischen und naturwissenschaftlichen Unterricht aller Schulgattungen*, 52 (1921), 79–84.

Koeth, Timothy, und Miriam Hiebert, »Tracking the Journey of a Uranium Cube«, *Physics Today*, 72/5 (2019), 36–43.

Kormos Buchwald, Diana, József Illy, Ze'ev Rosenkranz und Tilman Sauer (Hgg.), *The Collected Papers of Albert Einstein. Volume 13: The Berlin Years: Writings & Correspondence January 1922–March 1923* (Princeton 2012).

Krafft, Fritz, *Im Schatten der Sensation: Leben und Wirken von Fritz Straßmann* (Weinheim 1981).

Kramish, Arnold, *The Griffin* (Boston 1986); deutsche Übersetzung: *Der Greif. Paul Rosbaud, der Mann, der Hitlers Atompläne scheitern ließ* (München 1987).

Kraus, Elisabeth, »Vom Glück begünstigt und glücklich. Eine biographische Würdigung des Radiochemikers Otto Hahn«, in Vera Kreiser (Hg.), *Radiochemie, Fleiß und Intuition. Neue Forschung zu Otto Hahn* (Diepholz 2018), 15–41.

Kraus, Elisabeth, *Von der Uranspaltung zur Göttinger Erklärung: Otto Hahn, Werner Heisenberg, Carl Friedrich von Weizsäcker und die Verantwortung des Wissenschaftlers* (Würzburg 2001).

Kreiser, Vera (Hg.), *Radiochemie, Fleiß und Intuition. Neue Forschung zu Otto Hahn* (Diepholz 2018).

Lenard, Philipp, *Äther und Uräther*, 2. Aufl. (1922), in Charlotte Schönbeck, *Albert Einstein und Philipp Lenard. Antipoden im Spannungsfeld von Physik und Zeitgeschichte* (Heidelberg 2000), 1-42.

Lenard, Philipp, *Deutsche Physik*, 4 Bde. (München 1936-1937).

Lenard, Philipp, »Ein großer Tag für die Naturforschung«, *Völkischer Beobachter* (13. Mai 1933).

Lenard, Philipp, und Johannes Stark, »Hitlergeist und Wissenschaft«, *Großdeutsche Zeitung. Tageszeitung für nationale und soziale Politik und Wirtschaft* (8. Mai 1924), 1–2, neu abgedruckt in *Nationalsozialistische Monatshefte*, 7/71 (Februar 1936), 110–111.

»Lights All Askew in the Heavens«, *New York Times* (9. November 1919).

Litten, Freddy, *Mechanik und Antisemitismus. Wilhelm Müller (1880–1968)* (München 2000).

Lorenz, Robert, *Protest der Physiker. Die »Göttinger Erklärung« von 1957* (Bielefeld 2011).

Ludwig, Karl-Heinz, *Technik und Ingenieure im Dritten Reich* (Königstein/Ts. 1979).

Maier, Helmut, *Chemiker im »Dritten Reich«: Die Deutsche Chemische Gesellschaft und der Verein Deutscher Chemiker im NS-Herrschaftsapparat* (Frankfurt am Main 2015).

Maier, Helmut, *Forschung als Waffe. Rüstungsforschung in der Kaiser-Wilhelm-Gesellschaft und das Kaiser-Wilhelm Institut für Metallforschung 1900–1945/48*, 2 Bde. (Göttingen 2007).

Maier, Helmut (Hg.), *Gemeinschaftsforschung, Bevollmächtigte und der Wissenstransfer. Die Rolle der Kaiser-Wilhelm-Gesellschaft im System kriegsrelevanter Forschung des Nationalsozialismus* (Göttingen 2007).

Maier, Helmut (Hg.), *Rüstungsforschung im Nationalsozialismus. Organisation, Mobilisierung und Entgrenzung der Technikwissenschaften* (Göttingen 2002).

Martius, Ursula Maria, »Videant consules …«, in Dieter Hoffmann und Mark Walker (Hgg.), *Physiker zwischen Autonomie und Anpassung. Die Deutsche Physikalische Gesellschaft im Dritten Reich* (Weinheim 2007), 636–640.

Mayer, Klaus, Maria Wallenius, Klaus Lützenkirchen, J. Galy, Z.Varga, N. Erdmann, R. Buda , J.–V. Kratz, N. Trautmann und K. Fifield, »Nuclear Forensics: A Methodology Applicable to Nuclear Security and to Non-Proliferation«, *Journal of Physics: Conference Series*, 312 (2011), 062003.

Mayer, Klaus, Maria Wallenius, Klaus Lützenkirchen, Joan Horta, Adrian Nicholl, Gert Rasmussen, Pieter van Belle, Zsolt Varga, Razvan Buda, Nicole Erdmann, Jens-Volker Kratz, Norbert Trautmann, L. Keith Fifield, Stephan G. Tims, Michaela B. Frölich und Peter Steier, »Uranium from German Nuclear Power Projects of the 1940s – A Nuclear Forensic Investigation«, *Angewandte Chemie International Edition*, 54 (2015), 13452–13456.

McMillan, Edwin, und Philip Anderson, »Radioactive Element 93«, *Physical Review*, 57 (1940), 157.

Mehrtens, Herbert, »Angewandte Mathematik und Anwendungen der Mathematik im nationalsozialistischen Deutschland«, *Geschichte und Gesellschaft*, 12/3 (1986), 317–347.

Mehrtens, Herbert, »Das ›Dritte Reich‹ in der Naturwissenschaftsgeschichte: Literaturbericht und Problemskizze«, in Herbert Merthens und Steffen Richter (Hgg.), *Naturwissenschaft, Technik und NS-Ideologie. Beiträge zur Wissenschaftsgeschichte des Dritten Reiches* (Frankfurt am Main 1980), 15–87.

Mehrtens, Herbert, und Steffen Richter (Hgg.), *Naturwissenschaft, Technik und NS-Ideologie. Beiträge zur Wissenschaftsgeschichte des Dritten Reiches* (Frankfurt am Main 1980).

Meitner, Lise, und Otto Frisch, »Disintegration of Uranium by Neutrons: A New Type of Nuclear Reaction«, *Nature*, 143 (1939), 239–240, in Horst Wohlfarth (Hg.), *40 Jahre Kernspaltung: eine Einführung in die Originalliteratur* (Darmstadt 1979), 97–100.

Menge, Wolfgang, *Ende der Unschuld. Die Deutschen und ihre Atombombe* (Berlin 1991).

Menzel, Willi, »Deutsche Physik und jüdische Physik«, *Völkischer Beobachter*, Norddeutsches Ausgabe/Ausgabe A, Nr. 29 (29. Januar 1936).

Morrison, Philip, »A Reply to Dr. von Laue«, *Bulletin of the Atomic Scientists*, 4 (1948), 104.

Morrison, Philip, »Alsos: The Story of German Science«, *Bulletin of the Atomic Scientists*, 3/12 (1947), 354, 365.

Mott, Nevill, und Rudolf Peierls, »Werner Heisenberg. 5 December 1901 – 1 February 1976«, *Biographical Memoirs of Fellows of the Royal Society*, 23/11 (1977), 212–251.

»Mr. Kaempffert Replies« [to Samuel Goudsmit, »German Atom Research: Scientist Disputes Statement on Development of Bomb«], *New York Times* (9. November 1947).

Nagel, Günter, *Atomversuche in Deutschland. Geheime Uranarbeiten in Gottow, Oranienburg und Stadtilm*, 2. Aufl. (Zella-Mehlis 2003).

Nagel, Günter, *Das geheime deutsche Uranprojekt 1939–1945. Beute der Alliierten* (Zella-Mehlis 2016).

Nier, A., E. Booth, J. Dunning und A. Grosse, »Nuclear Fission of Separated Uranium Isotopes«, in *Physical Review*, 57 (1940), 546.

Niethammer, Lutz, *Die Mitläuferfabrik. Die Entnazifizierung am Beispiel Bayerns* (Berlin 1982).

Noakes, Jeremy, und Geoffrey Pridham (Hgg.), *Nazism: A History in Documents and Eyewitness Accounts, 1919–1945*, Band III (Exeter 1988).

Noakes, Jeremy, und Geoffrey Pridham (Hgg.), *Nazism: A History in Documents and Eyewitness Accounts, 1919–1945*, Band IV (Exeter 1998).

Nordmann, Charles, »Avec Einstein dans les régions dévastées«, *L'Illustration*, 80/4128 (15. April 1922), 328–331, in David Rowe und Robert Schulmann (Hgg.), *Einstein on Politics* (Princeton 2007), 118–119.

Osganian, Vanessa, »Rudolf Tomaschek – An Exponent of the ›Deutsche Physik‹ Movement«, in Christian Forstner und Mark Walker (Hgg.), *Biographies in the History of Physics: Actors, Objects, Institutions* (Cham 2020), 89–109.

Pegelow, Thomas, »Determining ›People of German Blood‹, ›Jews‹ and ›Mischlinge‹: The Reich Kinship Office and the Competing Discourses and Powers of Nazism, 1941–1943«, *Contemporary European History*, 15/1 (2006), 43–65.

Poliakov, Leon, und Joseph Wulf, *Das Dritte Reich und seine Denker*, 2. Aufl. (Frankfurt am Main 1983).

Popp, Manfred, »Hitlers Atombombe. Störfall der Wissenschaftsgeschichte«, *Spektrum der Wissenschaft*, 12/16 (2016), 12–21.

Popp, Manfred, »Misinterpreted Documents and Ignored Physical Facts: The History of ›Hitler's Atomic Bomb‹ Needs to Be Corrected«, *Berichte zur Wissenschaftsgeschichte*, 39 (2016), 265–282.

Popp, Manfred, »Why Hitler Did Not Have Atomic Bombs«, *Journal of Nuclear Engineering*, 2 (2021), 9–27.

Popp, Manfred, und Piet de Klerk, »The Peculiarities of the German Uranium Project (1939–1945)«, *Journal of Nuclear Engineering*, 4 (2023), 634–653.

Powers, Thomas, *Heisenbergs Krieg. Die Geheimgeschichte der deutschen Atombombe* (Hamburg 1993).

Rammer, Gerhard, »Allied Control of Physics and the Collegial Self-Denazification of the Physicists«, in Helmuth Trischler und Mark Walker (Hgg.), *Physics and Politics: Research and Research Support in Twentieth Century Germany in International Perspective* (Stuttgart 2010), 61–84.

Rammer, Gerhard, »›Sauberkeit im Kreise der Kollegen‹. Die Vergangenheitspolitik der Deutschen Physikalischen Gesellschaft«, in Dieter Hoffmann und Mark Walker (Hgg.), *Physiker zwischen Autonomie und Anpassung. Die Deutsche Physikalische Gesellschaft im Dritten Reich* (Berlin 2007), 359–420.

Ramsauer, Carl, »Eingabe an Rust«, *Physikalische Blätter*, 3 (1947), 43–44.

Reed, Cameron, »An Inter-Country Comparison of Nuclear Pile Development during World War II«, *European Physical Journal H*, 46/1 (2021).

Rhodes, Richard, *The Making of the Atomic Bomb* (New York 1986); deutsche Übersetzung: *Die Atombombe oder Die Geschichte des 8. Schöpfungstages* (Nördlingen 1988).

Rose, Paul Lawrence, *Heisenberg and the Nazi Atomic Bomb Project* (Berkeley 1998); deutsche Übersetzung: *Heisenberg und das Atombombenprojekt der Nazis* (Zürich, München 2001).

Rowe, David, und Robert Schulman (Hgg.), *Einstein on Politics* (Princeton 2007).

Rozental, Stefan (Hg.), *Niels Bohr* (Amsterdam 1968).

Rozental, Stefan, *NB. Erindringer om Niels Bohr* (Copenhagen 1985).

Sachse, Carola (Hg.), *Die Verbindung nach Auschwitz. Biowissenschaften und Menschenversuche an Kaiser-Wilhelm-Instituten* (Göttingen 2003).

Sachse, Carola, »›Persilscheinkultur‹. Zum Umgang mit der NS-Vergangenheit in der Kaiser-Wilhelm/Max-Planck-Gesellschaft«, in Bernd Weisbrod (Hg.), *Akademische Vergangenheitspolitik. Beiträge zur Wissenschaftskultur der Nachkriegszeit* (Göttingen 2002), 217–246.

Sachse, Carola, »The Max Planck Society and Pugwash during the Cold War: An Uneasy Relationship«, *Journal of Cold War Studies*, 20/1 (2018), 170–209.

Sachse, Carola, *Wissenschaft und Diplomatie. Die Max-Planck-Gesellschaft im Feld der internationalen Politik (1945–2000)* (Göttingen 2023).

Sachse, Carola, und Mark Walker (Hgg.), *Politics and Science in Wartime: Comparative International Perspectives on the Kaiser Wilhelm Institutes* [*Osiris*, Band 20] (Chicago 2005).

Schaaf, Michael, *Heisenberg, Hitler und die Bombe. Gespräche mit Zeitzeugen* (Berlin, Diepholz 2018).

Scharnberg, Kurt, *Hans Jensen, Physiker und Nobelpreisträger. Opportunist oder Widerständler im Dritten Reich?* (Diepholz 2020).

Schieder, Wolfgang, und Achim Trunk (Hgg.), *Adolf Butenandt und die Kaiser-Wilhelm-Gesellschaft. Wissenschaft, Industrie und Politik im »Dritten Reich«* (Göttingen 2004).

Schirrmacher, Arne, »Physik und Politik in der frühen Bundesrepublik Deutschland. Max Born, Werner Heisenberg und Pascual Jordan als politische Grenzgänger«, *Berichte zur Wissenschaftsgeschichte*, 30 (2007) 13–31.

Schmidt, Ulf, *Secret Science: A Century of Poison Warfare and Human Experiments* (Oxford 2015).

Schmuhl, Hans-Walter, *Grenzüberschreitungen. Das Kaiser-Wilhelm-Institut für Anthropologie, menschliche Erblehre und Eugenik 1927–1945* (Göttingen 2005).

Schmuhl, Hans-Walter (Hg.), *Rassenforschung an Kaiser-Wilhelm-Instituten vor und nach 1933* (Göttingen 2003).

Schönbeck, Charlotte, *Albert Einstein und Philipp Lenard. Antipoden im Spannungsfeld von Physik und Zeitgeschichte* (Heidelberg 2000).

Scholder, Klaus, *Die Mittwochsgesellschaft. Protokolle aus dem geistigen Deutschland 1932–1944*, 2. Aufl. (Berlin 1982).

Schröder, Reinald, »Die ›schöne deutsche Physik‹ von Gustav Hertz und der ›weiße Jude‹ Heisenberg – Johannes Starks ideologischer Antisemitismus«, in Helmuth Albrecht (Hg.), *Naturwissenschaft und Technik in der Geschichte. 25 Jahre Lehrstuhl für Geschichte der Naturwissenschaft und Technik am Historischen Institut der Universität Stuttgart* (Stuttgart 1993), 327–341.

Schüring, Michael, *Minervas verstoßene Kinder. Vertriebene Wissenschaftler und die Vergangenheitspolitik der Max-Planck-Gesellschaft* (Göttingen 2006).

Schwarz, Stephan, »The Occupation of Niels Bohr's Institute: December 6, 1943 – February 3, 1944«, *Physics in Perspective*, 23 (2021), 49–82.

Seelig, Carl (Hg.), *Helle Zeit – Dunkle Zeit. In Memoriam Albert Einstein* (Zürich 1955).

Serber, Robert, *The Los Alamos Primer. The First Lectures on How to Build an Atomic Bomb* (Berkeley 1992).

Siegmund-Schultze, Reinhard, »Bartel Leendert van der Waerden (1903–1996) im Dritten Reich: Moderne Algebra im Dienste des Anti-Modernismus?«, in Dieter Hoffmann und Mark Walker (Hgg.), *»Fremde« Wissenschaftler im Dritten Reich. Die Debye-Affäre im Kontext* (Göttingen 2011), 200–229.

Sime, Ruth Lewin, »An Inconvenient History: The Nuclear-Fission Display in the Deutsches Museum«, *Physics in Perspective*, 12 (2010), 190–218.

Sime, Ruth Lewin, *Lise Meitner. Ein Leben für die Physik* (Frankfurt am Main 2001).

Sime, Ruth Lewin, »Politics, Persecution, and the Prize: Lise Meitner and the Discovery of Nuclear Fission«, in Vera Mainz und E. Thomas Storm (Hgg.), *The Posthumous Nobel Prize in Chemistry. Volume 2. Ladies in Waiting* (Washington, DC, 2018), 33–51

Sime, Ruth Lewin, »The Politics of Forgetting: Otto Hahn and the German Nuclear-Fission Project in World War II«, *Physics in Perspective*, 14 (2012), 59–94.

Sime, Ruth Lewin, »The Politics of Memory: Otto Hahn and the Third Reich«, *Physics in Perspective*, 8 (2006), 3–51.

Sime, Ruth Lewin, »The Search for Transuranium Elements and the Discovery of Nuclear Fission«, *Physics in Perspective*, 2 (2000), 48–62.

Smyth, Henry DeWolf, *Atomic Energy for Military Purposes: The Official Report on the Development of the Atomic Bomb under the Auspices of the United States Government, 1940–1945* (Princeton 1945).

Speer, Albert, *Erinnerungen* (Berlin 1969).

Stanley, Matthew, *Einstein's War* (New York 2019).

Stark, Johannes, (Brief an den Chefredakteur), *Deutsche Tages-Zeitung* (4. April 1922), in Siegfried Grundmann, *Einsteins Akte*, 2. Aufl. (Berlin 2004), 217.

Stark, Johannes, *Die gegenwärtige Krisis in der deutschen Physik* (Leipzig 1922).

Stark, Johannes, *Erinnerungen eines deutschen Naturforschers* (Mannheim 1987).

Stark, Johannes, *Nationalsozialismus und Wissenschaft* (München 1934).

Stark, Johannes, »Organisation der physikalischen Forschung«, *Zeitschrift für technische Physik*, 14/11 (1933), 433–435.

Stark, Johannes, »Philipp Lenard als deutscher Naturforscher. Rede zur Einweihung des Philipp-Lenard-Instituts in Heidelberg am 13. Dezember 1935«, *Nationalsozialistische Monatshefte*, 7/71 (Februar 1936), 106–111.

Stark, Johannes, »Stellungnahme von Prof. Dr. J. Stark«, *Völkischer Beobachter*, Norddeutsche Ausgabe/Ausgabe A, Nr. 59 (28. Februar 1936), 6.

Streit, Christian, *Keine Kameraden. Die Wehrmacht und die sowjetischen Kriegsgefangenen, 1941–1945* (Bonn 1991).

Stuewer, Roger, *The Age of Innocence: Nuclear Physics between the First and Second World Wars* (Oxford 2018).

Tooze, Adam, *Ökonomie der Zerstörung. Die Geschichte der Wirtschaft im Nationalsozialismus* (München 2007).

Trischler, Helmuth, *Luft- und Raumfahrtforschung in Deutschland 1900–1970. Politische Geschichte einer Wissenschaft* (Frankfurt am Main 1992).

Trischler, Helmuth, »Self-mobilization or Resistance? Aeronautical Research and National Socialism«, in Monika Renneberg und Mark Walker (Hgg.), *Science, Technology, and National Socialism* (Cambridge 1994), 72–88, 356–358.

Trömel, Martin, »Otto Hahn und die Kaiser-Wilhelm-Gesellschaft im Zerrspiegel neuerer Kritik«, in Vera Kreiser (Hg.), *Radiochemie, Fleiß und Intuition. Neue Forschung zu Otto Hahn* (Diepholz 2018), 167–244.

Turner, Louis, »Nuclear Fission«, *Reviews of Modern Physics*, 12/1 (1940), 1–29.

Turner, Louis, »The Nonexistence of Transuranic Elements«, *Physical Review*, 57 (1940), 157.

»Und führe uns nicht in Versuchung. Vom gespaltenen Atom zu gespaltenen Gewissen – Die Geschichte einer menschheitsgefährdenden Waffe«, *Der Spiegel* (8. Mai 1957), 45–46, 48–53.

Vollnhals, Clemens, *Entnazifizierung: Politische Säuberung und Rehabilitierung in den vier Besatzungszonen 1945–1949* (München 1991).

von Ardenne, Manfred, *Die Erinnerungen* (München 1990).

von Halban, Hans, Frédéric Joliot und Lew Kowarski, »Liberation of Neutrons in the Nuclear Explosion of Uranium«, *Nature*, 143 (1939), 470–471, in Horst Wohlfarth (Hg.), *40 Jahre Kernspaltung: Eine Einführung in die Originalliteratur* (Darmstadt 1979), 111–114.

von Halban, Hans, Frédéric Joliot und Lew Kowarski, »Number of Neutrons Liberated in the Nuclear Fission of Uranium«, *Nature*, 143 (1939), 680, in Horst Wohlfarth (Hg.), *40 Jahre Kernspaltung: Eine Einführung in die Originalliteratur* (Darmstadt 1979), 115–118.

von Laue, Max, »Ansprache bei Eröffnung der Physikertagung in Würzburg am 18. September 1933«, *Physikalische Zeitschrift*, 34 (1933), 889–890.

von Laue, Max, »Bemerkung zu der vorstehenden Veröffentlichung von J. Stark«, *Physikalische Blätter*, 3 (1947), 272–273.

von Laue, Max, »Die Kriegstätigkeit der deutschen Physiker«, *Physikalische Blätter*, 4 (1948), 424–425.

von Laue, Max, »The Wartime Activities of German Scientists«, *Bulletin of the Atomic Scientists*, 4/4 (1948), 103.

von Weizsäcker, Carl Friedrich, »Angst vor der Bombe. Carl Friedrich von Weizsäcker über die neuen Dokumente und sein Treffen mit Bohr und Heisenberg«, *Süddeutsche Zeitung* (8. Februar 2002).

von Weizsäcker, Carl Friedrich, *Atomenergie und Atomzeitalter* (Frankfurt am Main 1957).

von Weizsäcker, Carl Friedrich, *Bewußtseinswandel* (München 1988).

von Weizsäcker, Carl Friedrich, »Bohr hat Heisenberg nicht lange genug zugehört«, *Die Welt* (8. Februar 2002).

von Weizsäcker, Carl Friedrich, »Farm Hall und das deutsche Uranprojekt. Ein Gespräch«, in Dieter Hoffmann (Hg.), *Operation Epsilon. Die Farm-Hall-Protokolle, erstmals vollständig, ergänzt um zeitgenössische Briefe und weitere Dokumente der 1945 in England internierten deutschen Atomforscher*, 2. Aufl. (Diepholz 2023), 519–549.

von Weizsäcker, Carl Friedrich, »›Ich gebe zu, ich war verrückt‹ Carl Friedrich von Weizsäcker über die Chance der Deutschen im Zweiten Weltkrieg, die Atombombe zu bauen«, *Der Spiegel*, 17 (1991), 227–238.

von Weizsäcker, Carl Friedrich, »Mit der Bombe leben (I)«, *Die Zeit* (15. Mai 1958).

von Weizsäcker, Carl Friedrich, »Mit der Bombe leben (II)«, *Die Zeit* (22. Mai 1958).

von Weizsäcker, Carl Friedrich, »Mit der Bombe leben (III)«, *Die Zeit* (29. Mai 1958).

von Weizsäcker, Carl Friedrich, »Mit der Bombe leben (IV)«, *Die Zeit* (5. Juni 1958).

Wagner, Patrick, *Notgemeinschaften der Wissenschaften. Die Deutsche Forschungsgemeinschaft (DFG) in drei politischen Systemen, 1920 bis 1973* (Stuttgart 2021).

Walker, Mark, »Did Werner Heisenberg Understand How Atomic Bombs Worked?«, *Berichte zur Wissenschaftsgeschichte*, 45 (2022), 219–244.

Walker, Mark, *Die Uranmaschine. Mythos und Wirklichkeit der deutschen Atombombe* (Berlin 1990).

Walker, Mark, »Eine Waffenschmiede? Kernwaffen- und Reaktorforschung am Kaiser-Wilhelm-Institut für Physik«, in Helmut Maier (Hg.), *Gemeinschaftsforschung, Bevollmächtigte und der Wissentransfer. Die Rolle der Kaiser-Wilhelm-Gesellschaft im System kriegsrelevanter Forschung des Nationalsozialismus* (Göttingen 2007), 352–394.

Walker, Mark, »Legenden um die deutsche Atombombe«, *Vierteljahrshefte für Zeitgeschichte*, 38 (1990), 45–74.

Walker, Mark, »Otto Hahn: Responsibility and Repression«, *Physics in Perspective*, 8/2 (2006), 116–163.

Walker, Mark, »Physics, History, and the German Atomic Bomb«, *Berichte zur Wissenschaftsgeschichte*, 40 (2017), 271–288.

Walker, Mark, »Physics and Propaganda: Werner Heisenberg's Foreign Lectures under National Socialism«, *Historical Studies in the Physical and Biological Sciences*, 22 (1992), 339–89.

Walker, Mark, »Selbstreflexionen deutscher Atomphysiker. Die Farm Hall-Protokolle und die Entstehung neuer Legenden um die ›deutsche Atombombe‹«, *Vierteljahrshefte für Zeitgeschichte*, 41 (1993), 519–542.

Walker, Mark, »The Historiography of ›Hitler's Atomic Bomb‹«, *Physics in Perspective*, 26 (2024), 18–41.

Walker, Mark, *Uranium Machines, Nuclear Explosives, and National Socialism: The German Quest for Nuclear Power, 1939–1945*, Dissertation Princeton University (1987).

Weart, Spencer, *Scientists in Power* (Cambridge, MA, 1979).

Weart, Spencer, *The Rise of Nuclear Fear* (Cambridge, MA, 2012).

Weindling, Paul Julian, »Mengele at Auschwitz: Reconstructing the Twins«, in Susan Bargett, Christine Schmidt und Dan Stone (Hgg.), *Beyond Camps and Forced Labor* (Cham 2020), 11–30.

Weindling, Paul Julian, *Nazi Medicine and the Nuremberg Trials: From Medical War Crimes to Informed Consent* (Houndills 2004).

Weinreich, Max, *Hitler's Professors: The Part of Scholarship in Germany's Crimes against the Jewish People*, 2. Aufl. (New Haven 1999).

»›Weiße Juden‹ in der Wissenschaft«, *Das Schwarze Korps* (15. Juli 1937).

Wellerstein, Alex, *Restricted Data: The History of Nuclear Secrecy in the United States* (Chicago 2021).

Wolff, Stefan, »Die Konstituierung eines Netzwerkes reaktionärer Physiker in der Weimarer Republik«, *Berichte zur Wissenschaftsgeschichte*, 31 (2008), 372–392.

Wolff, Stefan, »Physicists in the ›Krieg der Geister‹: Wilhelm Wien's ›Proclamation‹«, *Historical Studies in the Physical and Biological Sciences*, 33/2 (2003), 337–368.

Zierold, Kurt, *Forschungsförderung in drei Epochen* (Wiesbaden 1968).

Bildnachweis

Farm Hall

Abb. 1: Archiv der Max-Planck-Gesellschaft (AMPG), Berlin, VI. Abt. Rep. 1, Hahn, Otto XVII.24/23.

Blitzkrieg

Abb. 2: National Archives and Records Administration (NARA); Scan Bildstelle Deutsches Museum, CD_93035.
Abb. 3: National Archives and Records Administration (NARA); Scan Bildstelle Deutsches Museum, CD_93035.
Abb. 4: Klaus Clusius und Gerhard Dickel, »Das Trennrohr«, *Zeitschrift für physikalische Chemie* B, 44 (1939), 459.
Abb. 5: Archiv der Max-Planck-Gesellschaft, Berlin (AMPG).
Abb. 6: National Archives and Records Administration (NARA); Scan Bildstelle Deutsches Museum, CD_93035.
Abb. 7: National Archives and Records Administration (NARA).
Abb. 8: National Archives and Records Administration (NARA).
Abb. 9: Walther Bothe und Siegfried Flügge (Hgg.), *Kernphysik und kosmische Strahlen. Naturforschung und Medizin In Deutschland 1939–1946. Band 14: Kernphysik und kosmische Strahlen. Teil II* (Weinheim 1948), 152.
Abb. 10: National Archives and Records Administration (NARA); Scan Bildstelle Deutsches Museum, CD_93035.

Überzeugungsarbeit

Abb. 11: Werner Heisenberg, Die Energiegewinnung aus der Atomkernspaltung (6. Mai 1943), Archiv des Deutschen Museums, München (ADM), FA 002 737.
Abb. 12: Walther Bothe und Siegfried Flügge (Hgg.), *Kernphysik und kosmische Strahlen. Naturforschung und Medizin in Deutschland 1939–1946. Band 14: Kernphysik und kosmische Strahlen. Teil II* (Weinheim 1948), 150.
Abb. 13: Wikimedia Commons. https://commons.wikimedia.org/wiki/File:Bundesarchiv_Bild_183-1997-0923-500,_Albert_Speer_und_Erhard_Milch.jpg (letzter Zugriff am 8. Mai 2024).
Abb. 14: Christian Kleint, Helmut Rechenberg und Gerald Wiemers (Hgg.), *Werner Heisenberg 1901–1976. Beiträge, Berichte, Briefe. Festschrift zu seinem 100. Geburtstag. Abhandlungen der Sächsischen Akademie der Wissenschaften zu Leipzig. Mathematisch-naturwissenschaftliche Klasse.* Band 62 (Stuttgart, Leipzig 2005), 177.

Totaler Krieg

Abb. 15: Konrad Beyerle, Wilhelm Groth, Paul Harteck, und Johannes Jensen, *Über Gaszentrifugen. Anreicherung der Xenon-, Krypton- und der Selen-Isotope nach dem Zentrifugenverfahren* (Weinheim 1950), 9.
Abb. 16: Niels Bohr Library & Archives (NBL), American Institute of Physics, Emilio Segrè Visual Archives, Goudsmit Collection, Esau Abraham A1. https://repository.aip.org/islandora/object/nbla%3A295029 (letzter Zugriff am 8. Mai 2024).
Abb. 17: F. Berkei, W. Borrmann, W. Czulius, K. Diebner, G. Hartwig, W. Herrmann K. Höcker, H. Pose und W. Rexer, Bericht über einen Würfelversuch mit Uranoxyd und Paraffin in der Versuchsstelle Gottow des Heereswaffenamtes (26. November 1942), Archiv des Deutschen Museums, München (ADM), FA 002 629.

Abb. 18: K. Diebner, G. Hartwig, W. Hermann, H. Westmeyer, W. Czulius, F. Berkei und K.-H. Höcker, Bericht über einen Versuch mit Würfeln aus Uran-Metall und Schwerem Eis (Juli 1943), Archiv des Deutschen Museums, München (ADM), FA 002 651.

Abb. 19: K. Diebner, W. Czulius, W. Heremann, G. Hartwig, E. Kamin und F. Berkei, Bericht über die Neutronenvermehrung einer Anordnung von Uranwürfeln und Schwerem Wasser (G III) (Dezember 1943), Archiv des Deutschen Museums, München (ADM), FA 002 634.

Der Krieg ist verloren

Abb. 20: National Archives and Records Administration (NARA); Scan Bildstelle Deutsches Museum, CD_93037.

Abb. 21: Werner Heisenberg, Die Energiegewinnung aus der Atomkernspaltung, in Deutsche Akademie der Luftfahrtforschung (Hg.), Probleme der Kernphysik (Berlin 1943), S. 35, Abb. 4. Archiv des Deutschen Museums, München (ADM), ZWB DAC 1065/43, CD_93042.

Abb. 22: National Archives and Records Administration (NARA); Scan Bildstelle Deutsches Museum, CD_93035.

Abb. 23: Walther Bothe und Siegfried Flügge (Hgg.), *Kernphysik und kosmische Strahlen. Naturforschung und Medizin In Deutschland 1939–1946. Band 14: Kernphysik und kosmische Strahlen. Teil II* (Weinheim 1948). Teil II, 159.

Abb. 24: Schumann-Trinks-Entwurf von 1944, *Bundesarchiv-Militärarchiv*, Freiburg, Erich Schumann Nachlass. Nachgedruckt in Günter Nagel, »Sprengstoff- und Fusionsforschung an der Berliner Universität. Erich Schumann und das II. Physikalische Institut« in Rainer Karlsch und Heiko Petermann (Hgg.), *Für und Wider »Hitlers Bombe«. Studien zur Atomforschung in Deutschland* (Münster 2007), 229–260, hier 252.

Übermäßige Vereinfachungen

Abb. 25: Niels Bohr Library & Archives (NBL), American Institute of Physics, Emilio Segrè Visual Archives, Goudsmit, Samuel B37. https://repository.aip.org/islandora/object/nbla:297566 (letzter Zugriff am 8. Mai 2024).

Abb. 26: Brief von Werner Heisenberg an Samuel Goudsmit (5. Januar 1948), Niels Bohr Library & Archives (NBL), American Institute of Physics, SGP B11 F98.

Kompromisse mit Hitler

Abb. 27: Wikimedia Commons. https://commons.wikimedia.org/wiki/File:Albert_Einstein_1921_by_F_Schmutzer.jpg (letzter Zugriff am 8. Mai 2024).

Abb. 28: Wikimedia Commons. https://commons.wikimedia.org/wiki/File:Bundesarchiv_Bild_146-1978-069-26A,_Phillipp_Lenard.jpg (letzter Zugriff am 8. Mai 2024).

Abb. 29: Niels Bohr Library & Archives (NBL), American Institute of Physics, Emilio Segrè Visual Archives, Stark Johannes A4. https://repository.aip.org/islandora/object/nbla%3A308509 (letzter Zugriff am 8. Mai 2024).

Abb. 30: Werner Heisenbergs Führerschein (23. August 1935) in Archiv der Max-Planck-Gesellschaft, Berlin (AMPG), I. Abt. Rep. 34.

Abb. 31: Wikimedia Commons. https://commons.wikimedia.org/wiki/File:Prandtl_portrait.jpg (letzter Zugriff am 8. Mai 2024).

Abb. 32: Wikimedia Commons. https://commons.wikimedia.org/wiki/File:Bundesarchiv_Bild_183-R99621,_Heinrich_Himmler.jpg (letzter Zugriff am 8. Mai 2024).

Rehabilitierung

Abb. 33: Wikimedia Commons. https://commons.wikimedia.org/wiki/File:Lise_Meitner_(1878-1968),_lecturing_at_Catholic_University,_Washington,_D.C.,_1946.jpg (letzter Zugriff am 8. Mai 2024).
Abb. 34: Getty Images.

Kopenhagen

Abb. 35: Niels Bohr Library & Archives (NBL), American Institute of Physics, Emilio Segrè Visual Archives, Heisenberg Werner C13. https://repository.aip.org/islandora/object/nbla%3A301232 (letzter Zugriff am 8. Mai 2024).
Abb. 36: Wikimedia Commons. https://commons.wikimedia.org/wiki/File:Bundesarchiv_Bild_146-1989-011-13,_Hans_Frank.jpg (letzter Zugriff am 8. Mai 2024).

Dank

Da ich mich mein gesamtes Berufsleben hindurch intensiv mit dem Thema des deutschen Uranprojekts auseinandergesetzt habe, schulde ich vielen Personen Dank. Historikerinnen und Historiker können nur dann Geschichte schreiben, wenn sie Zugang zu Quellen haben. Ich danke Helmut Rechenberg vom Max-Planck-Institut für Physik und dem Archiv des Deutschen Museums von Meisterwerken der Naturwissenschaft und Technik, insbesondere seinem ehemaligen Archivar Wilhelm Füßl, beide in München, dem Berlin Document Center (heute Teil des Bundesarchivs) und dem Archiv der Max-Planck-Gesellschaft, beide in Berlin, der Niels Bohr Library am American Institute of Physics in College Park, Maryland, und dem Archiv und den Special Collections des Rensselaer Polytechnic Institute in Troy, New York und seinem ehemaligen Archivar John Dojka dafür, dass sie dieses Buch möglich gemacht haben. Meine Forschungsarbeit wurde vom Deutschen Akademischen Austauschdienst, dem Social Science Research Council, der Humboldt-Stiftung und dem Fulbright Programm finanziell großzügig gefördert. Ich hatte das große Glück, als Gastwissenschaftler an dem von Carola Sachse geleiteten Forschungsprogramm über die Geschichte der Kaiser-Wilhelm-Gesellschaft während des Nationalsozialismus mitzuwirken, gemeinsam mit Dieter Hoffmann das Forschungsprojekt zur Geschichte der Deutschen Physikalischen Gesellschaft im Dritten Reich zu leiten, als Gastprofessor an dem von Nikolaus Rupke geleiteten Institut an der Universität Göttingen und als Gast von Friedrich Steinle an der Technischen Universität Berlin zu unterrichten und als Scholar in Residence Gast von Helmuth Trischler und Ulf Hashagen am Deutschen Museum zu sein. Überaus dankbar bin ich auch den zahlreichen Kolleginnen und Kollegen, die mir wertvolle Anregungen für das Verständnis der Geschichte von Naturwissenschaft und Technik während des Nationalsozialismus gegeben haben:

Helmuth Albrecht, Ulrich Albrecht, Mitchell Ash, Richard Beyler, Cathryn Carson, David Cassidy, Ute Deichmann, Michael Eckert, Paul Forman, John Guse, Ulf Hashagen, Susanne Heim, Andreas Heinemann-Grüder, Klaus Hentschel, Dieter Hoffmann, Uwe Hoßfeld, Horst Kant, Andreas Kleinert, Helmut Maier, Herbert Mehrtens, Benno Müller-Hill, Michael Neufeld, Gerhard Rammer, Volker Remmert, Monika Renneberg, Volker Roelcke, Carola Sachse, Florian Schmaltz, Reinhard Siegmund-Schultze, Ruth Lewin Sime, Helmuth Trischler, Heike Weber, Burghard Weiss, Sheila Weiss und Stefan Wolff.

Für die deutsche Version dieses Buches bin ich meinem Übersetzer Thorsten Schmidt, meinem Lektor Markus Ehberger (Deutsches Museum), meiner Lektorin Andrea Knigge (Wallstein) und den Reihenherausgeberinnen und -herausgebern Ulf Hashagen, Helmuth Trischler, Kathrin Mönch und Dorothee Messerschmid-Franzen dankbar. Auch Michael Knoll möchte ich für die Rechteeinräumung für die Nutzung des deutschen Titels danken.

Register